विद्युतीय अभियांत्रिकी के मूलभूत सिद्धांत

लैब मैन्युअल सहित

एस. के. सहदेव

KHANNA BOOK PUBLISHING CO. (P) LTD.
PUBLISHER OF ENGINEERING AND COMPUTER BOOKS
4C/4344, Ansari Road, Darya Ganj, New Delhi-110002
Phone: 011-23244447-48 **Mobile:** +91-99109 09320
E-mail: contact@khannabooks.com
Website: www.khannabooks.com

Dear Readers,

To prevent the piracy, this book is secured with HIGH SECURITY HOLOGRAM on the front title cover. In case you don't find the hologram on the front cover title, please write us to at contact@khannabooks.com or whatsapp us at +91-99109 09320 and avail special gift voucher for yourself.

Specimen of Hologram on front Cover title:

Moreover, there is a SPECIAL DISCOUNT COUPON for you with EVERY HOLOGRAM.

How to avail this SPECIAL DISCOUNT:

Step 1: Scratch the hologram
Step 2: Under the scratch area, your "coupon code" is available
Step 3: Logon to www.khannabooks.com
Step 4: Use your "coupon code" in the shopping cart and get your copy at a special discount
Step 5: Enjoy your reading!

ISBN: 978-93-5538-115-6
Book Code: UG070HI

Basic Electrical Engineering
by S.K. Sahdev
[Hindi Edition]

First Edition: 2021
Reprint: Jan 2023

Published by:
Khanna Book Publishing Co. (P) Ltd.
CIN: U22110DL1998PTC095547

Visit us at: **www.khannabooks.com**
Write us at: **contact@khannabooks.com**

To view complete list of books, Please scan the QR Code: KPH

Printed in India.

प्रो. अनिल डी. सहस्रबुद्धे
अध्यक्ष
Prof. Anil D. Sahasrabudhe
Chairman

सत्यमेव जयते

अखिल भारतीय तकनीकी शिक्षा परिषद्
(भारत सरकार का एक सांविधिक निकाय)
(शिक्षा मंत्रालय, भारत सरकार)
नेल्सन मंडेला मार्ग, वसंत कुज, नई दिल्ली–110070
दूरभाष : 011–26131498
ई–मेल : chairman@aicte-india.org

ALL INDIA COUNCIL FOR TECHNICAL EDUCATION
(A STATUTORY BODY OF THE GOVT. OF INDIA)
(Ministry of Education, Govt. of India)
Nelson Mandela Marg, Vasant Kunj, New Delhi-110070
Phone : 011-26131498
E-mail : chairman@aicte-india.org

प्राक्कथन

इंजीनियरिंग ने सदियों से समाज की प्रगति और विस्तार में बहुत महत्वपूर्ण भूमिका निभाई है। भारतीय उपमहाद्वीप में उपजे इंजीनियरिंग विचारों ने संपूर्ण विश्व के चिंतन को प्रभावित किया है।

अखिल भारतीय तकनीकी शिक्षा परिषद (अभातशिप) ने वर्ष 1987 में अपने स्थापना से ही तकनीकी विद्यार्थियों को सर्व संभव सहायता देने में अग्रणी भूमिका का निर्वहन किया है। अभातशिप का लक्ष्य गुणवत्तापूर्ण तकनीकी शिक्षा को प्रोत्साहन देते हुए इसके माध्यम से उद्योग जगत को नवीन उत्कर्ष पर पहुँचाना एवं अंततः मातृभूमि भारत को एक आधुनिक विकसित राष्ट्र के रूप में स्थापित करना है| यहां यह उल्लेख करना अनुचित नहीं होगा कि इंजीनियर आधुनिक समाज की रीढ़ हैं - बेहतर इंजीनियर अर्थात बेहतर उद्योग और उद्योग जितने बेहतर होंगे राष्ट्र उतना ही विकास करेगा।

राष्ट्रीय शिक्षा नीति 2020 की परिकल्पना है कि सभी के लिए क्षेत्रीय भाषा में शिक्षा उपलब्ध हो, जो सुनिश्चित करती है कि प्रत्येक विद्यार्थी समग्र रूप से सक्षम एवं दक्ष हो ताकि राष्ट्रीय विकास में सकल योगदान दे सके।

अभातशिप का विगत कुछ वर्षों से यह अथक प्रयास रहा है कि, इंजीनियरिंग के सभी विद्यार्थियों को उच्च गुणवत्ता वाली अंतरराष्ट्रीय स्तर की पुस्तकें क्षेत्रीय भाषाओं में तैयार कर, उचित मूल्य पर उपलब्ध कराई जाएँ। ये पुस्तकें न केवल सरल भाषा में व्यावहारिक जीवन के उदाहरणों तथा समृद्ध विषय सामग्री को ध्यान में रखकर तैयार की गई हैं, अपितु इनमें दिन प्रति दिन बदलते वैश्विक परिदृश्य तथा उद्योग जगत की आवश्यकताओं का भी ध्यान रखा गया है। क्षेत्रीय भाषाओं में तैयार की गई ये पुस्तकें, अभातशिप के इंजीनियरिंग एवं प्रौद्योगिकी के मॉडल पाठ्यक्रम - 2018 के अनुरूप हैं।

संपूर्ण भारत के अनुभवी एवं विषय के निष्णात प्रख्यात प्राध्यापकों द्वारा इन पुस्तकों को अकादमिक समुदाय के लाभ के लिए लिखा गया है। अभातशिप को पूर्ण विश्वास है कि, विषय सामग्री की दृष्टि से समृद्ध, ये पुस्तकें तकनीकी शिक्षा के विद्यार्थियों को अधिक सुगमता और गुणवत्ता के साथ विषयों में दक्षता प्राप्त करने में सहायक होंगी|

अभातशिप इन पुस्तकों और इंजीनियरिंग विषयों को अधिक सुस्पष्ट एवं प्रभावी बनाने के लिए सभी मूल लेखकों, समन्वयकों तथा अनुवादकों के अथक प्रयास और परिश्रम की प्रशंसा करता है।

(Anil D. Sahasrabudhe)

आभार

इंजीनियरिंग एवं प्रौद्योगिकी के विद्यार्थियों के लिए तकनीकी पुस्तकों के प्रकाशन हेतु कुशल नियोजन, संयोजन एवं क्रियान्वयन हेतु अखिल भारतीय तकनीकी शिक्षा परिषद् के प्रति लेखक हृदय से कृतज्ञ हैं।

पुस्तक को विद्यार्थियों के अनुकूल रोचक एवं कलात्मक रूप देने में पुस्तक के समीक्षक प्रो. मजल जमेल के बहुमूल्य योगदान के प्रति भी लेखक हृदय से आभारी है।

लेखक के लिए अत्यंत गौरव का विषय है कि, यह पुस्तक एआईसीटीई के मॉडल पाठ्यक्रम एवं राष्ट्रीय शिक्षा नीति (NEP) - 2020 के दिशानिर्देशों के अनुरूप तैयार की गई है। साथ ही क्षेत्रीय भाषाओं में शिक्षा को बढ़ावा देने के लिए इस पुस्तक का अनुसूचित भारतीय क्षेत्रीय भाषाओं में भी अनुवाद किया जा रहा है।

हम इस पुस्तक के हिंदी भाषा में अनुवाद के लिए डॉ. नागेंद्र त्रिपाठी, डॉ. सुरेश कुमार गावरे और श्री. शरद चंद्र राजपूत एवं समीक्षा के लिए डॉ. सुप्रिया त्रिपाठी के प्रति आभार व्यक्त करते हैं।

हम श्री बुद्धा चंद्रशेखर, मुख्य समन्वय अधिकारी (CCO), NEAT, एआईसीटीई के प्रति हार्दिक सम्मान व्यक्त करते हैं जिनके द्वारा विकसित आर्टिफिशियल इंटेलिजेंस (AI) आधारित ट्रांसलेशन टूल का उपयोग अनुवाद के लिए किया गया।

अंत में, लेखक, खन्ना बुक पब्लिशिंग कंपनी प्राइवेट लिमिटेड, नई दिल्ली, के सभी सदस्यों जिन्होंने प्रकाशन के दौरान तत्परता से सहयोग प्रदान किया एवं इसे एक स्मरणीय अनुभव बनाया, के प्रति भी हार्दिक धन्यवाद ज्ञापित करते हैं।

एस. के. सहदेव

प्रस्तावना

यदि हम अपने आस-पास देखें तो पाएंगे कि हमारा दिन बिजली के प्रयोग से शुरू होता है और बिजली के प्रयोग के साथ समाप्त होता है। आज हम बिजली के बिना अपने जीवन की कल्पना भी नहीं कर सकते।

वर्तमान परिदृश्य में, विद्युत ऊर्जा सभी इंजीनियरिंग अनुप्रयोगों का एक अभिन्न अंग बन गया है। इसलिए, भारत और विदेशों में सभी विश्वविद्यालयों द्वारा सभी इंजीनियरिंग विषयों में "विद्युतीय अभियांत्रिकी के मूलभूत सिद्धांत" (बेसिक इलेक्ट्रिकल इंजीनियरिंग) का एक कोर्स शुरू किया गया है। आमतौर पर, यह पाठ्यक्रम प्रथम वर्ष के पहले या तो दूसरे सेमेस्टर में पढ़ाया जाता है।

यह देखा गया है कि अधिकांश विद्यार्थियों, विशेष रूप से सिविल, मैकेनिकल, कंप्यूटर, टेक्सटाइल आदि विषयों से संबंधित विद्यार्थियों को इस पाठ्यक्रम की अन्तर्निहित विषयवस्तु को समझने में कठिनाइयों का सामना करना पड़ता है। इसे ध्यान में रखते हुए सरल और स्पष्ट भाषा का प्रयोग कर विषय को विद्यार्थियों के अनुकूल बनाने का हर संभव प्रयास किया गया है।

यह पुस्तक अखिल भारतीय तकनीकी शिक्षा परिषद (एआईसीटीई) के नवीनतम मॉडल पाठ्यक्रम के अनुसार स्नातक करने वाले इंजीनियरिंग विद्यार्थियों के लिए तैयार की गई है।

पुस्तक के प्रत्येक अध्याय को स्वतः व्याख्यात्मक बनाने के लिए पाठ के विषय वस्तु को काफी हद तक स्पष्ट और स्व-परिभाषित चित्रों की सहायता ली गई है। विभिन्न अध्यायों में हल किये गये और कई अनुत्तरित उदाहरण जोड़े गए हैं ताकि विद्यार्थी बिना किसी कठिनाई के परीक्षा में पूछे गए विभिन्न प्रकार के प्रश्नों को हल कर सकें। विद्यार्थी अपनी पढ़ाई में नियमित रहें इसलिए सभी अध्यायों में नियमित अंतराल पर अभ्यास प्रश्नावली जोड़े गए हैं । प्रत्येक अध्याय के अंत में सारांश, वस्तुनिष्ठ प्रकार के प्रश्न, लघु-उत्तर वाले प्रश्न, परीक्षण प्रश्न और अनुत्तरित उदाहरण जोड़े गए हैं ताकि पुस्तक को सभी प्रकार से पूर्ण और व्यापक इकाई बनाया जा सके।

लेखक पाठ तैयार करने में मूल शोध का कोई दावा नहीं करता है। प्रख्यात लेखकों के शोध कार्य में उपलब्ध सामग्री का उदारतापूर्वक उपयोग किया गया है। लेकिन लेखक का दावा है कि उन्होंने विषय वस्तु को बहुत नियमबद्ध तरीके से व्यवस्थित किया है। उनका यह भी दावा है कि पाठ की भाषा स्पष्ट, सीधी और समझने में आसान है।

यद्यपि, त्रुटियों को दूर करने के लिए हर तरह की सावधानियां बरती गई है, लेकिन पूर्णता का दावा करना बहुत कठिन है। मैं पाठकों (विद्यार्थी और शिक्षकों) और इस पुस्तक के उपयोगकर्ताओं के लिए बहुत आभारी रहूंगा यदि वे किसी भी त्रुटियां को इंगित करते हैं जो मानव या मशीन जनित हो सकते हैं। पुस्तक के सुधार के लिए आपके सुझाव अत्यधिक सराहनीय होंगे।

एस. के. सहदेव

परिणाम आधारित शिक्षा

परिणाम आधारित शिक्षा (आउटकम बेस्ड एजुकेशन) के क्रियान्वयन के लिए प्रथम आवश्यकता है परिणाम आधारित पाठ्यक्रम विकसित करना एवं शिक्षा प्रणाली में परिणाम आधारित मूल्यांकन का समावेश करना। परिणाम आधारित आकलन के माध्यम से मूल्यांकनकर्ता यह मूल्यांकन करने में सक्षम हो सकेंगे कि क्या विद्यार्थियों ने उल्लेखित मानक, विशिष्ट और मापने योग्य लक्ष्यों परिणामों को प्राप्त कर लिया है। परिणाम-आधारित शिक्षा के उचित समावेश से सभी विद्यार्थियों में, प्रोग्राम को बीच में छोड़े बिना, न्यूनतम मानक अर्जित करने के लिए एक निश्चित प्रतिबद्धता होगी। परिणाम आधारित शिक्षा युक्त प्रोग्राम के अंत में, विद्यार्थी निम्नलिखित लक्ष्यों (परिणामों) तक पहुंचने में सक्षम होगे।

PO-1. इंजीनियरिंग ज्ञान: गणित, विज्ञान, इंजीनियरिंग के आधारभूत ज्ञान और इंजीनियरिंग विशेषज्ञता कों इंजीनियरिंग के जटिल समस्याओं के समाधान के लिए अनुप्रयोग करना।

PO-2. समस्या विश्लेषण: गणित, प्राकृतिक विज्ञान और इंजीनियरिंग विज्ञान के प्रथम सिद्धांतों का उपयोग कर जटिल समस्याओं की पहचान, उनका प्रतिपादन, शोध साहित्य की समीक्षा तथा विश्लेषण कर प्रमाणित निष्कर्षों तक पहुंचना।

PO-3. समाधानों की रूपरेखा / विस्तार: जटिल इंजीनियरिंग समस्याओं के ऐसे समाधान तथा प्रणाली के घटकों या प्रक्रियाओं की रूपरेखा (डिजाईन) तैयार करना जो सार्वजनिक स्वास्थ्य एवं सुरक्षा, सांस्कृतिक, सामाजिक और पर्यावरणीय विचारों को ध्यान में रखते हुए निर्दिष्ट आवश्यकताओं को पूरा करे।

PO-4. जटिल समस्याओं का परीक्षण: वैध निष्कर्ष प्रदान करने के लिए प्रयोगों के डिजाईन (डिजाईन ऑफ़ एक्स्पेरिमेंट्स), आंकड़ों के विश्लेषण एवं विवेचना, और सूचना के संश्लेषण सहित शोध-आधारित ज्ञान और शोध विधियों का उपयोग।

PO-5. आधुनिक साधनों का उपयोग: जटिल इंजीनियरिंग कार्यों के लिए अनुमान एवं मॉडलिंग सहित उपयुक्त तकनीकों की सीमाओं की समझ के साथ संसाधनों, आधुनिक इंजीनियरिंग और आईटी साधनों का सृजन, चुनाव और अनुप्रयोग करना।

PO-6. इंजीनियर और समाज: व्यावसायिक इंजीनियरिंग कार्य के अनुरूप सामाजिक, स्वास्थ्य, सुरक्षा, विधिक एवं सांस्कृतिक मुद्दों और परिणामी उत्तरदायित्वो का आकलन करने के लिए प्रासंगिक ज्ञान आधारित तर्क का उपयोग करना।

PO-7. पर्यावरणीय स्थायित्व: सामाजिक और पर्यावरणीय संदर्भों में व्यावसायिक इंजीनियरिंग समाधानों के प्रभाव को समझना और सतत विकास के ज्ञान और आवश्यकता का निरूपण करना।

PO-8. नैतिकता: नैतिक सिद्धांतों का उपयोग, व्यावसायिक नैतिकता तथा उत्तरदायित्व और इंजीनियरिंग कार्य के मानदंडों के प्रति प्रतिबद्ध होना।

PO-9. व्यक्तिगत और टीम वर्क: बहु-विषयक स्थितियों में व्यक्तिगत रूप से और विभिन्न समूहों में सदस्य या टीम लीडर के रूप में प्रभावशाली ढंग से कार्य करना।

PO-10. सम्प्रेषण: जटिल इंजीनियरिंग गतिविधियों पर इंजीनियरिंग समुदाय और समाज के साथ प्रभावी रिपोर्ट और डिजाईन अभिलेखों कों समझने और लिखने में सक्षम होने, प्रभावी प्रस्तुतियों (प्रेजेंटेशन) बनाने और स्पष्ट निर्देश देने और प्राप्त करने हेतु प्रभावी ढंग से सम्प्रेषण करना।

PO-11. परियोजना प्रबंधन एवं वित्त: इंजीनियरिंग और प्रबंधन सिद्धांतों के ज्ञान और समझ का निरूपण करना, व्यक्तिगत कार्यों और बहु-विषयक परिप्रेक्ष्य में समूह के सदस्य और परियोजना प्रमुख के रूप में परियोजनाओं के प्रबंधन करना।

PO-12. जीवन-पर्यन्त सीखना: जीवन-पर्यन्त सीखने की महत्ता को पहचानना, और तकनीकी परिवर्तन के व्यापक संदर्भ में स्वतंत्र और जीवन-पर्यन्त सीखने में संलग्न होने की तैयारी एवं योग्यता रखना।

कोर्स आउटकम्स (COs)

पाठ्यक्रम पूरा करने के बाद विद्यार्थी निम्न में सक्षम होंगे:

CO-1: बुनियादी विद्युत और चुंबकीय सर्किट्स को समझना और उनका विश्लेषण करना।

CO-2: विद्युत मशीनों और पावर कन्वर्टर्स के कार्य सिद्धांतों का अध्ययन करना।

CO-3: लो वोल्टेज विद्युत स्थापना के घटकों से परिचित कराना।

कोर्स आउटकम्स	कोर्स आउटकम्स (COs) के साथ प्रोग्राम आउटकम्स (POs) का अपेक्षित संबंध (1- कमजोर सहसंबंध ; 2- मध्यम सहसंबंध ; 3 - मजबूत सहसंबंध)											
	PO-1	PO-2	PO-3	PO-4	PO-5	PO-6	PO-7	PO-8	PO-9	PO-10	PO-11	PO-12
CO-1	3	2	1	1	-	-	-	-	1	1	1	1
CO-2	2	2	2	2	1	1	-	-	1	1	1	1
CO-3	3	1	1	2	2	1	1	-	1	1	1	1

संक्षेपण सूची

संक्षिप्त रूप	विस्तृत रूप
CO	कोर्स आउटकम
PO	प्रोग्राम आउटकम
UO	यूनिट आउटकम
C	कूलम्ब
A	एम्पेयर
W	वाट
EM	विद्युत चुम्बकीय
डीसी	एकदिश धारा
एसी	प्रत्यावर्ती धारा
सीआरटी	कैथोड रे ट्यूब
T	टेस्ला
G	गॉस
V	वोल्ट
LCR	प्रेरक-संधारित्र-प्रतिरोधक
BW	बैंड की विड्थ
सीआरओ	कैथोड रे ऑसिलोस्कोप
क्यू कारक	गुणवत्ता कारक
GHz	गीगाहर्ट्ज़
Wb	वेबर
Hz	हर्ट्ज
mH	मिली हेनरी
kHz	किलोहर्ट्ज
nC	नैनो कूलम्ब
nA	नैनो एम्पीयर
Ge	जर्मेनियम
ई.एम.एफ	विद्युत प्रभावन बल
mmf	चुंबकत्व बल
μ A	माइक्रो एम्पीयर
μC	सूक्ष्म कूलम्ब
μF	माइक्रोफ़ारड

प्रतीक सूची

प्रतीक	विवरण
e	इलेक्ट्रॉनिक चार्ज
ε_0	मुक्त अंतरिक्ष का खालीपन
ε_r, k	सापेक्ष पारगम्यता
ρ	वॉल्यूम चार्ज घनत्व
σ	सतह चार्ज घनत्व
λ	रैखिक चार्ज घनत्व
ϕ	विद्युतीय फ्लक्स
E	विद्युत क्षेत्र की तीव्रता
D	विद्युत विस्थापन
C	संधारित्र की धारिता
χ	विद्युत चुम्बकीय संवेदनशीलता
μ_0	मुक्त स्थान की पारगम्यता
J	करेंट घनत्व
B	चुंबकीय प्रेरण
H	चुंबकीय तीव्रता
L	आत्म प्रेरण
M	आपसी प्रेरण
S	रिलक्टेंस
K	युग्मन का गुणांक
I_d	विस्थापन धारा
J_d	विस्थापन करेंट घनत्व
U	विद्युत चुम्बकीय ऊर्जा घनत्व
P	पोयंटिंग वेक्टर
ψ	तरंग क्रिया
Z	प्रतिबाधा
fres	गुंजयमान आवृत्ति

चित्र सूची

शिक्षकों के लिए दिशानिर्देश

परिणाम आधारित शिक्षा (OBE) की रुपरेखा के क्रियान्वयन और ब्लूम की टैक्सोनॉमी के उपयोग पर अधिक ध्यान देने के लिए आवश्यक है कि विद्यार्थियों के ज्ञान एवं व्यावसायिक कौशल को बढ़ाया जाना चाहिए। इसके उचित क्रियान्वयन के लिए शिक्षकों को एक बड़ी जिम्मेदारी लेनी चाहिए। परिणाम आधारित शिक्षा प्रणाली में शिक्षकों के असीमित उत्तरदायित्वों में से कुछ निम्न प्रकार के हो सकते है:

- यथोचित प्रतिबंधो के अंतर्गत, सभी विद्यार्थियों के सर्वोत्तम लाभ के लिए उन्हें युक्तिपूर्ण तरीके से समय का प्रबंधन करना चाहिए।
- उन्हें विद्यार्थियों का आकलन किसी भेदभाव या अन्य संभावित अपात्रता पर विचार किए बिना केवल कुछ निश्चित मानदंडों के आधार पर ही करना चाहिए।
- उन्हें विद्यार्थियों के संस्थान छोड़ने के पूर्व उनकी सीखने की क्षमता को एक निश्चित स्तर तक बढ़ाने का प्रयास करना चाहिए।
- उन्हें यह सुनिश्चित करने का प्रयास करना चाहिए कि शिक्षा पूर्ण करने तक सभी विद्यार्थी गुणवत्ता पूर्ण ज्ञान एवं योग्यता ग्रहण कर चुके हों।
- उन्हें विद्यार्थियों को उनकी श्रेष्ठ प्रदर्शन करने की क्षमताओं को विकसित करने के लिए हमेशा प्रोत्साहित करना चाहिए।
- उन्हें नए दृष्टिकोण को सुदृढ़ करने के लिए सामूहिक एवं दलगत रूप में कार्य करने के लिए सुविधा एवं प्रोत्साहन देना चाहिए।
- उन्हें आकलन के प्रत्येक चरण में ब्लूम्स टैक्सोनॉमी का पालन करना चाहिए।

ब्लूम्स टैक्सोनॉमी

स्तर	शिक्षक को जांचना चाहिए	विद्यार्थी को सक्षम होना चाहिए	आकलन का संभावित तरीका
सृजन Creating	विद्यार्थियों की सृजन क्षमता	डिजाइन या सृजन	लघु परियोजना
मूल्यांकन Evaluating	विद्यार्थियों की तर्क एवं मूल्यांकन की क्षमता	तर्क या प्रतिरक्षा	निर्दिष्ट कार्य
विश्लेषण Analyzing	विद्यार्थियों की विश्लेषण क्षमता	पृथक करना या भेद करना	परियोजना/प्रयोगशाला पद्धति
अनुप्रयोग Applying	विद्यार्थियों में जानकारी के उपयोग की क्षमता	प्रचालन या प्रदर्शन	तकनीकी प्रस्तुति / प्रदर्शन
समझ Understanding	विद्यार्थियों में विचारों की व्याख्या करने की क्षमता	व्याख्या/ या वर्गीकरण	प्रस्तुति/संगोष्ठी
स्मरण Remembering	विद्यार्थियों की याद करने की क्षमता (या याद रखना)	परिभाषित या याद करना	प्रश्नोत्तरी

विद्यार्थियों के लिए दिशानिर्देश

विद्यार्थियों को परिणाम आधारित शिक्षा (OBE) को लागू करने के लिए समान जिम्मेदारी लेनी चाहिए। परिणाम आधारित शिक्षा प्रणाली में विद्यार्थियों के लिए असीमित जिम्मेदारियों में से कुछ इस प्रकार हैं:

- प्रत्येक पाठ्यक्रम में यूनिट शुरू होने से पहले विद्यार्थियों को प्रत्येक UO के बारे में अच्छी तरह से अवगत होना चाहिए।
- पाठ्यक्रम शुरू होने से पहले विद्यार्थियों को प्रत्येक CO के बारे में अच्छी तरह से अवगत होना चाहिए।
- पाठ्यक्रम शुरू होने से पहले विद्यार्थियों को प्रत्येक PO के बारे में अच्छी तरह से अवगत होना चाहिए।
- विद्यार्थियों को उचित चिंतन और क्रिया के साथ आलोचनात्मक और तर्कसंगत रूप से सोचना चाहिए।
- विद्यार्थियों के सीखने को व्यावहारिक और दैनिक जीवन के परिणामों के साथ सम्बद्ध और एकीकृत किया जाना चाहिए।
- विद्यार्थियों को परिणाम आधारित शिक्षा के प्रत्येक स्तर पर अपनी योग्यता से अच्छी तरह अवगत होना चाहिए।

विषय-सूची

1 डी.सी. सर्किट

यूनिट विशिष्ट

- विद्युत परिपथ के मुख्य तत्वों, उनकी मापन इकाइयों और महत्व का अध्ययन।
- स्थिर वोल्टेज और स्थिर धारा स्रोतों का महत्व।
- ओम का नियम, इसकी सीमाएँ और अनुप्रयोग।
- श्रृंखला, समानांतर और श्रृंखला-समानांतर सर्किट की गणना।
- श्रृंखला, समानांतर और श्रृंखला-समानांतर सर्किट का महत्व और अनुप्रयोग।
- विद्युत नेटवर्क में कार्यरत विभिन्न विद्युत तत्वों का सामान्य व्यवहार।
- विभिन्न इलेक्ट्रिक/इलेक्ट्रॉनिक सर्किट के माध्यम से किरचॉफ का नियम, डेल्टा-स्टार या स्टार-डेल्टा परिवर्तन, सुपरपोजिशन प्रमेय, थेवेनिन की प्रमेय, नॉर्टन की प्रमेय का विश्लेषण और डिजाइनिंग:
- अधिकतम शक्ति अंतरण प्रमेय और उसके अनुप्रयोग

भूमिका

विद्युत धारा के प्रवाह का पथ विद्युत परिपथ कहलाता है। विद्युत परिपथ केवल एक ऐसी व्यवस्था है जिसमें विद्युत ऊर्जा स्रोत और विभिन्न तत्व जैसे प्रतिरोध, प्रेरक और कैपेसिटर श्रृंखला, समानांतर या श्रृंखला-समानांतर संयोजनों में जुड़े होते हैं।

इन परिपथों के सरलीकरण या विश्लेषण के लिए विभिन्न नियमों और प्रमेयों का विकास किया गया है। इस अध्याय में, हम कुछ महत्वपूर्ण नियमों और प्रमेयों पर चर्चा करेंगे।

यूनिट आउटकम्स

U1-O1: यूनिट -1 लर्निंग आउटकम-1

विद्युत परिपथ के सक्रिय और निष्क्रिय घटकों, विभिन्न विद्युत मात्राओं और उनकी माप इकाइयों के बारे में जानने के लिए।

U1-O2: यूनिट -1 लर्निंग आउटकम-2

स्थिर वोल्टेज और स्थिर धारा स्रोतों के बारे में जानने के लिए, विद्युत नेटवर्क से संबंधित विभिन्न नियम जैसे ओम का नियम, किरचॉफ का नियम।

U1-O3: यूनिट -1 लर्निंग आउटकम-3

विभिन्न नेटवर्क प्रमेय जैसे थेवेनिन प्रमेय, नॉर्टन प्रमेय, सुपरपोजिशन (अध्यारोपण) प्रमेय, डेल्टा-स्टार और स्टार-डेल्टा परिवर्तन आदि को नियोजित करने वाले विभिन्न विद्युत नेटवर्क का विश्लेषण करना।

कोर्स आउटकम्स (COs) के साथ यूनिट आउटकम्स (UOs) का परस्पर संबंध

यूनिट 1 आउटकम्स	कोर्स आउटकम्स (COs) के साथ अपेक्षित संबंध (1- कमजोर सहसंबंध; 2- मध्यम सहसंबंध; 3- मजबूत सहसंबंध)		
	CO-1	CO-2	CO-3
U1-O1	1		3
U1-O2	1		3
U1-O3	1		3

रोचक तथ्य

अधिकांश लोगों का मानना है कि बेंजामिन फ्रैंकलिन ने बिजली का आविष्कार किया था। इसके विपरीत, उन्होंने साबित कर दिया कि आकाशीय बिजली, बिजली का एक रूप है। इससे बिजली की छड़ का आविष्कार हुआ जो बिजली के झटके के मामले में जमीन पर बिजली का संचालन करती है।

- तूफ़ान के दौरान जो बिजली आप देखते हैं वह भी बिजली का ही एक रूप है। यह वातावरण में बिजली का निर्वहन है जो लगभग 130,000 मील प्रति घंटे की यात्रा कर सकता है।
- आपके दिल की कार्यप्रणाली को निर्धारित करने में बिजली एक प्रमुख भूमिका निभाती है। हृदय की मांसपेशियां विद्युत के कारण सिकुड़ती हैं। चिकित्सा पेशेवरों द्वारा उपयोग की जाने वाली ईसीजी मशीनें हृदय से गुजरने वाली बिजली को मापती हैं। एक स्वस्थ हृदय नियमित स्पाइक्स के साथ एक पैटर्न प्रदर्शित करता है।
- एक फिलामेंट लाइट बल्ब अपनी कुल ऊर्जा का केवल 10% प्रकाश उत्सर्जित करने के लिए उपयोग करता है। अन्य 90% गर्मी (अपव्यय) उत्सर्जित करता है। जबकि एलईडी लैंप अपनी 90% ऊर्जा का उपयोग प्रकाश उत्सर्जित करने के लिए करते हैं।
- कुछ उपकरण (डेस्कटॉप, लैपटॉप आदि) बंद होने पर भी बिजली का उपयोग करना जारी रखते हैं।

वीडियो संसाधन

सर्किट के लिए वीडियो लिंक

Simple Electric Circuit

Series and parallel Circuit

Thevenin Theorem

Norton Theorem

Superposition Theorem

1.1 सर्किट अवयव

सामान्य तौर पर, सर्किट तत्वों को इस प्रकार वर्गीकृत किया जा सकता है:

1. सक्रिय और निष्क्रिय तत्व।
2. एकतरफा और द्विपक्षीय तत्व।
3. रैखिक और अरैखिक तत्व।
4. गांठदार और वितरित तत्व।

1. **सक्रिय और निष्क्रिय तत्व:** वे तत्व जो सर्किट या नेटवर्क को ऊर्जा की आपूर्ति करते हैं, सक्रिय तत्व कहलाते हैं। सभी ऊर्जा स्रोत (बैटरी या जनरेटर) सक्रिय तत्व हैं। वे तत्व जो ऊर्जा प्राप्त करते हैं, निष्क्रिय तत्व कहलाते हैं (जैसे प्रतिरोधक, प्रेरक और संधारित्र)।
2. **एकतरफा और द्विपक्षीय तत्व:** वे तत्व जो केवल एक दिशा में करेंट का संचालन करते हैं, एकतरफा तत्व कहलाते हैं जैसे सेमीकंडक्टर डायोड, वैक्यूम ट्यूब, सेलेनियम रेक्टिफायर आदि।

   द्विपक्षीय तत्व: वे तत्व जो दोनों दिशाओं में करेंट का संचालन करते हैं, द्विपक्षीय तत्व कहलाते हैं जैसे प्रतिरोधक आदि। दूसरे शब्दों में, वे तत्व जो समान रूप से व्यवहार करते हैं, जब उनके माध्यम से किसी भी दिशा में प्रवाह होता है, द्विपक्षीय तत्व कहलाते हैं।
3. **रैखिक और अरैखिक तत्व:**

   रैखिक तत्व: वे तत्व जिनमें V-I गुण-धर्म वैशिष्ट्य सीधी रेखा के रूप में होती हैं, रैखिक तत्व जैसे प्रतिरोधक कहलाते हैं।

   अरेखीय तत्व: वे तत्व जो सीधी रेखा के रूप में V-I गुण-धर्म वैशिष्ट्य का पालन नहीं करते हैं, गैर-रेखीय तत्व कहलाते हैं, जैसे डायोड, ट्रांजिस्टर आदि।
4. **गांठदार और वितरित तत्व:**

   गांठदार तत्व: जब किसी तत्व का प्रतिरोध, प्रेरणिक प्रतिघात या धारिता एक ही जगह पर समाहित (लम्प्ड) होकर उलब्ध हो,गांठ वाले तत्व कहलाते हैं। ये तत्व आकार में छोटे होते हैं।

   वितरित तत्व: जब किसी तत्व का प्रतिरोध, प्रेरणिक प्रतिघात या धारिता एक ही जगह पर समाहित न होकर उस तत्व की पूरी लम्बाई में फैलकर समाया हो, उसे वितरित तत्व कहते हैं। जैसे उच्च विभव की कई किलोमीटर लम्बी विद्युत् पारेषण लाइनों में उसका प्रतिरोध, प्रेरणिक प्रतिघात या धारिता किसी एक जगह पर केंद्रित न होकर उसकी पूरी लम्बाई में वितरित रहता है।

1.2 प्रतिरोध

प्रतिरोध (रेसिस्टर) एक घटक है, जिसका उपयोग इलेक्ट्रॉनिक सर्किट में करेंट की गाता को सीमित करने या वोल्टेज को विभाजित करने के लिए किया जाता है। किसी प्रतिरोधक की धारा का विरोध करने की क्षमता को प्रतिरोध कहते हैं। प्रतिरोध R की इकाई ओम (Ohm) है जिसके लिए प्रतीक संकेत चिन्ह Ω है। R का योजनाबद्ध प्रतीक चित्र 1.1 में दिखाया गया है।

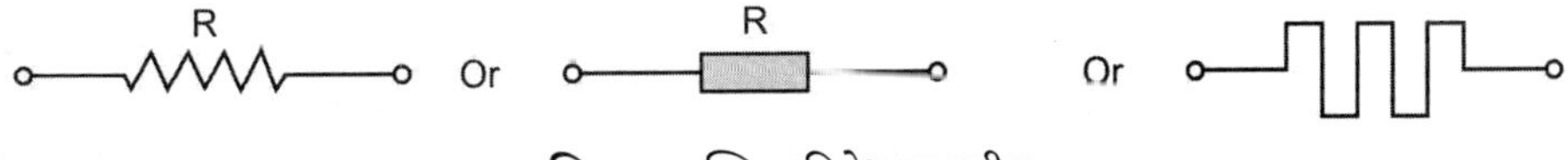

चित्र 1.1: स्थिर प्रतिरोध का प्रतीक

प्रत्येक प्रतिरोधक की दो मुख्य विशेषताएँ होती हैं, अर्थात् उसका प्रतिरोध (R) ओम में और उसकी शक्ति रेटिंग वाट (W) में। प्रतिरोध की विस्तृत श्रृंखला (ओम के एक अंश से लेकर कई मेगा ओम तक) वाले प्रतिरोधक उपलब्ध हैं। पावर रेटिंग कम से कम 1/10 W से लेकर कई सौ वाट तक हो सकती है। सर्किट में वांछित धारा या वोल्टेज ड्रॉप IR प्राप्त करने के लिए R का चयन किया जाता है। साथ ही प्रतिरोध की वाट क्षमता का चयन किया जाता है ताकि वह स्वयं गर्म हुए बिना ताप ऊर्जा (गर्मी) को वितरित कर सके।

• प्रतिरोधों का वर्गीकरण:

प्रतिरोधकों को स्थिर और परिवर्तनशील प्रतिरोधों के रूप में वर्गीकृत किया जा सकता है।

स्थिर प्रतिरोधक: वे प्रतिरोधक जिनका प्रतिरोध निश्चित मान होता है, स्थिर प्रतिरोधक कहलाते हैं। ये प्रतिरोधक कार्बन संरचना (चित्र 1.2 में दिखाया गया है) या कुन्डलीनुमा प्रतिरोधक तार (चित्र 1.3 में दिखाया गया है) हो सकते हैं।

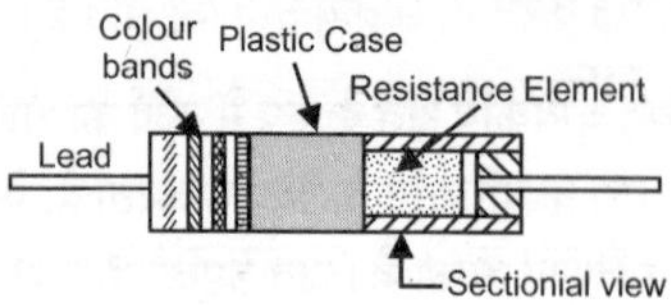

चित्र 1.2: कार्बन संरचना प्रतिरोधक

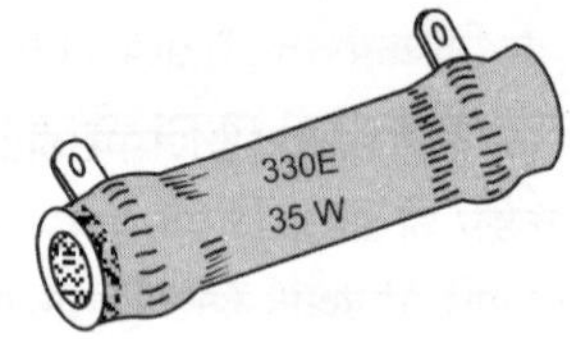

चित्र 1.3: वायर वाउन्ड प्रतिरोधक

परिवर्ती प्रतिरोधक: वे प्रतिरोधक जिनमें प्रतिरोध का मान आवश्यकता के अनुसार परिवर्तित किया जा सकता है, परिवर्ती प्रतिरोधक कहलाते हैं। वेरिएबल रेसिस्टर्स कार्बन कंपोजिशन रेसिस्टर्स (चित्र 1.4 में दिखाया गया है) या वायर-वाउंड रेसिस्टर्स (चित्र 1.5 में दिखाया गया है) हो सकते हैं।

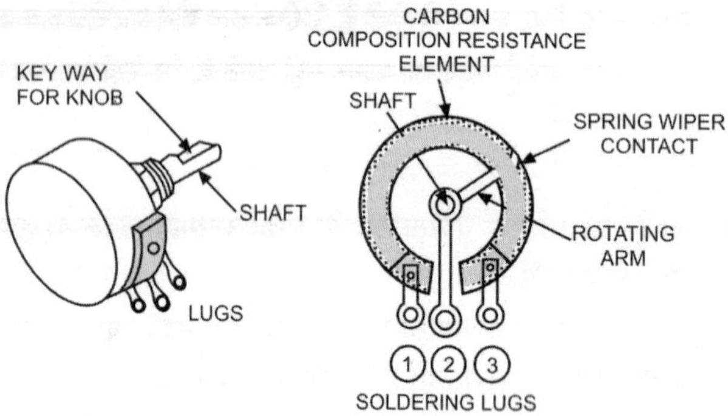

चित्र 1.4: वेरिएबल कार्बन संरचना प्रतिरोध

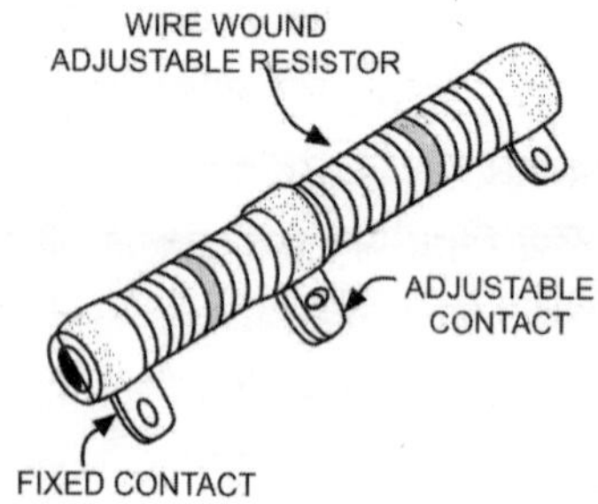

चित्र 1.5: वेरिएबल वायर वाउन्ड प्रतिरोध

परिवर्ती प्रतिरोधक का योजनाबद्ध प्रतीक संकेत चित्र 1.6 में दिखाया गया है।

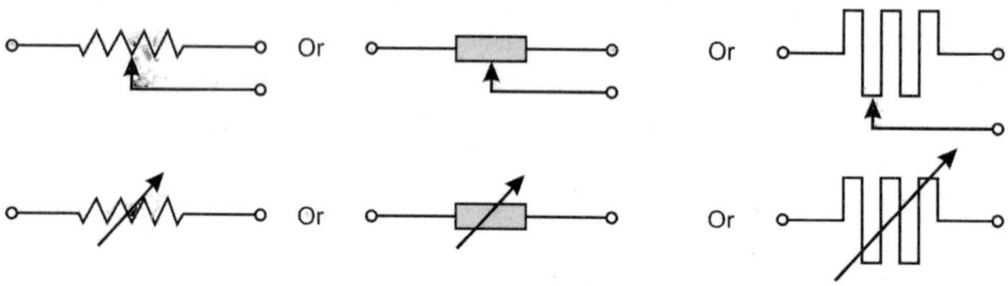

चित्र 1.6: चर प्रतिरोधक का प्रतीक संकेत

एक तार का प्रतिरोध निर्भर करता है:

(i) इसकी लंबाई यानी $R \alpha l$

(ii) इसके क्रॉस-सेक्शन का क्षेत्रफल यानी $R \alpha \frac{l}{a}$

(iii) उस सामग्री की प्रकृति जिससे तार बना है यानी R α ρ, जहाँ ρ ('Rho' एक ग्रीक अक्षर) को पदार्थ की प्रतिरोधकता कहते हैं। इसकी इकाई ओम- मीटर है। इस प्रकार उपरोक्त सभी को मिलाकर सम्बन्ध बना:

$$R \alpha \frac{l}{a} \text{ or } R = \rho \frac{l}{a}$$

1.3 प्रेरक

प्रेरक या इंडक्टर एक वैद्युत अवयव है जिसमें कोई विद्युत धारा प्रवाहित करने पर यह चुम्बकीय क्षेत्र के रूप में उर्जा का भंडारण करता है। एक प्रेरक या कुंडल की क्षमता जिसके कारण वह इसके माध्यम से बहने वाली धारा के परिवर्तन का विरोध करता है, प्रेरकत्व कहा जाता है और इसे मापने की इकाई हेनरी है। प्रेरक परिपथ में धारा के परिवर्तन का विरोध करता है। जब इसके अंदर से बहने वाली विद्युत् धारा में परिवर्तन होता है तब यह उसी परिवर्तन के अनुपात में वोल्टेज उत्पन्न करता है। एक निश्चित और परिवर्तनशील प्रेरक या इंडक्टर का योजनाबद्ध प्रतीक चित्र 1.7 में दिखाया गया है

(a) फिक्स्ड इंडक्टर (b) वेरिएबल इंडक्टर

चित्र 1.7: फिक्स्ड और वेरिएबल प्रेरक का प्रतीक

- **प्रेरक का वर्गीकरण:** इंडक्टर्स को मोटे तौर पर फिक्स्ड और वेरिएबल इंडक्टर्स के रूप में वर्गीकृत किया जा सकता है। विभिन्न प्रकार के इंडक्टर्स विभिन्न अनुप्रयोगों के लिए उपलब्ध हैं, उनमें से कुछ का उल्लेख नीचे किया गया है।

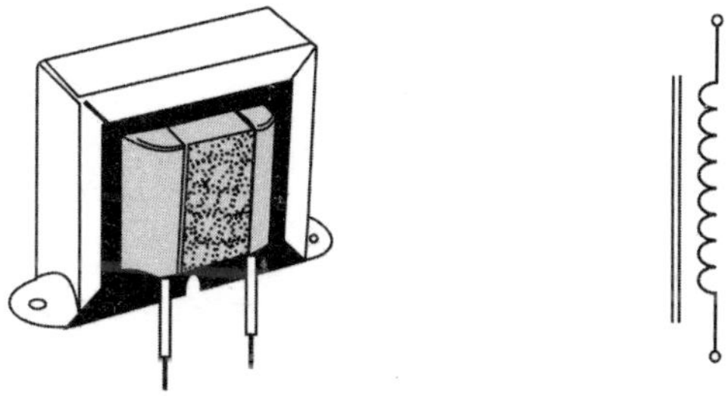

(a) फ़िल्टर चोक (b) फ़िल्टर चोक का प्रतीक.

चित्र 1.8: चुंबकीय कोर के साथ प्रेरक

- **फिक्स्ड इंडक्टर्स**: जिनका प्रेरकत्व नियत होता है, आगे उल्लिखित हैं:
- **फ़िल्टर चोक:** एक फ़िल्टर चोक या इंडक्टर चित्र 1.8 में दिखाया गया है। प्रत्यावर्ती धारा के प्रवाह में अवरोध करता है जबकि दिष्ट धारा को प्रवाहित होने देता है

रेडियो-फ्रीक्वेंसी चोक: चित्र 1.9 में इसके योजनाबद्ध प्रतीक के साथ एक विशिष्ट वायु-सह-रेडियो-फ्रीक्वेंसी प्रेरक (चोक) दिखाया गया है।

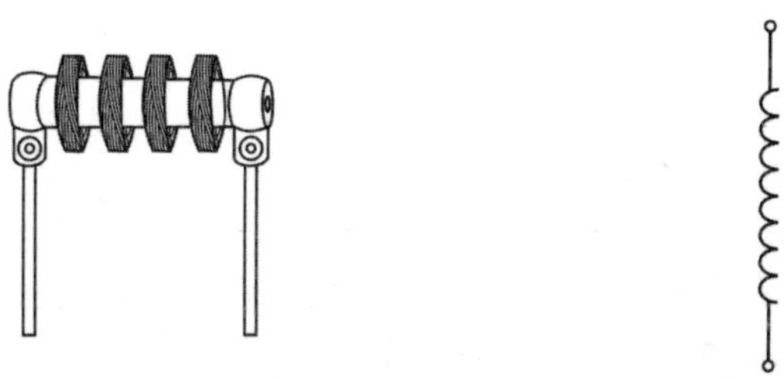

(a) रेडियो फ्रीक्वेंसी चोक (b) रेडियो फ्रीक्वेंसी चोक प्रतीक

चित्र 1.9: एयर कोर के साथ प्रेरक

परिवर्तनीय प्रेरक: वेरिएबल इंडक्टर्स को चित्र 1.10 में दिखाया गया है। क्राईल के अंदर कोर को आगे पीछे विस्थापित करके प्रेरकत्व के मान को परिवर्तित किया जा सकता है। जब किसी क्राईल से विद्युत् धारा प्रवाहित होती है तब उससे चुंबकीय फ्लक्स उत्पन्न होता है,जो उसी क्राईल के घुमावदार तारों से सम्बद्ध होकर उसमें एक विद्युत् वाहक बल प्रेरित (उत्पन्न) करता है। इसे स्व प्रेरित विद्युत् वाहक बल कहते हैं और यह फ्लक्स लिंकेज की दर के समानुपाती होता है।

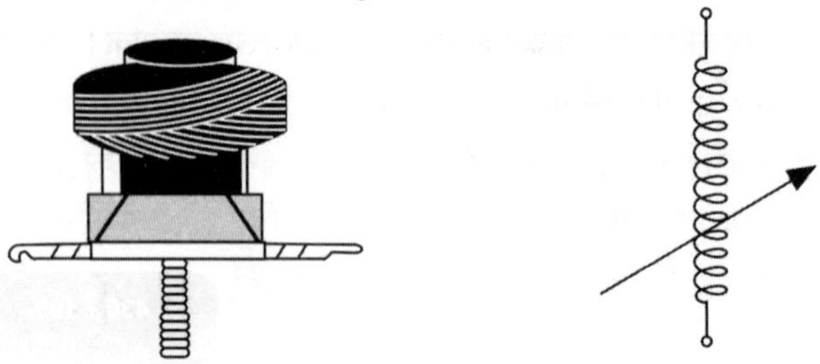

(a) वेरिएबल इंडक्टर (b) वेरिएबल इंडक्टर प्रतीक

चित्र 1.10: परिवर्तनीय प्रेरक का योजनाबद्ध आरेख

$$e \propto \frac{di}{dt} \quad \text{या} \quad e = L\frac{di}{dt} \quad \text{या} \quad L = \frac{e}{di/dt} \qquad \text{(i)}$$

$$e = N\frac{d\phi}{dt} \quad also \;\; e = L\frac{di}{dt} \quad \therefore \quad L\frac{di}{dt} = N\frac{d\phi}{dt}$$

$$L = \frac{Nd\phi}{di} = \frac{N\phi}{I} \qquad \text{... (ii)}$$

$$L = \frac{N}{I} \times \frac{NI}{l} \times a\mu_o\mu_r = \frac{N^2}{\text{रिलक्टेंस}} = \frac{N^2}{l} \times a\mu_o\mu_r \qquad \text{... } (iii)$$

$$L = \frac{e}{di/dt} = \frac{N\phi}{I} = \frac{N^2}{l} \times a\mu_o\mu_r$$

एक प्रेरक के चुंबकीय क्षेत्र में संग्र हीत ऊर्जा संबंध द्वारा दी जाती है

$$W = \frac{1}{2}LI^2 \; or \; w = \frac{1}{2}Li^2 \text{ joule}$$

नोट: प्रेरक धारा के परिवर्तन का विरोध करता है, इसलिए, यह प्रत्यावर्ती धारा (एसी) का विरोध करता है लेकिन दिष्ट धारा (डीसी) का विरोध नहीं करता है।

1.4 संधारित्र

धातु की दो प्लेटें, जिनके बीच के स्थान में कोई कुचालक डाइ-इलेक्ट्रिक पदार्थ (जैसे कागज, माइका आदि) भरा होता है, संधारित्र (कैपेसिटर) बनाती हैं। संधारित्र में विद्युत् आवेश को संग्रहित करने की क्षमता होती है। एक संधारित्र की क्षमता प्रति इकाई विभवान्तर में आवेश को संचित करने की उसकी धारिता कहलाती है। संधारित्र की इकाई फैराड (F) है। हालांकि, यूनिट फैराड बहुत बड़ा है, संधारित्र का मान व्यावहारिक रूप से माइक्रो फैराड (μF) या पिको फैराड में होता है। संधारित्र एक ऐसा घटक है जो प्रत्यावर्ती धारा (AC) के

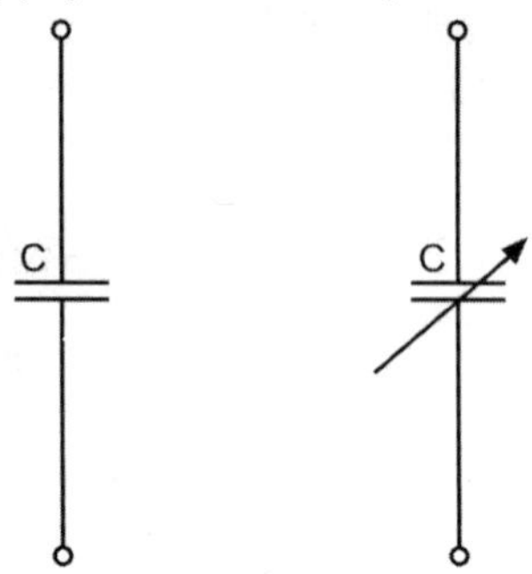

(a) फिक्स्ड कैपेसिटर (b) परिवर्तनीय संधारित्र

चित्र 1.11: स्थिर और परिवर्ती संधारित्र (C) का प्रतीक

लिए न्यून प्रतिबाधा प्रदान करता है, लेकिन दिष्ट धारा (DC) के लिए बहुत अधिक प्रतिबाधा (प्रतिरोध) स्थिर और परिवर्ती संधारित्र (C) का योजनाबद्ध प्रतीक चित्र 1.11 में दिखाया गया है।

कैपेसिटर का वर्गीकरण: कैपेसिटर को मोटे तौर पर नियत और परिवर्तनीय कैपेसिटर के रूप में भी वर्गीकृत किया जा सकता है। विभिन्न अनुप्रयोगों के लिए कैपेसिटर के विभिन्न प्रकार उपलब्ध हैं।

स्थिर संधारित्र: कुछ संधारित्र जिनकी निश्चित धारिता होती है, जिनका उल्लेख नीचे किया गया है:

- **पेपर कैपेसिटर:** इन कैपेसिटर में डाइ-इलेक्ट्रिक के रूप में इंप्रेग्नेटेड पेपर का उपयोग किया जाता है। पेपर कैपेसिटर कैपेसिटेंस और वोल्टेज रेटिंग की एक विस्तृत श्रृंखला में उपलब्ध हैं। इन संधारित्रों का उपयोग उन परिपथों में किया जाता है जिनकी आवृत्ति रेडियो-आवृत्ति से कम होती है। ऐसे संधारित्रों को चित्र 1.12 में दिखाया गया है।

ट्यूबलर संधारित्र

(a) ट्यूबलर टाइप पेपर कैपेसिटर

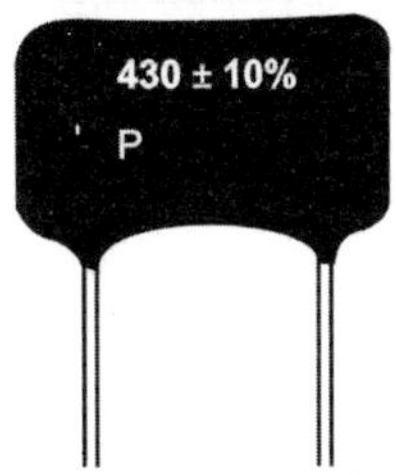

एनकैप्सुलेटेड टाइप माइका कैपेसिटर

(b) एनकैप्सुलेटेड टाइप कैपेसिटर

चित्र 1.12: पेपर संधारित्र

- **अभ्रक कैपेसिटर:** इन संधारित्रों में अभ्रक का उपयोग परावैद्युत के रूप में किया जाता है। इन कैपेसिटर का उपयोग रेडियो-फ्रीक्वेंसी पर चलने वाले सर्किट में किया जाता है। ऐसे संधारित्रों में से एक को चित्र 1.13 में दिखाया गया है।

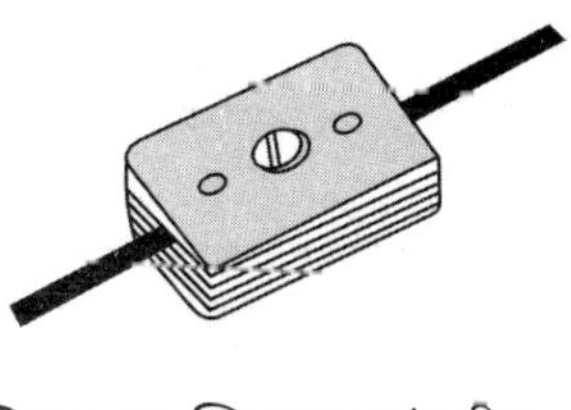

चित्र 1.13: स्थिर अभ्रक संधारित्र

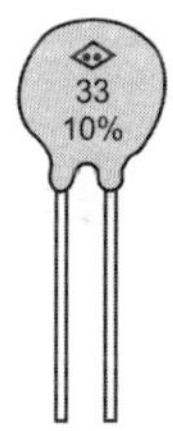

चित्र 1.14: सिरेमिक संधारित्र

- **सिरेमिक कैपेसिटर:** इन कैपेसिटर में सिरेमिक का उपयोग डाइइलेक्ट्रिक सामग्री के रूप में किया जाता है। एक डिस्क प्रकार के सिरेमिक कैपेसिटर को चित्र 1.14 में दिखाया गया है।
- **इलेक्ट्रोलिटिक कैपेसिटर:** इन कैपेसिटर में, एक इलेक्ट्रोलाइट का उपयोग डाइइलेक्ट्रिक के रूप में किया जाता है। इनका उपयोग ज्यादातर डीसी बिजली आपूर्ति के फिल्टर सेक्शन में किया जाता है। ऐसे संधारित्रों को चित्र 1.15 में दिखाया गया है।

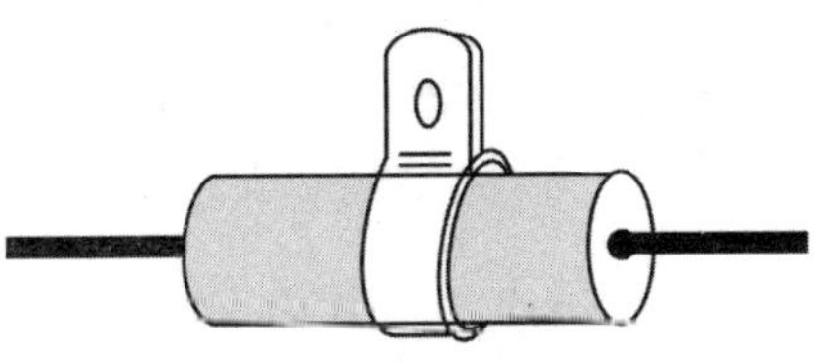

ट्यूबलर कैपेसिटर

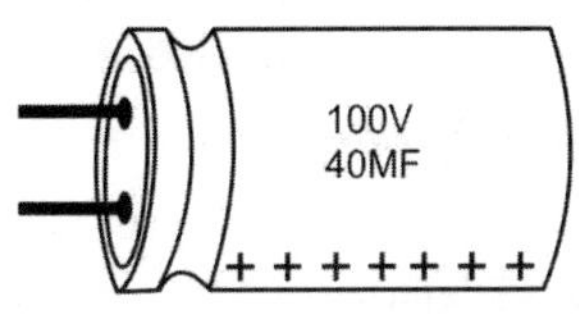

कैन टाइप कैपेसिटर

चित्र 1.15: इलेक्ट्रोलाइटिक कैपेसिटर

वेरिएबल कैपेसिटर

ट्यूनिंग सर्किट जैसे इलेक्ट्रॉनिक सर्किट, जिसमें आवृत्ति को आवश्यकता के अनुसार बदलना होता है, वेरिएबल कैपेसिटर का उपयोग किया जाता है। एयर-गैंग कैपेसिटर, चित्र 1.16 (a) में दिखाया गया है, और अभ्रक शीट कैपेसिटर के साथ ट्रिमर या पैडर को चित्र 1.16 (b) में दिखाया गया है। ये सबसे प्रचलित परिवर्तनीय कैपेसिटर हैं।

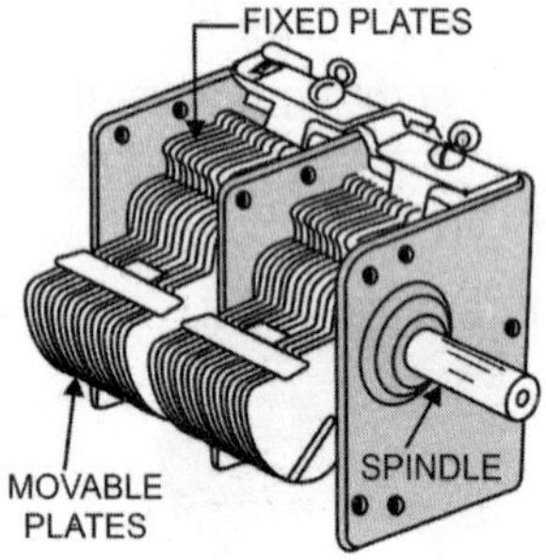

(a) एयर-गैंग कैपेसिटर

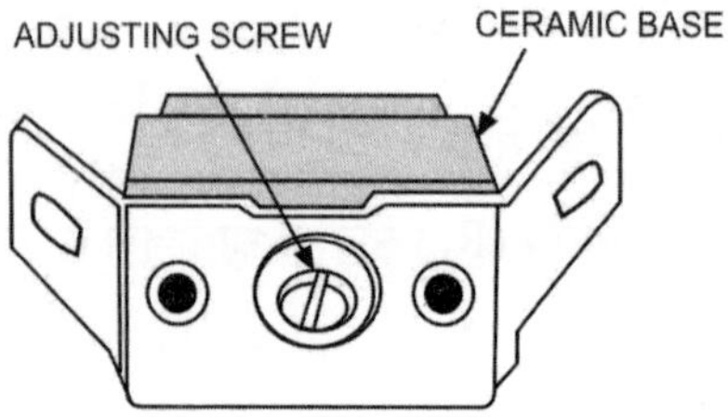

(b) ट्रिमर या पैडर कैपेसिटर

चित्र 1.16: वेरिएबल संधारित्र

एक संधारित्र की धारिता का मान उसके आवेश (चार्ज Q) और उसकी प्लेटों के मध्य विभवांतर (V) का अनुपात है। अर्थात धारिता को आवेश प्रति इकाई विभवांतर के रूप में परिभाषित किया जाता है।

$$C = \frac{Q}{V} \text{ फैराड } or \quad c = \frac{q}{v} \text{ फैराड}$$

एक संधारित्र द्वारा संचित की गई ऊर्जा निम्नलिखित सम्बन्ध से व्यक्त की जाती है।

$$W = \frac{1}{2} CV^2 \text{ जूल} \quad or \quad w = \frac{1}{2} cv^2 \text{ जूल}$$

1.5 विभव एवं धारा स्रोत

इलेक्ट्रिकल/इलेक्ट्रॉनिक सर्किट में विद्युत ऊर्जा पहुंचाने के लिए एक स्रोत की आवश्यकता होती है। जैसा कि चित्र 1.17 में दिखाया गया है, एक भार (Load), स्रोत से जुड़ा है। यह स्रोत या तो एक दिष्ट धारा (DC) स्रोत या प्रत्यावर्ती धारा (AC) स्रोत हो सकता है।

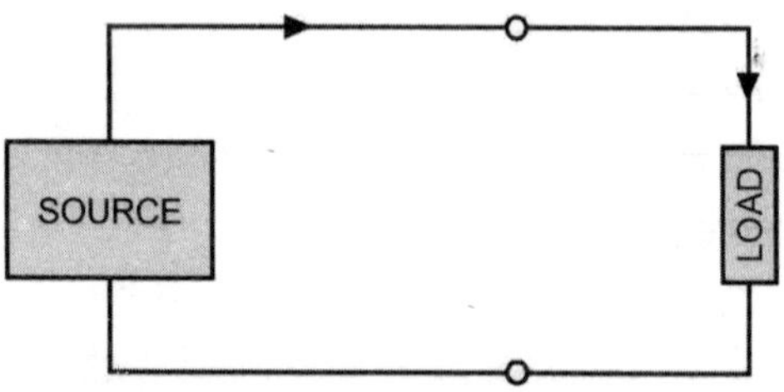

चित्र 1.17: स्रोत से भार में उर्जा का स्थानांतरण

- **दिष्ट धारा (D.C.) स्रोत:** कोई भी उपकरण जो लगातार दिष्ट वोल्टेज उत्पन्न करता है और विद्युत् धारा प्रवाहित करने की क्षमता रखता है उसे दिष्ट धारा स्रोत स्रोत कहा जाता है। जैसे बैटरी, डीसी जनरेटर और रेगुलेटेड डीसी पॉवर सप्लाई। दिष्ट धारा वह धारा है जो परिपथ में सदैव एक ही दिशा में बहती है व जिसकी ध्रुवीयता नियत रहती है।
- **प्रत्यावर्ती धारा (A.C.) स्रोत:** कोई भी उपकरण जो लगातार प्रत्यावर्ती (अल्टरनेटिंग) वोल्टेज का उत्पादन करता है और जिसमें विद्युत् धारा प्रवाहित करने की क्षमता होती है, उसे प्रत्यावर्ती धारा स्रोत कहा जाता है, जैसे कि अल्टरनेटर और ऑसिलेटर या सिग्नल जेनरेटर।

1.6 आंतरिक प्रतिरोध

सभी स्रोतों (बैटरी, डीसी जनरेटर या रेक्टिफायर प्रकार की आपूर्ति) में कुछ आंतरिक प्रतिरोध होता (R_i) है। एक DC स्रोत के समतुल्य परिपथ को E.M.F. के साथ आंतरिक प्रतिरोध R_i श्रेणी क्रम में जोड़कर दर्शाया जाता है। जैसा कि चित्र 1.18 में दिखाया गया है।

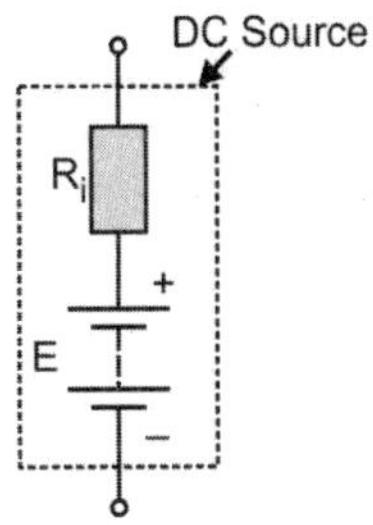

चित्र 1.18: डीसी स्रोत

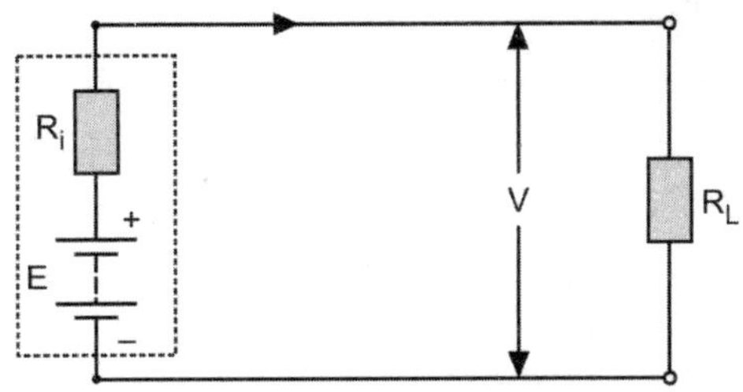

चित्र 1.19: लोड पर डीसी स्रोत

एक बाह्य भार प्रतिरोध (R_L) स्रोत के साथ जुड़ा है, उसे चित्र 1.19 के अनुसार प्रदर्शित करते हैं।

लोड करेंट $$I_L = \frac{E}{R_L + R_i}$$

टर्मिनल वोल्टेज $$V = E - I_L R_L$$

$$V = I_L R_L = \frac{E}{R_L + R_i} \times R_L$$

स्रोत के आंतरिक प्रतिरोध में वोल्टेज की गिरावट के कारण लोड टर्मिनलों में वोल्टेज कम हो जाता है। छोटे आंतरिक प्रतिरोध वाला स्रोत लोड टर्मिनलों में अधिक वोल्टेज प्रदान करेगा।

1.7 स्थिर विभव स्रोत

स्रोत के साथ जुड़े भार (लोड) के किसी भी मान के बावजूद यदि एक स्रोत लगभग स्थिर वोल्टेज पर बिजली की आपूर्ति करता है, ऐसे विद्युत स्रोत को एक स्थिर विभव (कांस्टेंट वोल्टेज) स्रोत कहा जाता है।

1.7.1 आदर्श स्थिर विभव स्रोत

स्रोत के साथ जुड़े भार (लोड) के किसी भी मान के बावजूद यदि एक स्रोत स्थिर वोल्टेज पर बिजली की आपूर्ति करता है, ऐसे विद्युत स्रोत को एक आदर्श स्थिर वोल्टेज स्रोत कहा जाता है। यह तभी संभव है जब वोल्टेज स्रोत का आतंरिक प्रतिरोध शून्य हो। हम जानते हैं कि,

$$V = \frac{E}{R_L + R_i} \times R_L \qquad \text{चूँकि} \quad R_i = \text{Zero}, \quad V = E$$

एक आदर्श स्थिर वोल्टेज स्रोत और इसकी विशेषताओं को क्रमशः चित्र 1.20 (a) और 1.20 (b) में दिखाया गया है।

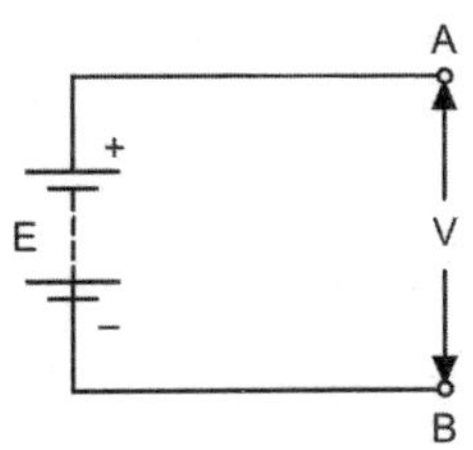

(a) आदर्श वोल्टेज स्रोत।

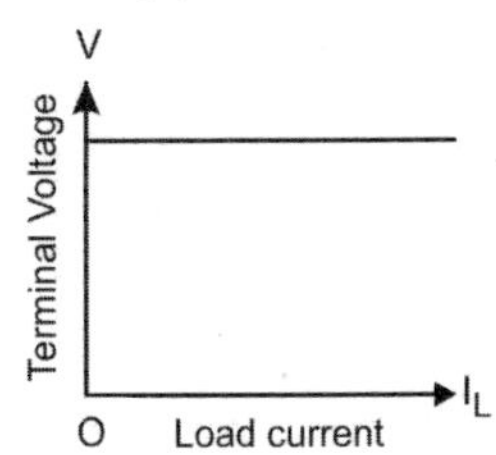

(b) आदर्श वोल्टेज स्रोत के अभिलक्षण।

चित्र 1.20: आदर्श स्थिर विभव स्रोत

एक आदर्श स्थिर वोल्टेज स्रोत सिर्फ एक परिकल्पना है, यह वास्तव में मौजूद नहीं हो सकता। सभी वोल्टेज स्रोतों में कुछ आंतरिक प्रतिरोध (या प्रतिबाधा) होता है, हालांकि इसका मान बहुत छोटा हो सकता है।

1.7.2 वास्तविक स्थिर विभव स्रोत

सभी वोल्टेज स्रोतों में कुछ आंतरिक प्रतिरोध होता है जो शॉर्ट सर्किट पर करेंट को सीमित करता है। वास्तविक वोल्टेज स्रोत और इसकी विशेषताओं को क्रमशः चित्र 1.21 (a) और 1.21 (b) में दिखाया गया है।

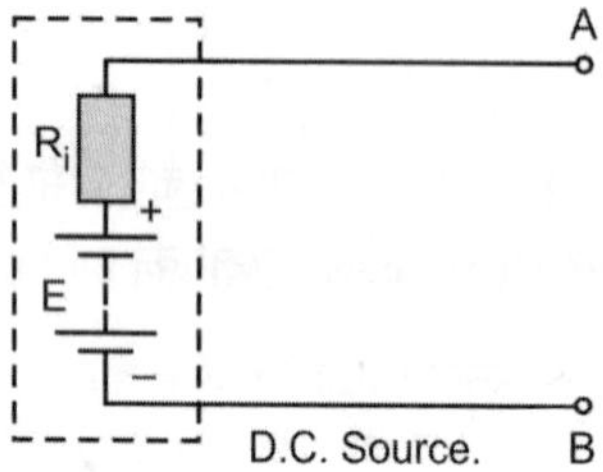

(a) वास्तविक वोल्टेज स्रोत

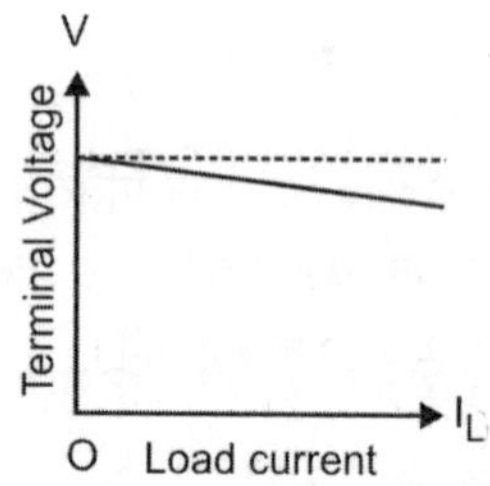

(b) वास्तविक वोल्टेज स्रोत के अभिलक्षण

चित्र 1.21: वास्तविक स्थिर विभव स्रोत

स्रोत के टर्मिनल वोल्टेज को नो-लोड से पूर्ण-लोड तक लगभग स्थिर बनाए रखने के लिए, स्रोत का आंतरिक प्रतिरोध बहुत छोटा होना चाहिए।

एक वोल्टेज स्रोत जिसमें लोड प्रतिरोध (या प्रतिबाधा) की तुलना में बहुत कम आंतरिक प्रतिरोध (या प्रतिबाधा) होता है, **वास्तविक स्थिर वोल्टेज स्रोत** के रूप में जाना जाता है।

1.8 स्थिर धारा (कांस्टेंट करेंट) स्रोत

स्रोत के साथ जुड़े भार (लोड) के किसी भी मान के बावजूद यदि एक स्रोत लगभग स्थिर विद्युत् धारा की आपूर्ति करता है, ऐसे विद्युत स्रोत को एक स्थिर धारा (कांस्टेंट करेंट) स्रोत कहा जाता है।

1.8.1 आदर्श स्थिर धारा स्रोत

स्रोत के साथ जुड़े भार (लोड) के किसी भी मान के बावजूद यदि एक स्रोत स्थिर विद्युत् धारा की आपूर्ति करता है, ऐसे विद्युत स्रोत को एक आदर्श स्थिर धारा स्रोत कहा जाता है।

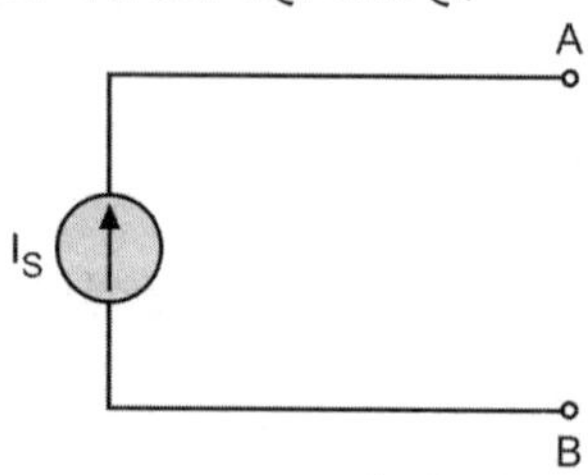

(a) आदर्श करेंट स्रोत।

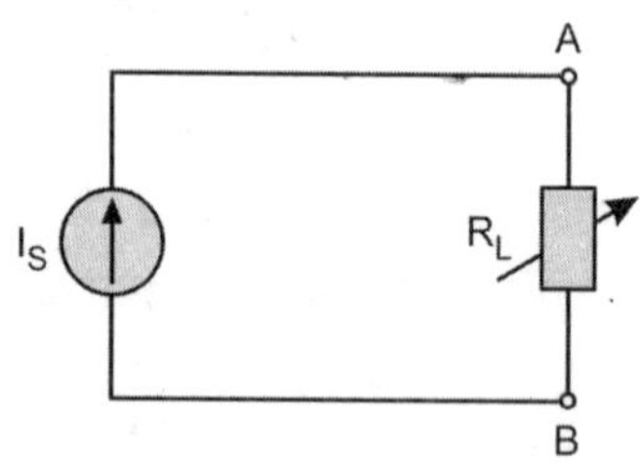

(b) लोड पर आदर्श करेंट स्रोत

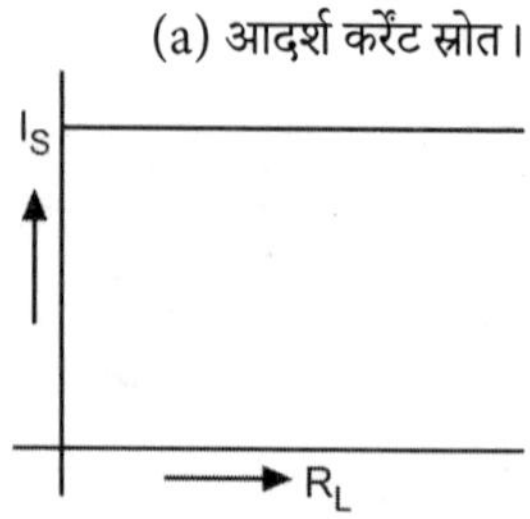

(c) I_S और R_L के बीच संबंध

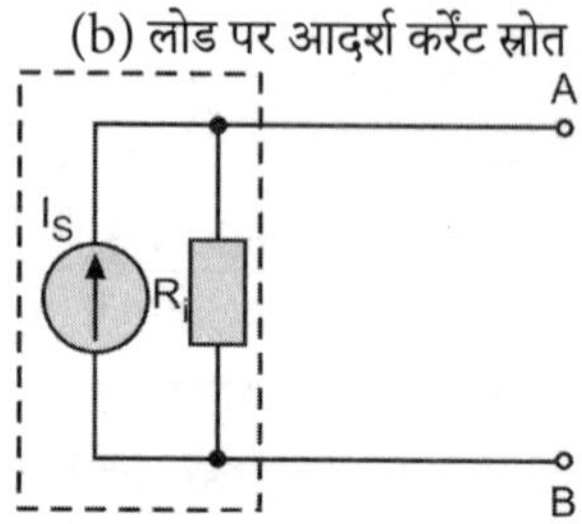

(d) करेंट स्रोत का प्रतीकात्मक विशेषताएँ

चित्र 1.22: आदर्श करेंट स्रोत, इसकी विशेषताएँ और प्रतीक

यह तभी सत्य होगा जब स्रोत का आंतरिक प्रतिरोध अनंत हो।

$$I = \frac{E}{R_L + R_i} = \frac{E / R_i}{1 + R_L / R_i}$$

यानी भले ही $R_L = 0$, $I = \frac{E}{R_i}$

यह तभी संभव है, जब आंतरिक प्रतिरोध (या प्रतिबाधा) को भार के समानांतर दर्शाया जाए जैसा कि चित्र 1.14 (d) में दिखाया गया है। इससे पता चलता है कि इस प्रकार के स्रोत में नो-लोड पर भी आंतरिक बिजली की हानि होगी। आदर्श धारा स्रोत केवल एक परिकल्पना है,वास्तविकता नहीं।

1.8.2 वास्तविक धारा स्रोत

एक आदर्श स्थिर धारा स्रोत सिर्फ विचार है। एक वास्तविक स्थिर धारा स्रोत मूल रूप से एक वोल्टेज स्रोत होता है जो लोड प्रतिरोध के सभी मूल्यों पर लगभग समान धारा प्रदान करता है। यह तभी संभव है जब स्रोत का आंतरिक प्रतिरोध बहुत अधिक हो अर्थात $R_i >> R_L$

एक स्रोत जिसमें भार प्रतिरोध (या प्रतिबाधा) की तुलना में बहुत अधिक आंतरिक प्रतिरोध (या प्रतिबाधा) होता है, उसे एक स्थिर धारा स्रोत माना जाता है।

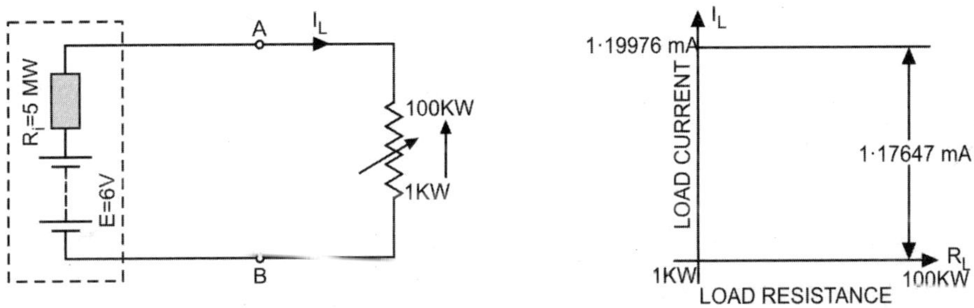

(a) वास्तविक करेंट स्रोत (b) I_L और R_L के बीच वक्र

चित्र 1.23: वास्तविक धारा स्रोत और इसकी विशेषाएं

एक वास्तविक धारा स्रोत जिसमें बहुत अधिक आंतरिक प्रतिरोध होता है। उदाहरणार्थ चित्र 1.23 (a) में एक स्थिर विद्युत् धारा स्रोल प्रदर्शित है, जिसका आंतरिक प्रतिरोध बहुत अधिक (5 MΩ) है, तुलनात्मक रूप से बहुत कम मान के भार से जुड़ा है जो 1 KΩ से 100 KΩ तक की रेंज में परिवर्तनशील है,उसकी विषेशता चित्र 1.23 (b) में प्रदर्शित हैं।

इससे पता चलता है कि लोड करेंट लगभग स्थिर रहता है और स्रोत लोड प्रतिरोध के मूल्य के बावजूद स्थिर करेंट स्रोत के रूप में व्यवहार करता है।

1.9 धारा एवं विभव स्त्रोत स्रोत में अंतर

विद्युत स्रोत का व्यवहार उसकी कार्य स्थितियों पर निर्भर करता है। जब स्रोत के आंतरिक प्रतिरोध (या प्रतिबाधा) की तुलना में लोड प्रतिरोध (या प्रतिबाधा) का मान बहुत बड़ा होता है, तो स्रोत को विभव स्रोत के रूप में माना जाता है। जबकि, जब स्रोत के आंतरिक प्रतिरोध की तुलना में लोड प्रतिरोध का मान बहुत छोटा होता है, तो स्रोत को धारा स्रोत के रूप में माना जाता है।

उदाहरण के लिए, 0.5 Ω के आंतरिक प्रतिरोध वाली 12V बैटरी पर विचार करें। यदि बैटरी पर लगाया गया भार 1 KΩ से 10 KΩ तक भिन्न होता है, तो टर्मिनल वोल्टेज 11.994V से 11.9994V तक भिन्न होता है। $\left[V = \frac{E}{1 + R_i / R_L}\right]$ ऐसे स्रोत को

स्थिर विभव स्रोत माना जाता है। यदि बैटरी पर लगाया गया भार 1 MΩ से 10 MΩ तक परिवर्तनशील होता है, तो बेट्री द्वारा धारा आपूर्ति 23.952 A से 23.529 A तक बदलती है। $\left[I = \dfrac{E/R_i}{1 + R_L/R_i} \right]$. ऐसे स्रोत को स्थिर धारा स्रोत माना जाता है।

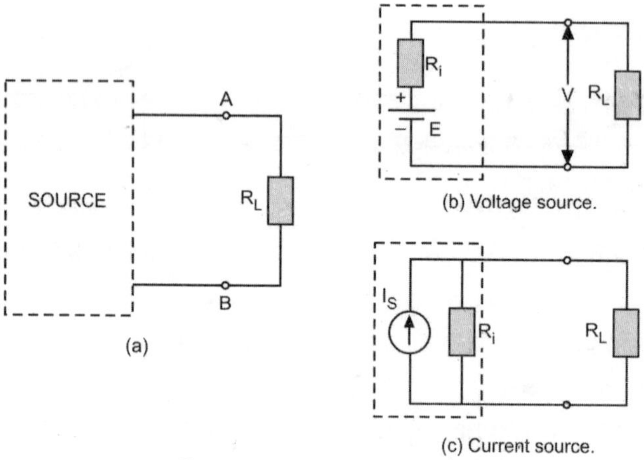

चित्र 1.24: विभव एवं धारा स्रोत

निष्कर्ष: यह स्पष्ट रूप से दर्शाता है कि स्रोत समान है लेकिन इसे एक स्थिर वोल्टेज माना जाता है।स्रोत यदि $R_i << R_L$ और उसी स्रोत को एक स्थिर चालू स्रोत माना जाता है यदि $R_i >> R_L$। इसलिए व्यावहारिक रूप से, स्थिर वोल्टेज स्रोत और स्थिर करेंट स्रोत के बीच कोई अंतर नहीं है।

स्रोत परिवर्तन:

1.10 स्रोत रूपांतरण (विभव स्रोत से धारा स्रोत और धारा स्रोत से विभव स्रोत में रूपांतरण)

यह देखा गया है कि, एक ही विद्युत स्रोत एक स्थिर विभव स्रोत के रूप में और एक स्थिर धारा स्रोत के रूप में व्यवहार करता है। तदनुसार एक ही स्रोत को दो अलग-अलग तरीकों से दर्शाया जा सकता है जैसा कि क्रमशः चित्र 1.1.25 (b) और 1.25 (c) में दिखाया गया है।

इस प्रकार, एक विभव स्रोत को धारा स्रोत के रूप में दर्शाया जा सकता है जैसा कि सर्किट में दिखाया गया है। 1.25 (c) और एक धारास्रोत को विभव स्रोत के रूप में दर्शाया जा सकता है जैसा कि सर्किट में दिखाया गया है। 1.25 (b)

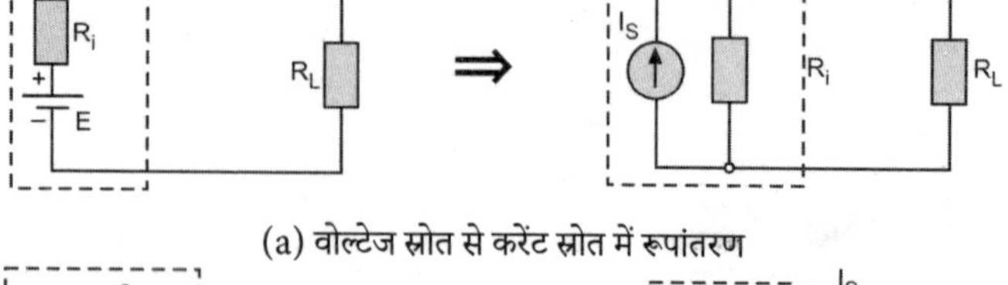

(a) वोल्टेज स्रोत से करेंट स्रोत में रूपांतरण

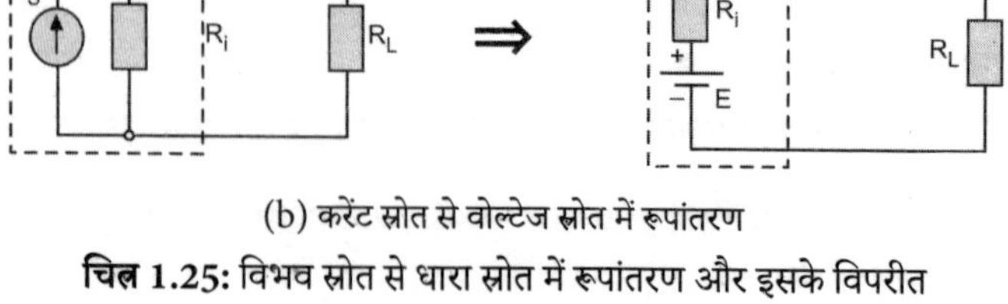

(b) करेंट स्रोत से वोल्टेज स्रोत में रूपांतरण

चित्र 1.25: विभव स्रोत से धारा स्रोत में रूपांतरण और इसके विपरीत

उदाहरण 1.1: चित्र.1.26 एक डी. सी. वोल्टेज स्रोत को दिखाता है जिसमें 12 V का ओपन सर्किट वोल्टेज और 1 Ω ओम का आंतरिक प्रतिरोध होता है। इसके समकक्ष धारा स्रोत प्रतिनिधित्व प्राप्त करें।

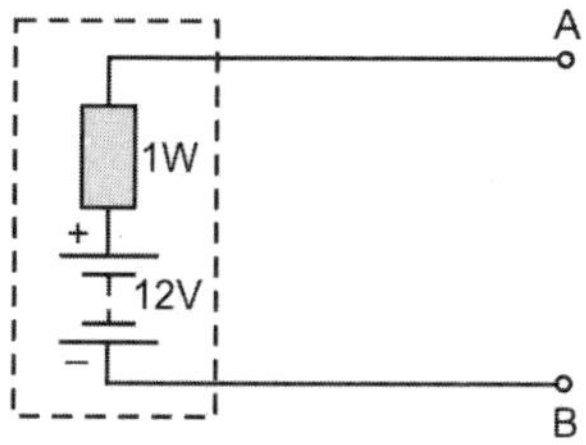

चित्र 1.26: विभव स्रोत

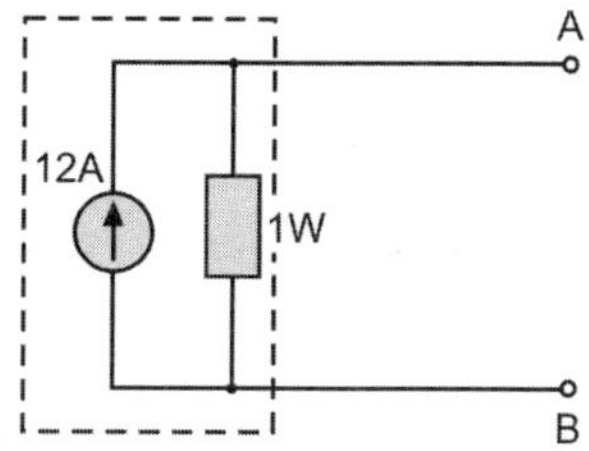

चित्र 1.27: समतुल्य धारा स्रोत

समाधान: यदि वोल्टेज-स्रोत के टर्मिनल A और B शॉर्ट-सर्किट हैं, तो स्रोत द्वारा आपूर्ति की जाने वाली धारा,

$$I_s = \frac{E}{R_i} = \frac{12}{1} = 12\text{A}$$

समतुल्य धारा-स्रोत प्रतिनिधित्व में, धारास्रोत 12A का है। स्रोत के आंतरिक प्रतिरोध को धारास्रोत के समानांतर दर्शाया गया है जैसा कि चित्र 1.27 में दिखाया गया है।

उदाहरण 1.2: चित्र.1.28 एक डी.सी. धारा-स्रोत को दिखाता है, इसके समकक्ष वोल्टेज-स्रोत प्रतिनिधित्व प्राप्त करें।

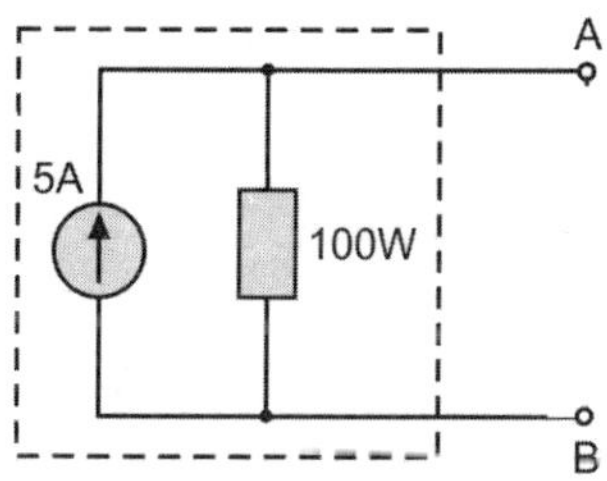

चित्र 1.28: डी.सी. धारा स्रोत

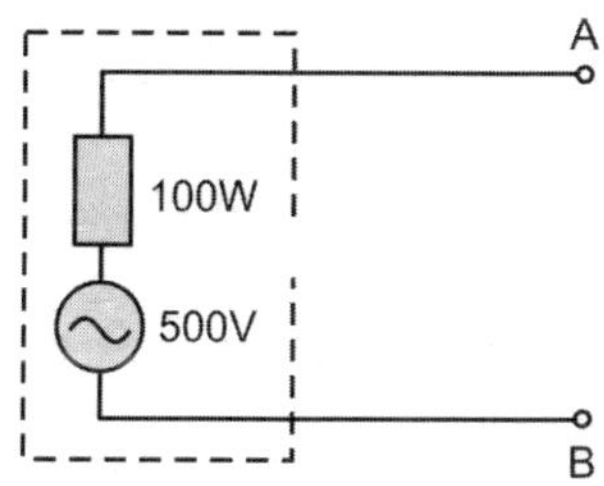

चित्र 1.29: समतुल्य विभव स्रोत

समाधान: टर्मिनलों A और B में धारास्रोत का ओपन सर्किट वोल्टेज।

$$E = I_S R = 5 \times 100 = 500 \text{ V}$$

यह उत्पन्न ई.एम.एफ. या समकक्ष वोल्टेज स्रोत प्रतिनिधित्व का आदर्श वोल्टेज।

आंतरिक प्रतिबाधा (R = 100 Ω) को आदर्श वोल्टेज स्रोत के साथ श्रृंखला में रखा गया है जैसा कि चित्र 1.29 में दिखाया गया है। यह दिए गए धारास्रोत के बराबर वोल्टेज स्रोत का प्रतिनिधित्व देता है।

1.11 ओम का नियम

यह नियम कहता है कि किसी चालक (या परिपथ) के किन्हीं दो बिंदुओं के बीच प्रवाहित धारा उनके बीच विभवांतर के समानुपाती होती है, बशर्ते कि भौतिक स्थितियाँ (अर्थात तापमान आदि) समान रहे।

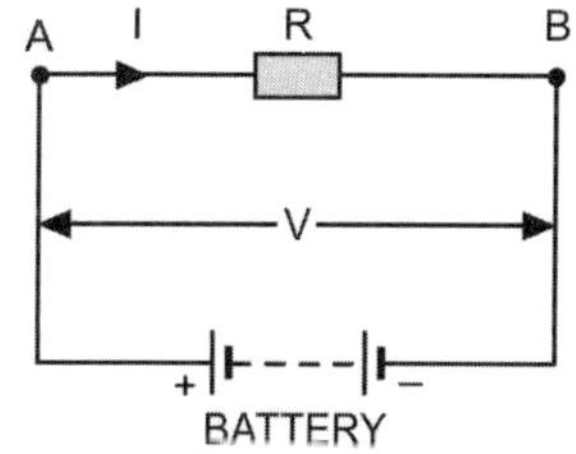

चित्र 1.30: बैटरी से जुड़ा प्रतिरोध

सर्किट में दिखाए गए सर्किट को ध्यान में रखते हुए। 1.30। गणितीय रूप से; $I \propto V$

या $\frac{V}{I}$ = स्थिरांक या $\frac{V_1}{I_1} = \frac{V_2}{I_2} = \ldots\ldots = \frac{V_n}{I_n}$ = स्थिरांक.

दूसरे शब्दों में, किसी चालक के किन्हीं दो बिंदुओं के बीच विभवांतर का अनुपात उनके बीच बहने वाली धारा से हमेशा स्थिर रहता है, बशर्ते कि भौतिक स्थितियां (अर्थात तापमान आदि) समान रहे।

यह स्थिरांक चालक (या परिपथ) के प्रतिरोध (R) के रूप में जाना जाता है।

$$\frac{V}{I} = R$$

इसे $V = IR$ या $I = \frac{V}{R}$ के रूप में भी लिखा जा सकता है

ओम के नियम की सीमाएँ: ओम के नियम को परिपथों पर लागू नहीं किया जा सकता है:

(i) इलेक्ट्रॉनिक ट्यूब या ट्रांजिस्टर से मिलकर क्योंकि ये तत्व द्विपक्षीय नहीं हैं।

उदाहरण 1.3. प्लैटिनम का 0°C पर विशिष्ट प्रतिरोध 10.5 micro-ohm-cm है। प्लैटिनम तार की लंबाई क्या होना चाहिए जब 0 डिग्री सेल्सियस पर प्लैटिनम तार का प्रतिरोध 3 Ω और व्यास 0.0274 cm है

समाधान : 0°C पर तार का प्रतिरोध = R_0

$$R_0 = \rho_0 \frac{1}{a}$$

इसलिए,

$$l = \frac{R_0 a}{\rho_0}$$

जहां,

$$R_0 = 3\Omega : \rho_0 = 10.5 \times 10^{-6}\,\Omega\text{ cm}$$

$$= 10.5 \times 10^{-8}\,\Omega\text{ m}$$

$$a = \frac{\pi d^2}{4} = \frac{\pi\,(0.0274)^2}{4}\,cm^2$$

$$= \frac{\pi\,(0.0274)^2 \times 10^{-4}}{4}\,m^2$$

$$l = \frac{3 \times \pi x\,(0.0274)^2 \times 10^{-4}}{4 \times 10.5 \times 10^{-8}} = \mathbf{1.687\ m}$$

उदाहरण 1.4. 0.01 cm^2 क्रॉस-सेक्शनल का क्षेत्रफल वाले नाइक्रोम तार में एक कॉइल के माध्यम से 0.5 A की धारा प्रवाहित की जाती है। यदि नाइक्रोम की प्रतिरोधकता $108 \times 10^{-6}\,\Omega$ cm और कुण्डली के दोनों सिरा पर विभवांतर 54 V का है, तो तार की लम्बाई कितनी होगी? तार की चालकता और प्रवाहकत्त्व (कनडक्टटेन्स) क्या होगी?

समाधान : तार का प्रतिरोध

$$R = \frac{V}{I} = \frac{54}{0.5} = 108\Omega$$

$$a = 0.01\text{ cm}^2 = 0.01 \times 10^{-4}\text{ m}^2.$$

$$R_0 = \rho_0 \frac{1}{a}$$

$$\rho_0 = 108 \times 10^{-6}\,\Omega\text{ cm} = 108 \times 10^{-8}\,\Omega\text{ m}$$

$$l = \frac{R_0 a}{\rho_0}$$

$$l = \frac{108 \times 0.01 \times 10^{-4}}{108 \times 10^{-8}} = \mathbf{100\ m}$$

चालकता, $\sigma = \frac{1}{\rho} = \frac{1}{108 \times 10^{-8}} = \mathbf{92.59 \times 10^4\ mho/m}$

कनडक्टटेन्स, $G = \frac{1}{R} = \frac{1}{108} = \mathbf{9.259 \times 10^{-3}\ mho}$

1.12 डी.सी. सर्किट

दिष्ट धारा के प्रवाह के बंद पथ को डी.सी. सर्किट कहते हैं। एक साधारण डी.सी. चित्र 1.31 में दिखाया गया है। जिसमें डी.सी. स्रोत (बैटरी), एक लोड (लैंप), एक स्विच, कनेक्टिंग लीड और मापने वाले उपकरण जैसे एमीटर और वोल्टमीटर।

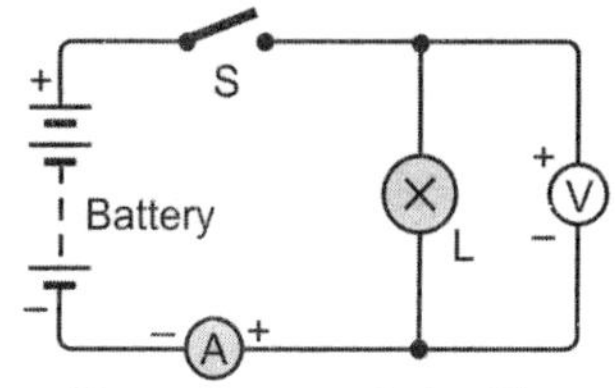

चित्र 1.31: सरल डीसी सर्किट

1.13 सीरीज सर्किट

एक परिपथ वह है जिसमें प्रतिरोधों की संख्या इस प्रकार जुड़ी होती है कि उनमें से समान धारा प्रवाहित होती है, श्रेणी परिपथ कहलाती है। चित्र 1.32 एक साधारण श्रेणी परिपथ दिखाता है जिसमें

प्रतिरोधक R_1, R_2 और R_3 V वोल्ट की आपूर्ति वोल्टेज में श्रृंखला में जुड़े हुए हैं।

परिपथ में प्रवाहित धारा I एम्पीयर है।

$$V = V_1 + V_2 + V_3 = IR_1 + IR_2 + IR_3$$

(ओम के नियम के अनुसार)

यदि R परिपथ का प्रभावी प्रतिरोध है, तो

$$IR = IR_1 + IR_2 + IR_3$$

या
$$R = R_1 + R_2 + R_3$$

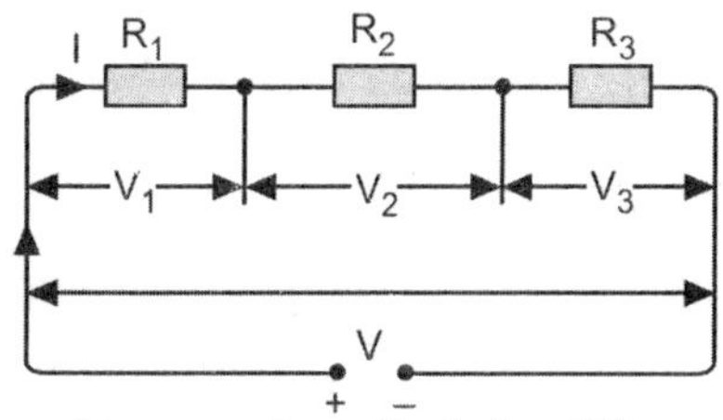

चित्र 1.32: श्रृंखला में जुड़े तीन प्रतिरोधक

यानी कुल प्रतिरोध = व्यक्तिगत प्रतिरोधों का योग।

आमतौर पर इस सर्किट का उपयोग त्योहार, शादियों में इस्तेमाल होने वाले सजावटी लाईट के लिए किया जाता है

1.14 समानांतर सर्किट

एक परिपथ वह है जिसमें प्रतिरोधकों की संख्या इस प्रकार जुड़ी होती है कि उनमें से विभिन्न धाराएँ प्रवाहित होती हैं लेकिन उनके बीच विभवांतर वही होता है जो चित्र 1.33 में दिखाया गया है। प्रतिरोधों के माध्यम से बहने वाली धारा तब R_1, R_2 और R_3 क्रमशः I_1, I_2 और I_3 है; परिपथ द्वारा खींची गई कुल धारा,

$$I = I_1 + I_2 + I_3 = \frac{V}{R} = \frac{V}{R_1} + \frac{V}{R_2} + \frac{V}{R_3}$$

(ओम के नियम के अनुसार)

यदि R परिपथ का प्रभावी प्रतिरोध है, तो

$$\frac{V}{R} = \frac{V}{R_1} + \frac{V}{R_2} + \frac{V}{R_3} \quad \text{या} \quad \frac{1}{R} = \frac{1}{R_1} + \frac{1}{R_2} + \frac{1}{R_3}$$

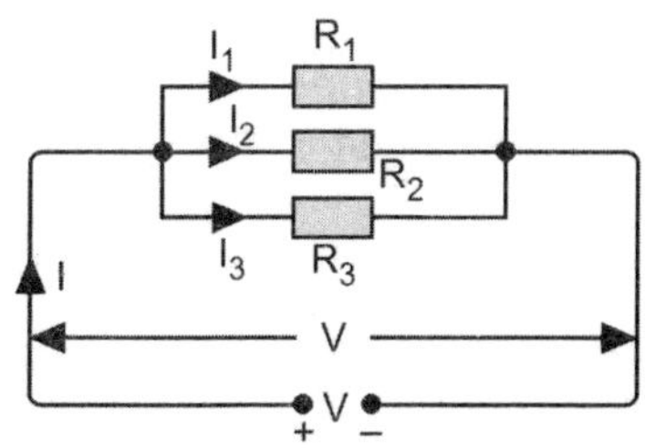

चित्र 1.33: समानांतर में जुड़े तीन प्रतिरोधक

प्रभावी प्रतिरोध का व्युत्क्रम = व्यक्तिगत प्रतिरोधों के व्युत्क्रम का योग।

सभी घरेलू उपकरण समानांतर में जुड़े होते हैं क्योंकि ये एक ही वोल्टेज पर संचालित होते हैं और स्वतंत्र रूप से नियंत्रित होते हैं।

1.15 सीरीज-समानांतर सर्किट

जिस परिपथ में प्रतिरोधकों को श्रेणीक्रम और समानांतर संयोजन में जोड़ा जाता है, उसे श्रेणी-समानांतर परिपथ कहते हैं, जैसा कि चित्र 1.34 में दिखाया गया है।

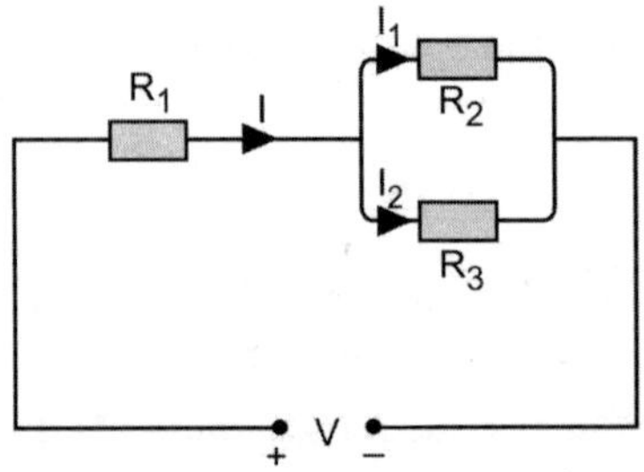

चित्र 1.34: श्रृंखला- समानांतर सर्किट

यहां, प्रतिरोध R_2 और R_3 समानांतर में जुड़े हुए हैं, लेकिन उनका संयोजन R_1 के साथ श्रृंखला में जुड़ा हुआ है। R_2 का प्रभावी मान कहें और R_3 R_P है, तो

$$\frac{1}{R_p}=\frac{1}{R_2}+\frac{1}{R_3}=\frac{R_2+R_3}{R_2\ R_3}$$

$$R_p=\frac{R_2\ R_3}{R_2+R_3}$$

वैकल्पिक रूप से; सर्किट का कुल या प्रभावी प्रतिरोध

$$R=R_i+R_p=R_i+\frac{R_2\ R_3}{R_2+R_3}$$

1.16 समानांतर सर्किट में धारा का विभाजन

जब R_1 और R_2 प्रतिरोध वाले दो प्रतिरोधक V वोल्ट के आपूर्ति वोल्टेज के समानांतर में जुड़े होते हैं, तो प्रवाहित होने वाली धारा कहिए

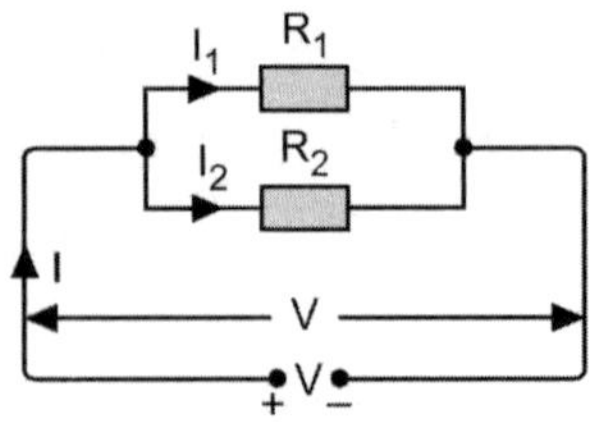

चित्र 1.35: समानांतर में जुड़े दो प्रतिरोधक

प्रत्येक शाखा क्रमशः I_1 और I_2 है।

ओम के नियम के अनुसार;

$$I_1\,R_1=I_2\,R_2=IR=V$$

जहाँ R परिपथ का कुल या प्रभावी प्रतिरोध है और I कुल धारा है।

$$R=\frac{R_1R_2}{R_1+R_2}$$

$$I_1=\frac{IR_2}{R_1+R_2}$$

$$I_2=\frac{IR_1}{R_1+R_2}$$

उपरोक्त समीकरण दर्शाता है कि

$$\textbf{एक शाखा में करेंट}=\frac{\textbf{अन्य शाखा का प्रतिरोध}}{\textbf{दो शाखाओं के प्रतिरोध का योग}}\times\textbf{कुल धारा}$$

उदाहरण 1.5: एक प्रतिरोधक R एक समानांतर परिपथ के साथ श्रेणीक्रम में जुड़ा है जिसमें दो प्रतिरोधक क्रमशः 6 और 4 ओम के प्रतिरोध वाले हैं। परिपथ में व्यय की गई कुल शक्ति 48 वाट है, अनुप्रयुक्त वोल्टता 12V है। आर के मूल्य की गणना करें।

समाधान: कुल शक्ति का अपव्यय, $P = 48$ W; अनुप्रयुक्त वोल्टेज, $V = 12$ V सर्किट को चित्र 1.36 में दिखाया गया है।

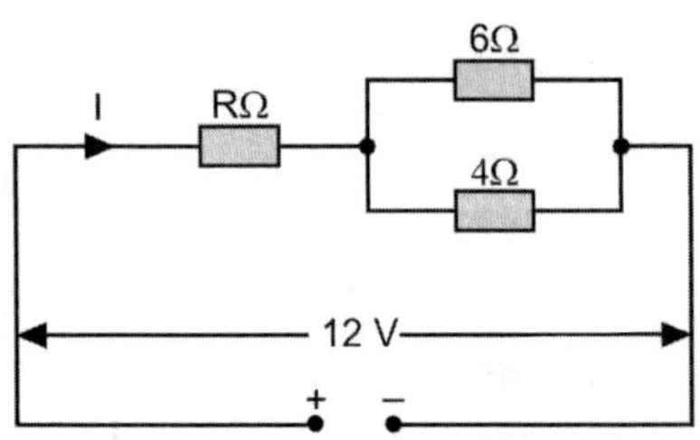

चित्र 1.36: सर्किट आरेख

सर्किट को धारा आपूर्ति $= I = \frac{P}{V} = \frac{48}{12} = 4\text{A}$

सर्किट का प्रभावी प्रतिरोध, $R_{eff} = \frac{V}{I} = \frac{12}{4} = 3\Omega$

$$R_{eff} = R + \left(\frac{6 \times 4}{6+4}\right)$$

$$3 = R + 2.4$$

or $$R = 3 - 2.4 = 0.6\ \Omega$$

उदाहरण 1.6: चित्र 1.37 में दिखाए गए सर्किट में धारा I निर्धारित करें। सभी प्रतिरोधक Ω में दिए गए हैं।

समाधान: परिपथ का सरलीकृत दृश्य चित्र 1.38 में दिखाया गया है।

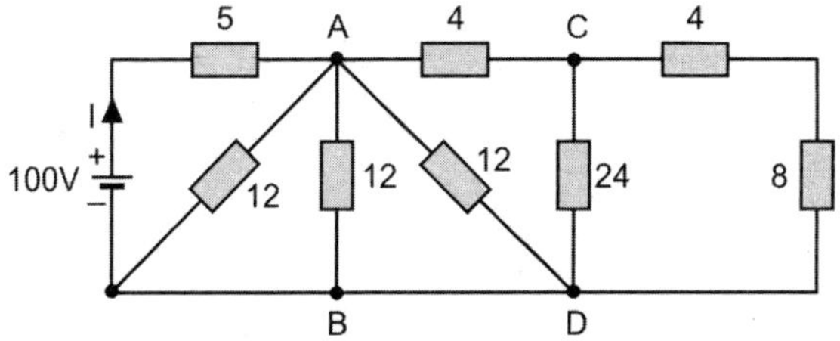

चित्र 1.37: दिया गया सर्किट

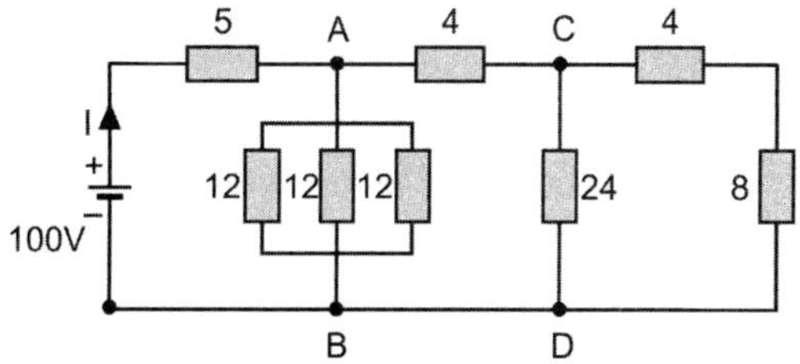

चित्र 1.38: दिए गए सर्किट का सरलीकृत दृश्य

आपूर्ति भर में प्रभावी प्रतिरोध-

$$R = [[\{(4+8) \,||\, 24\} + 4] \,||\, 12 \,||\, 12 \,||\, 12] + 5$$

$$= [\{(12 \,||\, 24) + 4\} \,||\, 12 \,||\, 12 \,||\, 12] + 5$$

$$= \left[\left(\frac{12 ' 24}{12+24} + 4\right) || 12 || 12 || 12\right] + 5$$

$$= [(8+4) || 12 || 12 || 12] + 5]$$

$$= \left(\frac{12}{4}\right) + 5 = 8\ \Omega$$

धारा, $$I = \frac{V}{R} = \frac{100}{8}\ 8 = 12.5\ \text{A}$$

1.17 नेटवर्क शब्दावली

विद्युत नेटवर्क का विश्लेषण करने के लिए नेटवर्क प्रमेय लागू होते हैं। इन प्रमेयों पर चर्चा करते समय नीचे चर्चा किए गए विभिन्न शब्दों का सामना करना पड़ता है:

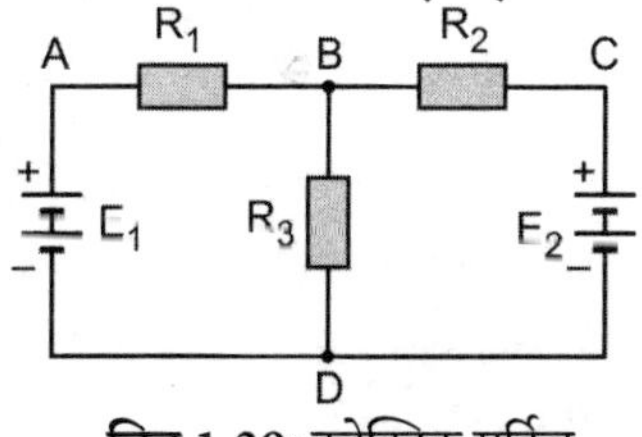

चित्र 1.39: इलेक्ट्रिक सर्किट

1. **विद्युत नेटवर्क :** विभिन्न विद्युत तत्वों के संयोजन को किसी भी प्रकार से जोड़ा जाता है, विद्युत नेटवर्क कहलाता है।
2. **विद्युत परिपथ :** एक विद्युत परिपथ एक बंद संवाहक पथ है जिसके माध्यम से विद्युत धारा या तो प्रवाहित होती है ।

3. **पैरामीटर्स :** किसी विद्युत परिपथ के विभिन्न तत्वों को इसके पैरामीटर कहा जाता है जैसे प्रतिरोधक, प्रेरक, संधारित्र आदि।
4. **सक्रिय नेटवर्क:** एक विद्युत नेटवर्क जिसमें ईएमएफ के एक या एक से अधिक स्रोत होते हैं, सक्रिय नेटवर्क कहलाते हैं।
5. **निष्क्रिय नेटवर्क:** एक विद्युत नेटवर्क जिसमें ईएमएफ का कोई स्रोत नहीं होता है, निष्क्रिय नेटवर्क कहलाता है।
6. **नोड:** एक नोड नेटवर्क में एक बिंदु है जहां दो या दो से अधिक सर्किट तत्व जुड़ते हैं। चित्र 1.39 में, A, B, C और D नोड हैं।
7. **जंक्शन :** जंक्शन वह बिंदु होता है, जहां तीन या अधिक सर्किट तत्व जुड़े होते हैं। वास्तव में, यह एक ऐसा बिंदु है जहां करेंट विभाजित होता है। चित्र 1.39 में, B और D जंक्शन हैं।
8. **शाखा:** नेटवर्क का वह भाग जो दो जंक्शन बिंदुओं के बीच स्थित होता है, शाखा कहलाता है। चित्र 1.39. में DAB, BCD और BD तीन शाखाएं हैं।
9. **लूप :** किसी नेटवर्क के बंद पथ को लूप कहते हैं। चित्र 1.39 में, ABDA, BCDB और ABCDA तीन लूप हैं।
10. **जाल:** लूप का सबसे प्रारंभिक रूप जिसे आगे विभाजित नहीं किया जा सकता है उसे जाल कहा जाता है। चित्र 1.39 में, ABDA और BCDB दो जाल हैं लेकिन ABCDA लूप है।

1.18 किरचॉफ का नियम

किरचॉफ का प्रथम नियम : इसे किरचॉफ का धारानियम (KCL) भी कहा जाता है। इसमें कहा गया है कि किसी बिंदु या जंक्शन पर मिलने वाली सभी धाराओं का बीजगणितीय योग शून्य होता है।

बीजगणितीय योग के लिए, विचार करें;

आने वाली धाराएं +ve के रूप में; और जाने वाली धाराओं के रूप में $-V$ चित्र 1.40 में जंक्शन O पर किरचॉफ के धारा नियम को लागू करने पर, हम प्राप्त करते हैं,

$$I_1 + I_2 - I_3 + I_4 - I_5 = 0$$

या

$$I_1 + I_2 + I_4 = I_3 + I_5$$

यानी आने वाली धाराओं का योग = बाहर जाने वाली धाराओं का योग

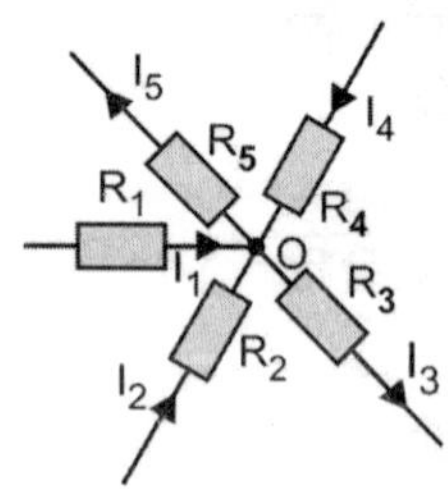

चित्र 1.40: एक जंक्शन पर मिल रही पांच शाखाएं

दूसरे शब्दों में,

विद्युत नेटवर्क के किसी भी जंक्शन पर, आने वाली धाराओं का योग बाहर जाने वाली धाराओं के योग के बराबर होता है।

किरचॉफ का दूसरा नियम: इसे किरचॉफ के वोल्टेज लॉ (केवीएल) या किरचॉफ के जाल लॉ के रूप में भी जाना जाता है। यह प्रकट करता है की

एक बंद सर्किट या जाल में, सभी ई.एम.एफ. का बीजगणितीय योग। प्लस सभी वोल्टेज ड्राप का बीजगणितीय योग (यानी धाराऔर प्रतिरोध का उत्पाद) शून्य है।

यानी बंद सर्किट या जाल में,

(सभी ई.एम.एफ. का बीजगणितीय योग) + (सभी वोल्टेज ड्राप का बीजगणितीय योग) = 0

बीजीय योग के लिए, विचार करें

वोल्टेज में वृद्धि को +ve चिन्ह के रूप में और वोल्टेज में गिरावट को –ve चिन्ह के रूप में दर्शया गया है

एक शाखा AB पर विचार करें जिसमें ई.एम.एफ का केवल एक स्रोत है। (E) जैसा कि सर्किट में दिखाया गया है, चित्र. 1.41 (a), यदि इस शाखा को A से B तक ट्रेस किया जाता है, तो वोल्टेज में गिरावट आती है, इसलिए E को नकारात्मक (यानी-E) के रूप में लिया जाता है।

इसी प्रकार, यदि शाखा A से B तक AE में अनुरेखित की जाती है

चित्र 1.41 (b), वोल्टेज में वृद्धि हुई है और ई को सकारात्मक (यानी + E), यानी के रूप में लिया जाएगा।

- चित्र में 1.41 (b) A से B तक, E नकारात्मक (– E) है;
- चित्र 1.41 (b) में, A से B तक, ई है

(a) क्षमता में गिरावट (b) क्षमता में वृद्धि

सकारात्मक (+ E)।

नोट: धारा के प्रवाह की दिशा को न तो माना जाता है और न ही चिन्हित किया जाता है।

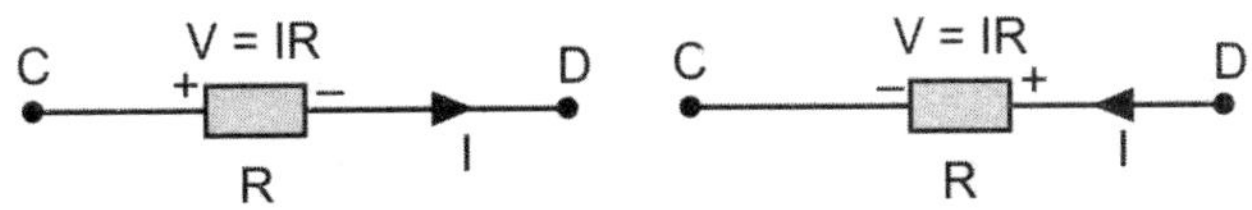

(c) वोल्टेज में गिरावट (d) वोल्टेज में वृद्धि

चित्र 1.41: वोल्टेज ड्रॉप और इ.एम.फ. के लिए बीजगणितीय संकेत

वोल्टेज ड्रॉप V (= IR) के लिए संकेत निर्धारित करने के लिए, एक शाखा पर विचार करें जिसमें प्रतिरोध आर ओम का प्रतिरोध होता है जिसमें धारा एम्पीयर सी से डी तक प्रवाहित होता है जैसा कि सर्किट 1.41. (C) में दिखाया गया है। इसलिए, टर्मिनल डी. की अपेक्षा में C उच्च क्षमता में है |

इस प्रकार, C से D तक ट्रेसिंग शाखा, V नकारात्मक (यानी $-V$) है, क्योंकि क्षमता में गिरावट है, जैसे-जैसे हम धारा के प्रवाह की दिशा में आगे बढ़ रहे हैं।

इसी तरह, सर्किट में सी से डी तक अनुरेखण करते समय 1.41 (d), V सकारात्मक है (यानी +V) क्योंकि क्षमता में वृद्धि हुई है और हम धारा के प्रवाह के विपरीत आगे बढ़ रहे हैं।

नोट: केवल धारा के प्रवाह की दिशा ही V का चिन्ह निर्धारित करती है।

समझने के लिए : चित्र.1.42 में दिखाए गए नेटवर्क पर विचार करें। इस सर्किट में, हम बंद सर्किट ABEFA के लिए KVL लागू कर सकते हैं और नीचे दिए गए समीकरण प्राप्त करते हैं:

$$-R_1 (I_1 + I_2) - I_2 R_3 + E_1 = 0$$

$$(I_1 + I_2) - I_2 = 0$$

$$R_3 + E_1 = 0$$

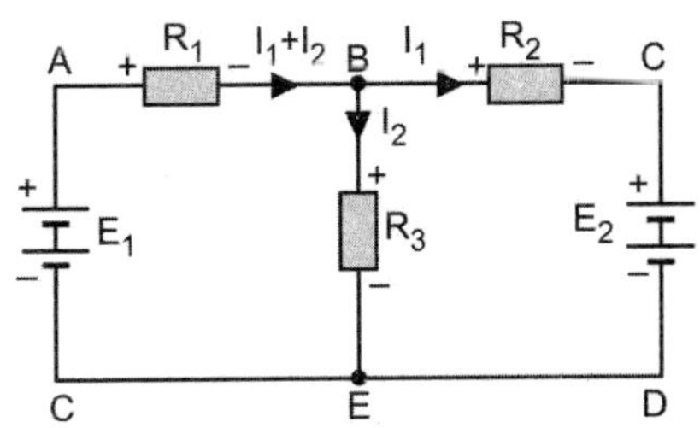

चित्र 1.42: दिया गया सर्किट

जहाँ $R_1(I_1 + I_2)$ (वोल्टेज ड्रॉप) को ऋणात्मक माना जाता है,चूंकि हम CED में धारा के प्रवाह की दिशा के साथ सर्किट का पता लगा रहे हैं

I_2 & R_3 (वोल्टेज ड्रॉप) को नकारात्मक माना जाता है क्योंकि हम धारा के प्रवाह की दिशा में आगे बढ़ रहे हैं।

E_1 (बैटरी का e.m.f.) को बैटरी के –ve से +ve टर्मिनल तक जाने पर धनात्मक माना जाता है और वहां वोल्टेज में वृद्धि होती है।

(नोट: धारा के प्रवाह की दिशा पर विचार नहीं किया जाना चाहिए)।

इसी तरह, KVL को अन्य क्लोज्ड सर्किट BCDEB लागू किया जा सकता है, हमें मिलता है,

$$-I_1R_2 - E_2 + I_2R_3 = 0$$

1.19 नेटवर्क का समाधान किरचॉफ लॉ के द्वारा

नेटवर्क के समाधान के लिए, किरचॉफ के नियमों को लागू करते समय, निम्नलिखित कदम उठाए जाते हैं:

- सभी नोड्स और जंक्शनों को A, B, C, D, के रूप में नाम दें।
- KCL के अनुसार नेटवर्क की सभी शाखाओं में धारा के प्रवाह की कल्पित दिशा को चिह्नित करें।
- बंद परिपथों की उतनी ही संख्या चुनें जितनी अज्ञात राशियों की है ।
- चुने हुए बंद सर्किट के लिए केवीएल लागू करके समीकरण तैयार करें।
- समीकरणों को हल करें और अज्ञात मान निर्धारित करें।

नोट: यदि निर्धारित धारा में –ve का चिन्ह होता है, तो यह दर्शाता है कि धारा के प्रवाह की वास्तविक दिशा दी गई शाखा में धारा के प्रवाह की कल्पित दिशा के विपरीत है।

उदाहरण 1.7. चित्र.1.43 में दिखाए गए सर्किट में 6 Ωओम रेसिस्टर में करेंट और पावर की गणना करें।

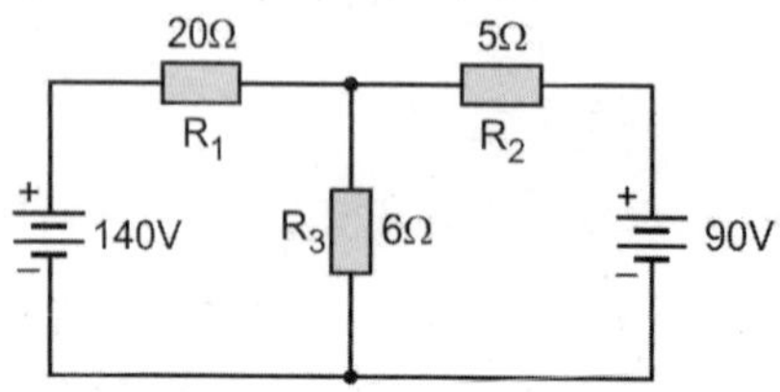

चित्र 1.43: दिया गया सर्किट

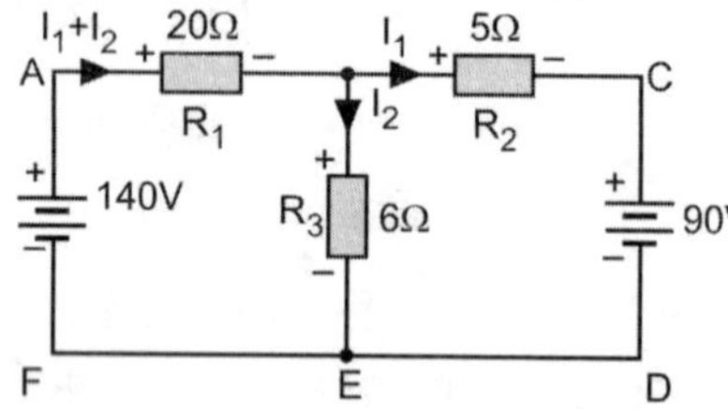

चित्र 1.44: सर्किट में धारा प्रवाह

समाधान: विभिन्न जंक्शन बिंदुओं को चित्र 1.44 में चिह्नित किया गया है। किरचॉफ के प्रथम नियम के अनुसार, मान लीजिए कि विभिन्न वर्गों से प्रवाहित होने वाली धारा को चित्र 1.44 में दिखाया गया है। ABEFA को जाली करने के लिए किरचॉफ के दूसरे कानून को लागू करना, प्राप्त करें,

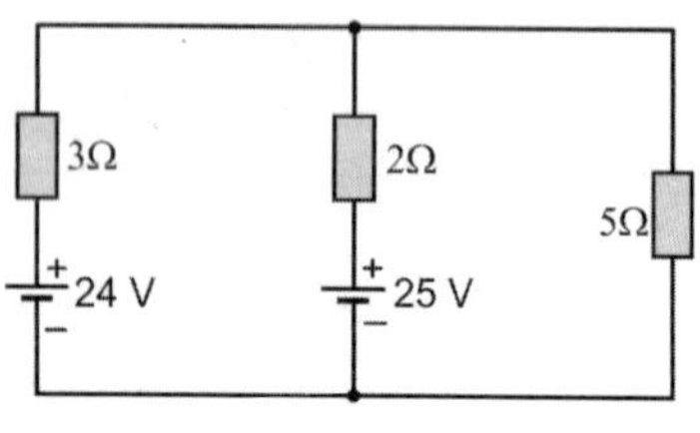

चित्र 1.45: दिया गया सर्किट

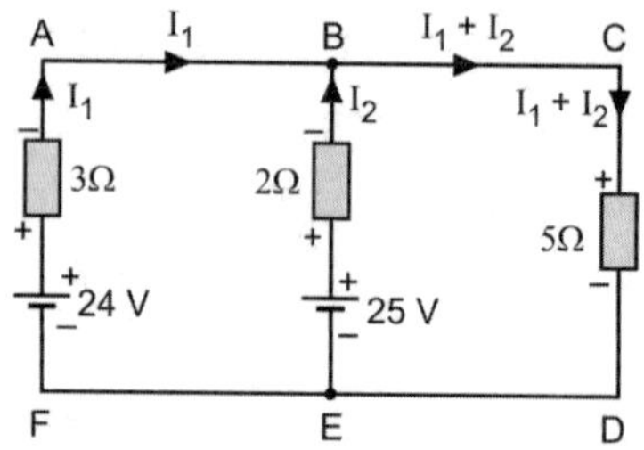

चित्र 1.46: सर्किट में धारा का प्रवाह

$(I_1 + I_2) - 6I_2 + 140 = 0$ या $-20I_1 + 26\,I_2 = 140$

या $10I_1 + 13I_2 = 70$ ...(*i*)

किरचॉफ के दूसरे नियम को BCDEB को जाल करने के लिए लागू करने पर, हम प्राप्त करते हैं,

$5I_1 - 90 + 6I_2 = 0$ या $-5I_1 + 6I_2 = 90$

या $-10I_1 + 12I_2 = 180$ ... (*ii*)

समीकरण (*i*), और (*ii*) को जोड़ने पर, हम प्राप्त करते हैं,

$$25I_2 = 250$$

$$I_2 = 10\text{ A}$$ (उत्तर)

6 Ω प्रतिरोध में शक्ति $= I_2^2 R_3 = (10)^2 \times 6 = 600$ W

उदाहरण 1.8: चित्र 1.45 समानांतर में जुड़ी दो बैटरियों को दिखाता है जिनमें से प्रत्येक ईएमएफ को अपने आंतरिक प्रतिरोध के साथ दर्शाया गया है। बैटरी के सिरों पर 5 Ω का भार प्रतिरोध जुड़ा हुआ है। बैटरी और लोड से प्रवाह होने वाले करेंट की गणना करें।

समाधान: यह मानते हुए कि नेटवर्क की विभिन्न शाखाओं से प्रवाहित होने वाली धारा चित्र 1.46 में अंकित है।

केवीएल को ABEFA जाल में लगाने से, हम प्राप्त करते हैं,

$$2I_2 - 25 + 24 - 3I_1 = 0$$

या $$2I_2 - 3I_1 = 25 - 24\ 2 \quad \text{या } I_2 - 3I_1 = 1 \qquad \ldots (i)$$

केवीएल को जाल BCDEB में लगाने पर, हम प्राप्त करते हैं,

$$-5(I_1 + I_2) + 25 - 2I_2 = 0 \text{ या}$$

या $$2I_2 + 5(I_1 + I_2) = 25 \quad \text{या } 7I_2 + 5I_1 = 25 \qquad \ldots (ii)$$

समीकरण (i) को 5 से गुणा करने पर, समीकरण (ii) को 3 से गुणा करने पर, हम प्राप्त करते हैं,

$$I_2 = \frac{80}{31} = 2.8 \text{ A (उत्तर)}$$

I_2 के मान को समीकरण (i) में रखने पर,

$$I_1 = \frac{43}{31} = 1.387 \text{ A (उत्तर)}$$

लोड के माध्यम से धारा, $$I_L = I_1 + I_2 = \frac{43}{31} + \frac{80}{31} = 2.58 + 1.387 = 3.697 \text{ A (उत्तर)}$$

उदाहरण 1.9. चित्र.1.47 में दिखाए गए नेटवर्क में 6 Ω प्रतिरोध से धारा का मान ज्ञात कीजिये|

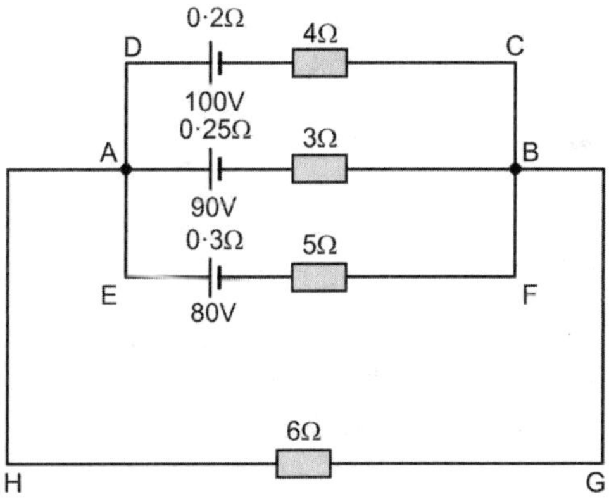

चित्र 1.47: दिया गया सर्किट

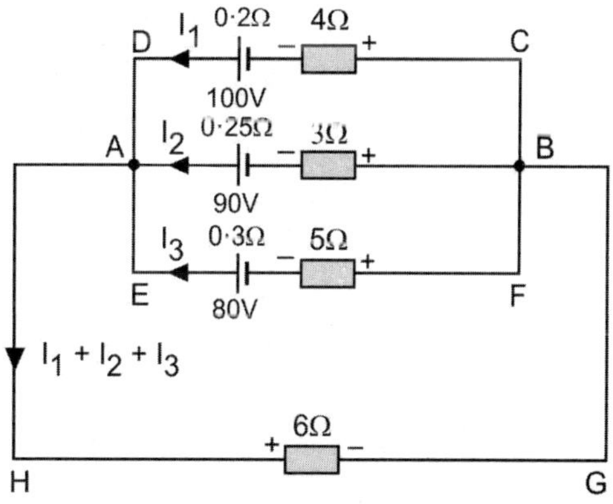

चित्र 1.48: सर्किट में धारा का प्रवाह

समाधान: मान लीजिए कि विभिन्न शाखाओं से प्रवाहित होने वाली धारा चित्र 1.48 में अंकित है।

किरचॉफ के दूसरे नियम को निम्नलिखित बंद परिपथों पर लागू करना,

सर्किट CDAHGBC

$$-4I_1 - 0{\cdot}2I_1 + 100 - 6(I_1 + I_2 + I_3) = 0$$

या $$10{\cdot}2I_1 + 6I_2 + 6I_3 = 100 \qquad \ldots (i)$$

सर्किट BAHGB

$$-3I2 - 0{\cdot}25I2 + 90 - 6(I_1 + I_2 + I_3) = 0$$

या $6I_1 + 9.25I_2 + 6I_3 = 90$ ... (*ii*)

सर्किट FEAHGBF

$-5I_3 - 0.3I3 + 80 - 6(I_1 + I_2 + I_3) = 0$

या $6I_1 + 6I_2 + 11{\cdot}3\, I_3 = 80$ ... (*iii*)

(*ii*) को (*i*) से घटाने पर, हमें ....(*iii*) प्राप्त होता है।

$31{\cdot}8I_1 + 68{\cdot}525\, I_2 = 537$ ... (*iv*)

(*ii*) और (*iii*) को हल करने पर, हम प्राप्त करते हैं, ...(*iv*)

$31.8I_1 + 68.525I_2 = 537$

समीकरण (*iv*) और (*v*) से, हम प्राप्त करते हैं,

$391.51I_2 = 137.4$ ...(*v*)

$I = 1937.4/391.15 = 4.953$ A

समीकरण (*v*) को हल करने पर हमें प्राप्त होता है, $I_1 = 6.21$ A

समीकरण (*iii*) को हल करने पर, हम प्राप्त करते हैं, $I_3 = 1.15$ A

6 Ω अवरोधक में धारा, $I = I_1 + I_2 + I_3$

$= 6.21 + 4.953 + 1.15$

$= 12.313$ A (उत्तर)

उदाहरण 1.10. चित्र 1.49 में दिखाए गए परिपथ में $I = 0$ के लिए I_S का मान ज्ञात कीजिए।

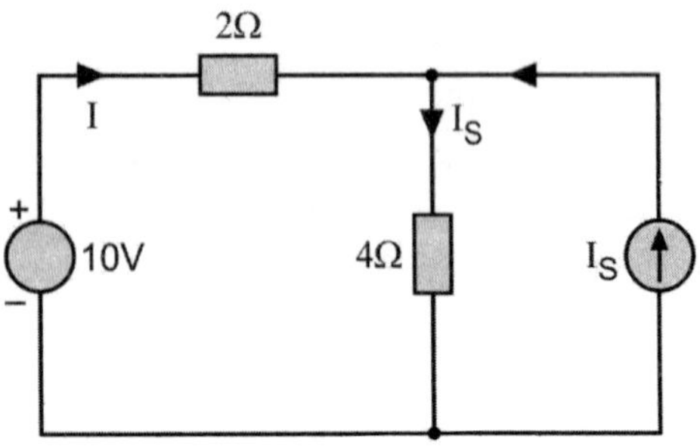

चित्र 1.49: दिया गया सर्किट

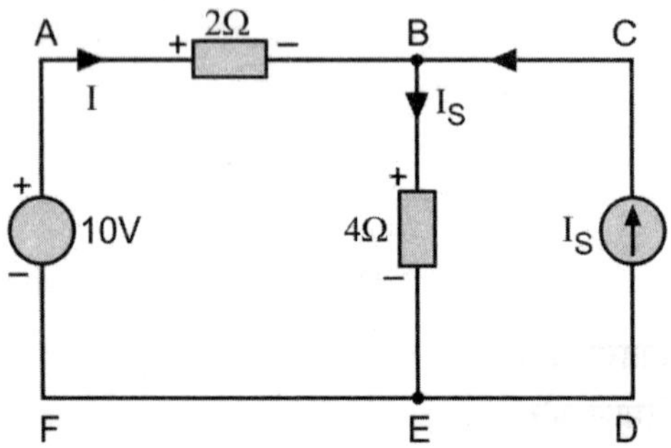

चित्र 1.50: समाधान के लिए सर्किट

समाधान: चित्र 1.50 में दिखाए गए सर्किट को ध्यान में रखते हुए, जंक्शन B पर KCL लगाने से, हमें शाखा BE (यानी 4Ω प्रतिरोध) के माध्यम से करेंट मिलता है।

$= I + I_S = 0 + I_S = I_S$

KVL को ABEFA जाल में लगाने से, हम प्राप्त करते हैं,

$2\,I - 4\,I_S + 10 = 0$

or $2\,I + 4\,I_S = 10$

or $I_S = \frac{10}{4} = \mathbf{2.5\ A}$ (उत्तर)

उदाहरण 1.11. चित्र 1.51 में दर्शाए गए परिपथ के लिए किरचॉफ का वोल्टता नियम समीकरण बनाइए। धाराओं I_1, I_2 और I_3 के मान निर्धारित करें।

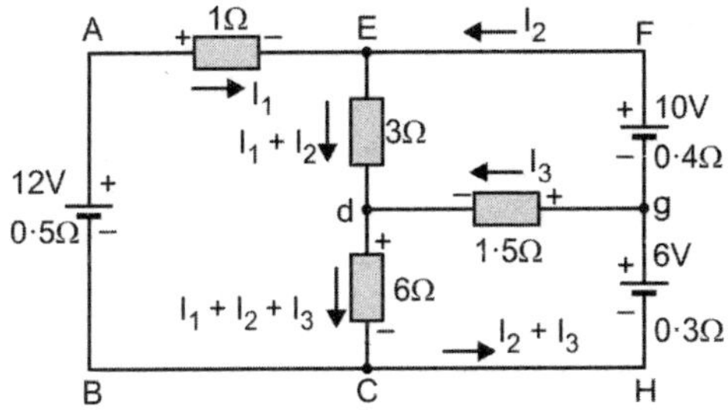

चित्र 1.51: दिया गया सर्किट

समाधान: KVL को बंद परिपथ E F G D E पर लागू करने पर, हम प्राप्त करते हैं,

$$-10 + 0.4\,I_2 - 1.5\,I_3 + 3\,(I_1 + I_2) = 0$$

$$3\,I_1 + 3.4\,I_2 - 1.5\,I_3 = 10 \qquad ...(i)$$

$$10.5\,I_1 + 9\,I_2 + 6\,I_3 = 12 \qquad ...(ii)$$

KVL को बंद परिपथ A E D C B A में लगाने पर, हम प्राप्त करते हैं,

$$I_1 - 3\,(I_1 + I_2) - 6\,(I_1 + I_2 + I_3) - 0.5\,I_1 + 12 = 0 - 10.5\,I_1 - 9\,I_2 - 6\,I_3 + 12 = 0$$

$$1.5\,I_3 - 6 + 0.3\,(I_2 + I_3) + 6\,(I_1 + I_2 + I_3) = 0$$

$$6\,I_1 + 6.3\,I_2 + 7.8\,I_3 = 6 \qquad ...(iii)$$

समीकरण (i), (ii) और (iii) को हल करने पर, हम प्राप्त करते हैं,

$I_1 = -1.242$ A (उत्तर)

$I_2 = 3.537$ (उत्तर)

$I_3 = -1.1325$ (उत्तर)

धारा I_1 और I_3 के साथ ऋणात्मक चिन्ह दर्शाता है कि धारा का वास्तविक प्रवाह चित्र 1.51 में अंकित दिशा के विपरीत है।

उदाहरण 1.12. किरचॉफ के नियमों का उपयोग करते हुए, चित्र 1.52 में दिखाए गए सर्किट की सभी शाखाओं में धाराओं की परिमाण और दिशा का पता लगाएं। सभी प्रतिरोध ओम में हैं।

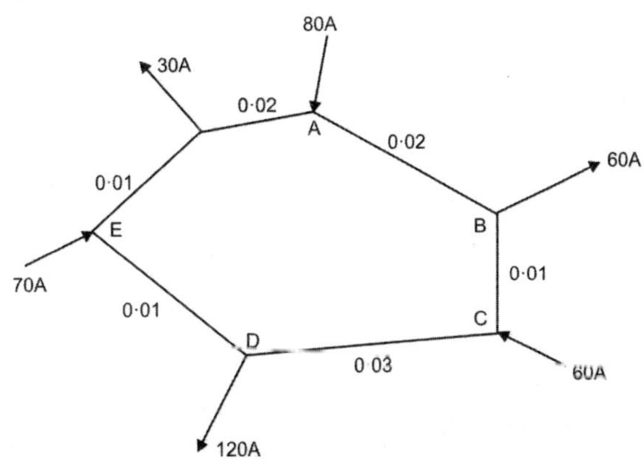

चित्र 1.52: दिया गया सर्किट

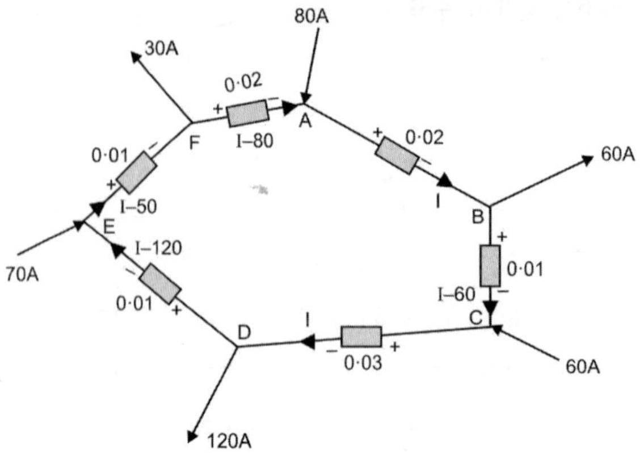

चित्र 1.53: अनुमानित समाधान के साथ सर्किट

समाधान: किरचॉफ के प्रथम नियम को लागू करते हुए मान लीजिए कि विभिन्न शाखाओं से प्रवाहित होने वाली धारा को आकृति 1.53 में दर्शाया गया है। किरचॉफ के दूसरे नियम को एक बंद लूप ABCDEFA पर लागू करने पर, हम प्राप्त करते हैं,

$$0{\cdot}02\,I - 0{\cdot}01\,(I - 60) - 0{\cdot}03\,I - 0{\cdot}01\,(I - 120) - 0{\cdot}01\,(I - 50) - 0{\cdot}02\,(I - 80) = 0$$

या $0{\cdot}02\,I + 0{\cdot}01\,I + 0{\cdot}03\,I + 0{\cdot}01\,I + 0{\cdot}01\,I + 0{\cdot}02\,I = 0{\cdot}6 + 1{\cdot}2 + 0{\cdot}5 + 1{\cdot}6$

या $0{\cdot}1\,I = 3{\cdot}9$ या $I = 3.9$ A

विभिन्न शाखाओं में करेंट इस प्रकार है:

$I_{AB} = +\,39$ A (*i.e. A* to *B*)

$I_{BC} = I - 60 = -\,21$ A (*i.e. C* to *B*)

$I_{CD} = I = 39$ A (*i.e. C* to *D*)

$I_{DE} = I - 120 = -\,81$ A (*i.e. E* to *D*)

$I_{EF} = I - 50 = -\,11$ A (*i.e. F* to *E*)

$I_{FA} = I - 80 = -\,41$ A (*i.e. A* to *F*)

उदाहरण 1.13. व्हीटस्टोन ब्रिज में AB = 4 Ω, BC = 3 Ω, CD = 6 Ω और DA = 5 Ω होता है। B और D के बीच ए 2 V का सेल और A और C के बीच 10 Ω प्रतिरोध के गैल्वेनोमीटर से जुड़ा हुआ है। गैल्वेनोमीटर के माध्यम से धारा का पता लगाएं।

समाधान: परिपथ को आकृति 1.54 में दिखाया गया है।

जंक्शन B, A और C पर किरचॉफ के पहले कानून को लागू करते हुए, विभिन्न शाखाओं में धारा को चिह्नित किया जाता है।

किरचॉफ के दूसरे नियम को विभिन्न लूपों पर लागू करना; लूप BACB को ध्यान में रखते हुए, हम प्राप्त करते हैं,

$$-\,4I_1 - 10I_3 + 3I_2 = 0$$

or $\quad 4I_1 - 3I_2 + 10I_3 = 0 \quad \ldots(i)$

लूप ADCA को ध्यान में रखते हुए, हम प्राप्त करते हैं,

$$-\,5(I_1 - I_3) + 6\,(I_2 + I_3) + 10I_3 = 0$$

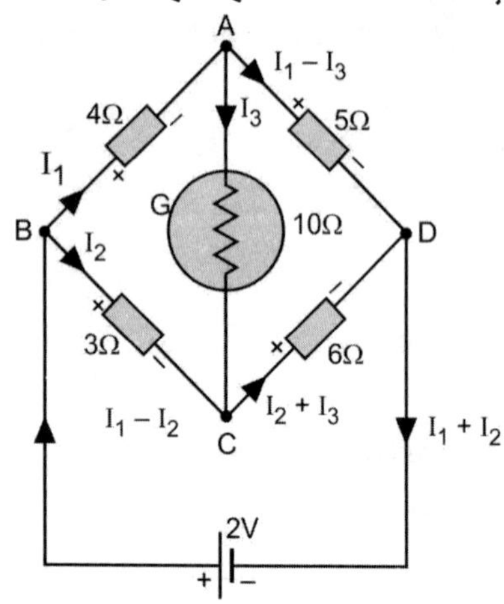

चित्र 1.54: ब्रिज के लिए सर्किट

या $-5I_1 + 5I_3 + 6I_2 + 6I_3 + 10I_3 = 0$

या $\qquad 5I_1 - 6I_2 - 21I_3 = 0 \qquad ...(ii)$

लूप BADEB को ध्यान में रखते हुए, हम प्राप्त करते हैं

$$-4I_1 - 5(I_1 - I_3) + 2 = 0$$

या $\qquad -4I_1 - 5I_1 + 5I_3 = -2$

या $\qquad 9I_1 - 5I_3 = 2 \qquad ...(iii)$

समीकरण (i) को 2 से गुणा करने पर और समीकरण (ii) से घटाने पर, हम प्राप्त करते हैं,

$$5I_1 - 6I_2 - 21\, I_3 = 0$$

$$8I_1 - 6I_2 + 20\, I_3 = 0$$

$$- \quad + \quad -$$

$$-3I_1 \qquad - 41I_3 = 0$$

$\therefore \qquad I_1 = -\dfrac{41}{3} I_3$

I_1 के मान को समीकरण (iii) में रखने पर, हम प्राप्त करते हैं,

$$9\left(-\frac{41}{3} I_3\right) - 5I_3 = 2$$

या $\quad -123I_3 - 5I_3 = 2 \quad$ या $\quad I_3 = \dfrac{-1}{64}$ A

गैल्वेनोमीटर से प्रवाहित धारा C से A तक 1/64A है।

उदाहरण 1.14. चित्र 1.55 में दर्शाए गए परिपथ में 8 Ω प्रतिरोध में धारा (I) ज्ञात कीजिए

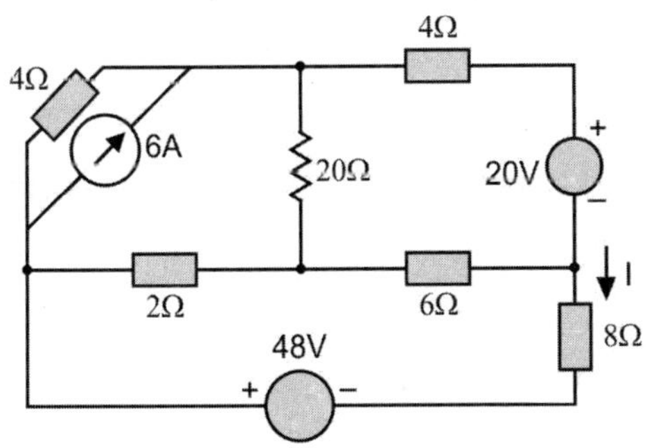

चित्र 1.55: दिया गया सर्किट

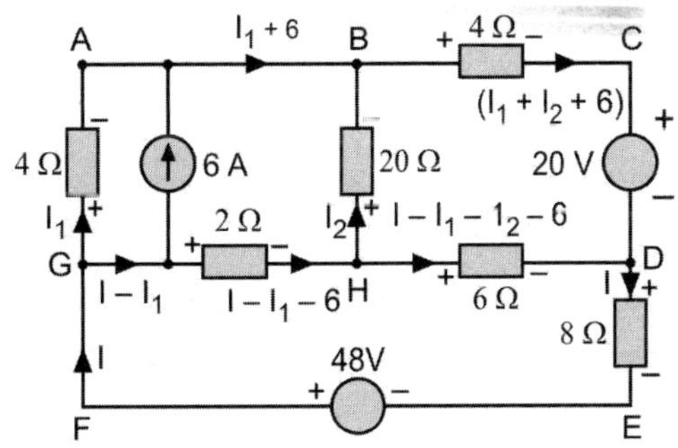

चित्र 1.56: समाधान के लिए सर्किट

समाधान: एक सरलीकृत परिपथ को चित्र 1.56 में दिखाया गया है, विभिन्न जंक्शनों पर KCL लगाने से विभिन्न खंडों में विभिन्न धाराएं अंकित होती हैं।

किरचॉफ के वोल्टेज नियम को लागू करना

लूप-ABHGA

$20\, I_2 + 2\,(I - I_1 - 6) - 4I_1 = 0$ या $2I - 6I_1 + 20I_2 = 12$

$$I - 3I_1 + 10\,I_2 = 6 \qquad ...(i)$$

लूप-BCDHB

$$-\,4\,(I_1 + I_2 + 6) - 20 + 6\,(I - I_1 - I_2 - 6) - 20I_2 = 0$$

$$6I - 10\,I_1 - 30\,I_2 = 80 \quad \text{या} \quad 3I - 5I_1 - 15I_2 = 40 \qquad (ii)$$

लूप-GHDEFG

$$-2\,(I - I_1 - 6) - 6\,(I - I_1 - I_2 - 6) - 8I + 48 = 0$$

$$16I - 8I_1 - 6I_2 = 96 \quad \text{या} \quad 8I - 4I_1 - 3I_2 = 48 \qquad ...(iii)$$

समीकर (i) और (ii) से I_1 को हटाने पर, हम प्राप्त करते हैं,

$$4I - 95I_2 = 90 \qquad ...(iv)$$

समीकर (ii) और (iii) से I1 को हटाने पर, हम प्राप्त करते हैं,

$$28I + 45I_2 = 80 \qquad ...(v)$$

समीकर iv और v से I2 को हटाने पर, हम प्राप्त करते हैं,

$$568\,I = 2330 \text{ या } I = \frac{2330}{568} \; 4.1 \text{ A}$$

8Ω रेसिस्टर में करेंट, $I = \mathbf{4.1}$ A (उत्तर.)

वैकल्पिक विधि :

तीन समीकरण हैं:

$$I - 3I_1 + 10I_2 = 6 \qquad 3I - 5I_1 - 15I_2 = 40 \qquad 8I - 4I_1 - 3I_2 = 48$$

तीनों समीकरणों को निर्धारकों (डिटर्मिनेंट) की विधि द्वारा हल किया जा सकता है अर्थात क्रेमर का नियम लागू करके।

उपरोक्त समीकरण से मैट्रिक्स है,

$$\begin{pmatrix} 1 & -3 & 10 \\ 3 & -5 & -15 \\ 8 & -4 & -3 \end{pmatrix} \begin{pmatrix} I \\ I_1 \\ I_2 \end{pmatrix} = \begin{pmatrix} 6 \\ 40 \\ 48 \end{pmatrix}$$

$$D_0 = \begin{pmatrix} 1 & -3 & 10 \\ 3 & -5 & -15 \\ 8 & -4 & -3 \end{pmatrix} = 1\,(15 - 60) + 3\,(-9 + 120) + 10\,(-\,12 + 40) = 568$$

$$D = \begin{pmatrix} 6 & -3 & 10 \\ 40 & -5 & -15 \\ 48 & -4 & -3 \end{pmatrix} = 6\,(15 - 60) + 3\,(-\,120 + 720) + 10\,(-\,160 + 240) = 2330$$

$$I = \frac{D}{D_0} = \frac{2330}{568} = \mathbf{4{\cdot}1\ A} \text{ (उत्तर.)}$$

अभ्यास

1. चित्र 1.58 में बिंदु A = - 60 V की क्षमता किरचॉफ के नियमों का उपयोग करते हुए (a) V का मान और (b) 8 Ω प्रतिरोध द्वारा खपत की गई शक्ति का पता लगाएं। **(उत्तर** 200V, 450W)

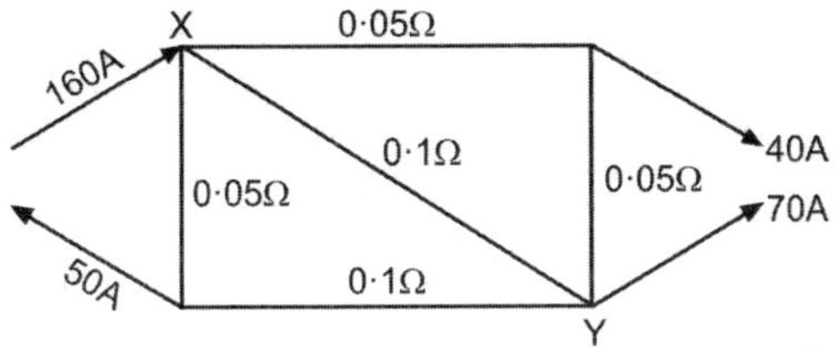

चित्र 1.57: दिया गया सर्किट

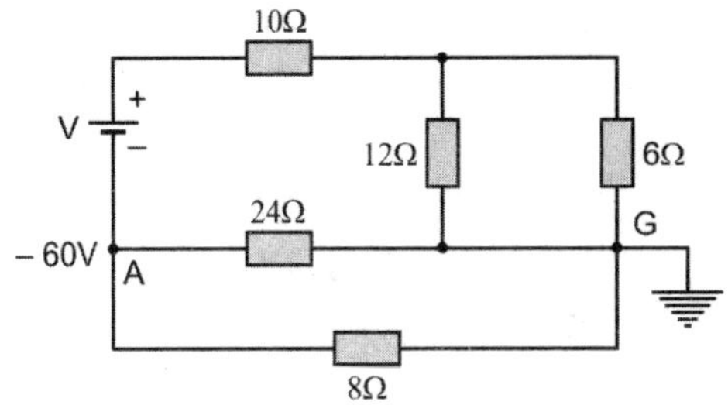

चित्र 1.58: दिया गया सर्किट

2. दो बैटरी A और B समानांतर में जुड़ी हुई हैं और उनके टर्मिनलों पर 5Ω का भार जुड़ा हुआ है। A में 6 V का ईएमएफ और 1Ω का आंतरिक प्रतिरोध है और टर्मिनल का ईएमएफ 4 V है और आंतरिक प्रतिरोध 0.5Ω है। किरचॉफ के नियमों का उपयोग धाराओं के परिमाण और प्रत्येक बैटरी में दिशाओं को निर्धारित करने के लिए करें। बाह्य प्रतिरोध के पार विभवांतर ज्ञात कीजिए। **(उत्तर** 1.625A,-0.75A, 0.875A ,8.75V)
3. किरचॉफ के नियमों का प्रयोग करके चित्र 1.57 में दर्शाए गए परिपथ XY में धारा ज्ञात कीजिए। **(उत्तर** 40A)
4. चित्र 1.59 में दिखाए गए नेटवर्क में R का मान और इसके माध्यम से करेंट का पता लगाएं, जब शाखा OA में करेंट शून्य हो। **(उत्तर** 6Ω, 0.5 A)

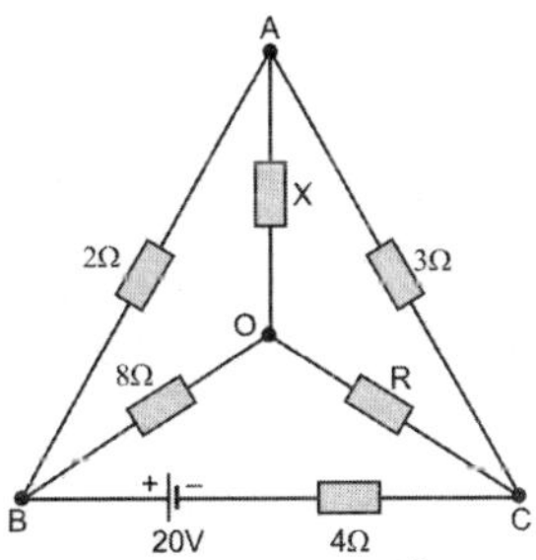

चित्र 1.59 दिया गया सर्किट

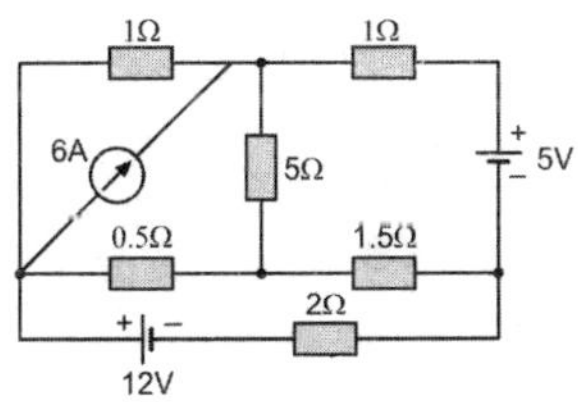

चित्र 1.60 दिया गया सर्किट

5. चित्र 1.60 में दर्शाए गए परिपथ के 2-Ω प्रतिरोध में धारा ज्ञात कीजिए । **(उत्तर** 4.1A)
6. चित्र 1.61 में दिखाए गए नेटवर्क में X और Y के बीच वोल्टेज का अंतर क्या है? **(उत्तर** 9.4A)

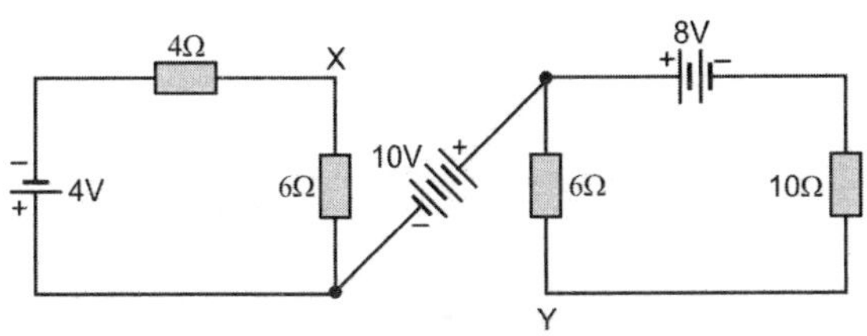

चित्र 1.61: दिया गया सर्किट

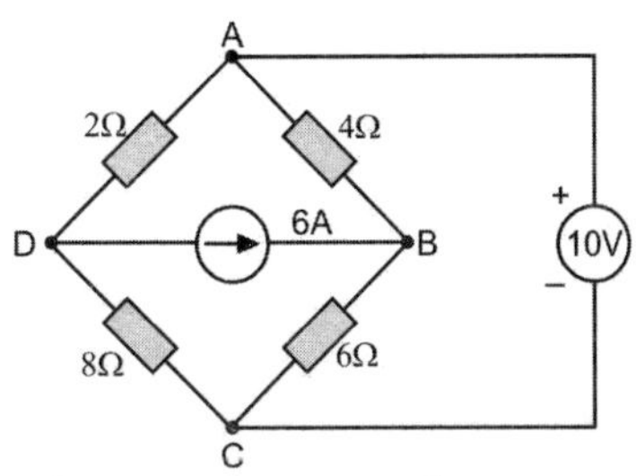

चित्र 1.62: दिया गया सर्किट

7. चित्र 1.62 में दो स्रोतों द्वारा सर्किट को दी गई कुल शक्ति का पता लगाएं। **(उत्तर** 164W)

1.20 सुपरपोजिशन प्रमेय

यह प्रमेय दो या दो से अधिक स्रोतों वाले लाइनर द्विपक्षीय नेटवर्क पर लागू होता है।

इस प्रमेय के अनुसार, किसी भी खंड से बहने वाली धारा उन सभी धाराओं का बीजगणितीय योग है जो उस खंड में प्रवाहित होनी चाहिए यदि ईएमएफ के प्रत्येक स्रोत को अलग से माना जाएगा और अन्य स्रोतों को उनके आंतरिक प्रतिरोध (या प्रतिबाधा) द्वारा प्रतिस्थापित किया जाएगा।

किसी क्षण में, चित्र 1.63 में दिखाए गए एक सर्किट पर विचार करें कि विभिन्न शाखाओं के माध्यम से बहने वाली धारा को चित्र 1.63 में सुपरपोजिशन प्रमेय के अनुसार चिह्नित किया गया है

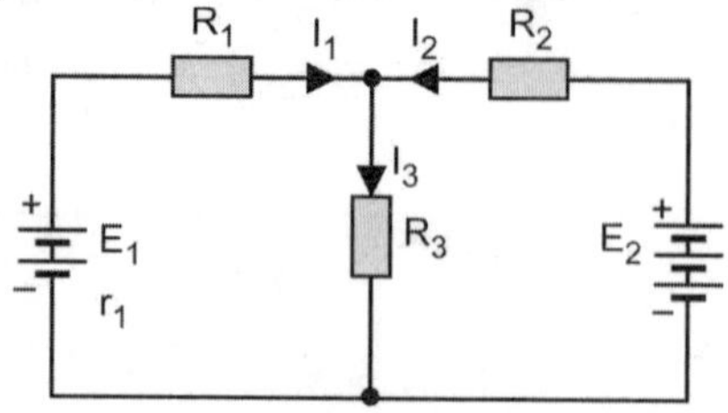

चित्र 1.63: दिया गया सर्किट

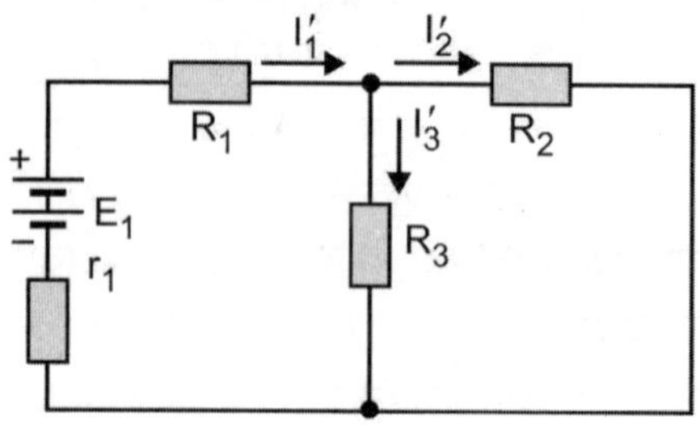

चित्र 1.64: केवल E_1 स्रोत लिया गया

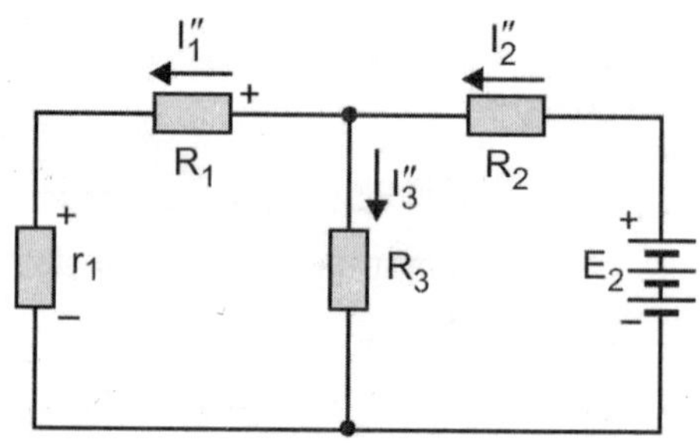

चित्र 1.65: केवल E_2 स्रोत लिया गया

1. सबसे पहले, केवल स्रोत E_1 पर विचार करें और दूसरे स्रोत E_2 को इसके आंतरिक प्रतिरोध से बदलें। चूंकि इसका आंतरिक प्रतिरोध नहीं दिया जाता है इसलिए इसे शून्य (शॉर्ट सर्किट) के रूप में लिया जाता है। दिखाए गए अनुसार सर्किट बनाएं, चित्र 1.64 में और विभिन्न वर्गों में धाराओं को क्रमशः I_1', I_2', और I_3' के रूप में निर्धारित करें।
2. फिर दूसरे स्रोत E_2 पर विचार करें और स्रोत E_1 को इसके आंतरिक प्रतिरोध r_1 से बदलें जैसा कि चित्र 1.65 में दिखाया गया है। विभिन्न वर्गों में धाराओं को क्रमशः I_1'', I_2'' और I_3'' के रूप में निर्धारित करें।

   विभिन्न वर्गों में धारा का वास्तविक प्रवाह;

   $I_1 = I_1' - I_1''$; $I_2 = I_2' - I_2''$; $I_3 = I_3' + I_3''$

उदाहरण 1.15. चित्र 1.66 में दर्शाए गए नेटवर्क की विभिन्न शाखाओं में धारा ज्ञात कीजिए।

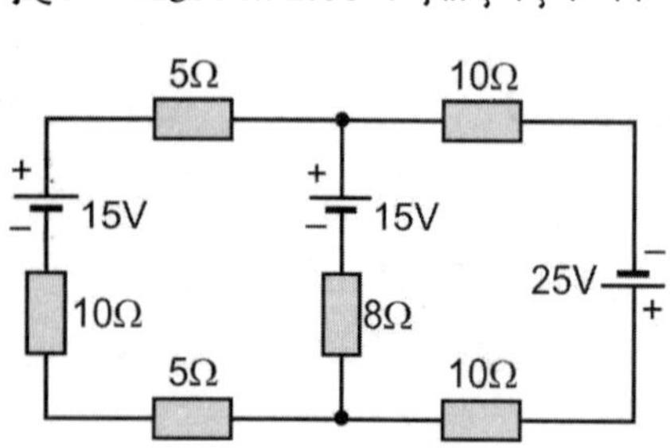

चित्र 1.66: दिया गया सर्किट

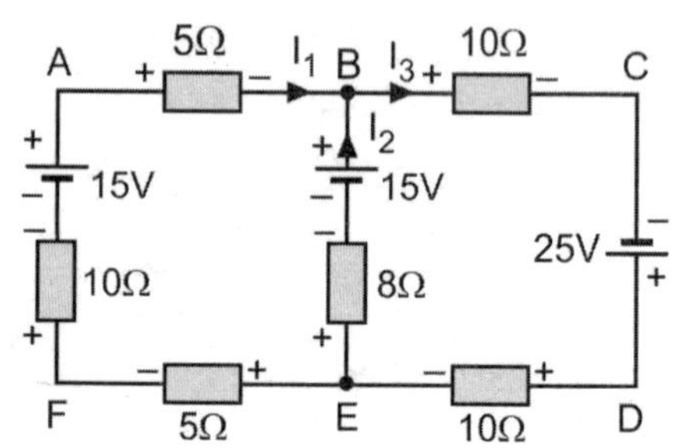

चित्र 1.67: समाधान के लिए सर्किट

समाधान: मान लीजिए कि विभिन्न शाखाओं से प्रवाहित होने वाली धारा आकृति 1.67 में अंकित है

सुपरपोजिशन प्रमेय के अनुसार, सर्किट को कम करना जैसा कि चित्र 1.68 में दिखाया गया है

$$\text{कुल प्रतिरोध} = 20 + \frac{8 \times 20}{28}\Omega = 25.714\text{A}$$

$$\text{आपूर्ति की गई धारा, } I_1' = \frac{15}{25\cdot714} = 0.5833\text{A}$$

$$\text{शाखा धारा } I_2' = 0\cdot5833 \times \frac{20}{28} = 0.4167\text{A}$$

$$\text{ब्रांच करेंट } I_3' = 0\cdot5833 \times \frac{8}{28} = 1\cdot666\,\text{A}$$

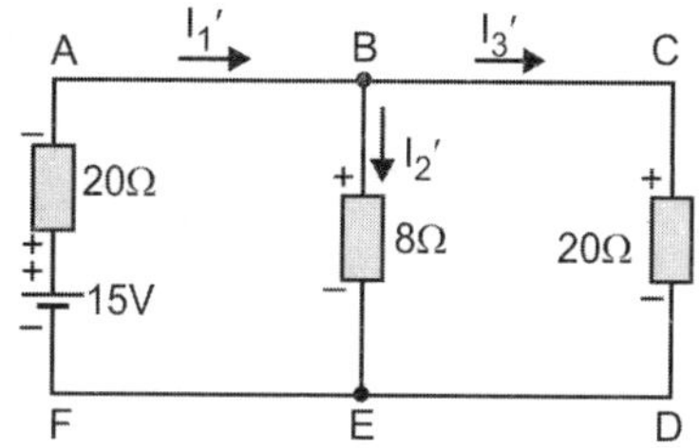

चित्र 1.68: केवल प्रथम स्रोत को ध्यान में रखते हुए

अब, सर्किट को कम करना जैसा कि चित्र 1.69 में दिखाया गया है

$$\text{कुल प्रतिरोध} = 8 + \frac{20 \times 20}{40} = 18\Omega$$

$$\text{धारा आपूर्ति, } \quad I_2'' = \frac{15}{18} = 0\cdot8333\text{ A}$$

$$\text{शाखा धारा, } \quad I_1'' = 0\cdot8333 \times \frac{20}{40} = 0\cdot4167\text{ A}$$

$$\text{शाखा धारा, } \quad I_3'' = 0\cdot8333 \times \frac{20}{40} = 0\cdot4167\text{ A}$$

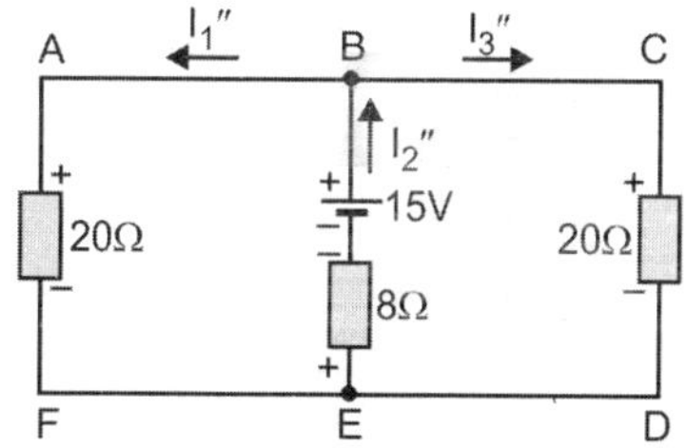

चित्र 1.69: केवल दूसरे स्रोत को ध्यान में रखते हुए

फिर से, सर्किट को कम करना जैसा कि चित्र 1.70 में दिखाया गया है

$$\text{कुल प्रतिरोध} = 20 + \frac{20 \times 8}{28} = 25\cdot714\Omega$$

$$\text{धारा आपूर्ति, } \quad I_3''' = \frac{25}{25\cdot714} = 0\cdot9722\text{ A}$$

$$\text{शाखा धारा, } \quad I_1''' = 0\cdot9722 \times \frac{8}{28} = 0\cdot2778\,\text{A}$$

$$\text{शाखा धारा } I_2''' = 0\cdot9722 \times \frac{20}{28} = 0\cdot6944\text{ A}$$

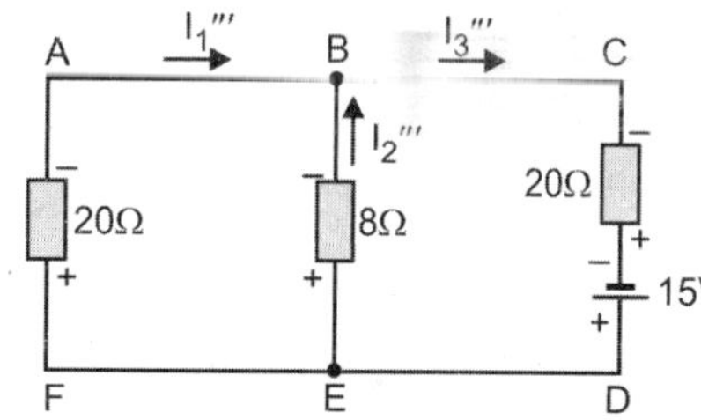

चित्र 1.70: केवल तीसरे स्रोत को ध्यान में रखते हुए

विभिन्न शाखाओं में धारा का वास्तविक प्रवाह;

$$I_1 = I_1' - I_1'' + I_1''' = 0\cdot5833 - 0\cdot4167 + 0\cdot2778$$
$$= 0\cdot4444\text{ A (उत्तर.)}$$

$$I_2 = -I_2' + I_2'' + I_2''' = -0\cdot4167 + 0\cdot8333 + 0\cdot6944$$
$$= 1\cdot1111\text{ A (उत्तर.)}$$

$$I_3 - I_3' + I_3'' + I_3''' = 0\cdot1666 + 0\cdot4167 + 0\cdot9722$$
$$= 1\cdot5555\text{ A (उत्तर.)}$$

उदाहरण 1.16: चित्र 1.71 में दिए गए परिपथ में धारा ज्ञात कीजिए।

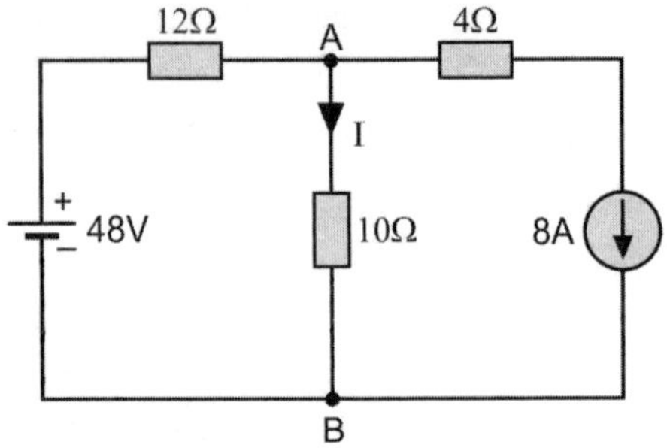

चित्र 1.71: दिया गया सर्किट

समाधान: सुपरपोजिशन प्रमेय लागू करना

केस I : केवल 48A करेंट स्रोत को ध्यान में रखते हुए और 8V वोल्टेज बैटरी को इसके आंतरिक प्रतिरोध यानी शॉर्ट सर्किट द्वारा प्रतिस्थापित किया जाता है जैसा कि चित्र 1.72 में दिखाया गया है।

48V बैटरी द्वारा आपूर्ति की गई धारा, $I_1 = \dfrac{48}{12+10} = 2.18\text{A}$ (A से B तक)

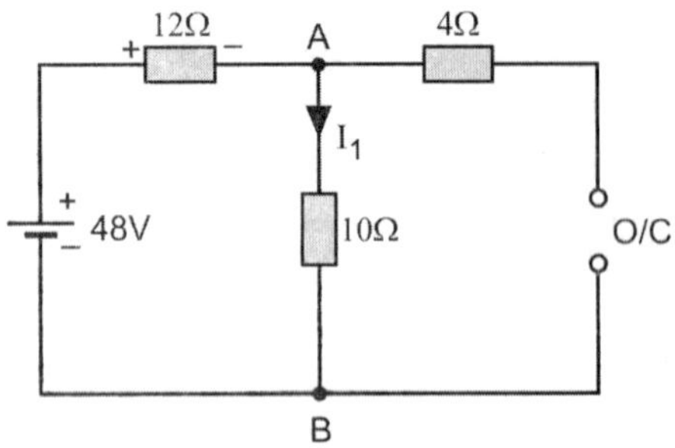

चित्र 1.72: केवल विभव स्रोत को ध्यान में रखते हुए

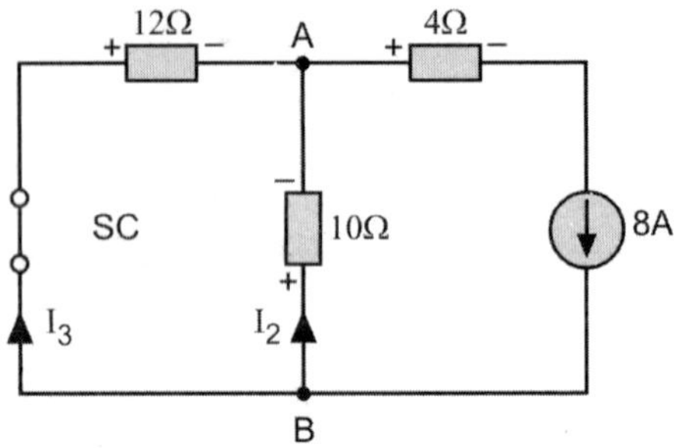

चित्र 1.73: केवल धारा स्रोत को ध्यान में रखते हुए

केस II: केवल 8A करेंट स्रोत को ध्यान में रखते हुए और 48 V वोल्टेज बैटरी को इसके आंतरिक प्रतिरोध यानी शॉर्ट सर्किट द्वारा प्रतिस्थापित किया जाता है जैसा कि चित्र1.73 में दिखाया गया है।

करेंट को दो रास्तों में बांटा गया है; 10Ω प्रतिरोध में करेंट,

$$I_2 = \frac{12}{10+12} \times 8 = 4.36\text{A} \ \text{(B से A तक)}$$

10Ω प्रतिरोधक से प्रवाहित परिणामी धारा-

यानी $$I = 2{\cdot}18 - 4.36 = -2.18\text{A} \ \text{(उत्तर) (B से A तक)}$$

उदाहरण 1.17: चित्र 1.74 के सर्किट में सुपरपोज़िशन प्रमेय का प्रोयग कर धारा का मान ज्ञात कीजिये।

समाधान: 128 V स्रोत को उसके आंतरिक प्रतिरोध (अर्थात शॉर्ट सर्किट) द्वारा प्रतिस्थापित करते हुए, परिपथ को चित्र 1.75 में दर्शाए गए परिपथ में घटा दिया जाता है

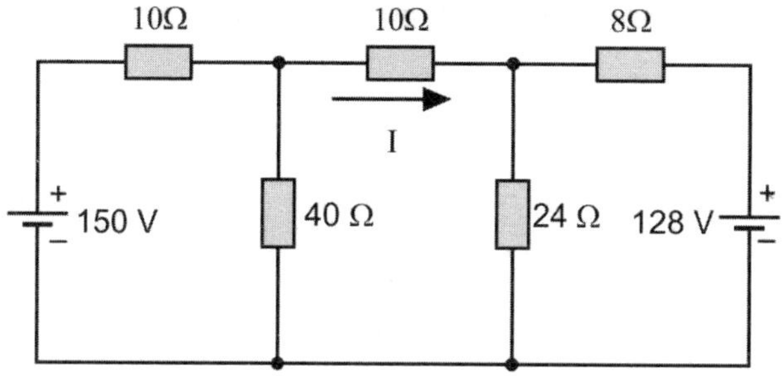

चित्र 1.74: दिया गया सर्किट

समतुल्य प्रतिरोध,

$$R_{eq}' = [\{(R_4 \| R_5) + R_2\} \| R_3] + R_1$$
$$= [\{(8 \| 24) + 10\} \| 40] + 10$$
$$= \left[\left\{\frac{8\times24}{8+24}+10\right\}\|40\right]+10 = \left[\frac{16\times40}{16+40}+10\right] = \frac{150}{7}\,\Omega$$

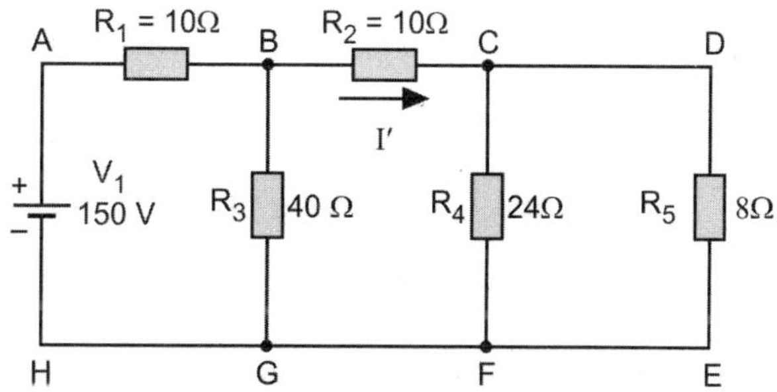

चित्र 1.75: संख्यात्मक प्रश्न के लिए चित्र

शाखा AB . के माध्यम से धारा $= \dfrac{V_1}{R'_{eq}} = \dfrac{150}{150/7} = 7\text{A}$

शाखा BC के माध्यम से धारा, $I' = I'' = I_{AB} \times \dfrac{R_{BG}}{R_{BG}+R_{BF}} = 7\times\dfrac{40}{40+16} = 5\text{A}$ (B से C तक)

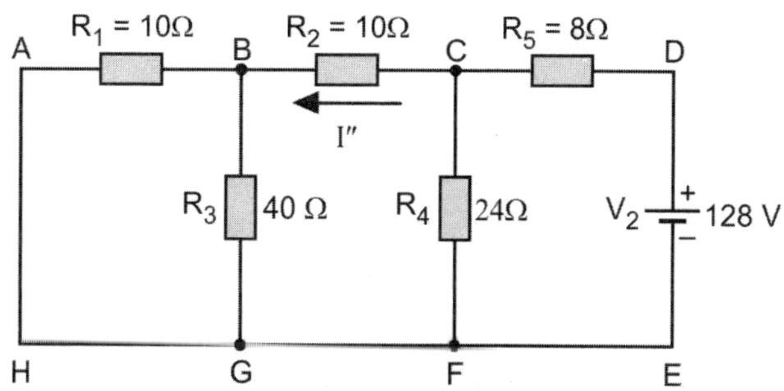

चित्र 1.76: संख्यात्मक प्रश्न के लिए चित्र

150 V स्रोत को उसके आंतरिक प्रतिरोध (अर्थात शॉर्ट सर्किट) द्वारा प्रतिस्थापित करते हुए, सर्किट को चित्र 1.76 में दिखाए गए सर्किट में घटा दिया गया है।

समतुल्य प्रतिरोध, $R_{eq}'' = [\{(R_1 \,||\, R_3) + R_2\} \,||\, R_4] + R_5 = [\{(10 \,||\, 40) + 10\} || \, 24] + 8$

$$= \left[\left\{\frac{10\times 40}{10+40}+10\right\} || \, 24\right]+8=\left[\frac{18\times 24}{18+24}+8\right]=\frac{128}{7}\,\Omega$$

शाखा के माध्यम से DC करेंट = $\dfrac{V_2}{R''_{eq}} = \dfrac{128}{128/7} = 7\text{A}$

शाखा CB के माध्यम से धारा, $I'' = I_{DC} \times \dfrac{R_{CF}}{R_{CG}+R_{CF}} = 7\times\dfrac{24}{18+24} = 4A$ (C से B तक)

धारा, $I = I' - I'' = 5 - 4 = 1\text{A}$ (उत्तर)

अभ्यास

1. सुपरपोज़िशन प्रमेय का उपयोग करके, चित्र 1.77 में दिखाए गए प्रतिरोध R में धारा ज्ञात कीजिए $R_1 = 0.15\ \Omega$, $R_1 = 0.12\ \Omega$, $R = 3\ \Omega$, $E_1 = 6.15$ V, $E_2 = 6.45$ V. कोशिकाओं का आंतरिक प्रतिरोध नगण्य है।

(**उत्तर** 2.06A)

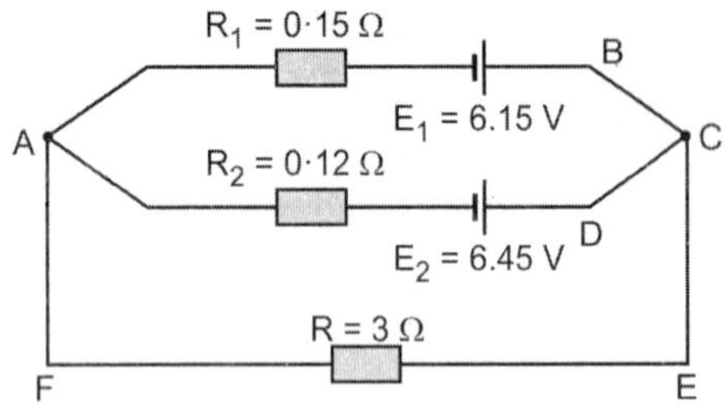

चित्र.1.77: दिया गया सर्किट

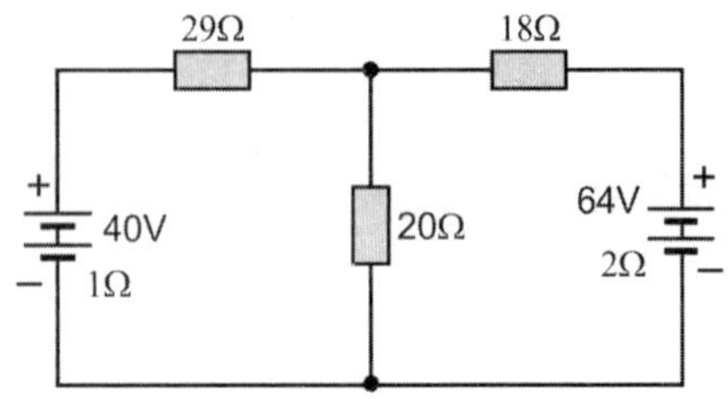

चित्र.1.78: दिया गया सर्किट

2. चित्र 1.78 में दिखाए गए नेटवर्क में सुपरपोजिशन प्रमेय द्वारा शाखा धाराओं का निर्धारण करें

(**उत्तर** 0.2 A, 1.5 A, 1.7 A)

3. सुपरपोजिशन प्रमेय का उपयोग करके निम्नलिखित नेटवर्क में 16 प्रतिरोधी के माध्यम से धारा निर्धारित करें (चित्र1.79)

(**उत्तर** 1.2 A बी से ए तक)

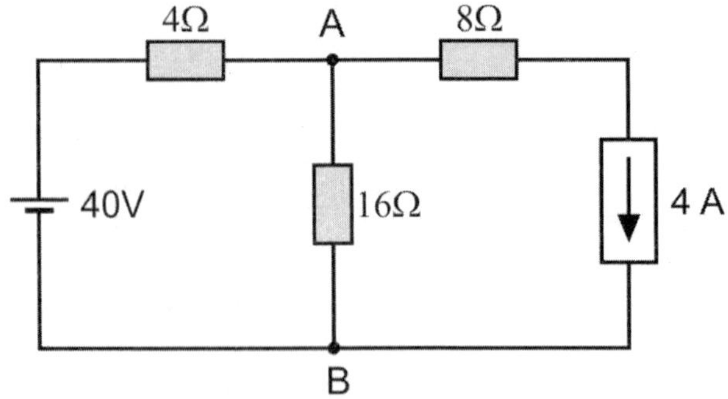

चित्र 1.79: दिया गया सर्किट

1.21. थेवेनिन का प्रमेय

थेवेनिन का प्रमेय कहता है कि :

एक नेटवर्क के किन्हीं दो टर्मिनलों से जुड़े एक प्रतिरोधक के माध्यम से बहने वाली धारा को शेष नेटवर्क को ई.एम.एफ., E_{th} और आंतरिक प्रतिरोध, R_{th} के वोल्टेज स्रोत में परिवर्तित करके निर्धारित किया जा सकता है।

जहाँ, E_{th} = दी गई शाखा के दो टर्मिनलों के अक्रॉस खुला परिपथ वोल्टता, थेवेनिन वोल्टता'कहलाती है।

R_{th} = अन्य सभी स्रोतों के साथ दिए गए टर्मिनलों में नेटवर्क के समतुल्य प्रतिरोध को उनके आंतरिक प्रतिरोधों द्वारा प्रतिस्थापित किया जाता है, जिसे थेवेनिन प्रतिरोध कहा जाता है।

उदाहरण के लिए, चित्र 1.80 में दिखाए गए एक सर्किट पर विचार करें, लोड प्रतिरोध के माध्यम से धारा का निर्धारण करने के लिए R_L, निम्नलिखित चरणों के साथ आगे बढ़ें:

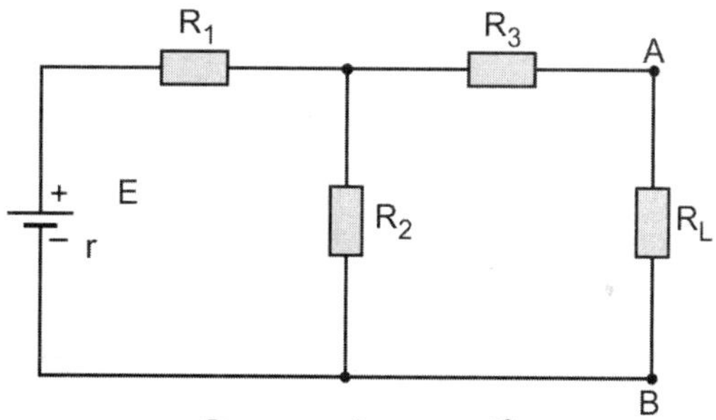

चित्र 1.80: दिया गया सर्किट

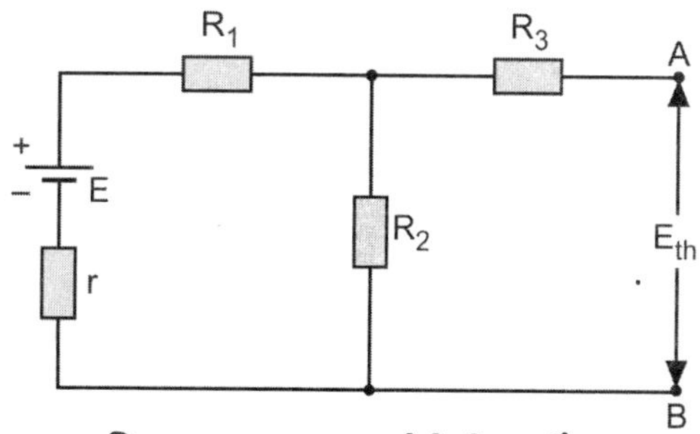

चित्र 1.81: E_{th} ज्ञात करने के लिए सर्किट

उस प्रतिरोध आरएल को हटा दें जिसमें करेंट का निर्धारण किया जाना है, इस प्रकार टर्मिनल ए और बी के बीच एक खुला सर्किट बनाना जैसा कि चित्र 1.81 में दिखाया गया है।

- टर्मिनलों A और B के बीच ओपन सर्किट वोल्टेज (थेवेनिन वोल्टेज E_{th}) का निर्धारण करें, यानी वोल्टेज भर में टर्मिनल A और B के बीच वोल्टेज = I_2R_2

$$E_{th} = \left(\frac{E}{r + R_1 + R_2}\right) R_2$$

- स्रोत (बैटरी) को उसके आंतरिक प्रतिरोध से बदलें और नेटवर्क के प्रतिरोध R_{th} (थेवेनिन प्रतिरोध) का निर्धारण करें जैसा कि चित्र 1.82 में दिखाया गया है टर्मिनल A और B से देखा देखने पर प्राप्त प्रतिरोध का मान

$$R_{th} = \frac{(r + R_1)\ R_2}{(r + R_1) + R_2} + R_3$$

- पूरे नेटवर्क को ई.एम.एफ. E_{th} वाले एकल थेवेनिन वोल्टेज स्रोत से बदलें। और आंतरिक प्रतिरोध चित्र 1.83 में दिखाया गया है

  लोड प्रतिरोध R_L को वापस उसके टर्मिनलों A और B से कनेक्ट करें जहां से इसे हटाया गया था।
- ओम के नियम को लागू करके भार प्रतिरोध R_L के माध्यम से बहने वाली धारा का निर्धारण करें।

$$I = \frac{E_{th}}{R_{th} + R_L}$$

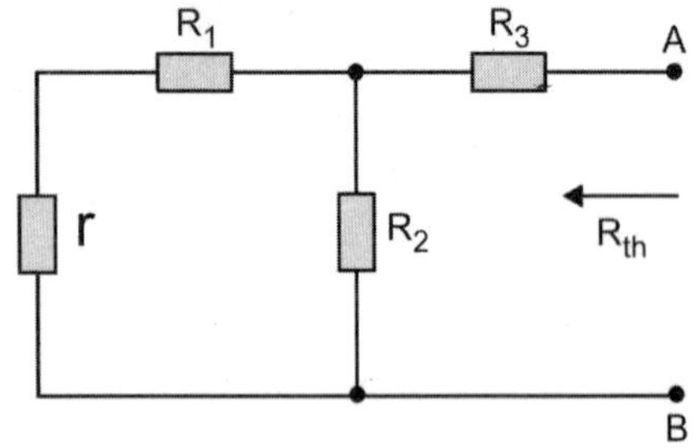

चित्र 1.82: R_{th} ज्ञात करने के लिए सर्किट

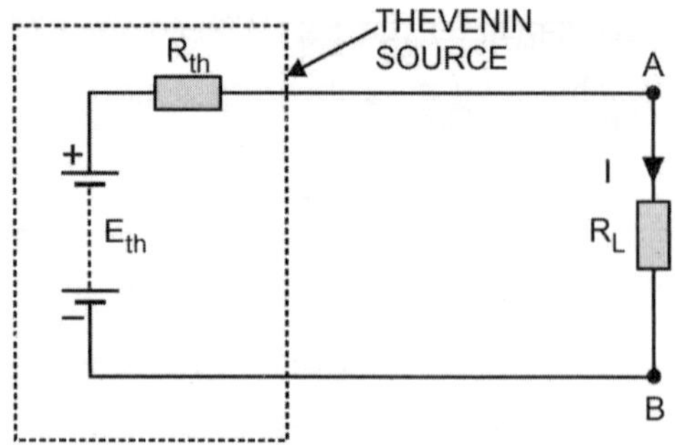

चित्र 1.83: थेवेनिन सर्किट

उदाहरण 1.18. थेवेनिन प्रमेय का प्रयोग करते हुए चित्र 1.84 में दिखाए गए विद्युत परिपथ में टर्मिनलों A-B से जुड़े 12Ω प्रतिरोधकों के माध्यम से धारा ज्ञात कीजिए।

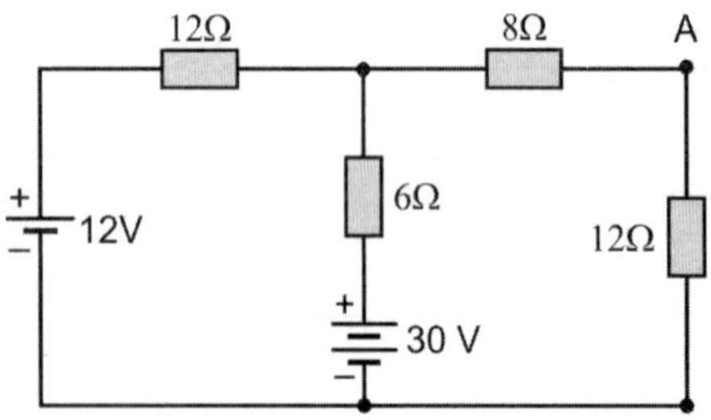

चित्र 1.84: दिया गया सर्किट

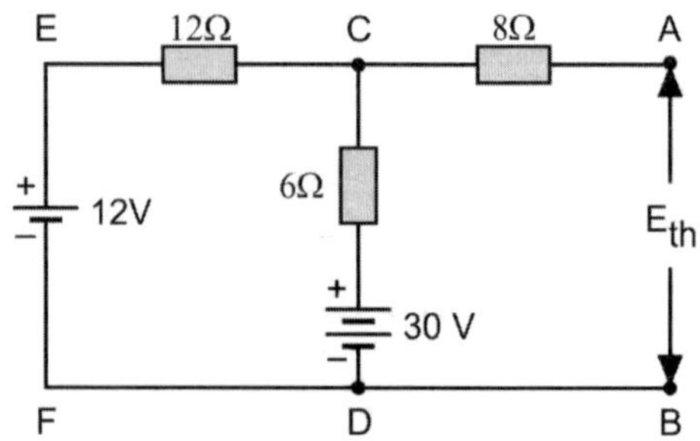

चित्र 1.85: E_{th} ज्ञात करने के लिए सर्किट

समाधान: E_{th} ज्ञात करने के लिए टर्मिनलों A और B को खोलें जैसा कि चित्र 1.85 में दिखाया गया है। DCEFD सर्किट में करेंट,

$$I = \frac{30-12}{12+6} = \frac{18}{18} = 1\text{A}$$

टर्मिनलों AB में ओपन सर्किट वोल्टेज, यानी

$$E_{th} = 30 - 1 \times 6 = 24 \text{ V}$$

सभी वोल्टेज स्रोतों के साथ टर्मिनलों A और B के माध्यम से देखे जाने पर नेटवर्क के थेवेनिन प्रतिरोध R_{th} को शॉर्ट सर्किट किया जा रहा है जैसा कि चित्र 1.86 में दिखाया गया है

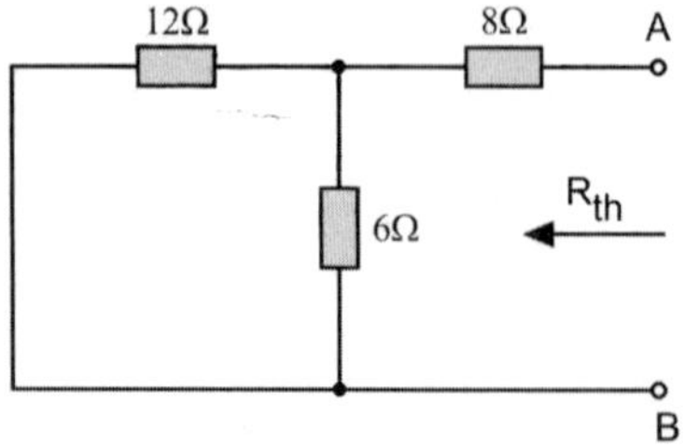

चित्र 1.86 R_{th} ज्ञात करने के लिए सर्किट

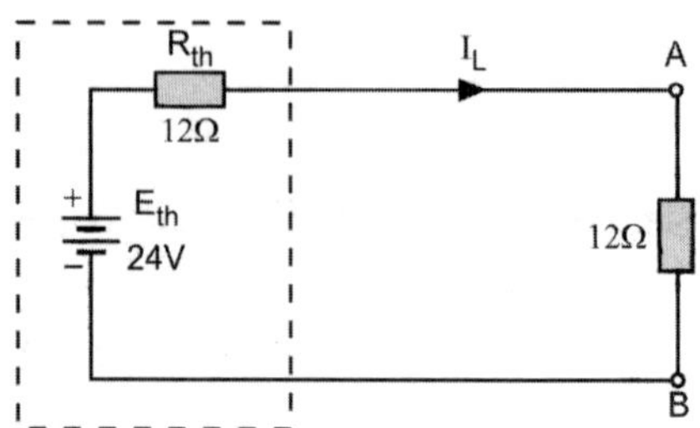

चित्र 1.87: थेवेनिन सर्किट

$$R_{th} = 8 + (6 \| 12) = 8 + \frac{6 \times 12}{6+12} = 12\,\Omega$$

थेवेनिन नेटवर्क चित्र 1.87 में दिखाया गया है।

टर्मिनल AB से जुड़े 12 रेसिस्टर से करेंट-

$$I_L = \frac{E_{th}}{R_{th} + R_L} = \frac{24}{12 + 12} = \mathbf{1A}$$

उदाहरण 1.19. चित्र 1.88 में दिखाए गए परिपथ में थेवेनिन प्रमेय का उपयोग करके धारा I ज्ञात कीजिए।

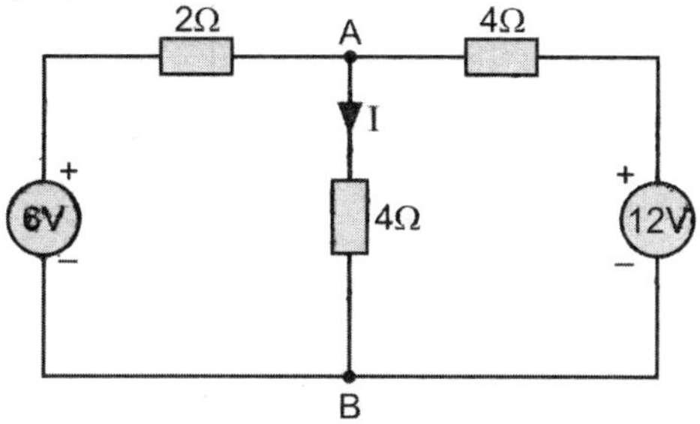

चित्र 1.88: दिया गया सर्किट

समाधान: AB के अक्रॉस थेवेनिन वोल्टेज या ओपन सर्किट वोल्टेज का निर्धारण करने के लिए, AB से जुड़े 4Ω प्रतिरोधक को हटा दें जैसा कि चित्र 1.89 में दिखाया गया है।

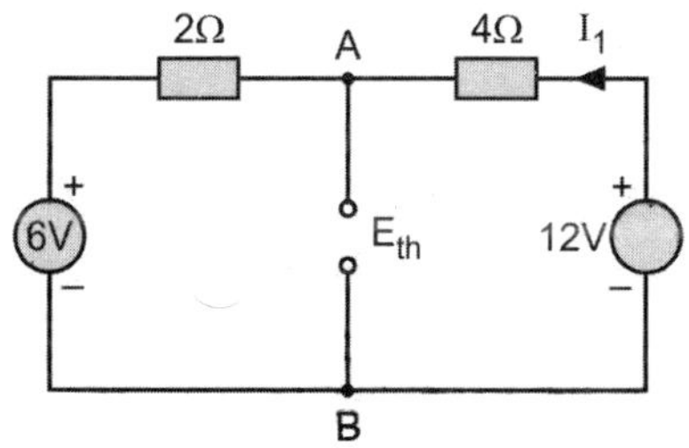

चित्र 1.89: E_{th} ज्ञात करने के लिए सर्किट

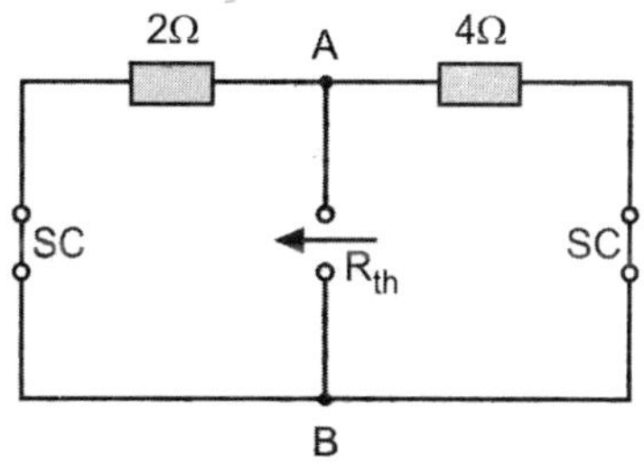

चित्र 1.90: R_{th} ज्ञात करने के लिए सर्किट

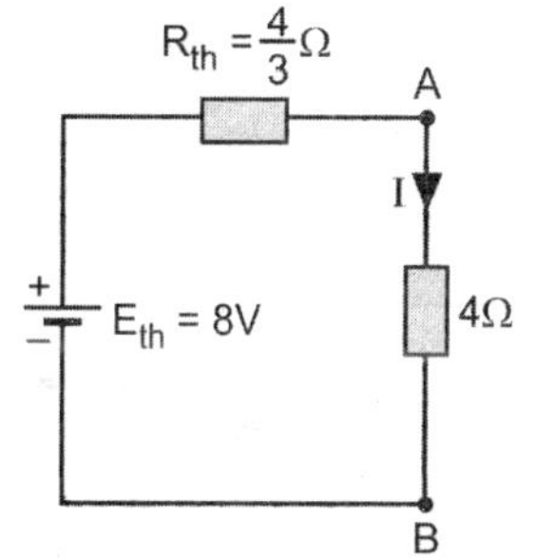

चित्र 1.91: थेवेनिन सर्किट

चित्र 1.89. में दिखाए गए सर्किट में करेंट

$$I_L = \frac{12 - 6}{2 + 4} = \frac{6}{6} = 1\text{ A}$$

AB के अक्रॉस ओपन सर्किट वोल्टेज यानी थेवेनिन वोल्टेज,

$$E_{th} = 12 - 4 \times 1 = 8\text{V}$$

टर्मिनल AB में देख रहे थेवेनिन प्रतिरोध को निर्धारित करने के लिए, वोल्टेज स्रोत को उनके आंतरिक प्रतिरोध यानी शॉर्ट सर्किट से बदलें जैसा कि चित्र 1.90 में दिखाया गया है।

$$R_{th} = 2 \,||\, 4 = \frac{2 \times 4}{2 + 4} = \frac{4}{3}\,\Omega$$

थेवेनिन समतुल्य परिपथ चित्र 1.91 में दिखाया गया है

AB से जुड़े 4Ω प्रतिरोधकों में धारा,

$$I_L = \frac{E_{th}}{R_{th} + R_L} = \frac{8}{\frac{4}{3} + 4} = \frac{8}{\frac{16}{3}} = \frac{8}{16} \times 3 = \mathbf{1.5A}$$

उदाहरण 1.20. चित्र 1.92 के टर्मिनलों BC पर थेवेनिन के समकक्ष सर्किट का पता लगाएं जब भार प्रतिरोध का मान R = 1Ω है

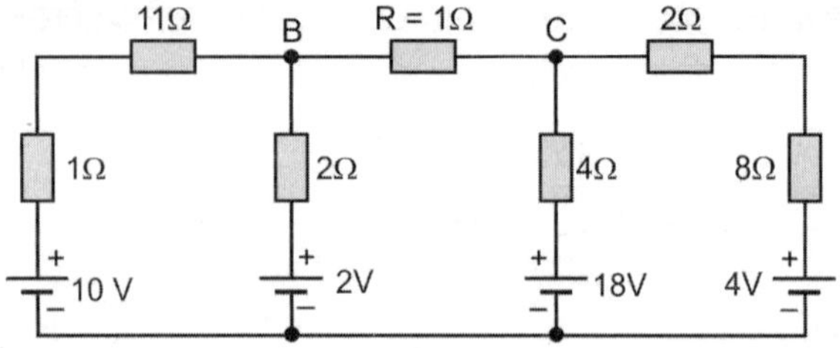

चित्र 1.92: दिया गया सर्किट

समाधान: टर्मिनलों BC के संदर्भ में दिए गए सर्किट के *थेवेनिन* समकक्ष प्रतिरोध को निर्धारित करने के लिए, वोल्टेज स्रोतों को इस आंतरिक प्रतिरोध से बदलें जैसा कि चित्र 1.93 में दिखाया गया है-

$$R_{th} = [(11 + 1) \,||\, 2] \,||\, [(2 + 8) \,||\, 4]$$

$$= \left[\frac{2 \times 12}{2+12}\right] || \left[\frac{10 \times 4}{10+4}\right] = \left(\frac{12}{7}\right) || \left(\frac{20}{7}\right) = \frac{15}{14} = 1.0714\ \Omega$$

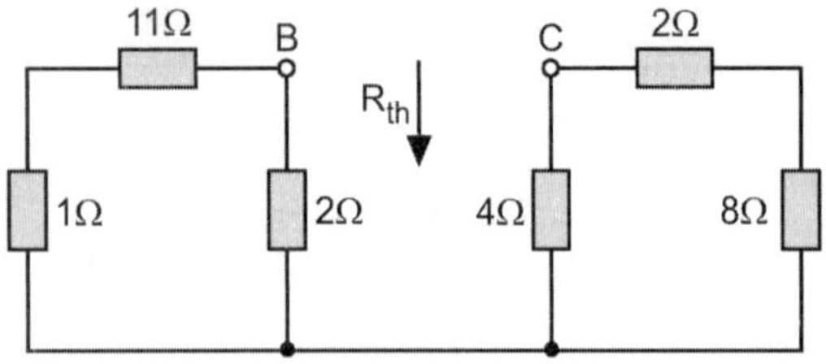

चित्र 1.93: R_{th} ज्ञात करने के लिए सर्किट

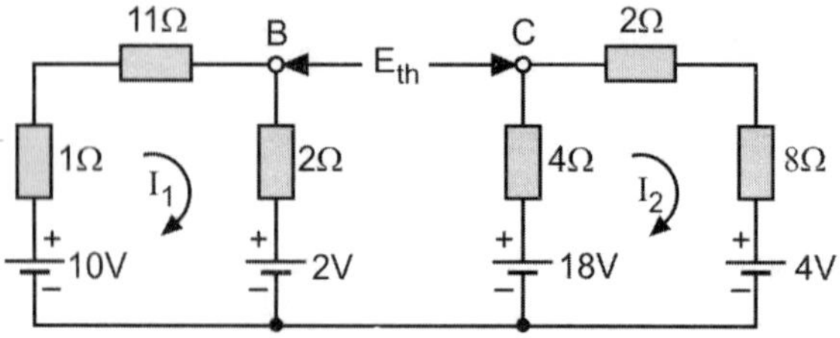

चित्र 1.94: E_{th} ज्ञात करने के लिए सर्किट

टर्मिनलों BC (यानी थेवेनिन वोल्टेज) में ओपन सर्किट वोल्टेज निर्धारित करने के लिए, सर्किट को फिर से बनाएं जैसा कि चित्र 1.94 में दिखाया गया है

टर्मिनल बी के लूप में करेंट, $I_1 = \dfrac{10-2}{11+1+2} = \dfrac{8}{14} = \dfrac{4}{7}$ A

बिंदु बी, पर वोल्टेज $V = 10 - \dfrac{4}{7}(1+11) = \dfrac{22}{7}$ V

टर्मिनल C, के लूप में करेंट $I_2 = \dfrac{18-4}{4+2+8} = \dfrac{14}{14} = 1$ A

बिंदु C पर वोल्टेज, $V_C = 18 - 4 \times 1 = 14V$

थेवेनिन वोल्टेज, $Eth = V_{CB} = V_C - V_B \left(14 - \dfrac{22}{7}\right) = \dfrac{76}{7}$

$= 10{\cdot}857$ V

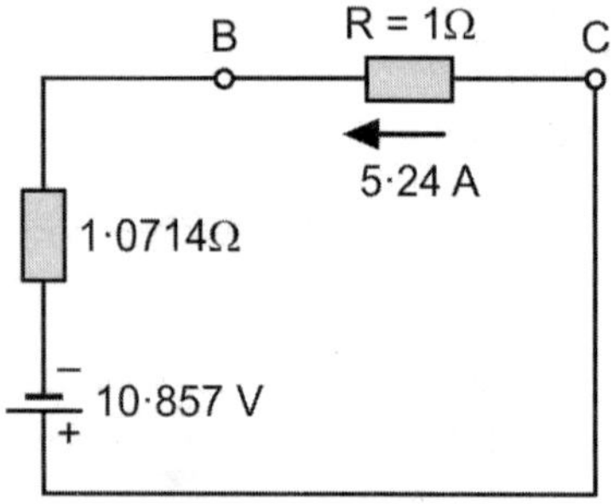

चित्र 1.95: थेवेनिन सर्किट

थेवेनिन का समतुल्य परिपथ चित्र 1.95 में दिखाया गया है, 1Ω के प्रतिरोधक R से प्रवाहित धारा =

$$I = \frac{E_{th}}{R_{th} + R} = \frac{10 \cdot 857}{1 \cdot 0714 + 1} = \mathbf{5.24A}\ (\text{उत्तर})$$

उदाहरण 1.21: एक ब्रिज नेटवर्क ABCD को निम्नानुसार व्यवस्थित किया गया है: टर्मिनल A – B, B – C, C – D, D – A और B – D के बीच प्रतिरोध क्रमशः 10, 30, 15, 20 और 40 Ω हैं। नगण्य आंतरिक प्रतिरोध की 2 V की बैटरी टर्मिनलों A और B के बीच जुड़ी हुई है। थेवेनिन प्रमेय को लागू करके 40 Ω प्रतिरोधी में धारा का मान और दिशा निर्धारित करें।

समाधान: ब्रिज सर्किट को चित्र में दिखाया गया है 1.96 थेवेनिन वोल्टेज Eth को निर्धारित करनें के लिए, 40 Ω रेसिस्टर को हटा दें। फिर सर्किट को कम कर दिया जाता है जैसा कि चित्र 1.97 में दिखाया गया है,

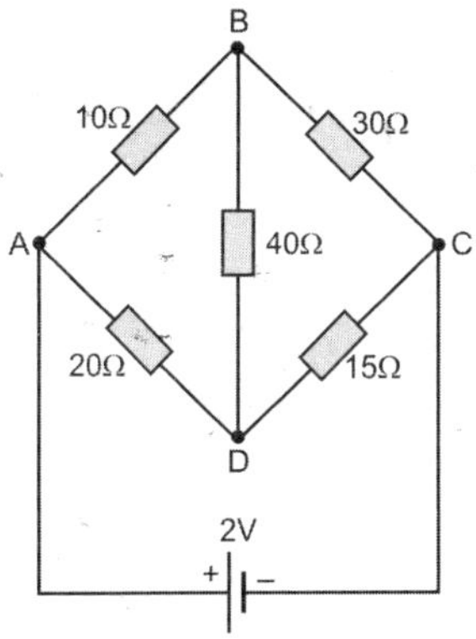

चित्र 1.96: दिया गया सर्किट

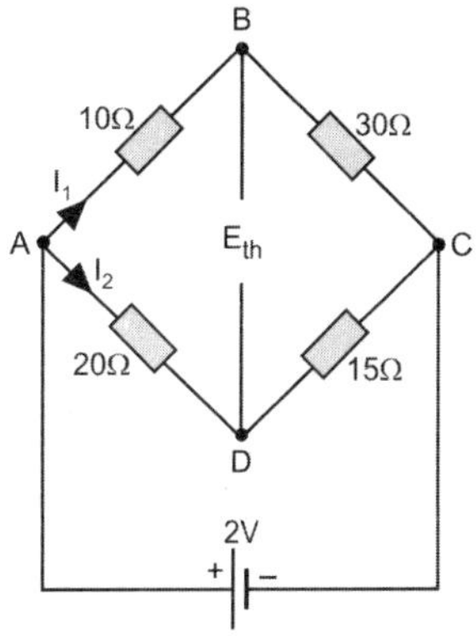

चित्र 1.97: E_{th} ज्ञात करने के लिए सर्किट

शाखा ABC में करेंट, $I_1 = \dfrac{2}{10+30} = 0\cdot05\text{A}$

शाखा ADC में करेंट $I_2 = \dfrac{2}{20+15} = 0\cdot05714 \text{ A}$

बिंदु B पर वोल्टेज, $V_B = 2 - 0.05 \times 10 = 1.5 \text{ V}$

बिंदु D पर वोल्टेज, $V_D = 2 - 0.05714 \times 20 = 0.857 \text{ V}$

टर्मिनल B और D के बीच संभावित अंतर यानी-

थेवेनिन वोल्टेज, $E_{th} = 1.5 - 0.857 = 0.643\text{V}$

टर्मिनल B और D के बीच देख रहे प्रतिरोध R_{th} को निर्धारित करने के लिए, स्रोत को इसके आंतरिक प्रतिरोध (इस मामले में शून्य) से बदल दिया जाता है जैसा कि चित्र 1.98 (a) में दिखाया गया है। सर्किट को और सरल बनाया गया है जैसा कि चित्र 1.98 (b) में दिखाया गया है।

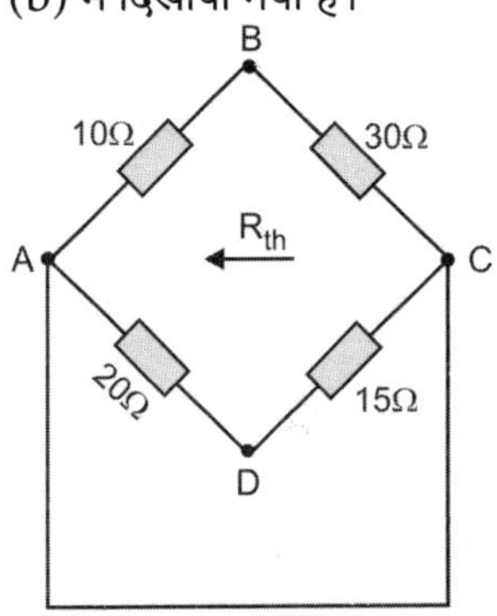

(a) स्रोत बदल दिया गया है

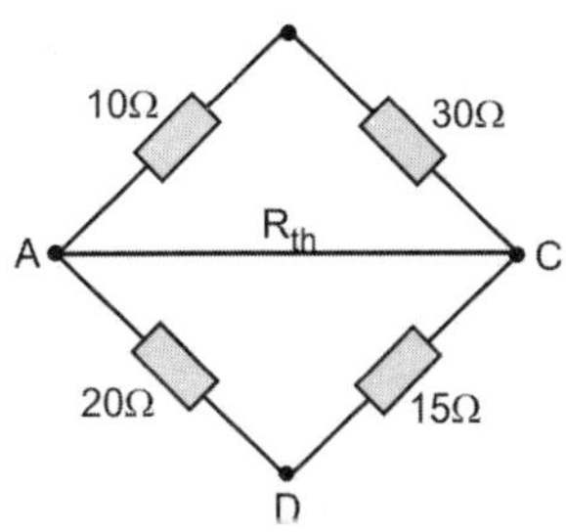

(b) सरलीकृत सर्किट

चित्र 1.98: R_{th} ज्ञात करने के लिए सर्किट

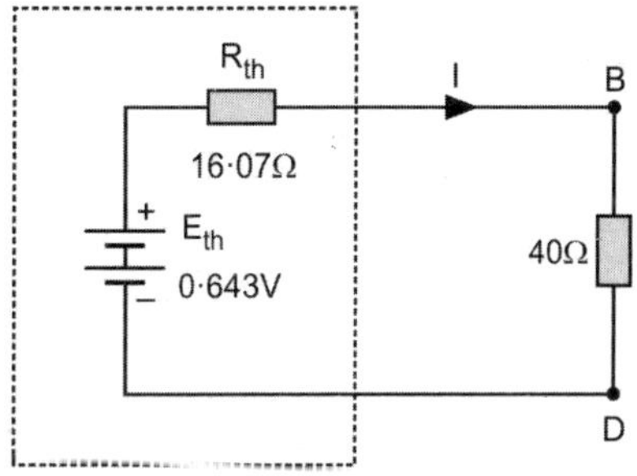

चित्र 1.99: थेवेनिन सर्किट

थोड़ा विचार करने से पता चलेगा कि टर्मिनल B और D में प्रतिरोध यानी थेवेनिन प्रतिरोध,

$$R_{th} = \frac{10 \times 30}{10 + 30} + \frac{20 \times 15}{20 + 15} = 7.5 + 8.57 = 16.07\Omega$$

थेवेनिन सर्किट चित्र 1.99 में दिखाया गया है

करेंट 40Ω रेसिस्टर में $$I = \frac{0 \cdot 643}{16 \cdot 07 + 40} = 11 \cdot 467 \text{ mA}$$ (उत्तर)

उदाहरण 1.22. थेवेनिन के प्रमेय को लिखिए और टर्मिनल A और B के बीच जुड़े 1000 Ω प्रतिरोधक में धारा की गणना कीजिए, जैसा कि चित्र 1.100 में दिखाया गया है।

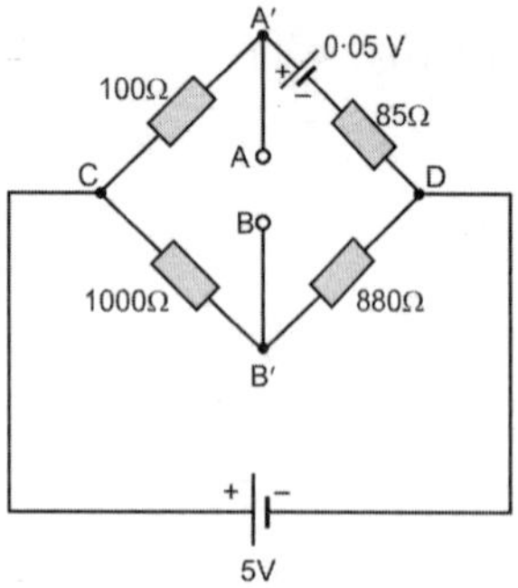

चित्र 1.100: दिया गया सर्किट

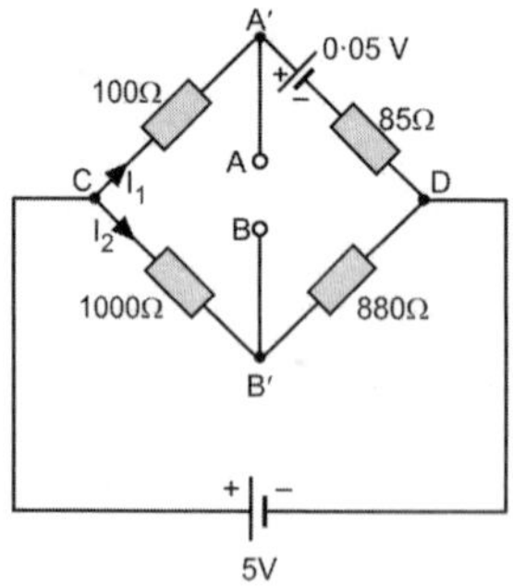

चित्र 1.101: E_{th} ज्ञात करने के लिए सर्किट

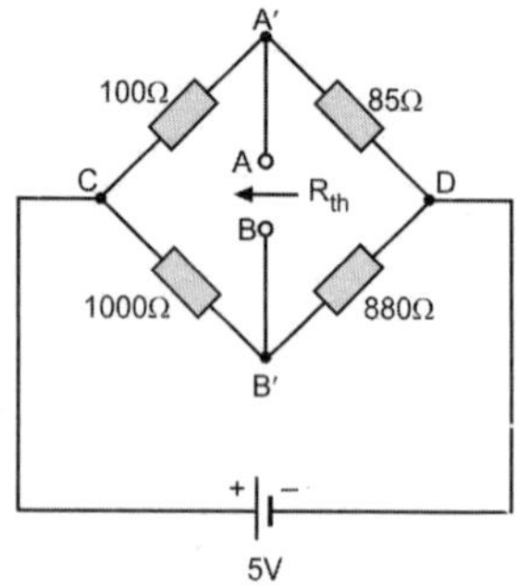

चित्र 1.102: **(a)** R_{th} ज्ञात करने के लिए सर्किट

समाधान: AB यानी E_{th} के अक्रॉस खुला परिपथ वोल्टेज निर्धारित करने के लिए, चित्र 1.101 पर विचार करें।

धारा, $$I_1 = \frac{5 - 0 \cdot 05}{100 + 85} = \frac{4 \cdot 95}{185} \text{ A}$$

बिंदु A पर विभव, $$V_A = V_C - I_1 \times 100 = 5 - \frac{4 \cdot 95}{185} \times 100 = 2 \cdot 324 \text{ V}$$

धारा, $$I_2 = \frac{5}{1000 + 880} = \frac{5}{1880} \text{ A}$$

बिंदु B पर विभव, $$V_B = V_C - I_2 \times 1000$$

$$= 5 - \frac{5}{1880} \times 1000$$

टर्मिनल *B* टर्मिनल *A* की तुलना में अधिक क्षमता पर है।

थेवेनिन वोल्टेज, $$E_{th} = V_{BA} = 2 \cdot 340 - 2 \cdot 324 = 0 \cdot 016\text{V}$$

बैटरियों को उनके आंतरिक प्रतिरोध (अर्थात शून्य प्रतिरोध) से बदलकर, नेटवर्क चित्र 1.102 (a) में दिखाया गया है। जैसा कि चित्र 1.102 (b) में दिखाया गया है, नेटवर्क को और सरल बनाया जा सकता है

$$R_{th} = R_{AB} = 100 \,||\, 85 + 1000 \,||\, 880$$

$$= \frac{100 \times 85}{100 + 85} + \frac{1000 \times 880}{1000 + 880}$$

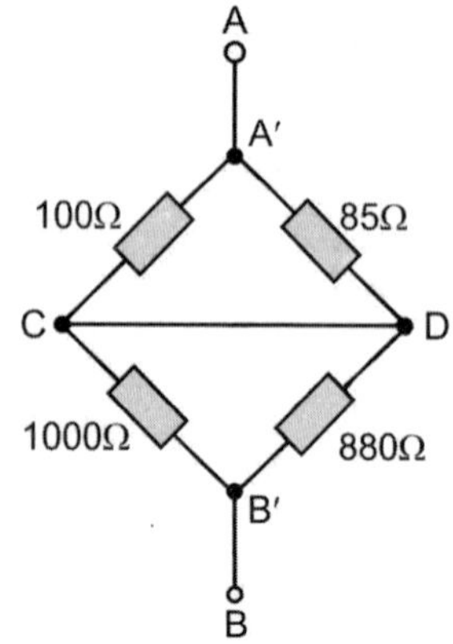

चित्र. 1.102 (b) सरलीकृत सर्किट

$$= 45.946 + 468.085$$
$$= 514.031\ \Omega$$

AB से जुड़े होने पर 1000 प्रतिरोध में करेंट

$$I_L = \frac{E_{th}}{R_{th} + R_L} = \frac{0\cdot016}{514\cdot031 + 1000}$$
$$= \frac{0\cdot016}{1514\cdot031} = 10\cdot6344\ mA$$

टर्मिनल B से A की ओर करेंट प्रवाहित होता है।

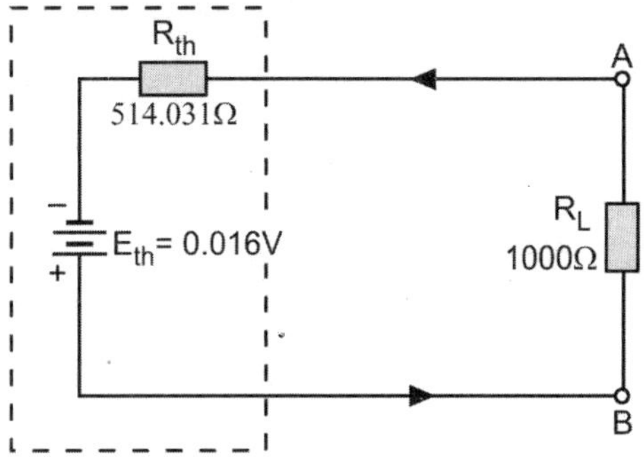

चित्र 1.103: थेवेनिन सर्किट

उदाहरण 1.23. चित्र 1.104 में दिखाए गए नेटवर्क के टर्मिनल जोड़ी AB के लिए थेवेनिन के समकक्ष का पता लगाएं।

समाधान: थेवेनिन के तुल्य प्रतिरोध का निर्धारण करने के लिए टर्मिनलों AB के संदर्भ में सर्किट का R_{th} वोल्टेज स्रोत शॉर्ट-सर्किट है और करेंट स्रोत ओपन-सर्किट है, जैसा कि चित्र 1.105 में दिखाया गया है।

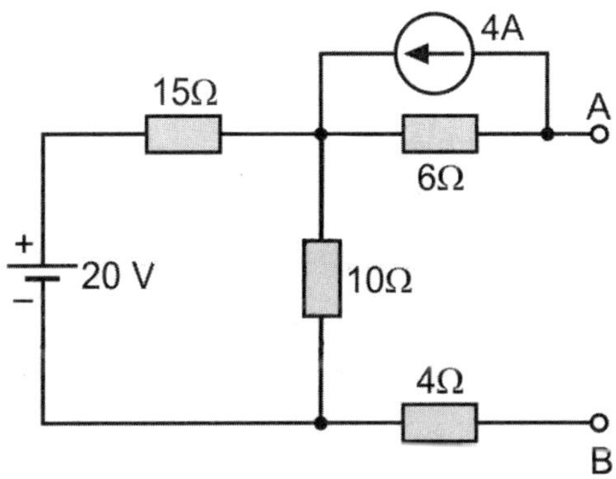

चित्र 1.104: दिया गया सर्किट

$$R_{th} = 6 + (15 \,||\, 10) + 4 = 6 + \frac{15 \times 10}{15 + 10} + 4 = 16\ \Omega$$

6Ω प्रतिरोध से जुड़े 4A के धारा स्रोत को समतुल्य वोल्टेज स्रोत में परिवर्तित करने पर, सर्किट चित्र 1.106 में दिखाया गया है।

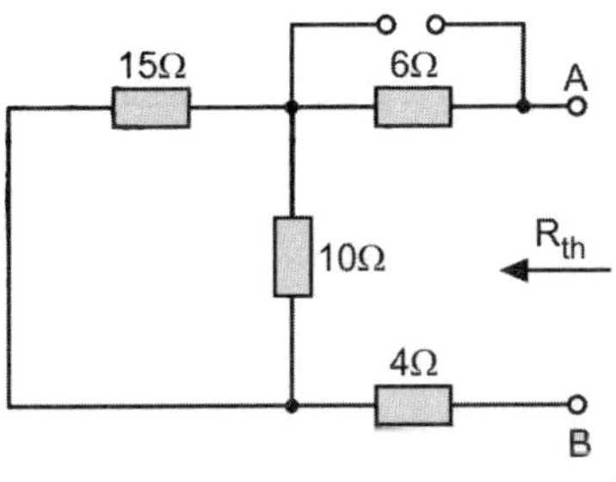

चित्र 1.105: R_{th} ज्ञात करने के लिए सर्किट

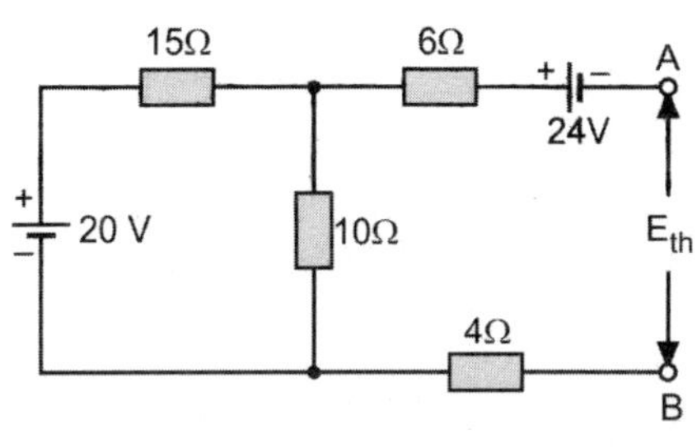

चित्र 1.106: E_{th} ज्ञात करने के लिए सर्किट

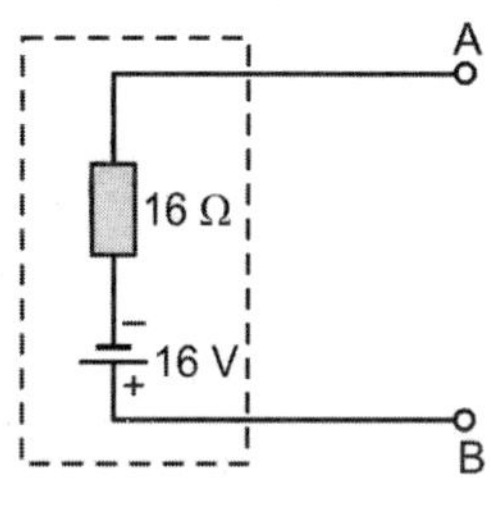

चित्र 1.107: थेवेनिन समकक्ष सर्किट

टर्मिनल A और B के खुले सर्किट को ध्यान में रखते हुए 4 Ω और 6 Ω के प्रतिरोधी के माध्यम से कोई धारा नहीं है (इसलिए उनके बीच कोई वोल्टेज ड्रॉप नहीं होता है),

10 Ω प्रतिरोधक के पार वोल्टेज $= \dfrac{20}{15+10} \times 10 = 8\,\text{V}$

थेवेनिन वोल्टेज AB, $E_{th} = 8 - 24 = -16$ V

थेवेनिन का समतुल्य परिपथ चित्र 1.107 में दिखाया गया है।

अभ्यास

1. चित्र 1.108 में दिखाए गए सर्किट में थेवेनिन के प्रमेय का उपयोग करके धारा I का पता लगाएं। **(उत्तर** 2.4A)

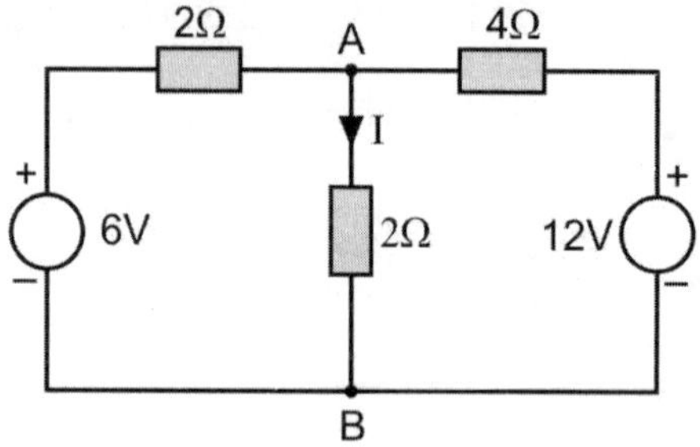

चित्र 1.108: दिया गया सर्किट

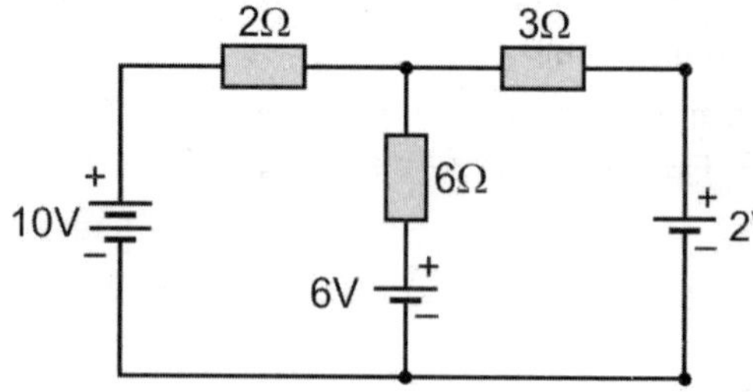

चित्र 1.109: दिया गया सर्किट

2. थेवेनिन प्रमेय का प्रयोग करके चित्र 1.109 में 3 Ω प्रतिरोधक में धारा ज्ञात कीजिए। **(उत्तर** 1.556A)
3. मेष समीकरण विधि का प्रयोग करते हुए चित्र 1.110 में दर्शाए गए नेटवर्क के प्रतिरोध R_1 में धारा ज्ञात कीजिए। **(उत्तर** 0.625 A)
4. थेवेनिन प्रमेय को लागू करके, चित्र 1.111 में दिखाए गए नेटवर्क के 15Ω रेसिस्टर में करेंट का पता लगाएं। **(उत्तर** 3.5A)

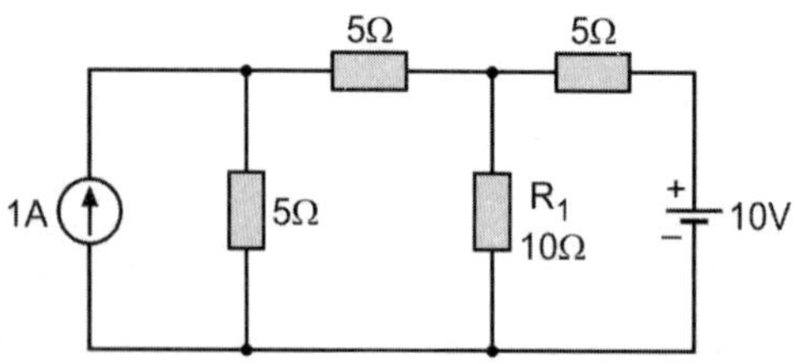

चित्र. 1.110: दिया गया सर्किट

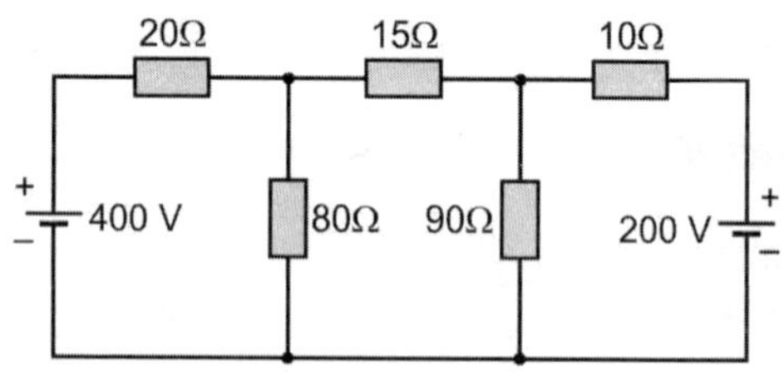

चित्र.1.111: दिया गया सर्किट

5. चित्र 1.112 में दर्शाए गए नेटवर्क के टर्मिनल युग्म AB के लिए थेवेनिन समतुल्य परिपथ ज्ञात कीजिए। **(उत्तर** $E_{th} = -6$V, $R_{th} = 9\ \Omega$)
6. *AB* के अक्रॉस थेवेनिन समतुल्य परिपथ खींचिए और चित्र 1.113 में दर्शाए गए नेटवर्क के लिए 12 Ω प्रतिरोधक से प्रवाहित धारा ज्ञात कीजिए। **(उत्तर** 4.533 A)

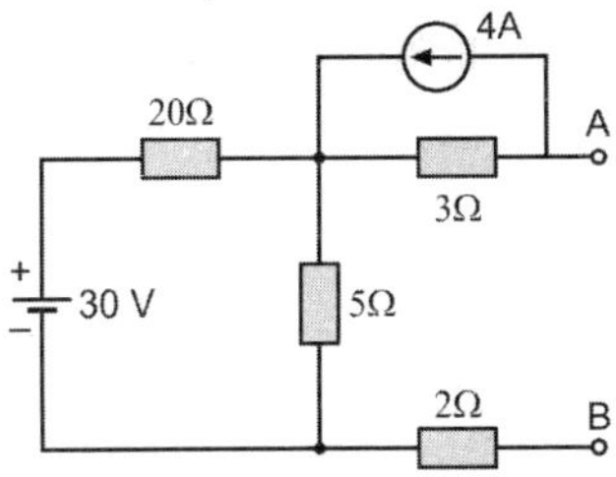

चित्र 1.112: दिया गया सर्किट

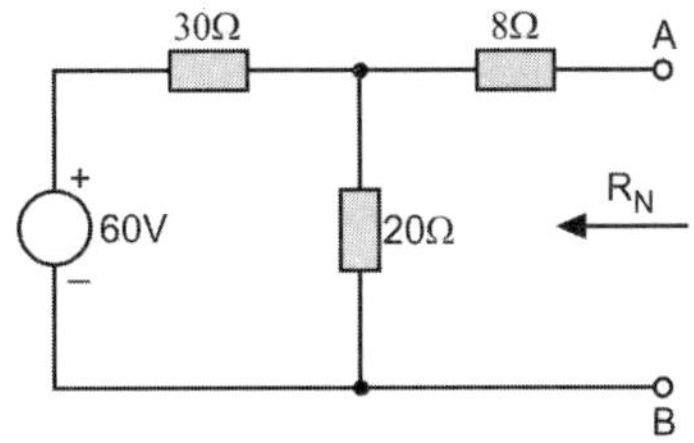

चित्र 1.113: दिया गया सर्किट

1.22. नॉर्टन का प्रमेय

नॉर्टन के प्रमेय में कहा गया है कि:

एक नेटवर्क के किन्हीं दो टर्मिनलों से जुड़े एक प्रतिरोधक के माध्यम से बहने वाली धारा को पूरे नेटवर्क को एक धारास्रोत में परिवर्तित करके निर्धारित किया जा सकता है, जिसमें एक प्रतिरोध R_N के समानांतर I_N का धारा आउटपुट होता है।

जहां, I_N = स्रोत द्वारा आपूर्ति की जाने वाली शॉर्ट सर्किट करेंट जो शॉर्टसर्किट होने पर दो चयनित टर्मिनलों के बीच प्रवाहित होती है, जिसे आमतौर पर नॉर्टन करेंट कहा जाता है।

R_N = दयिे गये नेटवर्क मे ई.एम.एफ. के स्रोतों को उनके आंतरिक प्रतिरोधों द्वारा प्रतिस्थापित कर और धारास्रोतों को ओपन सर्किट द्वारा प्रतिस्थापित कर दो टर्मिनलों के बीच के समतुल्य प्रतिरोध को नॉर्टन प्रतिरोध कहते है।

नॉर्टन के समकक्ष सर्किट को निर्धारित करने के लिए कदम

- लोड रेसिस्टर को शॉर्टसर्किट कर उन टर्मिनलों के बीच प्रवाहित होने वाली धारा की गणना करें यह धारा नॉर्टन करेंट I_N कहलाती है।
- नेटवर्क मे दिये गये प्रत्येक वोल्टेज स्रोत को उसके आंतरिक प्रतिरोध के साथ श्रृंखला में शॉर्टसर्किट द्वारा और प्रत्येक धारास्रोत को इसके आंतरिक प्रतिरोध के समानांतर एक ओपनसर्किट द्वारा प्रतिस्थापित कर फिर से नेटवर्क का चित्र बनाएं।
- नेटवर्क टर्मिनलों से देखे प्रतिरोध R_N को निर्धारित करें । (इसका मान R_{th} के बराबर होता है)।

1.23 थेवेनिन के समकक्ष का नॉर्टन के समकक्ष और इसके विपरीत में रूपांतरण

एक थेवेनिन के समकक्ष को इसके नॉर्टन के समकक्ष और इसके विपरीत में परिवर्तित किया जा सकता है। कथन के अनुसार, नॉर्टन का करेंट स्रोत करेंट I_{SC} या I_N के बराबर होता है जो शॉर्ट सर्किट होने पर टर्मिनलों A और B में प्रवाहित होता है।

इसलिये $$I_{SC} = \frac{E_{th}}{R_{th}} \qquad ...(i)$$

उसी तरह नॉर्टन के सर्किट को उसके थेवेनिन के समकक्ष में बदला जा सकता है। थेवेनिन का समतुल्य स्रोत VOC या Eth ओपन सर्किट पर वोल्टेज है और इसे इस प्रकार दिया जाता है |

$$V_{OC} \text{ या } E_{th} = I_{SC} R_{th} \qquad ...(ii)$$

प्रत्येक प्रमेय दूसरे का द्वैध होता है।

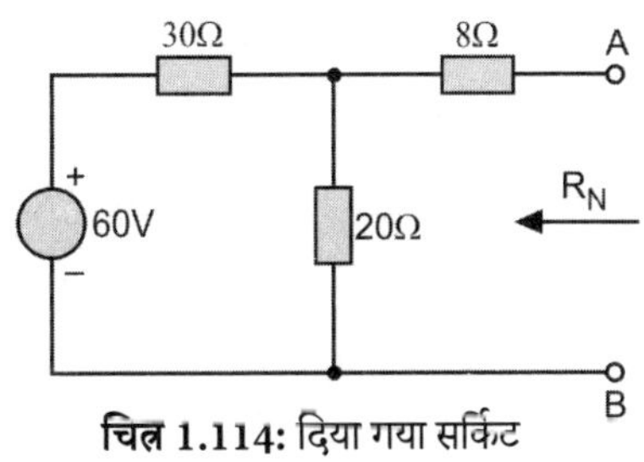

चित्र 1.114: दिया गया सर्किट

उदाहरण 1.24: चित्र 1.114 में दिखाए गए सर्किट के लिए, 'AB' से देखा गया नॉर्टन करेंट और समकक्ष प्रतिरोध प्राप्त करें।

समाधान: टर्मिनलों A और B के संदर्भ में नेटवर्क का समतुल्य प्रतिरोध, जैसा कि चित्र 1.115 में दिखाया गया है।

$$R_N = (30 \,||\, 20) + 8 = \frac{30 \times 20}{30 + 20} + 8 = 12 + 8 = 20\ \Omega \text{ (Ans.)}$$

60 V स्रोत द्वारा आपूर्ति की जाती है, जब टर्मिनल A और B शॉर्ट सर्किट होते हैं जैसा कि चित्र 1.116 में दिखाया गया है।

$$I = \frac{60}{30+(8\|20)} = \frac{60}{30+\dfrac{8\times 20}{8+20}} = \frac{42}{25}\text{ A}$$

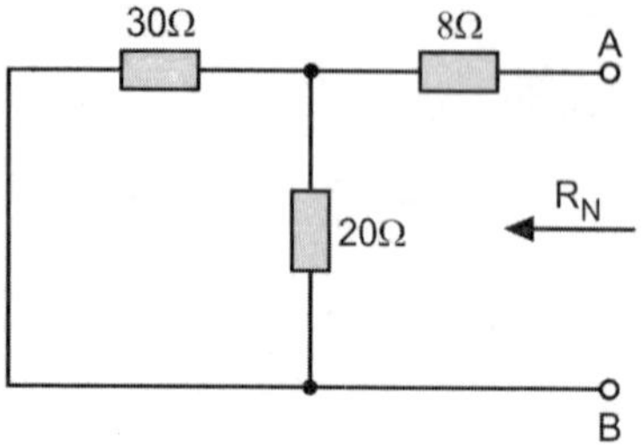

चित्र **1.115:** R_N निर्धारित करने के लिए सर्किट

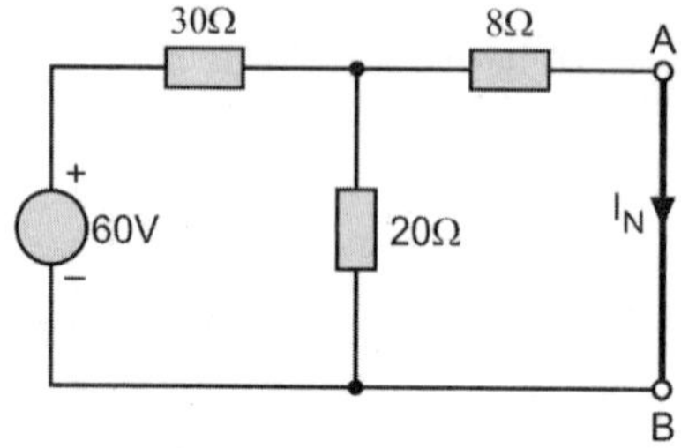

चित्र **1.116:** I_N निर्धारित करने के लिए सर्किट

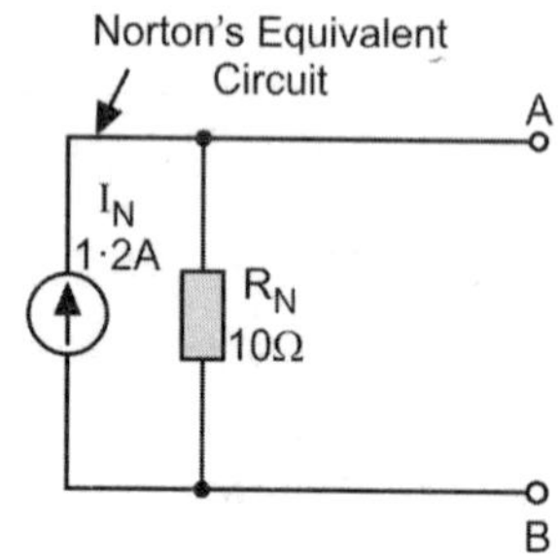

चित्र **1.117:** नॉर्टन सर्किट

नॉर्टन का करेंट, I_N यानी, टर्मिनल A से B तक करेंट जब ये शॉर्ट सर्किट होते हैं जैसा कि चित्र 1.117 में दिखाया गया है। नॉर्टन का समतुल्य परिपथ चित्र 1.117 में दिखाया गया है।

$$I_N = \frac{20}{20+8}\times I = \frac{20}{28}\times\frac{42}{25} = 1.2\text{ A (Ans.)}$$

उदाहरण 1.25. चित्र 1.118 में दिखाए गए सर्किट में R_L के आर-पार नॉर्टन के समकक्ष सर्किट का पता लगाएं।

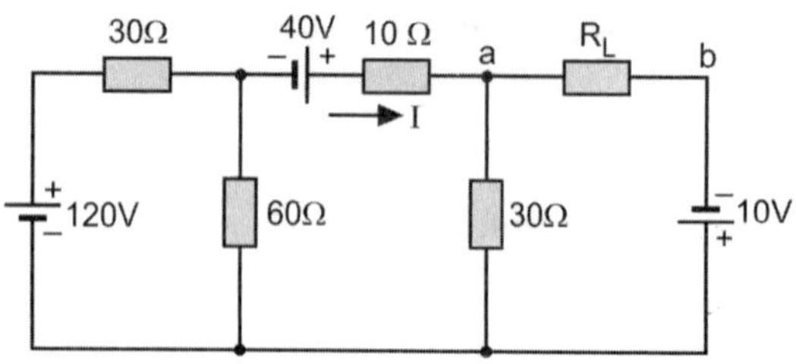

चित्र **1.118:** दिया गया सर्किट

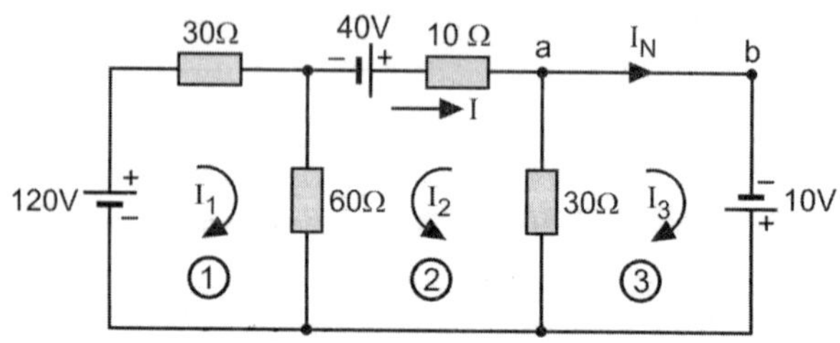

चित्र **1.119:** I_N निर्धारित करने के लिए सर्किट

समाधान: मान लें कि नॉर्टन की धारा I_N है, जैसा कि चित्र 1.119 में दिखाया गया है।

लूप (1) में KVL लगाने पर, हम प्राप्त करते हैं,

$$30I_1 + 60\,(I_1 - I_2) = 120$$

या $$90\,I_1 - 60I_2 = 120$$

$$3I_1 - 2I_2 = 4 \qquad ...(i)$$

लूप (2) में KVL लगाने पर, हम प्राप्त करते हैं,

$$60\,(I_2 - I_1) + 10I_2 + 30\,(I_2 - I_3) = 40$$

या $$-60\,I_1 + 100I_2 - 30I_3 = 40 \qquad ...(ii)$$

या $$-6I_1 + 10I_2 - 3I_3 = 4$$

लूप (3) में KVL लगाने पर, हम प्राप्त करते हैं,

$$30\,(I_3 - I_2) = 10$$

या $\quad -30I_2 + 30I_3 = 10$ या $-3I_2 + 3I_3 = 1 \quad ...(iii)$

समीकरण, (*ii*) और (iii) को हल करने पर, हम प्राप्त करते हैं,

$$-6I_1 + 10I_2 - 1 - 3I_2 = 4 \text{ (since } 3I_3 = 1 + 3I_2)$$

$$6I_1 + 7I_2 = 5 \quad ...(iv)$$

समीकरण (i) को 2 से गुणा कर और समीकरण (iv) के साथ जोड़ने पर हम प्राप्त करते हैं।

$$I_2 = \frac{13}{3}\text{ A}$$

समीकरण (iii) से,

$$I_3 = \frac{14}{3}\text{ A}$$

नॉर्टन धारा, I_N

$$I_N = I_3 = \frac{14}{3}\text{ A}$$

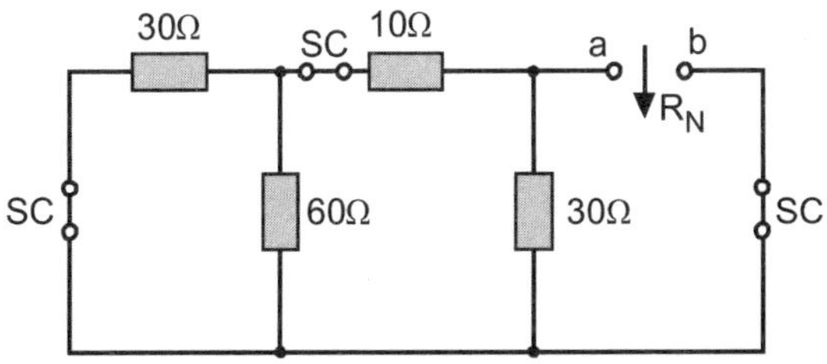

चित्र 1.120: R_N निर्धारित करने के लिए सर्किट

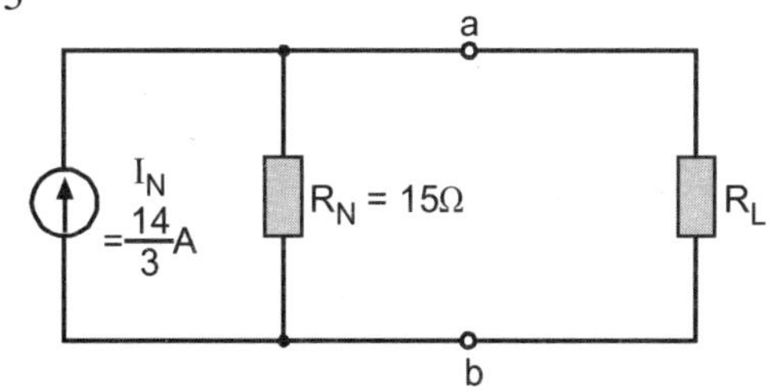

चित्र. 1.121: नॉर्टन सर्किट

चित्र. 1.120 से नॉर्टन प्रतिरोध R_N

$$R_N = [(30 \,||\, 60) + 10] \,||\, 30 = \left(\frac{30 \times 60}{30 + 60} + 10\right) || \, 30$$

$$= (20 + 10) \,||\, 30 = \frac{30 \times 30}{30 + 30} = 15\ \Omega$$

नॉर्टन समकक्ष सर्किट को चित्र.1.121 में दिखाया गया है

उदाहरण 1.26. चित्र 1.122 में दर्शाए गए नेटवर्क के लिए नॉर्टन समतुल्य परिपथ बनाए और 15 Ω प्रतिरोध के माध्यम से बहने वाली धारा का निर्धारण करें।

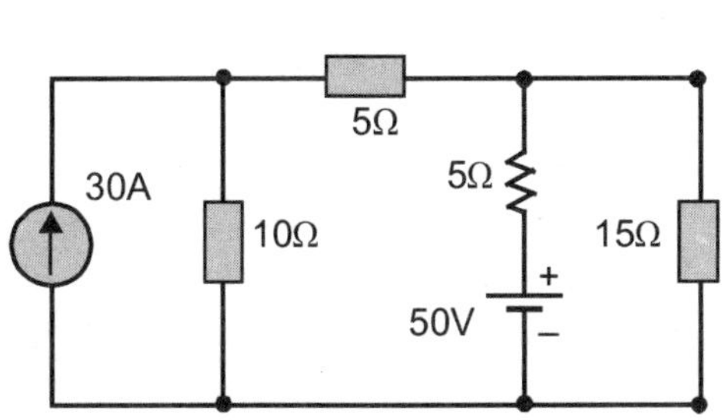

चित्र 1.122: दिया गया सर्किट

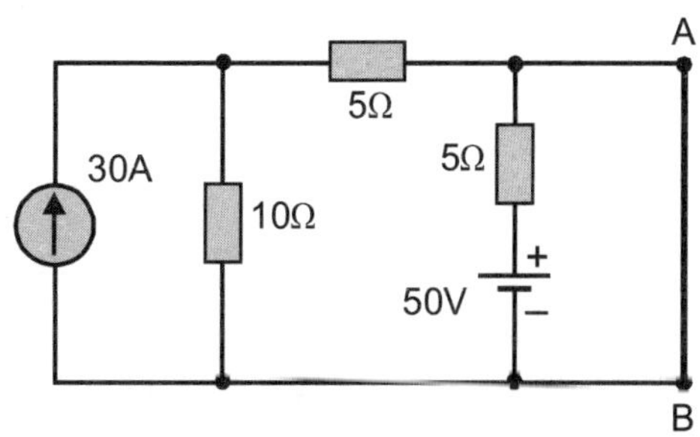

चित्र 1.123: I_N निर्धारित करने के लिए सर्किट

समाधान: I_N निर्धारित करने के लिए 15 Ω के प्रतिरोध को हटा दिया जाता है और टर्मिनलों A और B को चित्र 1.123 में दिखाए गए अनुसार शॉर्ट सर्किट कर दिया जाता है। चूंकि सर्किट में, दो स्रोत हैं जिसके कारण टर्मिनल A और B के बीच करेंट प्रवाहित होगा, इसलिए यहां सुपरपोजिशन प्रमेय लागू करने पर

$$I_N = I_1 + I_2$$

(i) केवल करेंट स्रोत को ध्यान में रखते हुए, सर्किट का सरलीकृत रूप चित्र 1.124 में दिखाया गया है।

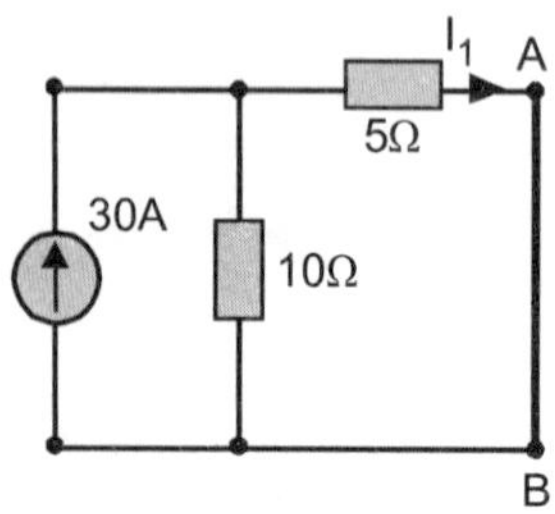

चित्र. 1.124: केवल करेंट स्रोत के साथ सर्किट

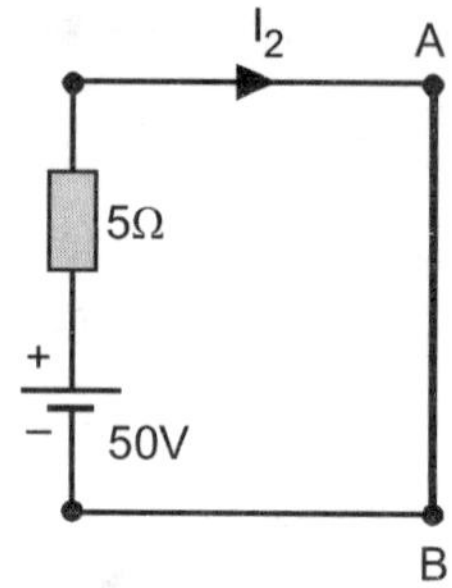

चित्र. 1.125: केवल विभव स्रोत को ध्यान में रखते हुए

करेंट $$I_1 = 30 \times \frac{10}{10+5} = 20\text{A}$$

(ii) केवल वोल्टेज स्रोत को ध्यान में रखते हुए, सर्किट का सरलीकृत रूप चित्र1.125 में दिखाया गया है

करेंट $$I_2 = \frac{50}{5} = 10\text{A}$$

सुपरपोजिशन प्रमेय के अनुसार

$$I_N = I_1 + I_2 = 20 + 10 = \mathbf{30\ A} \text{ (उत्तर)}$$

R_N निर्धारित करने के लिए :

अब करेंट स्रोत को ओपन सर्किट और वोल्टेज स्रोत को शॉर्ट सर्किट के साथ से बदलने पर, सर्किट का सरलीकृत रूप चित्र 1.126. में दिखाया गया है

$$R_N = \frac{5 \times (5 + 10)}{5 + (5 + 10)} = \mathbf{3.75\ \Omega} \text{ (उत्तर)}$$

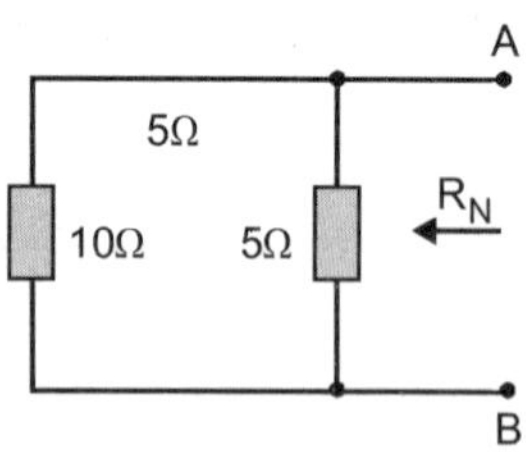

चित्र. 1.126: RN निर्धारित करने के लिए सर्किट

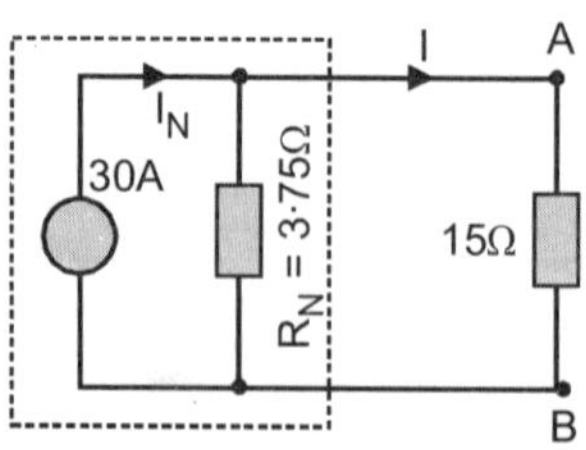

चित्र. 1.127: नॉर्टन समतुल्य सर्किट

नॉर्टन समतुल्य सर्किट चित्र 1.127 में दिखाया गया है

15 Ω प्रतिरोध के माध्यम से बहने वाली करेंट

$$I = 30 \times \frac{3\cdot 75}{3\cdot 75 + 15} = \mathbf{6\ A} \text{ (उत्तर)}$$

1.24 RL और RC सर्किट का टाईम डोमेन विश्लेषण

समय क्षेत्र के में R-L और R-C सर्किट का विश्लेषण करने के लिए, RL और RC सर्किट को खोले (open) और बंद(close) किए जाते हैं और उनके प्रभावों का विश्लेषण किया जाता है।

1.25 R-L सर्किट का विश्लेषण

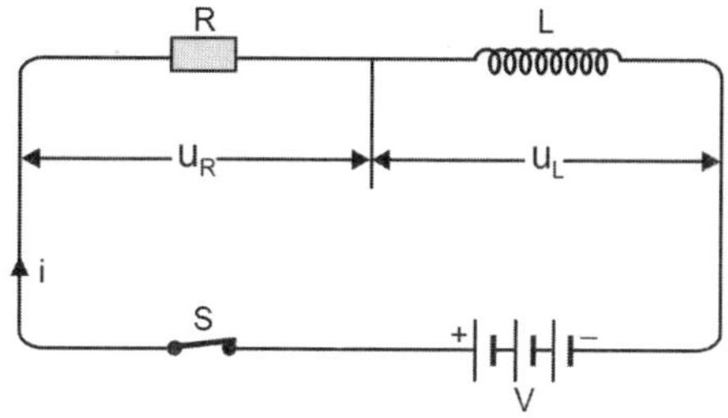

चित्र. 1.128: R-L सर्किट का क्लोजिंग

प्रतिरोध RΩ और इंडक्टर L Henry वाली एक कुण्डली को चित्र 1.128 में दिखाया गया है। जब स्विच S द्वारा परिपथ को बंद किया जाता है, तो धारा धीरे-धीरे बढ़ती है और अपना अंतिम मान प्राप्त करने में कुछ समय लगता है। देरी का कारण यह है कि जब अपने अंतिम मूल्य को प्राप्त करने के लिए करेंट बढ़ता है, तो एक ई.एम.एफ. (स्व-प्रेरित ईएमएफ) कुंडल के अधिष्ठापन में प्रेरित होता है जो धारा में वृद्धि का विरोध करता है। मान लीजिए कि किसी भी क्षण परिपथ में धारा i एम्पीयर है और di/dt की दर से बढ़ रही है। फिर लागू वोल्टेज

$$V = v_R + v_L = i\,R + L\frac{di}{dt}\left(v_L = e_L = L\frac{di}{dt}\right)$$

कुछ समय बाद, करेंट (i) अपना अंतिम मान (I) प्राप्त कर लेता है और करेंट के परिवर्तन की दर (di/dt) शून्य हो जाती है। फिर

$$V = IR + 0 \quad \text{या} \quad I = V/R.$$

इसी तरह, जब एक आगमनात्मक सर्किट (या कॉइल) खोला जाता है, तो करेंट तुरंत अपना शून्य मान प्राप्त नहीं करता है, लेकिन यह धीरे-धीरे गिरता है। इस प्रकार, एक डीसी सर्किट में इंडक्टर की भूमिका धारा में परिवर्तन (वृद्धि या गिरावट) को देरी करने के लिए होता है । इसका व्यवहार यांत्रिकी में जडता के समान होता है। धारा के परिवर्तन में देरी, किसी भी मामले में, R-L मान पर निर्भर करती है जैसा कि अगले लेखों में बताया गया है।

1.26 आगमनात्मक सर्किट में विद्युत धारा का उदय

चित्र 1.128 में दर्शाए गए आगमनात्मक परिपथ पर विचार करें। किसी भी क्षण मान लीजिए करेंट का मान i A है जो di/dt की दर से बदल रहा है, तो

$$V = i\,R + L\frac{di}{dt}$$

या $$(V - i\,R) = L\frac{di}{dt}$$

या $$\frac{di}{(V - i\,R)} = \frac{dt}{L}$$

दोनों पक्षों को – R से गुणा करने पर और फिर समाकलन करने पर, हम प्राप्त करते हैं

$$\int \frac{-R\,di}{(V - i\,R)} = -\frac{R}{L}\int dt$$

या $$\log_e (V - i\,R) = -\frac{R}{L}t + K \qquad \text{... }(i)$$

जहां K एकीकरण का एक स्थिरांक है जिसका मान प्रारंभिक ज्ञात स्थितियों से निर्धारित किया जा सकता है, जो कि t = 0 पर है; $i = 0$. इन मानों को समीकरण (*i*) में रखने पर हमें प्राप्त होता है,

$$\log_e V = K$$

इसलिए समीकरण (i) बन जाती है;

$$\log_e (V - i\,R) = -\frac{R}{L}t + \log_e V$$

या
$$\log_e \frac{V - i\,R}{V} = -\frac{R}{L}t$$

या
$$\frac{V - i\,R}{V} = e^{-Rt/L} \quad \text{या} \quad V - i\,R = V\,e^{-Rt/L}$$

या
$$i = \frac{V}{R}\left(1 - e^{-Rt/L}\right)$$

अब, V/R परिपथ द्वारा प्राप्त स्थिर धारा '*I*' के अंतिम मान का प्रतिनिधित्व करता है।

$$\therefore \quad i = I\,(1 - e^{-Rt/L}) \qquad ...(ii)$$

या
$$i = I\,(1 - e^{-t/\lambda})$$

जहाँ λ को परिपथ का समय नियतांक कहते हैं।

समय स्थिरांक

समीकरण (*ii*) समय के सापेक्ष करेंट के उदय (वृद्धि) को दर्शाता है। *e* का घातांक *Rt/L* है। मात्रा *L/R* में समय के आयाम होने चाहिए ताकि *e* (अर्थात *Rt/L*) का घातांक एक संख्या हो। मात्रा *L/R* को परिपथ का समय स्थिरांक कहा जाता है और यह परिपथ में धारा के उदय को प्रभावित करता है। इसे λ द्वारा दर्शाया गया है।

$$\text{समय स्थिरांक} = \lambda = L/R$$

यदि समय अंतराल, $t = \lambda$ (या L/R), फिर

$$i = I\,(1 - e^{-1}) = 0{\cdot}632\ I\ (Rt/L = R \times L/L \times R = 1)$$

इसलिए, किसी *R-L* परिपथ में धारा के लिए अपने स्थिर मान (*I*) के 0.632 गुना तक पहुंचने के लिए आवश्यक समय को परिपथ का समय स्थिरांक कहा जाता है।

1.27 आगमनात्मक सर्किट में धारा का क्षय

श्रृंखला में प्रतिरोध *R* और इंडक्टर *L* युक्त एक प्रेरक सर्किट चित्र 1.129 में दिखाया गया है। जब स्विच को स्थिति 1 पर खिसकाया जाता है, तो सर्किट में करेंट बढ़ना शुरू हो जाता है और कुछ समय बाद अपना अंतिम मान I (= V/R) प्राप्त कर लेता है। यदि अब, स्विच को स्थिति 2 पर खिसकाया दिया जाता है, तो सर्किट में करेंट एक बार में नहीं रुकता बल्कि धीरे-धीरे शून्य हो जाता है। मान लीजिए कि किसी भी क्षण (क्षय के दौरान) परिपथ में करेंट '*I*' A है और *di/dt* की दर से घट रही है,

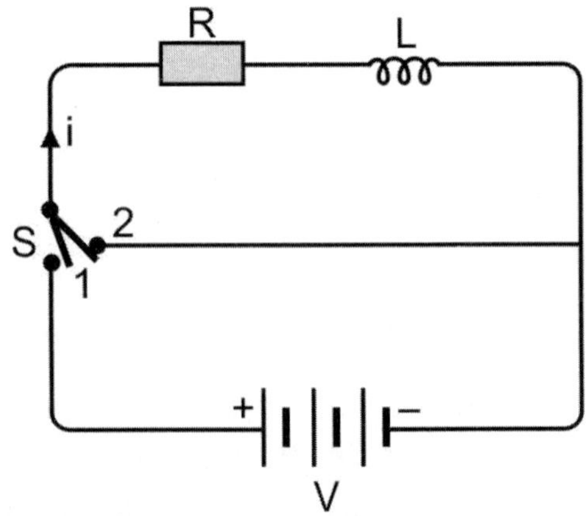

चित्र 1.129: R-L सर्किट का खुलना और बंद होना

$$0 = i\,R + L\frac{di}{dt}$$

या $$\frac{di}{i} = -\frac{R}{L}dt$$

दोनों पक्षों को समाकलन करने पर, हम प्राप्त करते हैं

$$\log_e i = -\frac{R}{L}t + K \quad ...(i)$$

जहां K समाकलन का स्थिरांक है जिसका मान प्रारंभिक स्थितियों से निर्धारित किया जा सकता है, अर्थात $t = 0$ पर; $i = I\ (= V/R)$। इन मानों को समीकरण (i) में रखने पर, हम प्राप्त करते हैं,

$$\log_e I = 0 + K \quad \text{या} \quad K = \log_e I$$

इसलिए समीकरण (i) बन जाता है

$$\log_e i = -\frac{R}{L}t + \log_e I$$

या $$\log_e \frac{i}{I} = -\frac{R}{L}t \quad \text{या} \quad \frac{i}{I} = e^{-Rt/L}$$

या $$i = I\,e^{-Rt/L}$$

$$i = I\,e^{-t/\lambda} \quad ...(ii)$$

जहाँ $\lambda(= L/R)$ परिपथ का समय स्थिरांक कहलाता है।

समय स्थिरांक

मात्रा L/R को परिपथ का समय स्थिरांक कहा जाता है और यह परिपथ में धारा के गिरने को प्रभावित करता है। इसे λ द्वारा दर्शाया गया है।

$$\text{समय स्थिरांक } \lambda = L/R \text{ sec.}$$

$$i = I\,e^{-1} = 0{\cdot}368\, I$$

इसलिए, किसी R-L परिपथ में धारा के क्षय के दौरान अपने स्थिर मान (I) के 0.368 गुना तक पहुंचने के लिए आवश्यक समय को परिपथ का समय स्थिरांक कहा जाता है।

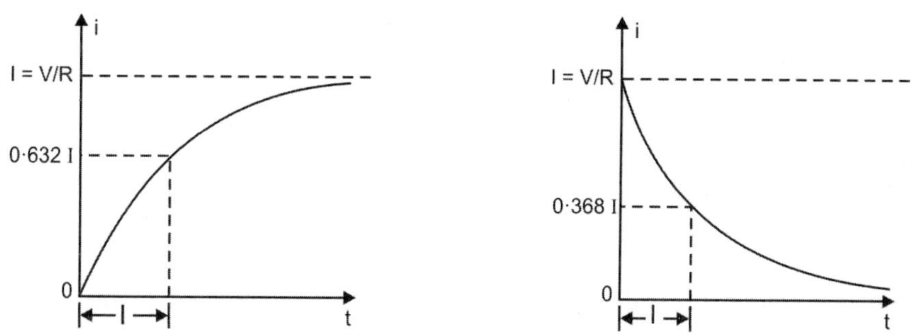

(a) i और t के बीच का ग्राफ जब R-L परिपथ को DC स्रोत से जोड़ा जाता है

(b) i और t के बीच का ग्राफ जब R-L सर्किट को स्रोत से काट दिया जाता है और शॉर्ट-सर्किट किया जाता है

चित्र 1.130: धारा और समय के बीच का ग्राफ

चित्र 1.130 (a) एक R-L सर्किट में धारा और समय के बीच एक ग्राफ दिखाता है, जब यह एक डीसी में जुड़ा होता है। स्रोत परिपथ में घातांकीय नियम का पालन करते हुए धारा बढ़ती है। जबकि, चित्र.1.130 (b) R-L सर्किट में धारा और समय के बीच एक ग्राफ दिखाता है, जब इसे धारा के अंतिम स्थिर मूल्य को प्राप्त करने के बाद शॉर्ट सर्किट किया जाता है। घातांकीय नियम का पालन करते हुए परिपथ में धारा का क्षय होता है।

उदाहरण 1.27: एक कुंडल का प्रतिरोध और इंडक्टर क्रमशः 4 Ω और 0.15 mH है। सोलेनोइड के टर्मिनलों का विभवांतर ज्ञात करें, जब सोलेनोइड में तत्काल धारा 1.5 A है, जब करेंट 10000 A प्रति सेकंड की दर से बढ़ रहा है?

समाधान: परिनालिका के अक्रॉस वोल्टता, $E = IR + L\dfrac{di}{dt}$

where, $I = 1.5\text{A}\ ;\ R = 4\,\Omega\ ;\ L = 0{\cdot}5 \times 10^{-3}\ \text{H}\ ;\ di/dt = 10000\ \text{A/s}\ ;$

$\therefore \quad E = 1.5 \times 4 + 0.15 \times 10^{-3} \times 10000 = \mathbf{7.5\ V}\ (Ans.)$

उदाहरण 1.28. एक कुण्डली जिसका प्रतिरोध 10 Ω है और 6 H का इंडक्टर 100 V के एक स्थिर आपूर्ति वोल्टेज से जुड़ा है। निम्नलिखित की गणना करें

(i) स्विच बंद करने के तुरंत बाद करेंट के परिवर्तन की दर;
(ii) अंतिम स्थिर मूल्य;
(iii) परिपथ का समय स्थिरांक और
(iv) धारा को 4 A के मान तक पहुंचने में लगने वाला समय।

समाधान: हम जानते हैं कि $V = i\,R + L\dfrac{di}{dt}$

(i) स्विच बंद करते समय, $i = 0$

$\therefore\ 100 = 0 + 6\dfrac{di}{dt}$ या $\dfrac{di}{dt} - \dfrac{100}{6} = \mathbf{16.67\ A/sec}$ (उत्तर)

(*ii*) अंतिम स्थिर मूल्य, $I = V/R = 100/10 = \mathbf{10\ A}$ (उत्तर)

(*iii*) समय स्थिरांक, $\lambda = L/R = 12/20 = \mathbf{0{\cdot}6}$ (उत्तर)

(iv) Now, $i = I\left(1 - e^{-t/\lambda}\right)$

या $4 = 10\left(1 - e^{-t/0.6}\right)$ या $0.4 = 1 - e^{-t/0{\cdot}6}$

या $e^{-t/0{\cdot}6} = 0{\cdot}6$ या $e^{t/0{\cdot}6} = 1/0{\cdot}6 = 1.67$

या $(t/0{\cdot}6)\log_e e = \log_e 1.67$ या $t/0{\cdot}6 = \log_e 1.67$

या $t = 0{\cdot}6 \times 0.5128 = 0.3077$ sec (उत्तर)

उदाहरण 1.29. 5 V के बैटरी स्रोत से जुड़े एक श्रृंखला R-L सर्किट पर विचार करें। यदि $R = 5\ \Omega$ और $L = 5$ H, तो इंडक्टर के माध्यम से धारा $i\ (t)$ ज्ञात कीजिए। आपूर्ति स्विच करने के समय और जब स्रोत को स्विच करने के बाद पर्याप्त समय बीत चुका हो, तो अलग-अलग प्रतिरोध और इंडक्टर में वोल्टेज का पता लगाएं?

समाधान: परिपथ में प्रवाहित धारा व्यंजक द्वारा दी जाती है

$$i(t) = \frac{V}{R}\left(1 - e^{-Rt/L}\right)$$

where, $V = 5$ V; $R = 5\,\Omega$ and $L = 5$ H.

$\therefore$ $$i(t) = \frac{5}{5}\left(1 - e^{-t}\right) = 1 - e^{-t}$$

$V = 5$ V; $R = 5\,\Omega$ and $L = 5$ H.

(i) स्विचिंग के समय, $t = 0$

$\therefore$ $$i(t) = 1 - e^{-0} = 0$$

Now, $$V = iR + L\frac{di}{dt}$$

प्रतिरोध में वोल्टेज, iR $=$ **0 V** (उत्तर)

प्रेरक में वोल्टेज, $L\frac{di}{dt} =$ **5 V** (उत्तर)

(ii) जब पर्याप्त समय व्यतीत हो जाता है अर्थात $t \to \infty$

$$i(t) = 1 - e^{-\infty} = 1$$

प्रतिरोध में वोल्टेज, $iR =$ **5 V** (उत्तर)

प्रेरक में वोल्टेज, $L\frac{di}{dt} =$ **0 V** (उत्तर)

उदाहरण 1.30: एक बैटरी और एक स्विच से जुड़े शृंखला R L सर्किट पर विचार करें जैसा कि चित्र 1.131 में दिखाया गया है। स्विच S_1 $t = 2$ sec पर बंद हो जाता है; स्विच S_2 $t = 5$ sec पर बंद हो जाता है।

(i) प्रतिरोध R में धारा i (t) ज्ञात कीजिए;

(ii) धारा $i(t)$ को sec के लिए पैमाने पर आलेखित करें। मान लें कि R/L 100 के बराबर है।

समाधान : जब स्विच S_1 बंद हो जाता है और स्विच S_2 खुला रहता है तो सर्किट चित्र 1.132 में दिखाया गया है। स्विच 2 सेकंड के बाद बंद हो जाता है, इसलिए 2 सेकंड तक सर्किट के माध्यम से कोई करेंट प्रवाह (OA) नहीं होता है।

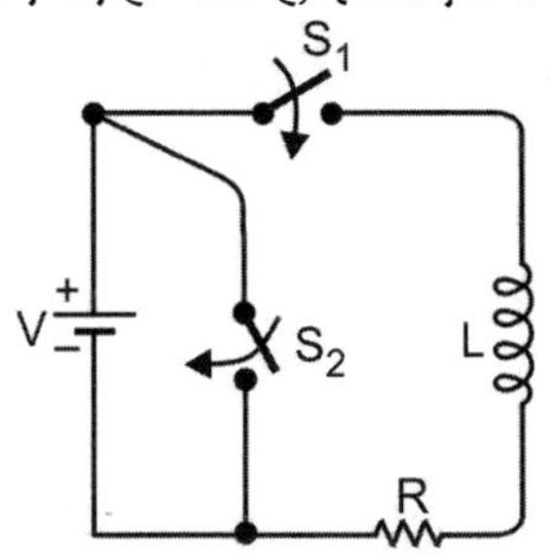

चित्र 1.131: दिया गया सर्किट

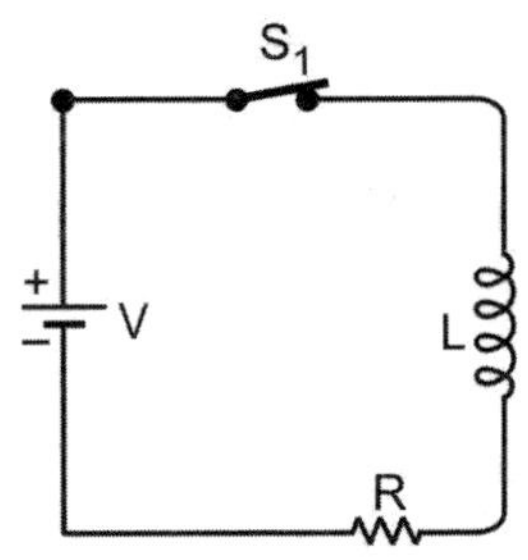

चित्र 1.132: जब S_1 बंद है और S_2 खुला है

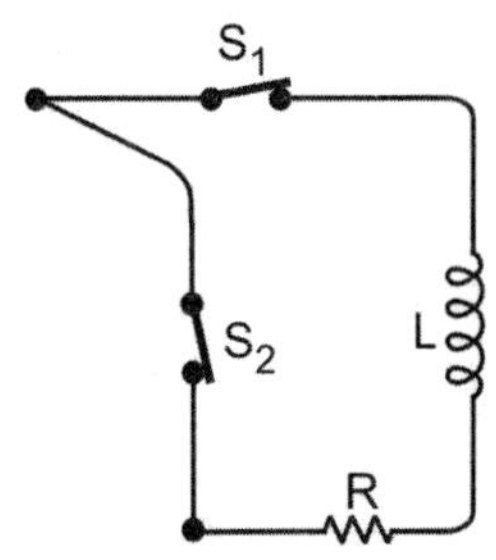

चित्र 1.133: जब S_2 बंद है और S_1 खुला है

2 सेकंड के बाद, जब स्विच S1 बंद होता है, तो समीकरण द्वारा दिए गए करेंट तेजी से बढ़ने लगता है (AB);

$$i\,(t)= \frac{V}{R}\left(1-e^{-Rt/L}\right) = \frac{V}{R}\left(1-e^{-100t}\right)$$

t = 5 सेकंड के बाद, स्विच S_2 बंद हो जाता है और सर्किट चित्र 1.133 में दिखाया गया है। घातांकीय नियम (BC) का अनुसरण करते हुए धारा का क्षय होने लगता है और यह समीकरण द्वारा दिया जाता है;

$$i\,(t) = \frac{V}{R}\left(e^{-Rt/L}\right) = \frac{V}{R}\left(e^{-100t}\right)$$

विद्युत धारा और समय के बीच एक ग्राफ चित्र 1.134 में दिखाया गया है

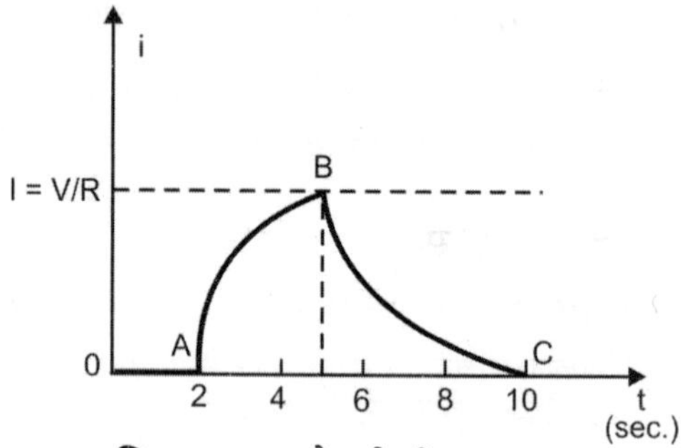

चित्र1.134: *i* और *t* के बीच का ग्राफ

उदाहरण 1.31: L= 5H और R= 10Ω वाला एक कॉइल स्थिर 180V आपूर्ति स्रोत से जुड़ा हुआ है। प्रतिरोधक के अक्रॉस वोल्टेज को 90 V तक पहुँचने में कितना समय लगता है?

समाधान: $$i = \frac{V}{R}\left(1-e^{-t/\lambda}\right)$$

or $$iR = V\left(1-e^{-t/\lambda}\right)$$

where, $$iR = 90\text{ V};\ V = 180\text{ V};$$

$$\lambda = L/R = 5/10 = 0{\cdot}5$$

∴ $$90 = 180\left(1-e^{-t/0.5}\right)$$

या $$0{\cdot}5 = 1 - e^{-t/0{\cdot}5}$$

या $$e^{-t/0{\cdot}5} = 0{\cdot}5$$

या $$e^{t/0{\cdot}5} = 1/0{\cdot}5$$

या $$(t/0{\cdot}5)\log_e e = \log_e 2$$

या $$t = 0{\cdot}5 \times 0{\cdot}6931 = 0{\cdot}3466 \text{ (उत्तर)}$$

अभ्यास प्रश्न

1. एक कुंडल का प्रतिरोध और इंडक्टर क्रमशः 3Ω और 0.1 mH है। परिनालिका के टर्मिनलों पर उस समय क्या विभवांतर मौजूद है जब धारा 1 A है, लेकिन 10000 A प्रति सेकेंड की दर से बढ़ रही है?
2. एक कुण्डली जिसका प्रतिरोध 20Ω है और 12H का इंडक्टर 100V के स्थिर आपूर्ति वोल्टेज से जुड़ा है।निम्नलिखित की गणना करें:
   (i) स्विच बंद करने के तुरंत पर धारा के परिवर्तन की दर;
   (ii) अंतिम स्थिर मूल्य;
   (iii) परिपथ का समय स्थिरांक और
   (iv) धारा को 4 A के मान तक पहुंचने में लगने वाला समय (**उत्तर** 8.33 A/s, 5 A, 0.6, 0.9656 sec)

3. 1 वोल्ट के बैटरी स्रोत से जुड़े एक श्रृंखला R-L सर्किट पर विचार करें। अगर $R = 1\Omega$ और $L = 1$ H, धारा i (t) को इंडक्टर के माध्यम से खोजें। आपूर्ति स्विच करने के समय और जब स्रोत को स्विच करने के बाद पर्याप्त समय बीत चुका हो, तो अलग-अलग प्रतिरोध और इंडक्टर में वोल्टेज का पता लगाएं। (**उत्तर** 0 V, 1 V, 1 V, 0 V)

4. एक बैटरी और एक स्विच से जुड़े श्रृंखला R-L सर्किट पर विचार करें जैसा कि चित्र 1.131 में दिखाया गया है। स्विच S_1 $t = 1$ सेकंड पर बंद हो जाता है; स्विच S_2 $t = 2.5$ सेकंड पर बंद हो जाता है।
   (i) प्रतिरोध R में धारा i (t) ज्ञात कीजिए;
   (ii) धारा i (t) $0 \leq t \leq 5$ को सेकंड के लिए पैमाने पर आलेखित करें। मान लें कि R/L का मान 100 के बराबर है।

5. एक कुंडल जिसमें L = 6·4 H और R = 8Ω है, एक स्थिर 200 V आपूर्ति स्रोत से जुड़ा है। प्रतिरोध के अक्रॉस वोल्टेज को 100 V तक पहुँचने में कितना समय लगता है? (**उत्तर** 0.5545 sec)

1.28 R-C सर्किट का क्लोजिंग

किसी RC परिपथ में जब स्विच बंद होता है तो कैपेसिटर d.c के एक निश्चित मान से आवेशित होता है। चार्जिंग की दर संधारित्र के साथ श्रृंखला में जुड़े प्रतिरोधक द्वारा नियंत्रित होती है।

एक D.C. से चार्ज होने के लिए R Ω के एक प्रतिरोधक के साथ श्रृंखला में जुड़े C, Farad के संधारित्र पर विचार करें। V वोल्ट का स्रोत जब स्विच S खुला होता है तो संधारित्र के अक्रॉस वोल्टेज शून्य होता है। हालांकि, जब स्विच बंद हो जाता है, तो कैपेसिटर पर चार्ज बढ़ने लगता है और इसी तरह इसके पार संभावित अंतर भी होता है।

स्विचिंग इंस्टेंट पर: जब स्विच बंद होता है, तो कैपेसिटर में निर्मित वोल्टेज शून्य होता है। इसलिए, संपूर्ण वोल्टेज V को प्रतिरोध R पर ड्राप होता है और चार्जिंग करेंट अधिकतम होता है (जैसे I_m)।

स्विचिंग इंस्टेंट पर, करेंट $I_m = \frac{V}{R}$ ... (i)

चार्जिंग के दौरान किसी भी पल: स्विच बंद करने के बाद, कैपेसिटर चार्ज करना शुरू कर देता है और इसके पार वोल्टेज धीरे-धीरे बढ़ता है। इससे चार्जिंग करेंट कम हो जाता है। चार्ज करने के दौरान किसी भी पल दें,

v = संधारित्र में संभावित अंतर

i = संधारित्र का चार्जिंग करेंट

q = संधारित्र पर आवेश = Cv

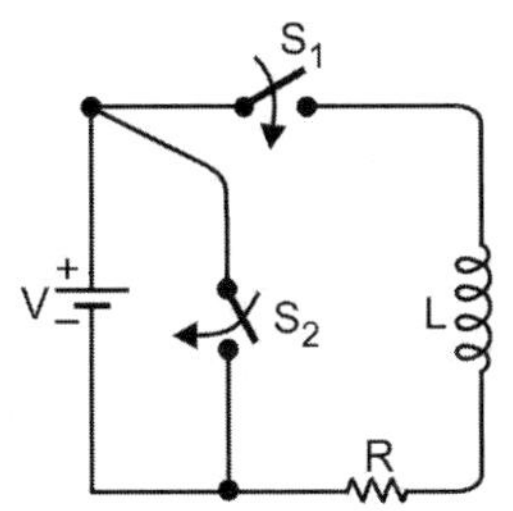

चित्र 1.135: स्विच के साथ आरएल सर्किट

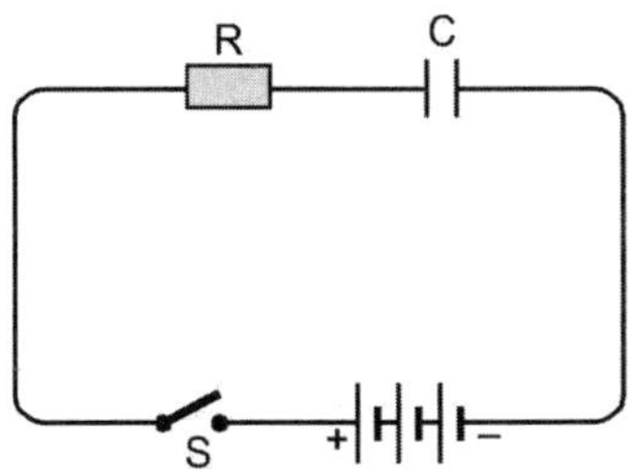

चित्र1.136: R-C सर्किट का क्लोजिंग

किरचॉफ के दूसरे नियम के अनुसार,

अनुप्रयुक्त वोल्टेज = संधारित्र में वोल्टेज + प्रतिरोध में वोल्टेज

$$V = v + iR \quad ...(ii)$$

या $$V = v + C\frac{dv}{dt}R \qquad \left(\because i = \frac{dq}{dt} = \frac{d}{dt}(Cv) = C\frac{dv}{dt}\right)$$

या $$V = v + CR\frac{dv}{dt}$$

या $$-\frac{dv}{V-v} = -\frac{dt}{RC}$$

दोनों पक्षों को 't' के संबंध में समाकलन करना;

$$\int -\frac{dv}{V-v} = \int -\frac{dt}{RC}$$

$$\log_e (V-v) = -\frac{t}{RC} + K \qquad ...(iii)$$

जहां K समाकलन का एक स्थिरांक है जिसका मान प्रारंभिक स्थितियों से निर्धारित किया जा सकता है। स्विच S को बंद करने के तुरंत बाद, $t = 0$; $v = 0$; अत: इन मानों को समीकरण (iii) में रखने पर हमें प्राप्त होता है, $\log_e V = K$ मान को समीकरण (*iii*) में प्रतिस्थापित करने पर,

$$\log_e (V-v) = -\frac{t}{RC} + \log_e V$$

या $$\log_e \frac{V-v}{V} = e^{-t/RC}$$

या $$v = V(1 - e^{-t/RC})$$

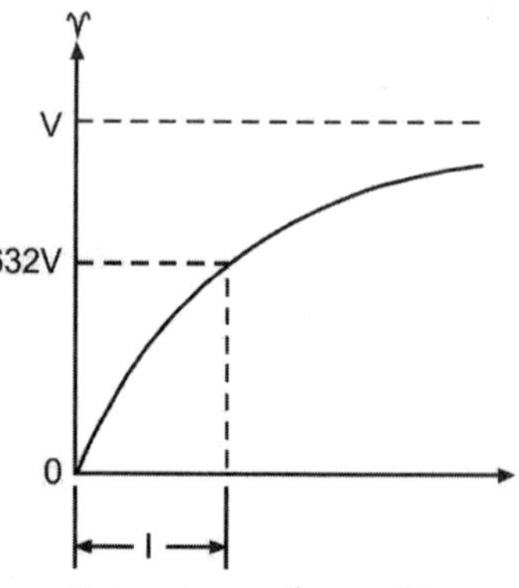

चित्र 1.137: सर्किट बंद होने पर करेंट और वोल्टेज के बीच का ग्राफ

उपरोक्त अभिव्यक्ति समय (t) के संबंध में संधारित्र में विकसित वोल्टेज (V) की भिन्नता को दर्शाती है। इसे चित्र 1.137 में आलेखीय रूप से दर्शाया गया है। संधारित्र के अक्रॉस वोल्टेज एक* घातांकीय नियम का पालन करते हुए बढ़ रहा है। अन्य राशियां निम्नानुसार भिन्न होती हैं:

(i) संधारित्र में समय के साथ संचित आवेश का परिवर्तन हम जानते हैं कि $v = q/C$ तथा $V = Q/C$

$$\frac{q}{C} = \frac{Q}{C}\left(1 - e^{-t/RC}\right)$$

$$q = Q\left(1 - e^{-t/RC}\right) \qquad ...(iv)$$

जहाँ q किसी भी क्षण 't' का आवेश है और Q संधारित्र पर पूर्ण आवेश है

(ii) समय के साथ चार्ज की भिन्नता समीकरण (ii) से, हमारे पास है, $V - v = iR$ समीकरण (*iv*) से, हमारे पास है, $V - v = V e^{-t/RC}$

---

* एक राशि को घातांकीय नियम का पालन करते हुए भिन्न कहा जाता है, यदि यह मान t सेकंड में अपने मान के आधे में बदल जाता है और अगले t सेकंड में मान नए मान के आधे में बदल जाता है और इसी तरह।

$$\therefore \quad iR = Ve^{-t/RC}$$

या
$$i = \frac{V}{R}e^{-t/RC}$$

उपरोक्त समीकरण (i) से, $I_m = \frac{V}{R}$

$$\therefore \quad i = I_m\, e^{-t/RC} \quad \ldots(v)$$

जहां I_m (= V/R) प्रारंभिक चार्जिंग करेंट है। यह चार्जिंग करेंट घातीय कानून से घटता है और जिसे चित्र 1.138 में ग्राफिक रूप से दर्शाया गया है।

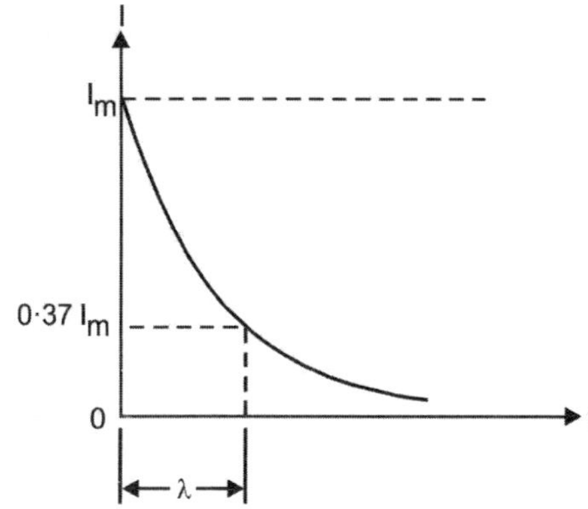

चित्र. 1.138: सर्किट खोले जाने पर i और t के बीच का ग्राफ

1.29 समय स्थिरांक

संधारित्र में संभावित अंतर का उदय समीकरण द्वारा दिया गया है;

$$V = V(1 - e^{-t/RC})$$

इस समीकरण में, e का घातांक है। e का घातांक एक संख्या होना चाहिए, इसलिए RC की मात्रा में समय का आयाम होना चाहिए। इसलिए, मात्रा RC** को सर्किट का समय स्थिरांक कहा जाता है और चार्जिंग (या डिस्चार्जिंग) समय को प्रभावित करता है। इसे आम तौर पर (या T या) द्वारा दर्शाया जाता है।

इसलिए समय स्थिरांक $\quad \lambda$ = RC seconds

समय स्थिरांक सेकंड में होगा यदि R और C क्रमशः ओम और फैराड में हैं। समय स्थिरांक λ संधारित्र की चार्जिंग प्रक्रिया की समय अवधि को प्रभावित करता है। समय जितना बड़ा होगा, चार्जिंग (या डिस्चार्जिंग) की अवधि उतनी ही लंबी होगी और इसके विपरीत। वास्तव में, समय स्थिरांक उस दर को इंगित करता है जिस पर एक संधारित्र चार्ज किया जाता है। इसे निम्नलिखित तरीकों से परिभाषित किया जा सकता है:

(i) हमने पिछले लेख में व्यंजक देखा है

$$V = v + CR\frac{dv}{dt}$$

स्विच S को बंद करने के क्षण में, $v = 0$

$$\therefore \quad V = CR\frac{dv}{dt} \quad \text{या} \quad \frac{dv}{dt} = \frac{V}{CR}$$

यानी वोल्टेज के बढ़ने की दर = V/CR

यदि वोल्टेज के बढ़ने की यह दर जारी रह सकती है तो संधारित्र वोल्टेज समय में अंतिम मान V तक पहुंच जाएगा

= V÷ V/RC = RC सेकंड यानी समय स्थिरांक λ

इसलिए, संधारित्र वोल्टेज के लिए अपने अंतिम स्थिर मूल्य (V वोल्ट) तक बढ़ने के लिए आवश्यक समय यदि यह अपनी प्रारंभिक दर (यानी V/RC) पर बढ़ता रहता है तो इसे सर्किट का समय स्थिर कहा जाता है।

(ii) यदि समय आंतरिक t = RC (i.e. λ)

$$v = V(1 - e^{-t/t}) = V(1 - e^{-1})$$

** R-C की इकाइयां $= \frac{\text{वोल्ट}}{\text{एम्पीयर}} \times \frac{\text{कूलंब}}{\text{वोल्ट}} = \frac{\text{वोल्ट}}{\text{कूलंब/sec}} \times \frac{\text{कूलंब}}{\text{वोल्ट}} = \text{sec}$

$$= V\left(1-\frac{1}{e}\right) = V\left(1-\frac{1}{2\cdot 718}\right) = 0\cdot 632\ V$$

इसलिए, संधारित्र वोल्टेज के अपने अंतिम स्थिर मान के 0.632 तक बढ़ने के लिए आवश्यक समय को सर्किट के समय स्थिरांक के रूप में जाना जाता है। चित्र 1.137 देखें।

(iii) यदि समय अंतराल t = RC (i.e. λ)

$$i = I_m\, e^{-t/t} = I_m\, e^{-1} = I_m \times \frac{1}{e} = \frac{I_m}{2\cdot 718} = 0\cdot 37\, I_m$$

इसलिए, चार्जिंग करेंट के अपने प्रारंभिक अधिकतम मूल्य I_m (= V/R) के 0·37 तक गिरने के लिए आवश्यक समय को सर्किट का समय स्थिरांक कहा जाता है। चित्र 1.138 देखें।

1.30 संधारित्र का निर्वहन

C फैराड के एक संधारित्र पर विचार करें जो R ओम के एक प्रतिरोधक और एक स्विच S के साथ श्रृंखला में जुड़ा हुआ है। जब स्विच खुला होता है, तो संधारित्र को V वोल्ट से चार्ज किया जाता है और सर्किट में करेंट शून्य होता है जैसा कि चित्र 1.139 में दिखाया गया है। जब स्विच S को बंद कर दिया जाता है, तो कैपेसिटर पर चार्ज कम होने लगता है और इसी तरह वोल्टेज भी कम हो जाता है। निर्वहन के दौरान किसी भी क्षण दें;

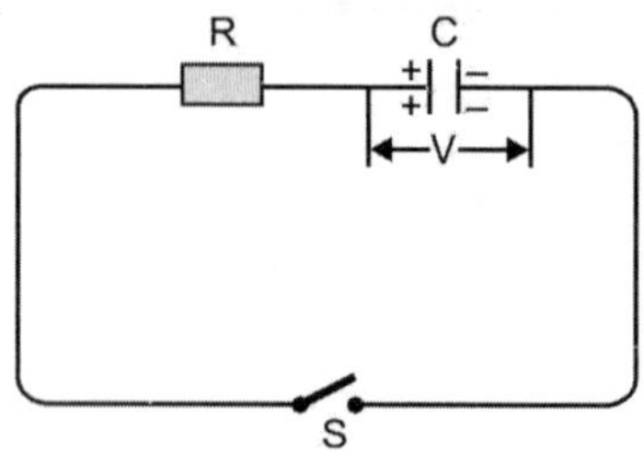

चित्र.1.139: आपूर्ति के बिना खुले स्विच के साथ संधारित्र चार्ज किया गया

V = संधारित्र में संभावित अंतर

i = संधारित्र का चार्जिंग करेंट

q = संधारित्र पर आवेश = Cv

किरचॉफ के दूसरे नियम के अनुसार, $0 = v + iR$

या $$0 = v + CR\frac{dv}{dt}$$

या $$v = -\,CR\,\frac{dv}{dt}$$

या $$\frac{dv}{v} = -\frac{dt}{RC}$$

दोनों पक्षों को समाकलन करने पर, हम प्राप्त करते हैं

$$\int \frac{dv}{v} = -\frac{1}{RC}\int dt \quad \therefore \quad \log_e v = -\frac{t}{RC} + K \qquad \ldots(i)$$

जहां K समाकलन का एक स्थिरांक है जिसका मान प्रारंभिक स्थितियों से निर्धारि के तुरंत बाद, $t = 0$; $v = V$।

इन मानों को समीकरण (i) में रखने पर, हम प्राप्त करते हैं,

$$\log_e V = K$$

K के मान को समीकरण (i) में रखने पर, हम प्राप्त करते हैं,

$$\log_e v = -\frac{t}{RC} + \log_e V$$

या $$\log_e \frac{v}{V} = -\frac{t}{RC}$$

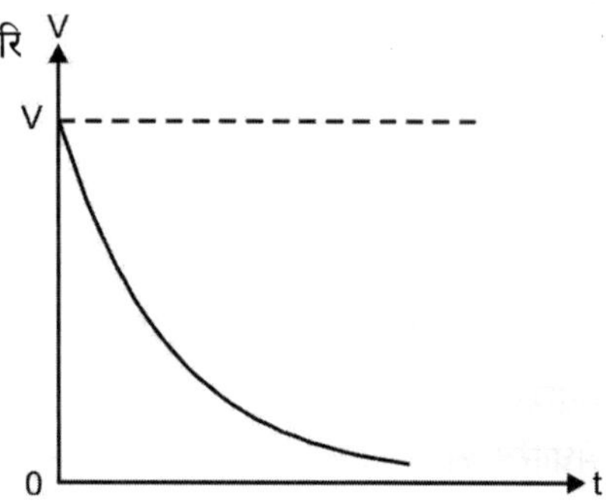

चित्र 1.140: संधारित्र के निर्वहन के दौरान v और t के बीच का ग्राफ

या $$\frac{v}{V} = e^{-t/RC}$$

$$\therefore \quad v = V\,e^{-t/RC} \quad ...(ii)$$

उपरोक्त अभिव्यक्ति निर्वहन करते समय संधारित्र में समय (t) के संबंध में वोल्टेज (v) की भिन्नता दिखाती है और चित्र 1.140 में ग्राफ़िक रूप से प्रदर्शित होती है। अन्य मात्राएँ निम्नानुसार भिन्न होती हैं:

(i) संधारित्र पर समय के साथ आवेश का परिवर्तन

$$v = \frac{q}{C} \text{ तथा } V = \frac{Q}{C}$$

इन मानों को समीकरण (ii) में रखने पर, हम प्राप्त करते हैं,

$$\frac{q}{C} = \frac{Q}{C}e^{-t/RC}$$

$$q = Q\,e^{-t/RC}$$

(ii) समय के साथ डिस्चार्ज करेंट में बदलाव

हम जानते हैं कि $0 = v + iR$

or $iR = -v$

or $$i = -\frac{V}{R}e^{-t/RC} = -I_m\,e^{-t/RC}$$

where $$I_m = \frac{V}{R} = \text{ प्रारंभिक करेंट}$$

चित्र 1.141 में दिखाया गया है कि डिस्चार्ज करेंट की भिन्नता।

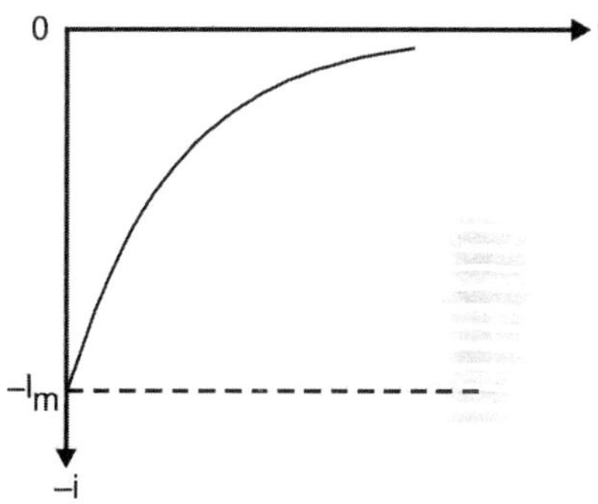

चित्र.1.141: संधारित्र के निर्वहन के दौरान i और t के बीच का ग्राफ

उदाहरण 1.32. एक संधारित्र को डीसी द्वारा चार्ज किया जाता है। 1.2 MΩ के प्रतिरोधक के माध्यम से स्रोत। यदि एक सेकण्ड में संधारित्र के अक्रॉस विभवान्तर अंतिम मान के 75% तक पहुँच जाता है, तो संधारित्र की धारिता की गणना कीजिए।

समाधान: श्रृंखला प्रतिरोध, R=1.2 MΩ = $1.2\times 10^6\ \Omega$; Time t = 1 sec

संधारित्र में संभावित अंतर $v = \frac{75}{100}V = 0{\cdot}75\ V$

चार्ज करते समय, संधारित्र में संभावित अंतर समीकरण द्वारा दिया जाता है

$$v = V(1 - e^{-t/RC})$$

$$0.75\ V = V(1 - e^{-t/RC}) \quad \text{or} \quad 0.75 = (1 - e^{-t/RC})$$

या $$\log_e 0.25 = \frac{-t}{RC}\log_e e$$

या $$-1{\cdot}3863 = \frac{-1}{1.2\times10^6 C}\times 1 \text{ or } C = \frac{1}{1.3863\times1.2\times10^{-6}} = \mathbf{0{\cdot}6011\ \mu F}$$ (उत्तर)

उदाहरण 1.33: 2μF धारिता के गान वाले एक पूर्ण संधारित्र पर आवेश 4 मिनट में अपने मान के 60% तक गिर जाता है, जब संधारित्र की दो प्लेटें एक अज्ञात प्रतिरोध से जुड़ जाती हैं। अज्ञात प्रतिरोध का मान क्या है।

समाधान: संधारित्र की धारिता, $C = 2\mu F = 2 \times 10^{-6}$ F

मान लीजिए कि संधारित्र पर आवेश Q कूलम्ब है जब यह पूर्ण रूप से आवेशित है। यह आवेश 4 मिनट के बाद q कूलम्ब पर गिर जाता है।

$$\frac{q}{Q} = 60\% = 0{\cdot}6$$

$$t = 4 \times 60 = 240 \text{ sec.}$$

R Ω के प्रतिरोध के माध्यम से निर्वहन करते समय,

$$q = Q\, e^{-t/RC}$$

or $$0{\cdot}6 = e^{-240/R \times 2 \times 10^{-6}}$$

or $$\log_e 0{\cdot}6 = \frac{240}{R \times 2 \times 10^{-6}}$$

or $$R = \frac{240}{0.5108 \times 10^{-6}} = 234{\cdot}9 \times 10^6 \text{ ohm} = \mathbf{234{\cdot}9\ M\,\Omega}$$ (उत्तर)

उदाहरण 1.34. एक 16μF संधारित्र 240 V डीसी के अक्रॉस 1 MΩ प्रतिरोधक के साथ श्रेणीक्रम में जुड़ा है। निम्नलिखित की गणना करें

(i) समय स्थिर,

(ii) प्रारंभिक चार्जिंग करेंट,

(iii) संधारित्र के अक्रॉस विभवांतर को 168 V तक बढ़ने में लगने वाला समय तथा

(iv) आपूर्ति से जुड़े होने के बाद 4 सेकंड में संधारित्र में धारा और संभावित अंतर।

समाधान: समय स्थिर, $\lambda = RC = 1 \times 10^6 \times 16 \times 10^{-6} = \mathbf{16\ sec}$ (उत्तर)

प्रारंभिक चार्जिंग करेंट, $I_m = V/R = 240/1 \times 10^6 = \mathbf{240\ \mu A}$ (उत्तर)

$$v = V\,(1 - e^{-t/RC})$$

$$168 = 240\,(1 - e^{-t/16})$$

or $$e^{-t/16} = 0{\cdot}3 \quad \text{or} \quad e^{t/16} = 1/0{\cdot}3 \quad \text{or} \quad e^{t/16} = 3.33$$

or $$(t/16) \log_e e = \log_e 3.33$$

or $$t = 16 \log_e 3.33 = 16 \times 1{\cdot}203 = \mathbf{19.247\ sec.}$$ (उत्तर)

$$i = I_m\, e^{-t/RC} = 240 \times 10^{-6}\, e^{-4/16} = \mathbf{308{\cdot}17\ \mu A}$$ (उत्तर)

Now, $$v = 240\,(1 - e^{-4/16}) = \mathbf{53.1\ V}$$ (उत्तर)

अभ्यास प्रश्न

1. एक संधारित्र को 1 MΩ के प्रतिरोधक के माध्यम डीसी स्रोत द्वारा चार्ज किया जाता है। यदि एक सेकण्ड में संधारित्र के अक्रॉस विभवान्तर अंतिम मान के 80% तक पहुँच जाता है, तो संधारित्र की धारिता की गणना कीजिए? (**उत्तर** 0.6213 μF)

2. 1μF धारिता के एक पूर्ण संधारित्र पर आवेश 5 मिनट में अपने मान के 50% तक गिर जाता है, जब संधारित्र की दो प्लेटें एक अज्ञात प्रतिरोध से जुड़ जाती हैं। अज्ञात प्रतिरोध का मूल्य क्या है। (**उत्तर** 432.9 MΩ)

3. एक 8μF संधारित्र को 200 V d.c के पार 0·5 MΩ प्रतिरोध के साथ श्रृंखला में जोड़ा जाता है। निम्नलिखित की गणना करें
   (i) समय स्थिरांक,
   (ii) प्रारंभिक चार्जिंग करेंट,
   (iii) संधारित्र के अक्रॉस विभवांतर को 160 V तक बढ़ने में लगने वाला समय
   (iv) आपूर्ति से जुड़े होने के बाद 4 सेकंड में संधारित्र में धारा और संभावित अंतर।

(**उत्तर** 4 sec, 400 μA, 6.4376 sec, 147.15 μA, 126.424 V)

परियोजना

कृपया नीचे दिए गए वीडियो लिंक के अनुसार निर्देशों का पालन करें:
https://www.youtube.com/watch?v=6WReFkfrUIk&t=7s

Design and build a circuit to illuminate an LED using a 9V battery.

प्रोजेक्ट-1: 9V बैटरी का उपयोग कर के एक एलईडी को रोशन करने के लिए एक सर्किट का डिज़ाइन और निर्माण करें।

चरण-1: आवश्यक घटक

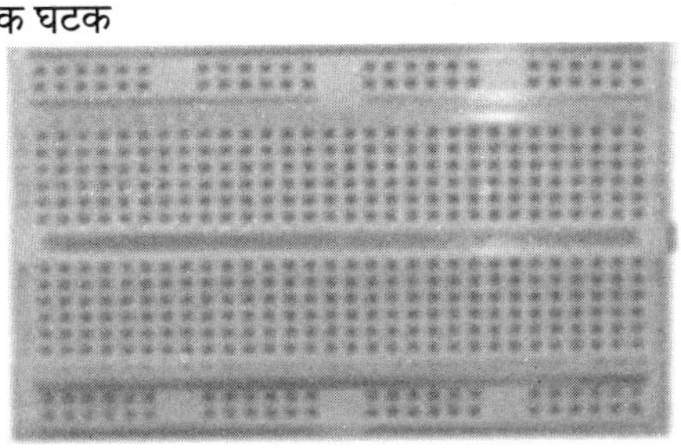

1. एक छोटा ब्रेडबोर्ड

2. 9V बैटर

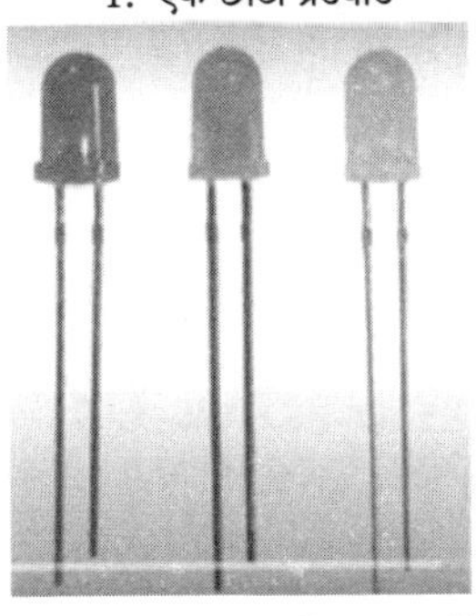

3. किसी भी रंग की एक एलईडी

4. रजिस्टर ओम में _______ वाट

एक एलई डी 2V पर संचालित होती है और 20 mA खींचती है, बड़ा पैर एनोड होता है और छोटा पैर कैथोड होता है।

रंग कोड: काला, भूरा, लाल, नारंगी, पीला, हरा, नीला, बैंगनी, ग्रे, सफेद; येरंग; अंक मान को निरूपित करते हैं- 0, 1, 2, 3, 4, 5, 6, 7, 8 और 9 क्रमशः।

प्रतिरोध के बाएं छोर से, पहला रंग बैंड एक अंक का प्रतिनिधित्व करता है, दूसरा रंग बैंड a का प्रतिनिधित्व करता है, अंक जब कि तीसरा रंग बैंड 10 की शक्ति के रूप में गुणक का प्रतिनिधित्व करता है।

चौथा बैंड सहिष्णुता का प्रतिनिधित्व करता है- 10% के लिए सिल्वर बैंड और 5% सहिष्णुता के लिए सोने का रंग के लिए 5% टॉलरेंस के साथ 470 Ω रेसिस्टर कलर कोडिंग येलो, वायलेट, ब्लैक और गोल्ड होगी।

चरण-2: प्रतिरोध का चयन

प्रतिरोध भर में वोल्टेज, VR = V – VLED = 9 – 2 = 7V

सर्किट में करेंट, I = VR / R

प्रतिरोध का प्रतिरोध, R = VR / I = 7V/20 mA = 7/0.02 = 350 ohm

एलईडी की सुरक्षा को ध्यान में रखते हुए, 470Ω, 0.5W के एक प्रतिरोधक का चयन किया जाना चाहिए।

चरण-3: सर्किट आरेख

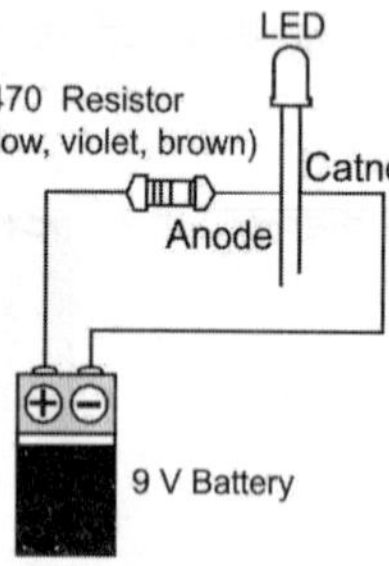

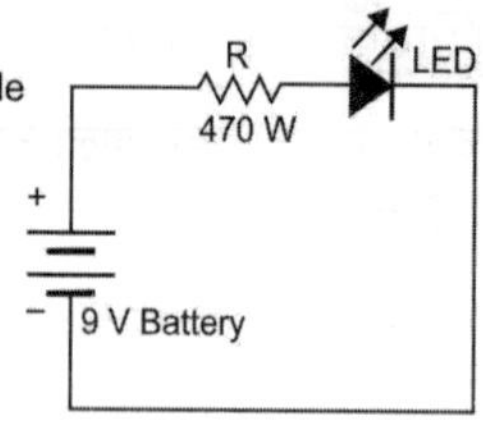

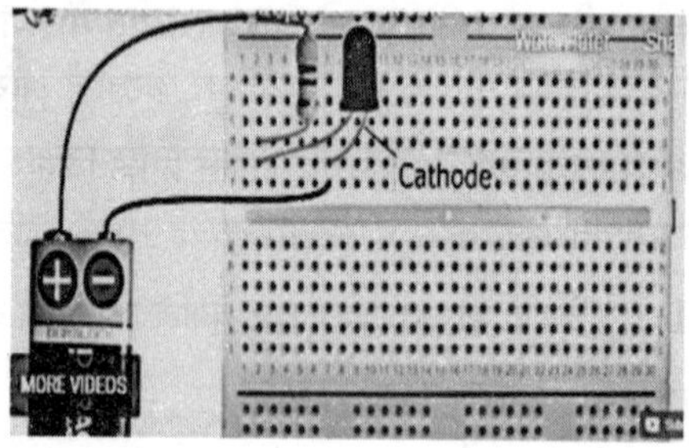

ब्रेड बोर्ड पर सर्किट

प्रोजेक्ट-2: 9V बैटरी का उपयोग करके श्रृंखला में जुड़े चार एलईडी को रोशन करने के लिए एक सर्किट का डिज़ाइन और निर्माण करें।

प्रोजेक्ट-3: 9V बैटरी का उपयोग कर के समानांतर में जुड़े चार एलईडी को रोशन करने के लिए एक सर्किट डिजाइन और निर्माण करें।

सारांश

1. **सर्किट तत्व :** सामान्य तौर पर, सर्किट तत्वों को इस प्रकार वर्गीकृत किया जा सकता है:
   (i) सक्रिय और निष्क्रिय तत्व। (ii) एक तरफा और द्विपक्षीय तत्व।
   (iii) रैखिक और गैर-रैखिक तत्व। (iv) लम्प्ड और वितरित तत्व।
2. **प्रतिरोधी:** प्रतिरोधी एक घटक है, जिसका उपयोग धारा की मात्रा को सीमित करने या विभाजित करने के लिए किया जाता है; इलेक्ट्रॉनिक सर्किट में वोल्टेज किसी प्रतिरोधक की धारा का विरोध करने की क्षमता कहलाती है 'प्रतिरोध'।
3. **प्रतिरोधों का वर्गीकरण :** प्रतिरोधकों को स्थिर तथा परिवर्ती-प्रतिरोधकों के रूप में वर्गीकृत किया जा सकता है।
4. **इंडक्टर्स:** एक घटक जो सर्किट में करेंट के परिवर्तन का विरोध करता है, इंडक्टर्स कहलाता है। इंडक्टर या कुंडल की क्षमता जिसके कारण वह धाराप्रवाह के परिवर्तन का विरोध करता है; उसे इंडक्टेन्स कहते हैं।
5. **इंडक्टर्स के प्रकार :** इंडक्टर्स को मोटे तौर पर फिक्स्ड और वेरिएबल इंडक्टर्स के रूप में वर्गीकृत किया जा सकता है।
6. **कैपेसिटर :** एक इन्सुलेट सामग्री (या ढांकता हुआ) द्वारा अलग की गई दो संवाहक प्लेटें संधारित्र बनाता है। कैपेसिटर में इलेक्ट्रिक चार्ज को स्टोर करने की क्षमता होती है। चार्ज की क्षमता प्रति इकाई संभावित अंतर को स्टोर करने के लिए संधारित्र को इसकी केपेसीटेन्स कहा जाता है।
7. **कैपेसिटर का वर्गीकरण :** कैपेसिटर को मोटे तौर पर फिक्स्ड और वेरिएबल के रूप में वर्गीकृत किया जा सकता है परिवर्तनीय कैपेसिटर।

8. **वोल्टेज और करेंट स्रोत :** इलेक्ट्रिकल /इलेक्ट्रॉनिक सर्किट में विद्युत ऊर्जा पहुंचाने के लिए, एक स्रोत की आवश्यकता है। स्रोत या तो एक DC (प्रत्यक्षधारा) स्रोत या एक AC (प्रत्यावर्ती धारा) स्रोत हो सकता है।

9. **स्थिर वोल्टेज स्रोत:** एक विद्युत स्रोत को स्थिर वोल्टेज स्रोत कहा जाता है यदि यह लोड को लगभग स्थिर वोल्टेज पर बिजली की आपूर्तिकरता है, चाहे उसका मूल्य कुछ भी हो।

10. **स्थिर करेंट स्रोत :** एक विद्युत स्रोत को एक स्थिर करेंट स्रोत कहा जाता है यदि यह लोड को लगभग स्थिर करेंट पर बिजली की आपूर्ति करता है, चाहे उसका मान कुछ भी हो।

11. **स्रोत परिवर्तन (वोल्टेज स्रोत का धारास्रोत में रूपांतरण और इसके विपरीत) :** यह देखा गया है कि, वही विद्युत स्रोत एक स्थिर वोल्टेज स्रोत के रूप में व्यवहार करता है और एक स्थिर करेंट स्रोत के रूप में।

12. **ओम का नियम :** यह नियम बताता है कि किन्हीं दो बिंदुओं के बीच बहने वाली धारा कंडक्टर (या सर्किट) उनके बीच संभावित अंतर के सीधे आनुपातिक है ,बशर्ते भौतिक स्थितियां (अर्थात तापमान आदि) समान रहे।

13. **DC परिपथ:** दिष्टधारा के प्रवाह के लिए बंद पथ को DC परिपथ कहते हैं।

14. प्रतिरोध का प्रभावी मूल्य (R)

    (i) श्रृंखला सर्किट में $R = R_1 + R_2 + \dots\dots\dots + R_n$

    (ii) समानांतर सर्किट में; $\dfrac{1}{R} = \dfrac{1}{R_1} + \dfrac{1}{R_2} + \dots\dots\dots + \dfrac{1}{R_n}$

15. **किरचॉफ के नियम:** KCL बताता है कि $I = 0$,

    एक जंक्शन में KCL लगाते समय, आने वाली धाराओं को +ve और जाने वाली धारा निवर्त मान धाराएँ –ve के रूप में लिया जाता है। KVL बताता है कि एक लूप में $\Sigma E + IR = 0$

16. **अध्यारोपण प्रमेय :** इस विधि में, यदि दो से अधिक स्रोतों में से दो हैं, तो धारा प्रत्येक स्रोत पर अलग से विचार करके आवश्यक शाखा में निर्धारित किया जाता है और फिर परिणामी मूल्य उन्हें सुपरइम्पोज़ करके निर्धारित किया जाता है।

17. **थेवेनिन प्रमेय:** इस प्रमेय के अनुसार किसी प्रतिरोधक में धारा ज्ञात करने के लिए प्रतिरोध हटा दिया जाता है और दो टर्मिनलों में एक ओपन सर्किट वोल्टेज निर्धारित किया जाता है थेवेनिन वोल्टेज E_{th}, फिर पूरे नेटवर्क का प्रतिरोध निर्धारित किया जाता है; टर्मिनलों को थेवेनिन प्रतिरोध R कहा जाता है R_{th} सभी वोल्टेज स्रोतों को उनके द्वारा प्रतिस्थापित करना आंतरिक प्रतिरोध, $I = E_{th}/(R_{th} + R_L)$.

18. **नॉर्टन की प्रमेय:** यह थेवेनिन के प्रमेय के समान है लेकिन यहां, नेटवर्क को I_n आउट पुट वाले धारा स्रोत में बदल दिया जाता है। I_n का मान टर्मिनल दिए गए प्रतिरोध R को R_N के साथ समानांतर में शॉर्ट सर्किट कर निकाला जाता है।

    R_N के समान R_{th} होता है तब, $I = I_N \; R_N/(R_N + R_L)$.

19. आगमनात्मक परिपथ का प्रारंभण और संवृतण: $V = iR + L\dfrac{di}{dt}$

    (i) सर्किट बंद होने पर करेंट का बढ़ना: किसी भी पल में-

    $$i = I\,(1 - e^{-Rt/L}) \text{ जहां } I = V/R$$

    (ii) सर्किट खोलने पर करेंट का क्षय: किसी भी पल-

    $$i = I\,e^{-Rt/L} \text{ जहां } I = V/R$$

20. समय स्थिर : $\lambda = L/R$ second

21. संधारित्र का चार्ज :

(i) स्विचिंग इंस्टेंट पर करेंट $I_m = \frac{V}{R}$

(ii) किसी भी क्षण संधारित्र के आर-पार वोल्ट , $v = V(1 - e^{-t/RC})$

(iii) किसी भी क्षण संधारित्र में संचित आवेश, $q = Q(1 - e^{-t/RC})$

(iv) किसी भी पल पर करेंट चार्ज करना, $i = I_m(1 - e^{-t/RC})$

22. संधारित्र का निर्वहन

(i) किसी भी क्षण संधारित्र के अक्रॉस वोल्टता, $v = V e^{-t/RC}$.

(ii) संधारित्र पर किसी भी क्षण आवेश, $q = Q e^{-t/RC}$.

(iii) किसी भी पल में करेंट का निर्वहन, $i = -I_m e^{-t/RC}$.

लघु उत्तरीय प्रश्न

1. विद्युत परिपथ के तत्वों से आप क्या समझते हैं?
2. आप सक्रिय और निष्क्रिय तत्वों के बीच अंतर कैसे करेंगे?
3. आप एक तरफा और द्विपक्षीय तत्वों के बीच अंतर कैसे करेंगे?
4. आप रैखिक और गैर-रेखीय तत्वों के बीच अंतर कैसे करेंगे?
5. आप लम्प्ड और वितरितत त्वों के बीच अंतर कैसे करेंगे?
6. प्रतिरोधक क्या हैं? आप उन्हें कैसे वर्गीकृत करेंगे?
7. इंडक्टर्स क्या हैं? आप उन्हें कैसे वर्गीकृत करेंगे?
8. कैपेसिटर क्या हैं? आप उन्हें कैसे वर्गीकृत करेंगे?
9. स्थिर वोल्टता स्रोत से आप क्या समझते हैं ?
10. आप आदर्श और वास्तविक स्थिर वोल्टेज स्रोत के बीच अंतर कैसे करेंगे?
11. स्थिर धारा स्रोत से आप क्या समझते हैं?
12. आप आदर्श और वास्तविक स्थिर धारा स्रोत के बीच अंतर कैसे करेंगे?
13. ओम का नियम लिखिए और इसकी सीमाएँ बताइए।
14. श्रृंखला सर्किट में, दिखाएं कि प्रभावी प्रतिरोध व्यक्तिगत प्रतिरोधों का योग है।
15. समानांतर सर्किट में दिखाएं कि प्रभावी प्रतिरोध व्यक्तिगत प्रतिरोधों का योग है।
16. आप विद्युत नेटवर्क में नोड और फंक्शन के बीच अंतर कैसे करेंगे?
17. आप विद्युत नेटवर्क में लूप और मेश में कैसे अंतर करेंगे?
18. किरचॉफ के धारा एवं वोल्टता नियम लिखिए।
19. सुपर पोजिशन प्रमेय क्या है ।
20. थेवेनिन का प्रमेय लिखिए।
21. क्या हैनॉर्टन के प्रमेय।

22. आप किस प्रकार यह सिद्धकरेंगे कि L/R का मात्रक दूसरा है?

23. आप कैसे उचित ठहराएंगे कि RC की इकाई दूसरे स्थान पर है?

क्रमांक	प्रश्न (पैरा में)	मार्क्स	कोर्स आउटकम CO	बी.एल. BL	प्रोग्राम आउटकम PO
1.	विद्युत परिपथ के तत्वों से आप क्या समझते हैं?	2	CO1	BL1	PO1
2.	आप सक्रिय और निष्क्रिय तत्व के बीच अंतर कैसे करेंगे?	2	CO1	BL2	PO1
3.	आप एक तरफा और द्विपक्षीय तत्व के बीच अंतर कैसे करेंगे तत्व?	2	CO1	BL2	PO1
4.	आप रैखिक और गैर-रैखिक तत्व के बीच अंतर कैसे करेंगे?	2	CO1	BL2	PO1
5.	आप गांठ और वितरित तत्व के बीच अंतर कैसे करेंगे?	2	CO1	BL2	PO1
6.	प्रतिरोधक क्या हैं? आप उन्हें कैसे वर्गीकृत करेंगे?	2	CO1	BL3	PO2
7.	इंडक्टर्स क्या हैं? आप उन्हें कैसे वर्गीकृत करेंगे?	2	CO1	BL3	PO2
8.	कैपेसिटर क्या हैं? आप उन्हें कैसे वर्गीकृत करेंगे?	2	CO1	BL3	PO2
9.	स्थिर वोल्टता स्रोत से आप क्या समझते हैं?	2	CO1	BL2	PO1
10.	आप आदर्श और वास्तविक कांस्टेंट वोल्टेज स्रोत के बीच अंतर कैसे करेंगे?	2	CO1	BL2	PO1
11.	स्थिरधारा स्रोत से आप क्या समझते हैं?	2	CO1	BL2	PO1
12.	आप आदर्श और वास्तविक कांस्टेंट धारा स्रोत के बीच अंतर कैसे करेंगे धारा स्रोत?	2	CO1	BL2	PO1
13.	ओम का नियम लिखिए और इसकी सीमाएँ बताइए?	2	CO1	BL2	PO1
14.	श्रृंखला सर्किट में, दिखाएं कि प्रभावी प्रतिरोध का योग है व्यक्तिगत प्रतिरोध के बराबर होता है?	2	CO1	BL3	PO2
15.	समानांतर सर्किट में दिखाये कि $\frac{1}{R_{eff}} = \frac{1}{R_1} + \frac{1}{R_2} + \dots\dots\dots + \frac{1}{R_n}$	2	CO1	BL3	PO2
16.	आप एक विद्युत नेटवर्क में नोड और फ़ंक्शन के बीच अंतर कैसे करेंगे?	2	CO1	BL3	PO2
17.	आप विद्युत नेटवर्क में लूप और गेश के बीच अंतर कैसे करेंगे?	2	CO1	BL3	PO2
18.	किरचॉफ के धारा एवं वोल्टता नियम लिखिए?	2	CO1	BL1	PO1
19.	सुपरपोजिशन प्रमेय क्या है?	2	CO1	BL1	PO1
20.	थेवेनिन का प्रमेय लिखिए?	2	CO1	BL1	PO1
21.	नॉर्टन के प्रमेय क्या है?	2	CO1	BL1	PO1
22.	आप किस प्रकार यह सिद्ध करेंगे कि L/R का मात्रक सेकंड है?	2	CO1	BL4	PO3
23.	आप किस प्रकार यह सिद्ध करेंगे कि RC का मात्रक सेकंड है?	2	CO1	BL4	PO3

अभ्यास के लिए संख्यात्मक प्रश्न

1. एक ही सामग्री के दो तार A और B हैं । A, B से 10 गुना बड़ा है और उसका क्रॉस-सेक्शन है B के क्रॉस-सेक्शन का दोगुना है। यदि A का प्रतिरोध 1 Ω है, तो B का प्रतिरोध क्या है? (**उत्तर** 1/5 Ω)

2. चित्र 1.142 में दिखाए गए नेटवर्क में बिंदु X और Y के बीच प्रतिरोध की गणना करें? सब प्रतिरोधक Ω में दिए गए हैं। (**उत्तर** 4 Ω)

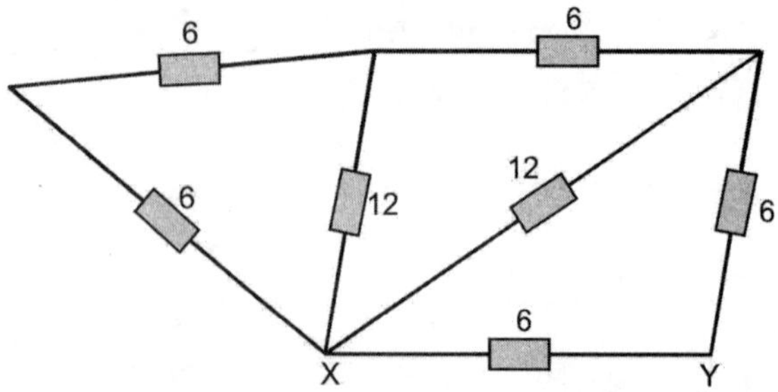

चित्र 1.142: संख्यात्मक प्रश्न के लिए चित्र

3. 15 Ω का एक प्रतिरोध दो प्रतिरोधों के साथ श्रृंखला में जुड़ा हुआ है, जिनमें से प्रत्येक 30 Ω समानांतर में व्यवस्थित है। समानांतर संयोजन में कौन सा प्रतिरोध जोड़ा जाना चाहिए कि कुल धारा लिया गया 3A होगा जिसमें 75V लागू होगा। (**उत्तर** 30Ω)

4. एक अक्षर A 3 Ω प्रति cm प्रतिरोध के एक समानांतर से बना है। अक्षर का एक पक्ष 20 cm लंबा है और क्रॉस टुकड़ा 10 cm लंबा है जब कि शीर्ष कोण 60 डिग्री है। लेग्स के दोनों सिरों के बीच अक्षर का प्रतिरोध ज्ञात कीजिये। (**उत्तर** 80 Ω)

5. दो बैटरी A और B समानांतर में जुड़ी हुई हैं और 5 Ω का भार के पार जुड़ा हुआ है टर्मिनल A में 6V का ईएमएफ और 1 Ω का आंतरिक प्रतिरोध है; B का ईएमएफ 4V है और 0.5 Ω का आंतरिक प्रतिरोध किरचॉफ के नियमों का उपयोग कर प्रत्येक बैटरी में और बाहरी प्रतिरोध में करेंट का मान और प्रवाह दिशा निर्धारित करें तथा बाहरी प्रतिरोध के विभव में अंतर भी निर्धारित करें? (**उत्तर** 1.625 A चार्जिंग; 0.75 A डिस्चार्जिंग; 0.875 A; 4.375 V)

6. एक व्हीटस्टोन ब्रिज ABCD को निम्नानुसार व्यवस्थित किया गया है: A – B, B – C, C – D, D – A और B – D के बीच प्रतिरोध 20, 4 Ω, 16 Ω, 8 Ω और 10 Ω हैं। क्रमश A और C टर्मिनलों के बीच 200 V की आपूर्ति जुड़ी हुई है। धाराओं का निर्धारण करें; सर्किट की शाखाओं AB और AD में और आपूर्ति से ली गई कुल धारा का मान निर्धारित करें? (**उत्तर** 7.44 A; 11.905 A; 19.345 A)

7. चित्र 1.143 में दिखाए गए सर्किट में, 280 V के डीसी जनरेटर द्वारा आपूर्ति की गई धारा का निर्धारण करें। (**उत्तर** 4A)

8. किरचॉफ के नियमों का उपयोग करके, चित्र 1.144 में दिखाए गए सर्किट में XY में करेंट का निर्धारण करें। (**उत्तर** 40A)

9. अध्यारोपण प्रमेय का प्रयोग करते हुए चित्र 1.145 में दर्शाए गए परिपथ की सभी शाखाओं में धारा ज्ञात कीजिए। (**उत्तर** 4.4915 A, 2.2881 A, 2.2084 A)

10. अध्यारोपण प्रमेय का उपयोग करते हुए, चित्र 1.146 में दिखाए गए नेटवर्क में 60 Ω प्रतिरोधक के अक्रॉस विभवांतर ज्ञात कीजिए? (**उत्तर** 87.3 V)

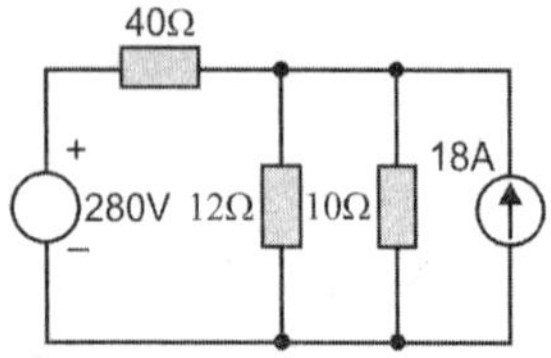

चित्र 1.143: संख्यात्मक प्रश्न के लिए चित्र

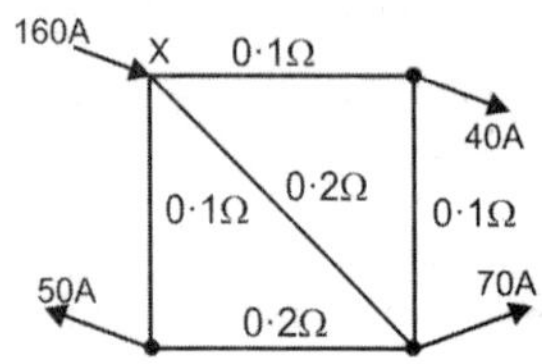

चित्र 1.144: संख्यात्मक प्रश्न के लिए चित्र

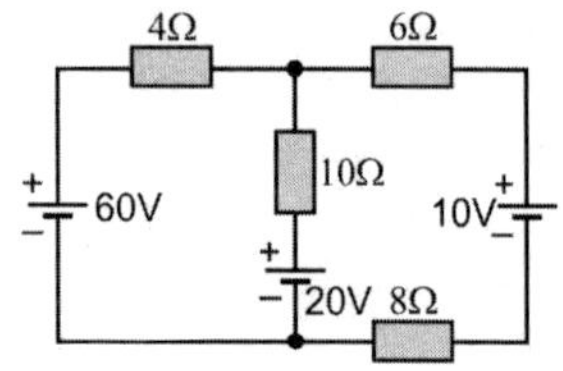

चित्र 1.145: संख्यात्मक प्रश्न के लिए चित्र

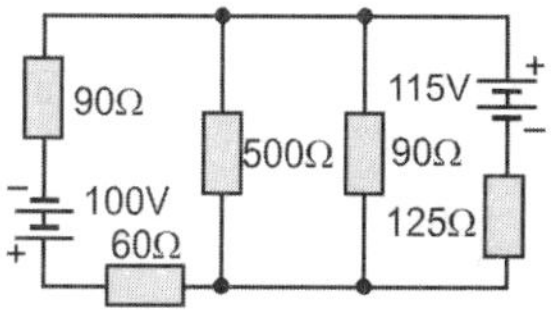

चित्र 1.146 संख्यात्मक प्रश्न के लिए चित्र

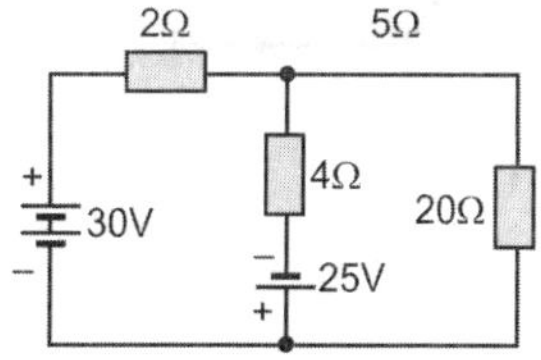

चित्र 1.147 संख्यात्मक प्रश्न के लिए चित्र

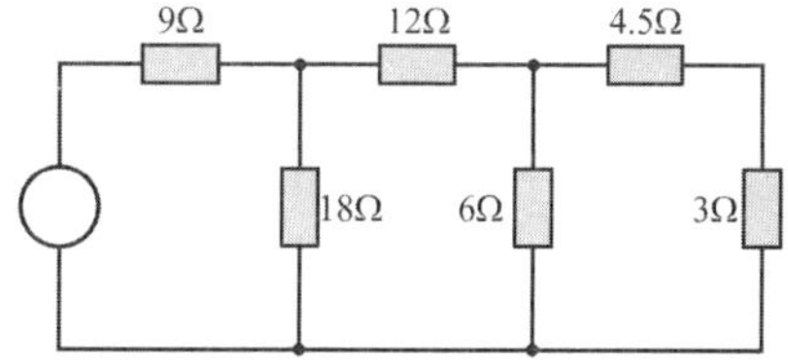

चित्र 1.148 संख्यात्मक प्रश्न के लिए चित्र

11. थेवेनिन के प्रमेय का उपयोग करते हुए, चित्र 1.147 में दिखाए गए नेटवर्क के 20 Ω अवरोधक में धारा की गणना करे? (**उत्तर** 0.433 A)

12. थेवेनिन की प्रमेय का प्रयोग करते हुए, चित्र 1.148 में दर्शाए गए नेटवर्क में 3 Ω रेसिस्टर में धारा ज्ञात कीजिए। यदि इस प्रतिरोध को 15 Ω के प्रतिरोधक से बदल दिया जाए तो धारा का मान क्या होगा? (**उत्तर** 2A, 1A)

13. नॉर्टन के प्रमेय का उपयोग करते हुए, चित्र 1.146 में दिखाए गए नेटवर्क के 60 Ω रेसिस्टर में करेंट का निर्धारण करें? (**उत्तर** 0.433 A)

14. नॉर्टन के प्रमेय का उपयोग करते हुए, चित्र 1.148 में दिखाए गए नेटवर्क के 3Ω रेसिस्टर में करेंट निर्धारित करें? (**उत्तर** 2A)

15. एक कुंडल का प्रतिरोध और इंडक्टर क्रमशः 5Ω और 0.15 mH है। परिनालिका के टर्मिनलों पर उस समय मौजूद संभावित अंतर की गणना करें जब धारा 3A हो लेकिन 105 A/s की दर से बढ़ रही हो? (**उत्तर** 30V)

16. एक प्रेरक कुण्डली का प्रतिरोध और प्रेरकत्व क्रमशः 5Ω और 20 H है। तुरंत आपूर्ति बंद करने पर, धारा 4 A/s की दर से बढ़ती है। गणना करें-

(i) सप्लाई वोल्टेज,

(ii) धारा की वृद्धि दर जब धारा 5A है,

(iii) सर्किट को बंद करने के बाद 10A तक पहुंचने में लगने वाला समय,

(iv) अधिकतम मान से घटने पर 10A धारा तक पहुँचने में लगने वाला समय,

(**उत्तर** 80 V; 2.75 A/s; 3.923 sec; 1.88 sec)

17. एक 2 μF संधारित्र, स्विच बंद करके, श्रृंखला प्रतिरोध 1 M Ω. के माध्यम से 100 V की आपूर्ति से जुड़ा है। गणना करें।

(i) समय स्थिरांक

(ii) प्रारंभिक चार्जिंग करेंट,

(iii) संधारित्र के पार विभावंतर के उदय का प्रारंभिक दर,

(iv) स्विच को बंद करने के 6 सेकंड बाद संधारित्र के अक्रॉस वोल्टेज

(v) संधारित्र को पूरी तरह से चार्ज होने में लगने वाला समय। (**उत्तर** 25; 100A; 50 V/s; 95.1 V; 10 sec)

18. एक संधारित्र को DC स्रोत से 2 MΩ के प्रतिरोध द्वारा आवेशित किया जाता है। अगर यह 0.5 sec लेता है चार्ज के प्रारंभिक मूल्य के 75% तक पहुंचने के लिए, संधारित्र की कपसिटंस क्या है। (**उत्तर** 18×10^{-4} F)

19. एक प्रतिरोध R और एक 2μF संधारित्र 200 V DC आपूर्ति में श्रृंखला में जुड़े हुए हैं। संधारित्र के आर-पार एक नियॉन लैंप जोडा गया है जो 120 V पर स्ट्राइक करता है। उस R के मान की गणना करें जो स्विच बंद होने के 5 सेकंड बाद लैंप को स्ट्राइक करता है। (**उत्तर** 2.73 MΩ)

बहुविकल्पीय प्रश्न

1. यदि किसी चालक या तार की लंबाई दो गुना कर दी जाए और उसका व्यास भी दो गुना कर दिया जाए, तो उसका प्रतिरोध होगा

   (a) चार गुना तक बढे (b) घटकर आधा

   (c) दो गुना तक बढे (d) वही रहें

2. एक व्यक्ति के तीन प्रतिरोध हैं, प्रत्येक का मान $1/3\Omega$ है। न्यूनतम प्रतिरोध का मूल्य क्या है जो वह उन्हें मिला कर प्राप्त कर सकता है?

   (a) $1\ \Omega$ (b) $3\ \Omega$

   (c) $1/3\ \Omega$ (d) $1/9\ \Omega$

3. यदि n समान प्रतिरोधक श्रेणी क्रम में जुड़े हैं, तो उनका कुल मान $K\Omega$ है। उनका क्या होगा प्रभावी मान होगा यदि V अब समानांतर में जुड़े हुए हैं?

   (a) K/n (b) K^2/n

   (c) K/n^2 (d) n^2/K

4. किरचॉफ का पहला नियम कहता है कि विद्युत नेटवर्क में एक जंक्शन पर

   (a) सभी धाराओं का बीज गणितीय योग शून्य है। (b) सभी ईएमएफ का बीज गणितीय योग शून्य है।

   (c) सभी वोल्टेज बूंदों का बीजगणितीय योग शून्य है (d) सभी बलों का बीजगणितीय योग शून्य है।

5. 3Ω और $6\ \Omega$ प्रतिरोधों की एक समानांतर व्यवस्था को 8Ω के साथ श्रृंखला में रखा गया है प्रतिरोध यदि 60V का PD पूरे परिपथ में जोड़ा जाता है, तो 3Ω में धारा

   (a) 6A (b) 4A

   (c) 2A (d) 5A

6. एक वोल्टेज स्रोत को एक आदर्श स्रोत माना जाता है यदि इसका आंतरिक प्रतिरोध है

   (a) लगभग शून्य के बराबर (b) 100Ω से 1000Ω के बीच

   (c) 1000Ω से 9000Ω के बीच (d) लगभग अनंत के बराबर

7. एक आगमनात्मक कुण्डली में विद्युत धारा के परिवर्तन में विलंब उसके .... के मान पर निर्भर करता है

   (a) प्रतिरोध (b) इंडक्टर

   (c) समाई (d) अर्थ

8. एक वोल्टेज विभक्त और उसके थेवेनिन के समकक्ष सर्किट को चित्र में दिखाया गया है कि E_{th} और R_{th} का मान क्या

चित्र 1.149 संख्यात्मक प्रश्न के लिए चित्र

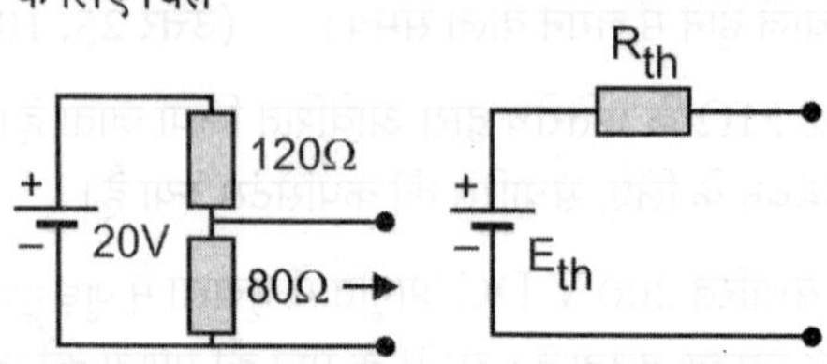

   (a) $8V, 48\Omega$ (b) $4V, 48\Omega$ (c) $4V, 24\Omega$ (d) $8V, 24\Omega$

9. चित्र में दिखाए गए परिपथ में, A–B से जुड़े प्रतिरोधक में खपत की गई चित्र 1.150 संख्यात्मक प्रश्न के लिए चित्र

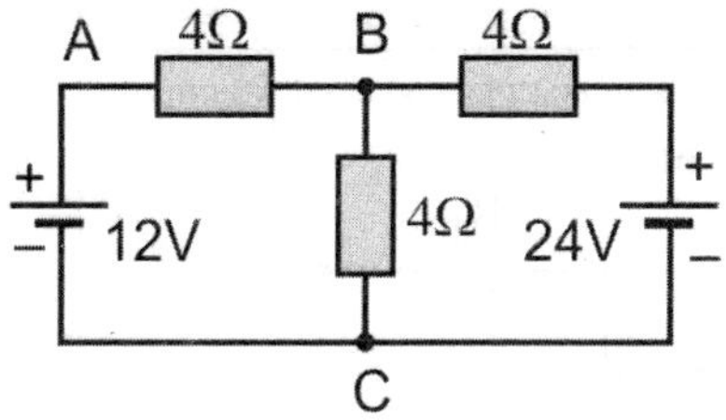

(a) 32 W (b) 0W (c) 16 W (d) 64 W

क्रमांक	प्रश्न (पैरामें)	मर्क्स	कोर्स आउटकम CO	बी.ल. BL	प्रोग्राम आउटकम PO
1.	यदि किसी चालक या तार की लंबाई दो गुनी कर दी जाए और उसका व्यास भी दोगुना कर दिया जाए, तो उसका प्रतिरोध होगा (a) चार गुना तक बढे (b) घट कर आधा (c) दो गुना तक बढे (d) वही रहें	1	CO1	BL3	PO1
2.	एक व्यक्ति के तीन प्रतिरोध हैं, प्रत्येक का मान 1/3Ω है। न्यूनतम प्रतिरोध का मान क्या है जो वह उन्हें मिलाकर प्राप्त कर सकता है? (a) 1 Ω (b) 3 Ω (c) 1/3 Ω (d) 1/9 Ω	1	CO1	BL3	PO1
3.	यदि *n* समान प्रतिरोधक श्रेणीक्रम में जुड़े हैं, तो उनका कुल मान KΩ है। उनका क्या होगा प्रभावी मूल्य यदि वे अब समानांतर में जुड़े हुए हैं? (a) K/n (b) K^2/n (c) K/n^2 (d) n^2/K	1	CO1	BL1	PO1
4.	किरचॉफ का पहला नियम कहता है कि विद्युत नेटवर्क में एक जंक्शन पर (a) सभी धाराओं का बीजगणितीय योग शून्य है। (b) सभी ईएमएफ का बीजगणितीय योग शून्य है। (c) सभी वोल्टेज ड्राप का बीजगणितीय योग शून्य है। (d) सभी बलों का बीजगणितीय योग शून्य है।	1	CO1	BL1	PO1
5.	3 Ω और 6 Ω प्रतिरोधों की एक समानांतर व्यवस्था को 8 Ω के साथ श्रृंखला में रखा गया है प्रतिरोध यदि 60 V का PD पूरे परिपथ में जोड़ा जाता है, तो 3 Ω में धारा (a) 6A (b) 4A (c) 2A (d) 5A	1	CO1	BL5	PO1
6.	एक वोल्टेज स्रोत को एक आदर्श स्रोत माना जाता है यदि इसका आंतरिक प्रतिरोध है (a) लगभग शून्य के बराबर (b) 100Ω से 1000Ω के बीच (c) 1000Ω से 9000Ω के बीच (d) लगभग अनंत के बराबर	1	CO1	BL2	PO2
7.	एक आगमनात्मक कुण्डली में विद्युतधारा के परिवर्तन में विलंब उसके .... के मान पर निर्भर करता है (a) प्रतिरोध (b) इंडक्टर (c) समाई (d) अर्थ	1	CO1	BL2	PO3

क्रमांक	प्रश्न (पैरामें)	मर्क्स	कोर्स आउटकम CO	बी.ल. BL	प्रोग्राम आउटकम PO
8.	एक वोल्टेज विभक्त और उसके थेवेनिन के समकक्ष सर्किट को चित्र में दिखाया गया है चित्र 1.151 संख्यात्मक प्रश्न के लिए चित्र 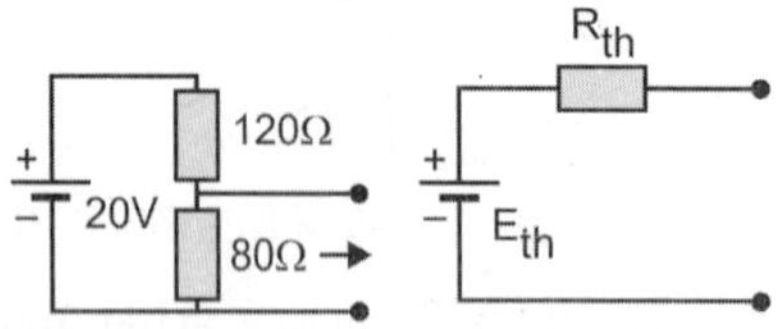 (a) 8 V, 48 Ω (b) 4 V, 48 Ω (c) 4 V, 24 Ω (d) 8 V, 24 Ω	1	CO1	BL6	PO4
9.	चित्र में दिखाए गए परिपथ में, A–B से जुड़े प्रतिरोधक में खपत की चित्र 1.152 संख्यात्मक प्रश्न के लिए चित्र 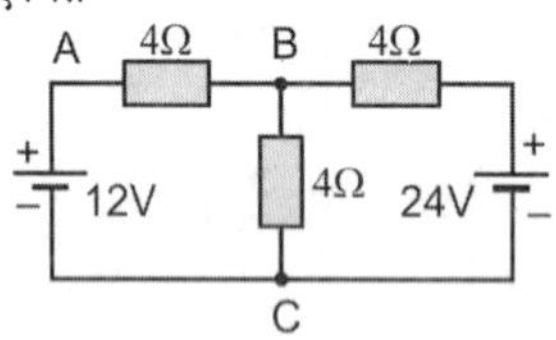 (a) 32 W (b) 0W (c) 16 W (d) 64 W	1	CO1	BL6	PO4

परीक्षण प्रश्न

1. विभिन्न विद्युत परिपथ तत्व क्या हैं? आप निम्नलिखित के बीच अंतर कैसे करेंगे?
   (i) रैखिक और गैर-रैखिक तत्व (ii) सक्रिय और निष्क्रिय तत्व।
2. उदाहरण देते हुए समझाएं कि निम्नलिखित से आपका क्या तात्पर्य है
   (i) स्थिर और परिवर्तनशील प्रतिरोधक। (ii) फिक्स्ड और वेरिएबल कैपेसिटर
3. समझाइए, वास्तविक वोल्टेज और करेंट स्रोतों से आपका क्या मतलब है?
4. ओम का नियम लिखिए और समझाइए। इसकी सीमाएँ दीजिए।
5. निम्नलिखित में दिखाएँ
   (i) श्रृंखला सर्किट में, प्रतिरोध का प्रभावी मूल्य; $R = R_1 + R_2 + ... + R_n$।
   (ii) समानांतर परिपथ में, प्रतिरोध के प्रभावीमान का व्युत्क्रम योग के बराबर होता है व्यक्तिगत प्रतिरोधों के पारस्परिक रूप से।
6. निम्नलिखित के बीच अंतर करें
   (i) नोड और जंक्शन; (ii) लूप और मेश
7. किर चॉफ के धारा तथा वोल्टता नियम को लिखिए तथा समझाइए।
8. किरचॉफ के वोल्टेज नियम को लूप में लागू करते समय, ईएमएफ पर संकेत कैसे लागू होते हैं और वोल्टेज ड्राप?
9. सुपरपोजिशन प्रमेय बताएं और समझाएं कि इसे नेटवर्क को हल करने के लिए कैसे लागू किया जाता है?
10. थेवेनिन की प्रमेय का उल्लेख कीजिए, प्रमेय के अनुप्रयोग को एक उपयुक्त विद्युत नेटवर्क के सन्दर्भ में स्पष्ट कीजिए ।

11. नॉर्टन के प्रमेय को लिखिए और समझाइए। दर्शाइए कि यह प्रमेय थेवेनिन का प्रमेय का विलोम मात्र है ।

12. जब एक DC आपूर्ति को आगमनात्मक परिपथ से जोड़ा जाता है और परिपथ को बंद कर दिया जाता है, तो सिद्ध कीजिए कि किसी भी क्षण परिपथ में धारा संबंध द्वारा दी जाती है?

$$i = \frac{V}{R}\left(1 - e^{-Rt/L}\right)$$

13. एक डीसी वोल्टेज V एक सर्किट में लगाया जाता है जिसमें एक केपेसीटेनसे (Capacitance) C Farad प्रतिरोध RΩ के साथ श्रृंखला में होता है। समय के साथ C के अक्रॉस वोल्टेज के परिवर्तन के लिए व्यंजक व्युत्पन्न कीजिए।

14. एक कंडेनसर और एक प्रतिरोध एक डीसी स्रोत के साथ श्रृंखला में जुड़े हुए हैं। चार्ज का पता लगाएं परिपथ को स्विच करने के बाद एक समय 't' पर कंडेनसर और इसलिए चार्ज की वृद्धि की दर निर्धारित करें?

15. एक कंडेनसर और एक प्रतिरोध V वोल्ट के डीसी स्रोत के साथ श्रृंखला में जुड़े हुए हैं।संधारित्र के डिस्चार्ज होने पर 't' सेकंड के बाद संधारित्र के अक्रॉस वोल्टेज के लिए व्यंजक व्युत्पन्न कीजिए।

क्रमांक	प्रश्न (पैरा में)	मार्क्स	कोर्स आउटकम CO	बी.एल. BL	प्रोग्राम आउटकम PO
1.	विभिन्न विद्युत परिपथ तत्व क्या हैं? आप निम्नलिखित के बीच अंतर कैसे करेंगे? (i) रैखिक और गैर-रैखिकतत्व (ii) सक्रिय और निष्क्रिय तत्व।	5	CO1	BL2	PO1
2.	उदाहरण देते हुए समझाएं कि निम्न लिखित से आपका क्या तात्पर्य है (i) स्थिर और परिवर्तनशील प्रतिरोधक (ii) फिक्स्ड और वेरिएबल कैपेसिटर	5	CO1	BL2	PO1
3.	समझाइए, वास्तविक वोल्टेज और करेंट स्रोतों से आपका क्या मतलब है ।	5	CO1	BL2	PO1
4	ओम का नियम लिखिए और समझाइए।इसकी सीमाएँ दीजिए।	5	CO1	BL3	PO2
5.	निम्न लिखित में दिखाएँ (i) श्रृंखला सर्किट में, प्रतिरोध का प्रभावी मूल्य; $R = R_1 + R_2 + \dots\dots\dots + R_N$ (ii) समानांतर परिपथ में, प्रतिरोध के प्रभावीमान का व्युत्क्रम योग के बराबर होता है व्यक्तिगत प्रतिरोधों के पारस्परिक रूप से।	8	CO1	BL3	PO2
6.	निम्नलिखित के बीच अंतर करें (i) नोड और जंक्शन; (ii) लूप और मेश	5	CO1	BL4	PO2
7.	किरचॉफ के धारा तथा वोल्टता नियम को लिखिए तथा समझाइए।	8	CO1	BL3	PO2
8.	किरचॉफ के वोल्टेज नियम को लूप में लागू करते समय, ईएमएफ पर वोल्टेज ड्राप के संकेत कैसे लागू होते हैं?	8	CO1	BL5	PO4
9.	सुपरपोजिशन प्रमेय बताएं और समझाएं कि इसे नेटवर्क को हल करने के लिए कैसे लागू किया जाता है?	10	CO1	BL5	PO4
10.	थेवेनिन की प्रमेय का उल्लेख कीजिए, प्रमेय के अनुप्रयोग को एक उपयुक्त विद्युत नेटवर्क के सन्दर्भ में स्पष्ट कीजिए।	10	CO1	BL5	PO4
11.	नॉर्टन के प्रमेय को लिखिए और समझाइए। दर्शाइए कि यह प्रमेय थेवेनिन का प्रमेय का विलोम मात्र है ।	10	CO1	BL5	PO4

क्रमांक	प्रश्न (पैरा में)	मार्क्स	कोर्स आउटकम CO	बी.एल. BL	प्रोग्राम आउटकम PO
12.	जब एक DC आपूर्ति को आगमनात्मक परिपथ से जोड़ा जाता है और परिपथ को बंदकर दिया जाता है, तो सिद्ध कीजिए कि किसी भी क्षण परिपथ में धारा संबंध द्वारा दी जाती है? $i = \frac{V}{R}(1-e^{Rt/L})$	10	CO1	BL6	PO4
13.	एक डीसी वोल्टेज V एक सर्किट में लगाया जाता है जिसमें प्रतिरोध RΩ एक केपेसीटेनसे C Farad के साथ श्रृंखला में होता है ।समय के साथ C के अक्रॉस वोल्टेज के परिवर्तन के लिए व्यंजक व्युत्पन्न कीजिए।	10	CO1	BL6	PO5
14.	एक कंडेनसर और एक प्रतिरोध एक डीसी स्रोत के साथ श्रृंखला में जुड़े हुए हैं। चार्ज का पता लगाएं परिपथ को स्विच करने के बाद एक समय '*t*' पर कंडेनसर और इसलिए चार्ज की वृद्धि की दर निर्धारित करें?	10	CO1	BL6	PO5
15.	एक कंडेनसर और एक प्रतिरोध V वोल्ट के डीसी स्रोत के साथ श्रृंखला में जुड़े हुए हैं। संधारित्र के डिस्चार्ज होने पर '*t*' सेकंड के बाद संधारित्र के अक्रॉस वोल्टेज के लिए व्यंजक व्युत्पन्न कीजिए।	10	CO1	BL6	PO5

अटेनमेंट एवं गैप विश्लेषण

कार्यक्रम के परिणामों की प्राप्ति को नीचे दी गई तालिका में संकलित कर अंतर विश्लेषण और उपचारात्मक उपाय करें-

कोर्स आउटकम्स	प्रोग्राम आउटकम्स की प्राप्ति (1-कमजोर सहसंबंध, 2-मध्यम सहसंबंध, 3-मजबूत सहसंबंध)											
	PO-1	PO-2	PO-3	PO-4	PO-5	PO-6	PO-7	PO-8	PO-9	PO-10	PO-11	PO-12
CO-1												
CO-2												
CO-3												

बहुविकल्पीय प्रश्नों के उत्तर													
1.	(b)	2.	(d)	3.	(c)	4.	(a)	5.	(b)	6.	(a)	7.	(b)
8.	(a)	9.	(c)										

प्रयोगशाला कार्य

प्रयोग -1

सिद्धांत और अभ्यास के बीच की दूरी को कम करने के लिए प्रयोगशालाओं में विभिन्न प्रयोग करना बहुत जरूरी है। प्रयोगशाला कार्य के महत्व को निम्नलिखित बिंदु दर्शाते हैं।

1. प्रयोगशाला में विभिन्न प्रयोग करके छात्र विषय वस्तु को अधिक प्रभावी ढंग से समझ सकते हैं।
2. विद्यार्थियों के विकासशील मस्तिष्क पर प्रयोगों का गहरा प्रभाव पड़ता है।
3. प्रयोग करने से, छात्र विभिन्न उपकरणों और यंत्रो का उपयोग करना सीख जाते है ।
4. प्रयोगशालाओं में, विभिन्न मशीनों और उपकरणों के वास्तविक भागों को देखने से छात्रों की कार्य कुशलता बढ़ जाती है ।
5. अंतत: प्रयोगशालाओं में प्रयोग करने से विद्यार्थियों में विभिन्न उद्योगों/कार्यों/विभागों में कार्य करने का आत्मविश्वास पैदा होता है ।

आवश्यक उपकरण:

निम्नलिखित कुछ आवश्यक उपकरण हैं जिन्हें विद्युत प्रयोगशालाओं में काम करते समय प्रत्येक छात्र द्वारा रखा जाना चाहिए: (i) टेस्ट लैंप (ii) पेंचकस (स्क्रू ड्राइवर) (7·5 सेमी और 20 सेमी) (iii) इंसुलेटेड कटर (iv) इंसुलेटेड पैंचीस (प्लायर) आदि।

महत्वपूर्ण बिंदु:

प्रयोगशाला में विभिन्न प्रयोग करते समय निम्नलिखित महत्वपूर्ण बातों को ध्यान में रखना चाहिए:

1. सबसे पहले, छात्रों को प्रयोगशाला के सामान्य नक्शा (लेआउट)/ व्यवस्था (सेटअप) का अध्ययन करना चाहिए।
2. प्रयोग चालू करने से पहले संबंधित मशीनों/उपकरणों के सुरक्षात्मक और स्विचिंग उपकरणों की जांच कर लेनी चाहिए।
3. उचित आकार के जोड़ने वाले तार (कनेक्टिंग लीड) का उपयोग करना चाहिए।
4. हर प्रयोग को चालू करने से पहले प्रभारी शिक्षक से कनेक्शन की जांच करवानी चाहिए।
5. सही परिणामों के लिए उचित रेंज के मापक यंत्रो का चयन किया जाना चाहिए।
6. किसी भी क्षति को रोकने के लिए उपकरणों और यंत्रो को सावधानी से संभालना चाहिए।
7. प्रत्येक छात्र को तीन मौलिक उपकरणों जैसे वोल्टमीटर, एमीटर और वाटमीटर का उपयोग करना आना चाहिए ।

वोल्टमीटर: यह हमेशा परिपथ के समान्तर क्रम में जोड़ा जाता है जहां वोल्टेज को नापा जाता है।

एमीटर: यह हमेशा उस परिपथ के श्रेणी क्रम में जोड़ा जाता है जहां धारा (करेंट) को नापा जाता है।

वाटमीटर: इसमें दो कुण्डलियाँ होती हैं, एक धारा कुण्डली (M -L से अंकित) श्रेणी क्रम में जोड़ी जाती है और दूसरी विभव कुण्डली (V1 - V2 से अंकित) समानांतर क्रम में जोड़ी जाती है।

सावधानियों का पालन किया जाना चाहिए:

विद्युत प्रयोगशाला में विभिन्न प्रयोग करते समय ली जाने वाली कुछ महत्वपूर्ण सावधानियां निम्नलिखित हैं।

1. प्रयोग करते समय सप्लाई बंद किए बिना,नंगे कंडक्टरों या टर्मिनलों को नहीं छूना चाहिए ।
2. प्रयोग करते समय हमेशा रबर सोल वाले जूते ही पहनें।
3. हमेशा जाँच कर ले कि कनेक्शन मजबूत हैं अन्यथा स्पार्किंग हो सकती है।

प्रयोग:

- बुनियादी सुरक्षा सावधानियां।
- मापक उपकरणों का परिचय और उपयोग - वोल्टमीटर, एमीटर, मल्टी-मीटर, ऑसिलोस्कोप। वास्तविक जीवन प्रतिरोधक, संधारित्र (कैपेसिटर) और प्रेरक (इंडक्टर)।

उद्देश्य: छात्रों को जागरूक करने के लिए

1. बुनियादी सुरक्षा सावधानियां ।
2. मापक उपकरणों का उपयोग - वाल्टमीटर, एमीटर, मल्टी-मीटर, ऑसिलोस्कोप।
3. वास्तविक जीवन प्रतिरोधक, कैपेसिटर और इंडक्टर्स से परिचित कराना।

1. बुनियादी सुरक्षा सावधानियां

1. कार्यस्थल में बिजली के पैनल का स्थान (की लोकेशन) पता लगाएं ताकि बिजली दुर्घटना होने पर या आग लगने की स्थिति में बिजली को जल्दी से बंद किया जा सके ।
2. उपकरणों के तैयार और सुरक्षित संचालन और रखरखाव की अनुमति देने के लिए हमेशा बिजली के पैनलों के चारों ओर न्यूनतम 1 मीटर की दूरी बनाए रखें ।
3. कभी सर्किट या तार में अधिभार ना होने दे, अधिक भार का कारण बनता है तारों की ओवरहीटिंग ,जो आरर्किंग या आग पैदा कर सकता है ।
4. सभी विद्युत उपकरणों का उपयोग करने से पहले निरीक्षण करके यह सुनिश्चित कर ले कि तार और प्लग अच्छी स्थिति में हैं, खराब, मुड़े हुए, टूटे हुए या गायब ग्राउंड पॉइंट नहीं हैं।
5. सुनिश्चित कर ले कि सभी सप्लाई के आउटलेट में तीन पिन वाला प्लग है जिसमे एक ग्राउंड कनेक्शन है । सभी विद्युत उपकरणों में तीन पिन वाला ग्राउंडेड प्लग होने चाहिए ।
6. विद्युत उपकरणों पर काम करते समय, सुनिश्चित करें कि सप्लाई काट दी गई है ।
7. विद्युत उपकरणों पर काम करने से पहले, सुनिश्चित करें कि उपयोग किए गए सभी एक्सटेंशन कॉर्डस सावधानी से रखे गए हैं और दिखाई दे रहे हैं (किसी भी खतरे के अधीन नहीं है)।
8. सुनिश्चित कर ले कि एक्सटेंशन कॉर्डस धारा को प्रवाहित करने के लिए पर्याप्त आकार के है । विफलता से बिजली में आग लग सकती है ।
9. हमेशा रखें कपट मीटर में सक्षम बिजली के उपकरणों से दूर सामग्री ।
10. कश्मीर eep सभी बिजली के उपकरणों गीला स्थानों से दूर । एन कभी बिजली के उपकरणों को संभालने जब हाथ पैर या शरीर एक आर ई गीला ।
11. अगर बिजली में आग लग जाती है, तो उस जगह को छोड़ दें और नजदीकी फायर अलार्म को खींच लें, बिजली की आग पर पानी का इस्तेमाल न करें । मैं च यह है सुरक्षित और संभव तक पहुँचने के लिए पैनल, शट डाउन मुख्य शक्ति के स्रोत ।
12. मैं एक व्यक्ति च हो जाता है एक बिजली के झटके , स्पर्श नहीं करते उपकरण , कॉर्ड या व्यक्ति । स्थिति का मूल्यांकन करें, यदि सुरक्षित है तो मुख्य बिजली स्रोत को बंद कर दें और घायल व्यक्ति के इलाज के लिए अग्निशमन विभाग को फोन करें ।

2. माप उपकरणों का उपयोग - वोल्टमीटर, एमीटर, मल्टी-मीटर, ऑसिलोस्कोप।

वोल्टमीटर

वोल्टमीटर एक उपकरण / यंत्र है जिसका उपयोग सर्किट में लोड या किन्हीं दो बिंदुओं के बीच संभावित विभव को मापने के लिए किया जाता है । वोल्टमीटर हमेशा भार के साथ समानांतर में जुड़ा होता है या पूरे नेटवर्क में । सर्किट के परिस्थिति के आधार पर, इसमें कुछ करंट होता है । यदि यह करंट बड़ा है, तो यह सर्किट की स्थिति को बिगाड़ देता है ।

सर्किट की स्थिति में वोल्टमीटर के प्रभाव को कम करने के लिए, वोल्टमीटर का प्रतिरोध बहुत अधिक किया जाता है ताकि इसमें थोड़ी मात्रा में करंट हो। इसलिए वोल्टमीटर का प्रतिरोध हमेशा बहुत अधिक रखा जाता है। एक डीसी और एक एसी वोल्टमीटर का सचित्र दृश्य क्रमशः चित्र 1.1 (a) और (b) में दिखाया गया है।

चित्र 1.1 (a) डी सी वोल्टमीटर

चित्र 1.1 (b) ए सी वोल्टमीटर

एमीटर

एमीटर एक उपकरण/ यंत्र है जिसका उपयोग लोड या सर्किट या उसकी शाखा में बहने वाले विद्युत प्रवाह को मापने के लिए किया जाता है । एमीटर हमेशा लोड या सर्किट या उसकी शाखा के साथ श्रेणी में जोड़ा जाता है जिसमें करंट को नापा जाता है । तदनुसार, यह भार या परिपथ के समान धारा वहन करता है। यदि इस उपकरण में उच्च प्रतिरोध है, तो पूरे उपकरण में अधिक वोल्टेज ड्रॉप होगा, यह निश्चित रूप से सार्कट की स्थिति को परेशान करेगा।

सर्किट स्थितियों पर एमीटर के प्रभाव को कम करने के लिए, एमीटर का प्रतिरोध बहुत कम रखा जाता है ताकि इसके पार वोल्टेज ड्रॉप कम रहे। अत: एमीटर का प्रतिरोध सदैव बहुत कम रखा जाता है। एक डीसी और एक एसी एमीटर का सचित्र दृश्य चित्र 1.1 (a) और (b) क्रमशः में दिखाया गया है। ।

चित्र 1.2 (a) डीसी एमीटर

चित्र 1.2 (b) एसी एमीटर

मल्टी-मीटर

मल्टी-मीटर एक यंत्र/ उपकरण है जिससे प्रतिरोध, विभवांतर (दोनों डीसी और एसी) टर्मिनलो के बीच और किसी भी सर्किट या उसकी शाखा से बहने वाली धारा (डीसी और एसी दोनों) नापने के लिए इस्तेमाल किया जाता है। एनालॉग और डिजिटल मल्टी-मीटर का सचित्र दृश्य चित्र 1.3 (a) और (b) क्रमशः में दिखाया गया है। ।

चित्र 1. 3 (a) एनालॉग मल्टी - मीटर

चित्र 1.3 (b) डिजिटल मल्टी-मीटर

कैथोड रे ऑसिलोस्कोप (सीआरओ)

कैथोड रे ऑसिलोस्कोप (सी.आर.ओ) एक यंत्र/ उपकरण जिसका उपयोग वोल्टेज की तुलना में समय के ग्राफ को बहुत जल्दी और आसानी से चित्रित और कैलिब्रेट करने के लिए किया जाता है । यह उपकरण स्पष्ट रूप से सर्किट के डिजाइन और मरम्मत के लिए उपयोगी है जिसमें समय के साथ वोल्टेज और धाराएं बदल रही हैं । T वह आस्टसीलस्कप का दिल एक कैथोड रे व्यूब (CRT) है। एक सीआरओ का सचित्र दृश्य चित्र 1.4 में दिखाया गया है।

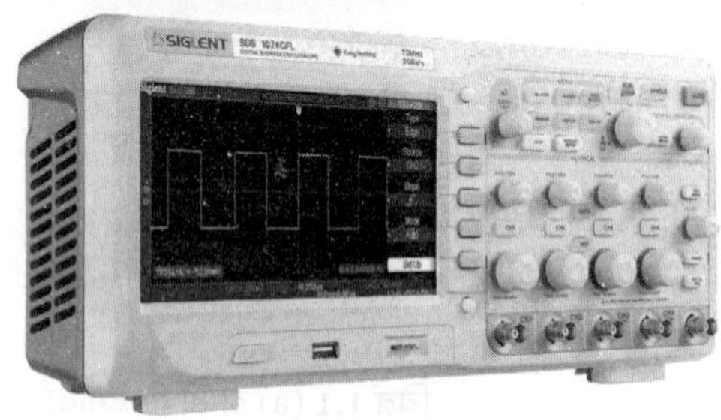

चित्र 1.4: सीआरओ (कैथोड रे ऑसिलोस्कोप)

प्रेरक

प्रेरक एक परिनालिका है अर्थात जब तार की लंबाई को कुंडल के रूप में वाइंडिंग किया जाता है तो यह एक मूल प्रेरक के गुण प्राप्त करता है। यह एक सर्किट तत्व है जो धारा के परिवर्तन का विरोध करता है। किसी कुण्डली का वह गुण जिसके कारण वह धारा (एसी धारा) के परिवर्तन का विरोध करती है वह प्रेरक कहलाती है । प्रेरक की इकाई हेनरी (H) है। एक सामान्य प्रेरक का सचित्र दृश्य चित्र 1.5(a) में दिखाया गया है जबकि इसका प्रतीक चित्र 1.5(b) में दिखाया गया है।

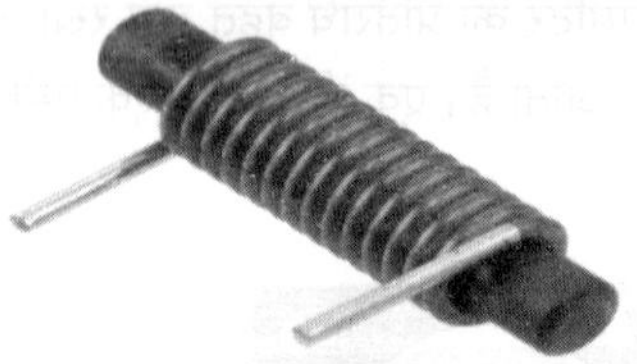

चित्र 1.5 (a) प्रेरक

चित्र 1.5 (b) प्रेरक

कैपैक आई टोरो

डाइइलेक्ट्रिक माध्यम या इन्सुलेटर द्वारा अलग किए गए दो संवाहक सतह एक संधारित्र बनाते हैं। कैपेसिटर में इस्तेमाल होने वाले डाइइलेक्ट्रिक माध्यम या इसकी प्लेटों के आकार के आधार पर वर्गीकृत किया जा सकता है। इसमें इलेक्ट्रिक चार्ज को स्टोर करने की क्षमता होती है। संधारित्र की धारिता को फैराड (F) में मापा जाता है। विभिन्न प्रकार के कैपेसिटर का सचित्र दृश्य चित्र 1.6 (a) में दिखाया गया है, जबकि फिक्स्ड और वेरिएबल कैपेसिटर का प्रतीक क्रमशः चित्र 1.6 (b और c) में दिखाया गया है।

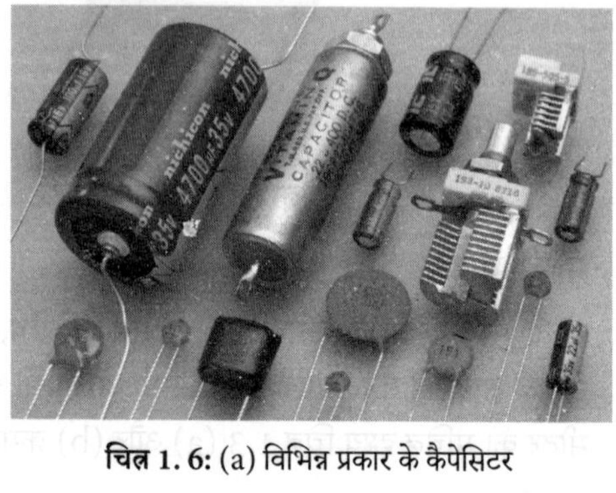

चित्र 1. 6: (a) विभिन्न प्रकार के कैपेसिटर

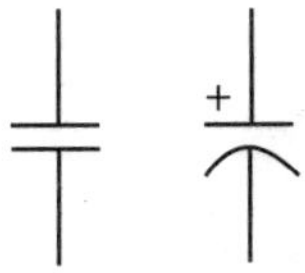

चित्र 1. 6: (b) स्थिर संधारित्र

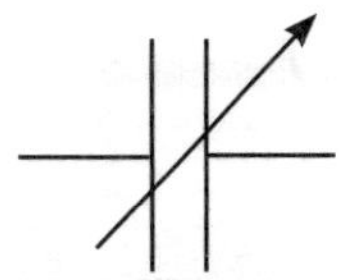

चित्र 1. 6: (c) परिवर्तनीय संधारित्र

प्रतिरोधक

प्रतिरोधक एक सर्किट तत्व है जो करेंट के प्रवाह को प्रतिबंधित करता है। इसका उपयोग सर्किट में या किसी शाखा में करेंट को सीमित करने के लिए किया जाता है। इसका उपयोग नेटवर्क के विभिन्न वर्गों में वोल्टेज को नियंत्रित करने के लिए भी किया जाता है। एक प्रतिरोधक को R या r अक्षर द्वारा दर्शाया जाता है। एक प्रतिरोधक का प्रतिरोध ओम (Ω) में मापा जाता है। इलेक्ट्रॉनिक सर्किट में उपयोग किए जाने वाले छोटे प्रतिरोधों में इसके मूल्य का प्रतिनिधित्व करने के लिए इसके शरीर पर रंगीन बैंड होते हैं। चित्र 1.7(a) में प्रतिरोधक का प्रतीक दिखाया गया है, चित्र 1.7(b) स्थिर प्रतिरोधक का प्रतीक दर्शाता है, जबकि चित्र 1.7(c) एक चर प्रतिरोधक का प्रतीक दर्शाता है।

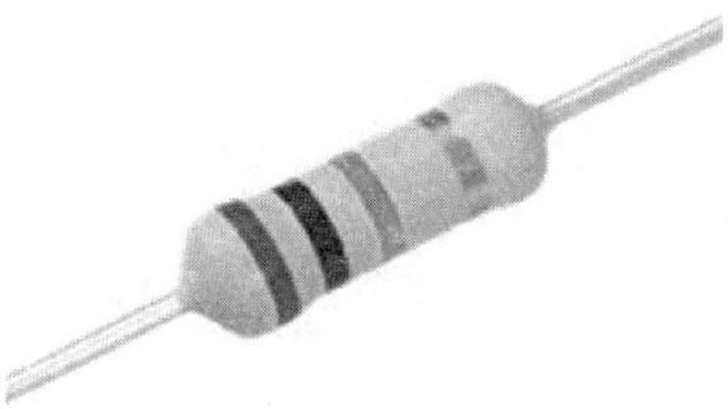

चित्र 1.7 : (a) प्रतिरोधी

चित्र 1.7: (b) निश्चित प्रतिरोधी का प्रतीक

चित्र 1.7: (c) स्थिर प्रतिरोधी का प्रतीक

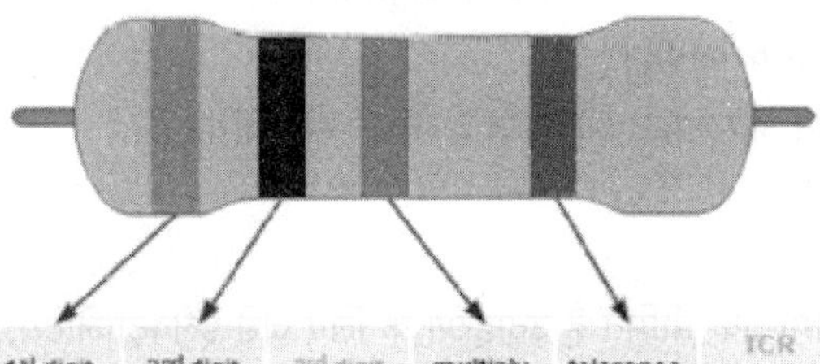

	1st digit	2nd digit	3rd digit	multiply	tolerance	TCR (ppm/K)
Black	0	0	0	1	1% (F)	100
Brown	1	1	1	10	2% (G)	50
Red	2	2	2	100		15
Orange	3	3	3	1K		25
Yellow	4	4	4	10K		
Green	5	5	5	100K	0.5% (D)	
Blue	6	6	6	1M	0.25% (C)	10
Violet	7	7	7	10M	0.1% (B)	5
Gray	8	8	8	100M	0.05% (A)	
White	9	9	9	1G		
Gold				0.1	5% (J)	
Silver				0.01	10% (K)	
None					20% (M)	

चित्र 1.7: (d) प्रतिरोधी का रंग कोडिंग

2 ए.सी. सर्किट

यूनिट विशिष्ट

- प्रत्यावर्ती धारा और प्रत्यावर्ती वोल्टेज के बारे में मूल विचार। यह डी.सी. से कैसे भिन्न है?
- साइनुसॉइडल अल्टरनेटिंग वोल्टेज और करेंट वेवफॉर्म का महत्व।
- ए.सी. में इस्तेमाल की जाने वाली शर्तें जैसे आवृत्ति, समय अवधि, चक्र, तरंग रूप, तात्कालिक, औसत, आर.एम.एस. और शिखर मान।
- ए.सी. का वेक्टर प्रतिनिधित्व मात्रा, फेज और फेज अंतर।
- आयताकार और ध्रुवीय मात्राएँ, जोड़, घटाव, गुणा और सदिश राशियों का विभाजन।
- ए.सी. आपूर्ति से जुड़े प्रतिरोध प्रतिक्रिया और प्रतिबाधा का व्यवहार।
- एल.सी. सीरीज और पैरेलल सर्किट।
- पावर फैक्टर का महत्व और पावर सिस्टम पर इसके प्रभाव।
- श्रृंखला और समानांतर अनुनाद सर्किट और उनके अनुप्रयोग।
- तीन चरण प्रणाली और इसके फायदे।
- स्टार और डेल्टा कनेक्शन और लाइन और फेज वोल्टेज कैसे संबंधित हैं?

भूमिका

डी.सी. का उपयोग कुछ अनुप्रयोगों तक सीमित है उदाहरण के लिए जैसे इलेक्ट्रोप्लेटिंग, बैटरी की चार्जिंग, इलेक्ट्रिक ट्रैक्शन, इलेक्ट्रॉनिक सर्किट आदि। बड़े पैमाने पर बिजली उत्पादन, पारेषण, वितरण और उपयोग के लिए, ए.सी. प्रणाली को हमेशा अपनाया जाता है। ए.सी. प्रणाली में, सर्किट में लगाये गये वोल्टेज का ध्रुवीयता और परिमाण समय के नियमित अंतराल पर बदलता रहता है और इसलिए करेंट का मान भी बदलता रहता है।

घरेलू और औद्योगिक अनुप्रयोगों के लिए प्रत्यावर्ती आपूर्ति का हमेशा उपयोग किया जाता है। प्रत्यावर्ती धारा के प्रवाह के पथ को ए.सी. सर्किट कहा जाता है। डी.सी. सर्किट में, करेंट के प्रवाह का विरोध केवल सर्किट का प्रतिरोध है। वहीं, ए.सी. सर्किट में, करेंट के प्रवाह का विरोध सर्किट के प्रतिरोध (R), इंडक्टिव रिएक्टेंस ($X_L = 2\pi fL$) और कैपेसिटिव रिएक्टेंस ($X_C = 1/2\pi fC$) के कारण भी होता है। ए.सी. सर्किट में आवृत्ति एक महत्वपूर्ण भूमिका निभाती है।

यद्यपि लगभग सभी घरेलू और वाणिज्यिक उपकरणों के संचालन के लिए एकल-फेज (single phƐse) उपयोग किया गया। जैसे लैंप, पंखे, बिजली के लोहा, रेफ्रिजरेटर, टीवी सेट, वाशिंग मशीन, एग्जॉस्ट पंखे, कंप्यूटर आदि। लेकिन उत्पादन, पारेषण,

वितरण और औद्योगिक अनुप्रयोगों के क्षेत्र में इसकी अपनी सीमाएँ हैं। इस वजह से इसे पॉली-फेज सिस्टम से रिप्लेस कर दिया गया है।

इस अध्याय में, हम अपना ध्यान ए.सी. आपूर्ति प्रणाली, ए.सी. सर्किट और इंजीनियरिंग के क्षेत्र में उनकी व्यावहारिक उपयोगिता तक ही अध्ययन करेगे।

यूनिट आउटकम्स (UO)

U2-O1: यूनिट -2 यूनिट आउटकम-1

ए.सी. सिस्टम में इस्तेमाल होने वाले शब्दों और ए.सी. सर्किट में इस्तेमाल होने वाले तत्वों के बारे में जानकारी।

U2-O2: यूनिट -2 यूनिट आउटकम-2

सर्किट तत्वों के विभिन्न संयोजनों के साथ फेजर की जानकारी व चरणबद्ध प्रतिनिधित्व।

U2-O3: यूनिट -2 यूनिट आउटकम-3

विभिन्न श्रृंखला और समानांतर संयोजन ए.सी. इलेक्ट्रिक नेटवर्क का विश्लेषण ।

U2-O4: यूनिट -2 यूनिट आउटकम-4

पॉलीफ़ेज़ सिस्टम और सर्किट का विश्लेषण।

कोर्स आउटकम्स (COs) के साथ यूनिट आउटकम्स (UOs)का परस्पर संबंध

यूनिट-2 आउटकम्स	कोर्स आउटकम्स (COs) के साथ यूनिट आउटकम्स (UOs) का अपेक्षित संबंध 1-कमज़ोर सह-संबंध ; 2-मध्यम सह-संबंध ; 3-मजबूत सह-संबंध		
U2-01	3	–	–
U2 02	3	–	–
U2-03	3	–	–
U2-04	3	–	–

रोचक तथ्य

- बिजली संयंत्र 1882 में थॉमस एडिसन द्वारा बनाया गया था। उन्होंने अपना पर्ल स्ट्रीट पावर स्टेशन बनाया जिसने 85 इमारतों को बिजली प्रदान की। शुरुआत में लोग बिजली से इतना डरते थे कि अपने बच्चों को रोशनी के पास नहीं जाने देते थे।
- भारत में, पहला हाइड्रोइलेक्ट्रिक पावर प्लांट, सिद्रपोंग हाइड्रोइलेक्ट्रिक पावर प्लांट, पश्चिम बंगाल के दार्जिलिंग जिले में स्थित है। यह 10 नवंबर 1897 में 130 kW 2 यूनिट , प्रत्येक 65kW की क्षमता के साथ स्थापित किया गया था।
- आप सोच रहे होंगे कि पक्षी हाई वोल्टेज बिजली के तारों पर बैठे हैं और फिर भी उन्हें करेंट नहीं लग रहा है। ऐसा इसलिए है क्योंकि उनके दोनों पैर एक ही लाइन पर हैं जिससे एक अधूरा सर्किट बनता है। अगर उनके शरीर का कोई अन्य हिस्सा टावर/पोल की दूसरी लाइन या लोहे के फ्रेम को छूता है, तो उन्हें झटका लगता है (बिजली का झटका जिससे मौत हो सकती है।

वीडियो संसाधन

सर्किट के लिए वीडियो लिंक

Generation of AC | AC and DC | Difference between DC and AC | How does inductor works | AC Circuits | Generation of 3-phase emfs

2.1 प्रत्यावर्ती विभव एवं धारा

वोल्टेज जो समय के नियमित अंतराल पर अपनी ध्रुवता और परिमाण को बदलता है उसे प्रत्यावर्ती वोल्टेज कहा जाता है। जब एक प्रत्यावर्ती वोल्टेज स्रोत एक लोड रेसिस्टर R से जुड़ा होता है, जैसा कि चित्र. 2.1 में दिखाया गया है।जब वोल्टेज अपनी ध्रुवीयता एक नियमित अंतराल पर उलटती है तब इसके माध्यम से करेंट की दिशा भी उलट जाती है जैसा कि चित्र. 2.1(a) व 2.1(b) में दिखाया गया है।

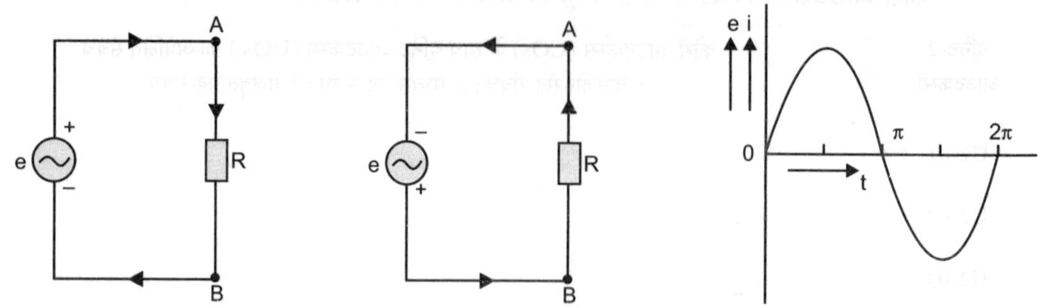

(a) पहले अर्ध चक्र में करेंट का प्रवाह (b) दुसरे अर्ध चक्र में करेंट का प्रवाह (c) ए.सी. वोल्टेज और करेंट का तरंग आकार

चित्र 2.1: ए.सी. वोल्टेज और करेंट तरंग आकृति

चित्र. 2.1(c) स्रोत वोल्टेज के तरंग आकार को दर्शाता है (वोल्टेज समय की भिन्नता का प्रतिनिधित्व करता है) और सर्किट के माध्यम से बहने वाला प्रवाह (यानी लोड प्रतिरोधी R)।

वेव फॉर्म : एक प्रत्यावर्ती वोल्टेज या करेंट का समय के सापेक्ष बदलने के तरीके का प्रतिनिधित्व करने वाले ग्राफ को तरंग-रूप या तरंग-आकार या वेव फॉर्म के रूप में जाना जाता है। एक ग्राफ बनाते समय, आमतौर पर प्रत्यावर्ती राशियों के तात्कालिक मूल्यों को y-अक्ष के साथ और समय को x-अक्ष के साथ लिया जाता है। प्रत्यावर्ती वोल्टेज या करेंट अलग-अलग तरीके से भिन्न हो सकते हैं, जैसा कि चित्र में दिखाया गया है।

चित्र 2.2, तदनुसार उनकी तरंग आकृतियों को अलग-अलग तरीकों से नाम दिया गया है जैसे कि अनियमित तरंग; त्रिकोणीय (ट्रायंगल) वेव; स्कवेयर वेव; आवधिक (पीरियोडिक) वेव; आरा-दाँत (सावटूथ) वेव; साइन वेव आदि

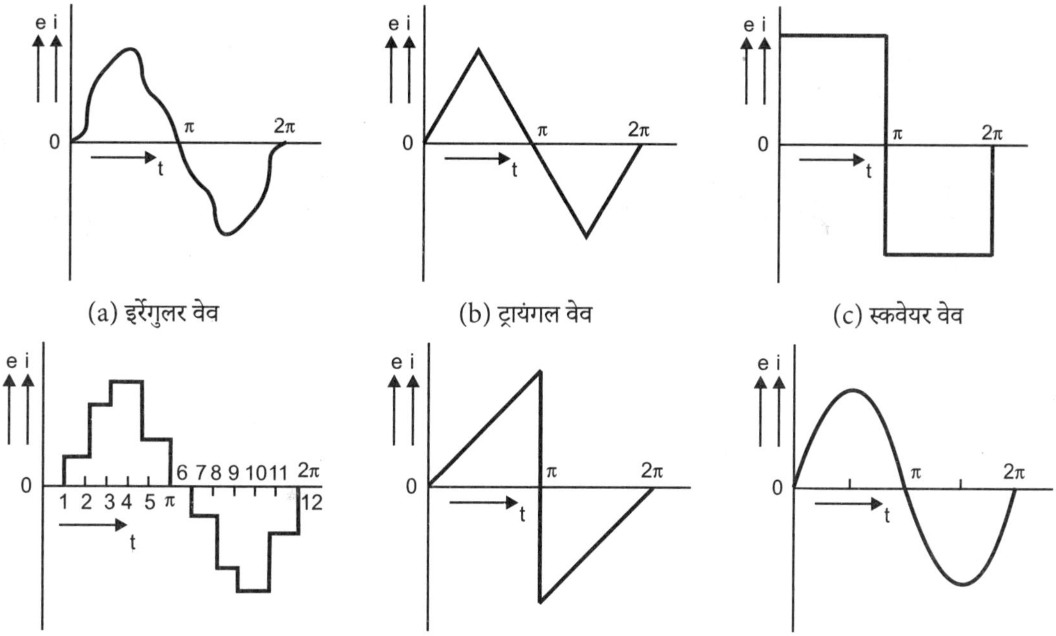

(a) इर्रेगुलर वेव (b) ट्रायंगल वेव (c) स्कवेयर वेव

(d) पीरियोडिक वेव (e) सावटूथवेव (f) साइन वेव

चित्र 2.2: भिन्न ए.सी राशियों की तरंग आकृति

2.2 डी.सी. सिस्टम पर ए.सी. सिस्टम के लाभ

(i) अल्टरनेटिंग वोल्टेज को ट्रांसफॉर्मर के माध्यम से कुशलता से बढ़ाया और घटाया जा सकता है। लंबी दूरी पर भारी शक्ति संचारित करने के लिए, उत्पादन स्टेशनों पर किफायती कारणों से वोल्टेज को (400 kV तक) बढ़ाया जाता है। जबकि, सुरक्षा की दृष्टि से विद्युत ऊर्जा के उपयोग के लिए उन्हें बहुत निम्न स्तर (400/230 V) तक ले जाया जाता है।

(ii) ए.सी. मोटर्स (यानी इंडक्शन मोटर्स) लागत में सस्ती, निर्माण में सरल, डीसी की तुलना में अधिक कुशल और मजबूत मोटर हैं।

(iii) ए.सी. सिस्टम के लिए स्विचगियर (जैसे स्विच, सर्किट ब्रेकर आदि) डी.सी. की तुलना में आसानी से उपलब्ध है। इसलिए ए.सी. प्रणाली को विद्युत ऊर्जा के उत्पादन, संचरण, वितरण और उपयोग के लिए सार्वभौमिक रूप से अपनाया जाता है।

2.3 डी.सी. और ए.सी. के बीच अंतर

	ए.सी. करेंट		डी.सी.करेंट
1	प्रत्यावर्ती धारा नियमित अंतराल पर अपनी दिशा और परिमाण बदलती रहती है।	1	प्रत्यक्ष धारा केवल एक दिशा में प्रवाहित होती है और अपरिवर्तित रहती है।
2	आयाम और ध्रुवता लगातार बदल रहे हैं।	2	आयाम और ध्रुवताएं निश्चित हैं।
3	इसकी एक विशेष आवृत्ति होती है। ($f \neq 0$)	3	यह आवृत्ति से स्वतंत्र है। ($f = 0$)
4	उच्च वोल्टेज पर ए.सी. उत्पन्न किया जा सकता है।	4	कम्यूटेशन कठिनाइयों के कारण उच्च वोल्टेज पर डी.सी. उत्पन्न नहीं किया जा सकता है।
5	ए.सी. में उत्पादन की लागत कम है।	5	उत्पादन की लागत अधिक है।

	ए.सी. करेंट		डी.सी.करेंट
6	एक ट्रांसफॉर्मर की मदद से अल्टरनेटिंग वोल्टेज को आसानी से बढ़ाया (स्टेपअप) या घटाया (स्टेप डाउन) किया जा सकता है।	6	वोल्टेज को आसानी से बढ़ाया या घटाया नहीं जा सकता है।
7	ए.सी. मोटर की लागत कम होती वाली व डीसी मोटर्स की तुलना में अधिक मजबूत और टिकाऊ होती हैं।	7	ए.सी. मोटर की तुलना में डीसी मोटर्स महंगी और कम टिकाऊ होती हैं।
8	ए.सी उपकरण और उपकरणों की रखरखाव लागत की कम होती है।	8	डी.सी. उपकरण और उपकरणों की रखरखाव लागत अधिक है।
9	ए.सी. को सीधे इलेक्ट्रोप्लेटिंग के लिए इस्तेमाल नहीं किया जा सकता है	9	इलेक्ट्रोप्लेटिंग के लिए सीधे डीसी का उपयोग किया जा सकता है।
10	ए.सी. मोटर्स की गति को आसानी से नियंत्रित नहीं किया जा सकता है।	10	डीसी मोटर का गति नियंत्रण बहुत आसानी से किया जा सकता है ।

2.4 साइनुसॉइडल प्रत्यावर्ती राशि

एक प्रत्यावर्ती राशि (अर्थात वोल्टेज या धारा) जो साइन θ ($\theta = \omega t$) के कोण के अनुसार बदलती रहती है। वह साइनुसॉइडल प्रत्यावर्ती राशि कहलाती है। इसका तरंग आकार चित्र. 2.2 (f) में दिखाया गया है। विद्युत शक्ति के उत्पादन के लिए, साइनुसॉइडल वोल्टेज और धाराओं को निम्नलिखित कारणों से पूरे विश्व में चुना जाता है:

(i) साइनुसॉइडल वोल्टेज और करेंट के कारण ए.सी. मशीनें और ट्रांसफार्मर में आयरन लॉस और कॉपर लॉस कम होती है। इससे एसी मशीनें की दक्षता में सुधार आता है।

(ii) संचार प्रणाली (टेलीफोन लाइन आदि) में साइनुसॉइडल वोल्टेज और धाराएं कम हस्तक्षेप प्रदान करती हैं।

(iii) ये विद्युत परिपथों में न्यूनतम विक्षोभ उत्पन्न करते हैं।

जब भी इस पाठ में 'अल्टरनेटिंग वोल्टेज या करेंट' शब्द का प्रयोग किया जाता है, तो इसका अर्थ साइनुसॉइडल अल्टरनेटिंग वोल्टेज या करेंट होता है जब तक कि अन्यथा न कहा गया हो।

2.5 प्रत्यावर्ती विभव एवं धारा का उत्पादन

प्रत्यावर्ती वोल्टेज के **उत्पादन** के लिये कुंडल को समान चुंबकीय क्षेत्र में स्थिर गति से घुमाया जाता है जैसा कि चित्र. 2.3 में दिखाया गया है या स्थिर कुंडली के भीतर एक समान चुंबकीय क्षेत्र को स्थिर गति से घुमाया जाता है जैसा कि चित्र.2.4 में दिखाया गया है।

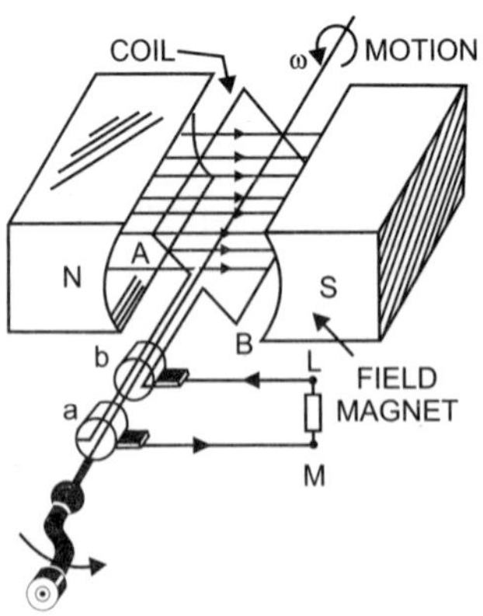

चित्र 2.3: स्थिर चुंबकीय क्षेत्र में घूमती हुई कुंडली

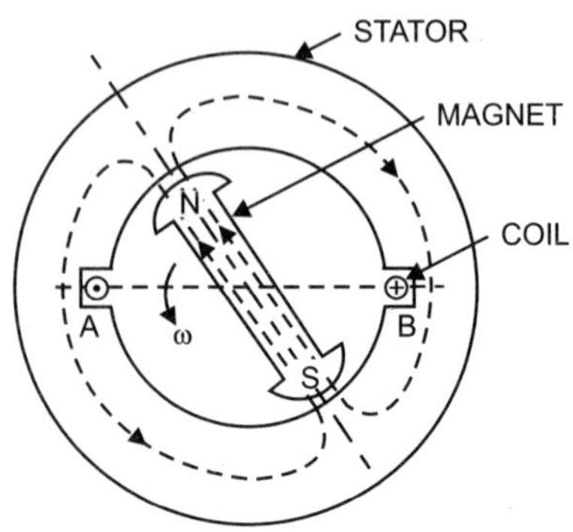

चित्र 2.4: स्थिर कुंडल में घूर्णन क्षेत्र

पहली विधि आम तौर पर छोटे एसी वोल्टेज के **उत्पादन** के लिये उपयोग होती है जबकि दूसरी विधि बड़े एसी वोल्टेज के उत्पादन के लिये के लिए इस्तेमाल होती है। दोनों ही मामलों में, चुंबकीय क्षेत्र कंडक्टरों (या कुंडल पक्षों) को काटता है और उनमें एक ई.एम.एफ. प्रेरित करता है। प्रेरित ई.एम.एफ. की दिशा और परिमाण कंडक्टरों में कंडक्टरों की स्थिति पर निर्भर करता है जैसा कि नीचे चित्र 2.5 में बताया गया है:

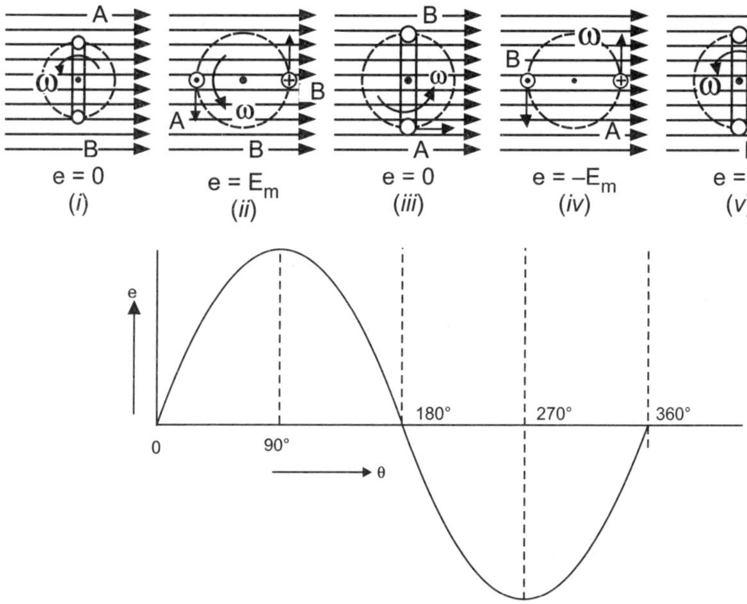

चित्र 2.5: विभिन्न क्षणों पर एक कॉइल में प्रेरित ईएमएफ

सरलता के लिए, एक समान चुंबकीय क्षेत्र में रखी एक कुंडल पर विचार करें, जिसमें एक लोड (LM) ब्रश और स्लिप रिंग के माध्यम से जुड़ा हुआ है जैसा कि चित्र. 2.3 में दिखाया गया है। जब इसे ω rad/sec के निरंतर कोणीय वेग से वामावर्त दिशा में घुमाया जाता है, तो एक ई.एम.एफ. कुंडल पक्षों में प्रेरित होता है। अलग-अलग इंस्टेंट पर कॉइल और उसकी अलग-अलग स्थितियों का क्रॉस-सेक्शनल व्यू चित्र. 2.5 में दिखाया गया है।

प्रेरित ई.एम.एफ. का परिमाण कंडक्टरों द्वारा काटे गए फ्लक्स के दर पर निर्भर करता है। (i), (iii) और (v) इंस्टेंट पर प्रेरित ई.एम.एफ. कंडक्टर a और b में शून्य है क्योंकि वे बल की चुंबकीय रेखाओं के समानांतर चल रहे हैं और फ्लक्स कट की दर शून्य है। जबकि, ई.एम.एफ. कंडक्टर a और b में प्रेरित तत्काल (ii) और (iv) में अधिकतम है क्योंकि कंडक्टर बल की चुंबकीय रेखाओं के लंबवत आगे बढ़ रहे हैं और फ्लक्स काटने की दर अधिकतम है। कंडक्टरों में प्रेरित ई.एम.एफ. की दिशा फ्लेमिंग के दाहिने हाथ के नियम से निर्धारित किया जाता है। कंडक्टर a में तत्काल प्रेरित ई.एम.एफ. की दिशा (ii) बाहरी है, जबकि (iv) कंडक्टर में a में तत्काल प्रेरित ई.एम.एफ. की दिशा अंदर की ओर है (यानी इस समय प्रेरित ईएमएफ की दिशा तत्काल (ii) प्रेरित ईएमएफ की दिशा के विपरीत है। कुंडली में प्रेरित ईएमएफ का तरंग आरेख चित्र. 2.5 में दिखाया गया है।

2.6 प्रत्यावर्ती ई.एम.एफ. और धारा का समीकरण

चित्र.2.6 में दिखाए गए अनुसार ω रेडियन प्रति सेकंड के कोणीय वेग पर वामावर्त दिशा में घनत्व B Wb/m^2 के एक समान चुंबकीय क्षेत्र में घूमने वाली कुंडली पर विचार करें जैसा कि चित्र. 2.6 में दिखाया गया है। (b) अधिकतम फ्लक्स m कॉइल के साथ जुड़ रहा है। t सेकंड के बाद, कुंडली को $\theta = \omega t$ रेडियन कोण से घुमाया जाता है। इस पल में कोइल के साथ जुड़ने वाले फ्लक्स का घटक $\phi_m \cos \omega t$ है। जबकि, अन्य घटक $\phi_m \sin \omega t$ कुंडल के तल के समानांतर है।

फैराडे के विद्युत चुम्बकीय प्रेरण के नियमों के अनुसार, इस पल में कुंडल में प्रेरित ई.एम.एफ. का परिमाण तात्कालिक मान होता है।

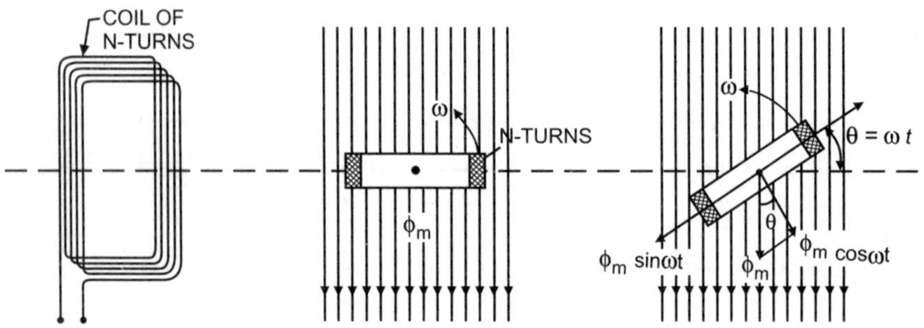

चित्र 2.6: घूर्णन कुंडल में विकसित ईएमएफ

$$e = -N\frac{d\phi}{dt}$$ (*–ve* चिन्ह इंगित करता है कि ई.एम.एफ. उस कारण का विरोध करता है जिसके कारण वह उत्पन्न होता है)

या $$e = -N\frac{d\phi m\cos\omega t}{dt}$$

या $$e = -N\phi m\,(-\omega\sin\omega t)$$

या $$e = \omega N\phi m\,(\sin\omega t) \quad ...(i)$$

प्रेरित ई.एम.एफ. का मान अधिकतम होगा जब कोण θ या $\omega t = 90°$ (i.e. $\sin\omega = 1$)

$$\therefore \quad E_m = \omega N\phi m \quad ...(ii)$$

इस मान को समीकरण (i) में रखने पर, हमें प्राप्त होता है

$$e = E_m \sin\omega t = E_m \sin\theta$$

उपरोक्त समीकरण से यह स्पष्ट है कि प्रेरित ई.एम.एफ. sin $e\theta$ के अनुसार बदलता रहता है। प्रेरित ई.एम.एफ. की तरंग चित्र.2.7 में दिखाया गया है। इस तरंग रूप को साइनुसॉइडल तरंग कहा जाता है।

यदि इस वोल्टेज को प्रतिरोध पर लागू किया जाता है, तो एक प्रत्यावर्ती धारा इसके माध्यम से अलग-अलग साइनुसॉइडल रूप से प्रवाहित होगी, अर्थात एक साइन नियम का पालन करते हुए और इसकी तरंग का आकार चित्र.2.7 में दिखाया गया है। इस प्रत्यावर्ती धारा को निम्न समीकरण द्वारा दर्शाया जाता है:

$$i = I_m \sin\omega t = I_m \sin\theta$$

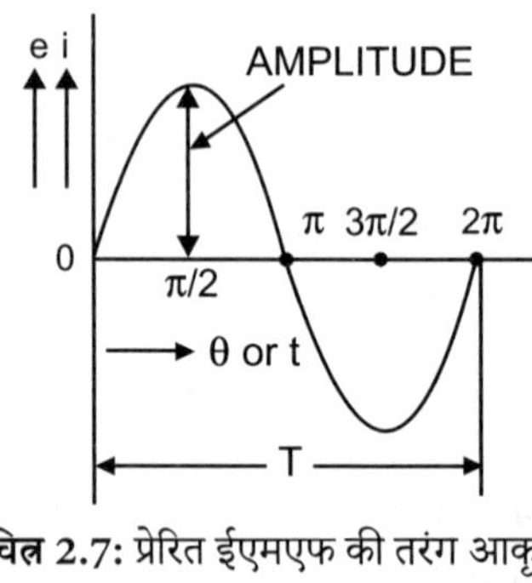

चित्र 2.7: प्रेरित ईएमएफ की तरंग आकृति

2.7 महत्वपूर्ण शब्द

प्रत्यावर्ती वोल्टेज या धारा समय के नियमित अंतराल पर अपना परिमाण और दिशा बदलती है। एक साइनुसॉइडल वोल्टेज या करेंट समय t या कोण ($\theta = \omega t$) के साइन फ़ंक्शन के रूप में बदलता रहता है। निम्नलिखित महत्वपूर्ण शब्द आमतौर पर साइनुसॉइडल वोल्टेज या करेंट के लिये उपयोग किए जाते हैं:

(i) **तरंग रूप:** y-अक्ष के अनुदिश प्रत्यावर्ती राशि (वोल्टेज या धारा) के तात्क्षणिक मानों तथा x-अक्ष के अनुदिश समय या कोण ($\theta = \omega t$) को आलेखित करने से प्राप्त वक्र की चित्र तरंग रूप या तरंग चित्र कहलाती है। चित्र. 2.7 साइनुसॉइडल रूप से भिन्न एक प्रत्यावर्ती राशि के तरंग को दर्शाता है। एक प्रत्यावर्ती राशि के आकृतिमय निरूपण को इसका तरंग रूप कहा जाता है।

(ii) **तात्क्षणिक मान:** एक प्रत्यावर्ती राशिका मान अर्थात किसी भी क्षण वोल्टेज या धारा को इसका तात्क्षणिक मान कहा जाता है और इसे क्रमशः e या i द्वारा दर्शाया जाता है।

(iii) **चक्र:** जब कोई प्रत्यावर्ती राशि $+ve$ और $-ve$ मानों के एक पूरे सेट से गुजरती है या 360 विद्युत डिग्री से गुजरती है, तो इसे एक चक्र पूरा करना कहा जाता है।

(iv) **प्रत्यावर्तन:** एक आधा चक्र प्रत्यावर्तन कहलाता है। एक प्रत्यावर्तन 180 विद्युत डिग्री तक फैला होता है।

(v) **आवर्त काल:** एक चक्र को एक प्रत्यावर्ती राशि से पूरा करने में लगने वाले समय को आवर्त काल कहते हैं। इसे आम तौर पर "T" द्वारा दर्शाया जाता है।

(vi) **बारंबारता:** किसी प्रत्यावर्ती राशि द्वारा प्रति सेकंड किए गए चक्रों की संख्या आवृत्ति कहलाती है। इसे चक्र प्रति सेकंड (cycle/second) या Hz में मापा जाता है और इसे f द्वारा दर्शाया जाता है।

(vii) **आयाम:** एक चक्र में एक प्रत्यावर्ती राशि द्वारा प्राप्त अधिकतम मान (सकारात्मक या नकारात्मक) को इसका आयाम या शिखर मान या अधिकतम मान कहा जाता है। वोल्टेज और करेंट का अधिकतम मान आमतौर पर क्रमशः E_m (या V_m) और I_m द्वारा दर्शाया जाता है।

2.8 महत्वपूर्ण संबंध

ए.सी. में प्रयुक्त कुछ शब्द व शब्दावली का आपस में निश्चित संबंध हैं जैसा कि नीचे दिया गया है:

(i) **आवृत्ति और समय अवधि के बीच संबंध:** किसी f c/s की आवृत्ति वाली एक प्रत्यावर्ती राशि पर विचार करें। फिर

f चक्र को पूरा करने में लगा समय $= 1\ s$

1 चक्र पूरा करने में लगा समय $= (1/f)\ s$

इसलिए समयावधि,

$$T = (1/f)s$$

या

$$f = (1/T)\ c/s$$

(ii) **आवृत्ति और कोणीय वेग के बीच संबंध:** किसी f c/s की आवृत्ति वाली एक प्रत्यावर्ती राशि पर विचार करें।

एक चक्र में तय की गई कोणीय दूरी $= 2\pi$ रेडियन

f चक्र में प्रति सेकंड तय की गई कोणीय दूरी $= 2\pi$ रेडियन

इसलिए, $\omega = 2\pi f$ रेडियन/s

2.9 प्रत्यावर्ती विभव एवं धारा का मान

डीसी वोल्टेज और करेंट प्रणाली में स्थिर होता है इसलिए उनके परिमाण को निर्दिष्ट करने में कई समस्या होती है। वहीं, ए.सी. सिस्टम में प्रत्यावर्ती वोल्टेज और करेंट का परिमाण समय दर समय भिन्न होते हैं। तो सवाल उठता है कि प्रत्यावर्ती वोल्टेज और करेंट के परिमाण को कैसे व्यक्त किया जाए। इन राशियों के परिमाण को व्यक्त करने के लिए निम्नलिखित तीन तरीके अपनाए जाते हैं:

(i) पीक वैल्यू

(ii) औसत वैल्यू

(iii) प्रभावी वैल्यू या आर.एम.एस. वैल्यू

आर.एम.एस. वैल्यू किसी भी प्रत्यावर्ती राशि (वोल्टेज या करेंट) के वास्तविक परिमाण/मान को दर्शाता है। जबकि, कुछ इंजीनियरिंग अनुप्रयोगों में शिखर और औसत मान महत्वपूर्ण हैं।

2.10 पीक वैल्यू

एक चक्र के दौरान एक प्रत्यावर्ती राशि द्वारा प्राप्त अधिकतम मान को शिखर मान कहा जाता है। इसे अधिकतम मान या शिखा मान या आयाम भी कहा जाता है। जैसा कि चित्र में दिखाया गया है, एक साइनसोइडल प्रत्यावर्ती राशि 90° पर अपना अधिकतम मान प्राप्त करती है। चित्र. 2.7 प्रत्यावर्ती वोल्टेज और धारा के शिखर को E_m और I_m द्वारा दर्शाया जाता है। शिखर मान/पीक वैल्यू का ज्ञान किसी भी इन्सुलेट मटेरियल की डाईइलेक्ट्रिक स्ट्रेन्थ के परीक्षण के लिये अत्यंत महत्वपूर्ण है।

2.11 एवरेज वैल्यू

एक चक्र में एक प्रत्यावर्ती राशि (विद्युत धारा या वोल्टेज) के सभी तात्कालिक मूल्यों के अंकगणितीय औसत को **औसत मान** कहा जाता है।

समपित तरंगों (जैसे साइनुसॉइडल करेंट या वोल्टेज वेव) के मामले में $+ve$ आधा $-ve$ आधे के बिल्कुल बराबर होता है, इसलिए, एक पूर्ण चक्र पर औसत मान शून्य होता है। चूँकि कार्य $+ve$ के साथ-साथ -वे आधे चक्र में करेंट द्वारा किया जा रहा है, इसलिए, संकेतों की परवाह किए बिना औसत मान निर्धारित किया जाता है। इसलिए, सममित तरंगों वाली प्रत्यावर्ती राशि का औसत मान निर्धारित करने के लिए, केवल ($+ve$ आधा) चक्र पर विचार किया जाता है।

$+ve$ आधा चक्र को n संख्या में समान भागों में विभाजित करें जैसा कि चित्र 2.8 में दिखाया गया है।

मान लीजिए $i_1, i_2, i_3...$ मध्य-निर्देशांक हैं।

धारा का औसत मान, I_{av} = मध्य-निर्देशांक का माध्य

$$= \frac{i_1 + i_2 + i_3 + ... + i_n}{n}$$

$$I_{av} = \frac{\text{प्रत्यावर्तन का क्षेत्र}}{\text{आधार}}$$

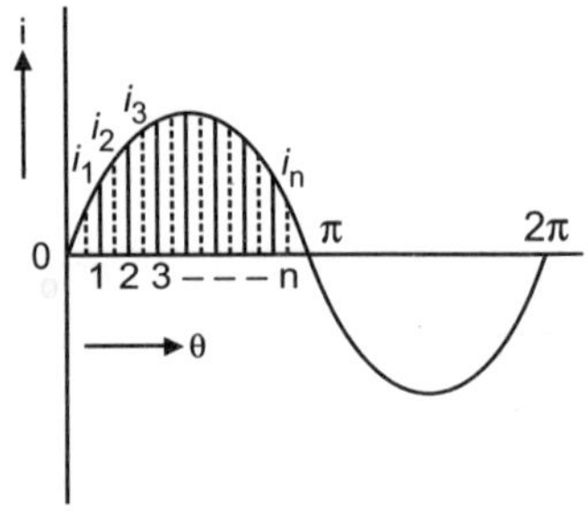

चित्र 2.8: एक सममित तरंग के लिए एक वैकल्पिक राशि के आधे चक्र को ध्यान में रखते हुए

2.12 साइनुसॉइडल धारा का औसत मान

प्रत्यावर्ती धारा साइनुसॉइडल रूप से बदलती है, जैसा कि चित्र. 2.9 में दिखाया गया है, समीकरण द्वारा दिया गया है:

$$i = I_m \sin\theta$$

$+ve$ आधे चक्र में मोटाई $d\theta$ की एक प्राथमिक पट्टी पर विचार करें, मैं इसकी मध्य-कोटि है।

पट्टी का क्षेत्रफल = $I\, d\theta$

$$\text{आधे चक्र का क्षेत्रफल} = \int_0^\pi i\, d\theta = \int_0^\pi I_m \sin\theta\, d\theta$$

$$= I_m(-\cos\theta) = I_m(-(\cos\pi - \cos 0))$$

$$= I_m[-(-1-1)] = 2\, I_m$$

आधार = 0 to $\pi = \pi - 0 = \pi$

$$\therefore \quad \text{औसत मान}, \quad I_{av} = \frac{\text{प्रत्यावर्तन का क्षेत्र}}{\text{आधार}} = \frac{2\, I_m}{\pi} = 0.637\, I_m$$

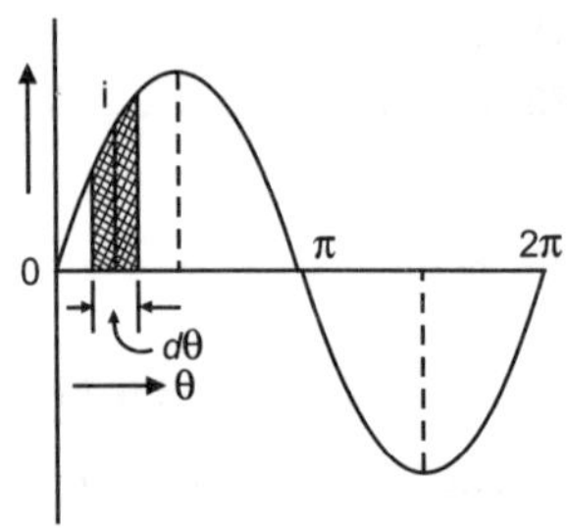

चित्र 2.9: साइनुसॉइडल प्रत्यावर्ती धारा

2.13 प्रभावी या आर.एम.एस. मान

वह स्थिर धारा जो किसी ज्ञात प्रतिरोध के किसी प्रतिरोधक से एक निश्चित समय के लिए प्रवाहित होने पर उतनी ही ऊष्मा उत्पन्न करती है जितनी एक ही प्रतिरोधक से समान समय में प्रवाहित होने पर प्रत्यावर्ती धारा द्वारा उत्पन्न होती है, प्रभावी या आर.एम.एस. मान कहलाती है।

प्रत्यावर्ती धारा का मान i

मान लीजिए कि i समय t सेकंड के लिए प्रतिरोध R के एक प्रतिरोधक के माध्यम से बहने वाली प्रत्यावर्ती धारा है जो I_{eff} (एक प्रत्यक्ष धारा) द्वारा उत्पादित उतनी ही ऊष्मा ऊर्जा उत्पन्न करती है। एक t प्रत्यावर्तन का आधार n बराबर भागों में विभाजित है, जैसा कि चित्र 2.10 में दिखाया गया है। अंतराल n सेकंड का हो। मान लीजिए i_1, i_2, i_3.....in मध्य-कोटि है।

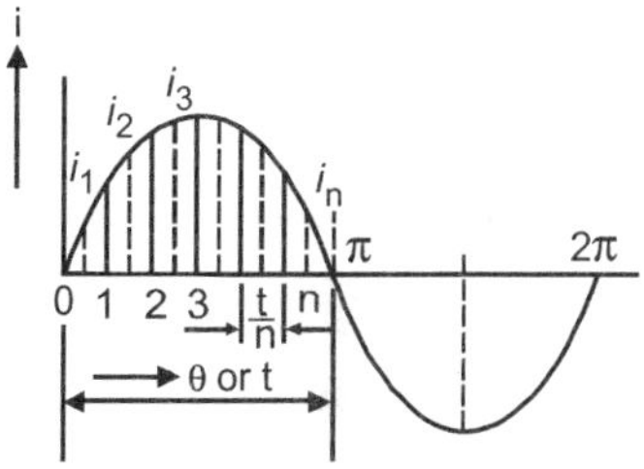

चित्र 2.10: प्रत्यावर्ती धारा का तरंग आकार

तब में उत्पादित ऊष्मा ऊर्जा

पहला अंतराल = $i_1^2\, Rt/n$ joule

दूसरा अंतराल = $i_2^2\, Rt/n$ joule

तीसरा अंतराल = $i_3^2\, Rt/n$ joule

nth अंतराल = $i_n^2\, Rt/n$ joule

$$\text{कुल गर्मी का उत्पादन} = Rt\left(\frac{\sqrt{i_1^2 + i_2^2 + i_3^2 + \ldots\ldots + i_n^2}}{n}\right) \text{ Joule}$$

चूँकि I_{eff} धारा का प्रभावी मान माना जाता है।

तब इस धारा द्वारा उत्पादित कुल ऊष्मा ऊर्जा = $I_{eff}{}^2$ Rt joule

समीकरण (i) और (ii) को समीकरण करते हुए, हम प्राप्त करते हैं,

$$I_{eff}{}^2\, Rt = Rt\left(\frac{\sqrt{i_1^2 + i_2^2 \mid i_3^2 + \ldots\ldots + i_n^2}}{n}\right)$$

या
$$I_{eff} = \left(\frac{\sqrt{i_1^2 + i_2^2 + i_3^2 + \ldots\ldots + i_n^2}}{n}\right) = \sqrt{\text{तात्कालिक मूल्यों के वर्गों का माध्य}}$$

या
$$I_{eff} = \text{तात्कालिक मानों के वर्गों के माध्य का वर्गमूल}$$
$$= \text{मूल-माध्य-वर्ग } (r.m.s.) \text{ मान}$$

यह एक प्रत्यावर्ती राशि का वास्तविक मान है जो हमें एसी की ऊर्जा हस्तांतरण क्षमता बताता है। उदाहरण के लिए, यदि हम कहते हैं कि $5A$ प्रत्यावर्ती धारा एक परिपथ से प्रवाहित हो रही है, तो इसका अर्थ है आर.एम.एस. परिपथ से प्रवाहित होने वाली प्रत्यावर्ती धारा का मान $5A$ है। यह उतनी ही ऊर्जा का स्थानान्तरण करता है जितनी $5A$ $d.c.$ द्वारा स्थानांतरित की जाती है।

एमीटर और वोल्टमीटर क्रमशःप्रत्यावर्ती धाराओं और वोल्टेज के आर.एम.एस.वैल्यू को रिकॉर्ड करते हैं। घरेलू एकल-फेज ए.सी. आपूर्ति 230 v, 50 Hz है। जहाँ 230 V वोल्टेज के आर.एम.एस. वैल्यू को दर्शता है।

2.14 साइनुसॉइडल करेंट का आर.एम.एस. मान

एक प्रत्यावर्ती धारा जो साइनुसॉइडल रूप से बदलती है, समीकरण द्वारा दी जाती है;

$$i = I_m \sin\theta$$

आर.एम.एस मान को निर्धारित करने के लिए, प्रत्यावर्ती धारा की स्क्वेयर वेव चित्र. 2.11 में दर्शाया गया है। स्क्वेयर वेव तरंग के पहले आधे चक्र में मोटाई $d\theta$ की एक प्राथमिक पट्टी को ध्यान में रखते हुए। माना i^2 इसकी मध्य-कोटि है, फिर-

पट्टी का क्षेत्रफल = $i^2 d\theta$

वर्ग तरंग के पहले आधे चक्र का क्षेत्रफल

$$\int_0^{\pi} i^2\,d\theta = \int_0^{\pi} (I_m \sin\theta)^2\,d\theta = I_m^2 \int_0^{\pi} \sin\theta^2 d\theta = \frac{Im^2}{2}\left(\theta - \frac{\sin 2\theta}{2}\right)_0^{\pi}$$

$$= \frac{I_m^2}{2}\left((\pi - 0) - \frac{\sin 2\pi - \sin 0}{2}\right) = \frac{I_m^2}{2}[(\pi - 0) - (0 - 0) = \frac{\pi I_m^2}{2}$$

आधार = 0 to $\pi = \pi - 0 = \pi$

$$I_{rms} = \sqrt{\frac{\text{वर्ग तरंग के प्रथम भाग का क्षेत्रफल}}{\text{आधार}}}$$

$$= \sqrt{\frac{\pi I_m^2}{2\pi}} = \sqrt{\frac{I_m^2}{2}} = \frac{I_m}{\sqrt{2}} = 0.707\, I_m$$

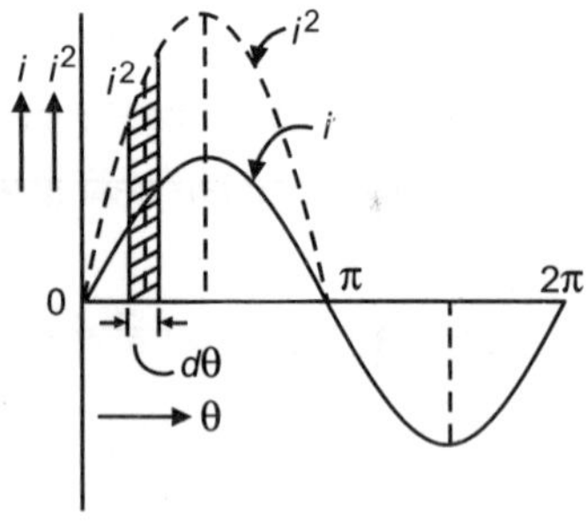

चित्र 2.11: साइनुसॉइडल प्रत्यावर्ती धारा की तरंग

आमतौर पर आर.एम.एस. प्रत्यावर्ती धारा का मान I_{rms} के बजाय केवल I द्वारा दर्शाया जाता है। इसी प्रकार, प्रत्यावर्ती वोल्टेज का आर.एम.एस मान E या V द्वारा दर्शाया जाता है।

2.15 फॉर्म फैक्टर और पीक फैक्टर

औसत मान के बीच एक निश्चित संबंध मौजूद है, *rms* एक प्रत्यावर्ती राशि का मान और शिखर मान। संबंध दो कारकों द्वारा व्यक्त किया जाता है, अर्थात् फॉर्म फैक्टर और पीक फैक्टर।

(i) **फॉर्म फैक्टर:** किसी प्रत्यावर्ती राशि में आरएमएस मान का, औसत मान के साथ अनुपात को फॉर्म फैक्टर / रूप कारक कहते हैं।

गणितीय रूप से, फॉर्म फैक्टर $= \dfrac{I_{rms}}{I_{av}}$ या $\dfrac{E_{rms}}{E_{av}}$

साइनुसॉइडल विद्युत धारा के लिए ;

फॉर्म फैक्टर $= \dfrac{I_{rms}}{I_{av}} = \dfrac{I_m/\sqrt{2}}{2I_m/\pi} = \dfrac{\pi I_m}{2\sqrt{2}\, I_m} = 1.11$

(ii) **पीक फैक्टर:** किसी प्रत्यावर्ती राशि में अधिकतम मान का आर.एम.एस मान के साथ अनुपात को शिखर गुणक / **पीक फैक्टर** कहते हैं।

गणितीय रूप से, पीक फैक्टर $= \dfrac{I_m}{I_{rms}}$ या $\dfrac{E_m}{E_{rms}}$

साइनुसॉइडल विद्युत धारा के लिए:

पीक फैक्टर $= \dfrac{I_m}{I_{rms}} = \dfrac{I_m}{I_m/\sqrt{2}} = \sqrt{2} = 1.4142$

उदाहरण 2.1: एक प्रत्यावर्ती वोल्टेज $v = 282.8 \sin 377t$ द्वारा दिया जाता है। ज्ञात करें

(i) आवृत्ति
(ii) आर.एम.एस. मान
(iii) औसत मान
(iv) वोल्टेज का तात्कालिक मान जब 't' 3 m sec हो।
(v) शून्य से गुजरने के बाद पहली बार वोल्टेज को 200 V तक पहुंचने में लगने वाला समय का मान।

समाधान:

(i) $v = 282.8 \sin 377\, t$

उपरोक्त समीकरण की तुलना

$$V = V_{in} \sin \omega t$$
$$\omega = 377 \text{ rad/sec}$$

$$\text{आवृत्ति, } f = \frac{377}{2\pi} = \frac{377}{2 \times 3.14} = 60 \text{ Hz}$$

(ii) वोल्टेज का आरएमएस मान, $V_{rms} = \dfrac{V_m}{\sqrt{2}} = \dfrac{282.8}{\sqrt{2}} = 200\ V$

(iii) औसत मान, $V_{AV} = \dfrac{2V_m}{\pi} = \dfrac{2 \times 282.8}{\pi} = 180\ V$

(iv) $V = 282.8 \sin 377t$ At $t = 3ms = 3 \times 10^{-3}\ s$

(v) $V = 282.8 \sin 377 \times 3 \times 10^{-3} = 255.9\ V$

(vi) $V = 282.8 \sin 377t$

या $200 = 282.8 \sin 377t$

या $t = \dfrac{1}{377} \sin^{-1}\left(\dfrac{200}{282.8}\right) = 2.08 \times 10^{-3} \text{ s} = 2.08 \text{ ms}$

उदाहरण 2.2: चित्र.2.12 में दिखाए गए वोल्टेज तरंग के आरएमएस मान, औसत मान और रूप कारक का पता लगाएं

समाधान: एक चक्र में वोल्टेज का औसत मान

$$= \frac{2\int_0^{\pi} V_m \sin\theta\, d\theta}{2\pi} = \frac{V_m}{\pi}\int_0^{\pi} \sin\theta\, d\theta$$

$$= \frac{2V_m}{\pi} = \frac{2}{\pi} \times 200 = 127.32\ V$$

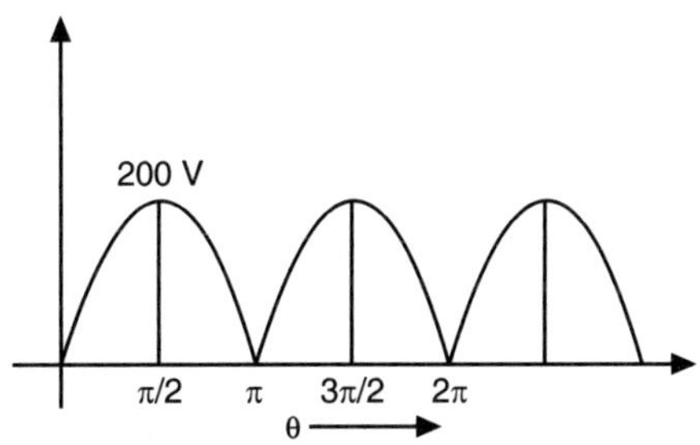

चित्र 2.12: फुल रेक्टिफिएड वेव

एक चक्र में वोल्टेज का RMS मान:

$$= \sqrt{\frac{2\int_2^{\pi} V_m^2 \sin^2\theta\, d\theta}{2\pi}} = 141.42$$

$$\text{फॉर्म फैक्टर} = \frac{I_{rms}}{I_{av}} \text{ या } \frac{E_{rms}}{E_{av}} = \frac{141.42}{127.32} = 1.11$$

उदाहरण 2.3: धारा का औसत और rms मान ज्ञात कीजिए, $I(t) = 10 + 10 \sin 314t$।

समाधान: दी गई धारा $i\,(t) = 10 + 10 \sin 314\,t$ का तरंग आरेख चित्र 2.13 में दिखाया गया है।

दी गई धारा का औसत मान,

$$I_{Av} = I_{dc} + I_{Av} \text{ का एसी घटक}$$

$$= -10 + \frac{2\,I_m}{\pi} = 10 + \frac{2 \times 10}{\pi}$$

$$= 10 + 6.366 = 16.366\ A$$

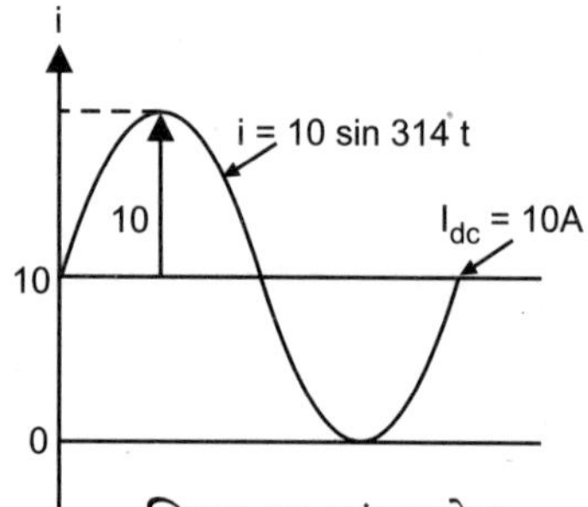

चित्र 2.13: तरंग आरेख

दिए गए करेंट का RMS मान

$$I_{rms} = I_{dc} + I_{rms} \text{ का एसी घटक}$$

$$= 10 + \frac{I_m}{\sqrt{2}} = 10 + \frac{10}{\sqrt{2}} = 10 + 7.071 = 17.071\ A$$

उदाहरण 2.4: औसत मान की गणना करें, *r.m.s.* एक आवर्त का मान, रूप कारक और शिखर कारक समान समय के लिए मान वाली करेंट तरंग अंतराल अचानक एक मान से बदल रहा है अगला: 0, 30, 45, 60, 90, 60, 45, 30, 0, −30, −45, −60 *A* आदि। औसत और आर.एम.एस. मान क्या होगा जब एक साइन वेव का पीक मान वही है

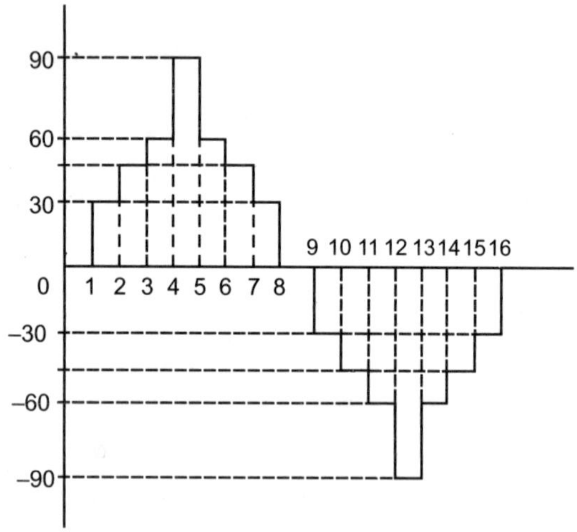

चित्र 2.14: आवधिक धारा का तरंग आकार

समाधान: प्रत्यावर्ती धारा का आवर्त तरंग रूप चित्र 2.14 में दिखाया गया है।

करेंट का औसत मान,

$$I_{av} = \left(\frac{\sqrt{i_1^2 + i_2^2 + i_3^2 + \ldots\ldots + i_n^2}}{n} \right) \quad (\text{जहां } n = 8)$$

$$= \frac{0 + 30 + 45 + 60 + 90 + 60 + 45 + 30}{8}$$

$$= 45\ A$$

आर.एम.एस. करेंट का मान,

$$I_{rms} = \left(\frac{\sqrt{i_1^2 + i_2^2 + i_3^2 + \ldots\ldots + i_n^2}}{n} \right)$$

$$= \sqrt{\frac{0 + 30^2 + 45^2 + 60^2 + 90^2 + 60^2 + 45^2 + 30^2}{8}} = \sqrt{\frac{21150}{8}} = 51.42\ A$$

$$\text{फॉर्म फैक्टर} = \frac{I_{rms}}{I_{av}} = \frac{51.42}{45} = 1.1427$$

$$\text{पीक फैक्टर} = \frac{I_m}{I_{rms}} = \frac{90}{51.42} = 1.75$$

90 A के शिखर मान वाले साइनुसॉइडल एसी का औसत मान;

$$I_{av} = 0.637\, I_m = 0.637 \times 90 = 57.33\ A$$

$$I_{rms} = \frac{I_m}{\sqrt{2}} = \frac{90}{\sqrt{2}} = 63.64\ A$$

अभ्यास

1. एक प्रत्यावर्ती वोल्टेज $v = 141.4 \sin 314t$ द्वारा दिया जाता है। पाना
   (i) आवृत्ति (ii) आर.एम.एस. मान
   (iii) औसत मान (iv) वोल्टेज का तात्कालिक मान जब 't' 3 m sec हो।
   (v) शून्य मान से गुजरने के बाद पहली बार वोल्टेज को 200 V तक पहुंचने में लगने वाला समय।
   (**उत्तर** 50 Hz, 100 V, 90 V, 114.4 V, 2.5 ms)

2. अधिकतम मान 100 V वाले रेक्टिफाइड साइनुसॉइडल एसी वोल्टेज का rms मान, औसत मान और फॉर्म फैक्टर ज्ञात करें। (**उत्तर** 63.66 V, 70.71 V, 1.11)

3. धारा का औसत और rms मान ज्ञात कीजिए, $I(t) = 15 + 15 \sin 314t$ (**उत्तर** 24.55 A, 25.6 A)

4. औसत मान की गणना करें, आर.एम.एस. एक आवधिक धारा का मान, रूप कारक और शिखर कारक समान समय अंतराल के लिए मान वाली तरंग एक मान से अगले मान में अचानक बदल रही है: 0, 20, 45, 50, 80, 50, 45, 20, 0, −20, −45, −50 A आदि। औसत क्या होगा और आर.एम.एस. समान शिखर मान वाली ज्या तरंग का मान?
   (**उत्तर** 38.75 A, 45.07 A, 1.163, 1.775, 50.96 A, 56.56 A)

2.16 साइनुसॉइडल राशि का फेजर प्रतिनिधित्व

यह देखा गया है कि एक प्रत्यावर्ती राशि(साइनुसॉइडल भिन्न) को तरंग और समीकरण के रूप में दर्शाया जा सकता है। तरंग रूप ग्राफिकल प्रतिनिधित्व को दर्शाता है, जबकि समीकरण एक प्रत्यावर्ती राशि के तात्कालिक मान की गणितीय अभिव्यक्ति का प्रतिनिधित्व करता है।

एक ही प्रत्यावर्ती राशि को एक निश्चित लंबाई (इसके अधिकतम मान का प्रतिनिधित्व करने वाली) की एक पंक्ति द्वारा एक स्थिर वेग (ω, radian/sec) पर वामावर्त दिशा में घुमाते हुए भी दर्शाया जा सकता है। ऐसी घूर्णन रेखा को फेजर कहते हैं।

इस प्रकार, एक प्रत्यावर्ती राशि को एक फेज द्वारा दर्शाया जा सकता है जो उस पल में इसके परिमाण और दिशा को दर्शाता है।

किसी पल में, एक प्रत्यावर्ती विद्युत धारा पर विचार करें जिसे समीकरण $i = I_m \sin \omega t$ द्वारा निरूपित किया जाता है। पैमाने पर विद्युत धारा I_m के अधिकतम मान को निरूपित करने के लिए एक रेखा OA लें। कल्पना कीजिए कि यह रेखा बिंदु O के परितः θ रेडियन/सेकेंड के कोणीय वेग से वामावर्त दिशा में घूम रही है। t सेकंड के बाद रेखा अपनी क्षैतिज स्थिति से कोण θ ($\theta = \omega t$) से घूमती है, जैसा कि चित्र 2.15 में दिखाया गया है। Y-अक्ष पर रेखा OA का प्रक्षेपण OB है।

$$OB = OA \sin\theta = I_m \sin \omega t$$
$$= i \text{ (उस पल में करेंट का मान)}$$

इसलिए, किसी भी पल में Y-अक्ष (यानी OB) पर फेजर OA का प्रक्षेपण उस पल में करेंट का मान देता है।

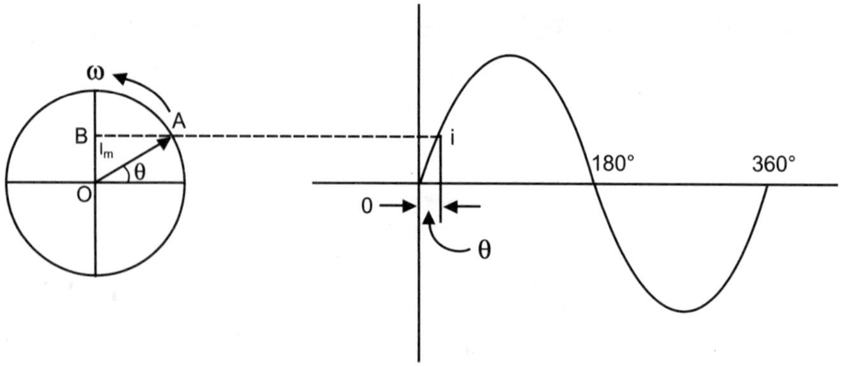

चित्र 2.15: साइन वेव की प्लॉटिंग

इस प्रकार, एक साइनुसॉइडल प्रत्यावर्ती राशि को लंबाई के एक फेजर (वेक्टर) द्वारा दर्शाया जाता है, जो इसके अधिकतम मान के बराबर होता है, जो संदर्भ के अक्ष (i.e. X-अक्ष) के साथ θ कोण के माध्यम से घुमाया जाता है। एक प्रत्यावर्ती राशि का बद्ध प्रतिनिधित्व हमें इसके परिमाण और अक्ष पर स्थिति को समझने में सक्षम बनाता है। प्रत्यावर्ती राशियों को सदिश (फेजर आरेख) के रूप में प्रदर्शित करके काफी आसानी से जोड़ा और घटाया जा सकता है।

2.17 फेज और फेज-डिफरेंस

एक पल में एक प्रत्यावर्ती राशि (विद्युत धारा या वोल्टेज) के फेज को एक चक्र के आंशिक भाग के रूप में परिभाषित किया जाता है जिसके माध्यम से राशि एक चयनित मूल से आगे बढ़ी है (चित्र. 2.16 देखें)। वास्तविक व्यवहार में, हम दो प्रत्यावर्ती राशियों के बीच उनके पूर्ण फेज के बजाय फेज अंतर से अधिक चिंतित हैं।

समान आवृत्ति वाली दो प्रत्यावर्ती मात्राएँ, जब भिन्न-भिन्न क्षणों पर अपना शून्य मान प्राप्त कर लेती हैं, तो राशियों का प्रावस्था अंतर कहा जाता है। दो प्रत्यावर्ती राशियों के शून्य बिंदुओं (और धनात्मक होते जा रहे हैं) के बीच के इस कोण को कला अंतर कोण (फेज एंगल) कहा जाता है।

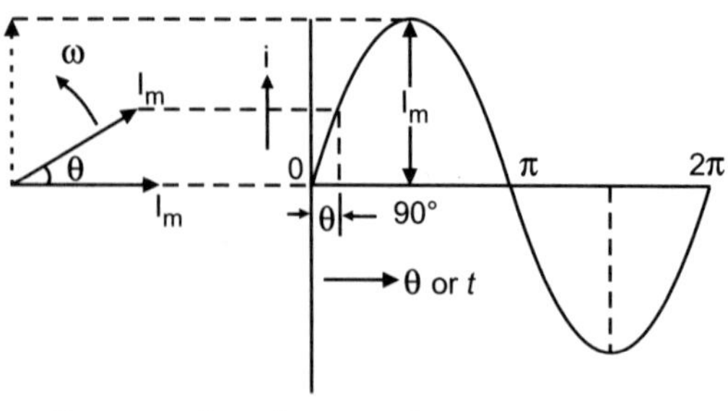

चित्र 2.16: फेज और तरंग आरेख (एकल राशि)

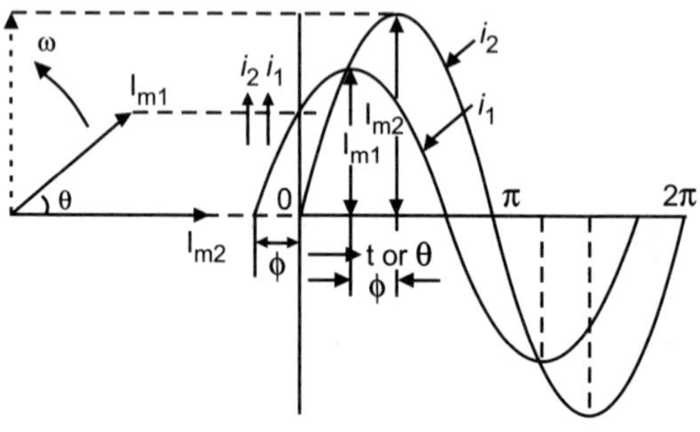

चित्र 2.17: फेज और तरंग आरेख (दो राशियां)

चित्र 2.17 में, परिमाण के दो प्रत्यावर्ती धाराएं $I_m{}^1$ तथा $I_m{}^2$ सदिश रूप से दिखाए गए हैं। दोनों सदिश रेडियन प्रति सेकंड के समान कोणीय वेग से घूम रहे हैं। शून्य मान दो धाराओं द्वारा अलग-अलग समय पर प्राप्त किए जाते हैं। इसलिए, उन्हें कोण का फेज अंतर कहा जाता है।

दूसरे शब्दों में, फेज अंतर को समान आवृत्ति वाली दो प्रत्यावर्ती राशियों के अधिकतम सकारात्मक मान के बीच कोणीय विस्थापन के रूप में परिभाषित किया जा सकता है।

वह राशि जो दूसरे से पहले अपना $+ve$ अधिकतम मान प्राप्त कर लेती है, अग्रणी राशि कहलाती है, जबकि वह राशि जो दूसरे के बाद अपने $+ve$ अधिकतम मान को प्राप्त करती है, लैगिंग राशि कहलाती है। यहां करेंट $I_m{}^1$ करेंट $I_m{}^2$ से आगे है अर्थात $I_m{}^1$ करेंट $I_m{}^2$ को लीड कर रहा है इसे दूसरे तरीके से यह भी कह सकते हैं कि करेंट $I_m{}^2$, $I_m{}^1$ को लैग कर रहा है।

2.18 प्रत्यावर्ती राशियों का जोड़ और घटाव

एसी में सर्किट, कभी-कभी प्रत्यावर्ती राशियों को जोड़ना या घटाना आवश्यक होता है। ऐसे मामलों में, हम निम्नानुसार आगे बढ़ते हैं:

प्रत्यावर्ती राशियों का जोड़ :

दी गई प्रत्यावर्ती राशियों को फेजर के रूप में दर्शाया जाता है और फिर उन्हें उसी तरह जोड़ा जाता है जैसे बलों को जोड़ा जाता है। केवल समान राशियों के फेजर जोड़े जाते हैं यानी या तो सभी धाराएं जोड़ दी जाती हैं या सभी वोल्टेज जोड़ दिए जाते हैं। वोल्टेज और करेंट कभी भी एक दूसरे के साथ नहीं जोड़े जाते हैं। इसके अलावा, निम्नलिखित विधि सबसे उपयुक्त और सरल है:

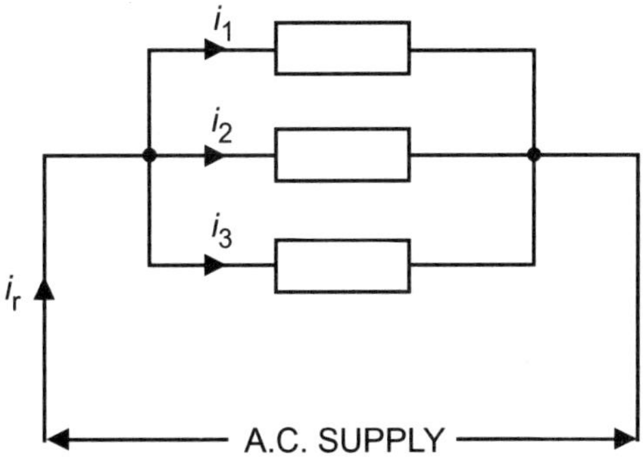

चित्र 2.18: सर्किट आरेख

घटकों की विधि: इस विधि में प्रत्येक फेज को क्षैतिज और ऊर्ध्वाधर घटकों में हल किया जाता है। परिणामी क्षैतिज घटक I_{XX} प्राप्त करने के लिए क्षैतिज घटकों को बीजगणितीय रूप से जोड़ा जाता है। इसी तरह, परिणामी लंबवत घटक I_{YY} प्राप्त करने के लिए लंबवत घटकों को बीजगणितीय रूप से सारांशित किया जाता है।

समानांतर ए.सी. सर्किट पर विचार करें। जिसमें तीन शाखाएँ होती हैं जिनमें से प्रत्येक में क्रमशः i_1, i_2 और i_3 की धारा प्रवाहित होती है जैसा कि चित्र. 2.18 में दिखाया गया है। मान लें कि तीन धाराओं का प्रतिनिधित्व किसके द्वारा किया जाता है;

$$i_1 = I_{m1} \sin(\omega t + \theta 1)$$
$$i_2 = I_{m2} \sin(\omega t)$$
$$i_3 = I_{m3} \sin(\omega t - \theta 2)$$

तीन धाराओं I_{m1}, I_{m2} और I_{m3} के अधिकतम मान फेज 2.19 (a) में दिखाए गए अनुसार चरणबद्ध द्वारा दर्शाए जाते हैं-

घटकों को क्षैतिज और लंबवत रूप से हल करना–

क्षैतिज घटकों का बीजगणितीय योग;

$$I_{xx} = I_{m1} \cos\theta_1 + I_{m2} + I_{m3} \cos\theta_2$$

लंबवत घटकों का बीजगणितीय योग;

$$I_{yy} = I_{m1} \sin\theta_1 + 0 + I_{m3} \sin\theta_2$$

परिणामी घटकों का अधिकतम मान;

$$I_{mr} = \sqrt{(I_{XX})^2 + (I_{YY})^2}$$

यदि परिणामी धारा और क्षैतिज अक्ष के बीच फेज अंतर (अग्रणी) है जैसा कि चित्र. 2.19 (b) में दिखाया गया है, तो

$$\phi = \tan^{-1} \frac{I_{YY}}{I_{XX}}$$

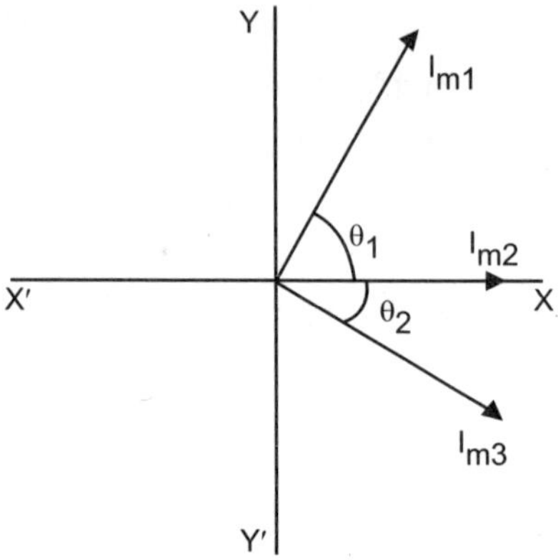

(a) तीन धाराओं की फेज स्थिति

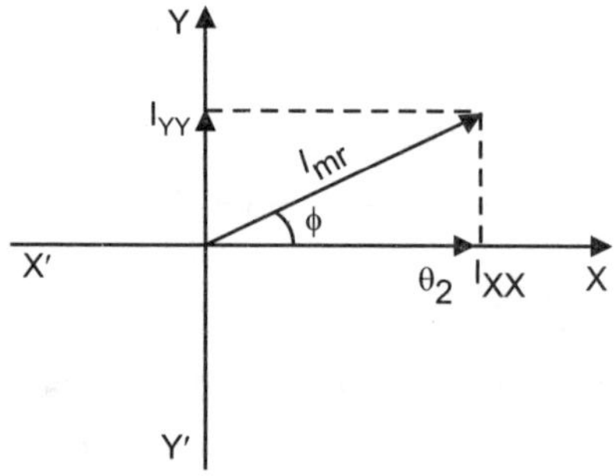

(b) परिणामी फेज आरेख

चित्र 2.19: फेज आरेख

परिणामी धारा का तात्क्षणिक मान संबंध द्वारा दिया जाता है;

$$I_r = I_{mr} \sin(\omega t + \phi)$$

हालाँकि, यदि I_{YY} ऋणात्मक निकलता है, तो फेज अंतर का कोण लैगिंग (अर्थात $-f$) होगा। तब परिणामी धारा का तात्क्षणिक मान संबंध द्वारा दिया जाएगा

$$I_r = I_{mr} \sin(\omega t - \phi)$$

प्रत्यावर्ती राशियों का घटाव

ऊपर वर्णित विधियों (अर्थात समांतर चतुर्भुज विधि और घटकों की विधि) को भी एक प्रत्यावर्ती राशि के घटाव के लिए लागू किया जाता है। अंतर केवल इतना है कि इस मामले में, प्रत्यावर्ती राशि का फेज जिसे घटाया जाना है, उलट दिया जाता है या फेज से 180° का प्रतिनिधित्व किया जाता है। फिर इसे हमेशा की तरह अन्य प्रत्यावर्ती राशि के साथ जोड़ा जाता है।

उदाहरण 2.5: निम्नलिखित वोल्टेज दिखाते हुए एक फेजर आरेख बनाएं।

$v_1 = 100 \sin 500\, t$ $\qquad$ $v_2 = 200 \sin(500\, t + \pi/3)$

$v_3 = -50 \cos 500\, t$ $\qquad$ $v_4 = 150 \sin(500\, t - \pi/4)$

परिणामी वोल्टेज का RMS मान ज्ञात कीजिए।

समाधान:

$$v_1 = 100 \sin 500\, t$$

$$v_2 = 200 \sin(500\, t + \pi/3)$$

$$v_3 = -50 \cos 500\, t = -50 \sin(\pi/2 - 500\, t)$$

$$= 50 \sin(500\, t - \pi/2)$$

$$v_4 = 150 \sin(500\, t - \pi/4)$$

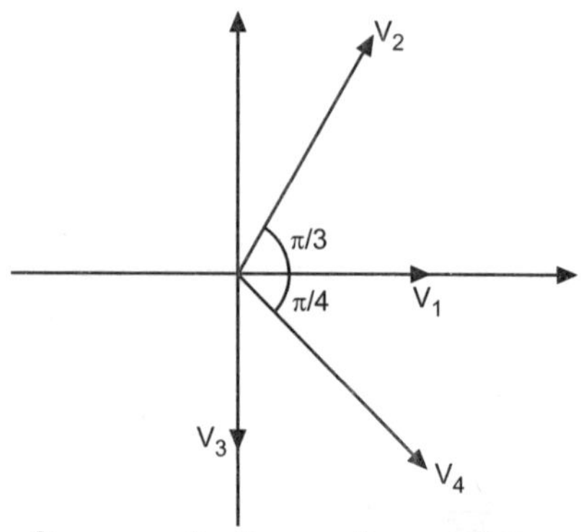

चित्र 2.20: तीन विभव का फेजर प्रतिनिधित्व

सभी चार वोल्टेज को सदिश रूप से चित्र 2.20. में दिखाया गया है, क्षैतिज अक्ष में चरणों को हल करना;

$$V_{xx} = V_1 \cos 0 + V_2 \cos \pi/3 + V_3 \cos \pi/2 + V_4 \cos \pi/4$$

$$= 100 \times 1 + 200 \times 0.5 + 50 \times 0 + 150 \times 0.707 = 306.5\, v$$

चरणों को ऊर्ध्वाधर अक्ष में हल करना;

$$V_{yy} = V_1 \sin 0 + V_2 \sin \pi/3 - V_3 \sin \pi/2 + V_4 \sin \pi/4$$
$$= 100 \times 0 + 200 \times 0.866 - 50 \times 1 - 150 \times 0.707 = 17.15\ v$$

परिणामी वोल्टेज का अधिकतम मान;

$$V_{mr} = \sqrt{V_{xx}^2 + V_{yy}^2} = \sqrt{(306 \cdot 05)^2 + (17 \cdot 15)^2} = 306.53\ V$$

परिणामी वोल्टेज का RMS मान, $V_{rms\,(r)} = V_{mr} / \sqrt{2}$

$$= 306.53/\sqrt{2} = 216.75\ V$$

2.19 एसी सर्किट जिसमें केवल प्रतिरोध है (R)

एक सर्किट जिसमे शुद्ध प्रतिरोध ($R\ \Omega$) जुड़ा हुआ को चित्र. 2.21 में दिखाया गया है, परिपथ में लगाया जाने वाला प्रत्यावर्ती वोल्टेज है V निम्न समीकरण द्वारा दिया जाता है

सर्किट में लागू प्रत्यावर्ती वोल्टेज: $V = V_m \sin \omega t$ ...(i)

प्रतिरोध से प्रवाहित धारा का तात्क्षणिक मान होगा i

प्रतिरोध से तात्क्षणिक प्रवाहित होने वाली धारा का मान

$$i = \frac{v}{R} = \frac{V_m}{R} \sin \omega t \qquad \text{...(ii)}$$

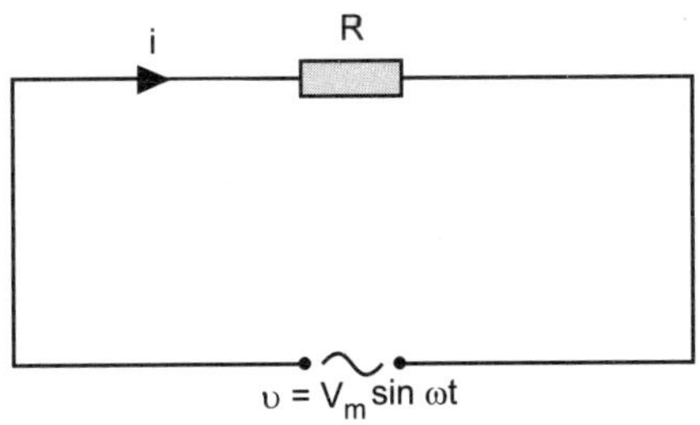

चित्र 2.21: केवल प्रतिरोध युक्त सर्किट

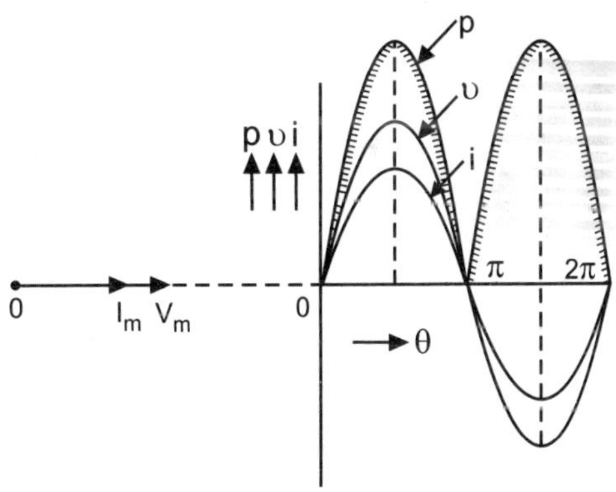

चित्र 2.22: फेज और तरंग आरेख

करेंट का मान अधिकतम होगा जब

$$\omega t = 90° \text{ or } \sin \omega t = 1$$
$$I_m = V_m/R$$

इस मान को प्रतिस्थापित करने पर समीकरण (ii) प्राप्त होता है,

$$I = I_m \sin \omega t \qquad \text{...(iii)}$$

फेज कोण: समीकरण (i) और (iii), स्पष्ट रूप से दिखाते हैं कि लागू वोल्टेज और सर्किट के माध्यम से बहने वाले प्रवाह के बीच कोई फेज अंतर नहीं है यानी वोल्टेज और विद्युत धारा के बीच फेज कोण शून्य है। सर्किट आरेख और तरंग आरेख क्रमशः 2.22 (*a*) और 2.22 (*b*) में दिखाया गया है। इसलिए, एक ए.सी. शुद्ध प्रतिरोध युक्त परिपथ, विद्युत धारा वोल्टेज के साथ एक फेज में होते हैं।

शक्ति

तात्कालिक शक्ति,

$$P = vi = (V_m \sin \omega t)\,(I_m \sin \omega t)$$

$$= \frac{V_m I_m}{2} 2 \sin^2 \omega t$$

$$= \frac{V_m}{\sqrt{2}} \frac{I_m}{\sqrt{2}} (1 - \cos 2\omega t)$$

$$= \frac{V_m}{\sqrt{2}} \frac{I_m}{\sqrt{2}} - \frac{V_m}{\sqrt{2}} \frac{I_m}{\sqrt{2}} \cos 2\,\omega t$$

एक पूरे चक्र में सर्किट में खपत औसत बिजली-

$$P = \frac{V_m}{\sqrt{2}} \frac{I_m}{\sqrt{2}} \text{ का औसत} - \frac{V_m}{\sqrt{2}} \frac{I_m}{\sqrt{2}} \cos 2\,\omega t \text{ का औसत}$$

$$P = V_{rms} I_{rms} - 0$$

$$\mathrm{P} = VI$$

पावर वक्र: चित्र 2.22 (b) पावर पर शुद्ध प्रतिरोधी सर्किट बिंदुओं के लिए पावर वक्र दिखाता है। वक्र वोल्टेज और करेंट के संबंधित तात्कालिक मूल्यों के उत्पाद से प्राप्त होते हैं।

2.20 शुद्ध इंडक्टेन्स युक्त एसी सर्किट (L)

L, Henry के शुद्ध इंडक्टेन्स (प्रेरक) वाले सर्किट को चित्र. 2.23. में दिखाया गया है परिपथ में लगाया जाने वाला प्रत्यावर्ती वोल्टेज समीकरण द्वारा दिया जाता है;

$$V = V_m \sin \omega t$$

परिणामस्वरूप, एक प्रत्यावर्ती धारा i इंडक्शन के माध्यम से प्रवाहित होती है जो एक ईएमएफ को प्रेरित करती है। इसमें, संबंध द्वारा दिया गया;

$$e = -L \frac{di}{dt}$$

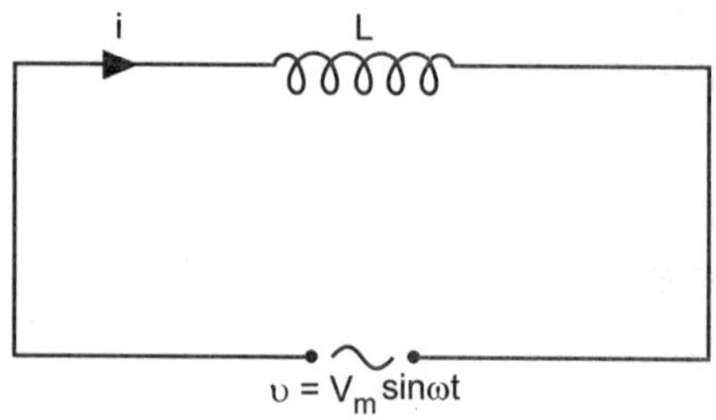

चित्र 2.23: शुद्ध प्रेरक युक्त सर्किट

यह प्रेरित ई.एम.एफ. लागू वोल्टेज के बराबर और विपरीत है-

$$v = -e = -\left(L \frac{di}{dt}\right)$$

या $$V_m \operatorname{Sin} \omega t = L \frac{di}{dt}$$

या $$di = \frac{V_m}{L} \sin \omega t \, dt$$

दोनों पक्षों को एकीकृत करना

$$\int di = \int \frac{V_m}{L} \sin \omega t \, dt$$

या $$i = \frac{V_m}{\omega L} (-\cos \omega t) = \frac{V_m}{\omega L} \sin (\omega t - \pi/2) = \frac{V_m}{X_L} \sin (\omega t - \pi/2)$$

जहाँ $X_L = \omega L$ शुद्ध इंडक्टेन्स द्वारा प्रत्यावर्ती धारा के प्रवाह का विरोध है और इसे आगमनात्मक प्रतिक्रिया (इंडक्टिव रीयेक्टेन्स) कहा जाता है।

करेंट का मान अधिकतम होगा जब-

$$\sin(\omega t - \pi/2) = 1$$

$$I_m = \frac{V_m}{X_L}$$

$$\therefore \quad i = I_m \sin(\omega t - \pi/2)$$

चरण कोण : समीकरण (i) और (iii), स्पष्ट रूप से एक शुद्ध आगमनात्मक सर्किट के माध्यम से बहने वाली धारा को लागू वोल्टेज V से 90° से पीछे दिखाता है। फेज आरेख क्रमशः 2.24 (*a*) और 2.24 (*b*) में दिखाया गया है।

इसलिए, एक ए.सी. शुद्ध इंडक्टेन्स युक्त परिपथ, धारा 90° से वोल्टेज से पिछड़ जाती है।

शक्ति : तात्कालिक शक्ति,

$$P = vi = V_m \sin\omega t \times I_m \sin(\omega t - \pi/2)$$

$$= V_m I_m \sin\omega t \times \cos\omega t$$

$$= \frac{V_m I_m}{2} \sin\omega t \cos\omega t$$

$$= \frac{V_m}{\sqrt{2}} \frac{I_m}{\sqrt{2}} \sin 2\omega t$$

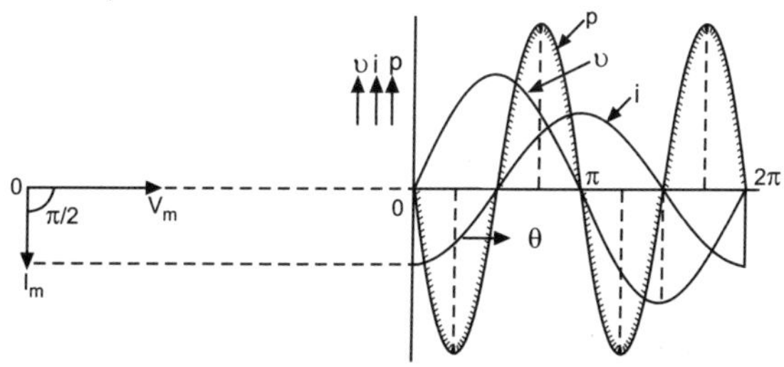

(a) फेसर आरेख (b) वेव आरेख

चित्र 2.24: फेज और तरंग आरेख

एक पूरे चक्र में परिपथ में खपत की गई औसत शक्ति,

$$P = \frac{V_m}{\sqrt{2}} \frac{I_m}{\sqrt{2}} \sin 2\omega t \text{ का औसत}$$

इसलिए, शुद्ध आगमनात्मक परिपथ में खपत की जाने वाली औसत शक्ति शून्य होती है।

शक्ति वक्र (पावर कर्व)

शुद्ध आगमनात्मक परिपथ के लिए शक्ति वक्र चित्र. 2.24 में दिखाया गया है। यह बहुत स्पष्ट है कि आधे चक्र (एक प्रत्यावर्तन) में औसत शक्ति शून्य होती है, क्योंकि शक्ति वक्र के नीचे ऋणात्मक और धनात्मक लूप क्षेत्र समान होता है।

यह ध्यान रखना दिलचस्प है कि पहली तिमाही के चक्र के दौरान, स्रोत द्वारा इंडक्टर (या कॉइल) को जितनी भी शक्ति (या ऊर्जा) की आपूर्ति की जाती है, वह उसके चारों ओर चुंबकीय क्षेत्र में संग्रहीत होती है। हालांकि, अगले तिमाही चक्र में, चुंबकीय क्षेत्र का क्षरण (कमजोर होना) हो जाता है और क्षेत्र में संग्रहीत शक्ति (या ऊर्जा) स्रोत को वापस कर दी जाती है। यह प्रक्रिया प्रत्येक चक्र के दौरान दोहराई जाती है। इसलिए, **इस सर्किट में किसी भी शक्ति या ऊर्जा की खपत नहीं होती है।**

2.21 एसी सर्किट जिसमें शुद्ध समाई (C)

कैपेसिटेंस C, Farad के शुद्ध संधारित्र वाले सर्किट को चित्र.2.25. में दिखाया गया है-

परिपथ में लगाया जाने वाला प्रत्यावर्ती वोल्टता समीकरण द्वारा दिया जाता है

$$V = V_m \text{Sin}\, \omega t$$

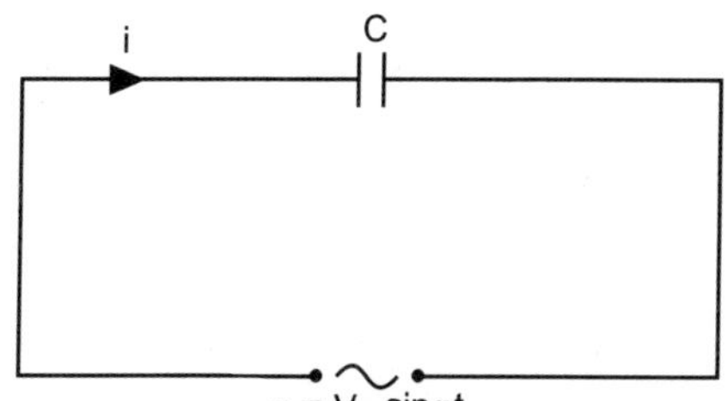

चित्र 2.25: शुद्ध समाई युक्त सर्किट

किसी भी पल संधारित्र पर चार्ज करें,

$$q = Cv$$

सर्किट के माध्यम से बहने वाली धारा-

$$i = \frac{dq}{dx}\frac{d\,(CV)}{dx}$$

$$i = \frac{dq}{dx}\frac{d\,(CVm\,sin\,\omega t)}{dx} = C\,V_m \frac{d}{dx}\sin \omega t$$

$$i = \omega C V_m \cos \omega t = \frac{Vm}{1/\omega C}\sin(\omega t + \frac{\pi}{2}) = \frac{Vm}{Xc}\sin(\omega t + \frac{\pi}{2})$$

जहाँ $X_C = 1/\omega C$ एक शुद्ध संधारित्र द्वारा प्रत्यावर्ती धारा के प्रवाह का विरोध है और इसे कैपेसिटिव रीयेक्टेन्स कहा जाता है। धारा का मान अधिकतम होगा जब

$$\sin(\omega t + \pi/2) = 1$$

यानी $\quad I_m = V_m/X_c$

इस मान को प्रतिस्थापित करने पर समीकरण (ii) प्राप्त होता है,

$$i = I_m \sin(\omega t + \pi/2)$$

फेज कोण: समीकरण (i) और (iii) स्पष्ट रूप से दिखाते हैं कि शुद्ध कैपेसिटिव सर्किट से बहने वाली धारा लागू वोल्टेज को 90° से लीड करती है। फेज आरेख और तरंग आरेख क्रमशः चित्र. 2.26 (a) और 2.26 (b) में दिखाया गया है। इसलिए, एक शुद्ध कैपेसिटेंस वाले एसी सर्किट मे करेंट हमेशा सर्किट वोल्टेज से 90° आगे रहता है (करेण्ट लीड करता है) शक्ति: तात्कालिक शक्ति,

$$\begin{aligned} p &= vi \\ &= V_m \sin \omega t \times I_m \sin(\omega t + \pi/2) \\ &= V_m I_m \sin \omega t \cos \omega t \\ &= \frac{V_m}{\sqrt{2}}\frac{I_m}{\sqrt{2}}\sin 2\omega t \end{aligned}$$

या पूरे चक्र में औसत शक्ति,

$$P = \text{शून्य}$$

इसलिए, शुद्ध कैपेसिटिव सर्किट में खपत औसत बिजली शून्य है।

पावर कर्व: शुद्ध कैपेसिटिव सर्किट के लिए पावर कर्व को चित्र. 2.26 (b) में दिखाया गया है। वक्र से यह बहुत स्पष्ट है कि आधे चक्र (एक प्रत्यावर्तन) में औसत शक्ति शून्य है क्योंकि शक्ति वक्र के तहत सकारात्मक और नकारात्मक लूप क्षेत्र समान है।

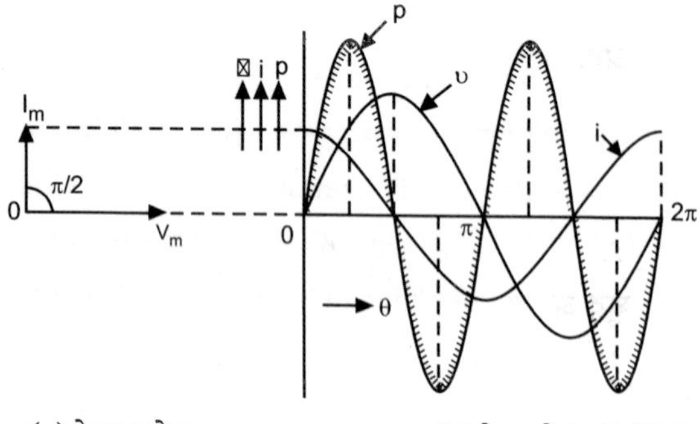

(a) फेसर आरेख (b) वेव आरेख

चित्र 2.26: फेज और तरंग आरेख

यह ध्यान रखना दिलचस्प है कि, पहले तिमाही चक्र के दौरान, संधारित्र को स्रोत द्वारा आपूर्ति की जाने वाली शक्ति (या ऊर्जा) को संधारित्र प्लेटों के बीच विद्युत क्षेत्र सेट-अप में संग्रहीत किया जाता है। अगले तिमाही चक्र में, विद्युत क्षेत्र ढह जाता है और क्षेत्र

में संग्रहीत शक्ति (या ऊर्जा) स्रोत को वापस कर दी जाती है। यह प्रक्रिया प्रत्येक प्रत्यावर्तन में दोहराई जाती है। इसलिए, इस सर्किट द्वारा कोई बिजली की खपत नहीं की जाती है।

उदाहरण 2.6: एक ए.सी. सर्किट में 8Ω का शुद्ध प्रतिरोध होता है और यह एक एसी से जुड़ा होता है। 240 V, 50 Hz की आपूर्ति। गणना (i) विद्युत धारा; (ii) बिजली की खपत और (iii) वोल्टेज और करेण्ट के लिए समीकरण लिखिए।

समाधान:

(i) परिपथ में धारा, $I = \frac{V}{R} = \frac{240}{8} = 30$ A (उत्तर)

(ii) बिजली की खपत, पी = VI = 240 × 30 = 7200W (उत्तर)

(iii) लागू वोल्टेज का अधिकतम मान, $V_m = \sqrt{2}$ V = $\sqrt{2} \times 240 = 339.4$ V

धारा का अधिकतम मान, $I_m = \sqrt{2} \times 30 = 42.42$ A

कोणीय वेग, = 2 *f* = 2 × 50 = 314.16 rad/s

लागू वोल्टेज के लिए समीकरण

$v = V_m \sin \omega t = 339.4 \sin 314.16\, t$ (उत्तर)

जैसा कि एक शुद्ध प्रतिरोधक सर्किट में, वोल्टेज और करेण्ट एक दूसरे के साथ फेज में होते हैं, इसलिए, समीकरण द्वारा करेण्ट दिया जाता है;

$i = I_m \sin t = 42.42 \sin 314.16\, t$ (उत्तर)

उदाहरण 2.7: नगण्य प्रतिरोध और 0.1 H वाली एक प्रेरक कुंडली 230 V, 50 Hz आपूर्ति से जुड़ी है। ज्ञात कीजिए (i) आगमनात्मक प्रतिक्रिया (ii) आर.एम.एस. करेण्ट का मान (iii) पावर और (iv) वोल्टेज और करेण्ट के समीकरण।

समाधान: आगमनात्मक प्रतिक्रिया,

$XL = 2\, L = 2 \times 50 \times 0.1 = 31.416\, \Omega$

करेंट, $I = 230/XL = 200/31.416 = 7.32$ ए

पावर, $P =$ शून्य

अब, $Vm = \sqrt{2}\, V = \sqrt{2} \times 230 = 325.27$ V;

$Im = \sqrt{2}\, I = \sqrt{2} \times 7.32 = 10.35$ए

ω = 2 pf = 314 rएd/s

∴ $v = V_m \sin \omega t = \mathbf{325.27 \sin 314\, t}$

शुद्ध आगमनात्मक परिपथ में, धारा π /2 रेडियन द्वारा वोल्टेज से पिछड़ जाती है।

∴ $i = I_m \sin(\omega t - \pi/2) = \mathbf{10.35 \sin(314\, t - \pi/2)}$

उदाहरण 2.8: एक संधारित्र की धारिता 50μF है। 25 और 50 Hz की आवृत्तियों के लिए इसकी कैपेसिटिव रिएक्टेंस का पता लगाएं। यदि आपूर्ति वोल्टेज 400 V है, तो प्रत्येक स्थिति में धारा ज्ञात कीजिए।

समाधान: संधारित्र की धारिता, $C = 50 \times 10 - 6$ F

वोल्टेज आपूर्ति, $V = 400$ V

जब आपूर्ति आवृत्ति, $f_1 = 25$ Hz

कैपेसिटिव रिएक्टेंस, $X_{C1} = \dfrac{1}{\omega_1 C} = \dfrac{1}{2\pi \times 25 \times 50 \times 10^{-6}} = 127.32\ \Omega$

सर्किट में करेण्ट, $I_1 = \dfrac{V}{X_{C1}} = \dfrac{400}{127.32} = 3.14$ ए

जब आपूर्ति आवृत्ति, $f_2 = 50\text{Hz}$

कैपेसिटिव रिएक्टेंस, $X_{C2} = \dfrac{1}{\omega_2 C} = \dfrac{1}{2\pi \times 25 \times 50 \times 10^{-6}} = 63.66\Omega$

सर्किट में करेण्ट, $I_1 = \dfrac{V}{X_{C2}} = \dfrac{400}{63.66} = 6.28\ \text{A}$

अभ्यास

1. एक ए.सी. सर्किट में 16 Ω का शुद्ध प्रतिरोध होता है और यह एक एसी से जुड़ा होता है। 230 V, 50 Hz की आपूर्ति। गणना (i) विद्युत धारा; (ii) बिजली की खपत और (iii) वोल्टेज और करेण्ट के लिए समीकरण लिखिए।
   (**उत्तर** 23 A, 5290 W; 325.27 sin (314.16t); 32.53 sin (314.16t))
2. नगण्य प्रतिरोध और 0.1 H वाली एक प्रेरक कुंडल 200 V, 50 Hz आपूर्ति में जुड़ा हुआ है। खोजें (i) आगमनात्मक प्रतिक्रिया (ii) आर.एम.एस. करेंट का मान (iii) पावर और (iv) वोल्टेज और करेंट के समीकरण।
   (**उत्तर** 31.416 Ω; 6.366 A; 0 W, 282.84 sin 314 t, 9 sin (314t – π/2)
3. एक संधारित्र की धारिता 30 μF है। 25 और 50 Hz की आवृत्तियों के लिए इसकी कैपेसिटिव रिएक्टेंस का पता लगाएं। यदि आपूर्ति वोल्टेज 440 V है, तो प्रत्येक स्थिति में धारा ज्ञात कीजिए।
   (**उत्तर** 212.2 ohm, 2.073 A; 106.1 ohm; 4.146 A)

2.22 एसी श्रृंखला सर्किट

एक एसी सर्किट में प्रतिरोध, इंडक्टर और समाई का संयोजन हो सकता है। वास्तविक व्यवहार में, ए.सी. सर्किट में दो या दो से अधिक ऐसे घटक होते हैं जो श्रृंखला या समानांतर में जुड़े होते हैं। श्रृंखला सर्किट वह सर्किट होता है जिसमें प्रत्येक घटक के माध्यम से समान धारा प्रवाहित होती है। ए.सी. श्रृंखला सर्किट विभिन्न प्रकार के हो सकते है;

(i) *R-L* सीरीज सर्किट (ii) *R-C* सीरीज सर्किट (iii) *R-L-C* सीरीज सर्किट।

2.23 R-L सीरीज सर्किट

R-L श्रृंखला सर्किट में, श्रृंखला में जुड़े प्रतिरोध (*R*) और इंडक्टर (*L*) होते हैं जैसा कि चित्र. 2.27 में दिखाया गया है इसका फेजर आरेख चित्र 2.28 में दिखाया गया है। फेजर आरेख खींचने के लिए, विद्युत धारा (आर.एम.एस. मान) को संदर्भ वेक्टर के रूप में लिया जाता है। प्रतिरोध V_R $(= IR)$ में वोल्टेज ड्रॉप विद्युत धारा वेक्टर के साथ एक फेज में लिया जाता है,

जबकि, आगमनात्मक प्रतिक्रिया V_L $(= IX_L)$ में वोल्टेज ड्रॉप को विद्युत धारा वेक्टर से 90° आगे लिया जाता है (चूंकि शुद्ध आगमनात्मक सर्किट में विद्युत धारा वोल्टेज 90° से पीछे रहता है)। इन दो वोल्टेज (बूंदों) का वेक्टर योग लागू वोल्टेज V (आर.एम.एस.मान) के बराबर है।

अब, $V_R = IR$ और $V_L = IX_L$ (जहाँ $X_L = 2\pi f L$)

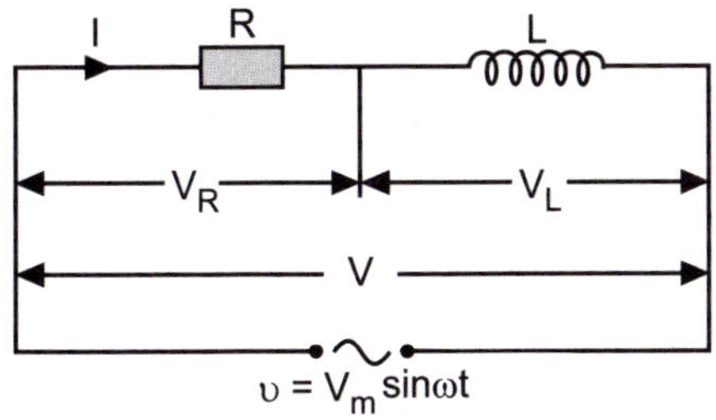

चित्र 2.27: R-L सीरीज सर्किट

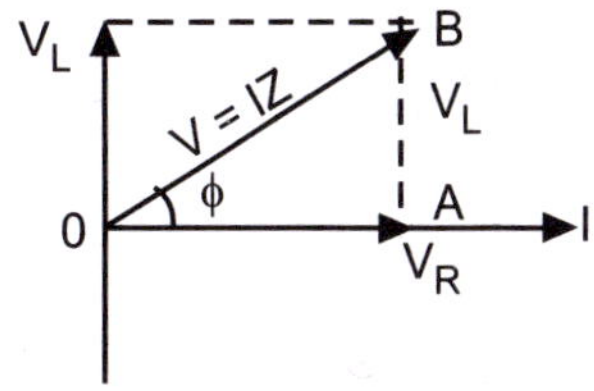

चित्र 2.28: फेजर आरेख

समकोण त्रिभुज OAB में

$$V = \sqrt{(V_R)^2 + (V_L)^2} = \sqrt{(IR)^2 + (IX_L)^2} = I\sqrt{R^2 + X_L^2}$$

या $$I = \frac{V}{\sqrt{R^2 + X_L^2}} = \frac{V}{Z}$$

जहां $$Z = \sqrt{R^2 + X_L^2}$$

एक R-L श्रृंखला सर्किट द्वारा प्रत्यावर्ती धारा के प्रवाह के लिए प्रस्तावित कुल विरोध है और इसे सर्किट का प्रतिबाधा कहा जाता है। इसे ओम (Ω) में मापा जाता है

चरण कोण : चित्र.2.28 में दिखाए गए फेज आरेख से, यह स्पष्ट है कि विद्युत धारा, इस सर्किट में, एक कोण द्वारा लागू वोल्टेज से पीछे है, जिसे फेज कोण कहा जाता है।

फेजर आरेख से; $\tan\phi = \frac{V_L}{V_R} = \frac{IX_L}{IR} = \frac{X_L}{R}$

या $$\phi = \tan^{-1} Xl/R$$

शक्ति : यदि परिपथ में लगाया गया प्रत्यावर्ती वोल्टता समीकरण द्वारा दिया जाता है।

$V = V_m \sin \omega t$

फिर, $i = I_m \sin(\omega t - \phi)$

∴ तात्कालिक शक्ति, $P = vi$

$$= V_m \sin \omega t \, I_m \sin(\omega t - \phi)$$

$$= \frac{V_m I_m}{2} \sin \omega t \sin(\omega t - \phi)$$

$$= \frac{V_m}{\sqrt{2}} \frac{I_m}{\sqrt{2}} [\cos\phi - \cos(2\omega t - \phi)]$$

$$= \frac{V_m}{\sqrt{2}} \frac{I_m}{\sqrt{2}} \cos\phi - \frac{V_m}{\sqrt{2}} \frac{I_m}{\sqrt{2}} \cos(2\omega t - \phi)$$

एक पूरे चक्र में सर्किट में खपत औसत बिजली-

$$P = \frac{V_m}{\sqrt{2}} \frac{I_m}{\sqrt{2}} \cos\phi \text{ का औसत} - \frac{V_m}{\sqrt{2}} \frac{I_m}{\sqrt{2}} \cos(2\omega t - \phi) \text{ का औसत}$$

$$P = \frac{V_m}{\sqrt{2}} \frac{I_m}{\sqrt{2}} \cos \phi - 0 = V_{rms} I_{rms} \cos \phi = \text{VI} \cos \phi$$

जहाँ cos ϕ को परिपथ का शक्ति कारक कहा जाता है। फेजर आरेख से; क्योंकि

$$\phi = \frac{V_R}{V} = \frac{IR}{IZ} = \frac{R}{Z}$$

इस प्रकार, पावर फैक्टर को एसी सर्किट में वोल्टेज और करेंट के बीच के कोण के कोसाइन के रूप में परिभाषित किया गया है। इसे एसी सर्किट के प्रतिरोध के प्रतिबाधा के अनुपात के रूप में भी परिभाषित किया जा सकता है। प्रत्यावर्ती रूप से शक्ति,

$$P = \text{VI} \cos \phi = \text{IZ.I}\frac{R}{Z} = I^2R$$

इससे पता चलता है कि बिजली की खपत वास्तव में प्रतिरोध में ही होती है; इंडक्टर किसी भी शक्ति का उपभोग नहीं करता है।

पावर कर्व: वोल्टेज और करेंट के लिए फेजर डायग्राम और वेव डायग्राम क्रमशः चित्र. 2.29 (a) और 2.29 (b) में दिखाए गए हैं, जहां लागू वोल्टेज को संदर्भ राशि के रूप में लिया जाता है। *R-L* श्रृंखला सर्किट के लिए शक्ति वक्र भी चित्र. 2.29 (b) में दिखाया गया है। पावर वक्र पर वोल्टेज ड्रॉप और करेंट के संबंधित तात्कालिक मूल्यों के उत्पाद से प्राप्त होते हैं। यह स्पष्ट है कि कोण 0 और के बीच और 180° और (180 + ϕ) के बीच शक्ति ऋणात्मक है। शेष चक्र के दौरान शक्ति सकारात्मक होती है। चूँकि धनात्मक छोरों के नीचे का क्षेत्र ऋणात्मक छोरों के क्षेत्र से अधिक है, एक पूर्ण चक्र पर शुद्ध शक्ति धनात्मक होती है। इसलिए, शक्ति की एक निश्चित राशि है।

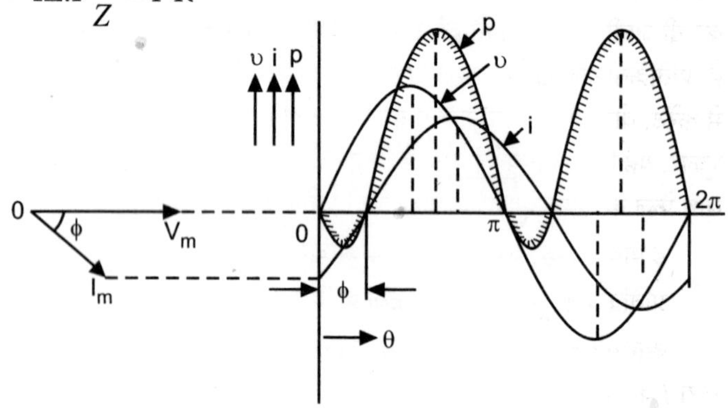

(a) फेज आरेख (b) तरंग आरेख

चित्र 2.29: फेज और तरंग आरेख

2.24 प्रतिबाधा त्रिभुज

R-L श्रृंखला परिपथ का सरलीकृत फेज आरेख चित्र 2.30 में दिखाया गया है। जब इस फेज आरेख के प्रत्येक पक्ष को एक सामान्य कारक से विभाजित किया जाता है, तो हमें एक और समकोण त्रिभुज मिलता है, जैसा कि चित्र. 2.31 में दिखाया गया है, जिसकी भुजाएँ R, X_L और Z का प्रतिनिधित्व करती हैं। ऐसे त्रिभुज को प्रतिबाधा त्रिभुज के रूप में जाना जाता है।

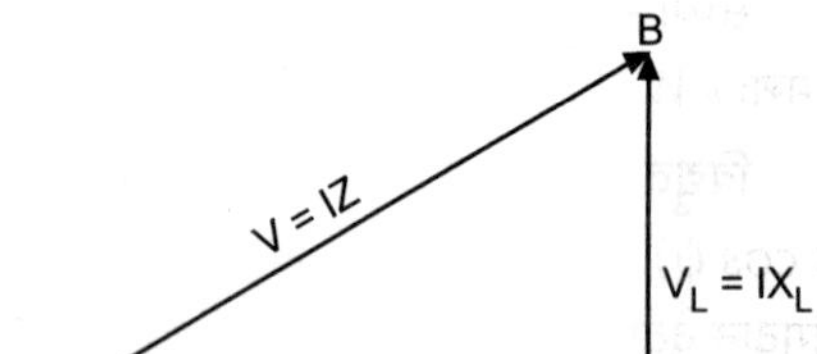

चित्र 2.30: R-L सीरीज सर्किट के लिए वोल्टता त्रिभुज

इस प्रकार, एक समकोण त्रिभुज जिसका आधार सर्किट प्रतिरोध का प्रतिनिधित्व करता है, लंबवत सर्किट प्रतिक्रिया का प्रतिनिधित्व करता है और कर्ण सर्किट प्रतिबाधा का प्रतिनिधित्व करता है और यह त्रिभुज एक प्रतिबाधा त्रिभुज कहलाता है।

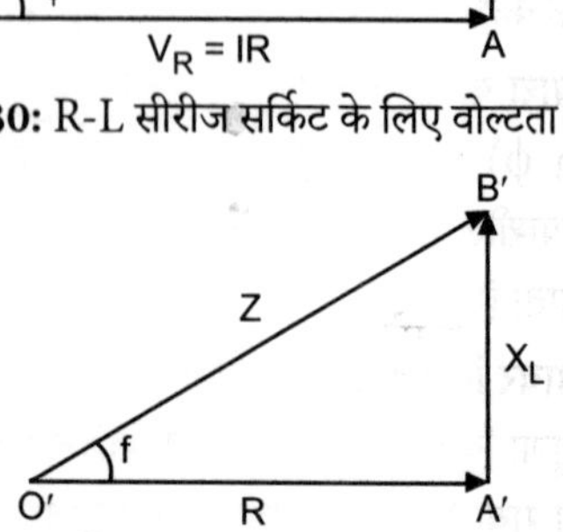

चित्र 2.31: प्रतिबाधा त्रिभुज

प्रतिबाधा त्रिभुज की अवधारणा उपयोगी है क्योंकि यह हमें गणना

करने में सक्षम बनाती है:

(i) सर्किट का प्रतिबाधा, $Z = \sqrt{R^2 + X^2}$

(ii) सर्किट का पावर फैक्टर, $\cos\phi = R/Z$

(iii) फेज एंगल, $\phi = \tan^{-1} X_L/R$

2.25 वास्तविक शक्ति और प्रतिक्रियाशील शक्ति

वह शक्ति जो वास्तव में किसी ए.सी. में खपत या उपयोग की जाती है। सर्किट को सच्ची शक्ति या सक्रिय शक्ति या वास्तविक शक्ति कहा जाता है। हमने देखा है कि प्रतिरोध में ही शक्ति की खपत होती है। एक शुद्ध इंडक्टर और एक शुद्ध संधारित्र किसी भी शक्ति का उपभोग नहीं करते हैं, क्योंकि आधे चक्र में इन घटकों द्वारा स्रोत से जितनी भी शक्ति प्राप्त होती है, वही स्रोत को वापस कर दी जाती है। यह शक्ति जो आगे और पीछे प्रवाहित होती है (अर्थात परिपथ में दोनों दिशाओं में) या स्वयं पर प्रतिक्रिया करती है, प्रतिक्रियाशील शक्ति कहलाती है। यह परिपथ में कोई उपयोगी कार्य नहीं करता है। यह देखा गया है कि शुद्ध प्रतिरोधक सर्किट में करेंट, वोल्टेज के साथ फेज में होता है, जबकि शुद्ध इंडक्टिव और कैपेसिटिव सर्किट में, करेंट 90° फेज से बाहर होता है। इस प्रकार, यह निष्कर्ष निकाला गया है कि वोल्टेज के साथ फेज में विद्युत धारा सही या सक्रिय शक्ति पैदा करता है, जबकि वोल्टेज के साथ फेज के बाहर विद्युत धारा 90 डिग्री प्रतिक्रियाशील शक्ति में योगदान देता है। इसलिए,

ट्रू पावर = वोल्टेज × वोल्टेज के साथ फेज में करेंट

प्रतिक्रियाशील शक्ति = वोल्टेज × विद्युत धारा 90° वोल्टेज के साथ फेज से बाहर।

आगमनात्मक परिपथ का फेजर आरेख चित्र. 2.32 में दिखाया गया है। जहाँ धारा I, वोल्टेज V से 90° कोण से पीछे है। धारा I को दो आयताकार घटकों में हल किया जा सकता है अर्थात-

(i) $I\cos\phi$, वोल्टेज V के साथ फेज में और

(ii) $I\sin\phi$, जो वोल्टेज V के साथ फेज से 90° बाहर है।

वास्तविक शक्ति/सच्ची शक्ति, (True Power) $P = V \times I\cos\phi = VI\cos\phi$ Watt

प्रतिक्रियाशील ऊर्जा, (Reactive Power) $P_r = V \times I\sin\phi = VI\sin\phi$ VAR

स्पष्ट/ प्रत्यक्ष शक्ति, (Apparent Power) $P_a = V \times I = VI$ VA

सच्ची शक्ति, प्रतिक्रियाशील शक्ति और स्पष्ट शक्ति की बड़ी इकाइयाँ क्रमशः kW या MW, $kVAR$ या $MVAR$ और kVA या MVA हैं।

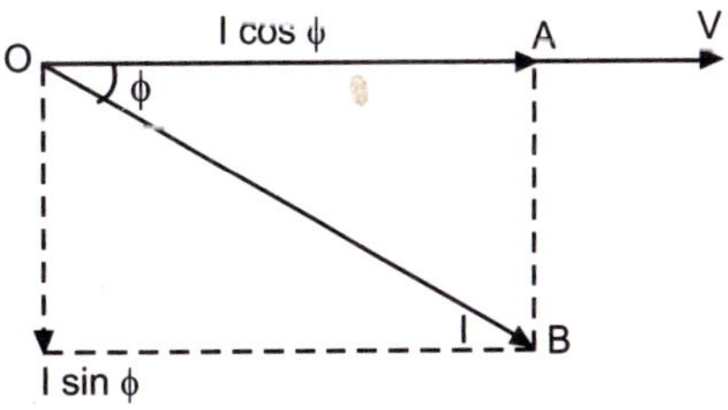

चित्र 2.32: धारा का सक्रिय और प्रतिक्रियाशील घटक

विद्युत धारा का सक्रिय घटक: विद्युत धारा घटक जो सर्किट वोल्टेज ($I\cos\phi$) के साथ फेज में है और सर्किट की सक्रिय या वास्तविक शक्ति में योगदान देता है उसे सक्रिय घटक या वाटफुल घटक या विद्युत धारा के फेज में घटक कहा जाता है।

धारा का प्रतिक्रियाशील घटक: विद्युत धारा घटक जो सर्किट वोल्टेज ($I\sin\phi$) के लिए चतुर्भुज (या फेज से 90 डिग्री) में है और सर्किट की प्रतिक्रियाशील शक्ति में योगदान देता है उसे विद्युत धारा का प्रतिक्रियाशील घटक कहा जाता है।

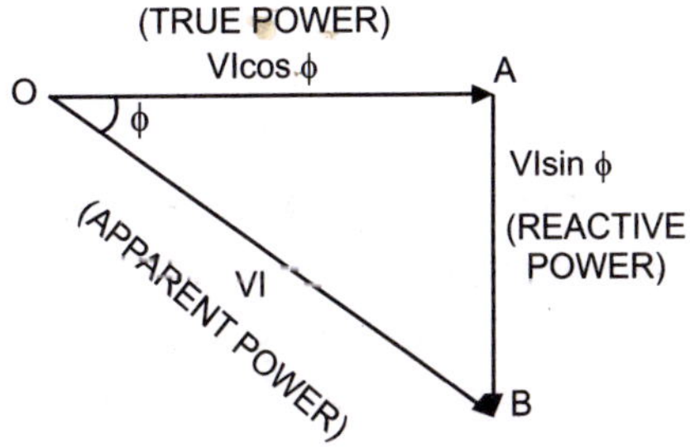

चित्र 2.33: शक्ति त्रिभुज

पावर त्रिकोण: जब विद्युत धारा के प्रत्येक घटक, चित्र. 2.32 में, वोल्टेज V से गुणा किया जाता है, तो एक शक्ति त्रिकोण प्राप्त होता है, चित्र. 2.33 में दिखाया गया है। यह समकोण त्रिभुज वास्तविक शक्ति, प्रतिक्रियाशील शक्ति और प्रत्यक्ष शक्ति के बीच संबंध को दर्शाता है:

उपरोक्त चर्चा में निम्नलिखित बातें ध्यान देने योग्य हैं:

(i) जब करेंट के एक सक्रिय घटक को सर्किट वोल्टेज से गुणा किया जाता है, तो इसका परिणाम सक्रिय या वास्तविक शक्ति में होता है।यह वह शक्ति है जो मोटर्स में टॉर्क, हीटर में गर्मी, लैंप में रोशनी आदि पैदा करती है। वाटमीटर इस शक्ति को इंगित करते हैं।

(ii) जब धारा के प्रतिक्रियाशील घटक को सर्किट वोल्टेज से गुणा किया जाता है, तो इसका परिणाम प्रतिक्रियाशील शक्ति में होता है। यह वह शक्ति है जो बिना कोई कार्य किए केवल आगे-पीछे बहती रहती है। यह शक्ति सर्किट के शक्ति कारक को निर्धारित करती है।

(iii) जब सर्किट करेंट को सर्किट वोल्टेज से गुणा किया जाता है, तो इसका परिणाम स्पष्ट शक्ति में होता है। इसे इसलिए कहा जाता है क्योंकि ऐसा प्रतीत होता है कि वोल्टेज और करेंट का गुणनफल शक्ति है। लेकिन ए.सी. सर्किट (शुद्ध प्रतिरोधक सर्किट को छोड़कर) आमतौर पर वोल्टेज और करेंट के बीच फेज अंतर होता है ताकि VI वास्तविक शक्ति न दे। भ्रम से बचने के लिए इसे VA (वोल्ट-एम्पीयर) में मापा जाता है।

(iv) चित्र.2.33 में दर्शाए गए घात त्रिभुज से, वास्तविक शक्ति के अनुपात को स्पष्ट शक्ति, यानी शक्ति कारक, cos ø = वास्तविक शक्ति/स्पष्ट शक्ति के अनुपात से भी शक्ति कारक निर्धारित किया जा सकता है।

2.26 शक्ति कारक और उसका महत्व

एसी में सर्किट, शक्ति कारक को निम्न रूप में व्यक्त किया जाता है:

$$\text{pf} = \cos\phi = R/Z = \text{वास्तविक शक्ति/स्पष्ट शक्ति}$$

शुद्ध प्रतिरोधक सर्किट के मामले में, करेंट सर्किट वोल्टेज के साथ फेज में होता है यानी $\phi = 0$ इसलिए, सर्किट का पावर फैक्टर, $\cos\phi = 1$. जबकि, शुद्ध इंडक्टिव या कैपेसिटिव सर्किट के मामले में, करेंट 90° फेज में होता है। सर्किट वोल्टेज यानी $\phi = 90°$ के साथ। इसलिए, सर्किट का पावर फैक्टर $\cos\phi = 0$. प्रतिरोध-प्रेरण वाले सर्किट के लिए; प्रतिरोध-समाई या प्रतिरोध-इनडकटेन्स और समाई, शक्ति कारक 0 और 1 के बीच है। यह ध्यान दिया जा सकता है कि p.f. का मान 1 (एक) से अधिक कभी नहीं हो सकता।

आमतौर पर लैगिंग या लीडिंग शब्द p.f. के संख्यात्मक मान से जुड़ा होता है। यह इंगित करने के लिए कि क्या करेंट, वोल्टेज वेक्टर के पीछे रहती है या आगे रहती है। आगमनात्मक परिपथों में, धारा हमेशा वोल्टेज से पीछे रहती है और उनके शक्ति कारकों को लैगिंग p.f. के रूप में वर्णित किया जाता है। जबकि, कैपेसिटिव सर्किट के लिए, पावर फैक्टर का उल्लेख अग्रणी p.f. के रूप में किया जाता है। चूंकि इन मामलों में करेंट हमेशा वोल्टेज वेक्टर से आगे की ओर रहती है।

पावर फैक्टर का महत्व

किसी भी एसी सर्किट में पावर फैक्टर का बिजली व्यवस्था में एक महत्वपूर्ण भूमिका निभाता है। ए.सी. सर्किट में की शक्ति का संबंध निम्न समीकरण द्वारा दिया गया है;

$$P = \text{VI}\cos\phi = \text{or } \text{I} = \frac{P}{V\cos\phi}$$

उपरोक्त संबंध से, यह स्पष्ट है कि स्थिर वोल्टेज पर निश्चित शक्ति के लिए, सर्किट द्वारा खींची गई धारा पी.एफ (p.f) में कमी के साथ बढ़ती है।

इस प्रकार कम पीएफ, ए.सी. सर्किट अपने मेन से अधिक करेंट खींचते हैं और इसके परिणामस्वरूप निम्नलिखित नुकसान होते हैं:

1. **बड़े आकार का कंडक्टर :** कम पीएफ पर, कंडक्टरों को एक ही ओवर के लिए अधिक करेंट ले जाना होता है, इसलिए उन्हें क्रॉस-सेक्शन के बड़े क्षेत्र की आवश्यकता होती है।
2. **खराब दक्षता:** कम शक्ति वाले कारकों पर, कंडक्टरों को बड़ा करेंट ले जाना पड़ता है जिससे कॉपर लॉस ($I2R$) बढ़ जाता है और परिणाम खराब हो जाता है।
3. **ज्यादा वोल्टेज ड्रॉप :** कम बिजली के कारकों पर, कंडक्टरों को बड़ा करेंट ले जाना पड़ता है जो सिस्टम में वोल्टेज ड्रॉप (IR) को बढ़ाता है और इसके परिणामस्वरूप खराब नियमन होता है।
4. **उपकरणों की बड़ी केवीए रेटिंग:** बिजली व्यवस्था से जुड़ी विद्युत मशीनों और उपकरणों की केवीए रेटिंग जैसे कि अल्टरनेटर, ट्रांसफॉर्मर, स्विच गियर आदि कम पावर फैक्टर पर अधिक होगी क्योंकि यह पावर फैक्टर (यानी केवीए (kVA) = के विपरीत आनुपातिक है) ($kVA = kW/\cos ø$).

एक एसी के पावर फैक्टर में सुधार करने के लिए एक संधारित्र परिपथ के पार अर्थात परिपथ के समानांतर जुड़ा होता है।

2.27 कुण्डली का क्यू-कारक

किसी कुण्डली के शक्ति गुणक के व्युत्क्रम को उसका क्यू-कारक (Q-फेक्टर) कहा जाता है। इसे क्वायल का क्वालिटी फैक्टर या फिगर ऑफ मेरिट भी कहा जाता है।

गणितीय रूप से, क्यू-कारक / क्यू-फेक्टर

$$Q \text{ गुणनखंड} = \frac{1}{p.f.} = \frac{1}{\cos\phi} = \frac{Z}{R}$$

यदि इसकी आगमनात्मक प्रतिक्रिया XL की तुलना में R का मान बहुत छोटा है, तो,

$$Q \text{ गुणनखंड} = \frac{X_L}{R} = \frac{\omega L}{R}$$

$$Q \text{ गुणनखंड} = 2n \times \frac{\text{अधिकतम ऊर्जा संग्रहित}}{\text{प्रति चक्र ऊर्जा का क्षय}}$$

उदाहरण 2.9: एक कुण्डली जिसका प्रतिरोध 15 W है और 63.66 mH का इंडक्टर 250 V, 50 Hz आपूर्ति से जुड़ा है। (i) कॉइल की प्रतिक्रिया और प्रतिबाधा, (ii) करेंट, (iii) करेंट और एप्लाइड वोल्टेज के बीच फेज अंतर और (iv) पावर फैक्टर की गणना करें। वोल्टेज और करेंट को दर्शाने वाला फेजर डायग्राम भी बनाइए।

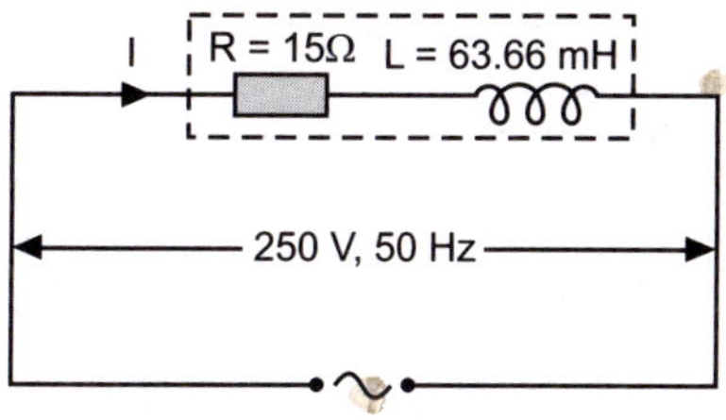

चित्र 2.34: सर्किट आरेख

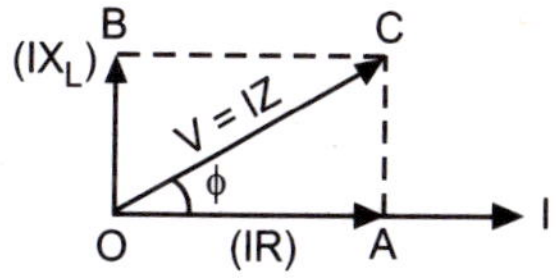

चित्र 2.35: फेजर आरेख

समाधान: परिपथ चित्र.2.34 में दिखाया गया है

(i) $X = 2\pi fL = 2\pi 50 \times 63.66 \times 10^{-3} = 20\ \Omega$

$$Z = \sqrt{R^2 + X_L^2} = \sqrt{(15)^2 + (20)^2} = 25\Omega$$

(ii) धारा, I = V/Z = 250/25 = 10 A

(iii) फेज अंतर, $\phi = \tan^{-1}\frac{X_L}{R} = \tan^{-1}\frac{20}{15} = \tan^{-1} 1.33 = 53.13°$

(iv) पावर फैक्टर, $\cos\phi = 0.6$ लैगिंग

(v) सर्किट के लिए फेज आरेख चित्र. 2.35. में दिखाया गया है

उदाहरण 2.10: 50 V डीसी आपूर्ति से जुड़ा एक कॉइल, 5 A और वही कॉइल 50 V, एसी से कनेक्ट होने पर खींचता है। आवृत्ति का वोल्टेज 50 Hz 2.5 A लेता है। कॉइल और पावर फैक्टर के मापदंडों की गणना करें।

समाधान: मान लीजिए कि कुण्डली का प्रतिरोध और प्रेरकत्व क्रमशः R ओम और L हेनरी है।

जब कुंडल डीसी से जुड़ा होता है। आपूर्ति, विपक्ष केवल कुंडल का प्रतिरोध है,

$\therefore$ कुंडल का प्रतिरोध, $R = \frac{V_{d.c.}}{I_{d.c.}} = \frac{50}{5} = 10\ \Omega$

जब कॉइल को 50 V, 50 Hz की एसी आपूर्ति से जोड़ा जाता है, तो विपक्ष कॉइल का प्रतिबाधा होता है,

$\therefore$ कुंडल का प्रतिबाधा, $z = \frac{V_{ac}}{I_{ac}} = \frac{50}{2.5} = 20\ \Omega$

$$Z = \sqrt{R^2 + X_L^2}$$

$$X_l = \sqrt{Z^2 + R^2} = \sqrt{(20)^2 + (10)^2} = \sqrt{300}\ \Omega$$

$$L = \frac{X_L}{2\pi f} = \frac{\sqrt{300}}{2\pi \times 50} = 55.13 \text{ mH}$$

$\therefore$ पैरामीटर $R = 10\ \Omega$ और $L = 55{\cdot}13$ mH हैं

पावर फैक्टर, $\cos\phi = \frac{R}{Z} = \frac{10}{20} = 0.5$ लैग

उदाहरण 2.11: एक कुण्डली जब 230 V d.c. से जुड़ी होती है। आपूर्ति 2645 W बिजली को नष्ट कर देती है। जब 230 V a.c से जुड़ा होता है। आवृत्ति 50 Hz की आपूर्ति।, यह 1058W बिजली का प्रसार करता है। कुंडल के प्रतिरोध और इनडकटेन्स के मान की गणना करें।

समाधान: जब डी.सी. कुंडली के आर-पार लगाया जाता है, विरोध केवल कुंडली का प्रतिरोध है,

$$\text{R} = \frac{V_{dc}^2}{P_{dc}} = \frac{(230)^2}{2645} = 20\Omega$$

जब. कुण्डली में ए.सी लगाया जाता है

$$P_{ac} = I_{ac}2\text{R}$$

या $I_{ac} = \sqrt{P_{ac}/R} = \sqrt{1058/20} = 7.273$ A

प्रतिबाधा, $Z = \frac{V_{ac}}{I_{ac}} = \frac{230}{7.273} = 31.623\ \Omega$

$$X_l = \sqrt{Z^2 - R^2} = \sqrt{(31\cdot623)^2 - (20)^2} = 24.495\Omega$$

उपपादन, $L = \frac{X_L}{2\pi f} = \frac{24\cdot495}{2\pi \times 50} = 0.078$ H

उदाहरण 2.12: एक सर्किट तत्व के माध्यम से वोल्टेज और करेंट हैं

$V = 100 \sin (314t + 55°)$ V

$i = 10 \sin (314t + 325°)$ A, तत्व द्वारा खींची गई शक्ति का मान ज्ञात कीजिए।

समाधान: दिया हुआ–

$$V = 100 \sin (314t + 55°) \text{ V}$$

$$I = 10 \sin (314t + 325°) \text{ A}$$

या $$I = 10 \sin (314t - 35°) \text{ A}$$

अब उनका फेजर चित्र 2.36 में दिखाया गया है 2.36 वोल्टेज और करेंट के बीच फेज अंतर 90° है। अब परिपथ द्वारा खींची गई शक्ति,

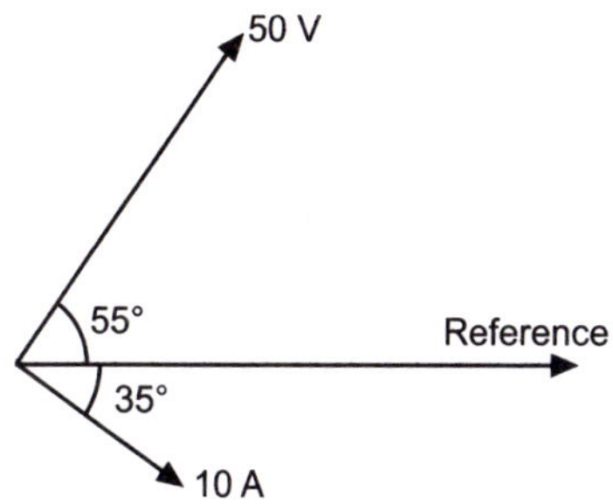

चित्र 2.36 फेजर आरेख

$$P = VI \cos \phi$$

$$= 100/\sqrt{2} \times 10/\sqrt{2} \times \cos 90°$$

$$= 1000/2 \times 0° = 0 \text{ W}$$

जो इंगित करता है कि तत्व शुद्ध आगमनात्मक है।

उदाहरण 2.13: प्रतिरोध 1.5 Ω और प्रतिबाधा 6 Ω की एक कुण्डली को 2Ω प्रतिरोध की दूसरी कुण्डली के साथ श्रेणीक्रम में रखा गया है। जब परिपथ में 230 V, 50 Hz का वोल्टेज लगाया जाता है, तो परिपथ में प्रवाहित धारा 7 A होती है। दूसरी कुण्डली का इंडक्टर ज्ञात कीजिए।

समाधान: सर्किट को **चित्र** में दिखाया गया है -2.37.

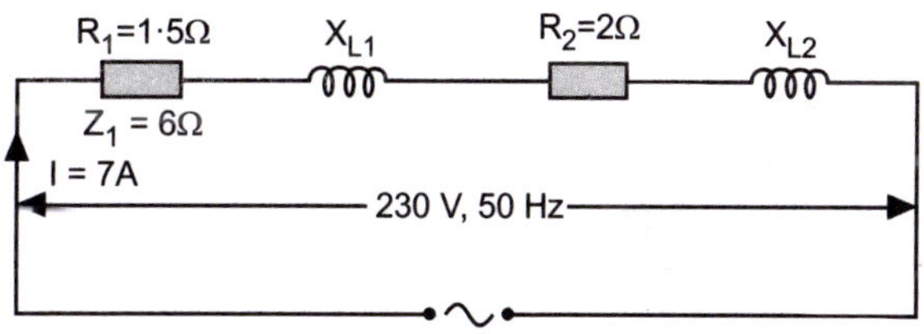

चित्र 2.37: दिए गए डेटा के अनुसार सर्किट

पूरे सर्किट का प्रतिबाधा,

$Z = V/I = 230/7 = 32.86\ \Omega$

पूरे सर्किट का प्रतिरोध,

$R = R_1 + R_2 = 1.5 + 2 = 3.5$

आगमनात्मक प्रतिक्रिया,

$X_1 = \sqrt{Z^2 - R^2} = \sqrt{(32 \cdot 86)^2 - (3 \cdot 5)^2} = 32.67\ \Omega$

एक्स्ट्रा लार्ज $= X_1 = \sqrt{Z_1^2 - R_1^2} = \sqrt{(6)^2 - (1 \cdot 5)^2} = 5.81\ \Omega$

I कुंडल की आगमनात्मक प्रतिक्रिया, XL1 =5.81 Ω

II कॉइल की आगमनात्मक प्रतिक्रिया, $XL2 = X_L - X_{L1} = 32.67 - 5.81 = 26.86\ \Omega$

अधिष्ठापन, $L2 = XL2/2\pi f = 26.86/2\pi \times 50 = 85.5$ m H (उत्तर)

अभ्यास

1. एक कुण्डली जिसका प्रतिरोध 12 Ω है और 0.1 H का इनडकटेन्स 100 V, 50 Hz आपूर्ति से जुड़ा है। (i) कॉइल की प्रतिक्रिया और प्रतिबाधा, (ii) करेंट, (iii) करेंट और एप्लाइड वोल्टेज के बीच फेज अंतर और (iv) पावर फैक्टर की गणना करें। वोल्टेज और करेंट को दर्शाने वाला फेजर डायग्राम भी बनाइए।

(**उत्तर** 31.416 Ω, 33.63 Ω, 2.97 ए, 69.1°, 0.3568 लैग)

2. 100 V d.c. से जुड़ी एक कुण्डली आपूर्ति जब 100 V, एसी से जुड़ा होता है। आवृत्ति 50 Hz का वोल्टेज 5 A खींचता है। कॉइल और पावर फैक्टर के मान की गणना करें। (**उत्तर** 10; 55.13 mH; 0.5 लैग)

3. एक कुंडल जब 230 *V* d.c. से जुड़ा होता है। तो 2000 W बिजली की खपत करता है जब 230 V *ac* से जुड़ा होता है। आवृत्ति 50 Hz की आपूर्ति। यह 800W बिजली का प्रसार करता है। कुंडल के प्रतिरोध और इनडकटेन्स के मान की गणना करें। (**उत्तर** 20 Ω, 0.078 H)

4. एक सर्किट तत्व के माध्यम से वोल्टेज और करेंट

   $V = 50 \sin (314\,t + 70°)$ v $\qquad i = 10 \sin (314\,t + 340°)$ A

   तत्व द्वारा खींची गई शक्ति का मान ज्ञात कीजिए। (**उत्तर** 0W)

5. $R = 200\ \Omega$ और $L = 638$ mH वाली कुण्डली पर वोल्टेज $e = 200 \sin 100t$ लगाया जाता है। धारा के लिए व्यंजक ज्ञात कीजिए और कुण्डली द्वारा ली गई शक्ति भी ज्ञात कीजिए।

   (**उत्तर** 0.706 sin (100π *t* – 45.06°), 50 W)

6. 10 Ω का एक गैर-प्रेरक प्रतिरोध 200 V, 50 Hz एसी आपूर्ति में एक अपरिवर्तनीय कॉइल के साथ श्रृंखला में जुड़ा हुआ है। श्रृंखला संयोजन द्वारा खींची गई धारा 10 A है। कुण्डली का प्रतिरोध 2 Ω है। निर्धारित करें (i) कॉइल का इंडक्शन (ii) पावर फैक्टर (iii) कॉइल के आर-पार वोल्टेज। (**उत्तर** 50.93 mH; 0.6 लैग, 161.24V)

7. एक आगमनात्मक भार 8 Ω के गैर-प्रेरक प्रतिरोध के साथ श्रृंखला में जुड़ा हुआ है। संयोजन एक एसी में जुड़ा हुआ है। 100 V, 50 Hz की आपूर्ति। एक गैर-प्रेरक रोकनेवाला और फिर आगमनात्मक भार से जुड़ा एक वोल्टमीटर क्रमशः 64 W और 48 W का रीडिंग देता है। निम्नलिखित की गणना करें:

   (i) भार की प्रतिबाधा; (ii) संयोजन का प्रतिबाधा;
   (iii) भार द्वारा अवशोषित शक्ति; (iv) प्रतिरोध द्वारा अवशोषित शक्ति;
   (v) आपूर्ति से ली गई कुल शक्ति; (vi) लोड का पावर फैक्टर;
   (vii) पूरे सर्किट का पावर फैक्टर।

   (**उत्तर** 6 Ω; 12.5 Ω, 0.586 लैग; 225 W; 512 W; 737 W; 0.586 लैग; 0.92 लैग)

8. एक आर्क लैंप (जिसे गैर-प्रेरक माना जा सकता है) 50 V पर 10 A लेता है। इसके साथ श्रृंखला में रखे जाने वाले 1 Ω प्रतिरोध के चोक की प्रतिबाधा की गणना करें ताकि इसे 200 V, 50 Hz पर संचालित किया जा सके। उपयोग की गई कुल शक्ति और शक्ति कारक का भी पता लगाएं। (**उत्तर** 19.105 Ω; 0.3 लैग; 600 W)

2.28 R-C श्रृंखला सर्किट

एक सर्किट जिसमें शुद्ध प्रतिरोध (*R*, Ω) होता है, जो एक शुद्ध समाई (*C*, Farad) के साथ श्रृंखला में जुड़ा होता है, उन्होनें *R* – *C* श्रृंखला सर्किट के रूप में जाना जाता है।

R-C श्रृंखला सर्किट और इसके फेजर आरेख को क्रमशः चित्र. 2.38 और चित्र. 2.39 में दिखाया गया है। फेजर आरेख बनाने के लिए विद्युत धारा *I* (आर.एम.एस. मान) को संदर्भ वेक्टर के रूप में लिया जाता है। प्रतिरोध में वोल्टेज ड्रॉप ($V_R = IR$) को विद्युत धारा वेक्टर के साथ फेज में लिया जाता है, जबकि, कैपेसिटिव रिएक्टेंस V_C ($= IX_C$) में वोल्टेज ड्रॉप को विद्युत धारा वेक्टर के पीछे 90 ° लिया जाता है (चूंकि करेंट शुद्ध कैपेसिटिव सर्किट में वोल्टेज को 90° तक ले जाता है) इन दो वोल्टेज ड्रॉप का वेक्टर योग लागू वोल्टेज V (आर.एम.एस.मान) के बराबर है।

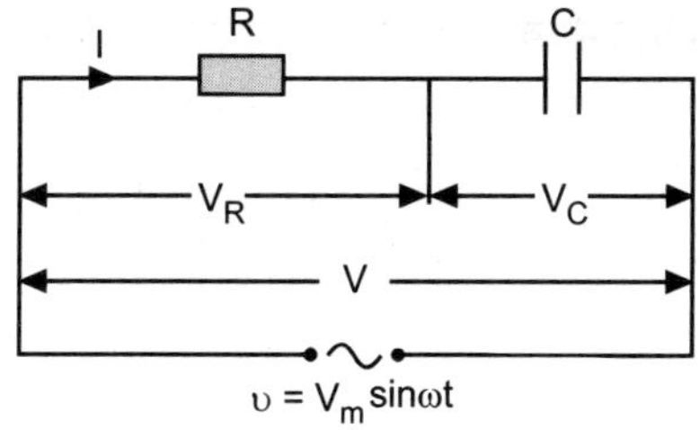

चित्र 2.38: R-C श्रृंखला सर्किट

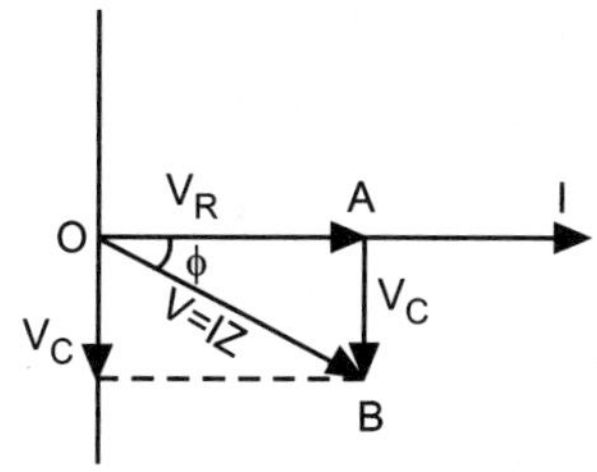

चित्र 2.39: फेजर आरेख

अभी $V_R = IR$, $V_C = IX_C$ (जहां $X_C = 1/2\,\pi f C$)

समकोण त्रिभुज में OAB

$$V = \sqrt{(V_R)^2 + (V_C)^2} = \sqrt{(IR)^2 + (IX_C)^2} = I\sqrt{R^2 + X_C^2}$$

या $$I = \frac{V}{\sqrt{R^2 + X_C^2}} = \frac{V}{Z}$$

जहां, $Z = \sqrt{R^2 + X_C^2}$ एक R-C श्रृंखला सर्किट द्वारा प्रत्यावर्ती धारा के प्रवाह के लिए प्रस्तावित कुल विरोध है और इसे सर्किट का प्रतिबाधा कहा जाता है। इसे Ω में मापा जाता है

फेज एंगल: फेजर डायग्राम से यह स्पष्ट है कि इस सर्किट में करेंट एप्लाइड वोल्टेज को फेज एंगल नामक कोण से लीड करता है । फेजर आरेख चित्र.2.38 में दिखाया गया है I

$$\tan\phi = \frac{V_C}{V_R} = \frac{IX_C}{IR} = \frac{X_C}{R} \quad \text{या} \quad \phi = \tan^{-1} Xc/R$$

शक्ति: यदि परिपथ में लगाया जाने वाला प्रत्यावर्ती वोल्टेज समीकरण द्वारा दिया जाता है:

$V = V_m \sin \omega t$

$I = I_m \sin(\omega t + \phi)$

$\therefore$ तात्कालिक शक्ति,

$$P = VI = V_m \sin\omega t\, I_m \sin(\omega t + \phi) = \frac{V_m I_m}{2}\, 2\sin(\omega t + \phi)\sin\omega t$$

$$= \frac{V_m}{\sqrt{2}}\frac{I_m}{\sqrt{2}}[\cos\phi - \cos(2\omega t + \phi)] = \frac{V_m}{\sqrt{2}}\frac{I_m}{\sqrt{2}}\cos\phi - \frac{V_m}{\sqrt{2}}\frac{I_m}{\sqrt{2}}\cos(2\omega t + \phi)$$

एक पूरे चक्र में सर्किट में खपत औसत बिजली,

$$P = \frac{V_m}{\sqrt{2}}\frac{I_m}{\sqrt{2}}\cos\phi \text{ का औसत} - \frac{V_m}{\sqrt{2}}\frac{I_m}{\sqrt{2}}\cos 2\,\omega t + \phi) \text{ का औसत}$$

या $$= \frac{V_m}{\sqrt{2}}\frac{I_m}{\sqrt{2}}\cos\phi - 0 = V_{rms} I_{rms}\cos\phi = \text{VI}\cos\phi$$

जहाँ $\cos\phi$ को परिपथ का शक्ति कारक कहा जाता है फेजर आरेख से

$P = \text{VI}\cos\phi = IZ{*}I{*}\ R/Z = I^2R$

इससे पता चलता है कि बिजली की खपत वास्तव में प्रतिरोध में ही होती है; संधारित्र किसी भी शक्ति का उपभोग नहीं करता है।

पावर कर्व: वोल्टेज और करेंट के लिए फेजर डायग्राम और वेव डायग्राम क्रमशः चित्र. 2.40 (a) और 2.40 (b) में दिखाए

गए हैं, जहां अनुप्रयुक्त वोल्टेज (v = Vm sin ωt) को संदर्भ संदर्भ वेक्टर के रूप में लिया गयाहै। *R-C* सर्किट के लिए पावरवक्र (कर्व) भी चित्र.2.40 (b) में दिखाया गया है। पावर वक्र पर बिंदु वोल्टेज और करेंट के संबंधित तात्कालिक मूल्यों के उत्पाद से प्राप्त होते हैं। यह स्पष्ट है कि कोण (180° – ϕ) और 180° के बीच और (360° – ϕ) और 360° के बीच घात ऋणात्मक है। शेष चक्र के दौरान, शक्ति सकारात्मक होती है। चूँकि धनात्मक छोरों के नीचे का क्षेत्र ऋणात्मक छोरों के क्षेत्र से अधिक है, एक पूर्ण चक्र पर शुद्ध शक्ति धनात्मक होती है। इसलिए, इस सर्किट द्वारा एक निश्चित राशिमें बिजली का उपयोग या उपभोग किया जाता है।

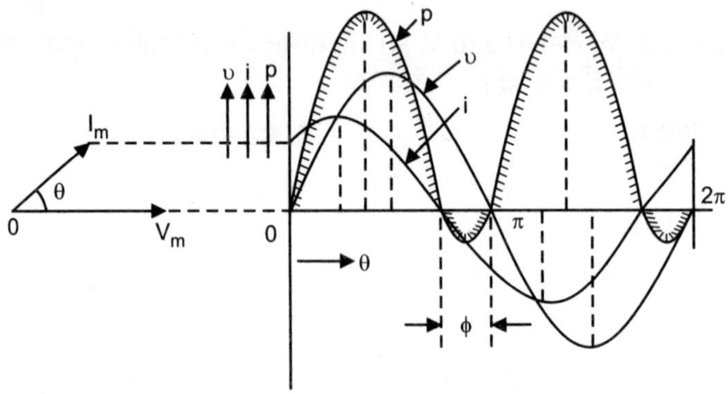

चित्र 2.40: फेजर आरेख व वेव आरेख

प्रतिबाधा त्रिभुज

जब चित्र.2.41 में दिखाए गए सरलीकृत फेज आरेख के प्रत्येक पक्ष को एक सामान्य कारक I से विभाजित किया जाता है, तो हमें एक और समकोण त्रिभुज मिलता है, चित्र. 2.42 में दिखाया गया है जिसे प्रतिबाधा त्रिभुज के रूप में जाना जाता है।

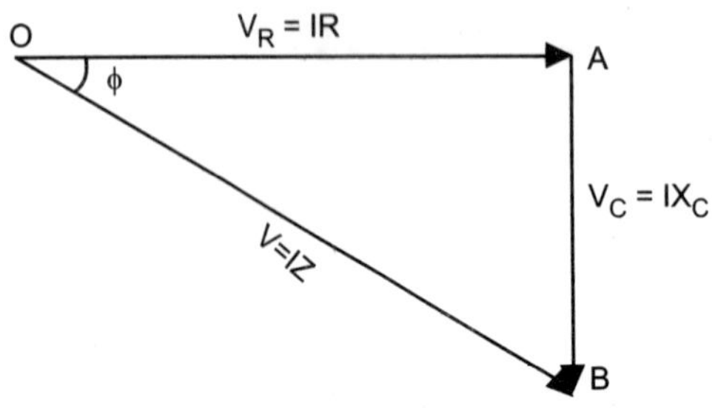

चित्र 2.41: विभव त्रिभुज

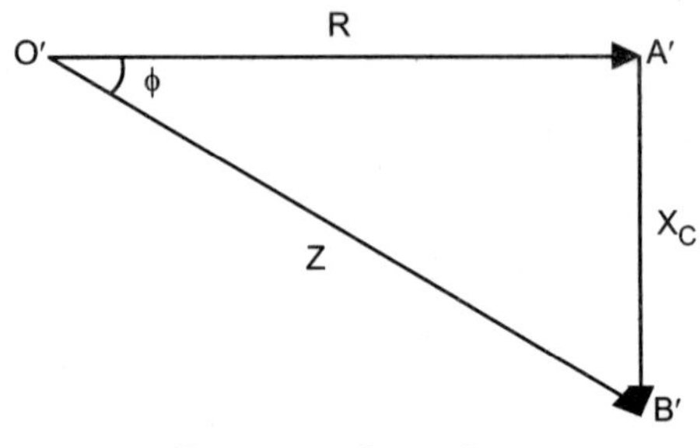

चित्र 2.42: प्रतिबाधा त्रिभुज

उदाहरण 2.14: 20 Ω का एक प्रतिरोध और 212.2 μF समाई के संधारित्र में जोड़ा गया है 250V, 50 Hz आपूर्ति में श्रृंखला। गणना करें (i) सर्किट के प्रतिबाधा; (ii) विद्युत धारा; (iii) शक्तिकारक और फेज कोण; (iv) सर्किट में खपत बिजली।

समाधान: परिपथ चित्र.2.43 में दिखाया गया है–

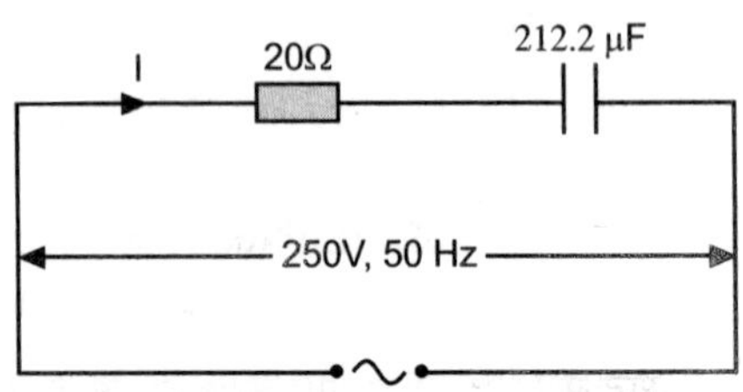

चित्र 2.43: सर्किट आरेख

प्रतिबाधा, $Z = \sqrt{R^2 + X_C^2}$

जहां, $X_c = ½\ \pi fc = ½\ \pi * 50 * 212.2 * 10^{-6}$

$= 15\ \Omega$

$R = 20\ \Omega$

(i) ∴ $Z = \sqrt{(20)^2 + (15)^2} = 25\Omega$

(ii) विद्युत धारा, $I = \frac{V}{Z} = \frac{250}{25} = 10 \text{ A}$

(iii) ऊर्जा घटक, $\cos\phi = R/Z = 20/25 = 0.8$ लीडींग

अवस्था कोण, $\phi = \cos^{-1} 0.8 = 36.87°$

सर्किट में खपत बिजली, $P = VI \cos\phi = 250 \times 10 \times 0.8 = 2000 \text{ W}$

उदाहरण 2.15: एक 110 V, 100 W लैम्प को 220 V, 50 Hz सप्लाई मेन पर प्रचालित किया जाना है। निम्न राशियों के मान की गणना करें ताकि लैम्प सही वोल्टेज में काम करे।

(i) गैर आगमनात्मक प्रतिरोध

(ii) शुद्ध प्रेरक

(iii) शुद्ध समाई

समाधान: लैंप की रेटिंग: 110 V, 100 W

आपूर्ति वोल्टेज, $V_s = 220$ V और आवृत्ति, $\phi = 50$ Hz

दीपक का प्रतिरोध, $R_L = (110)^2/100 = 121\ \Omega$

ऑपरेटिंग करेंट, $I = 100/110 = 0.9091$ A

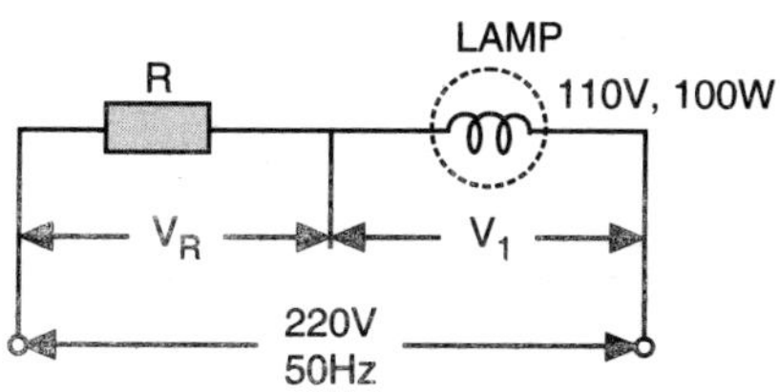

चित्र 2.44: श्रृंखला में प्रतिरोध

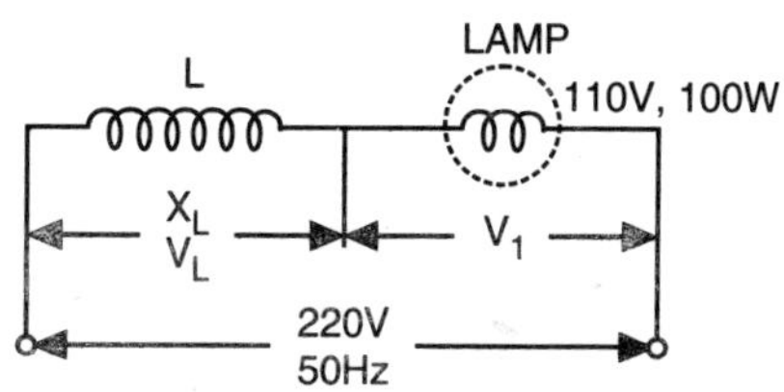

चित्र 2.45: श्रृंखला में शुद्ध प्रेरक

गैर-प्रेरक प्रतिरोध का उपयोग करके दीपक को संचालित करने के लिए, जैसा कि चित्र. 2.44 में दिखाया गया है। मान लीजिए प्रतिरोध का मान $R\ \Omega$ है।

$$I(R + R_L) = V$$

$$(R + R_L) = 220/0.9091 = 242\ \Omega$$

$$R = 242 - RL = 242 - 121 = 121\ \Omega$$

चित्र. 2.45 में दर्शाए अनुसार शुद्ध प्रेरक का उपयोग करके दीपक के संचालन के लिए। मान लें कि इंडक्टेन्स का मान L ,*Henry* और $X_L = 2\pi f L$ है,

$$IZ = \text{V}$$

$$V/I = 220/0.9091 = 242\ \Omega$$

$$\sqrt{R_L^2 + X_L^2} = 242$$

$$R_L{}^2 + X_L{}^2 = 2422$$

$$X_L = 209.58\ \Omega$$

$$2\pi fL = 209.58$$

$$L = 0.667 \text{ H}$$

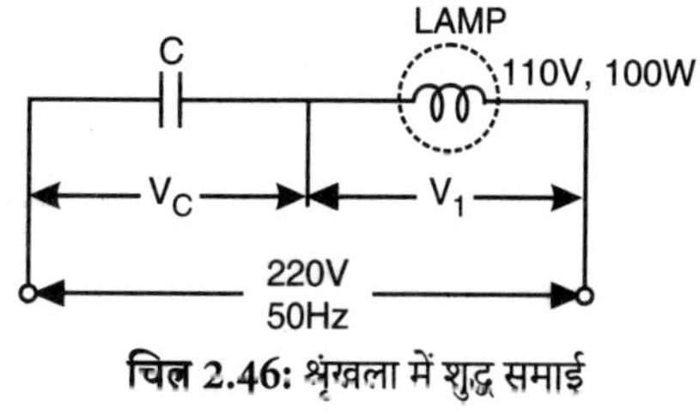

चित्र 2.46: श्रृंखला में शुद्ध समाई

शुद्ध संधारित्र का उपयोग करके दीपक के संचालन के लिए, जैसा कि चित्र. 2.46 में दिखाया गया है। मान लीजिए C संधारित्र की धारिता है

$$X_C = \frac{1}{2\pi fC}$$

और $$IZ = V$$

या $$Z = \frac{V}{I} = \frac{220}{0.9091} = 242\,\Omega$$

$$X_C = \sqrt{Z^2 - R_L^2} = \sqrt{(242)^2 + (121)^2} = 209.58\,\Omega$$

या $$X_C = \frac{1}{2\pi fC}$$

या $$C = \frac{1}{2\pi \times 50 \times 209.58} = 15.188\ \mu F$$

उदाहरण 2.16: एक 400 Hz जनरेटर में एक प्रेरित ई.एम.एफ. 100 V और एक आंतरिक प्रतिबाधा $(5 + j0)\ \Omega$ है। यदि यह 10 Ω प्रतिरोध के साथ श्रृंखला में 40 Ω कैपेसिटिव रीयेक्टेन्स से युक्त प्रतिबाधा की आपूर्ति करता है, तो इससे गुजरने वाली धारा का परिमाण क्या है? जनरेटर के टर्मिनलों पर वोल्टेज भी निर्धारित करें।

समाधान: सरल परिपथ चित्र 2.47 में दिखाया गया है–

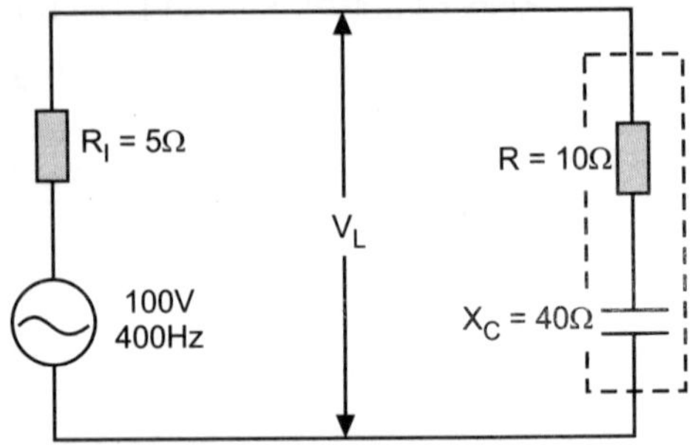

चित्र 2.47: सर्किट आरेख

सर्किट का कुल प्रतिबाधा $$Z_T = \sqrt{(R_i + R)^2 + (X_C)^2}$$

$$= \sqrt{(5+10)^2 + (40)^2}$$

$$= 42{\cdot}72$$

सर्किट करेंट, $$I = V/Z = 100/42.72$$

$$= 2.341 \text{ ए (उत्तर)}$$

प्रतिबाधा, $$Z_L = \sqrt{R^2 + X_C^2} = \sqrt{(10)^2 + (40)^2} = 41{\cdot}231\ \Omega$$

टर्मिनल वोल्टेज, $$V_L = IZ_L = 2.341 \times 41.231 = 96.52 \text{ V (उत्तर)}$$

अभ्यास

1. 1.15 Ω का प्रतिरोध और 140 F कैपेसिटेंस का कैपेसिटर 230 v, 50 Hz आपूर्ति में श्रृंखला में जुड़ा हुआ है। गणना करें

   (i) सर्किट के प्रतिबाधा; (ii) करेंट ;
   (iii) शक्ति कारक और फेज कोण; (iv) सर्किट में खपत बिजली।

   (**उत्तर** 25.987 Ω; 8.85 A; 0.577 (लीड) अग्रणी, 54.75°; 1174.9 W)

2. एक 120 V, 60 W लैम्प को 220 V, 50 Hz आपूर्ति मेन्स पर संचालित किया जाना है। ताकि लैम्प सही वोल्टेज में काम करे। मान की गणना करें:

   (i) गैरप्रेरक प्रतिरोध, (ii) शुद्ध प्रेरक, (iii) शुद्ध कैपेसिटेंस (**उत्तर** 200 Ω, 1.174 H; 8.63 μF)

3. एक कंडेनसर के साथ श्रृंखला में जुड़े एक गैर-प्रेरक अवरोध में 50 Hz पर 125 V का वोल्टेज लगाया जाता है। सर्किट में करेंट 2.2 A है। अवरोध में बिजली की हानि 96.8 W है और कंडेनसर में नगण्य है। प्रतिरोध और कैपेसिटिव की गणना करें। (**उत्तर** 20 Ω; 53.18 Ω; 59.59 *F*)

4. संधारित्र C के साथ श्रृंखला में एक अवरोध R, 50 Hz 240 V आपूर्ति से जुड़ा है। C का मान ज्ञात कीजिए जिससे R, 100 V पर 300 W अवशोषित कर ले। (**उत्तर** 43.77 μF)

2.29 RLC सीरीज सर्किट

एक सर्किट जिसमें R ओम का शुद्ध प्रतिरोध होता है, L हेनरी का शुद्ध प्रेरक और कैपेसिटेंस C फैराड का शुद्ध संधारित्र होता है; सभी श्रृंखला में जुड़े होते है तो उसे R-L-C श्रृंखला सर्किट कहते हैं।

चित्र 2.48 में एक R-L-C श्रृंखला सर्किट को दिखाया गया है।

यहां $X_L = 2\,\pi f L$ and $X_C = 1/2\,\pi\, fC$

जब परिणामी धारा I (r.m.s. मान) परिपथ से प्रवाहित होती है, तो प्रत्येक घटक में वोल्टेज होगा:

$V_R = IR$ i.e. R का वोल्टेज .... I के साथ फेज में

$V_L = IX_L$ i.e. L का वोल्टेज .... I से 90° आगे;

$V_C = IX_C$ i.e. C का वोल्टेज .... I से 90° पीछे;

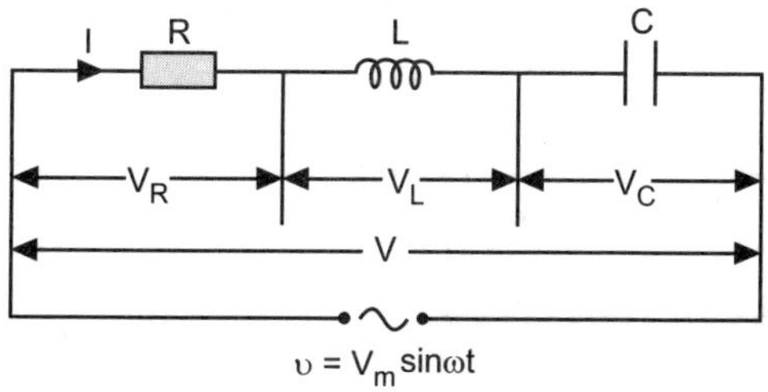

चित्र 2.48: सर्किट आरेख

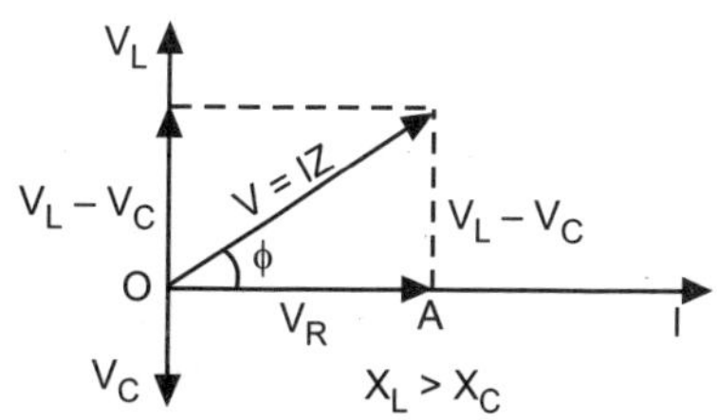

चित्र 2.49: फेजर आरेख

फेज आरेख चित्र 2.49 में दिखाया गया है जहां करेंट को संदर्भ फेज के रूप में लिया जाता है। चूंकि इनडकटेन्स का वोल्टेज V_L करेंट वेक्टर से 90 °आगे है और कैपेसिटेंस का वोल्टेज V_C करेंट वेक्टर से 90° पीछे है, वे एक दूसरे के विपरीत कार्य करते हैं। यदि $V_L > V_C$, वास्तव में, सर्किट एक आगमनात्मक सर्किट के रूप में व्यवहार करता है लेकिन जब $V_L < V_C$, सर्किट एक कैपेसिटिव सर्किट के रूप में व्यवहार करता है। यहां, एक आगमनात्मक सर्किट (यानी जब $V_L > V_C$) के लिए फेजर आरेख तैयार किया गया है।

$$V = \sqrt{(V_R)^2 + (V_L - V_C)^2} = \sqrt{(IR)^2 + (IX_L - IX_C)^2}$$

या $$V = I\sqrt{R^2 + (X_L - X_C)^2}$$

या $$I = \frac{V}{\sqrt{(R)^2 + (X_L - X_C)^2}} = \frac{V}{Z}$$

जहां $$Z = \sqrt{R^2 + (X_L - X_C)^2}$$

एक आर-एल-सी श्रृंखला सर्किट द्वारा प्रत्यावर्ती धारा के प्रवाह के लिए दिया गया कुल विरोध को सर्किट का प्रतिबाधा कहते हैं।

फेज कोण: फेज आरेख से: $$\tan\varphi = \frac{V_L - V_C}{V_R} = \frac{X_L - X_C}{R}$$

$$\varphi = \tan^{-1}\frac{X_L - X_C}{R}$$

शक्ति: औसत शक्ति, $$P = \text{VI}\cos\varphi = I^2 R$$

ऊर्जा घटक, $\cos\varphi = \dfrac{V_R}{V} = \dfrac{R}{Z}$

यदि परिपथ के आर-पार लगाया जाने वाला प्रत्यावर्ती वोल्टता, समीकरण द्वारा दिया जाता है।

$$v = V_m \sin \omega t$$

सर्किट करेंट को नीचे बताए गए स्थिरांक या मापदंडों के अनुसार समीकरण द्वारा दर्शाया जाता है:

आर-एल-सी (R-L-C) श्रृंखला सर्किट के तीन मामले-

(i) जब $X_L > X_C$, कला कोण θ (+) धनात्मक होता है। वास्तव में, सर्किट R-L श्रृंखला सर्किट के रूप में व्यवहार करता है। सर्किट करेंट प्रयुक्त वोल्टेज से पिछड़ जाता है इसलिए p.f. भी लैगिंग हो जाता है। करेंट का मान नीचे बताए गए समीकरण द्वारा दिया जाता है।

$$i = Im \sin(\omega t - \phi)$$

(ii) जब $X_L < X_C$, कला कोण θ (–) ऋणात्मक होता है। वास्तव में, परिपथ एक R-C श्रेणी परिपथ के रूप में व्यवहार करता है। सर्किट करेंट प्रयुक्त वोल्टेज की ओर जाता है और p.f. आगे है। करेंट का मान नीचे बताए गए समीकरण द्वारा दिया जाता है।

$$i = Im \sin(\omega t + \phi)$$

(iii) जब $X_L = X_C$, कला कोण ϕ शून्य होता है। वास्तव में, सर्किट एक शुद्ध प्रतिरोधक सर्किट की तरह व्यवहार करता है। सर्किट करेंट प्रयुक्त वोल्टेज के साथ फेज में होता है और p.f. यूनिटी होता है । करेंट का मान नीचे बताए गए समीकरण द्वारा दिया गया है।

$$i = I_m \sin(\omega t)$$

प्रतिबाधा त्रिकोण

चित्र 2.50 सर्किट के प्रतिबाधा त्रिकोण को दिखाता है जब $X_L > X_C$, जबकि, चित्र 2.51 सर्किट के प्रतिबाधा त्रिकोण को दिखाता है जब $X_L < X_C$।

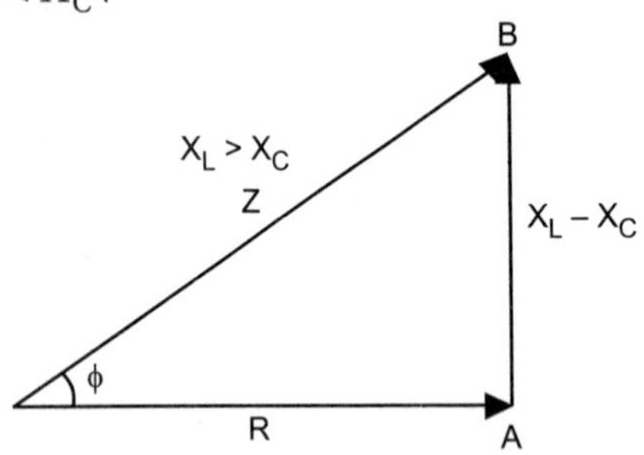

चित्र 2.50: प्रतिबाधा त्रिभुज $X_L > X_C$

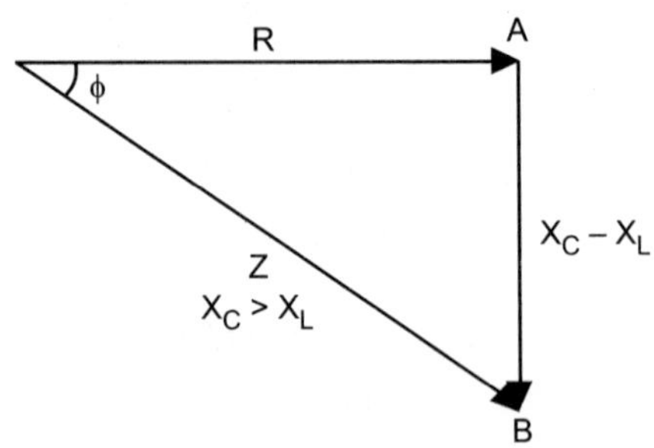

चित्र 2.51: प्रतिबाधा त्रिभुज $X_L < X_C$

2.30 श्रृंखला अनुनाद

आर-एल-सी श्रृंखला सर्किट में, जब सर्किट करेंट लागू वोल्टेज के साथ फेज में होता है, तो सर्किट को श्रृंखला अनुनाद में कहा जाता है। एक R-L-C सर्किट जब $X_L = X_C$ (या $X_L - X_C = 0$) की स्थिति प्राप्त की जाती है, सर्किट को श्रृंखला अनुनाद में कहा जाता है जिसे चित्र 2.52 में दिखाया गया है।

अनुनाद पर;

$$X_L - X_C = 0 \text{ or } X_L = X_C$$

प्रतिबाधा, $Z_r = \sqrt{R^2 + (X_L - X_C)^2} = R$

करेंट, $I_r = (V/Z_r) = (V/R)$

चूँकि अनुनाद पर, धारा के प्रवाह का विरोध परिपथ का केवल प्रतिरोध (R) होता है, इस स्थिति में परिपथ अधिकतम धारा खींचता है।अनुनाद आवृत्ति: X_L ($= 2\,\pi f L$) और $X_C = 1/2\,\pi f C$) के मान को आपूर्ति आवृत्ति को बदलकर बदला जा सकता है। जब आवृत्ति बढ़ती है, तो X_L का मान बढ़ता है, जबकि, X_C का मान घटता है, और इसके विपरीत। इस प्रकार श्रृंखला प्रतिध्वनि प्राप्त करने के लिए, आवृत्ति को fr में समायोजित किया जाता है ताकि $X_L = X_C$, बिंदु P पर स्थिति को चित्र 2.53 में दिखाया गया है।

अनुनाद पर, $X_L = X_C$

$$2\pi\, frL = \frac{1}{2\pi f_r C}$$

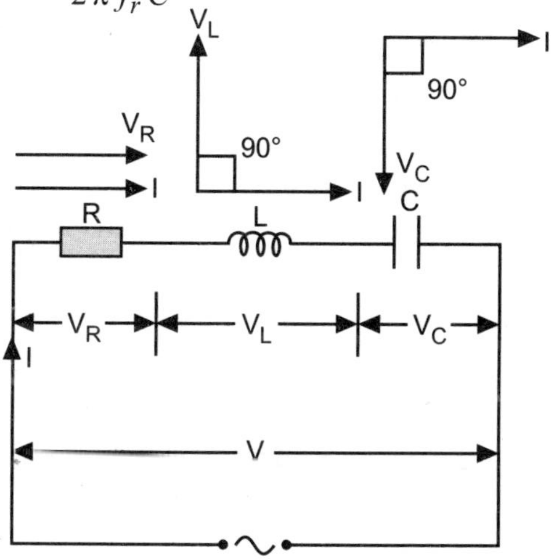

चित्र 2.52: अनुनाद सर्किट $X_L = X_C$

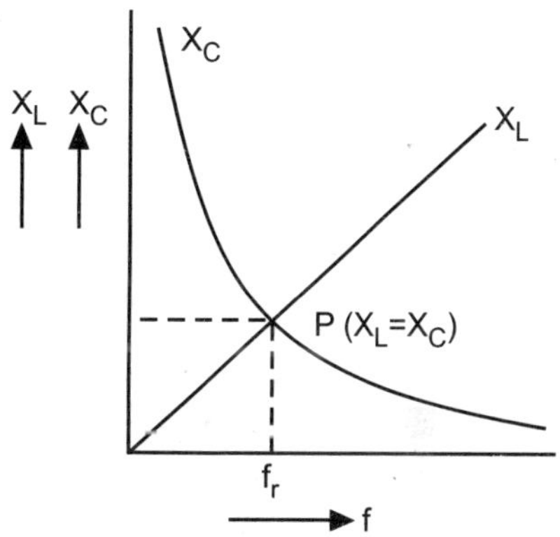

चित्र 2.53: X_L और X_C के लिए ग्राफ

या $$fr = \frac{1}{2\pi\sqrt{LC}}$$

जहां,

fr Hz में गुंजयमान (resonance) आवृत्ति है

व L और C को क्रमशः हेनरी और फैराड में मापा जाता है।

श्रृंखला अनुनाद के प्रभाव

श्रृंखला अनुनाद के मुख्य प्रभाव निम्नलिखित हैं:

(i) अनुनाद $X_L = X_C$ पर, इसलिए, परिपथ की प्रतिबाधा न्यूनतम होती है और केवल परिपथ के प्रतिरोध तक कम हो जाती है, अर्थात।

$$Z_r = R$$

(ii) चूंकि, प्रतिबाधा न्यूनतम है, अनुनाद पर परिपथ धारा अधिकतम होती है, अर्थात।

$$I_r = V/Z_r = V/R$$

(iii) सर्किट द्वारा ली गई शक्ति अधिकतम है, क्योंकि I_r अधिकतम है, अर्थात।

$$Pr = I^2R$$

(iv) चूंकि अनुनाद पर परिपथ द्वारा खींची गई धारा बहुत बड़ी (अधिकतम) होती है, इसलिए V_L (यानी $V_L = IX_L = I \times 2\pi fr$) और V_C (यानी $V_C = IX_C = I \times 1/2\pi frC$), का मान भी बहुत बड़ा होता है।

बिजली व्यवस्था में, अनुनाद पर, आगमनात्मक और कैपेसिटिव घटकों (जैसे सर्किट ब्रेकर, रिएक्टर, आदि) में निर्मित अत्यधिक वोल्टेज से नुकसान हो सकता है। इसलिए बिजली व्यवस्था में श्रृंखला अनुनाद से बचा जाना चाहिए। हालाँकि, कुछ इलेक्ट्रॉनिक उपकरणों (जैसे रेडियो और टीवी रिसीवर के एंटीना सर्किट, ट्यूनिंग सर्किट आदि) में, श्रृंखला अनुनाद के सिद्धांत का उपयोग सिग्नल वोल्टेज और करेंट को वांछित आवृत्ति (fr) पर बढ़ाने के लिए किया जाता है।

चूंकि एक श्रृंखला अनुनाद सर्किट में मुख्य से भारी धारा और शक्ति खींचने की क्षमता होती है, इसलिए इसे अक्सर स्वीकर्ता सर्किट माना जाता है।

2.31 अनुनाद वक्र

धारा और आवृत्ति के बीच एक ग्राफ बनाकर प्राप्त वक्र को अनुनाद वक्र के रूप में जाना जाता है। एक विशिष्ट R-L-C श्रेणी परिपथ का अनुनाद वक्र चित्र 2.54 में दिखाया गया है। यह ध्यान दिया जा सकता है कि गुंजयमान आवृत्ति (fr) पर करेंट अपने अधिकतम मान तक पहुँच जाता है, उस बिंदु के दोनों ओर तेजी से गिरता है। ऐसा इसलिए है क्योंकि जब आवृत्ति का मान अनुनाद आवृत्ति से कम होता है, $X_L > X_C$ और जब आवृत्ति का मान fr, $X_C < X_L$ से अधिक होता है। दोनों ही स्थितियों में, परिपथ की प्रतिबाधा ($Z > Zr$) बढ़ जाती है और धारा का मान घट जाता है।ध्यान दें कि सर्किट का प्रतिरोध भी अपनी भूमिका निभाता है। प्रतिरोध जितना छोटा होगा, प्रतिध्वनि पर धारा उतनी ही अधिक होगी।

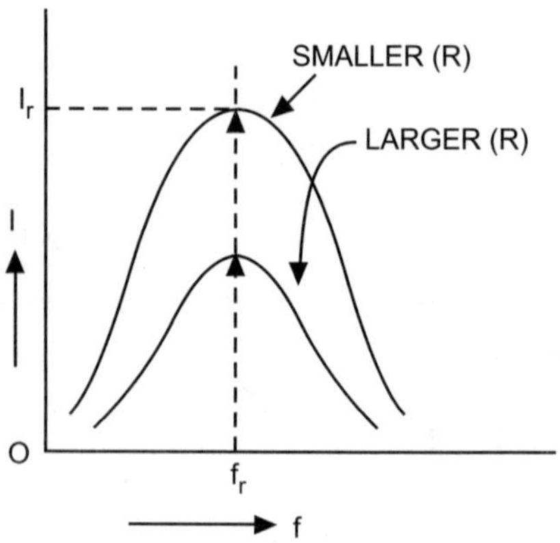

चित्र 2.54: अनुनाद वक्र (रेजोनेंस कर्व)

बैंडविड्थ: आवृत्ति की वह सीमा जिस पर सर्किट करेंट अधिकतम मान के 70.7% के बराबर या उससे अधिक होता है (अर्थात Ir, अनुनाद पर करेंट) एक श्रृंखला अनुनाद सर्किट की बैंडविड्थ के रूप में जाना जाता है।

चित्र 2.55 एक विशिष्ट आर-एल-सी सर्किट का एक अनुनाद वक्र दिखाता है जहां सर्किट करेंट बराबर या उससे अधिक होता है, फिर आवृत्ति रेंज f_1 से f_2 के बीच अधिकतम करेंट (यानी $Ir = V/R$) का 70.7% होता है।

बैंडविड्थ, $BW = f_2 - f_1$

यहां, आवृत्ति f_1 को निचली कट-ऑफ आवृत्ति कहा जाता है और आवृत्ति f_2 को ऊपरी वक्र आवृत्ति कहा जाता है। बैंडविड्थ आवृत्ति रेंज का प्रतिनिधित्व करता है जिस पर सर्किट, सर्किट करेंट को कम प्रतिबाधा प्रदान करता है। निम्नलिखित बिंदुओं को यहां नोट किया जा सकता है:

(i) यदि गुंजयमान आवृत्ति ऊपरी और निचले वक्र आवृत्ति के केंद्र में स्थित नहीं है, तो

$$f_r = \sqrt{f_1 f_2}$$

(ii) जब गुंजयमान आवृत्ति दो कटऑफ आवृत्तियों के केंद्र के पास पर्याप्त रूप से स्थित होती है तो सर्किट के क्यू-फैक्टर (Q)[3] का मान 10 होता है,

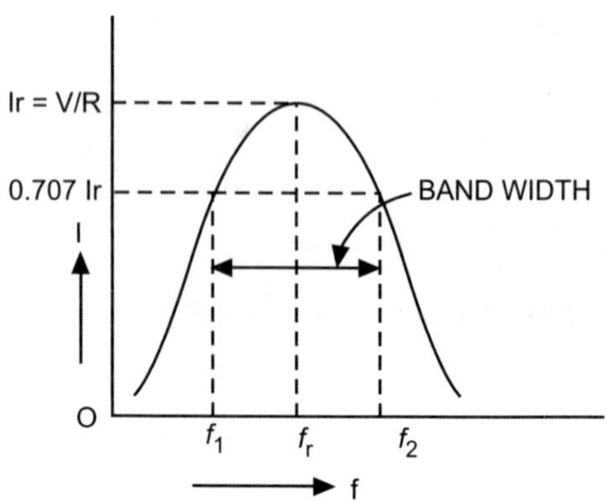

चित्र 2.55 : बैंडविड्थ दर्शाता अनुनाद वक्र

$$f_1 = f_r - \frac{BW}{2} \text{ और } f_2 = f_r + \frac{BW}{2}$$

चयनात्मकता: अनुनाद वक्र से, यह स्पष्ट है कि छोटे प्रतिरोध के लिए अनुनाद वक्र बड़े प्रतिरोध के लिए तेज और सपाट है। एक तेज अनुनाद वक्र उचित प्रतिक्रिया देने के लिए आवृत्तियों का छोटा बैंड प्रदान करता है और इसलिए बेहतर चयनात्मकता प्रदान करता है। यह यह भी दर्शाता है कि चयनात्मकता बैंडविड्थ का पारस्परिक है.

2.32 श्रृंखला अनुनाद सर्किट का क्यू-फैक्टर

हमने देखा है कि श्रृंखला अनुनाद पर, सर्किट मुख्य से सबसे बड़ा करेंट खींचता है, इससे L या C पर भारी वोल्टेज उत्पन्न होता है। वह कारक जिसके द्वारा एल या सी के आर-पार लागू वोल्टेज तक बढ़ जाता है जिसे श्रृंखला अनुनाद सर्किट का क्यू-कारक कहा जाता है।

$$\text{Q-factor} = \frac{\text{C या L का वोल्टेज}}{\text{प्रयुक्त वोल्टेज}} = \frac{I_r X_L}{I_r R} = \frac{X_L}{R} = \frac{\omega_r L}{R}$$

जहां,
$$\omega_r = 2\pi fr = \frac{1}{2\pi\sqrt{LC}} = \frac{1}{\sqrt{LC}}$$

$$\text{Q-Factor} = \frac{L}{R} \times \frac{1}{\sqrt{LC}} = \frac{1}{R}\sqrt{\frac{L}{C}}$$

क्यू-फैक्टर का मान पूरी तरह से कॉइल के डिजाइन पर निर्भर करता है (यानी आर-एल जो आर-एल-सी सर्किट का एक हिस्सा है)।

उदाहरण 2.17: एक कुंडल प्रतिरोध 10 Ω और प्रेरक 111.4 mH, एक 200 V, 50 Hz आपूर्ति में 159.16 F के संधारित्र के साथ श्रृंखला में जुड़ा हुआ है। गणना करे (a) आगमनात्मक प्रतिक्रिया (b) कैपेसिटिव रिएक्टेंस (c) प्रतिबाधा (d) करेंट (e) कॉइल और कैपेसिटर में वोल्टेज।

समाधान: सर्किट चित्र 2.56 में दिखाया गया है।

$R = 10\ \Omega;\ L = 111.4\ \text{mH};\ C = 159.16\ \mu F = 159.16 \times 10^{-6};\ V = 200\ \text{V};\ f = 50\ \text{Hz}$

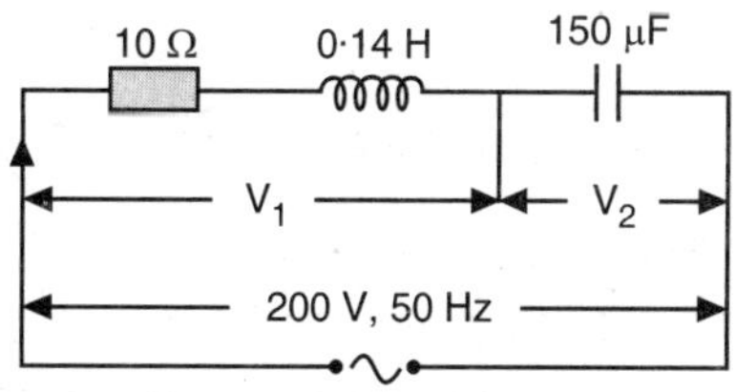

चित्र 2.56: दिए गए डेटा के अनुसार सर्किट

(a) आगमनात्मक प्रतिक्रिया,

$X_L = 2\pi fL = 2\pi \times 50 \times 111.14 \times 10^{-3} = 35\ \Omega$

(b) कैपेसिटिव रिएक्टेंस

$$X_c = \frac{1}{2\pi f C} = \frac{1}{2\pi \times 50 \times 159.16 \times 10^{-6}} = 20\ \Omega$$

(c) प्रतिबाधा, $Z = \sqrt{R^2 + (X_L - X_C)^2} = \sqrt{10^2 + (35 - 20^2)} = 25\Omega$

(d) करेंट, $I = \frac{V}{Z} = \frac{200}{25} = 8\ \text{A}$

(e) कॉइल का वोल्टेज

$V_1 = IZ_{\text{COIL}} = I\sqrt{R^2 + X_L^2} = 8\sqrt{10^2 + 35^2} = 291.2\ \text{V}$

कैपेसिटर का वोल्टेज,

$V_2 = IX_C = 8 \times 20 = 160\ \text{V}$ (उत्तर)

उदाहरण 2.18: चित्र 2.57 . में दिखाए गए सर्किट में लागू वोल्टेज और बिजली की हानियां का पता लगाएं।

समाधान: यहां, C = 39.79 μF

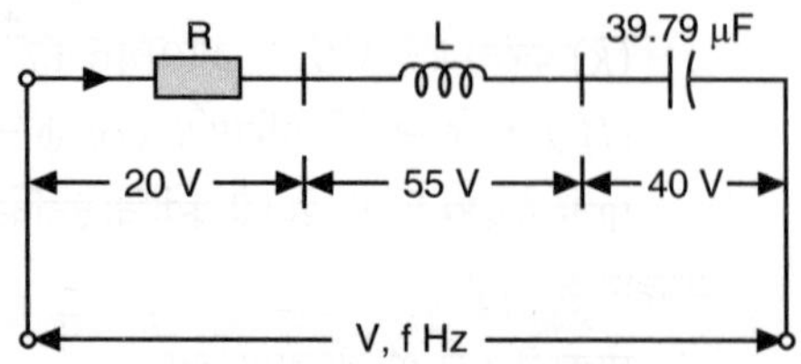

चित्र.2.57: दिया गया सर्किट

$$X_C = \frac{1}{2\pi fC} = \frac{1}{2\pi \times 50 \times 39.79 \times 10^{-6}} = 80\ \Omega$$

प्रयुक्त वोल्टेज, $V = \sqrt{20^2 + (55-40)^2} = 25V$

करेंट, $I = \frac{V_C}{X_C} = \frac{40}{80} = 0.5$ A

बिजली की हानियां = P

$P = V_R I = 20 \times 0.5 = 10$ W

उदाहरण 2.19: प्रतिरोध का एक कुंडल 12 Ω और इंडक्टेन्स 0.051 H, 20 Ω का एक गैर-प्रेरक प्रतिरोध और एक हानि रहित 212.22 μF संधारित्र 240 V, 50 Hz साइनुसॉइडल आपूर्ति से जुड़े हुए हैं, (i) करेंट और (ii) सर्किट के पावर फैक्टर की गणना करें।

समाधान: परिपथ चित्र 2.58. में दिखाया गया है

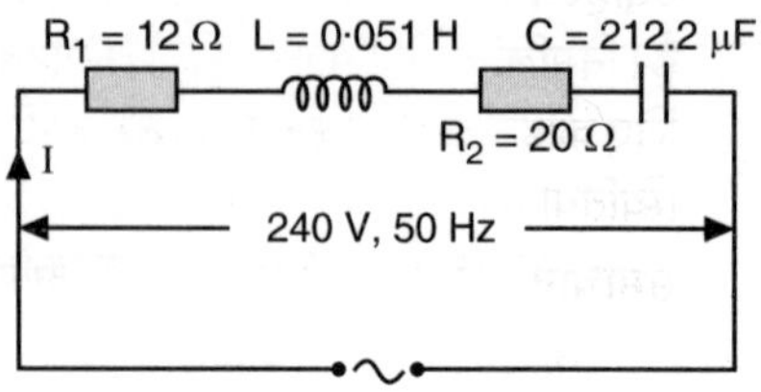

चित्र 2.58: दिए गए डेटा के अनुसार सर्किट

पूरे सर्किट का प्रतिरोध, $R = R_1 + R_2$

$= 12 + 20 = 30\ \Omega$

आगमनात्मक प्रतिक्रिया,

$X_L = 2\pi f L = 2\pi \times 50 \times 0.051 = 16\ \Omega$

कैपेसिटिव रिएक्टेंस,

$$X_C = \frac{1}{2\pi f C} = \frac{1}{2\pi \times 50 \times 212.2 \times 10^{-6}} = 15\ \Omega$$

$$Z = \sqrt{R^2 + (X_L - X_C)^2} = \sqrt{32^2 + (16-15)^2} = 32.016\ \Omega$$

(i) करेंट, $I = V/Z = 240/32.016 = 7.496$ A

(ii) पावर फैक्टर की परिमाण, $\cos\phi = R/Z = 32/32.016 = 0.9995$ (Lag)

उदाहरण 2.20: एक श्रृंखला R-L-C सर्किट जिसमें 20 Ω का प्रतिरोध, 0.2 H का इंडक्शन और 150 μF का समाई 230 V, 50 Hz स्रोत से जुड़ा होता है। गणना (i) प्रतिबाधा (ii) करेंट और (iii) पावर फैक्टर की परिमाण और प्रकृति (iv) पावर फैक्टर को यूनिटी बनाने के लिए आपूर्ति की आवृत्ति को समायोजित किया जाता है।

समाधान: सर्किट दिखाया गया है।

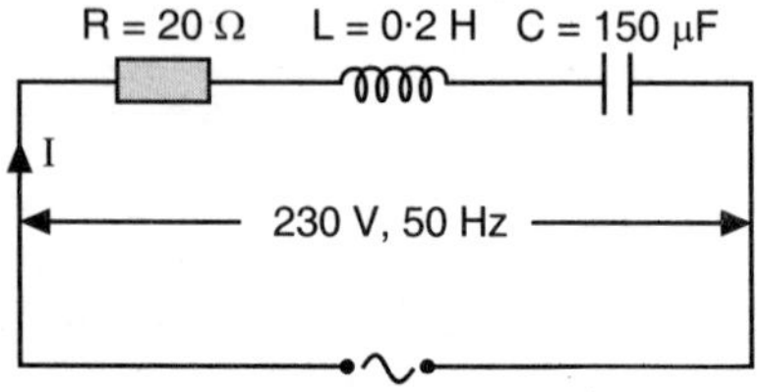

चित्र 2.59: दिए गए डेटा के अनुसार सर्किट

यहां $R = 20\ \Omega$; $L = 0.2$ H; $C = 150\ \mu F = 150 \times 10^{-6}$

आगमनात्मक प्रतिक्रिया,

$X_L = 2\pi fL = 2\pi \times 50 \times 0.2 = 62.83\ \Omega$

कैपेसिटिव रिएक्टेंस,

$$X_C = \frac{1}{2\pi f C} = \frac{1}{2\pi \times 50 \times 150 \times 10^{-6}} = 21.22\ \Omega$$

$$Z = \sqrt{R^2 + (X_L - X_C)^2} = \sqrt{20^2 + (62 \cdot 83 - 21 \cdot 22)^2} = 46.17\ \Omega$$

(*k*) करेंट, $I = V/Z = 230/46.17 = 4.98$ A

(*l*) पावर फैक्टर की परिमाण, $\cos \phi = R/Z = 20/46.17 = 0.433$ (लैग)

पावर फैक्टर पिछड़ रहा है क्योंकि इंडक्टिव रिएक्टेंस कैपेसिटिव रिएक्टेंस से अधिक है यानी सर्किट इंडक्टिव सर्किट की तरह व्यवहार करता है।

पावर फैक्टर यूनिटी होगा जब

$$X_L = X_C$$

$$2\pi fr\, L = \frac{1}{2\pi f_r C}$$

$$Fr = \frac{1}{2\pi}\frac{1}{\sqrt{LC}} = \frac{1}{2\pi\sqrt{0 \cdot 2 \times 150 \times 10^{-6}}} = 29.06 \text{ Hz}$$

उदाहरण 2.21: एक आगमनात्मक कुंडल 10 A लेता है और 250 V, 25 Hz आपूर्ति से जुड़े होने पर 1500 W खपत कर देता है। निम्नलिखित की गणना करें, (i) प्रतिबाधा; (ii) प्रभावी प्रतिरोध; (iii) प्रतिक्रिया; (iv) सर्किट यूनिट का पावर फैक्टर बनाने के लिए कॉइल के साथ श्रृंखला में जुड़े होने के लिए आवश्यक समाई का मान; और (vi) अब कुंडली द्वारा ली गई राशि क्या है? दोनों स्थितियों का फेज आरेख भी बनाइए।

समाधान: सर्किट को चित्र 2.60 में दिखाया गया है।

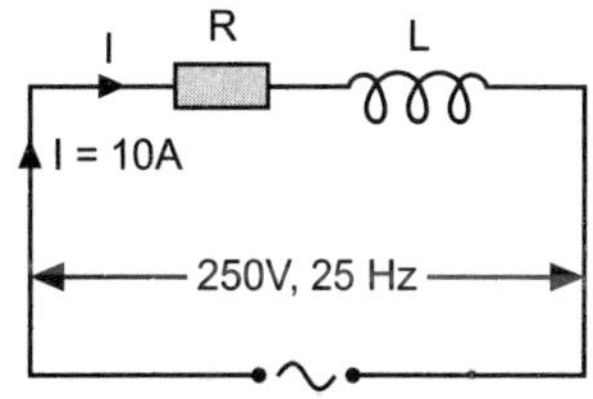

चित्र 2.60: दिए गए डेटा के अनुसार सर्किट

कुण्डली में क्षयित शक्ति, I^2 R = 1500 W

कुण्डली का प्रतिरोध, $R = 1500/(10)2$

= 15 Ω (उत्तर)

कुंडल की प्रतिबाधा, Z = V/I = 250/10 = 25 Ω (उत्तर)

कुंडली की आगमनात्मक प्रतिक्रिया,

$$X_L = \sqrt{Z^2 - R^2} = \sqrt{(25)^2 - (15)^2} = 20\ \Omega$$

शक्ति कारक, $\cos \varphi = R/Z = 15/25 = 0.6$ lag (उत्तर)

पी.एफ. सर्किट की यूनिटी होगी जब,

$X_C = X_L$ या $1/2\ \pi f\, C = 20\ \Omega$ या $C = \dfrac{1}{2\pi \times 25 \times 20} = 159.2\ \mu$F

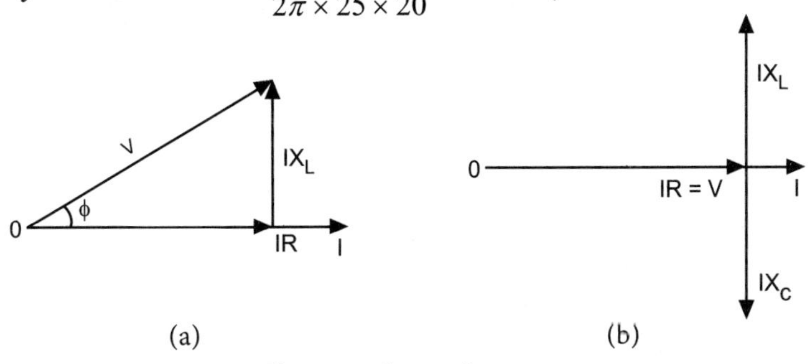

चित्र 2.61: फेजर आरेख

दो मामलों के लिए फेज आरेख क्रमशः चित्र 2.61 (a) और (b) में तैयार किया गया है।

उदाहरण 2.22: एक चोक कॉइल 100 F संधारित्र के साथ श्रृंखला से जुड़ा है। 250 V के निरंतर आपूर्ति वोल्टेज के साथ, यह पाया जाता है कि आपूर्ति आवृत्ति 100 Hz होने पर सर्किट अपनी अधिकतम 50 A लेता है। निर्धारित करें (i) चोक कॉइल का प्रतिरोध और इंडक्टेन्स; (ii) संधारित्र के आर-पार वोल्टेज और (iii) परिपथ का Q-कारक।

समाधान: अनुनाद पर; करेंट, $I_r = V/R$

$$R = V/I_r = 250/50 = 5\ \Omega$$

$$2\ \pi frL = 1/2\ \pi frC$$

$$L = \frac{1}{(2\pi f_r)^2 C} = \frac{1}{(2\pi \times 100)^2 \times 100 \times 10^{-6}} = 25.33 \text{ mH (उत्तर)}$$

संधारित्र भर में वोल्टेज,

$$V_C = I_r \times X_C = 50 \times 1/2\ \pi \times 100 \times 100 \times 10^{-6} = 795.8 \text{ V (उत्तर)}$$

$$\text{Q-Factor} = \frac{V_L}{V_R} = \frac{X_L}{R} = \frac{2\pi f_r L}{R} = \frac{2\ \pi \times 100 \times 25.33 \times 10^{-3}}{5} = 3.183 \text{ (उत्तर.)}$$

उदाहरण 2.23: एक श्रृंखला गुंजयमान सर्किट में 150 का Q-कारक होता है; 0.1 H का इनडकटेन्स और 0.1 F का समाई। सर्किट की बैंड चौड़ाई की गणना करें।

समाधान: अनुनाद पर, आवृत्ति

$$f_r = \frac{1}{2\pi\sqrt{LC}} = \frac{1}{2\pi\sqrt{0.1 \times 0.1 \times 10^{-6}}} = \frac{10^4}{2\pi} = H$$

$$Q = \frac{f_r}{BW}$$

बैंड चौड़ाई,
$$BW = \frac{f_r}{Q} = \frac{10^4}{2\pi \times 150} = 10.61 \text{ Hz (उत्तर)}$$

$$\text{क्यू-फैक्टर} = V_C/V = 397.88/250 = 1.59 \text{ (उत्तर)}$$

उदाहरण 2.24: प्रतिरोध का एक कुंडल 40 Ω और इनडकटेन्स 0.75 H के साथ एक श्रृंखला सर्किट में हैं संधारित्र C के साथ श्रृंखला से जुड़ा है। गुंजयमान आवृत्ति 60 Hz है। यदि आपूर्ति 250 V, 50 Hz है तो गणना करें। (i) लाइन (ii) पावर फैक्टर, (iii) बिजली की खपत।

समाधान: Here, $R = 40\ \Omega$; L = 0.75 H; $fr = 60$ Hz; $V = 250$ V; $f = 50$ Hz.

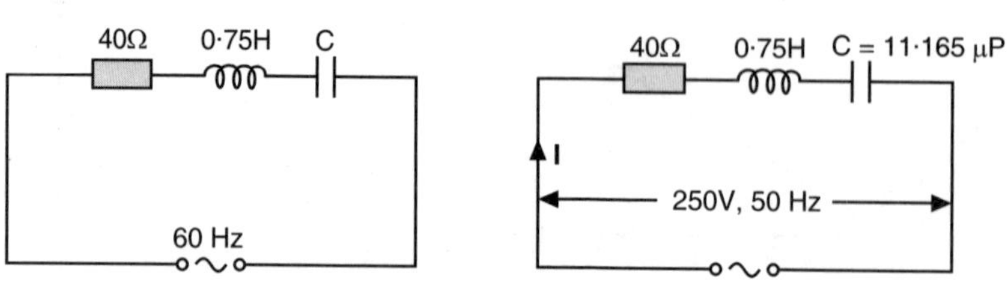

चित्र 2.62: दिए गए डेटा के अनुसार सर्किट

अनुनाद पर, $X_L = Xc$ या $2\pi frL = \dfrac{1}{2\pi f_r C}$

या $$C = \frac{1}{(2\pi f_r)^2 L} = \frac{1}{(2\pi \times 60)^2 \times 0.75} = 9.38\mu F$$

50 Hz, $$X_L = 2\pi fL = 2\pi \times 50 \times 0{\cdot}75 = 235{\cdot}6\ \Omega$$

$$X_C = \frac{1}{2\pi fC} = \frac{1}{2\pi \times 50 \times 9.38 \times 10^{-6}} = 339.35\Omega$$

$$\text{प्रतिबाधा, } Z = \sqrt{R^2 + (X_L - X_C)^2} = \sqrt{(40)^2 + (235.6 - 339.35)^2} = 111.2\ \Omega$$

$$\text{करेंट } I = \frac{V}{Z} = \frac{250}{111.2} = 2.248 \text{ A (उत्तर)}$$

$$\text{सर्किट का पावर फैक्टर, } \cos\varphi = \frac{R}{Z} = \frac{40}{111.2} = 0.36 \text{ लीडींग (उत्तर)}$$

बिजली की खपत, $P = VI\cos\varphi = 250 \times 2.248 \times 0{\cdot}36 = 202.32$ W (उत्तर)

अभ्यास

1. प्रतिरोध 8 Ω और इंडक्टेन्स 0.12 H का एक कुंडल 230 V, 50 Hz आपूर्ति में 140 μF समाई के एक संघनित्र के साथ श्रृंखला में जुड़ा हुआ है। गणना करें: (i) पूरे सर्किट का प्रतिबाधा, (ii) कंडेनसर से बहने वाली धारा, (iii) सर्किट का पावर फैक्टर, (iv) कंडेनसर के आर-पार वोल्टेज। (**उत्तर** 17 Ω; 13.53 A; 0.471 (लैगिंग); 307.7 V)
2. 10 Ω और इंडक्टेन्स 0.1 H की एक कॉइल श्रृंखला में 200 V, 50 Hz आपूर्ति में कैपेसिटेंस 150 μF के कंडेनसर के साथ श्रृंखला में जुड़ा हुआ है। निर्धारित करें (i) प्रतिबाधा; (ii) करेंट; (iii) शक्ति कारक; (iv) कॉइल के आर-पार वोल्टेज; (v) संघनित्र के आर-पार वोल्टेज। (**उत्तर** 14.28 Ω; 14 A; 0.7 (लैगिंग); 461.57 V; 297.08 V)
3. एक श्रृंखला R-L-C सर्किट $R = 10\ \Omega$; $L = 0.02$ H, $C = 2$ F के साथ 100 V चर आवृत्ति स्रोत से जुड़ा है। वह आवृत्ति ज्ञात कीजिए जिसके लिए धारा अधिकतम है। (**उत्तर** 795.77 Hz)
4. एक आर-एल-सी श्रृंखला सर्किट के पैरामीटर निर्धारित करें जो 1000 Hz पर गूंजता है, जिसमें 100 Hz की बैंडविड्थ होती है और सर्किट की अनुनाद आवृत्ति पर संचालित 200V जनरेटर से 16W खींचती है। (**उत्तर** 2500 Hz; 3.98 H, 6.3×10^{-6} F)
5. एक 10 mH कॉइल श्रृंखला में एक हानि मुक्त संधारित्र के साथ 20 V के परिवर्तनीय आवृत्ति स्रोत से जुड़ा हुआ है। सर्किट में करेंट 100 kHz की आवृत्ति पर 0.2 A का अधिकतम मान है। गणना करें:
   (i) समाई का मान; (ii) कुंडल का क्यू कारक;
   (iii) आधी शक्ति आवृत्तियाँ। (**उत्तर** 253.3 pf; 62.8; 99.204 kHz; 100.796 kHz)

2.33 एसी समानांतर सर्किट

एसी सर्किट जिसमें कई शाखाओं को इस तरह से जोड़ा जाता है कि प्रत्येक शाखा में वोल्टेज समान हो लेकिन उनके माध्यम से बहने वाली धारा अलग हो, इस तरह की सर्किट, समानांतर सर्किट कहलाती है। समानांतर परिपथों का उपयोग एसी प्रणाली में निम्नलिखित कारणों से बहुत बार किया जाता है।

(i) विभिन्न रेटिंग के लगभग सभी विद्युत उपकरण (या उपकरण) एक ही आपूर्ति वोल्टेज पर संचालित होते हैं और समानांतर में जुड़े होते हैं।

(ii) प्रत्येक उपकरण को अन्य उपकरणों के संचालन को बाधित किए बिना स्वतंत्र रूप से (एक स्विच के साथ) संचालित करने की आवश्यकता होती है। इसलिए, उपकरणों को समानांतर में जोड़ा जाता है ।

2.34 एसी समानांतर सर्किट को हल करने की विधि

समानांतर सर्किट में, समानांतर में शाखाओं की संख्या जुड़ी हुई है। प्रत्येक शाखा में, आम तौर पर, श्रृंखला सर्किट बनाने वाले प्रतिरोध, इनडकटेन्सऔर समाई जैसे घटकों की संख्या होती है। इसलिए प्रत्येक शाखा का अलग-अलग एक श्रृंखला सर्किट के रूप में विश्लेषण किया जाता है और फिर अलग-अलग शाखाओं के प्रभावों को एक साथ जोड़ दिया जाता है। सर्किट गणना करते समय, वोल्टेज और धाराओं के परिमाण और फेज कोणों को ध्यान में रखा जाता है। ए.सी. को हल करने के लिए निम्नलिखित विधियों को लागू किया जा सकता है। समानांतर सर्किट।

(i) फेजर (या वेक्टर) विधि। (ii) एडमिटेन्स विधि। (Y)

(iii) फेज बीजगणित की विधि (या प्रतीकात्मक विधि या j-विधि)।

समाधान के लिए लागू की जाने वाली विधि समस्या की स्थितियों पर निर्भर करती है। हालांकि, सामान्य तौर पर, त्वरित परिणाम देने वाली विधि लागू होती है।

2.35 फेजर (या वेक्टर) विधि

समानांतर ए.सी. को हल करने के लिए इस विधि द्वारा परिपथ निम्नानुसार आगे बढ़ता है:

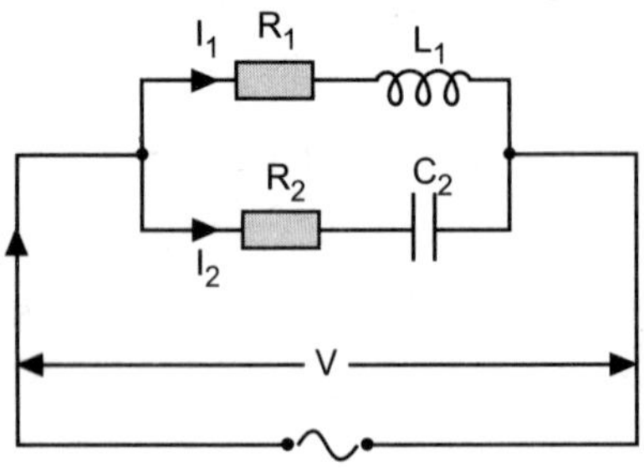

चित्र 2.63: समानांतर एसी सर्किट

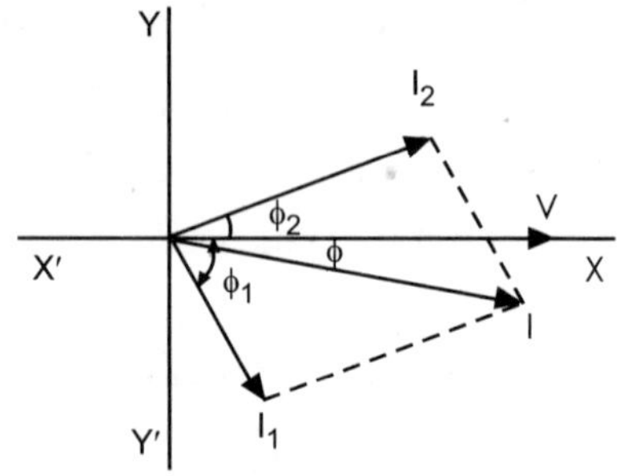

चित्र 2.64: फेजर आरेख

चरण I: दी गई समस्या के अनुसार परिपथ बनाएं जैसा कि चित्र.2.63 में दिखाया गया है। (यहां, उदाहरण के लिए, हमने समानांतर में जुड़ी दो शाखाओं पर विचार किया है। एक शाखा में श्रृंखला में प्रतिरोध और इनडकटेन्स होता है, जबकि दूसरी शाखा में श्रृंखला में प्रतिरोध और समाई होती है। आपूर्ति वोल्टेज वी वोल्ट है)।

चरण II: परिपथ की प्रत्येक शाखा का अलग से प्रतिबाधा ज्ञात कीजिए, अर्थात्।

$Z_1 = \sqrt{R_1^2 + X_{L1}^2}$ जहां $Xl1 = 2\pi f L1$

$Z_2 = \sqrt{R_2^2 + X_{C2}^2}$ जहां $XC_2 = 1/(2\ \pi f\ C_2)$

चरण III: प्रत्येक शाखा में वोल्टेज के साथ करेंट और चरण कोण का परिमाण निर्धारित करें।

$I_1 = V_1/Z_1; \varphi = \tan^{-1} XL_1/R_1$ (लेग्गिंग) [इंडक्टिव शाखा के लिए]

$I_2 = V_2/Z_2; \varphi = \tan^{-1} Xc_2/R_2$ (लिडिंग) [कैपेसीटीव शाखा के लिए]

चरण IV: वोल्टेज को संदर्भ फेजर के रूप में लेते हुए फेजर आरेख बनाएं। इस पर शाखा धाराओं को निरूपित करें जैसा कि चित्र 2.64 में दिखाया गया है।

चरण V: घटकों की विधि द्वारा शाखा धाराओं का फेजर योग ज्ञात कीजिए।

$$I_{XX} = I_1 \cos \varphi_1 + I_2 \cos \varphi_2$$
$$I_{YY} = -I_1 \sin \varphi_1 + I_2 \sin \varphi_2$$
$$I = \sqrt{(I_{XX})^2 + (I_{YY})^2}$$

चरण VI :कुल धारा I और परिपथ वोल्टता V के बीच फेज कोण ज्ञात कीजिए।

$$\varphi = \tan^{-1} (I_{YY}/I_{XX})$$

लेग्गिंग (चूंकि, I_{YY} ऋणात्मक है)

सर्किट का पावर फैक्टर = cos φ (लेग्गिंग)

उदाहरण 2.25: सर्किट *A* और *B* 250 V, 50 Hz आपूर्ति के समानांतर जुड़े हुए हैं। सर्किट *A* में 15 Ω के आगमनात्मक प्रतिक्रिया के साथ श्रृंखला में प्रतिरोध 15 Ω होता है और सर्किट *B* में 15 Ω के कैपेसिटिव रिएक्टेंस के साथ श्रृंखला में 30 Ω प्रतिरोध होता है। निर्धारित करें (i) प्रत्येक सर्किट द्वारा खींची गई धारा; (ii) मुख्य से खींची गई कुल धारा।

समाधान: परिपथ चित्र 2.65. में दिखाया गया है–

$$\text{प्रतिबाधा, } Z_1 = \sqrt{R_1^2 + X_{L1}^2} = \sqrt{(15)^2 + (15)^2} = 21.21\ \Omega$$

$$\text{प्रतिबाधा, } Z_2 = \sqrt{R_2^2 + X_{C2}^2} = \sqrt{(30)^2 + (15)^2} = 33.54\ \Omega$$

$$\text{करेंट } I_1 = \frac{V}{Z_1} = \frac{250}{21.21} = 11.78\text{ A (उत्तर)}$$

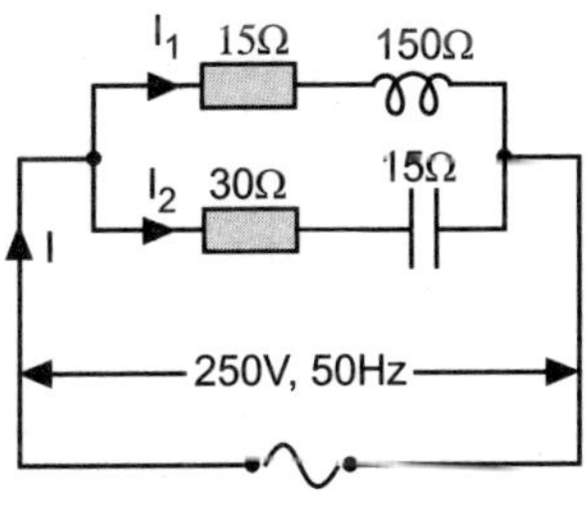

चित्र 2.65: सर्किट आरेख

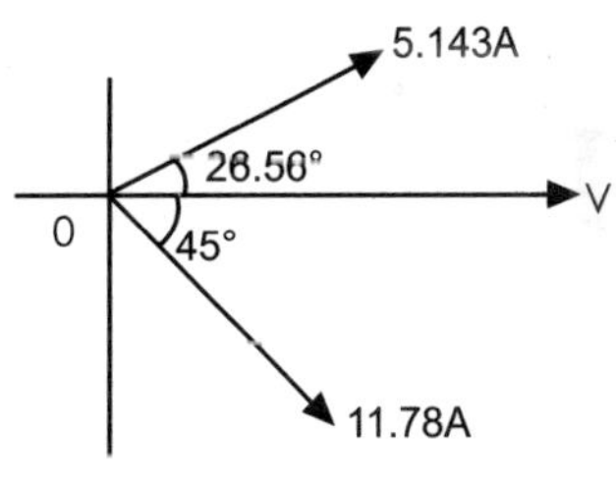

चित्र 2.66: फेजर आरेख

करेंट $$I_2 = \frac{V}{Z_2} = \frac{250}{33.54} = 7.45\text{ A (उत्तर.)}$$

फेजकोण, $$\varphi_1 = \tan^{-1} \frac{X_{L1}}{R_1} = \tan^{-1} \frac{15}{15} = 45 \text{ डिग्री लेग्गिंग}$$

फेजकोण, $$\varphi_2 = \tan^{-1} \frac{X_{C2}}{R_2} = \tan^{-1} \frac{15}{30} = 26.56 \text{ डिग्री लिडिंग}$$

संदर्भ फेज के रूप में वोल्टेज का प्रतिनिधित्व करने वाला फेज आरेख चित्र 2.66 में दिखाया गया है। धाराओं को क्षैतिज और लंबवत रूप से हल करने पर, हम प्राप्त करते हैं

$$I_{XX} = I_1 \cos \varphi 1 + I_2 \cos \varphi_2$$
$$= 11.78 \cos 45° + 7.45 \times \cos 26{\cdot}56° = 15\text{ A}$$

$$I_{YY} = -I_1 \sin \varphi_1 + I_2 \sin \varphi_2$$
$$= -11.78 \times \sin 45° + 7.45 \sin 26{\cdot}56° = -5 \text{ A}$$

मुख्य से खींचीगई धारा, $I = \sqrt{I_{XX}{}^2 + I_{YY}{}^2} = \sqrt{(15)^2 + (5)^2} = 15.81 \text{ A}$

उदाहरण 2.26: प्रतिरोध 30 Ω और प्रेरक 0.1 H का एक कुंडल 40 Ω के गैर-प्रेरक प्रतिरोध के साथ समानांतर में जुड़ा हुआ है। सर्किट की प्रत्येक शाखा में (i) करेंट, (ii) कुल करेंट, (iii) फेज एंगल और p.f. संयोजन का जब 50 Hz पर 200 V का वोल्टेज लगाया जाता है (iv) सर्किट में बिजली की खपत होती है।

समाधान: परिपथ चित्र 2.67 में दिखाया गया है।

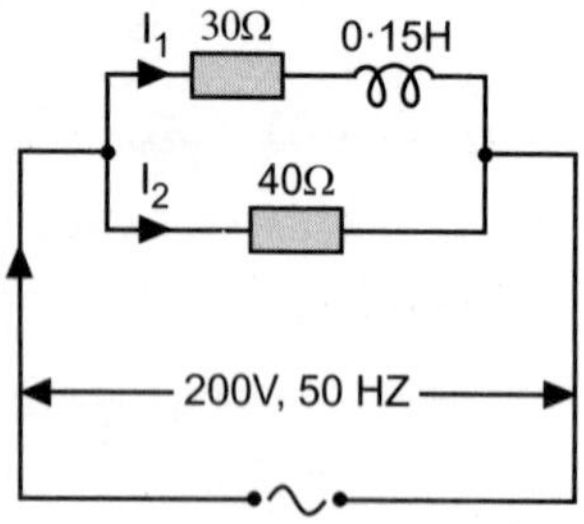

चित्र 2.67: सर्किट आरेख

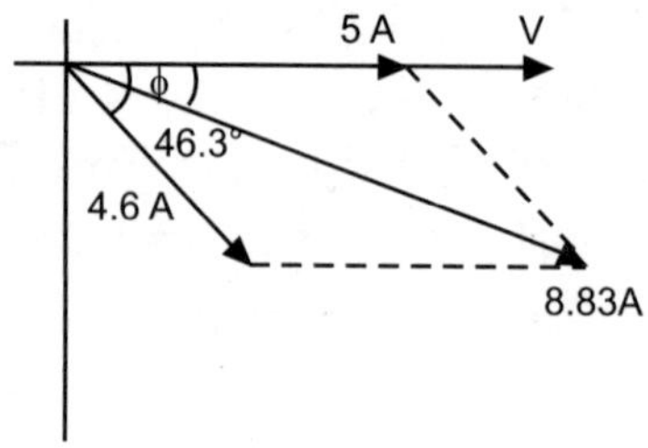

चित्र 2.68: फेजर आरेख

एप्लाइड वोल्टेज, V = 200 V; आपूर्ति आवृत्ति, $f = 50\text{Hz}$

शाखा I: $R_1 = 30\ R_2 = 40\ \Omega;\ X_{L1} = 2\pi fL = 2\pi \times 50 \times 0.1 = 31{\cdot}4\ \Omega$

प्रतिबाधा $\quad Z_1 = \sqrt{R_1^2 + X_L^2} = \sqrt{(30)^2 + (31.4)^2} = 43.43\ \Omega$

कुंडल में करेंट, $\quad I_1 = V/Z_1 = 200/43.43 = 4.6 \text{ A}$

अवस्था कोण, $\quad \phi = \tan^{-1} \dfrac{X_{L1}}{R_1} = \tan^{-1} \dfrac{31.4}{30} = 46.3°$ लेग्गिंग

शाखा II: शाखा करेंट, $I_2 = \text{V}/\text{Z}_2 = 200/40 = 5 \text{ A}$

अवस्था कोण, $\phi_2 = 0$ (I_2, V के साथ फेज में है)

दो धाराओं को सदिश रूप से चित्र 2.68 में दिखाया गया है। धाराओं को क्षैतिज और लंबवत रूप से हल करना

$$I_{XX} = I_2 + I_1 \cos 1f_1$$
$$= 5 + 4.6 \cos 46{\cdot}3° = 5 + 4.6 \times 0.691 = 8.18 \text{ A}$$
$$IYY = 0 - I_1 \sin f_1$$
$$= 0 - 4.6 \sin 46{\cdot}3° = -4.6 \times 0{\cdot}723 = -3.33$$

ऊर्जा घटक, $\cos f = \cos(-22.126°) = 0.9264$ (लेग्गिंग)

Power, P= VI $\cos f = 200 \times 8.83 \times 0.9264 = 1635.7$ W

उदाहरण 2.27: एक सिंगल फेज मोटर 230 V, 50 Hz आपूर्ति से 0.6 p.f. पर 30 A लेता है। एक शंट कैपेसिटर को कुल पावर फैक्टर को 0.9 तक बढ़ाने के लिए कैपेसिटेंस का क्या मान होना चाहिए?

समाधान: मोटर द्वारा खींची गई धारा का सक्रिय घटक, $I_a = I \cos \varphi 1 = 50 \times 0{\cdot}6 = 30 \text{ A}$

प्रारंभिक पावर फैक्टर

$\cos \varphi_1 = 0{\cdot}6$ लेग्गिंग

$\tan \varphi_1 = \tan \cos^{-1} 0{\cdot}6 = 1{\cdot}333$

बेहतर पावर फैक्टर,

$\cos \varphi_2 = 0{\cdot}9$ लेग्गिंग

$\tan \varphi_2 = \tan \cos^{-1} 0{\cdot}9 = 0{\cdot}4843$

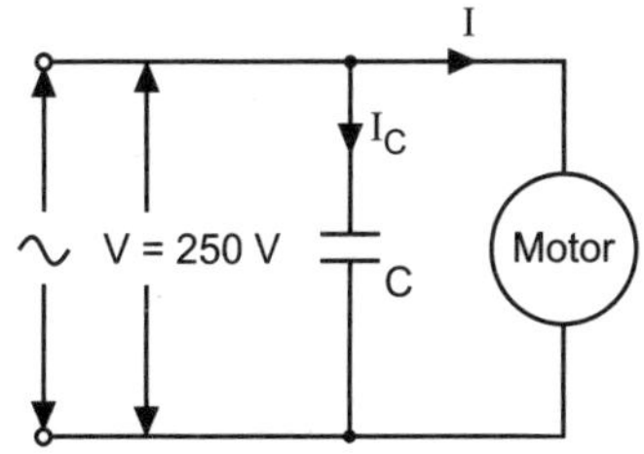

चित्र 2.69: सर्किट आरेख

मान लीजिए C मोटर से जुड़े संधारित्र की धारिता है जैसा कि चित्र 2.69 में दिखाया गया है

संधारित्र द्वारा खींची गई प्रतिक्रियाशील धारा

$$I_C = I_{r1} - I_{r2} = I_A \tan \varphi_1 - I_A \tan \varphi_2$$

$$I_C = I_A (I_A \tan \varphi_1 - \mathrm{I}_A \tan \varphi_2) = 30\,(1.333 - 0.4843) = 25.47\ \mathrm{A}$$

आवश्यक समाई का मान, $C = \dfrac{I_C}{2\pi f V} = \dfrac{25{\cdot}47}{2\pi \times 50 \times 250} = 324.3\ \mu\mathrm{F}$

अभ्यास

1. प्रतिरोध 15 Ω और प्रेरक 0.05 H का एक कुंडल एक गैर-प्रेरक के साथ समानांतर में जुड़ा हुआ है 20 Ω का प्रतिरोध। निर्धारित करें (i) सर्किट की प्रत्येक शाखा में करेंट, (ii) आपूर्ति की गई कुल धारा, (iii) चरण कोण और p.f. संयोजन का जब 50 Hz पर 200 V का वोल्टेज लगाया जाता है, (iv) सर्किट में खपत बिजली।

   (**उत्तर** 9.2 A; 10 A; 17.656 A; −22.126°; 0.9264 (लैगिंग); 3271.3 W)

2. एक श्रेणी प्रत्यावर्ती परिपथ का प्रतिरोध 15 Ω तथा आगमनात्मक प्रतिघात 10 Ω है। ज्ञात कीजिए, संधारित्र का मान जो इस श्रृंखला संयोजन से जुड़ा है ताकि सिस्टम में यूनिटी हो ऊर्जा घटक। एसी आपूर्ति की आवृत्ति 50 Hz है।

   (**उत्तर** 97.94 μF)

3. सर्किट A और B 230 V, 50 Hz आपूर्ति के समानांतर में जुड़े हुए हैं। सर्किट A में शामिल हैं 20 Ω के आगमनात्मक प्रतिक्रिया के साथ श्रृंखला में 20 Ω का प्रतिरोध और सर्किट B में शामिल हैं 20 Ω के कैपेसिटिव रिएक्टेंस के साथ श्रृंखला में 40 Ω का प्रतिरोध। निर्धारित करें (i) प्रत्येक सर्किट द्वारा खींचा गया करेंट; (ii) मुख्य से खींची गई कुल धारा।

   (**उत्तर** 8.13 A; 5.143 A; 10.91 A)

4. एक सिंगल फेज मोटर 230 V, 50 Hz सप्लाई पर 5 A करेंट लेता है, 0.707 p.f. लैग कर रहा है। पीएफ में 0.9 तक सुधार के जरूरी एक संधारित्र को मोटर के साथ समानांतर में जोडा गया। संधारित्र की धारिता ज्ञात कीजिए।

   (**उत्तर** 25.23 mF)

5. एक सिंगल फेज मोटर 250 V, 50 Hz आपूर्ति से 0.6 p.f पर 50 A लेता है। एक शंट संधारित्र को समग्र शक्ति कारक को 0.9 तक बढ़ाने के लिए समाई का क्या मान होनी चाहिए? (**उत्तर** 324.3 μF)

2.36 समानांतर अनुनाद

एक ए.सी. समानांतर में एक प्रेरक और संधारित्र वाले सर्किट को समानांतर अनुनाद में कहा जाता है जब सर्किट करेंट आपूर्ति वोल्टेज के साथ फेज में है। L, Henry के एक प्रेरक पर विचार करें जिसमें कुछ है प्रतिरोध R Ω एक V वोल्ट आपूर्ति वोल्टेज में समाई C, Farad के संधारित्र के साथ समानांतर में जुड़ा हुआ है जैसा कि चित्र 2.70 में दिखाया गया है। सर्किट का फेजर आरेख चित्र 2.71 में दिखाया गया है। सर्किट करेंट केवल आपूर्ति वोल्टेज के साथ फेज में होगा जब

$I_C = I_L \sin \varphi L$

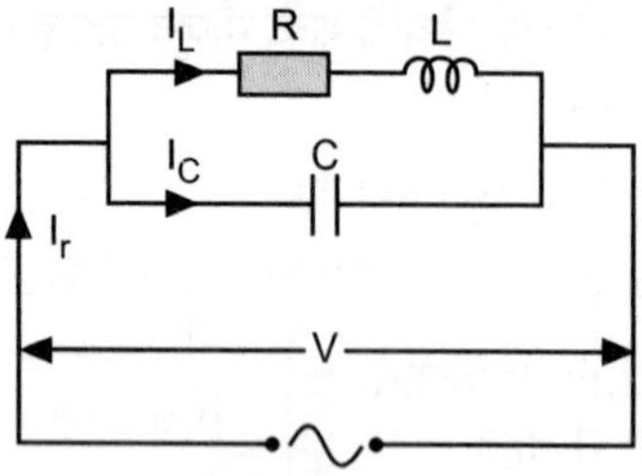

चित्र 2.70: समानान्तर अनुनाद सर्किट

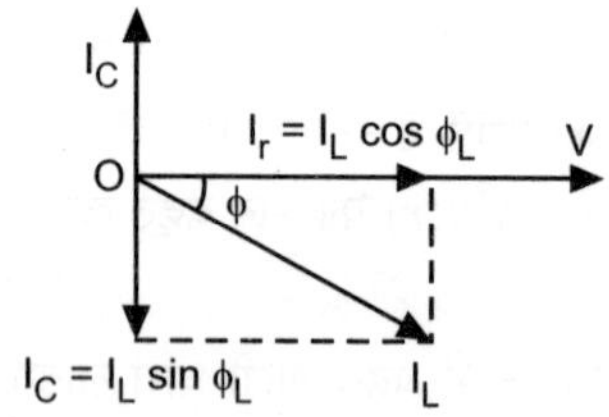

चित्र.2.71: फेजर आरेख

चूँकि अनुनाद पर करेंट के प्रतिक्रियाशील घटक को दबा दिया जाता है, इस स्थिति के तहत सर्किट न्यूनतम करेंट खींचता है

अनुकंपन आवृति (गुंजयमान आवृति)

$X_L (= 2\pi fL)$ और $X_C (= 1/2\,\pi f\, C)$ का मान आपूर्ति आवृत्ति को बदलकर बदला जा सकता है। जब आवृत्ति बढ़ती है, तो X_L का मान और फलस्वरूप Z_L का मान बढ़ जाता है। यह करेंट I_L के परिमाण को कम करता है जो वोल्टेज V से उत्तरोत्तर अधिक कोण से पिछड़ जाता है। दूसरी ओर, X_C का मान घटता है और फलस्वरूप I_C का मान बढ़ता है। कुछ आवृत्ति f_r पर (अनुनाद आवृत्ति कहा जाता है), $I_C = I_L \sin \phi_L$ और अनुनाद होता है।

समानांतर अनुनाद पर,

$$I_C = I_L \sin \varphi_L$$

जहां,
$$I_L = \frac{V}{Z_L};\ \sin \varphi_L = \frac{X_L}{Z_L};$$

$$I_C = \frac{V}{X_C}$$

$$\frac{V}{X_C} = \frac{V}{Z_L} \times \frac{X_L}{Z_L} \quad \text{या} \quad X_L \times X_C = Z_L{}^2$$

या
$$\frac{\omega\, L}{\omega\, C} = Z^2 - (R^2 + (XL)^2)$$

$$\frac{L}{C} = R^2 + (2\pi f_r L)^2 \quad \text{या} \quad 2\,\pi f_r\, L = \sqrt{\frac{L}{C} - R^2}$$

या
$$f_r = \frac{1}{2\,\pi\, L}\sqrt{\frac{L}{C} - R^2} = \frac{1}{2\,\pi}\sqrt{\frac{1}{LC} - \frac{R^2}{L^2}}$$

यदि L की तुलना में R बहुत छोटा है, तो समानांतर अनुनाद का प्रभाव

समानांतर अनुनाद पर; लाइन करेंट,

$$Ir = I_L \cos \varphi \ \text{या}\ \frac{V}{Z_r} = \frac{V}{Z_L} \times \frac{R}{Z_L} \ \text{या}\ \frac{1}{Z_r} = \frac{R}{Z_L^2}$$

या $\dfrac{1}{Z_r} = \dfrac{R}{L/C} = \dfrac{CR}{L}$ (......... क्योंकि $Z = L/C$ from exp. i.)

सर्किट प्रतिबाधा, $Zr = L/CR$

यह बताता है कि

(i) सर्किट प्रतिबाधा Zr $(= L/CR)$ एक शुद्ध प्रतिरोधक है क्योंकि इसमें कोई आवृत्ति शब्द मौजूद नहीं है। यदि L, R और C का मान Henry, Ohm और Farad में है तो Zr का मान Ohm में है।

(ii) Zr का मान बहुत अधिक है क्योंकि समानांतर अनुनाद पर अनुपात L/C बहुत बड़ा है।

(iii) सर्किट करेंट Ir $(= V/Zr)$ का मान बहुत छोटा है, जैसा कि चित्र 2.71 में दिखाया गया है, क्योंकि Zr का मान बहुत अधिक है।

(iv) कैपेसिटर और कॉइल से बहने वाली धारा लाइन करेंट की तुलना में बहुत अधिक है क्योंकि प्रत्येक शाखा की प्रतिबाधा सर्किट प्रतिबाधा Zr से काफी कम है।

चूंकि एक समानांतर गुंजयमान सर्किट मुख्य से बहुत छोटा करेंट और पावर खींच सकता है, इसलिए इसे अक्सर रिजेक्टेड सर्किट माना जाता है।

अनुनाद वक्र: एक विशिष्ट समानांतर अनुनाद सर्किट के लिए करेंट-आवृत्ति वक्र चित्र 2.72 में दिखाया गया है। लाइन करेंट Ir $(= Vr/Zr)$ का मान अनुनाद पर न्यूनतम होता है।

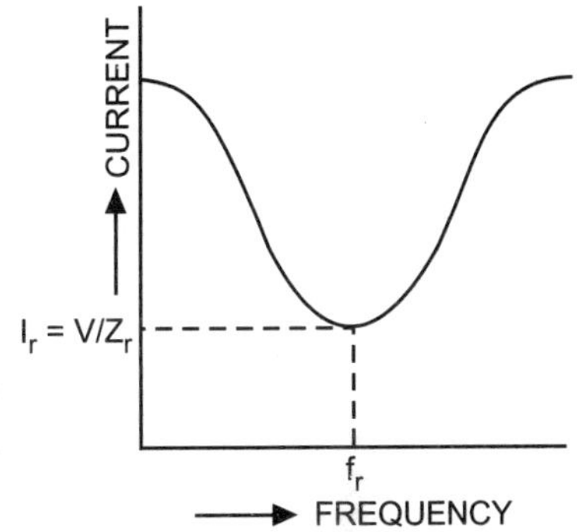

चित्र 2.72: समानांतर अनुनाद सर्किट के लिए करेंट-आवृत्ति वक्र

2.37 समानांतर अनुनाद सर्किट का क्यू-फैक्टर

हमने देखा है कि समानांतर अनुनाद पर, दो शाखाओं के बीच परिसंचारी धारा मुख्य से खींची गई रेखा धारा से कई गुना अधिक होती है। अनुनाद द्वारा उत्पन्न इस धारा सरलीकरण को समानांतर अनुनादी परिपथ का Q-कारक/क्यू-फैक्टर कहा जाता है।

क्यू-कारक = संधारित्र और प्रेरक के बीच परिसंचारी करेंट/लाइन करेंट = I_C/I_R

अब,
$$I_C = V/X_C = 2\,\pi f_r CV \text{ और } I_r = \frac{V}{L/CR}$$

$$\text{Q-कारक} = 2\pi f_r\, C\, V/V \times L/CR = 2\,\pi f_r\, L/R$$

या
$$\text{Q-कारक} = \frac{2\pi L}{R}\cdot\frac{1}{2\pi\sqrt{LC}}$$

या
$$\text{Q-कारक (Q Factor)} = \frac{1}{R}\sqrt{\frac{L}{C}}$$

या
$$\text{Q-कारक (Q Factor)} = \sqrt{\frac{L}{C}}, \text{ (R की उपेक्षा)}$$

Q-कारक का मान श्रेणी अनुनाद के समान ही होता है।

2.38 श्रृंखला और समानांतर अनुनाद सर्किट की तुलना

श्रृंखला और समानांतर अनुनाद सर्किट की तुलना नीचे दी गई है:

क्र.सं.	विवरण	श्रृंखला सर्किट	समानांतर सर्किट
1.	प्रतिबाधा	न्यूनतम यानी Zr = R	अधिकतम यानी Zr = L/CR
2.	धारा	अधिकतम यानी Ir = V/R	न्यूनतम यानी Ir = V/Zr

क्र.सं.	विवरण	श्रृंखला सर्किट	समानांतर सर्किट
3.	गुंजयमान	आवृत्ति $fr = \frac{1}{2\pi\sqrt{LC}}$	$fr = \frac{1}{2\pi}\sqrt{\frac{1}{LC} - \frac{R^2}{L^2}}$
4.	पावर फैक्टर	यूनिटी	यूनिटी
5.	क्यू-फैक्टर	X_L / R	X_L / R
6.	प्रवर्धन	यह वोल्टेज को बढ़ाता है	यह धारा को बढ़ाता है

उदाहरण 2.28: एक समानांतर परिपथ में 25 Ω। प्रतिरोध और 300 mH इनडकटेन्स वाली कुण्डली होती है समाई 4 F के संधारित्र के साथ समानांतर में। निर्धारित करें (i) गुंजयमान आवृत्ति (ii) गतिशील परिपथ की प्रतिबाधा और (iii) अनुनाद पर परिपथ का क्यू-फैक्टर।

समाधान:

(i) गुंजयमान आवृत्ति, $f_r = \frac{1}{2\pi}\sqrt{\frac{1}{LC} - \frac{R^2}{L^2}}$

$fr = 144.68$ Hz (**उत्तर**)

(ii) गतिशील प्रतिबाधा, $Zr = L / CR = 3000$ (**उत्तर**)

(iii) क्यू-कारक $= 2\pi f_r L/R = 10.953$ (**उत्तर**)

उदाहरण 2.29: 15 Ω। प्रतिरोध और 0.1 H इनडकटेन्स की एक कुण्डली A के समानांतर जुड़ी हुई है 15 F का संधारित्र। उस आवृत्ति की गणना करें जिस पर सर्किट एक गैर-प्रेरक प्रतिरोध के रूप में कार्य करेगा R, Ω का। R का मान, गुंजयमान आवृत्ति पर इनपुट करेंट और का अनुपात भी ज्ञात कीजिए गुंजयमान आवृत्ति पर करेंट को सप्लाई करेंट में परिचालित करना। लागू वोल्टेज 100V (आरएमएस) है।

समाधान: धारिता, $C = 10\ \mu\ F = 10 \times 10^{-6}\ F$; $R = 10$; $L = 0.1\ H$; $V = 100\ V$ सर्किट गुंजयमान आवृत्ति पर एक प्रतिरोधक सर्किट के रूप में कार्य करेगा, अर्थात।

$$fr = \frac{1}{2\pi}\sqrt{\frac{1}{LC} - \frac{R^2}{L^2}} = 127.74 \text{ Hz } (\textbf{उत्तर})$$

गतिशील प्रतिरोध (या प्रतिबाधा) $= Zr = L / CR = 444.44\ \Omega$।

गुंजयमान आवृत्ति पर इनपुट करेंट, $I = V/L/CR = 0{\cdot}225$ A (**उत्तर**)

गुंजयमान आवृत्ति पर परिसंचारी धारा से रेखा धारा का अनुपात $= I_C/I = 2\ \pi fr\ L/R$

$= 2\pi \times 127.74 \times 0.1/15 = 5.35$ (**उत्तर**)

उदाहरण 2.30: प्रतिरोध 2 Ω और इनडकटेन्स 0.01 H का एक प्रेरक परिपथ से जुड़ा है एक 250 V, 50 Hz आपूर्ति। समाई के किस मान को समानांतर में रखने की आवश्यकता है यह प्रतिध्वनि उत्पन्न करने के लिए?

समाधान: यहाँ, $R = 2$; $L = 0.014$ H; $V = 250$ V; $f = 50$ Hz

आगमनात्मक प्रतिक्रिया, $X_L = 2\ \pi fL = 2\ \pi \times 50 \times 0.01 = 3.14\ \Omega$

प्रतिबाधा, $Z = \sqrt{R^2 + X_L^2} = \sqrt{(2)^2 + (3.14)^2} = 3.72\ \Omega$

अनुनाद पर, $Z = \sqrt{\frac{L}{C}}$

या $C = L/Z^2 = 0.01/(3.72)^2 = 722.6\ \mu F$

2.39 पॉलीफेज प्रणाली या बहुकला प्रणाली

पॉली का अर्थ है कई (एक से अधिक) और फेज का अर्थ है वाइंडिंग या सर्किट, उनमें से प्रत्येक में एकल समान परिमाण और आवृत्ति का प्रत्यावर्ती वोल्टेज होते है इसलिए, एक पॉलीफ़ेज़ प्रणाली अनिवार्य रूप से एक समान परिमाण और आवृत्ति वाले दो या दो से अधिक वोल्टेज का संयोजन होते है लेकिन एक दूसरे से समान विद्युत कोण से विस्थापित होते है । आसन्न वोल्टेज के बीच यह कोणीय विस्थापन है , जिसे फेज अंतर कहा जाता है और यह चरणों की संख्या पर निर्भर करता है।

फेज अंतर = 360° विद्युत डिग्री / चरणों की संख्या

तीन-फेज प्रणाली के लिए फेज अंतर = 360° / 3 = 120° विद्युत

इस प्रकार, एक ए.सी. प्रणाली जिसमें समान आवृत्ति के समान वोल्टेज (दो या दो से अधिक) का समूह होता है।

2.40 1- फेज प्रणाली पर 3 - फेज प्रणाली के लाभ

उनके बीच समान फेज अंतर रखने की व्यवस्था को पॉलीफ़ेज़ सिस्टम कहा जाता है।

1. **निरंतर शक्ति:** एकल फेज सर्किट में, वितरित की गई शक्ति स्पंदित होती है, जबकि, पॉलीफ़ेज़ मेंसिस्टम, वितरित बिजली लगभग स्थिर होती है जब भार संतुलित होता है।
2. **उच्च रेटिंग:** 3-फेज मशीन की रेटिंग (आउटपुट) एक समान आकार वाले एकल-फेज मशीन की रेटिंग (आउटपुट) से लगभग 1.5 गुना होता है।
3. **पावर ट्रांसमिशन अर्थशास्त्र:** एक निश्चित दूरी पर समान राशि में बिजली संचारित करने के लिए किसी दिए गए वोल्टेज पर, 3-फेज प्रणाली को केवल के संचालन के वजन, एकल-फेज प्रणाली की तुलना में केवल 75% केवल की आवश्यकता होती है।
4. **3-फेज इंडक्शन मोटर्स की श्रेष्ठता:** निम्नलिखित कारणों से 3-फेज इंडक्शन मोटर्स को श्रेष्ठ माना जाता है
   (i) थ्री-फेज इंडक्शन मोटर्स सेल्फ स्टार्टिंग हैं, जबकि 1-फेज इंडक्शन मोटर्स सहायक साधनों के बिना शुरू नहीं होता है।
   (ii) थ्री-फेज इंडक्शन मोटर्स में सिंगल फेज की तुलना में अधिक पावर फैक्टर और दक्षता होती है।

2.41 3 -फेज ई.एम.एफ. का उत्पादन

एक 3-फेज प्रणाली में, तीन समान आवृत्ति के तीन समान वोल्टेज (या ई.एम.एफ.) होते हैं 120 डिग्री का फेज अंतर होता है । इन वोल्टेज को तीन-फेज, एसी द्वारा उत्पादित किया जा सकता है। जनरेटर तीन समान वाइंडिंग (या फेज) ने 120° विद्युत को अलग कर दिया। जब इन वाइंडिंग ए को . में घुमाया जाता है स्थिर परिमाण क्षेत्र [चित्र देखें। 2.73 (a)] या जब इन वाइंडिंग को स्थिर रखा जाता है और चुंबकीय क्षेत्र घुमाया गया है [चित्र देखें। 2.73 (b)], एक ई.एम.एफ. प्रत्येक वाइंडिंग या फेज में प्रेरित होता है। ये ई.एम.एफ. के हैं एक ही परिमाण और आवृत्ति लेकिन एक दूसरे से 120° विद्युत द्वारा विस्थापित होते हैं।

चित्र 2.73 (*a* और *b*) में दिखाए गए अनुसार तीन समान कॉइल्स $A_1\ A_2$, $B_1\ B_2$ और $C_1\ C_2$ माउंटेड पर विचार करें। यहाँ, A_1, B_1 और C_1 प्रारंभ टर्मिनल हैं, जबकि, A_2, B_2 और C_2 तीन कॉइल के अंतिम टर्मिनल हो सकता है ध्यान दिया कि संबंधित स्टार्ट टर्मिनलों के बीच 120 डिग्री विद्युत का एक फेज अंतर बनाए रखा जाता है A_1, B_1 और C_1। एक ही धुरी पर लगे तीन कुंडलियों को घुमाने दें (या चुंबकीय क्षेत्र प्रणाली को कुंडलियों को स्थिर रखते हुए घुमाया गया) रेडियन/सेकंड पर वामावर्त दिशा

है, जैसा कि चित्र में दिखाया गया है। 2.72 (a) और 2.72 (b) क्रमशः। तीन ई.एम.एफ. क्रमशः तीन कुंडलियों में प्रेरित होते हैं। उनका परिमाण और दिशा, इस समय, नीचे उल्लिखित हैं:

(i) ई.एम.एफ. कुंडल A_1 A_2 में प्रेरित शून्य है (प्रारंभ टर्मिनल A_1 पर विचार करें) और में बढ़ रहा है सकारात्मक दिशा में जैसा कि चित्र 2.72 (c) में तरंग e A_1 A_2 द्वारा दिखाया गया है।

(ii) कुण्डली B_1 B_2 कुण्डली A_1 A_2 के पीछे 120° (विद्युत) है। ई.एम.एफ. इस कुंडल में प्रेरित ऋणात्मक है और अधिकतम ऋणात्मक होता जा रहा है (प्रारंभ टर्मिनल B_1 पर विचार करें) जैसा कि B_1 B_2 द्वारा दिखाया गया है

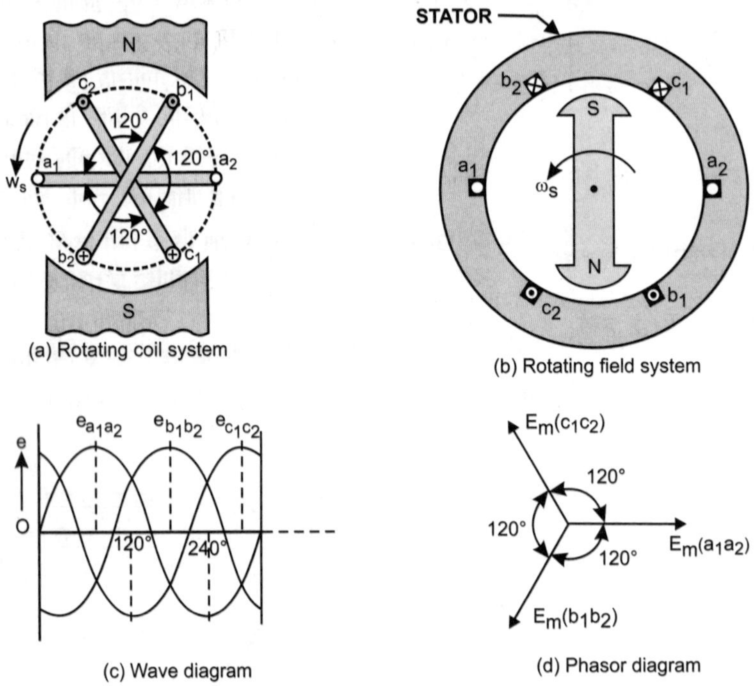

चित्र 2.73: 3 फेज ई.एम.एफ का उत्पादन

(iii) कुंडल C_1 C_2, B_1 B_2 के पीछे 120° (विद्युत) या A_1 A_2 के पीछे 240° (विद्युत) है। ई.एम.एफ. इस कुंडल में प्रेरित सकारात्मक है और घट रहा है (प्रारंभ टर्मिनल C_1 पर विचार करें) जैसा कि चित्र 2.72 में तरंग द्वारा दिखाया गया है, C_1 C_2। C ई.एम.एफ. तीन कॉइल में प्रेरित समान परिमाण और आवृत्ति के होते हैं लेकिन 120° से विस्थापित होते हैं (विद्युत) एक दूसरे से जैसा कि चित्र 2.72 (d) में फेजर आरेख द्वारा दिखाया गया है। इन्हें द्वारा दर्शाया जा सकता है समीकरण;

$$E_{a1a2} = E_m \sin \text{wt}$$
$$E_{b1b2} = E_m \sin (wt - 2\pi/3)$$
$$E_{c1c2} = E_m \sin (wt - 4\pi/3) = E_m \sin (wt - 240°)$$

2.42 फेज का नामकरण

तीन चरणों को संख्याओं (1, 2 और 3) द्वारा नामित किया जा सकता है; अक्षरों से (A, B और C) या रंगों से (लाल, पीला और नीला यानी <u>RYB</u>)। भारत में इन्हें RYB यानी लाल, पीला और नीला नाम दिया गया है।

2.43 फेज अनुक्रम

एक तीन फेज प्रणाली में, समान परिमाण और आवृत्ति वाले तीन वोल्टेज होते हैं जो 120° विद्युत का कोण द्वारा विस्थापित होते हैं। वे एक विशेष क्रम में अपना सकारात्मक अधिकतम मान प्राप्त करते हैं। जिस क्रम में तीन चरणों में वोल्टेज (या ई.एम.एफ.) अपना अधिकतम सकारात्मक मान प्राप्त करते हैं, इन्हें फेज अनुक्रम कहा जाता है।

उपरोक्त लेख में, ई.एम.एफ. तीन चरणों में के क्रम में अपने सकारात्मक अधिकतम मान प्राप्त करें a_1a_2, b_1b_2, c_1c_2, इसलिए, फेज अनुक्रम ABC है। हालाँकि, यदि कॉइल, या फेज़ किए जा रहे हैं क्रमशः A, B, C के स्थान पर R, Y, B के रूप में नामित किया गया है, तो फेज अनुक्रम RYB होगा।अनुक्रम RYB (या YBR या BRY) को धनात्मक फेज अनुक्रम माना जाता है, जबकि, RBY (or BYR या YRB) को नकारात्मक फेज अनुक्रम माना जाता है।

निम्नलिखित महत्वपूर्ण अनुप्रयोगों में फेज अनुक्रम का अनुक्रम ज्ञान आवश्यक है:

(i) 3-फेज इंडक्शन मोटर्स के रोटेशन की दिशा 3-फेज अनुक्रम पर निर्भर करती है फेज आपूर्ति। रोटेशन की दिशा को उलटने के लिए, आपूर्ति का फेज अनुक्रम दिया गया है मोटर बदलनी पड़ती है।

(ii) 3-फेज अल्टरनेटर और ट्रांसफॉर्मर का समानांतर संचालन केवल तभी संभव है जब फेज सीक्वेंस ज्ञात है।

2.44 3-फेज का इंटर कनेक्शन

3-फेज ए.सी. जनरेटर में तीन वाइंडिंग होते हैं। प्रत्येक वाइंडिंग में दो टर्मिनल होते हैं (स्टार्ट और फिनिश)। यदि प्रत्येक फेज में एक अलग भार जुड़ा हुआ है जैसा कि चित्र 2.73 में दिखाया गया है, तो प्रत्येक फेज एक जोड़ी लीड (तारों) की के माध्यम से एक स्वतंत्र भार की आपूर्ति करता है। इस प्रकार, इस जनरेटर पर लोड जोड़ने के लिए छह तारों की आवश्यकता होगी । यह पूरे सिस्टम को जटिल और महंगा बना देगा ।

कंडक्टरों की संख्या को कम करने के लिए, जनरेटर के 3- फेज एसी वाइंडिंग को उपयुक्त रूप से परस्पर जोड़ा जाता है ।

निम्नलिखित दो सार्वभौमिक रूप से अपनाए गए हैं तीन चरणों को आपस में जोड़ने के तरीके:

1. स्टार या वाई (वाई) कनेक्शन
2. जाल या डेल्टा कनेक्शन

2.45 स्टार या वाई (Y) कनेक्शन

स्टार या वाई (वाई) कनेक्शन में, तीन वाइंडिंग के समान सिरे (या तो स्टार्ट या फिनिश) होते हैं एक सामान्य बिंदु से जुड़ा है जिसे तारा या तटस्थ बिंदु कहा जाता है। तीन लाइन कंडक्टर से चलाए जाते हैं शेष तीन मुक्त टर्मिनल लाइन कंडक्टर कहलाते हैं। साधारणतया केवल तीन तारों को बाह्य में ले जाया जाता है 3-फेज, 3-वायर स्टार कनेक्टेड सिस्टम देने वाला सर्किट। हालांकि, कभी-कभी चौथा तार से ले जाया जाता है बाहरी सर्किट को स्टार पॉइंट, जिसे न्यूट्रल वायर कहा जाता है, 3-फेज, 4-वायर स्टार कनेक्टेड सिस्टम देता है।

जैसा कि चित्र में दिखाया गया है। 2.74, तीन वाइंडिंग के फिनिश टर्मिनल a_2, b_2 और c_2 एक बनाने के लिए जुड़े हुए हैं तारा या तटस्थ बिंदु। शेष तीन मुक्त टर्मिनलों से तीन कंडक्टर चलाए जाते हैं, जिनका नाम R, Y और B है। प्रत्येक फेज से बहने वाली धारा को फेज करेंट I_{ph} कहा जाता है और प्रत्येक से बहने वाली धारा लाइन कंडक्टर को लाइन करेंट I_L कहा जाता है। इसी तरह, प्रत्येक फेज में वोल्टेज को फेज वोल्टेज (E_{ph}) कहा जाता है।और दो लाइन कंडक्टरों के बीच उप्लब्ध (मापा गया) वोल्टेज के मान को लाइन वोल्टेज (E_L) कहा जाता है।

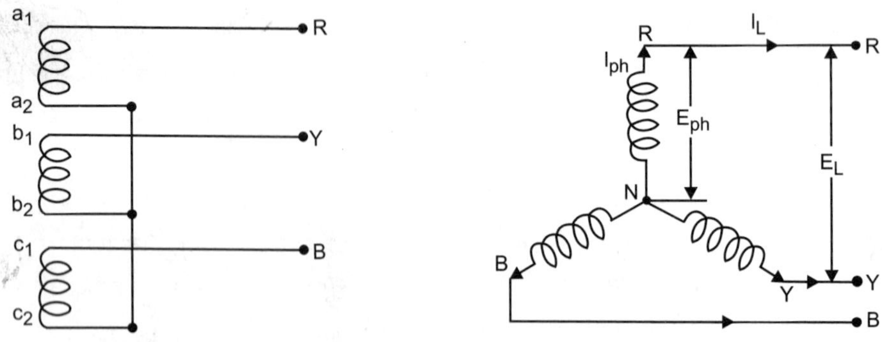

(a) एक साथ जुड़े टर्मिनलों को खत्म करें (b) फेज और लाइन वोल्टेज का प्रतिनिधित्व

चित्र 2.74: स्टार या वाई (Y) कनेक्शन

फेज वोल्टेज और लाइन वोल्टेज के बीच संबंध

कनेक्शन चित्र में दिखाए गए हैं। 2.75 (a)। चूंकि सिस्टम संतुलित है, तीन वोल्टेज E_{NR}, E_{NY} और E_{NB} परिमाण में बराबर हैं लेकिन एक दूसरे से 120° विद्युत विस्थापित हैं। उनके फेज हैं चित्र में दिखाया गया है। 2.75 (b)। तीर ई.एम.एफ. और धाराएं सकारात्मक दिशा को इंगित करती हैं न कि किसी भी क्षण उनकी वास्तविक दिशा।

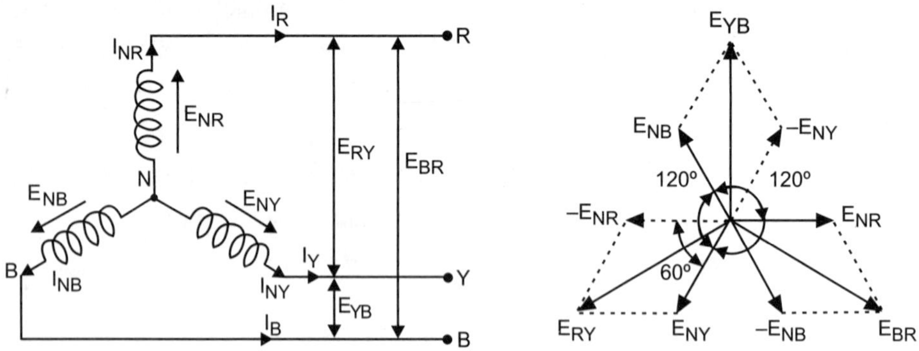

(a) स्टार-कनेक्शन के लिए सर्किट आरेख (b) फेजर आरेख

चित्र 2.75: स्टार कनेक्शन में फेज वोल्टेज और लाइन वोल्टेज के बीच संबंध

अब, $E_{NR} = E_{NY} = E_{NB} = E_{Ph}$ (परिमाण)

यह देखा जा सकता है कि किन्हीं दो लाइनों के बीच दो फेज वोल्टेज हैं।

लूप $N\,R\,Y\,N$ को ट्रेस करते हुए, हम प्राप्त करते हैं

$$E_{NR} + E_{RY} - E_{NY} = 0$$

या $$E_{RY} = E_{NY} - E_{NR} \text{ (वेक्टर अंतर)}$$

E_{NY} और $-E_{NR}$ का सदिश योग ज्ञात करने के लिए, सदिश E_{NR} को उलट दें और इसे E_{NY} के साथ सदिश जोड़ दें

$$E_{RY} = \sqrt{E_{NY}^2 + E_{NR}^2 + 2\,E_{NY}\;E_{NR}\cos 60°}$$

या $$E_L = 3\;EPh^2 = \sqrt{E_{ph}^2 + E_{ph}^2 + 2E_{ph}E_{ph} \times 0\cdot 5} = \sqrt{3E_{ph}^2} = \sqrt{3}E_{ph}$$

इसी तरह, $E_{YB} = E_{NB} - E_{NY}$ या $E_L = \sqrt{3}\ Eph = E_{NR} - E_{NB}$ या $E_L = \sqrt{3}\ Eph$

इसलिए, स्टार कनेक्शन में; लाइन वोल्टेज = $\sqrt{3}$ × फेज वोल्टेज

लाइन करेंट और फेज करेंट के बीच संबंध

चित्र 2.75 (a) से, यह स्पष्ट है कि एक ही धारा फेज वाइंडिंग के साथ-साथ लाइन कंडक्टर के माध्यम से बहती है चूंकि लाइन कंडक्टर केवल फेज वाइंडिंग के साथ श्रृंखला में जुड़ा हुआ है।

$I_R = I_{NR};\ I_Y = I_{NY}$ और $I_B = I_{NB}$

जहां, $I_{NR} = I_{NY} = I_{NB} = I_{Ph}$ (फेज करेंट)

और $I_R = I_Y = I_B = I_L$ (लाइन करेंट)

इसलिए, स्टार कनेक्शन है; लाइन करेंट = फेज करेंट

2.46 मेश या डेल्टा (D) कनेक्शन

मेश या डेल्टा कनेक्शन में, एक वाइंडिंग का फिनिश टर्मिनल के स्टार्ट टर्मिनल से जुड़ा होता है अन्य वाइंडिंग और इसी तरह जो एक बंद सर्किट बनाता है। तीन लाइन कंडक्टर जाल के जंक्शनों से चलाए जाते हैं,जाल के जंक्शनों को लाइन कंडक्टर कहा जाता है, जैसा कि चित्र 2.77 में दिखाया गया है।

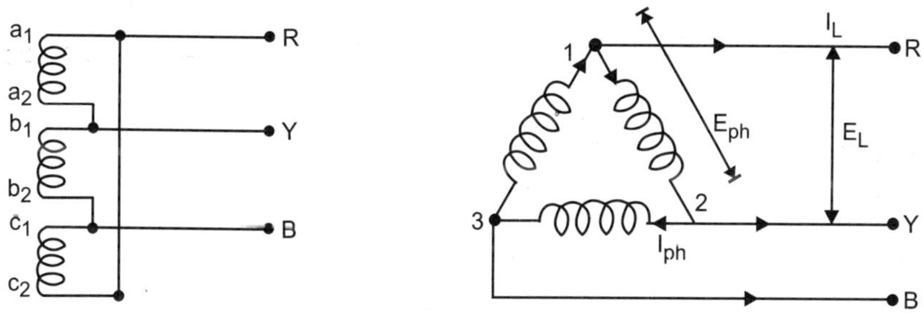

(a) डेल्टा कनेक्शन से अगले की शुरुआत से जुड़े एक फेज का टर्मिनल समाप्त करें

(b) डेल्टा कनेक्शन में फेज और लाइन वोल्टेज

चित्र 2.76: डेल्टा कनेक्शन

डेल्टा कनेक्शन प्राप्त करने के लिए a_2 को b_1 से जोड़ा जाता है, b_2 को c_1 से जोड़ा जाता है और c_2 को a_1 से जोड़ा जाता है जैसा कि चित्र 2.76 (a) में दिखाया गया है। तीन कंडक्टर R, Y और B तीन जंक्शनों से चलते हैं जिन्हें लाइन कहा जाता है संवाहक। प्रत्येक फेज से बहने वाली धारा को फेज करेंट (I_{ph}) और करेंट कहा जाता है।

प्रत्येक लाइन कंडक्टर के माध्यम से बहने वाली लाइन करेंट (I_L) कहलाती है जैसा कि चित्र 2.76 (b) में दिखाया गया है। इसी तरह, वोल्टेज प्रत्येक फेज में फेज वोल्टेज (E_{ph}) कहा जाता है और दो लाइन कंडक्टरों में वोल्टेज को लाइन कहा जाता है वोल्टेज (E_L)

फेज वोल्टेज और लाइन वोल्टेज के बीच संबंध

चित्र. 2.77 (A) से, यह स्पष्ट है कि टर्मिनलों 1 और 2 में वोल्टेज वही है जो टर्मिनलों R और Y में है।

$E_{12} = E_{RY};$ इसी तरह: $E_{23} = E_{YB}$ और $E_{31} = E_{BR}$

जहाँ, $E_{12} = E_{23} = E_{31} = E_{ph}$ (फेज वोल्टेज)

और $E_{RY} = E_{YB} = E_{BR} = E_L$ (लाइन वोल्टेज)

इसलिए, डेल्टा कनेक्शन में; लाइन वोल्टेज = फेज वोल्टेज।

फेज करेंट और लाइन करेंट के बीच संबंध

चूंकि प्रणाली संतुलित है, इसलिए, तीन फेज धाराएं I_{12}, I_{23} और I_{31} परिमाण में बराबर हैं

लेकिन एक दूसरे से 120° विद्युत द्वारा विस्थापित। उनके फेज चित्र 2.77 (b) में दिखाए गए हैं।

इस प्रकार $I_{12} = I_{23} = I_{31} = I_{ph}$ (परिमाण में)

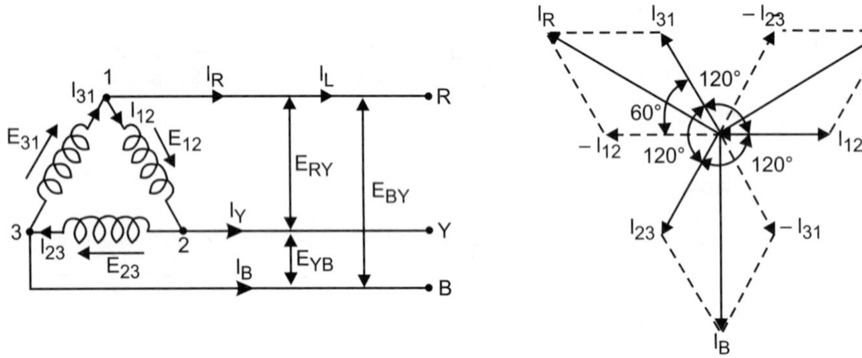

(a) डेल्टा कनेक्शन के लिए सर्किट आरेख (b) फेज आरेख

चित्र 2.77: डेल्टा कनेक्शन में लाइन और फेज करेंट के बीच संबंध

चित्र 2.78 (a) में, यह देखा जा सकता है कि प्रत्येक जंक्शन 1, 2 और 3 पर करेंट विभाजित होता है।जंक्शन 1 पर किरचॉफ का पहला नियम लागू करना;आने वाली धाराएँ = बाहर जाने वाली धाराएँ

$I_{31} = I_R + I_{12}$ या $I_R = I_{31} - I_{12}$ (वेक्टर अंतर)

I_{31} और $- I_{12}$ का सदिश योग ज्ञात करने के लिए, सदिश I_{12} को उलट दें और इसे सदिश रूप से I_{31} के साथ जोड़ दें जैसा कि दिखाया गया है चित्र 2.78 (b)

$$I_R = \sqrt{I_{12}^2 + I_{12}^2 + 2 I_{31}\, I_{12} \cos 60^\circ}$$

या $$I_L = \sqrt{3\, I_{ph}^2} = \sqrt{3}\; I_{ph} \text{ (परिमाण में)}$$

इसी तरह, $I_Y = I_{12} - I_{23}$ या $I_L = 3\, I_{ph}$

और $I_B = I_{23} - I_{31}$ या $I_L = 3\, I_{ph}$

3 फेज भार के कनेक्शन

3-फेज आपूर्ति के समान, तीन-फेज भार को भी में जोड़ा जा सकता है

(i) स्टार या (ii) डेल्टा

स्टार और डेल्टा में जुड़े 3-फेज भार चित्र. 2.78 में दिखाए गए हैं। 2.78 (*a*) और (*b*) क्रमशः3-फेज भार संतुलित या असंतुलित हो सकता है यदि तीन भार (प्रतिबाधा) *Z*1, *Z*2 और *Z*3 के समान परिमाण और फेज कोण होने पर, 3-फेज भार को संतुलित भार कहा जाता है। इस तरह के संतुलित कनेक्शन, सभी फेज या रेखा धाराएं और सभी फेज या रेखा वोल्टेज के परिमाण बराबर होते हैं।

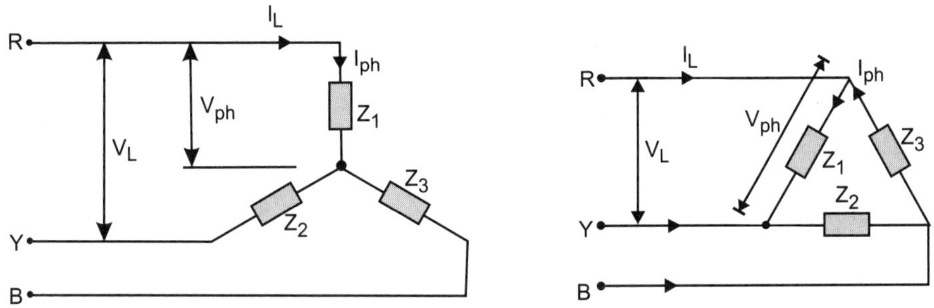

(a) स्टार कनेक्शन (b) डेल्टा-कनेक्शन

चित्र 2.78: तीन फेज लोड, स्टार और डेल्टा में जुड़ा हुआ है

इस पूरी पुस्तक में, संतुलित 3-प्रणाली पर विचार किया जाएगा, जब तक कि अन्यथा न कहा गया हो। सिंगल-फेज सिस्टम या सर्किट में पावर रिलेशन द्वारा दिया जाता है;

P = VI cos ϕ, जहाँ, V = सिंगल-फेज का वोल्टेज यानी V_{ph}

I = सिंगल-फेज की धारा यानी I_{ph}

cos ϕ = सर्किट का पावर फैक्टर p.f

3- फेज सर्किट (संतुलित भार) में, शक्ति केवल तीन चरणों में शक्तियों का योग है,

यानी, $P = 3\ V_{ph}\, I_{ph} \cos\phi$

स्टार-कनेक्शन में

$P = 3\ V_L/\sqrt{3}\ I_L \cos\phi$ (चूंकि $V_{Ph} = V_L/3$ और $I_{ph} = I_L$)

या $P = 3\ V_L\, I_L \cos\phi$

डेल्टा-कनेक्शन में

$P = \sqrt{3}\, V_L\, I_L \cos\phi$

Cos ϕ (चूंकि $V_{ph} = V_L$ और $I_{ph} = I_L/3$)

या $P = 3\ V_L\, I_L \cos\phi$

इस प्रकार, कनेक्शन (स्टार या डेल्टा) के बावजूद, 3- फेज संतुलित भार में कुल शक्ति द्वारा दिया जाता है संबंध। इसकी इकाइयाँ kW या W (वाट) हैं। स्पष्ट शक्ति, $P_A = \sqrt{3}\, V_L\, I_L$ इसकी इकाइयाँ kVA या VA (वोल्ट-एम्पीयर) हैं। प्रतिक्रियाशील शक्ति, $P_R = \sqrt{3}\ V\,L\,IL \sin\phi$ (वोल्ट-एम्पीयर-प्रतिक्रियाशील)। इसकी इकाइयाँ kVAR या VAR हैं।

उदाहरण 2.31: 200 Ω के प्रत्येक तीन प्रतिरोधक 400 V, 3-फेज आपूर्ति के स्टार में जुड़े हुए हैं। स्रोत से ली गई लाइन करेंट, फेज करेंट और पावर की गणना करें। वही क्या होगा मान यदि प्रतिरोधक डेल्टा में जुड़े हुए हैं?

समाधान: जब प्रतिरोधकों को स्टार में जोड़ा जाता है जैसा कि चित्र 2.80 में दिखाया गया है।

फेज वोल्टेज, $V_{ph} = V_L/3 = 400/3 = 231$ V फेज करेंट, $I_{ph} = V_{ph}/Z_{ph} = 231/200 = 1.155$ A (उत्तर)

लाइन करेंट, $I_L = I_{ph} = 1.155$ A (उत्तर)

खींची गई शक्ति, $P = 3\ I_2\, p_h\, R_{ph} = 3 \times (1.155)^2 \times 200 = 800$ W (उत्तर)

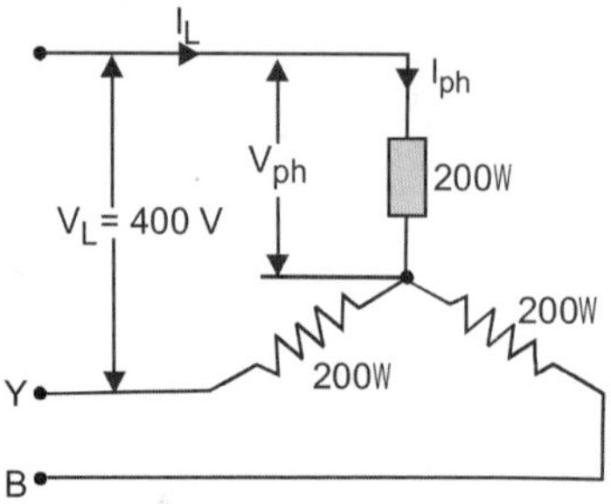

चित्र 2.79: स्टार कनेक्शन

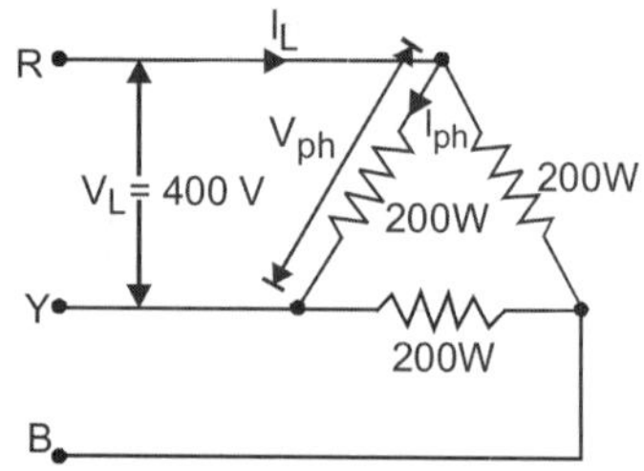

चित्र 2.80: डेल्टा-कनेक्शन

जब प्रतिरोधक डेल्टा में जुड़ा होता है जैसा कि चित्र में दिखाया गया है।

$$V_{ph} = V_L = 400 \text{ V}$$
$$I_{ph} = V_{ph}/Z_{ph} = 400/200 = 2 \text{ A (उत्तर)}$$
$$I_L = \sqrt{3} \times 2 = 3.464 \text{ A (उत्तर)}$$

खींची गई शक्ति, $P = 3\, I^2{}_{ph}\, R_{ph} = 3 \times (2)^2 \times 200 = 2400$ W (उत्तर)

उदाहरण 2.32: तीन समान कॉइल जिनमें से प्रत्येक का प्रतिरोध 6 Ω और 0.0255 H का प्रेरक स्टार में है। थ्री फेज, 400 V, 50 Hz सप्लाई से जुड़े हुए हैं। लाइन करेंट की गणना करें, पावर फैक्टर, पावर kW, kVA और $kVAR$ में।

समाधान: कनेक्शन को चित्र 2.81 में दिखाया गया है।

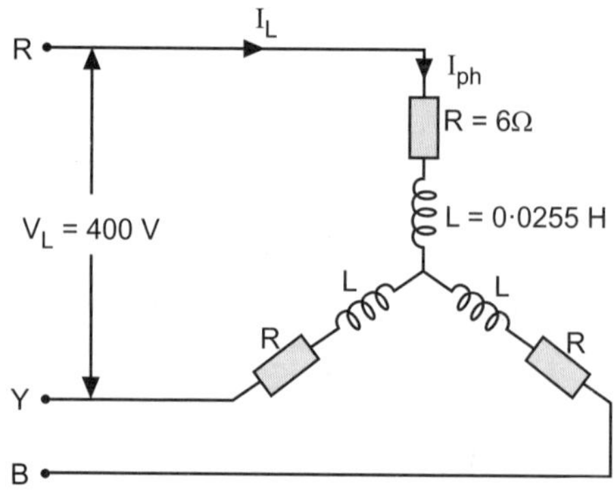

चित्र 2.81: स्टार कनेक्शन

यहां, $R = 6, L = 0.0255 \text{ H}, F = 50 \text{ Hz}$

$$X_L = 2\,\pi f\,L = 2\pi \times 50 \times 0.0255 = 8$$

लाइन वोल्टेज, $V_L = 400$ V

फेज वोल्टेज, $V_{ph} = 231$ V

$$Z_{ph} = 10 \text{ ohm}$$
$$I_{ph} = 23.1 \text{ V}$$

लाइन करेंट, $I_L = I_{ph} = 23.1$ A (उत्तर.)

शक्ति कारक, क्योंकि $\cos \phi = 0{\cdot}6$ लैगिंग

पावर इनपुट, $P = 3\, V_L\, I_L \cos \phi = 3 \times 400 \times 23.1 \times 0.6$

$= 9600$ W $= 9.6$ kW (उत्तर)

kVA में शक्ति = 9.6/0.6 kW= 16 kW (उत्तर)

$kVAR$ में घात = $kVA \sin \phi = kVA \sin \phi \cos \phi$

$= 16 \times 0.8 = 12.8$ (उत्तर)

उदाहरण 2.33: एक 3-फेज स्टार कनेक्टेड बैलेंस्ड लोड 3-फेज 400 V, 50 Hz से जुड़ा है आपूर्ति। लाइन करेंट 20 A है और लोड द्वारा खपत बिजली 12 KW है। गणना करें, करेंट, शक्ति कारक प्रतिरोध और भार का प्रेरक।

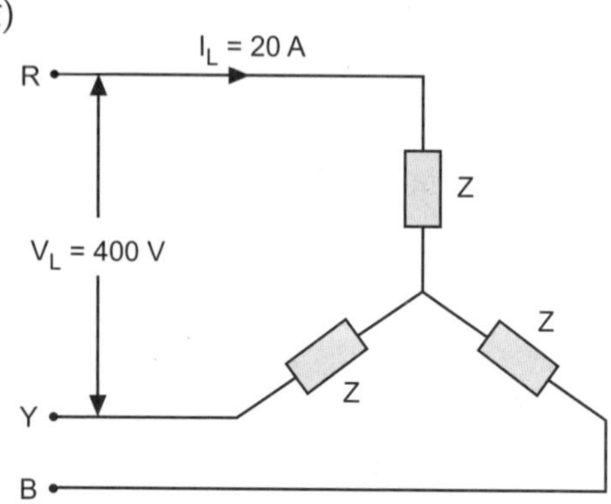

चित्र 2.82: स्टार कनेक्टेड संतुलित भार

समाधान: संयोजन चित्र 2.82 में दिखाया गया है।

यहाँ, $P = 12$ kW $= 12000$ W;

$V_L = 400$ V; $f = 50$ Hz; $I_L = 20$ A

फेज वोल्टेज, $V_P = V_L$

फेज करेंट, $I_{ph} = I_L = 20$ A,

फेज प्रतिबाधा, $Z_{ph} = 11.55$ A

3-फेज संतुलित भार में,

पावर $P = \sqrt{3}\, V_L\, I_L \cos\phi$

$\cos\phi = 0.866$

प्रतिरोध, $R = Z\cos\phi = 11.55 \times 0.866 = 10$

आगमनात्मक प्रतिक्रिया, $X_1 = 5.78$

प्रेरक $= L = 0.0184$ H (उत्तर)

उदाहरण 2.34: एक 3-फेज संतुलित डेल्टा कनेक्टेड लोड 3-फेज, 400 V, 50 Hz से जुड़ा है आपूर्ति। यह 0·866 पावर फैक्टर लैगिंग पर 17.32 A की लाइन करेंट लेता है। प्रतिरोध का निर्धारण करें और प्रत्येक शाखा का इंडक्टेंस। भार द्वारा खपत की गई शक्ति का भी निर्धारण करें।

समाधान: संयोजन चित्र 2.83 में दिखाया गया है।

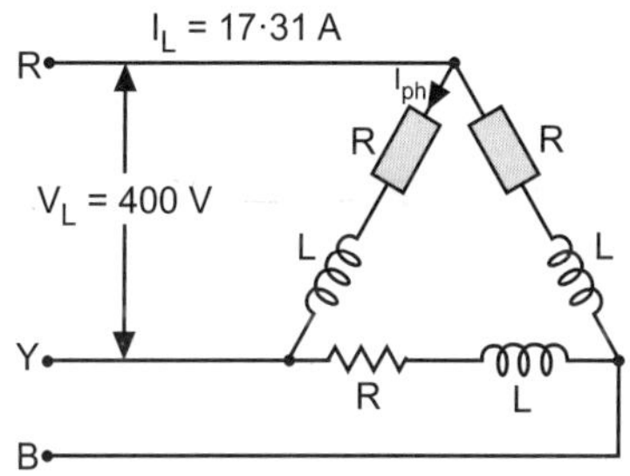

चित्र 2.83: डेल्टा कनेक्टेड लोड

लाइन वोल्टेज, V एल $= 400$ V, $f = 50$ Hz

$V_L = 400$ V

$I_L = 20$ A

लाइन करेंट, $I_L = 17.32$ A, पावर फैक्टर, $\cos\phi = 0{\cdot}866$ (लैग)।

फेज करेंट, $I_{ph} = 17.32 \cos\phi = 0.866 = \cos^{-1}(0.866) = 30°$

फेज वोल्टेज, $V_{ph} = V_L = 400$ V

प्रत्येक शाखा का प्रतिबाधा, $Z_{ph} = 40\ \Omega$

शक्ति कारक $= \cos\phi$

प्रत्येक शाखा का प्रतिरोध, $R_{ph} = Z_{ph}\cos\phi = 40 \times 0{\cdot}866 = 34.64$

आगमनात्मक प्रतिक्रिया, $X_{ph} = 20$

इण्डक्टेंस, $= 63.66$ mH (उत्तर)

खींची गई शक्ति, $P = 3\, V_{ph}\, I_{ph} \cos\phi$

$= 3 \times 400 \times 10 \times 0.866 = 10392$ W

लोड का पावर फैक्टर $= 0.7661$ पिछड़ना

प्रत्येक फेज में अवशोषित शक्ति, $P_{ph} = V_{ph}\, I_{ph} \cos\phi$

$= 200 \times 10.215 \times 7661 = 1565$ W (उत्तर)

कुल अवशोषित शक्ति, $P = 3\, V_L\, I_L \cos\phi$

$= 3 \times 200 \times 17.69 \times 0.7661 = 4695$ W

अभ्यास प्रश्न

1. तीन 100 Ω प्रतिरोधक पहले स्टार में और फिर डेल्टा में 415 V, 3-फेज से जुड़े हैं आपूर्ति। प्रत्येक मामले में लाइन और फेज धाराओं की गणना करें और इससे ली गई शक्ति स्रोत। (**उत्तर** 1.155 A; 800 W; 2 A; 3.464 A; 2400 W)
2. तीन समान कुंडलियां जिनमें से प्रत्येक का प्रतिरोध 8 Ω है और श्रृंखला में 0·0191 H का प्रेरक है प्रत्येक फेज में 400 V, तीन फेज, 50 Hz आपूर्ति से जुड़ा हुआ है। लाइन करेंट की गणना करें, बिजली इनपुट, kVA और kVAR लोड द्वारा लिया गया। (उत्तर 23.1 A; 0.61 लैगिंग ; 9.6 kW; 16kVA; 12.8 kVAR)
3. एक 3-फेज, 400 V आपूर्ति 3-फेज स्टार से जुड़े संतुलित भार से जुड़ी है। रेखा करेंट 20 A है और लोड द्वारा खपत की गई बिजली 12 kW है। के प्रतिबाधा की गणना करें लोड, फेज करेंट और पावर फैक्टर। (**उत्तर** 20 A; 0·866; 100.0184)
4. एक 3-फेज संतुलित डेल्टा कनेक्टेड लोड 3-फेज, 400 V, 50 Hz आपूर्ति से जुड़ा है। यह 0·8 पावर फैक्टर लैगिंग पर 34.64 A की एक लाइन करेंट खींचता है। प्रतिरोध और इनडकटेन्स निर्धारित करें प्रत्येक शाखा का। प्रत्येक फेज द्वारा खींची गई शक्ति का भी निर्धारण करें। (**उत्तर** 34.64 ϕ; 63.66 mH; 10392 W; 1565 W; 4695 W)
5. एक 3-ϕ, 3-तार, वाई-कनेक्टेड सिस्टम में फेज से फेज के बीच 150 V होता है। प्रत्येक फेज में $Z = 5 \angle -30°$। प्रत्येक -फेज में करेंट और मुख्य से खींची गई कुल शक्ति का पता लगाएं। फेजर ड्रा करें आरेख।
6. तीन समान कुंडलियां जिनमें से प्रत्येक का प्रतिरोध 15 Ω है और 0·04 H का प्रेरक वाई में एक 3-फेज 50 Hz आपूर्ति, लाइनों के बीच 200 V से जुड़ा हुआ है। लाइन करेंट की गणना करें। यदि वे अब डेल्टा में जुड़े हुए हैं, तो फेज करेंट, लाइन करेंट और कुल पावर की गणना करें प्रत्येक फेज में अवशोषित। (**उत्तर** 5.9 A; 17.69 A; 1565 W; 4695 W)

परियोजना

Project-1:
Easy AC to DC converting circuit on breadboard

Project-2:
Touch On-Off Sensor Switch Circuit on Breadboard | IC 555 Timer project

Project-3:
Basic Electronic projects: How to create series and parallel circuits in Breadboard

सारांश

1. **अल्टरनेटिंग वोल्टेज:** एक वोल्टेज जो समय के नियमित अंतराल पर अपनी ध्रुवता और परिमाण को बदलता है उसे प्रत्यावर्ती वोल्टेज / प्रत्यावर्ती वोल्टता कहते हैं।
2. **साइनुसॉइडल प्रत्यावर्ती राशि:** एक प्रत्यावर्ती राशि जो $\sin\theta$ के कोण के अनुसार बदलती है उसे प्रत्यावर्ती साइनुसॉइडल राशि के रूप में जाना जाता है ।
3. एक प्रत्यावर्ती राशि का समीकरण:
$$e = E_m \sin\phi = E_m \sin \mathrm{wt};\ i = I_m \sin wt = I_m \sin\phi$$
4. **तरंग रूप:** y-अक्ष के अनुदिश तात्क्षणिक मानों को आलेखित करके प्राप्त वक्र का आकार और x-अक्ष के अनुदिश समय या कोण x $(\phi = wt)$ को तरंग रूप या तरंग चित्र कहा जाता है।
5. **चक्र:** जब कोई प्रत्यावर्ती राशि $+ve$ और $-ve$ मान के पूर्ण समुच्चय से गुजरती है या जाती है ऐसा कहा जाता है कि 360 विद्युत डिग्री के माध्यम से, यह एक चक्र पूरा कर चुका है।
6. **प्रत्यावर्तन:** चक्र के आधे भाग को प्रत्यावर्तन कहते हैं।
7. **आवर्त काल (T):** एक चक्र को सेकण्ड में पूरा करने में लगने वाले समय को आवर्त काल कहते हैं।
8. **बारंबारता (f):** किसी प्रत्यावर्ती राशि द्वारा प्रति सेकण्ड बनाए गए चक्रों की संख्या कहलाती है आवृत्ति। इसे c/s या Hz (हर्ट्ज) में मापा जाता है।
9. **संबंध:** $f = 1/T$ और $= 2$ f
10. **तात्क्षणिक मान (μ या i):** किसी भी क्षण पर प्रत्यावर्ती राशि का मान कहलाता है तात्कालिक मान।
11. **आयाम (V_m या I_m):** एक चक्र के दौरान एक प्रत्यावर्ती राशि द्वारा प्राप्त अधिकतम मान है इसका आयाम या अधिकतम मान या शिखर मान या शिखा मान कहलाता है।
12. **औसत मान (V_{Av} या I_{Av}):** सभी तात्कालिक मानों का अंकगणितीय औसत माना जाता है एक चक्र में एक प्रत्यावर्ती राशिको इसका औसत मान कहा जाता है।
$$I_{av} = \frac{i_1 + i_2 + i_3 + \ldots + i_n}{n}$$
साइनुसॉइडल करेंट के लिए, $I_{AV} = 2\ I_m/\pi = 0{\cdot}637\ Im$
13. प्रभावी या RMS. value ($V_{r.m.s}$. or $I_{r.m.s.}$): वह स्थिर धारा जो जब एक से होकर बहती है एक निश्चित समय के लिए ज्ञात प्रतिरोध का प्रतिरोधक उतनी ही राशि में ऊष्मा उत्पन्न करता है जितनी उत्पादित की जाती है
$$I_{r.m.s.} = \sqrt{\frac{i_1^2 + i_2^2 + i_3^2 + \ldots.. + i_n^2}{n}}$$
प्रत्यावर्ती धारा द्वारा जब एक ही प्रतिरोधक के माध्यम से एक ही समय के लिए प्रवाहित किया जाता है तो कहा जाता है, साइनुसॉइडल करेंट के लिए, $I_{r.m.s.} = I_m/2 = 0{\cdot}707\ I_m$
14. **फॉर्म फैक्टर:** $I_{r.m.s.}/I_{av}$; साइनुसॉइडल राशि के लिए, इसका मान 1.11 है।
15. **पीक फैक्टर:** I_m/I_{rms}; साइनुसॉइडल राशियों के लिए, इसका मान 1.414 है।

16. **प्रावस्था (फेज):** एक क्षण में किसी प्रत्यावर्ती राशि की प्रावस्था के भिन्नात्मक भाग के रूप में परिभाषित किया जाता है, चक्र जिसके माध्यम से राशि एक चयनित मूल से आगे बढ़ी है। उसका महत्व कम है,

17. **अंतर:** दो के अधिकतम धनात्मक मानों के बीच कोणीय विस्थापन समान आवृत्ति वाली प्रत्यावर्ती राशियों को उनके बीच प्रावस्था अंतर कहा जाता है। गणितीय रूप से; यदि $i_1 = Im_1 \sin w\, ti_2 = Im_2 \sin (wt + \phi)$

18. **अग्रणी मात्रा:** एक प्रत्यावर्ती राशि जो पहले से अपना +ve अधिकतम मान प्राप्त कर लेती है अन्य को अग्रणी राशि कहा जाता है।

19. **लैगिंग मात्रा:** एक प्रत्यावर्ती राशि जो एक के बाद एक +ve अधिकतम मान प्राप्त करती है लैगिंग राशि कहलाती है।

20. **ए.सी. परिपथ:** प्रत्यावर्ती धारा के प्रवाह के पथ को ए.सी. कहते हैं।

21. **शुद्ध प्रतिरोधक परिपथ:** परिपथ में शुद्ध प्रतिरोध होता है।

    $v = V_m \sin \text{wt}; i = I_m \sin \text{wt}; I_m = V_m / R; P = \text{VI}; \text{pf} = 1;$

    वोल्टेज वेक्टर के साथ करेंट फेज में है।

22. **शुद्ध आगमनात्मक परिपथ:** परिपथ में शुद्ध इनडकटेन्स होता है।

    $v = V_m \sin \text{wt};$ $i = I_M \sin (wt - \pi/2);$

    $I_m = V_m/XL,$ $X_L = 2\,\pi fL = 0$

    $\text{pf} = 0$

    अंतराल; 90 (यानी $\pi/2$) के वोल्टेज वेक्टर से करेंट पिछड़ जाता है

23. **शुद्ध धारिता परिपथ:** परिपथ में शुद्ध धारिता होती है।

    $V = V_M \sin wt;$ $i = I_M \sin (wt - \phi);$

    $I_M = \text{V}_\text{M}/\text{X}_\text{C};$ $X_C = 1/2\,\pi fC;$

    $P = 0$

    लीड; करेंट वोल्टेज वेक्टर को 90 ° (यानी $\pi/2$) तक ले जाता है।

24. **R L श्रृंखला सर्किट:** सर्किट में श्रृंखला में प्रतिरोध और इनडकटेन्स होता है। यह आम तौर पर है आगमनात्मक परिपथ कहते हैं।

    $v = V_m \sin wt;$ $I = I_M \sin (wt - \phi);$

    $\phi = \tan X_L/R;$ $I_M = V_m/Z;$

    $P = \text{VI} \cos \text{wt} - \phi = I^2 R;$ $\text{pf} = R/Z$ अंतराल;

25. **शक्ति त्रिभुज:** एक समकोण घात त्रिभुज के तीन घटक हैं :

    (i) **वास्तविक शक्ति:** यह घात त्रिभुज का आधार या क्षैतिज घटक है जो एक एसी में खपत वास्तविक या वास्तविक शक्ति का प्रतिनिधित्व करता है।

    $P = \text{VI}$

    वास्तविक शक्ति की इकाई वाट (W), किलोवाट (KW) या मेगावाट (MW) है

(ii) **प्रतिक्रियाशील शक्ति:** यह शक्ति त्रिभुज का लंबवत या लंबवत घटक है जो सर्किट की प्रतिक्रियाशील शक्ति का प्रतिनिधित्व करता है। यह वह शक्ति है जो सर्किट में प्रतिक्रिया करती है,वास्तव में, यह वह शक्ति है जो एक चौथाई चक्र में आपूर्ति की जाती है और वहीअगले तिमाही चक्र में वापस खिलाया जाता है।

$Pr = \text{VI} \sin \phi$

प्रतिक्रियाशील शक्ति की इकाइयाँ वोल्ट-एम्पीयर-रिएक्टिव VAR, kVAR या MVAR हैं।

(iii) **स्पष्ट शक्ति:** यह घात त्रिभुज का कर्ण है। यह वह शक्ति है जो सर्किट में खपत होने लगता है लेकिन वास्तव में ऐसा नहीं है।

$P = \text{VI}$; प्रत्यक्ष शक्ति की इकाइयाँ वोल्ट-एम्पीयर VA, kVA या MVA हैं।

26. शक्ति कारक और उसका महत्व: p.f. = $\cos \phi = R/Z$ = वास्तविक शक्ति/स्पष्ट शक्ति खराब पीएफ के दुष्परिणाम:

(i) अधिक कंडक्टर आकार,
(ii) खराब दक्षता,
(iii) खराब वोल्टेज विनियमन और
(iv) उपकरणों की बड़ी kVA रेटिंग।

27. RC श्रृंखला सर्किट: सर्किट में श्रृंखला में प्रतिरोध और समाई होती है। यह आम तौर पर है कैपेसिटिव सर्किट कहा जाता है।

$v = V_m \sin \text{wt}$; $I = I_M \sin (w\, wt + \phi)$;

$\phi = \tan^{-1} X_C/\text{R}$; $I_M = V_M/Z$;

$P = \text{VI} \cos \phi = I^2 \text{R}$; p.f. = $\cos \phi = \text{R/Z}$ अग्रणी;

28. RLC श्रृंखला सर्किट: सर्किट में श्रृंखला में प्रतिरोध, प्रेरक और समाई शामिल है।यह सर्किट निम्नानुसार व्यवहार करता है:

(i) जब $X_L > X_C$ .... आगमनात्मक परिपथ .... p.f. पिछड़ रहा है ..... 0 से 1

(ii) जब $X_L < X_C$ .... कैपेसिटिव सर्किट .... p.f. अग्रणी ..... 0 से 1

(iii) जब $X_L = X_C$ .... प्रतिरोधक परिपथ .... p.f. यूनिटी ..... 1 केवल।

29. श्रेणी अनुनाद: एक R-L-C परिपथ को श्रेणी अनुनाद में कहा जाता है, जब

$X_L = X_C$; $Z_R = R$

अनुनाद आवृत्ति, $fr = ½ \pi \sqrt{LC}$

करेंट अधिकतम है यानी $Ir = \text{V}/\text{Z}_\text{R} = \text{V/R}$

क्यू-कारक = $2 f_R$ L/R =1/R* $\sqrt{LC}$

30. एसी समानांतर सर्किट: एक ए.सी. सर्किट जिसमें शाखाओं की संख्या (प्रत्येक शाखा में शामिल हैं श्रृंखला में घटकों की संख्या) समानांतर में जुड़े हुए हैं , वे समानांतर एसी सर्किट कहलाते हैं। समानांतर ए.सी. को हल करने निम्नलिखित विधियों का उपयोग किया जाता है।

(i) फेजर या वेक्टर विधि
(ii) प्रवेश विधि (Y)
(iii) प्रतीकात्मक या j-विधि

31. फेज या सदिश विधि : से बहने वाली धाराओं का परिमाण और दिशा विभिन्न शाखाओं का निर्धारण फेज बद्ध के रूप में किया जाता है। फेजर करने के लिए हल कर रहे हैं परिणामी निर्धारित करें।

32. **समानांतर अनुनाद:** एक समानांतर परिपथ, जिसमें प्रारंभ करने वाला और संधारित्र समानांतर में होते हैं, कहा जाता है समानांतर अनुनाद में होना जब सर्किट करेंट लागू वोल्टेज के साथ फेज में होता है, अर्थात।

$I_C = I_L \sin \phi$; अनुनाद आवृत्ति, $f_r = \frac{1}{2\pi}\sqrt{\frac{1}{LC} - \frac{R^2}{L^2}}$

यदि R बहुत छोटा और उपेक्षित है, तो $f_r = \frac{1}{2\pi\sqrt{LC}}$

करेंट न्यूनतम है, यानी, $I_r = V/Z_r$; क्यू-कारक $= 2\pi f_r\, L/R = \frac{1}{R}\sqrt{\frac{L}{C}}$

33. **पॉलीफ़ेज़ सिस्टम:** एक ए.सी. प्रणाली (दो या दो से अधिक) के समूह के बराबर समान आवृत्ति के वोल्टेज उनके बीच समान फेज अंतर रखने की व्यवस्था करते हैं (आसन्न EMF) पॉलीफेज प्रणाली कहलाती है।

34. **3- फेज प्रणाली का लाभ:** निरंतर शक्ति; उच्च रेटिंग (1.5 गुना), अर्थव्यवस्था में विद्युत पारेषण; 3-फेज इंडक्शन मोटर आदि की श्रेष्ठता।

35. **3-फेज ई.एम.एफ. का निर्माण:**

$e_{a1a2} = E_M \sin wt$; $\quad e_{b1b2} = E_M \sin (w\, wt - 120°)$;

$e_{c1c2} = E_M \sin (w\, wt - 240°)$

36. **तीन चरणों का अंतर्संयोजन:**

(i) स्टार-कनेक्शन: $E_L = 3\ E_{ph}; I_L = I_{ph}$ (ii) डेल्टा-कनेक्शन: $E_L = E_{ph}; I_L = \sqrt{3}\ I_{Ph}$

(iii) शक्ति, $P = 3\ VL\ IL \cos ø = 3\ Vph\ Iph \cos ø$

लघु उत्तरीय प्रश्न

1. प्रत्यावर्ती धारा से आप क्या समझते हैं?
2. एसी और डीसी में क्या अंतर है?
3. तात्क्षणिक मान से क्या तात्पर्य है?
4. किसी प्रत्यावर्ती राशिके शिखर मान से क्या तात्पर्य है?
5. अदिश और सदिश राशियाँ क्या हैं?
6. फेज से आप क्या समझते हैं ?
7. एक फेज बद्ध स्थिति क्या है?
8. फेज से बाहर की स्थिति क्या है?
9. ईएमएफ उत्पादन को नियंत्रित करने वाले विभिन्न कारकों की सूची बनाएं?
10. एक प्रत्यावर्ती राशिका औसत मान परिभाषित करें।
11. एक प्रत्यावर्ती राशिका RMS मान क्या है?

12. प्रत्यावर्ती वोल्टेज और धाराएं औसत के बजाय आरएमएस मूल्यों में क्यों व्यक्त की जाती हैं
13. फॉर्म फैक्टर को परिभाषित करें।
14. प्रत्यावर्ती राशिके शिखर गुणनखंड को परिभाषित कीजिए।
15. फॉर्म फैक्टर का क्या महत्व है?
16. शिखर कारक का क्या महत्व है?
17. फॉर्म फैक्टर और पीक फैक्टर के बीच अंतर करें।
18. आप सममित तरंगों के औसत मान की गणना कैसे करेंगे?
19. एक फेज क्या है?
20. एक प्रत्यावर्ती राशिके फेज निरूपण का क्या महत्व है?
21. प्रावस्था अंतर से क्या तात्पर्य है?
22. अग्रणी और पिछड़ी हुई मात्राएँ क्या हैं?
23. एसी सर्किट क्या है?
24. डीसी सर्किट और एसी सर्किट के बीच अंतर क्या हैं
25. एक प्रतिरोधक में वोल्टेज और धारा के बीच फेज अंतर क्या है?
26. एक प्रतिरोधक में औसत शक्ति क्या है?
27. एक प्रारंभ करनेवाला (शुद्ध अधिष्ठापन?) में करेंट और वोल्टेज के बीच फेज अंतर क्या है?
28. आगमनात्मक प्रतिक्रिया को परिभाषित करें।
29. एक प्रारंभ करनेवाला में औसत शक्ति का मान क्या है?
30. संधारित्र में वोल्टेज और धारा के बीच फेज अंतर क्या है?
31. कैपेसिटिव रिएक्शन को परिभाषित करें।
32. एक संधारित्र में औसत शक्ति का मान क्या होता है।
33. एक श्रृंखला आरएल सर्किट क्या है?
34. आरएल श्रृंखला सर्किट का प्रतिबाधा क्या है?
35. एसी सर्किट की स्पष्ट शक्ति क्या है?
36. एसी सर्किट की वास्तविक शक्ति क्या है?
37. शक्ति कारक क्या है?
38. एक एसी की प्रतिक्रियाशील शक्ति क्या है? सर्किट?
39. एक एसी का सक्रिय घटक क्या है? करेंट ?
40. एसी का प्रतिक्रियाशील घटक क्या है? करेंट ?
41. RC श्रेणी परिपथ से आप क्या समझते हैं?

42. आरसी श्रृंखला सर्किट का प्रतिबाधा क्या है?
43. आरएलसी श्रृंखला परिपथ से क्या तात्पर्य है?
44. आरएलसी श्रृंखला सर्किट का प्रतिबाधा क्या है?
45. समानांतर एसी सर्किट क्या है?
46. अनुनाद परिपथ से क्या तात्पर्य है?
47. क्या होता है जब आरएलसी श्रृंखला सर्किट अनुनाद पर होता है?
48. श्रृंखला अनुनाद का परिणाम वोल्टेज प्रवर्धन में कैसे होता है?
49. एक कुण्डली का Q 20 है, इसका क्या अर्थ है?
50. समानांतर सर्किट के लिए ध्यान देने योग्य महत्वपूर्ण बिंदु क्या हैं जब यह अनुनाद पर होता है?
51. समानांतर अनुनाद पर सर्किट का प्रतिबाधा शुद्ध प्रतिरोध क्यों है?
52. सिंगल-फेज सिस्टम की तुलना में थ्री-फेज सिस्टम को प्राथमिकता दी जाती है, क्यों?
53. उद्योगों और बिजली व्यवस्था में फेज अनुक्रम का ज्ञान बहुत महत्वपूर्ण है, क्यों?
54. स्टार कनेक्शन में दो लाइन टर्मिनलों के बीच वोल्टेज का दोगुना नहीं होता है फेज वोल्टेज लेकिन यह 3 गुना है, क्यों?
55. निम्नलिखित शब्दों से आप क्या समझते हैं:
    (i) तीन फेज संतुलित आपूर्ति,
    (ii) तीन फेज संतुलित भार,
    (iii) तीन फेज असंतुलित phase आपूर्ति,
    (iv) तीन फेज असंतुलित भार,
    (v) एकल फेज।
56. सिंगल फेज पर 3-फेज सिस्टम के फायदे लिखिए।
57. 3-फेज सिस्टम को जोड़ने के दो तरीके क्या हैं? उनके फेज चित्र बनाइए और इन प्रणालियों के लिए फेज और लाइन वोल्टेज और धाराओं के बीच संबंध लिखिए।
58. दिखाएँ कि 3-फेज संतुलित भार में कुल शक्ति $P = \sqrt{3}\ V\ I \cos \phi$ है जहाँ V है आरएमएस लाइन वोल्टेज, मैं आरएमएस लाइन करेंट है और फेज करेंट।
59. 3-फेज स्टार और डेल्टा-कनेक्टेड सिस्टम की तुलना करें

तालिका स्वयं भरें

क्रमांक	प्रश्न	अंक	कोर्स आउटकम (CO)	BL	प्रोग्राम आउटकम (PO)
1.	प्रत्यावर्ती धारा से आप क्या समझते हैं?	2	CO1	BL1	PO1

अभ्यास के लिए संख्यात्मक प्रश्न

1. एक धारा $i = 45.34 \sin 377\, t$ द्वारा दी जाती है,

   (i) धारा का अधिकतम मान ज्ञात कीजिए; (ii) आर.एम.एस. धारा का मान;

   (iii) करेंट की आवृत्ति;

   (iv) रेडियन जिसके माध्यम से इसके फेजर है 0·01 सेकंड के बाद उन्नत;

   (v) डिग्री की संख्या (vi) और

   (vii) में करेंट का मान भाग (viii) में तत्काल उल्लेख किया गया है।

   (**उत्तर** 45.34 A; 32 A; 60 Hz; 3.77 rad; 216°; –26.6 A)

2. एक प्रत्यावर्ती वोल्टेज v = 200 sin 314 t के रूप में दिया जाता है, इसका

   (i) अधिकतम मान निर्धारित करें; (ii) प्रभावी मान; (iii) फॉर्म फैक्टर;

   (iv) 0·0025 सेकंड की गणना के बाद वोल्टेज का मान तत्काल से समय जब वोल्टेज शून्य है और सकारात्मक हो रहा है;

   (v) समय जिसके बाद वोल्टेज पहली बार 200 V प्राप्त करता है।

   (**उत्तर** 200 V; 141.42 V; 50 Hz; 1.11; 141.42 V; 1.67 rms)

3. 50 Hz के एक साइनसोइडल वोल्टेज का अधिकतम मान $100\sqrt{2}$ V है। किस समय मापा जाता है एक सकारात्मक अधिकतम मान से तात्कालिक वोल्टेज 70.7 V होगा? (**उत्तर** 3·33 ms)

4. RMS की गणना करें। समान अंतराल के लिए निम्नलिखित मान वाले आवधिक वोल्टेज का मान एक मान से दूसरे मान में अचानक परिवर्तन: 0, 10, 30, 60, 30, 10, 0, –10, –30, –60, –30, –10 V आदि।

5. एक पूर्ण तरंग परिशोधित प्रत्यावर्ती धारा के लिए,

   (i) औसत मान निर्धारित करें (ii) आर.एम.एस. मान;

   (iii) फॉर्म फैक्टर और (iv) पीक फैक्टर।

   (**उत्तर** 0.637 I_m; 0.707 I_m; 1.11; 1.4142)

6. निम्नलिखित प्रत्यावर्ती धाराओं को समान अक्षों पर फेजर के रूप में निरूपित करें और निर्धारित करें

   i_1 : $i_1 = 15 \sin (wt + \pi/3)$ $i_2 = 16 \cos (w\,t - \pi/6)$;

   $i_3 = 20 \cos (wt - \pi/3)$; $i_4 = 10s \text{ in } (w\,wt - \pi p/6)$

   के साथ अन्य सभी धाराओं का फेज कोण (**उत्तर** 60°; 30°; 90°)

7. एक ई.एम.एफ. $e_1 = 50 \sin t$ और अन्य $e_2 = 30 \sin (w\,t - /6)$ एक साथ कार्य करते हैं सर्किट। परिणामी ई.एम.एफ. (**उत्तर** 77.45 sin ($w\,wt$ + 11.17°))

8. एसी पर प्रतिदिन 3 घंटे के लिए काम करने वाला 230 V वॉटर हीटर। मेन्स 250 k कैलोरी देने के लिए पाया जाता है प्रति घंटा, हीटर सिस्टम की दक्षता 90% है। निर्धारित करें

   (i) r.m.s. और यह करेंट का अधिकतम मान; (ii) हीटर का प्रतिरोध;

   (iii) समीकरण भी लिखिए वोल्टेज और करेंट के लिए जब आपूर्ति आवृत्ति 50 हर्ट्ज हो।

   (**उत्तर** 1.41 A; 1.993 A; 163.1 A; V = 325.27 sin 314 t; I = 1.993 sin 314 t)

9. एक आगमनात्मक कुंडली का प्रतिरोध नगण्य होता है और 0.1 हेनरी का प्रेरक होता है। यह जुड़ा हुआ है एक 220 V, 50 Hz आपूर्ति में। करेंट और शक्ति का पता लगाएं। व्यंजक भी लिखिए लागू वोल्टेज और करेंट के तात्कालिक मान के लिए। (**उत्तर** 7 A; शून्य; V = 311 sin 314 t, I = 9.9 sin (314 wt – pπ/2))

10. एक संधारित्र की धारिता 30 μF है। आवृत्ति के लिए इसकी कैपेसिटिव प्रतिक्रिया खोजें 25 और 50Hz का। यदि आपूर्ति वोल्टेज 400 V है, तो प्रत्येक स्थिति में धारा ज्ञात कीजिए। (**उत्तर** 212.2; 106.1; 2.073 A; 4.146 A)

11. एक कुण्डली जिसका प्रतिरोध 78 Ω है और जिसका प्रेरक 31.8 mH है, को 230 V से जोड़ा गया है, 50 Hz की आपूर्ति।
    (i) सर्किट करेंट, (ii) फेज एंगल,
    (iii) पावर फैक्टर और (iv) बिजली की खपत की गणना करें।

    (**उत्तर** 1; 18.85 A, 55° अंतराल; 0.573 अंतराल; 2484.24 W)

12. R = 200 Ω और L = 638 mH वाली कुंडली पर एक वोल्टेज e = 200 sin 100 w t लगाया जाता है। धारा का व्यंजक ज्ञात कीजिए और कुण्डली द्वारा ली गई शक्ति भी ज्ञात कीजिए।

    (**उत्तर** 0.706 sin (314 t – 45.06°); 50 W)

13. एक 100 V, 60 W लैंप को 220 V, 50 Hz मेन्स पर संचालित किया जाना है। क्या
    (i) शुद्ध प्रतिरोध (ii) शुद्ध प्रेरक
    (iii) शुद्ध समाई को दीपक के साथ श्रृंखला में रखा जाना चाहिए, जो क्षतिग्रस्त हुए बिना इसे चलाने के लिए सक्षम करें? कौन सा तरीका पसंद किया जाएगा और क्यों? (**उत्तर** 200; 1.038 H; 9.75 μF)

14. प्रतिरोध और आगमनात्मक प्रतिक्रिया 5 और 6 Ω वाले श्रृंखला में दो कॉइल जुड़े हुए हैं, क्रमशः 3 और 7 Ω। 200V, 50 Hz का एक साइनसोइडल वोल्टेज. के पार लगाया जाता है। पूरे सर्किट में अवशोषित
    (i) करेंट, पावर फैक्टर और पावर की गणना करें;
    (ii) प्रत्येक कॉइल में वोल्टेज ड्रॉप;
    (iii) प्रत्येक कुंडल में अवशोषित शक्ति कारक और शक्ति।

    (**उत्तर** 13.1 A, 0.5241 लैग, 1373 W; 102.3 V, 99.77 V; 0.64 लैग, 858 W, 0.394 लैग, 515 W)

15. श्रृंखला में जुड़े एक गैर-प्रेरक अवरोधक पर 50 Hz पर 125 V का वोल्टेज लगाया जाता है एक कंडेनसर के साथ। सर्किट में करेंट 2.2 A है। रेसिस्टर में पावर लॉस 96.8 W है और वह है कंडेनसर नगण्य है। प्रतिरोध और समाई की गणना करें। (**उत्तर** 20 Ω, 59.85 μF)

16. एक ए.सी. सर्किट में 10 Ω का प्रतिरोध, 0.2 H का एक प्रेरक और एक समाई है श्रृंखला में 100 F का, एकल-फेज 110 V, 50 Hz आपूर्ति से जुड़ा है। इसे परिकलित करें इस सर्किट के लिए निम्नलिखित।
    (i) परिणामी प्रतिक्रिया;
    (ii) प्रतिबाधा;
    (iii) करेंट;
    (iv) R, L और C में वोल्टेज;
    (v) करेंट और आपूर्ति वोल्टेज के बीच फेज अंतर
    (vi) परिपथ का फेजर आरेख बनाइए।

    (**उत्तर** 31 Ω; 32.573 Ω; 3.377 A, 33.77 V, 212.18 V, 107.49 V; 72.12°)

17. प्रतिरोध 100 Ω और प्रेरक 100 mH की एक कुण्डली को 100 pF के साथ श्रेणीक्रम में जोड़ा गया है संधारित्र। सर्किट 50 V चर आवृत्ति आपूर्ति से जुड़ा है। गणना

(i) गुंजयमान आवृत्ति; (ii) अनुनाद पर धारा;

(iii) अनुनाद पर एल और सी में वोल्टेज और (iv) सर्किट का क्यू-फैक्टर।

(**उत्तर** 1.59 × 106 Hz; 0.5 A; 500 V; 500 व Q = 10)

18. धारिता C फैराड का एक संधारित्र 75 Ω प्रतिरोध वाली कुण्डली के साथ श्रेणीक्रम में जुड़ा है और 12 H प्रेरक C के मान की गणना करें जब सर्किट को 220 V, 60 Hz आपूर्ति के पार जोड़ा जाता है। (**उत्तर** 0.587 μF)

19. एक R-L-C श्रृंखला सर्किट के पैरामीटर का निर्धारण करें जो 10000 Hz पर प्रतिध्वनित होगा, है 1000 Hz की बैंडविड्थ और अनुनाद पर संचालित 200 V जनरेटर से 15.3 W खींचता है सर्किट की आवृत्ति।

(**उत्तर** 2·614 Ω, 416 mH, 609 PF)

20. प्रतिरोध 15 Ω और प्रेरक 0.05 H का एक कुंडल एक गैर-प्रेरक के साथ समानांतर में जुड़ा हुआ है 20 Ω का प्रतिरोधक।

(i) परिपथ की प्रत्येक शाखा में धारा ज्ञात कीजिए, (ii) कुल आपूर्ति की गई धारा, और

(iii) संयोजन का फेज कोण, जब 230 V का वोल्टेजपूरे सर्किट में 50Hz पर लगाया जाता है। प्रासंगिक फेजर आरेख खींचिए। (**उत्तर** 10.59 A, 11.5 A; 20.31 A; 22.14° लैगिंग)

21. दो कुण्डलियाँ समान्तर क्रम में 200 V, 50 Hz आपूर्ति से जुड़ी हैं। आपूर्ति आवृत्ति पर, उनके प्रतिबाधा क्रमशः 6 और 10 Ω हैं और उनके प्रतिरोध 2 और 3 Ω हैं क्रमशः, गणना करें: (i) प्रत्येक कॉइल में करेंट; (ii) कुल करेंट; (iii) कुलशक्ति। (**उत्तर** 33.33 A; 20 A; 53.3, 3421.6 W)

22. एक सिंगल फेज मोटर 0.8 लैगिंग के पावर फैक्टर पर 230 V पर 10 A खींचती है। इसे परिकलित करें संधारित्र का मान जो मोटर के टर्मिनलों से जुड़े होने पर लाएगा वोल्टेज के साथ फेज में लाइन करेंट। आपूर्ति की आवृत्ति 50 Hz मानी जा सकती है। (**उत्तर** 166 μF)

23. एक समानांतर परिपथ में एक 2.5 F संधारित्र और एक कुण्डली होती है जिसका प्रतिरोध और प्रेरक क्रमशः 15 और 260 mH हैं। निर्धारित करें

(i) गुंजयमान आवृत्ति; (ii) Q-कारक और (iii) सर्किट की गतिशील प्रतिबाधा।

(**उत्तर** 197 Hz, 21.45, 6933.33)

24. एक कुण्डली का प्रतिरोध 500 Ω और प्रेरक 350 H है। एक की धारिता ज्ञात कीजिए।संधारित्र जो कुंडल के समानांतर में जुड़ा होने पर, के साथ प्रतिध्वनि उत्पन्न करेगा ए 106 Hz की आपूर्ति आवृत्ति। यदि कैपेसिटेंस का दूसरा कैपेसिटर 30 p F जुड़ा हुआ हैपहले संधारित्र के समान्तर, वह आवृत्ति ज्ञात कीजिए जिस पर अनुनाद घटित होगा।

(**उत्तर** 68·8 pF, 0.825 MHz)

25. तीन समान कुंडलिगां जिनमें से प्रत्येक का प्रतिरोध 15 Ω और 0.04 H का प्रेरक हैं तारे में एक 3-फेज, 50 Hz आपूर्ति, 200 वोल्ट लाइनों के बीच जुड़ा हुआ है। रेखा की गणना करें करेंट। यदि वे अब डेल्टा में जुड़े हुए हैं, तो फेज करेंट, लाइन करेंट की गणना करें और प्रत्येक फेज में अवशोषित कुल शक्ति।

(**उत्तर** 5.9 A, 10.215 A, 17.69 A, 1565 W, 4695 W)

26. तीन समान प्रतिबाधा डेल्टा में एक 3-फेज, 400 V, 50 Hz आपूर्ति से जुड़ी हैं। लाइन करेंट 34.65 A है और आपूर्ति से ली गई कुल बिजली 14.14 KW है। प्रत्येक फेज के प्रतिरोध और प्रेरक की मान की गणना करें ।
(**उत्तर** 11.78, 51.45 mH)

27. तीन इंडक्टिव कॉइल, जिनमें से प्रत्येक 50 mH प्रेरक है, स्टार में 3-फेज, 200V से जुड़ा है, 50Hz सिस्टम। प्रत्येक कुंडल के प्रेरक की गणना करें, जो डेल्टा में जुड़े होने पर वही सप्लाई, वही लाइन करेंट लेगी। (**उत्तर** 150 mH)

28. तीन 100 Ω गैर-प्रेरक प्रतिरोध
   (i) स्टार
   (ii) डेल्टा में 400 V, 50Hz आपूर्ति से जुड़े हुए हैं।

   प्रत्येक मामले में आपूर्ति से ली गई शक्ति की गणना करें। की स्थिति में एक प्रतिरोध के खुलने पर से ली गई कुल शक्ति का मान क्या होगा ? प्रत्येक मामले में आपूर्ति (**उत्तर** 1600 W, 4800 W; 800 W, 3200 W)

29. दिखाएँ कि बिजली की खपत, जब तीन समान प्रतिबाधा डेल्टा में जुड़े होते हैं एक संतुलित 3-फेज आपूर्ति में तीन गुना है जब समान बाधाएं होती हैंएक ही 3-फेज आपूर्ति में स्टार में जुड़ा हुआ है।

30. एक 400 V, 3-फेज प्रणाली एक संतुलित स्टार लोड से जुड़ी होती है जिसमें लोड प्रतिबाधा होती है प्रत्येक फेज I40I 60° ओम के रूप में। खोजें
   (i) रेखा और फेज धाराएं और
   (ii) लाइन वोल्टेज, लाइन करेंट और फेज करेंट दिखाने वाला फेजर आरेख बनाएं। (**उत्तर.** 5.775 A; 5.775 A)

तालिका स्वयं भरें

क्रमांक	प्रश्न	अंक	कोर्स आउटकम (CO)	BL	प्रोग्राम आउटकम (PO)

बहुविकल्पीय प्रश्न

1. आर.एम.एस. एक प्रत्यावर्ती धारा का मान स्थिर धारा द्वारा दिया जाता है जो प्रवाहित होने पर दिए गए सर्किट के माध्यम से एक निश्चित समय के लिए उत्पादन करता है
   (a) एक ही परिपथ से प्रवाहित होने पर एसी द्वारा उत्पादित गर्मी की तुलना में अधिक गर्मी।
   (b) समान परिपथ से प्रवाहित होने पर उतनी ही ऊष्मा जो एसी द्वारा उत्पन्न होती है।
   (c) एक ही परिपथ से प्रवाहित होने पर एसी द्वारा उत्पादित गर्मी की तुलना में कम गर्मी।
   (d) 144 J।

2. साइनुसॉइडल करेंट का औसत मान संबंध द्वारा दिया जाता है
   (a) $I_m/\sqrt{2}$ (b) $0{\cdot}707\,I_m$ (सी) $2\,I_m$/pπ (d) उपरोक्त में से कोई नहीं।

3. एक असममित प्रत्यावर्ती राशि के मामले में, औसत मान हमेशा लिया जाना चाहिए ऊपर
(a) आधा चक्र (b) तिमाही चक्र (c) पूरे चक्र (d) चक्र के कि c भी अंश।

4. आर.एम.एस. साइनुसॉइडल प्रत्यावर्ती धारा का मान संबंध द्वारा दिया जाता है
(a) $I_m/\sqrt{2}$ (b) $0{\cdot}637\ I_m$ (c) $2\ I_m/\pi p$ (d) $I_m/2$

5. साइनुसॉइडल करेंट का आयाम कारक है
(a) 1.11 (b) 1.414
(c) 0.707 (d) 0.637

6. आर.एम.एस. मान साइनुसॉइडल करेंट के अधिकतम मान का एक अंश है, का मान अंश है
(a) 1/1.414 (b) 0·637 (c) $\sqrt{2}$ (d) उपरोक्त में से कोई नहीं।

7. ए.सी. सिग्नल का आर.एम.एस मान 10 V है। पीक टू पीक वैल्यू होगा
(a) 6·37 V (b) 14·14 V (c) 141 V (d) 28·28 V

8. एक तरंग 10 μ सेकण्ड में एक चक्र पूरा करती है, इसकी आवृत्ति होगी
(a) 0.1 MHz (b) 100,000 Hz (c) 100 kHz (d) ये सभी।

9. एक प्रत्यावर्ती राशि जो दूसरे से पहले अपना धनात्मक अधिकतम मान प्राप्त कर लेती है इसको कॉल किया गया
(a) फेज राशि में (b) पिछड़ी मात्रा (c) अग्रणी मात्रा (d) उपरोक्त में से कोई नहीं।

10. यदि साइनुसॉइडल वोल्टेज का प्रभामान 222V है। इसका औसत मान होगा
(a) 200 V (b) 246.42 V (c) 313.02 V (d) उपरोक्त में से कोई नहीं

11. आगमनात्मक प्रतिक्रिया को Ω में मापा जाता है क्योंकि यह
(a) प्रत्यावर्ती धारा का विरोध करता है (b) प्रत्यावर्ती धारा में मदद करता है
(c) आवृत्ति और इनडकटेन्सका उत्पाद है (d) एक बैक ई.एम.एफ.

12. एक R-L श्रृंखला सर्किट में, यदि $R = X_2$, एसी वोल्टेज और करेंट के बीच फेज अंतर होगा
(a) 0 डिग्री (b) 30 डिग्री (c) 45 डिग्री (d) 90 डिग्री

13. यदि ए.सी. एक संधारित्र में वोल्टेज लगाया जाता है, प्रत्यावर्ती धारा प्रवाहित होती है सर्किट क्योंकि
(a) वोल्टेज के उच्च शिखर मान का।
(b) संधारित्र कम विरोध प्रदान करता है
(c) इलेक्ट्रॉन कैपेसिटर से गुजर सकते हैं
(d) कैपेसिटर चार्ज और डिस्चार्ज के अनुसार, आपूर्ति आवृत्ति के लिए।

14. जैसे-जैसे आवृत्ति बढ़ती है, कैपेसिटिव रिएक्टेन्स का मान
(a) बढ़ता है (b) घटता है
(c) वही रहता है (d) पहले घटता है फिर बढ़ता है

15. शुद्ध आगमनात्मक ए.सी. सर्किट:
(a) वोल्टेज करेंट वेक्टर को 90° तक ले जाता है (b) करेंट वोल्टेज वेक्टर को 90 डिग्री से पीछे कर देता है
(c) करेंट वोल्टेज वेक्टर के साथ फेज में है। (d) दोनों a और b

16. एसी में सर्किट, स्पष्ट शक्ति के लिए सही अभिव्यक्ति है

(a) $V_{av} I_{av}$ (b) $VI \cos \phi$ (c) $V_{r.m.s.} I_{r.m.s}$ (d) VI sin ϕ

17. यदि शुद्ध कैपेसिटिव सर्किट को दी जाने वाली बिजली आपूर्ति की आवृत्ति दोगुनी हो जाती है,

(a) करेंट भी दोगुना हो जाएगा (b) करेंट आधा हो जाएगा

(c) करेंट का विरोध घटकर आधा हो जाता है (d) दोनों *a* और *b* both

18. किसी श्रेणी अनुनादी परिपथ का शक्ति गुणक है

(a) शून्य (b) 0·5 लैगिंग (c) यूनिटी (d) 0·5 अग्रणी

19. एक समानांतर अनुनाद परिपथ में धारा होगी

(a) शून्य (b) अनंत (c) बहुत छोटा (d) बहुत बड़ा

20. एक RLC श्रृंखला सर्किट में प्रतिरोध 25, प्रेरक 8 mH और समाई शामिल है, 80 mH सर्किट का p.f होगा

(a) यूनिटी (b) शून्य (c) पिछड़ रहा है (d) अग्रणी

21. समान रेटिंग के लिए, 3-फेज मशीन का आकार 1-फेज मशीन के आकार का होगा

(a) अधिक (b) कम (c) समान (d) उपरोक्त में से कोई नहीं।

22. किसी दिए गए वोल्टेज पर एक विशेष दूरी पर समान राशि में शक्ति संचारित करने के लिए, 3-फेज प्रणाली में आवश्यक संचालन सामग्री की राशि 1-फेज प्रणाली के लिए आवश्यक होगी होना

(a) 1.5 बार (b) 0.5 बार (c) $\sqrt{3}$ बार (d) 0.75 बार

23. 3-फेज प्रणाली का फेज अनुक्रम RYB है। एक ही फेज अनुक्रम हो सकता है के रूप में प्रतिनिधित्व किया

(a) RBY (b) BYR (c) YBR (d) YRB

24. एक संतुलित 3-, फेजस्टार-कनेक्टेड सिस्टम में, फेज वोल्टेज के बीच फेज अंतरऔर उनके संबंधित लाइन वोल्टेज हैं

(a) 30 डिग्री (b) 60 डिग्री (c) 120 डिग्री (d) 45 डिग्री

25. एक संतुलित 3-फेज, स्टार-कनेक्टेड सिस्टम में, फेज वोल्टेज (V_{ph}) के बीच संबंध और लाइन वोल्टेज (V_L) है

(a) $V_{PH} = \sqrt{3}$ VL (b) $V_{PH} = 0{\cdot}577\ V_L$ (c) $V_{PH} = \sqrt{2}$ VL (d) उपरोक्त में से कोई नहीं

26. एक 3-फेज भार को संतुलित भार कहा जाता है, यदि तीनों चरणों में समान हो

(a) प्रतिबाधा (b) शक्ति कारक (c) *a* और *b* दोनों (d) उपरोक्त में से कोई नहीं

27. तीन 400 Ω प्रतिरोधक एक 400 V, 3-फेज आपूर्ति में तारे में जुड़े हुए हैं, यदि इनमें से एक प्रतिरोधों को काट दिया जाता है, तो लाइन करेंट होगा

(a) 2 A (b) 4 A (c) $4/\sqrt{3}$ A (d) $4\sqrt{3}$ A

28. तीन 50 Ω प्रतिरोधक डेल्टा में एक 300 V, 3-फेज आपूर्ति में जुड़े हुए हैं, यदि इनमें से एक फेज काट दिया जाता है, तो फेज करेंट होगा

(a) $8/\sqrt{3}$ A (b) $8 \times \sqrt{3}$ A (c) 8 A (d) $4\sqrt{3}$ A

29. 3- फेज, संतुलित भार में, खपत की गई शक्ति संबंध द्वारा दी जाती है

(a) $\sqrt{3}\ V_L I_L \cos\phi$ (b) $3\ V_{ph} I_{ph} \cos\phi$

(c) दोनों a और b (d) उपरोक्त में से कोई नहीं

30. जब तीन 10 Ω प्रतिरोधक एक 400 V, 3-फेज आपूर्ति, प्रत्येक में तारे में जुड़े होते हैं प्रतिरोधक पास पावर रेटिंग होनी चाहिए।

(a) 5290 W (b) 2300 W (c) 4000 W (d) 4600 W

31. तीन डेल्टा कनेक्टेड रेसिस्टर्स 400 V, 3-फेज सप्लाई से कनेक्ट होने पर 30 kW को अवशोषित करते हैं। जब वे एक ही आपूर्ति में तारे से जुड़े होते हैं तो अवशोषित शक्ति होगी।

(a) 60 किलोवाट (b) 90 किलोवाट (c) 20 किलोवाट (d) 10 किलोवाट

32. तीन समान प्रतिरोध, प्रत्येक 15 Ω, 400 V, 3-फेज में तारे में जुड़े हुए हैं आपूर्ति। बराबर डेल्टा-कनेक्टेड लोड के प्रत्येक फेज के प्रतिरोध का मान होने वाला

(a) 5 (b) 45 (c) 30 (d) 7.5

तालिका स्वयं भरें

क्रमांक	प्रश्न	अंक	कोर्स आउटकम (CO)	BL	प्रोग्राम आउटकम (PO)

परीक्षण प्रश्न

1. बताएं कि कैसे एक साइनसोइडल ई.एम.एफ. उत्पन्न होता है।
2. साइनुसॉइडल रूप से परिवर्तित होने वाले प्रत्यावर्ती वोल्टेज के तात्क्षणिक मान के लिए व्यंजक व्युत्पन्न कीजिए।
3. आयाम, चक्र, समय अवधि, आवृत्ति और फेज अंतर के रूप में लागू शब्दों की व्याख्या करें बारी-बारी से तरंग रूपों के लिए।
4. आर.एम.एस. को परिभाषित करें। एक प्रत्यावर्ती राशिका मान और औसत मान।
5. दिखाएँ कि आर.एम.एस. साइनुसॉइडल एसी का मान आयाम Vm का वोल्टेज $Vm/2$ है।
6. औसत और आर.एम.एस. के लिए व्यंजक व्युत्पन्न कीजिए। एक साइनुसॉइडल भिन्न राशि का मान।
7. दिखाएँ कि साइनुसॉइडल तरंग रूप का रूप कारक 1.11 है।
8. साइनुसॉइडल रूप से भिन्न राशिके फॉर्म फैक्टर और पीक फैक्टर के मान व्युत्पन्न करें।
9. समझाइए कि सदिशों द्वारा साइनुसॉइडल राशियों को कैसे दर्शाया जा सकता है।

10. प्रत्यावर्ती राशियों को जोड़ने के लिए घटक विधि की व्याख्या करें।

11. के बीच अंतर करें

    (i) समयावधि और आवृत्ति
    (ii) चक्र और प्रत्यावर्तन
    (iii) पीक फैक्टर और फॉर्म फैक्टर
    (iv) एक प्रत्यावर्ती धारा का औसत और rms मान।

12. समझाइए कि किसी प्रारंभ करने वाला के आर-पार धारा का फेजर अपने वोल्टेज को 90° से पीछे क्यों रखता है और एक संधारित्र के आर-पार धारा का फेजर अपने वोल्टेज को 90° तक ले जाता है।

13. विशुद्ध रूप से प्रत्यावर्ती वोल्टेज और धारा के बीच फेज कोण संबंध निर्धारित करें स्थिर अवस्था की स्थिति के तहत आगमनात्मक और विशुद्ध रूप से समाई सर्किट।

14. गणितीय व्यंजक द्वारा स्पष्ट कीजिए कि शुद्ध इनडकटेन्स में ऊर्जा की खपत शून्य में होती है।

15. गणितीय व्यंजक द्वारा स्पष्ट कीजिए कि शुद्ध धारिता में खपत की गई शक्ति शून्य होती है।

16. दिखाएँ कि शुद्ध प्रतिरोधक परिपथ में खपत की जाने वाली शक्ति स्थिर नहीं होती है बल्कि इसमें उतार-चढ़ावहोता है।

17. एसी सिंगल-फेज आर-एल सेरिर्स सर्किट में खपत की गई शक्ति के लिए अभिव्यक्ति विकसित करें।

18. 'वाट-रहित धारा' से आप क्या समझते हैं।

19. वास्तविक शक्ति, प्रतिक्रियाशील शक्ति और प्रत्यक्ष शक्ति से आप क्या समझते हैं?

20. शक्ति कारक क्या है? इसके व्यावहारिक महत्व की चर्चा कीजिए।

21. स्पष्ट करें कि पीएफ में सुधार के लिए कैपेसिटर का उपयोग कैसे किया जाता है।

22. RLC श्रृंखला सर्किट में पावर फैक्टर क्या है; जब $X_L > X_C$ एक्ससी, $X_L < X_C$, $X_L = X_C$?

23. श्रेणी अनुनादी परिपथ के लिए Q-कारक को परिभाषित कीजिए तथा इसे परिपथ के पदों में व्यक्त कीजिए पैरामीटर।

24. यदि आर-फेज का वोल्टेज $v_R = V_m \sin \omega t$ द्वारा दर्शाया जाता है, तो समान व्यंजक लिखिएवाई-फेज और b-फेज के वोल्टेज के लिए। फेज अनुक्रम आरbवाई है।

25. 1-फेज सिस्टम की तुलना में 3-फेज सिस्टम के क्या फायदे हैं?

26. 3-फेज विद्युत आपूर्ति से आप क्या समझते हैं ? स्टार और डेल्टा-कनेक्शन का वर्णन करें लाइन वोल्टेज और फेज वोल्टेज, लाइन करेंट और फेज करेंट दिखाकर।

27. एक संतुलित 3-फेज के लिए, फेज और लाइन वोल्टेज और धाराओं के बीच संबंध व्युत्पन्न करें स्टार कनेक्टेड सिस्टम या 3-फेज सर्किट में स्टार कनेक्टेड सिस्टम के लिए साबित करें कि $VL = \sqrt{3}\ Vph$ और $IL = Iph$ या अल्टरनेटर की लाइन और फेज वोल्टेज के बीच संबंध व्युत्पन्न करें।

28. फेज वोल्टेज के साथ लाइन वोल्टेज और लाइन करेंट के बीच संबंध लिखिए और लिखो स्टार-कनेक्टेड और डेल्टा-कनेक्टेड सर्किट में फेज करेंट।

29. 3-फेज स्टार और डेल्टा कनेक्शन में पावर के लिए व्यंजक व्युत्पन्न करें।

30. डेल्टा-कनेक्टेड 3- के लिए वोल्टेज और धाराओं के लिए लाइन और फेज संबंध प्राप्त करें।फेज बिजली प्रणाली। कुल शक्ति और प्रति फेज शक्ति की अभिव्यक्ति भी प्राप्त करें।

31. संतुलित 3-फेज भार में कुल शक्ति के लिए व्यंजक विकसित करें।

32. संतुलित 3-फेज प्रणाली की मूलभूत विशेषताओं का वर्णन कीजिए।

33. दिखाएँ कि बिजली की खपत, जब तीन समान प्रतिबाधा डेल्टा में जुड़े होते हैं एक संतुलित 3-फेज आपूर्ति में, तीन गुना है जब समान बाधाएं होती हैं एक ही 3-फेजआपूर्ति में स्टार में जुड़ा हुआ है।

तालिका स्वयं भरें

क्रमांक	प्रश्न	अंक	कोर्स आउटकम (CO)	BL	प्रोग्राम आउटकम (PO)

अटेनमेंट एवं गैप विश्लेषण

गैप विश्लेषण करने और उपचारात्मक उपायों पर काम करने के लिए कार्यक्रम के परिणामों की प्राप्ति को नीचे दी गई तालिका में संकलित किया जाएगा।

कोर्स आउटकम्स (COs)	प्रोग्राम आउटकम्स की प्राप्ति 1- कमजोर सहसंबंध; 2. मध्यम सहसंबंध; 3. मजबूत सहसंबंध								
	PO 1	PO 2	PO3	PO4	PO 5	PO 6	PO7	PO 8	PO 9
CO1									
CO2									
CO3									

बहुविकल्पीय प्रश्नों के उत्तर													
1.	(b)	2.	(c)	3.	(c)	4.	(a)	5.	(b)	6.	(a)	7.	(d)
8.	(d)	9.	(c)	10.	(a)	11.	(a)	12.	(c)	13.	(d)	14.	(b)
15.	(d)	16.	(c)	17.	(d)	18.	(c)	19.	(c)	20.	(d)	21.	(b)
22.	(d)	23.	(c)	24.	(a)	25.	(b)	26.	(c)	26.	(a)	28.	(c)
29.	(c)	30.	(a)	31.	(d)	32.	(b)						

प्रयोगशाला कार्य

प्रयोग 2

वोल्टेज में कदम परिवर्तन के लिए RL, RC और RLC सर्किट की स्थिर-अवस्था और क्षणिक समय-प्रतिक्रिया को मापना (स्टोरेज ऑसिलोस्कोप पर क्षणिक देखा जा सकता है)। RL, और RC सर्किट की साइनुसॉइडल स्थिर स्थिति प्रतिक्रिया - प्रतिबाधा गणना और सत्यापन। करेंट और वोल्टेज के बीच फेज अंतर का अवलोकन। RLC सर्किट में अनुनाद।

एसी सर्किट का विश्लेषण करने के लिए , हम निम्नलिखित प्रयोग करते हैं:

1. RL श्रृंखला सर्किट में वोल्टेज - करेंट की जानकारी और सर्किट के पावर फैक्टर को निर्धारित करना ।
2. एसी सर्किट में श्रृंखला और समानांतर अनुनाद को सत्यापित करना ।

उद्देश्य:

1. प्रयोग करने के बाद विद्यार्थी, किसी भी एसी सर्किट में प्रत्यावर्ती धारा और वोल्टेज के बीच के संबंध को अच्छी तरह समझता है और एसी सर्किट में पावर फैक्टर से भी वह परिचित हो जाता है ।
2. विद्यार्थी को आरएलसी- श्रृंखला और समानांतर अनुनाद से परिचित कराना ।

आवश्यक उपकरण / घटक:

(i) सिंगल फेज 230V एसी सप्लाई।
(ii) एक स्विच S ।
(iii) एक चोक कॉइल (फ्लोरोसेंट ट्यूब का चोक)।
(iv) सिंगल - फेज ऑटोट्रांसफॉर्मर या वेरिएक ।
(v) .... रेंज का एक एसी एमीटर।
(vi) .... रेंज का एक वाटमीटर ।
(vii) .... रेंज का एक एसी वोल्टमीटर।
(viii) एक पावर फैक्टर मीटर।
(ix) कनेक्टिंग लीड आदि।

अतिरिक्त उपकरण / उपकरण

(x) सर्किट को चर आवृत्ति की आपूर्ति करने के लिए सिग्नल जनरेटर
(xi) एक इलेक्ट्रोलाइटिक कैपेसिटर (एसी कैपेसिटर)
(xii) एक चर प्रतिरोध (रिओस्टेट)

सर्किट आरेख:

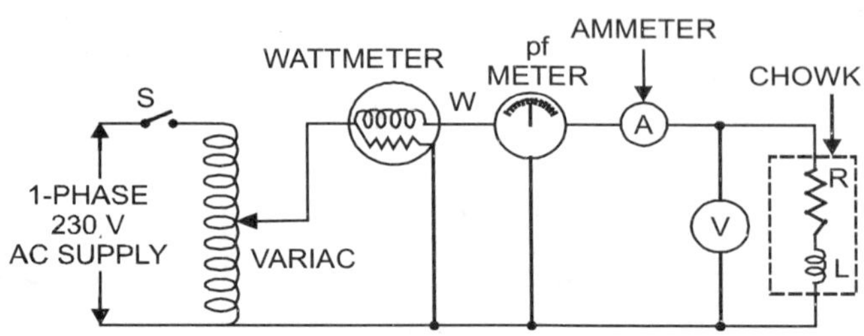

चित्र 2.1: RL श्रृंखला सर्किट में V-I के बीच संबंध निर्धारित करने के लिए सर्किट

सिद्धांत:

वाटमीटर रीडिंग = W; वोल्टमीटर रीडिंग = V

एमीटर रीडिंग = I;

पीएफ . मीटर रीडिंग = K

$$\text{गणना कर निकाला गया पीएफ} = \frac{W}{VI}$$

दर्ज की गई रीडिंग से V और I के बीच एक वक्र प्लॉट करें ।

प्रक्रिया:

प्रयोग करने के लिए , निम्नानुसार आगे बढ़ें:

(i) चित्र 2.1 में दिखाए गए सर्किट आरेख के अनुसार कनेक्शन करें ।

(ii) कनेक्शन की जाँच प्रभारी शिक्षक से अवश्य करायें ।

(iii) वेरिएक को निम्नतम बिंदु पर लाएँ और स्विच S को चालू करें ।

(iv) वेरिएक द्वारा वोल्टेज को चरणों में बढ़ाएं और वोल्टमीटर, एमीटर, वाटमीटर और पीएफ मीटर की रीडिंग दर्ज करें ।

(v) वोल्टेज और करेंट के बीच वक्र को प्लॉट करें।

(vi) सर्किट को विघटित करें।

अवलोकन तालिका:

क्रमांक	अवलोकन				गणना
	वोल्टमीटर रीडिंग (V) Volt में	एम्पीयर रीडिंग (I) Ampere में	वाटमीटर रीडिंग (W) Watt में	पीएफ मीटर रीडिंग (K)	कैल्कुलेटेड p.f =
1.					
2.					
3.					

परिणाम :

1. वोल्टेज बढ़ने पर करेंट बढ़ता है। इसे V और I के बीच एक वक्र बनाकर आलेखीय रूप से दिखाया जा सकता है ।
2. कैल्कुलेटेड पीएफ का मान मापन द्वारा रिकार्ड की गई के पीएफ के मान बराबर ही निकलता है।
3. सीआरओ की सहायता से परिपथ के विभिन्न टर्मिनलों पर तरंग आकृतियों का निरीक्षण करें ।

आरएलसी श्रृंखला अनुनाद के लिए सर्किट आरेख

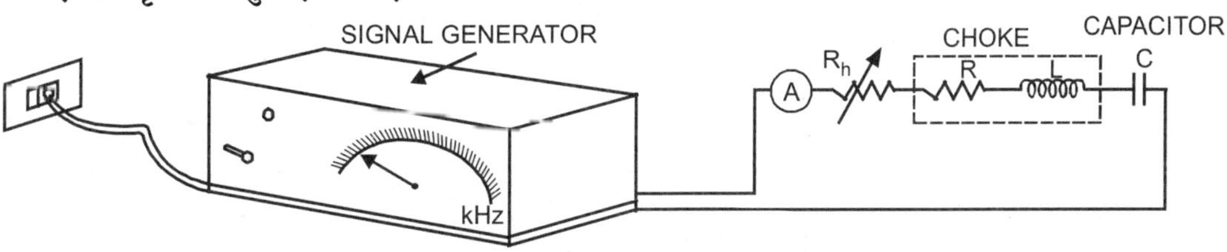

चित्र 2.2: आरएल- सी श्रृंखला सर्किट में अनुनाद निर्धारित करने के लिए सर्किट

सिद्धांत: पर गूंज, $X_L = X_C$

प्रतिध्वनि पर ; तब प्रतिबाधा, $Z_r = R$

RLC श्रेणी परिपथ में अनुनाद पर धारा अधिकतम होती है ।

में RLC समानांतर सर्किट, करेंट गूंज से कम न्यूनतम हो जाएगा।

प्रक्रिया:

इस प्रयोग को करने के लिए निम्नानुसार आगे बढ़ें:

1. चित्र 2.2 में दिखाए गए सर्किट आरेख के अनुसार कनेक्शन बनाएं।
2. प्रभारी शिक्षक से कनेक्शन की जांच कराएं।
3. सिग्नल जनरेटर की सुई को न्यूनतम (शून्य) आवृत्ति पर लाएँ।
4. स्विच- सिग्नल जनरेटर को आपूर्ति चालू करें।
5. परिपथ में आपूर्ति की जाने वाली आवृत्ति को धीरे-धीरे बढ़ाएं और अवलोकन तालिका में एमीटर रीडिंग रिकॉर्ड करें ।
6. करेंट के अधिकतम मान पर सिग्नल जनरेटर की फ्रीक्वेंसी का मान नोट करें; यह अनुनाद आवृत्ति का प्रतिनिधित्व करता है।
7. स्विच- ऑफ आपूर्ति सिग्नल जनरेटर की सुई को शून्य पर लाएं, का मान बदलें और चरण 4, 5 और 6 दोहराएं।
8. आपूर्ति की स्विच बंद करें और चित्र 2.3 में दिखाए सर्किट के अनुसार कनेक्शन में परिवर्तन करें।
9. प्रयोग को दोहराएं, आवृत्ति को बदलकर करेंट का न्यूनतम मान प्राप्त करें।
10. समानांतर एसी सर्किट के लिए उपरोक्त तालिका में रीडिंग रिकॉर्ड करें।

समानांतर अनुनाद के लिए सर्किट आरेख:

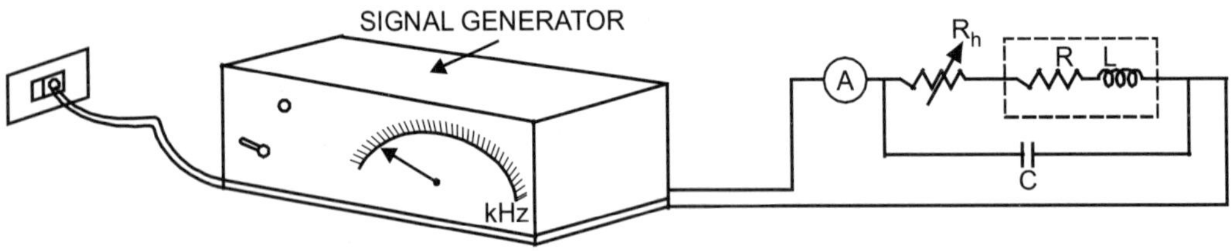

चित्र 2. 3 : RLC समानांतर सर्किट में अनुनाद निर्धारित करने के लिए सर्किट

अवलोकन तालिका:

सं .	रिओस्टेट के लिए सेट		रिओस्टेट के लिए सेट		रिओस्टेट के लिए सेट	
	सिग्नल जनरेटर की रीडिंग (f)	एमीटर की रीडिंग (I)	सिग्नल जनरेटर की रीडिंग (f)	एमीटर की रीडिंग (I)	सिग्नल जनरेटर की रीडिंग (f)	एमीटर की रीडिंग (I)
श्रृंखला अनुनाद सर्किट के लिए						
1.						
2.						

सं.	रिओस्टेट के लिए सेट		रिओस्टेट के लिए सेट		रिओस्टेट के लिए सेट	
	सिग्नल जनरेटर की रीडिंग (f)	एमीटर की रीडिंग (I)	सिग्नल जनरेटर की रीडिंग (f)	एमीटर की रीडिंग (I)	सिग्नल जनरेटर की रीडिंग (f)	एमीटर की रीडिंग (I)
समानांतर अनुनाद सर्किट के लिए						
1.						
2.						

परिणाम :

तीनों सेटिंग्स में, अनुनाद आवृत्ति का मान समान होता है क्योंकि अनुनाद आवृत्ति सर्किट प्रतिरोध से स्वतंत्र होती है।

मौखिक प्रश्नोत्तर

1. एसी परिपथ के प्रतिबाधा से आप क्या समझते हैं ?
2. रेजोनेंट एसी सीरीज सर्किट से क्या समझते हैं ?
3. रेजोनेंट एसी पैरेलल सर्किट से क्या समझते हैं?

3 ट्रांसफार्मर

यूनिट विशिष्ट

- चुंबकीय सामग्री का अध्ययन और B-H वक्र का महत्व।
- सिंगल फेज ट्रांसफॉर्मर और उसके निर्माण के बारे में जानकारी।
- ट्रांसफार्मर के संचालन का सिद्धांत।
- ट्रांसफार्मर समकक्ष सर्किट।
- ट्रांसफॉर्मर में होने वाले प्रमुख नुकसान और वोल्टेज विनियमन।
- ऑटो-ट्रांसफार्मर का अध्ययन।
- 3- फेज ट्रांसफार्मर के बारे में जानकारी।

भूमिका

सभी विद्युत मशीनों का संचालन जैसे ट्रांसफार्मर, डी.सी. मशीनें, सिंक्रोनस मशीन, इंडक्शन मोटर्स आदि अपने चुंबकीय सर्किट पर निर्भर करते हैं। बल की चुंबकीय रेखाओं के बाद बंद पथ को चुंबकीय परिपथ कहा जाता है। सभी विद्युत उपकरणों और मशीनों का संचालन उनके चुंबकीय सर्किट द्वारा उत्पादित चुंबकत्व पर निर्भर करता है इसलिए, इन उपकरणों की आवश्यक विशेषताओं को प्राप्त करने के लिए, उनके चुंबकीय सर्किट को सावधानीपूर्वक डिजाइन किया जाता है।

ट्रांसफार्मर एक प्रमुख विद्युत मशीन या उपकरण है जिसका उपयोग बिजली व्यवस्था में किया जाता है। जनरेटिंग स्टेशनों पर, इसका उपयोग किफायती कारणों से वोल्टेज को बढ़ाने के लिए किया जाता है, जबकि इसका उपयोग सुरक्षा कारणों से प्राप्त स्टेशनों पर वोल्टेज को कम करने के लिए किया जाता है (विद्युत ऊर्जा वोल्टेज के उपयोग के लिए 220 V तक कम किया जाता है)

इस अध्याय में, हम अपना ध्यान चुंबकीय सामग्री, ट्रांसफार्मर और इसकी कार्यप्रणाली पर केंद्रित करेंगे।

यूनिट आउटकम्स

U03-01: यूनिट -3 लर्निंग आउटकम -1

विद्युत धारा के चुंबकीय प्रभाव और उसके अनुप्रयोगों के बारे में जानकारी।

UO3 -02: यूनिट -3 लर्निंग आउटकम -2

विद्युत शक्ति को एक सर्किट से दूसरे सर्किट में कैसे स्थानांतरित किया जाता है।

U03-03: यूनिट -3 लर्निंग आउटकम -3

ट्रांसफार्मर की कार्यप्रणाली पर लोड पावर फैक्टर के प्रभाव का विश्लेषण।

U03-04: यूनिट -3 लर्निंग आउटकम -4

ट्रांसफॉर्मर की हानियों और दक्षता का विश्लेषण।

U03-05: यूनिट -3 लर्निंग आउटकम -5

ऑटोट्रांसफॉर्मर और 3-फेज ट्रांसफार्मर के बारे में जानकारी।

कोर्स आउटकम्स (COs) के साथ यूनिट आउटकम्स (UOs) का परस्पर संबंध

यूनिट 3 आउटकम्स	कोर्स आउटकम्स (COs) के साथ यूनिट आउटकम्स (UOs) का **अपेक्षित संबंध** (1-कमजोर सहसंबंध, 2-मध्यम सहसंबंध, 3-मजबूत सहसंबंध)		
	CO-1	CO-2	CO-3
U3 -01	1	3	–
U3 -02	1	3	–
U3 -03	1	3	–
U3 -04	1	3	–
U3 -05	–	3	–

रोचक तथ्य

- एक सामान्य माइक्रोवेव में, इसकी डिजिटल घड़ी को बिजली देने के लिए जितनी ऊर्जा का उपयोग किया जाता है, उससे अधिक ऊर्जा उसके अंदर के भोजन को गर्म करने के लिए उपयोग की जाती है।
- आज तक, दुनिया का अधिकांश बिजली उत्पादन कोयले पर निर्भर करता है। संयुक्त राज्य अमेरिका अपनी आधी बिजली कोयले से पैदा करता है। चीन में, कोयले से 3/4 से अधिक बिजली उत्पन्न होती है। इसमें कोई संदेह नहीं है कि बिजली उत्पादन के अन्य नवीकरणीय स्रोतों जैसे हवा, पानी और सूरज का दोहन करने के लिए सभी प्रयास चल रहे हैं।

वीडियो स्रोत

सर्किट के लिए वीडियो लिंक

B-H Curve

Principle and Working of Transformer

Energy Losses in a Transformer | Hysteresis, Copper, Eddy Current losses

Energy losses in transformer and Cooling system

3.1 चुंबक

चुंबक एक पदार्थ या वस्तु है जो अपने चारों ओर एक चुंबकीय क्षेत्र प्रदर्शित करता है (चित्र 3.1 देखें) और इसमें लोहे (लौह चुंबकीय) के टुकड़ों को आकर्षित करने की क्षमता होती है। हालांकि, चुंबकीय क्षेत्र अदृश्य है लेकिन यह चुंबक की सबसे उल्लेखनीय संपत्ति के लिए जिम्मेदार है। एक चुंबक के विपरीत छोर पर एक उत्तरी और दक्षिणी ध्रुव होता है।

एक चुंबक में इलेक्ट्रॉन होते हैं जिनकी असमान कक्षाएँ और असमान घुमाव दोनों होते हैं। वे चुंबकीय परमाणु प्रत्येक डोमेन के अंदर अच्छी सीधी पंक्तियों में संरेखित होते हैं। और वे डोमेन भी सभी एक ही दिशा में पंक्तिबद्ध हैं। यदि धातु का एक टुकड़ा इन सभी शर्तों को पूरा करता है तभी वह चुंबक बन जाता है।

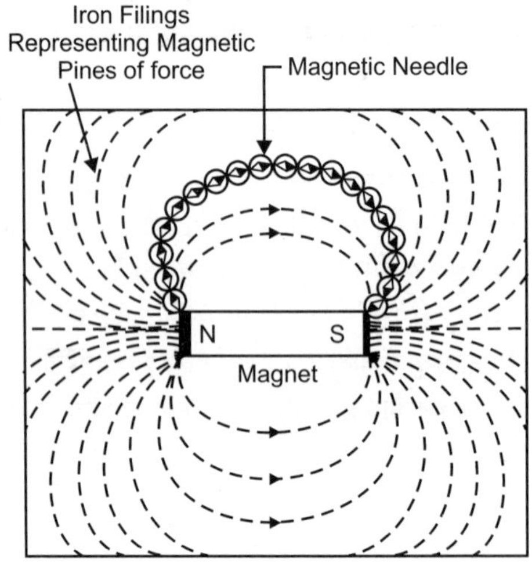

चित्र 3.1: चुंबक बार और उसका क्षेत्र

3.2 चुंबकीय पदार्थ के प्रकार

सभी पदार्थों को उनके चुंबकीय व्यवहार के संदर्भ में वर्गीकृत किया जा सकता है। चुंबकत्व के दो सबसे सामान्य प्रकार प्रतिचुंबकत्व और अनुचुंबकत्व हैं, जो कमरे के तापमान पर तत्वों की अधिकांश आवर्त सारणी के चुंबकीय गुणों के लिए जिम्मेदार हैं। इन तत्वों को आमतौर पर गैर-चुंबकीय के रूप में संदर्भित किया जाता है, जबकि जिन्हें चुंबकीय कहा जाता है उन्हें वास्तव में फेरोमैग्नेटिक के रूप में वर्गीकृत किया जाता है। जब किसी पदार्थ को चुंबकीय क्षेत्र में रखा जाता है, तो पदार्थ के इलेक्ट्रॉनों के चुंबकीय बल प्रभावित होंगे। इस प्रभाव को फैराडे के चुंबकीय प्रेरण के नियम के रूप में जाना जाता है। हालांकि, बाहरी चुंबकीय क्षेत्र की उपस्थिति के लिए पदार्थ काफी अलग तरह से प्रतिक्रिया कर सकती है। यह प्रतिक्रिया कई कारकों पर निर्भर करती है, जैसे कि पदार्थ की परमाणु और आणविक संरचना, और परमाणुओं से जुड़े शुद्ध चुंबकीय क्षेत्र। परमाणुओं से जुड़े चुंबकीय क्षणों के तीन मूल होते हैं। ये इलेक्ट्रॉन गति हैं, बाहरी चुंबकीय क्षेत्र के कारण गति में परिवर्तन और इलेक्ट्रॉनों का स्पिन।

अधिकांश परमाणुओं में इलेक्ट्रॉन जोड़े में होते हैं। एक जोड़ी में इलेक्ट्रॉन विपरीत दिशाओं में घूमते हैं। इसलिए, जब इलेक्ट्रॉनों को एक साथ जोड़ा जाता है, तो उनके विपरीत स्पिन उनके चुंबकीय क्षेत्र को एक दूसरे को रद्द करने का कारण बनते हैं। इसलिए, कोई शुद्ध चुंबकीय क्षेत्र मौजूद नहीं है। वैकल्पिक रूप से, कुछ अयुग्मित इलेक्ट्रॉनों वाली पदार्थ में एक शुद्ध चुंबकीय क्षेत्र होगा और बाहरी क्षेत्र में अधिक प्रतिक्रिया करेगा। अधिकांश सामग्रियों को प्रतिचुंबकीय, अनुचुंबकीय या लौहचुंबकीय के रूप में वर्गीकृत किया जा सकता है।

प्रतिचुंबकीय पदार्थ: वे पदार्थ जिनमें चुंबकीय क्षेत्र के लिए कमजोर, नकारात्मक संवेदनशीलता होती है, प्रतिचुंबकीय पदार्थ कहलाते हैं।

इन पदार्थों को एक चुंबकीय क्षेत्र द्वारा थोड़ा प्रतिकर्षण दिया जाता है और बाहरी क्षेत्र को हटा दिए जाने पर वे चुंबकीय गुणों को बरकरार नहीं रखते हैं। प्रतिचुंबकीय पदार्थों में सभी इलेक्ट्रॉन युग्मित होते हैं इसलिए प्रति परमाणु कोई स्थायी चुंबकीय आघूर्ण नहीं होता है। बाहरी चुंबकीय क्षेत्र के प्रभाव में इलेक्ट्रॉन पथों के पुनर्संरेखण से प्रतिचुंबकीय गुण उत्पन्न होते हैं। आवर्त सारणी के अधिकांश तत्व, जिनमें तांबा, चांदी और सोना शामिल हैं, प्रतिचुंबकीय हैं।

अनुचुंबकीय पदार्थ: वे पदार्थ जिनमें चुंबकीय क्षेत्र के लिए एक छोटी, सकारात्मक संवेदनशीलता होती है, अनुचुंबकीय पदार्थ कहलाते हैं। ये पदार्थ एक चुंबकीय क्षेत्र द्वारा थोड़ा आकर्षित होते हैं और बाहरी क्षेत्र को हटा दिए जाने पर वे चुंबकीय गुणों को बरकरार नहीं रखते हैं। अनुचुंबकीय गुण कुछ अयुग्मित इलेक्ट्रॉनों की उपस्थिति के कारण होते हैं, और बाहरी चुंबकीय

क्षेत्र के कारण इलेक्ट्रॉन पथों के पुनर्संरेखण से होते हैं। पैरामैग्नेटिक सामग्रियों में मैग्नीशियम, मोलिब्डेनम, लिथियम और टैंटलम शामिल हैं।

फेरोमैग्नेटिक मैटेरियल्स: वे पदार्थ जिनमें बाहरी चुंबकीय क्षेत्र के लिए एक बड़ी, सकारात्मक संवेदनशीलता होती है, फेरोमैग्नेटिक मैटेरियल कहलाते हैं। ये सामग्री चुंबकीय क्षेत्रों के लिए एक मजबूत आकर्षण प्रदर्शित करती हैं और बाहरी क्षेत्र को हटा दिए जाने के बाद अपने चुंबकीय गुणों को बनाए रखने में सक्षम हैं। फेरोमैग्नेटिक सामग्रियों में कुछ अयुग्मित इलेक्ट्रॉन होते हैं इसलिए उनके परमाणुओं में एक शुद्ध चुंबकीय क्षण होता है। चुंबकीय डोमेन की उपस्थिति के कारण वे अपने मजबूत चुंबकीय गुण प्राप्त करते हैं। इन डोमेन में, बड़ी संख्या में परमाणु के क्षण (1012 से 1015) समानांतर संरेखित होते हैं ताकि डोमेन के भीतर चुंबकीय बल मजबूत हो। जब एक लौहचुंबकीय पदार्थ गैर-चुंबकीय अवस्था में होता है, तो डोमेन लगभग बेतरतीब ढंग से व्यवस्थित होते हैं और पूरे भाग के लिए शुद्ध चुंबकीय क्षेत्र शून्य होता है। जब एक चुंबकीय बल लगाया जाता है, तो भाग के भीतर एक मजबूत चुंबकीय क्षेत्र उत्पन्न करने के लिए डोमेन संरेखित हो जाते हैं। लोहा, निकल और कोबाल्ट लौहचुम्बकीय पदार्थों के उदाहरण हैं।

3.3 विद्युत चुंबकत्व

वह घटना जिसके द्वारा विद्युत धारा के प्रभाव से चुम्बकत्व उत्पन्न होता है, विद्युत चुम्बकत्व कहलाती है।

महत्वपूर्ण शर्तें

चुंबकीय परिपथों का अध्ययन करते समय, आमतौर पर हमें निम्नलिखित शब्द मिलते हैं:

1. **चुंबकीय क्षेत्र :** चुंबक के चारों ओर का वह क्षेत्र जहां उसके ध्रुव आकर्षण या प्रतिकर्षण बल प्रदर्शित करते हैं, चुंबकीय क्षेत्र कहलाता है।
2. **चुंबकीय फ्लक्स :** चुंबकीय परिपथ में स्थापित बल की चुंबकीय रेखाओं की मात्रा को चुंबकीय प्रवाह कहा जाता है। इसकी इकाई वेबर (Wb) है। यह विद्युत परिपथ में विद्युत धारा I के अनुरूप है।
3. **चुंबकीय फ्लक्स घनत्व :** एक बिंदु पर चुंबकीय प्रवाह घनत्व उस बिंदु पर प्रवाह के समकोण पर प्रति इकाई क्षेत्र में प्रवाह होता है। यह आमतौर पर 'B' अक्षर द्वारा दर्शाया जाता है। इसकी इकाई Wb/m^2 या Tesla है।

$$B = \frac{\phi}{A}\ Wb/m^2 \quad \text{या} \quad T\ (1\ Wb/m^2 = 1 \times 10^4\ Wb/cm^2)$$

4. **पारगम्यता (Permeability) :** किसी पदार्थ की चुंबकीय बल रेखाओं को उसके माध्यम से संचालित करने की क्षमता उस पदार्थ की पारगम्यता कहलाती है। यह आम तौर पर म्यू (μ, एक ग्रीक अक्षर) द्वारा दर्शाया जाता है। किसी सामग्री की पारगम्यता जितनी अधिक होती है, बल की चुंबकीय रेखाओं के लिए उसकी चालकता उतनी ही अधिक होती है और इसके विपरीत। वायु या निर्वात की पारगम्यता सबसे कम होती है और इसे μ_0 (जहाँ $\mu_0 = 4\pi \times 10^{-7}$ H/m) के रूप में दर्शाया जाता है।

   आपेक्षिक पारगम्यता : किसी चुंबकीय पदार्थ की निरपेक्ष (या वास्तविक) पारगम्यता वायु μ की निरपेक्ष पारगम्यता से बहुत अधिक होती है। चुंबकीय सामग्री की सापेक्ष पारगम्यता वायु या निर्वात की तुलना में दी जाती है।

   इसलिए, सामग्री की पारगम्यता का अनुपात हवा या वैक्यूम μ_0 की पारगम्यता को सामग्री की सापेक्ष पारगम्यता μ_r कहा जाता है।

   अर्थात $\mu_r = \dfrac{\mu}{\mu_0}$ या $\mu = \mu_0 \mu_r$

   जाहिर है, हवा की सापेक्ष पारगम्यता $\dfrac{\mu}{\mu_0} = 1$ होगा। सभी गैर-चुंबकीय पदार्थों की सापेक्ष पारगम्यता का मूल्य भी 1 है।

हालांकि, इसका मान सॉफ्ट आयरन के लिए 8000 जितना अधिक है, जबकि, इसका मान म्युमेटल (आयरन 22% और निकेल 78%) के लिए 20,000 जितना बडा होता है।

5. **चुंबकीय क्षेत्र की तीव्रता :** चुंबकीय क्षेत्र में एक बिंदु पर रखे जाने पर उत्तरी ध्रुव (1 Wb) पर लगने वाले बल को उस बिंदु पर क्षेत्र की चुंबकीय तीव्रता कहा जाता है। इसे H द्वारा निरूपित किया जाता है।

   चुंबकीय सर्किट में, इसे चुंबकीय पथ की प्रति इकाई लंबाई mmf के रूप में परिभाषित किया जाता है। इसे गणितीय रूप से H से निरूपित किया जाता है।

$$H = \frac{\text{एम.एम.एफ.}}{\text{चुंबकीय पथ की लंबाई}} = \frac{NI}{l} \text{ AT}/m$$

6. **मैग्नेटोमोटिव बल (एम.एम.एफ.) :** चुंबकीय दबाव जो चुंबकीय सर्किट में चुंबकीय प्रवाह को स्थापित करता है उसे मैग्नेटोमोटिव बल कहा जाता है। कार्य कानून के अनुसार इसे निम्नानुसार परिभाषित किया जा सकता है:

   एक इकाई चुंबकीय ध्रुव (1 Wb) को एक बार चुंबकीय परिपथ के चारों ओर घुमाने में किए गए कार्य को मैग्नेटोमोटिव बल कहा जाता है। सामान्य रूप में

   एम.एम.एफ. (MMF) = N × I = एम्पीयर-टर्न (N.I या AT)

   एक विद्युत परिपथ में यह ई.एम.एफ. के समान होता है।

7. **रिलक्टेंस (S) :** किसी चुंबकीय परिपथ द्वारा चुंबकीय फ्लक्स के प्रति किए गए विरोध को उसकी रिलक्टेंस कहते हैं। यह चुंबकीय परिपथ बनाने वाली सामग्री की लंबाई (l), अनुप्रस्थ काट के क्षेत्रफल (a) और पारगम्यता $\mu = \mu_0 \mu_r$ पर निर्भर करता है। इसे AT/Wb में मापा जाता है।

$$\text{रिलक्टेंस, } S = \frac{l}{a\,\mu_0\,\mu_r}$$

8. **पारगम्यता :** यह आसानी का एक उपाय है जिसके साथ सामग्री में प्रवाह स्थापित किया जा सकता है। यह केवल सामग्री की अनिच्छा का पारस्परिक है और इसे Wb/AT या Henry में मापा जाता है।

9. **रिलक्टिविटी :** यह विशिष्ट रिलक्टेंस है l यह विद्युत परिपथ में चालकता के समान है।

3.4 चुंबकीकरण या B-H अभिलक्षण

किसी पदार्थ के फ्लक्स घनत्व B और चुम्बकीय बल H के बीच आलेखित ग्राफ को उस पदार्थ का चुम्बकत्व या B-H वक्र कहा जाता है।

किसी चुंबकीय पदार्थ के B-H वक्र का सामान्य आकार B पर संतृप्ति होता है

चित्र 3.2 में दिखाया गया है कि वक्र का आकार गैर-रैखिक है यह इंगित करता है कि चुंबकीय सामग्री की सापेक्ष पारगम्यता ($\mu_0 = B/\mu_0 H$) स्थिर नहीं है, लेकिन यह बदलती रहती है। μ_r का मान मुख्यतः फ्लक्स घनत्व के मान पर निर्भर करता है।

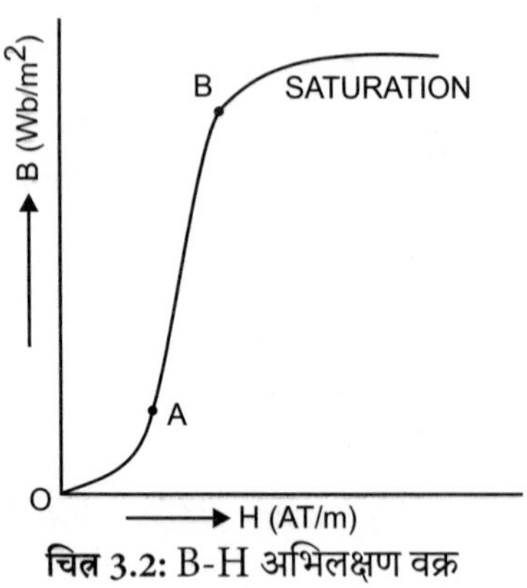

चित्र 3.2: B-H अभिलक्षण वक्र

चुम्बकत्व वक्र का पहला भाग OA है। OA में फ्लक्स घनत्व चुंबकीय बल H में वृद्धि के साथ बढ़ता है।

चुम्बकत्व वक्र का दूसरा भाग AB है। AB में हम देखते हैं कि वक्र सीधा और सीधा हो जाता है अर्थात बिंदु A के बाद, फ्लक्स घनत्व में वृद्धि (B) चुंबकीय बल H के थोड़ा बढ़ने पर भी काफी अधिक है।

चुम्बकत्व वक्र का तीसरा भाग आगे की ओर B है। वक्र लगभग एक क्षैतिज सीधी रेखा बन जाता है। चुम्बकत्व वक्र के इस सीधे अस्तर को चुंबकीय संतृप्ति कहा जाता

है और बिंदु B को संतृप्ति बिंदु कहा जाता है। B के बाद फ्लक्स घनत्व B में वृद्धि नगण्य है। इससे पता चलता है कि चुंबकीय बल में वृद्धि के साथ, प्रवाह घनत्व बढ़ता है लेकिन यदि चुंबकीय बल बढ़ता रहता है, तो एक चरण आ जाएगा जब प्रवाह घनत्व (B) में परिवर्तन नगण्य होगा। इस स्थिति को चुंबकीय संतृप्ति कहा जाता है और चुंबकीय संतृप्ति के बाद, प्रवाह घनत्व स्थिर रहता है।

कुछ सामान्य चुंबकीय पदार्थों के B-H अभिलक्षण वक्र चित्र 3.3 में दिखाए गए हैं। एक गैर-चुंबकीय सामग्री के लिए बी-एच वक्र चित्र 3.4 में दिखाया गया है। यह एक सीधी रेखा वक्र है क्योंकि B = 0H या B μ H क्योंकि 0 का मान स्थिर है।

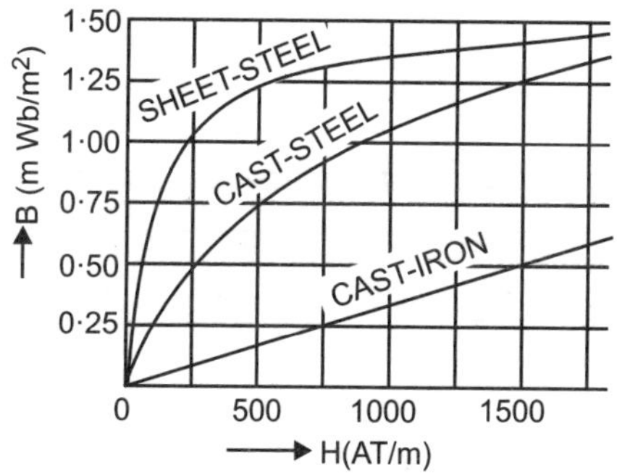

चित्र 3.3: विभिन्न चुंबकीय पदार्थ का B-H वक्र

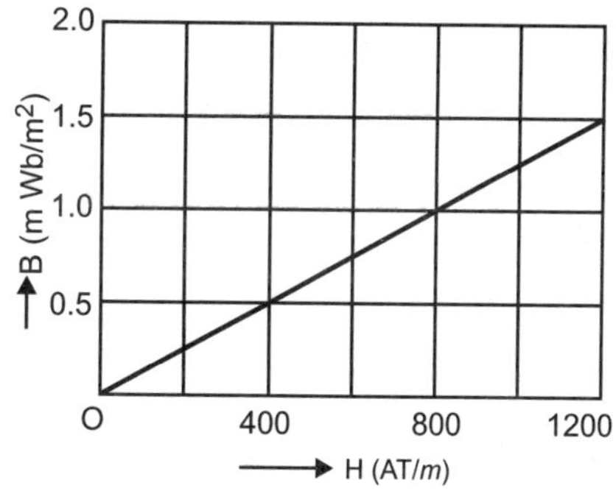

चित्र 3.4: गैर चुंबकीय पदार्थ का B-H वक्र

3.5 ट्रांसफार्मर

ट्रांसफार्मर एक स्थिर उपकरण है जो एसी विद्युत शक्ति को एक सर्किट से दूसरे सर्किट में समान आवृत्ति पर स्थानांतरित करता है लेकिन वोल्टेज स्तर आमतौर पर बदल जाता है जैसा कि चित्र 3.5 (*a*) में दिखाया गया है। जब वोल्टेज को आउटपुट साइड ($V_2 > V_1$) पर बढ़ा दिया जाता है, तो ट्रांसफॉर्मर को (**उच्चायी परिणामित्र**) स्टेप अप ट्रांसफॉर्मर कहा जाता है, जबकि, ट्रांसफॉर्मर जिसमें आउटपुट साइड ($V_2 < V_1$) पर वोल्टेज कम किया जाता है उसे स्टेप डाउन (**अपचायी परिणामित्र**) ट्रांसफॉर्मर कहा जाता है।

आवश्यकता

हमारे देश में आमतौर पर 11 kV पर विद्युत शक्ति उत्पन्न होती है। आर्थिक कारणों से ए.सी. बिजली लंबी दूरी पर बहुत अधिक वोल्टेज (220 kV या 400 kV) पर प्रेषित होती है।

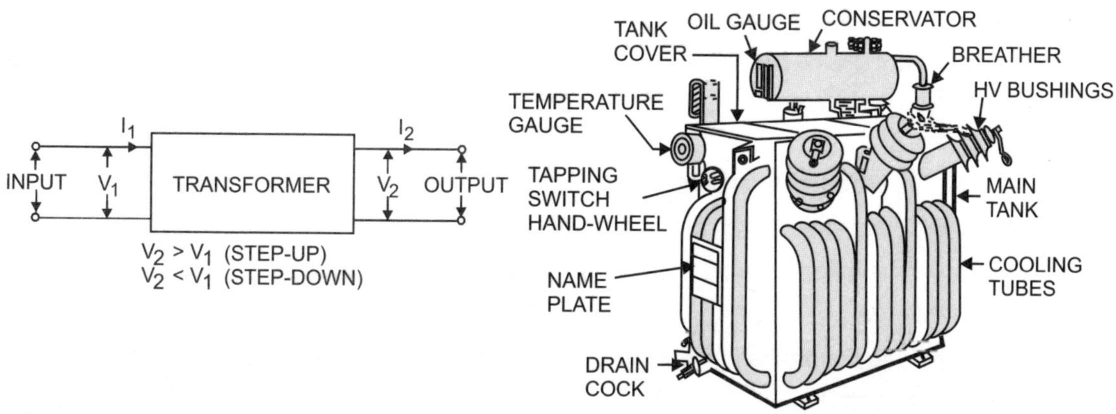

(a) स्टेप अप-स्टेप डाउन ट्रांसफार्मर

(b) ट्रांसफार्मर का सचित्र दृश्य

चित्र 3.5: ट्रांसफार्मर

इसलिए, जनरेटिंग स्टेशन पर एक स्टेप अप ट्रांसफॉर्मर लगाया जाता है। फिर विभिन्न क्षेत्रों को वितरित करने के लिए, विभिन्न सब स्टेशनों पर ट्रांसफार्मर द्वारा वोल्टेज को विभिन्न स्तरों (किफायती कारणों से) तक कम किया जाता है। अंततः विद्युत शक्ति के उपयोग के लिए, सुरक्षा कारणों से वोल्टेज को 400/230 V तक कम कर दिया जाता है।

इस प्रकार, ट्रांसफार्मर बिजली व्यवस्था में एक महत्वपूर्ण भूमिका निभाता है। एक बिजली ट्रांसफार्मर का सचित्र दृश्य चित्र 3.5 (b) में दिखाया गया है तथा महत्वपूर्ण भागों के नाम उस पर अंकित हैं।

3.6 ट्रांसफार्मर का कार्य सिद्धांत

ट्रांसफार्मर का मूल सिद्धांत विद्युत चुम्बकीय प्रेरण है।

एक ट्रांसफॉर्मर का एक सरल रूप चित्र 3.6 में दिखाया गया है। इसमें अनिवार्य रूप से लेमिनेटेड सिलिकॉन स्टील कोर के ऊपर दो अलग-अलग वाइंडिंग होते हैं। जिस वाइंडिंग से एसी सप्लाई जुड़ी होती है उसे प्राइमरी वाइंडिंग कहा जाता है और जिस वाइंडिंग से लोड जुड़ा होता है उसे सेकेंडरी वाइंडिंग कहा जाता है। जब ए.सी. वोल्टेज V की आपूर्ति प्राथमिक वाइंडिंग से जुड़ी होती है, कोर में प्रत्यावर्ती फ्लक्स प्रेरित होता है।

यह प्रत्यावर्ती प्रवाह जब द्वितीयक वाइंडिंग से जुड़ता है, एक ई.एम.एफ. इसमें प्रेरित होता है जिसे पारस्परिक रूप से प्रेरित ई.एम.एफ. कहा जाता है। इस प्रेरित की दिशा ई.एम.एफ. लागू वोल्टेज V के विपरीत है, लेन्ज़ के नियम के अनुसार जैसा कि चित्र 3.7 में दिखाया गया है।

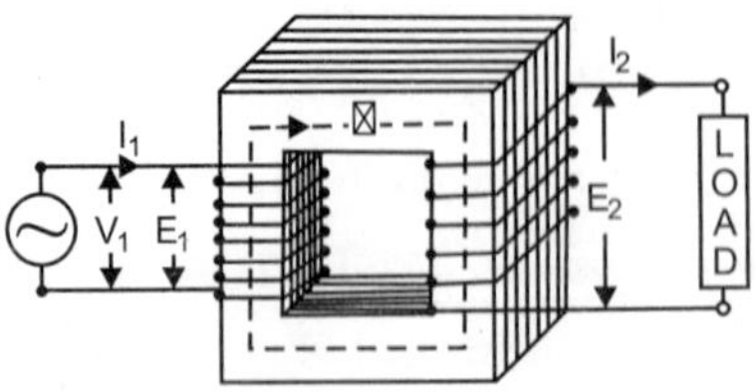

चित्र 3.6: ट्रांसफार्मर कोर और वाइंडिंग

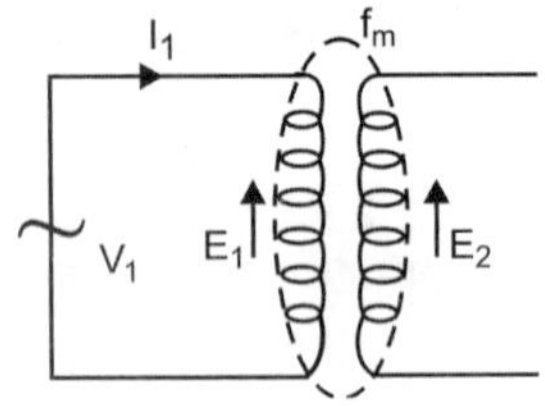

चित्र 3.7: प्राथमिक और द्वितीयक वाइंडिंग का युग्मन

वही प्रत्यावर्ती फ्लक्स प्राथमिक वाइंडिंग से भी जुड़ता है और स्व-प्रेरित ई.एम.एफ. उत्पन्न करता है। इस प्रेरित ईएमएफ E भी लेन्ज़ के नियम के अनुसार लागू वोल्टेज V के विपरीत दिशा में कार्य करता है।

हालांकि, प्राइमरी और सेकेंडरी वाइंडिंग के बीच कोई इलेक्ट्रिकल कनेक्शन नहीं होता है लेकिन इलेक्ट्रिकल पावर को प्राइमरी सर्किट से सेकेंडरी सर्किट में म्यूचुअल फ्लक्स के जरिए ट्रांसफर किया जाता है।

प्रेरित ई.एम.एफ. प्राथमिक और द्वितीयक वाइंडिंग में फ्लक्स लिंकेज के परिवर्तन की दर पर निर्भर करता है। फ्लक्स के परिवर्तन की दर ($d\Phi / dt$) प्राथमिक और माध्यमिक दोनों के लिए समान है। इसलिए, प्रेरित ई.एम.एफ. प्राथमिक पक्ष में प्राथमिक ($E1 \propto N1$) घुमावों की संख्या के समानुपाती होता है और द्वितीयक पक्ष में द्वितीयक के घुमावों (टर्न) की संख्या के समानुपाती होता है।

यदि $N_1 > N_2$, यह ट्रांसफार्मर स्टेप डाउन ट्रांसफार्मर है।

और यदि $N_2 > N_1$, यह ट्रांसफार्मर स्टेप अप ट्रांसफार्मर है।

टर्न अनुपात : प्राथमिक से द्वितीयक घुमावों के अनुपात को टर्न अनुपात कहा जाता है, अर्थात

टर्न अनुपात $= N_1 / N_2$

परिवर्तन अनुपात : द्वितीयक वोल्टेज और प्राथमिक वोल्टेज के अनुपात को ट्रांसफार्मर का वोल्टेज परिवर्तन अनुपात कहा जाता है। इसे K द्वारा दर्शाया गया है।

$$K = \frac{E_2}{E_1} = \frac{N_2}{N_1}$$

3.7 ट्रांसफार्मर की संरचना

एक ट्रांसफार्मर के मुख्य तत्व हैं; दो कॉइल और एक लेमिनेटेड स्टील कोर। दो कॉइल एक दूसरे से और साथ ही स्टील कोर से अछूता रहता है। ट्रांसफार्मर का कोर एक सतत चुंबकीय पथ प्रदान करने के लिए इकट्ठे शीट या सिलिकॉन स्टील के टुकड़े टुकड़े से बनाया गया है। सामान्य प्रवाह घनत्व पर सिलिकॉन स्टील सामग्री में कम हिस्टैरिसीस नुकसान होता है। एड़ी के करेंट के नुकसान को कम करने के लिए कोर को लैमिनेट किया जाता है। लैमिनेशन एक दूसरे से वार्निश के हल्के लेप या ऑक्साइड परत द्वारा अछूता रहता है। 50 Hz की आवृत्ति के लिए टुकड़े टुकड़े की मोटाई 0.35 mm से 0.5 mm तक भिन्न होती है।कोर निर्माण और इसके चारों ओर प्राथमिक और माध्यमिक को रखने के तरीके के अनुसार, ट्रांसफार्मर को (i) कोर प्रकार के ट्रांसफार्मर (ii) शेल प्रकार, के ट्रांसफार्मर के रूप में नामित किया गया है।

कोर प्रकार के ट्रांसफार्मर

एक साधारण कोर टाईप के ट्रांसफार्मर में एक आयताकार फ्रेम बनाने के लिए चुंबकीय कोर टुकड़े टुकड़े से बना होता है। टुकड़े टुकड़े को L-आकार की पट्टियों के रूप में काटा जाता है जैसा कि चित्र 3.8 में दिखाया गया है। जोड़ों में उच्च रिलक्टेंस से बचने के लिए जहां टुकड़े टुकड़े एक दूसरे के विपरित लगाए जाते हैं, वैकल्पिक परतों को निरंतर जोड़ को खत्म करने के लिए अलग-अलग ढेर किया जाता है जैसा कि चित्र 3.9 में दिखाया गया है।

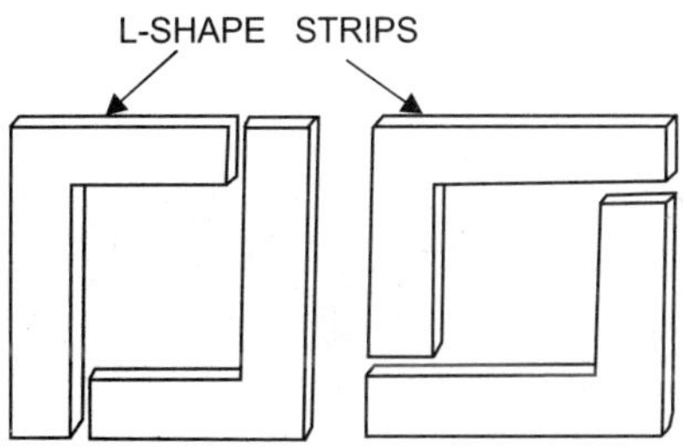

चित्र 3.8: L-आकार का लेमिनेशन

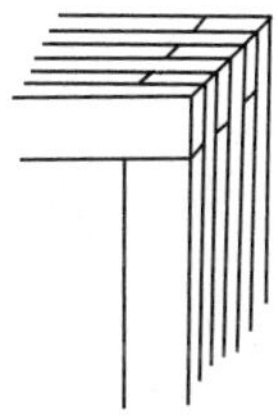

चित्र 3.9: लेमिनेशन की व्यवस्था

वास्तविक ट्रांसफॉर्मर निर्माण में, क्षरण फ्लक्स (लिकेज फ्लक्स) को कम करने के लिए प्राथमिक और द्वितीयक वाइंडिंग को इंटरलीव किया जाता है जैसा कि चित्र 3.10(a) में दिखाया गया है, प्रत्येक वाइंडिंग का आधा भाग अगल बगल या एकाग्र रूप से किसी भी शाखा या कोर की टांग पर रखा जाता है। दो वाइंडिंग, कोर की अलग अलग शाखा पर चित्र 3.10 (b) में दिखाया गया है।

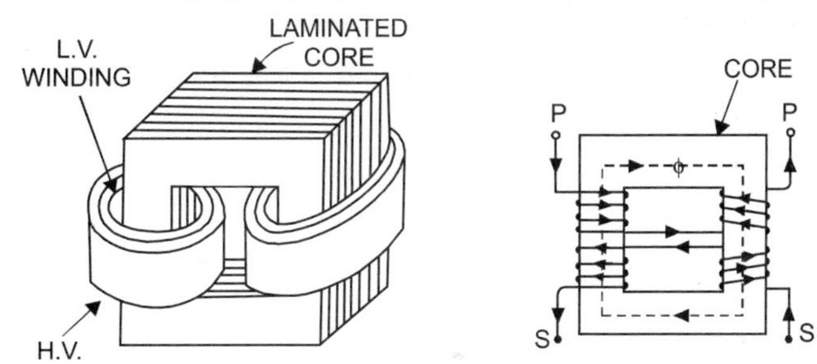

(a) वाइंडिंग की नियुक्त (b) कोर पर रखा गया वाइंडिंग

चित्र 3.10: वाइंडिंग के साथ ट्रांसफार्मर कोर

इन वाइंडिंग को रखते समय, कोर और लोअर वाइंडिंग के बीच, एक इंसुलेशन परत (बैकलाइट) प्रदान की जाती है। इन्सुलेशन को कम करने के लिए, लो वोल्टेज वाइंडिंग को हमेशा कोर के पास रखा जाता है जैसा कि चित्र 3.10 (a) में दिखाया गया है। उपयोग की जाने वाली वाइंडिंग (आमतौर पर आकार में बेलनाकार) होती है और बाद में लेमिनेशन डाले जाते हैं।

शेल प्रकार के ट्रांसफार्मर : शेल प्रकार ट्रांसफॉर्मर के मामले में, प्रत्येक लेमिनेशन को E और I की लंबी पट्टी के रूप में काटा जाता है जैसा कि चित्र 3.11 में दिखाया गया है। जोड़ों में उच्च रिलक्टेंस से बचने के लिए जहां लेमिनेशन एक दूसरे के विपरीत लगाए जाते हैं, निरंतर जोड़ों को खत्म करने के लिए अतिरिक्त परतें विशिष्ट रूप से लगाई जाती हैं।

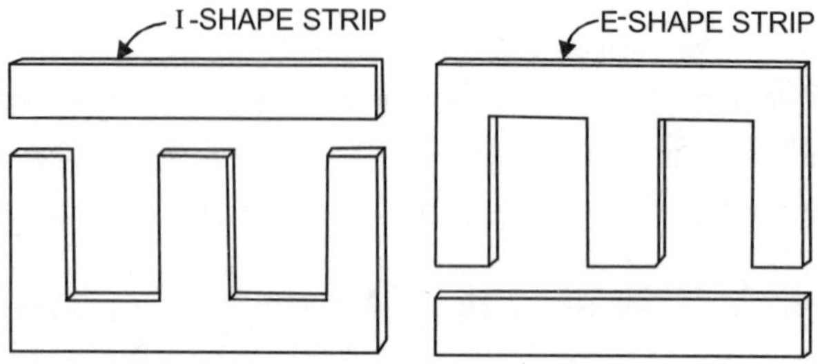

चित्र 3.11: 'ई' एवं 'आई' लेमिनेशन

शेल-प्रकार के ट्रांसफार्मर में, कोर की तीन शाखाएँ होती हैं। केंद्रीय शाखा पूरे प्रवाह को वहन करती है, जबकि पार्श्व शाखाएं प्रवाह का आधा हिस्सा वहन करती हैं। इसलिए, केंद्रीय शाखा की चौड़ाई बाहरी शाखा की चौड़ाई से लगभग दोगुनी है।

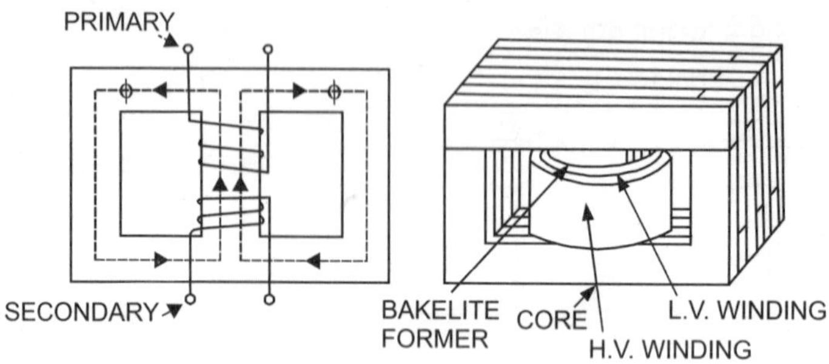

चित्र 3.12: कोर पर किया गया वाइंडिंग

प्राथमिक और द्वितीयक दोनों वाइंडिंग को केंद्रीय शाखा के किनारे या एकाग्र रूप से रखा जाता है (चित्र 3.12 देखें)। लो वोल्टेज वाइंडिंग को कोर के पास रखा जाता है और हाई वोल्टेज वाइंडिंग को लो वोल्टेज वाइंडिंग के बाहर रखा जाता है ताकि कोर और लो वोल्टेज वाइंडिंग के बीच रखे इन्सुलेशन की लागत को कम किया जा सके।

पूरी असेंबली यानी कोर और वाइंडिंग को आमतौर पर ट्रांसफार्मर के तेल से भरे टैंक में रखा जाता है। ट्रांसफार्मर का तेल ट्रांसफार्मर को बेहतर शीतलन प्रदान करता है तथा वाइंडिंग और बाहरी टैंक के बीच एक ढांकता हुआ माध्यम के रूप में कार्य करता है जो ट्रांसफार्मर के बाहरी टैंक के आकार को और कम कर देता है।

3.8 एक आदर्श ट्रांसफार्मर

एक आदर्श ट्रांसफार्मर वह होता है जिसमें कोई ओमिक प्रतिरोध नहीं होता है और कोई चुंबकीय रिसाव प्रवाह नहीं होता है यानी प्राथमिक और माध्यमिक के साथ कोर लिंक में उत्पन्न सभी प्रवाह, इसलिए, ट्रांसफॉर्मर में कॉपर लॉस और कोर लॉस नहीं होता है। इसका मतलब है कि एक आदर्श ट्रांसफार्मर में दो विशुद्ध रूप से आगमनात्मक कॉइल होते हैं जो एक हानि मुक्त कोर पर होते हैं। हालांकि वास्तविक व्यवहार में, इस तरह के एक ट्रांसफार्मर को महसूस करना असंभव है, फिर भी सुविधा के लिए, एक आदर्श ट्रांसफार्मर से शुरू करना और फिर इसे एक वास्तविक ट्रांसफार्मर तक विस्तारित करना बेहतर है।

एक आदर्श ट्रांसफार्मर में बिजली की हानि नहीं होती है, इसलिए इनपुट पॉवर को आउटपुट पॉवर के बराबर होना चाहिए।

$$E_2 I_2 \cos \phi = E_1 I_1 \cos \phi$$

$$E_2 I_2 = E_1 I_1$$

$$\frac{E_2}{E_1} = \frac{I_1}{I_2}$$

जबकि,

$$E_2 \propto N_2 \text{ और } E_1 \propto N_1$$

$$\frac{V_2}{V_1} = \frac{E_2}{E_1} = \frac{N_2}{N_1} = \frac{I_1}{I_2} = K \text{ (टर्न अनुपात)}$$

आचरण और फेजर आरेख

एक आदर्श ट्रांसफॉर्मर पर विचार करें जिसकी सेकेंडरी वाइंडिंग खुली है जैसा कि चित्र 3.13 (a) में दिखाया गया है। जब इसका प्राथमिक साइनुसॉइडल अल्टरनेटिंग वोल्टेज V से जुड़ा होता है, तो एक करेंट I इसके माध्यम से प्रवाहित होता है। चूंकि प्राथमिक कुंडल शुद्ध आगमनात्मक है, इसलिए धारा I प्रयुक्त वोल्टेज V से 90 ° पीछे रहता है।

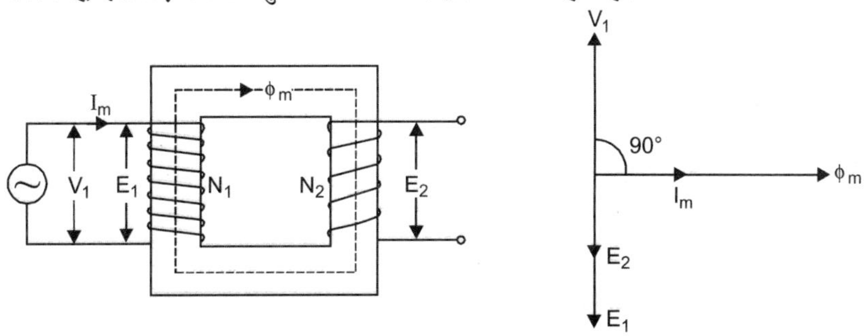

(a) सर्किट आरेख (b) फेजर आरेख

चित्र 3.13: आदर्श ट्रांसफार्मर

यह धारा क्रोड में प्रत्यावर्ती फ्लक्स (या पारस्परिक फ्लक्स f) स्थापित करती है और उसे चुम्बकित करती है। इसलिए यह चुम्बकीय धारा कहलाती है। फ्लक्स I के साथ चरण (फेज) में है जैसा कि चित्र 3.13 (b) में चरण आरेख में दिखाया गया है। प्रत्यावर्ती फ्लक्स प्राथमिक और द्वितीयक वाइंडिंग दोनों के साथ जोड़ते हैं। जब फ्लक्स, प्राथमिक वाइंडिंग से जुड़ता है तो यह स्व-प्रेरित ई.एम.एफ. उत्पन्न करता है। E वोल्टेज दिया गया वोल्टेज V के विपरीत दिशा में होता है । जब फ्लक्स, द्वितीयक वाइंडिंग के साथ जुड़ता है तो यह पारस्परिक प्रेरित E ई.एम.एफ., दिया गया वोल्टेज V के विपरीत दिशा में होता है । दोनों ई.एम.एफ. E_1 और E_2 को चरण आरेख फेजर में चित्र 3.13(b) में दिखाया गया है।

3.9 डीसी पर ट्रांसफार्मर

एक ट्रांसफॉर्मर डीसी पर काम नहीं कर सकता है। यदि प्राथमिक में रेटेड डीसी वोल्टेज लागू किया जाता है, तो कोर में निरंतर परिमाण का प्रवाह स्थापित किया जाएगा। इसलिए, प्राथमिक वाइंडिंग में कोई स्व-प्रेरित ईएमएफ उत्पन्न नहीं होगा।(जो केवल फ्लक्स लिंकेज के परिवर्तन की दर से ही संभव है) चूंकि प्राथमिक वाइंडिंग का प्रतिरोध बहुत कम होता है, इसलिए ओम के नियम के अनुसार प्राथमिक धारा काफी अधिक होगी।

$$\text{प्राथमिक धारा} = \frac{\text{आपूर्ति की गई डी.सी. वोल्टेज}}{\text{प्राथमिक वाइंडिंग का प्रतिरोध}}$$

यह करेंट प्राइमरी वाइंडिंग के रेटेड फुल लोड करेंट से बहुत अधिक है। इस प्रकार यह बहुत अधिक ऊष्मा (I^2R) हानि उत्पन्न करेगा और प्राथमिक वाइंडिंग के इन्सुलेशन को जला देगा, फलस्वरूप ट्रांसफार्मर क्षतिग्रस्त हो जाएगा। इसलिए कभी भी ट्रांसफॉर्मर को डीसी सप्लाई नहीं दी जाती है।

3.10 ई.एम.एफ. समीकरण

जब एक ट्रांसफॉर्मर की प्राथमिक वाइंडिंग पर साइनुसॉइडल वोल्टेज लगाया जाता है, तो एक साइनुसॉइडल फ्लक्स, लोहे के कोर में स्थापित होता है जो प्राथमिक और माध्यमिक वाइंडिंग से जुड़ता है। (जैसा कि चित्र 3.14 में दिखाया गया है)

मान लीजिए,

ϕ_m = Wb में फ्लक्स का अधिकतम मान;

f = दी गई आपूर्ति आवृत्ति Hz (या c/s) में

N_1 = प्राथमिक वाइंडिंग में फेरों की संख्या

N_2 = द्वितीयक वाइंडिंग में फेरों की संख्या

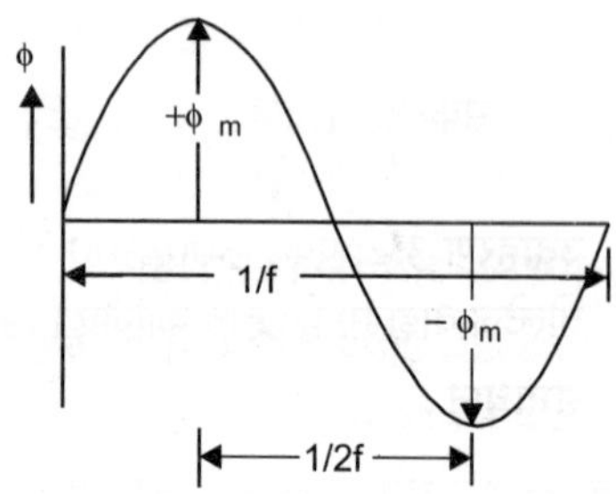

चित्र 3.14: साइनुसॉइडल फ्लक्स

आधे चक्र याने कि $\frac{1}{2f}$ में फ्लक्स का परिवर्तन $+\phi_m$ से $-\phi_m$ बदलता है

फ्लक्स के परिवर्तन की औसत दर

$$= \frac{\phi_m - (-\phi_m)}{1/2f} = 4f\,\phi_m \text{ Wb/s}$$

प्रति फेर (turn) फ्लक्स के परिवर्तन की दर औसत प्रेरित ई.एम.एफ. प्रति फेर, वोल्ट में,

$\therefore$ औसत प्रेरित ई.एम.एफ. प्रति फेर में $= 4f\,\phi_m$ वोल्ट

साइनुसॉइडल तरंग के लिए, आरएमएस मान / औसत मान = आकृति गुणक =1.11

$\therefore$ औसत प्रेरित ई.एम.एफ. प्रति फेर में, $E = 1.11 \times 4f\,\phi_m = 4.44f\,\phi_m$ वोल्ट

चूँकि प्राइमरी में N_1 और सेकेंडरी में N_2 फेरों की संख्या है

$\therefore$ प्राइमरी में प्रेरित आरएमएस (RMS) मान

E_1 = (प्रेरित ई.एम.एफ. प्रति फेर में) × प्राइमरी में फेरों की संख्या

$$= 4.44\,N_1 f\,\phi_m \text{ Volt} \quad ...(1)$$

इसी प्रकार, प्रेरित आर.एम.एस. ई.एम.एफ. का मान सेकेंडरी में

$$E_2 = 4.44\,N_2 f\,\phi_m \text{ Volt} \quad ...(2)$$

इस तरह, हम वोल्टेज अनुपात इस रूप में पा सकते हैं

$$\frac{E_1}{E_2} = \frac{4.44\,N_2\,f\phi_m}{4.44\,N_1\,f\phi_m} \quad \text{या} \quad \frac{E_1}{E_2} = \frac{N_2}{N_1} = \text{K}$$

समीकरण (1) और (2) को संबंध का उपयोग करते हुए अधिकतम फ्लक्स घनत्व Bm के रूप में लिखा जा सकता है,

$f_m = B_m \times A_i$ (जहां A_i लौह क्षेत्र है)

$E_1 = 4.44\,N_1 f B_m A_i$ वोल्ट तथा $E_2 = 4.44\,N_2 f B_m A_i$ Volt

उदाहरण 3.1: 50 Hz सिंगल फेज ट्रांसफार्मर की प्राथमिक वाइंडिंग में 500 मोड़ हैं और 6500 V से आपूर्ति होती है। सेकेंडरी वाइंडिंग में 25 मोड़ हैं। सेकेंडरी वोल्टेज और कोर में फ्लक्स का शिखर मान ज्ञात कीजिए।

समाधान :

यहाँ, $f = 50$ Hz, $N_1 = 500$; $E_1 = 6500$ V; $N_2 = 25$

अब, $E_1 = 4{\cdot}44\,N_1 f\phi\text{m}$

फ्लक्स का शिखर मान, $\phi_m = \dfrac{E_1}{4.44 N_1 f}$

$$= \frac{6500}{4{\cdot}44 \times 500 \times 50} = 0.05856 \text{ Wb} = 58.56 \text{ mWb} \text{ (उत्तर)}$$

सेकेंडरी वोल्टेज $E_2 = \dfrac{N_2}{N_1} \times E_1 = \dfrac{25}{500} \times 6500 = 325 \text{ V}$ (उत्तर)

उदाहरण 3.2: एक 3300/300 V, 50 HZ, सिंगल-फेज ट्रांसफॉर्मर का 130 cm² क्रॉस-सेक्शनल क्षेत्र और 80 फेरे का लो वोल्टेज वाइंडिंग है। ज्ञात कीजिए (1) अधिकतम प्रवाह घनत्व का मान (2) उच्च वोल्टेज पर फेरों की संख्या।

समाधान :

$$E_1 = 3300 \text{ V}; E_1 = 300 \text{ V}; f = 50 \text{ Hz}; N_2 = 80$$

$$A = 130 \text{ cm}^2 = 130\ 10^{-4}\ m^2$$

हम जानते है $E_2 = 4.44\ N_2\ f A\ B_m$

(a) फ्लक्स घनत्व का अधिकतम मूल्य, $B_m = \dfrac{E_2}{4 \cdot 44 f\ N\ A}$

$$= \frac{300}{4.44 \times 50 \times 80 \times 130 \times 10^{-4}} = 1.3 \text{ Wb (उत्तर)}$$

(b) हाई-वोल्टेज वाइंडिंग पर फेरों की संख्या, $N_1 = \dfrac{E_1}{E_2} \times N_2 \left(\therefore \dfrac{N_2}{N_1} = \dfrac{E_2}{E_1}\right)$

$$= \frac{3300}{300} \times 80 = 800 \text{ घुमाव. (उत्तर)}$$

उदाहरण 3.3: एक 30 kVA ट्रांसफॉर्मर में प्राथमिक पर 600 फेरे हैं और सेकेंडरी पर 50 फेरे हैं। प्राथमिक 3300 V, 50 Hz मेन्स से जुड़ा है, गणना करें (i) प्राथमिक और सेकेंडरी वाइंडिंग पर पूर्ण भार धाराएँ; (ii) सेकेंडरी ई.एम.एफ. और (iii) कोर में अधिकतम प्रवाह।

उपेक्षा चुंबकीय रिसाव, वाइंडिंग का प्रतिरोध और पूर्ण लोड(भार)के तुलना में प्राथमिक नो लोड करेंट।

समाधान :

(i) पूर्ण भार (लोड) पर, $I_1 = \dfrac{30 \times 10^3}{3300} = 9.1\ A$ (उत्तर)

अब, $\dfrac{I_1}{I_2} = \dfrac{E_2}{E_1} = \dfrac{N_2}{N_1}$

सेकेंडरी करेंट, $I_2 = \dfrac{N_2}{N_1} \times I_1 = \dfrac{600}{50} \times 9.1 = 109.1 A$ (उत्तर)

(ii) सेकेंडरी ईएमएफ, $E_2 = \dfrac{N_2}{N_1} \times E_1 = \dfrac{50}{600} \times 3300 = 275\ V$ (उत्तर)

(iii) समीकरण के अनुसार $E_1 = 4.44\ N_1 f \phi_\text{m}$

$$3300 = 4.44 \times 600 \times 50 \text{ X } \phi_\text{m}$$

$$\phi_\text{m} = \frac{3300}{4.44 \times 600 \times 50} = 24.77\ mWb \text{ (उत्तर)}$$

उदाहरण 3.4: एक सिंगल फेज, 50 Hz ट्रांसफॉर्मर में 35 प्राइमरी और 350 सेकेंडरी टर्न हैं। कोर का अनुप्रस्थ काट का क्षेत्रफल 300 cm^2 है यदि प्राथमिक वाइंडिंग को 230 V, 50 Hz आपूर्ति से जोड़ा जाता है,तो गणना कीजिये (i) कोर में फ्लक्स घनत्व का अधिकतम मान; (ii) सेकेंडरी वाइंडिंग में प्रेरित वोल्टेज। हानियों को नगण्य करते हुए गणना करें जब द्वितीयक धारा 120 A हो तो प्राथमिक धारा कितनी होगी?

समाधान :

$$E_1 = 4.44\, N_1 f B_m A_i$$

जहां $E_1 = 230$ V ; $N_1 = 35$; $f = 50\ H_z$ और $Ai = 300 \times 10^{-4}\ m^2$

या $230 = 4.44 \times 35 \times 50 \times 300 \times 10^{-4} \times B_m$

$\therefore$ फ्लक्स घनत्व का अधिकतम मूल्य $B_m = 0{\cdot}987$ टेस्ला (या Wb/m^2)

सूत्र के अनुसार,
$$\text{K} = \frac{N_2}{N_1} = \frac{E_2}{E_1} = \frac{I_1}{I_2}$$

$$E_2 = \frac{N_2}{N_1} \times E_1 = \frac{350}{35} \times 230 = 2300\ V \text{ (उत्तर)}$$

$$I_1 = \frac{N_2}{N_1} = I_2 = \frac{350}{35} \times 100 = 1000\ A \text{ (उत्तर)}$$

उदाहरण 3.5: एक 200 kVA, 3300/240 V, 50 Hz, सिंगल फेज ट्रांसफॉर्मर के सेकेंडरी वाइंडिंग में लपेटों की संख्या 100 टर्न हैं । एक आदर्श ट्रांसफार्मर मानकर की गणना करें (i) पूर्ण भार पर प्राथमिक और द्वितीयक धारा; (ii) फ्लक्स का अधिकतम मान; (iii) प्राथमिक फेरों की संख्या।

समाधान :

$$I_1 = \frac{200 \times 1000}{3300} = 60.6\ A \text{ (उत्तर)}$$

$$I_2 = \frac{200 \times 1000}{240} = 833.3\ A \text{ (उत्तर)}$$

$$E_2 = 4.44\ N_2 f \phi_m$$

$$240 = 4.44 \times 100 \times 50 \times \phi_m$$

$\therefore$ $\phi_m = 10.81$ mWb (उत्तर)

अब, $\dfrac{N_1}{N_2} = \dfrac{E_1}{E_2}$ या $\dfrac{N_1}{100} = \dfrac{3300}{240}$ या $N_1 = 1375$ घुमाव (Turns) (उत्तर)

अभ्यास

1. एक 50 Hz सिंगल फेज ट्रांसफॉर्मर में प्राथमिक वाइंडिंग में लपेटों की संख्या 480 टर्न हैं और वोल्टेज 6400 V दिया गया है और सेकेंडरी वाइंडिंग में लपेटों की संख्या 480 टर्न हैं। कोर में फ्लक्स का शिखरऔर सेकेंडरी वाइंडिंग में वोल्टेज मान ज्ञात कीजिए। (**उत्तर** 0.06 Wb, 266.7 V)
2. एक 3300/250 V, 50 Hz, सिंगल-फेज ट्रांसफार्मर एक कोर पर बनाया गया है जिसमें 125 cm^2 के प्रभावी क्रॉस सेक्शनल क्षेत्र हैं और कम वोल्टेज वाइंडिंग पर 71 टर्न (मोड़) हैं।

ज्ञात कीजिए (a) अधिकतम प्रवाह घनत्व मान (b) उच्च वोल्टेज वाइंडिंग पर घुमावों (टर्न) की संख्या।

(**उत्तर** 1.269 T, 937)

3. एक 25 kVA, 50 Hz ट्रांसफॉर्मर में प्राथमिक वाइंडिंग में लपेटों की संख्या 500 टर्न हैं और सेकेंडरी वाइंडिंग में लपेटों की संख्या 40 टर्न हैं प्राथमिक वाइंडिंग में 3000 V दिया गया है। ज्ञात कीजिए (i) अधिकतम लोड पर प्राथमिक और सेकेंडरी वाइंडिंग में बहने वाली करेंट का मान, (ii) सेकेंडरी ई.एम.एफ, (iii) फ्लक्स का अधिकतम मान। (सभी हानियों को नगण्य करते हुए) (**उत्तर** 8.33 *A*, 104.15 *A*, 240 *V*, 0.027 *Wb*)

4. एक सिंगल-फेज, 50 Hz ट्रांसफॉर्मर में प्राथमिक वाइंडिंग में लपेटों की संख्या 30 टर्न हैं और सेकेंडरी वाइंडिंग में लपेटों की संख्या 350 टर्न हैं, क्रोड का अनुप्रस्थ काट का क्षेत्रफल 250 cm^2 है यदि प्राइमरी वाइंडिंग में 230 V दिया जाता हैं तो ज्ञात कीजिए (i) अधिकतम प्रवाह घनत्व मान, (ii) सेकेंडरी वाइंडिंग में प्रेरित विद्युत वाहक बल, प्राथमिक करेंट कितनी होगी यदि सेकेंडरी में 1000 A करेंट बहती है (सभी हानियों को नगण्य करते हुए)

(**उत्तर** 1.38 टेस्ला (Tesla) or Wb/m^2, 2683.33 *V*, 1166.67 *A*)

5. एक 200 kVA, 3300/240 *V*, 50 Hz ट्रांसफॉर्मर में सेकेंडरी वाइंडिंग में लपेटों की संख्या 80 टर्न हैं। एक आदर्श ट्रांसफार्मर की कल्पना करते हुए ज्ञात करें कि (i) अधिकतम लोड पर प्राथमिक और सेकेंडरी वाइंडिंग में बहने वाली करेंट का मान, (ii) फ्लक्स का अधिकतम मान, (iii) प्राथमिक वाइंडिंग में फेरों की संख्या।

(**उत्तर** 60.6 *A*, 833.3 *A*, 13.51 *m Wb*, 1100 टर्न (turns))

3.11 प्रायोगिक (वास्तविक) ट्रांसफार्मर

एक वास्तविक ट्रांसफार्मर के में प्राथमिक और द्वितीयक वाइंडिंग (सेकेंडरी वाइंडिंग) में प्रतिरोध होता है और इन वाइंडिंग्स (कुंडलियां) में प्रेरण भी होता है। लीकेज फ्लक्स के कारण इंडक्शन भी होता है जो इंडक्टिव रिअक्टैंस (प्रतिबाधा) विकसित करते हैं। ये प्रभाव के कारण एक ट्रांसफॉर्मर में वोल्टेज ड्राप होता है।इन प्रतिरोध के कारण प्राथमिक और द्वितीयक वाइंडिंग में कॉपर की हानि होती है। चूंकि प्रत्यावर्ती चुंबकीय प्रवाह कोर में स्थापित होता है जो इसमें लोहे या चुंबकीय (हिस्टैरिसीस और एड़ी करेंट) हानि का कारण बनता है। इन सभी तथ्यों को आगे लेखों में समझाया गया है।

3.12 ट्रांसफार्मर वाइंडिंग का प्रतिरोध

ट्रांसफार्मर के प्राथमिक और द्वितीयक वाइंडिंग में कुछ प्रतिरोध होते हैं जिन्हें क्रमश R_1 और R_2 द्वारा दर्शाया जाता है। इन प्रतिरोधों को चित्र 3.15 में अलग से दिखाया गया है।

समकक्ष प्रतिरोध

गणना को आसान बनाने के लिए ट्रांसफार्मर के वाइंडिंग प्रतिरोध को दोनों ओर स्थानांतरित किया जा सकता है। प्रतिरोध को एक तरफ से दूसरी तरफ इस तरह से स्थानांतरित किया जाता है कि प्रतिनिधित्व करने पर प्रतिशत वोल्टेज ड्रॉप दोनों ओर समान रहता है।

मान लीजिए प्राथमिक प्रतिरोध R_1 को द्वितीयक पक्ष में स्थानांतरित किया जाता है और इस प्रतिरोध का नया मान R_1^1 जैसा कि चित्र 3.16 (a) में दिखाया गया है, R_1^1 को द्वितीयक पक्ष में संदर्भित प्राथमिक का समतुल्य प्रतिरोध कहा जाता है। I_1 और I_2 क्रमशः पूर्ण भार प्राथमिक और द्वितीयक धाराएँ है

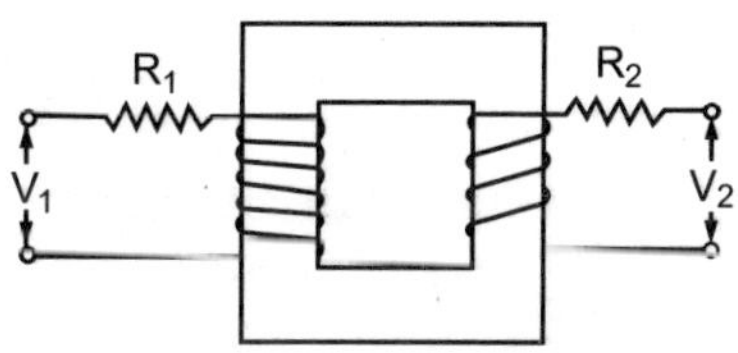

चित्र 3.15: प्राथमिक और द्वितीयक वाइंडिंग का प्रतिरोध

$$\text{तब} \quad \frac{I_2 R_1'}{V_2} \times 100 = \frac{I_1 R_1}{V_1} \times 100 = \%\ \text{वोल्टेज ड्रॉप}$$

$$R_1^1 = K^2 R_1$$

माध्यमिक को संदर्भित कुल समकक्ष प्रतिरोध

$$R_{es} = R'_1 + R_2 = R_2 + K^2R_1$$

अब प्रतिरोध R_2 पर विचार करें, जब इसे प्राथमिक में स्थानांतरित किया जाता है, तो इसका नया R'_2 मान होता है जिसे प्राथमिक को संदर्भित माध्यमिक समतुल्य प्रतिरोध कहा जाता है जिसे चित्र 3.16 (c) में दिखाया गया है।

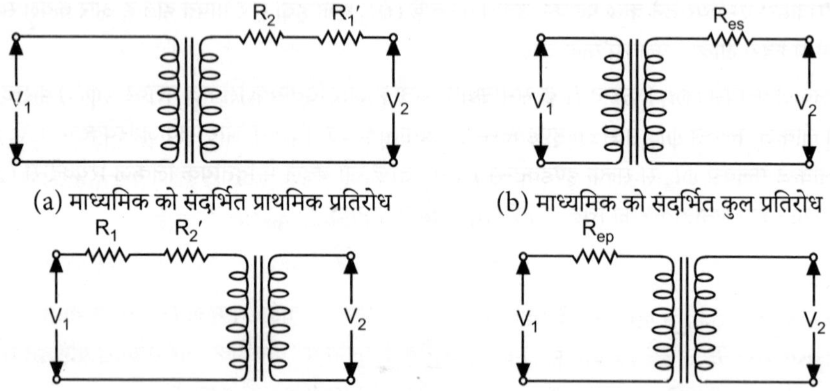

(a) माध्यमिक को संदर्भित प्राथमिक प्रतिरोध (b) माध्यमिक को संदर्भित कुल प्रतिरोध

(c) प्राथमिक को संदर्भित माध्यमिक प्रतिरोध (d) माध्यमिक को संदर्भित कुल प्रतिरोध

चित्र 3.16: प्रतिरोध का स्थानांतरण

अब $\dfrac{I_1 R_2'}{V_1} \times 100 = \dfrac{I_2 R_2}{V_2} \times 100$

या $R^1_2 = \dfrac{R_2}{K^2}$

प्राथमिक को संदर्भित कुल समतुल्य प्रतिरोध

$$R_{ep} = R_1 + R'_2 = R_1 = \frac{R_2}{K^2}$$

3.13 ट्रांसफार्मर वाइंडिंग की प्रतिक्रिया

एक आदर्श ट्रांसफॉर्मर में यह माना जाता था कि जब ट्रांसफार्मर की प्राथमिक वाइंडिंग को ए.सी. आपूर्ति दी जाती है, तो एक अल्टरनेटिंग फ्लक्स कोर में स्थापित होता है और यह संपूर्ण प्रवाह प्राथमिक और माध्यमिक दोनों वाइंडिंग के साथ जुड़ाता हुआ है। हालांकि, एक वास्तविक ट्रांसफॉर्मर में, दोनों वाइंडिंग कुछ फ्लक्स उत्पन्न करते हैं जो केवल उसी वाइंडिंग के साथ जुड़ते हैं जो इसे पैदा करता है।

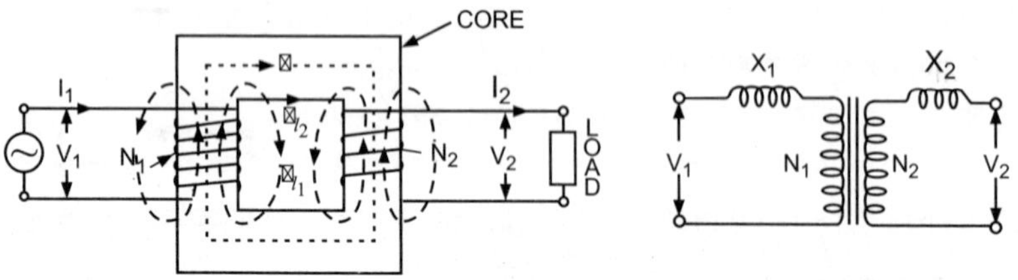

(a) प्राथमिक और माध्यमिक लीकेज फ्लक्स (b) वाइंडिंग का इन्डक्टिव रियेक्टेन्स

चित्र 3.17: प्राथमिक और माध्यमिक की आगमनात्मक प्रतिक्रिया

ट्रांसफॉर्मर की दोनों वाइंडिंग से जुड़ने वाले फ्लक्स को म्युचुअल फ्लक्स कहते हैं और जो फ्लक्स केवल ट्रांसफॉर्मर की एक वाइंडिंग से जुड़ता है और दूसरे से नहीं, वह लीकेज फ्लक्स कहलाता है।

प्राथमिक एम्पीयर टर्न के कारण कुछ प्रवाह उत्पन्न करते हैं जो हवा में स्थापित होते है और केवल प्राथमिक वाइंडिंग के साथ लिंक करता है इसे प्राथमिक लिकेज फ्लक्स कहते है (ϕl_1) जैसा कि चित्र 3.17 (a) में दिखाया गया है।

इसी तरह, सेकेंडरी एम्पीयर टर्न कुछ फ्लक्स उत्पन्न करते हैं (ϕl_2) जो हवा में स्थापित होते है और केवल सेकेंडरी वाइंडिंग से लिंक करता है इसे सेकेंडरी लीकेज फ्लक्स कहा जाता है।

प्राथमिक लिकेज फ्लक्स (ϕl_1) करेन्ट I_1 के समानुपाती होता है और द्वितीयक लिकेज फ्लक्स (ϕl_2) करेन्ट I_2 के समानुपाती होता है। प्राइमरी लीकेज फ्लक्स ϕl_1 से सेल्फ इण्डक्टेन्स L_1 बनाता है जो बदले मे और लिकेज रियेक्टेन्स (X_1) बनाता है । इसी तरह, द्वितीयक लीकेज फ्लक्स ϕl_2 से सेल्फ इण्डक्टेन्स L_2 बनाता है जो बदले मे द्वितीयक लिकेज रियेक्टेन्स (X_2) उत्पन्न करता है। लिकेज प्रतिक्रिया (आगमनात्मक) को चित्र 3.17 (b) में दिखाया गया है ।

समकक्ष प्रतिक्रिया

गणना को आसान बनाने के लिए दो वाइंडिंग की प्रतिक्रियाओं को किसी एक तरफ स्थानांतरित किया जा सकता है। एक तरफ से दूसरी तरफ प्रतिक्रिया इस तरह से स्थानांतरित की जाती है कि प्रतिशत वोल्टेज ड्रॉप दोनों तरफ एक समान रहता है।

मान लीजिए कि प्राथमिक प्रतिक्रिया X_1 को द्वितीयक में स्थानांतरित किया जाता है और इस प्रतिक्रिया का नया मान (X_1') हो जाता है जैसा कि चित्र 3.18 (a) में दिखाया गया है। X_1' माध्यमिक को संदर्भित प्राथमिक समकक्ष प्रतिक्रिया कहा जाता है।

फिर $$\frac{I_2 X_1'}{V_2} \times 100 = \frac{I_1 X_1}{V_1} \times 100 = \%\ \text{वोल्टेज ड्रॉप}$$

or $$X_1^1 = K^2 R_1$$

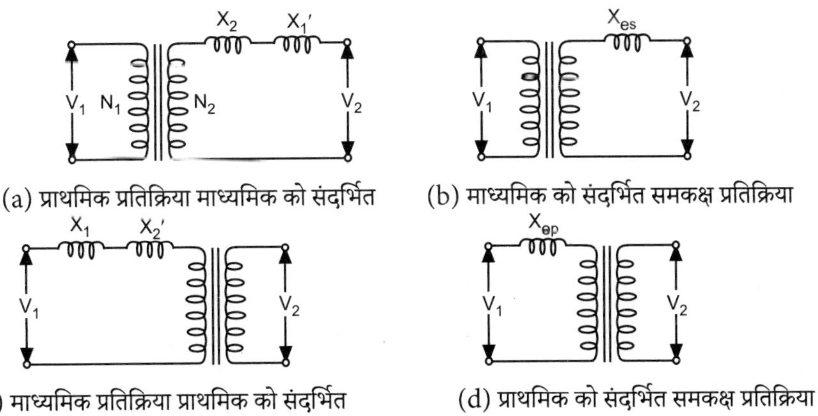

(a) प्राथमिक प्रतिक्रिया माध्यमिक को संदर्भित (b) माध्यमिक को संदर्भित समकक्ष प्रतिक्रिया

(c) माध्यमिक प्रतिक्रिया प्राथमिक को संदर्भित (d) प्राथमिक को संदर्भित समकक्ष प्रतिक्रिया

चित्र 3.18: प्रतिक्रिया का स्थानांतरण

माध्यमिक को संदर्भित कुल समकक्ष प्रतिक्रिया

$$X_{es} = X_1' + X_2 = X_2 + K^2 X_1$$

अब, आइए हम द्वितीयक प्रतिक्रिया X_2 पर विचार करें, जब इसे प्राथमिक पक्ष में स्थानांतरित किया जाता है, तो इसका नया मान होता है X_2' जैसा कि चित्र 3.18 (c) में दिखाया गया है। X_2' को प्राथमिक के संदर्भित द्वितीयक का समतुल्य प्रतिक्रिया कहा जाता है।

उदाहरण 3.6: 2000/200 फेरों एक ट्रांसफार्मर का प्राथमिक प्रतिरोध 2.5 Ω और प्रतिघात 4.5 Ω है द्वितीयक प्रतिरोध 0.025 Ω और प्रतिघात 0.045 Ω है । कुल प्रतिरोध और प्रतिघात ज्ञात करें (प्राथमिक को संदर्भित करते हुए)।

समाधान : प्राथमिक प्रतिरोध, $R_1 = 2.5\ \Omega$

प्राथमिक प्रतिघात, $X_1 = 4{\cdot}5\ \Omega$

द्वितीयक प्रतिरोध $R_2 = 0.025\ \Omega$

द्वितीयक प्रतिघात, $X_2 = 0.045\ \Omega$

परिणमन अनुपात (transformer ratio) $K = \dfrac{V_2}{V_1} = \dfrac{200}{2000} = .01$

प्राथमिक को संदर्भित कुल प्रतिरोध

$$R_{ep} = R_1 + \frac{R_2}{K^2} = 2.5 + \frac{0.025}{(0.1)^2} = \mathbf{5}\ \Omega \text{ (उत्तर)}$$

प्राथमिक को संदर्भित कुल प्रतिघात

$$X_{ep} = X_1 + \frac{X_2}{K^2} = 4.5 + \frac{0.045}{(0.1)^2} = \mathbf{9}\ \Omega \text{ (उत्तर)}$$

उदाहरण 3.7: वोल्टेज अनुपात 2500/250V (प्राथमिक से द्वितीयक) वाला सिंगल फेज ट्रांसफॉर्मर प्राथमिक प्रतिरोध और प्रतिघात क्रमशः 2 Ω और 4.5 Ω है। संबंधित द्वितीयक मान 0.025 और 0.04 Ω हैं। द्वितीयक को संदर्भित कुल प्रतिरोध और प्रतिघात का निर्धारण करें । द्वितीयक को संदर्भित ट्रांसफार्मर के प्रतिबाधा की भी गणना करें।

समाधान : यहां $R_1 = 2\ \Omega; X_1 = 4.5\ \Omega; R_2 = 0{\cdot}025\ \Omega; X_2 = 0{\cdot}04\ \Omega$

परिणमन अनुपात (transformer ratio) $K = \dfrac{V_2}{V_1} = \dfrac{250}{2500} = .01$

कुल प्रतिरोध सेकेंडरी संदर्भित पर

$$R_{es} = R_2 + R_1 * K^2$$
$$= 0{\cdot}025 + 2 \times (0{\cdot}1)^2 = \mathbf{0{\cdot}045}\ \Omega \text{ (उत्तर)}$$

कुल प्रतिघात सेकेंडरी संदर्भित पर

$$X_{es} = X_2 + ¢ = X_2 + X_1 \times K^2$$
$$= .04 + 4.5 \times (0{\cdot}1)^2 = \mathbf{0.085}\ \Omega \text{ (उत्तर)}$$

कुल प्रतिबाधा सेकेंडरी संदर्भित पर

$$Z_{es} = \sqrt{(R_{es})^2 + (X_{es})^2} = \sqrt{(0.045)^2 + (0.085)^2}$$
$$= 0{\cdot}096\ \Omega \text{ (उत्तर)}$$

अभ्यास

1. 2500/250V वोल्टेज अनुपात वाला एक ट्रांसफॉर्मर का प्राथमिक और प्रतिघात क्रमशः 2.3 Ω और 4.2 Ω है। संबंधित द्वितीयक प्रतिरोध 0.025 और 0.04 Ω हैं। द्वितीयक को संदर्भित कुल प्रतिरोध और प्रतिघात का निर्धारण करें पक्ष। प्राथमिक को संदर्भित ट्रांसफार्मर के प्रतिरोध और प्रतिघात की भी गणना करें।
2. वोल्टेज अनुपात 2500/250 V (प्राथमिक से द्वितीयक) वाला सिंगल फेज ट्रांसफॉर्मर प्राथमिक प्रतिरोध और प्रतिघात क्रमशः 1.8 Ω और 4.2 Ω है। संबंधित द्वितीयक मान 0.02 और 0.045 Ω हैं। द्वितीयक को संदर्भित कुल प्रतिरोध और प्रतिघात का निर्धारण करें । द्वितीयक को संदर्भित ट्रांसफार्मर के प्रतिबाधा की भी गणना करें।

3.14 वास्तविक ट्रांसफार्मर का सर्किट आरेख

एक वास्तविक ट्रांसफार्मर में (i) प्राथमिक और द्वितीयक प्रतिरोध R_1 और R_2 (ii) प्राथमिक और द्वितीयक लीकेज रियेक्टेन्स X_1 और X_2 और (iii) लोहे और तांबे की हानियाँ होते हैं। एक वास्तविक का समतुल्य परिपथ ट्रांसफार्मर को चित्र 3.19 में दिखाया गया है।

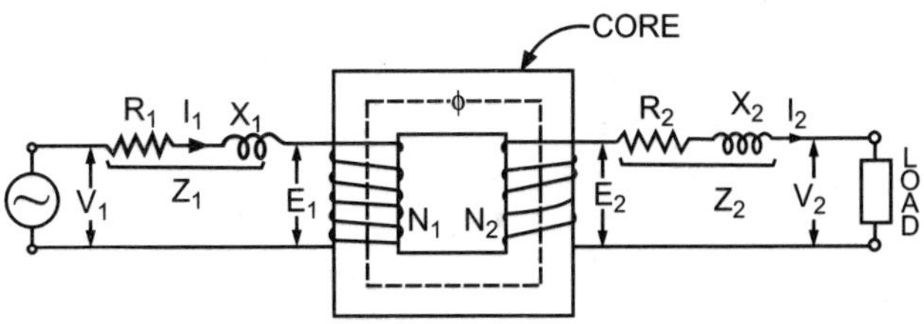

चित्र 3.19: वास्तविक ट्रांसफार्मर का सर्किट आरेख

प्राथमिक प्रतिबाधा

$$\overline{Z_1} = R_1 + j\,X_1$$

सप्लाई वोल्टेज V_1 है। प्राथमिक वाइंडिंग का प्रतिरोध और लीकेज रियेक्टेन्स के कारण प्राथमिक वाइंडिंग में वोल्टेज ड्रॉप होता है।

$$\overline{V_1} = \overline{E_1} + \overline{I_1}\,(\overline{R_1} + j\,X_1) = \overline{E_1} + \overline{I_1}\,\overline{Z_1}$$

द्वितीयक प्रतिबाधा

$$\overline{Z_{21}} = R_2 + j\,X_2$$

इसी तरह, सेकेंडरी वाइंडिंग का प्रतिरोध और लीकेज रियेक्टेन्स द्वितीयक वाइंडिंग में कुछ वोल्टेज गिरावट के लिए जिम्मेदार होता है। इसलिए,

$$\overline{V_2} = \overline{E_2} + \overline{I_2}\,(\overline{R_2} + j\,X_2) = \overline{E_2} + \overline{I_2}\,\overline{Z_2}$$

3.15 सरलीकृत समकक्ष सर्किट

एक ट्रांसफॉर्मर के सभी मापदंडों का प्रतिनिधित्व करके सरलीकृत समतुल्य परिपथ तैयार किया जाता है ट्रांसफॉर्मर का या तो सेकेंडरी या प्राइमरी साइड पर। फुल लोड करेंट की तुलना में नो लोड करेंट I_0 (मान बहुत छोटा) उपेक्षा की जाती है है, इसलिए $I_1' = I_1$

(i) **समतुल्य परिपथ जब सभी राशियों को द्वितीयक के रूप में संदर्भित किया जाता है।**

प्राथमिक प्रतिरोध जब द्वितीयक पक्ष को संदर्भित किया जाता है, तो इसका मान $R'_1 = K^2R_1$ होता है

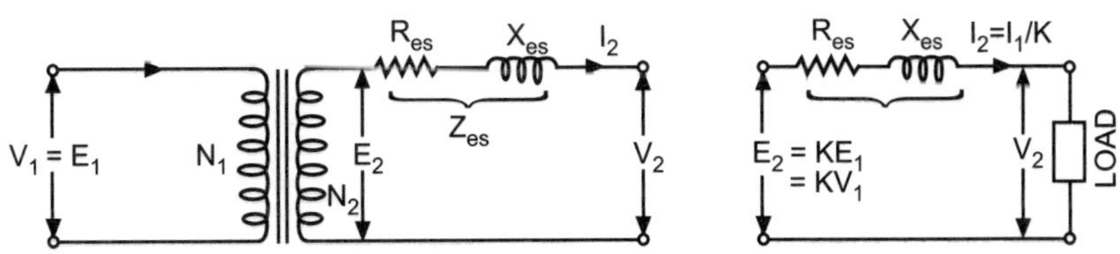

चित्र 3.20: ट्रांसफॉर्मर का समतुल्य सर्किट जब सभी राशियों को द्वितीयक पक्ष में संदर्भित किया

और कुल या सेकेंडरी को संदर्भित ट्रांसफार्मर के समतुल्य प्रतिरोध, $R_{es} = R_2 + R_1'$, इसी तरह, प्राथमिक प्रतिघात जब द्वितीयक (सेकेंडरी) पक्ष को संदर्भित किया जाता है, तो इसका मान $X_1' = K^2X_1$ होता है और कुल या समतुल्य प्रतिघात द्वितीयक, $X_{es} = X_2 + X_1'$ को संदर्भित ट्रांसफार्मर का सभी राशियों जब द्वितीयक को संदर्भित की जाती हैं पक्ष चित्र 3.20 में दिखाया गया है।

सेकेंडरी पक्ष को संदर्भित कुल या समतुल्य प्रतिबाधा,

$$Z_{es} = R_{es} + j\,X_{es}$$

सेकेंडरी को संदर्भित ट्रांसफार्मर के प्रतिरोध और प्रतिक्रिया में कुछ वोल्टेज ड्रॉप होता है। इसलिए,

$$\overline{V_2} = \overline{E_2} - \overline{I_2}\,(\overline{R_{es}} + j\,X_{es}) = \overline{E_2} - \overline{I_2}\,\overline{Z_{es}}$$

3.16 नो लोड सेकेंडरी वोल्टेज के लिए समीकरण

लोडेड ट्रांसफॉर्मर के लिए जब सभी राशियों को सेकेंडरी साइड में रेफर किया जाता है, तो इसका फेजर आरेख चित्र 3.21 में दिखाए अनुसार खींचा सकता है।

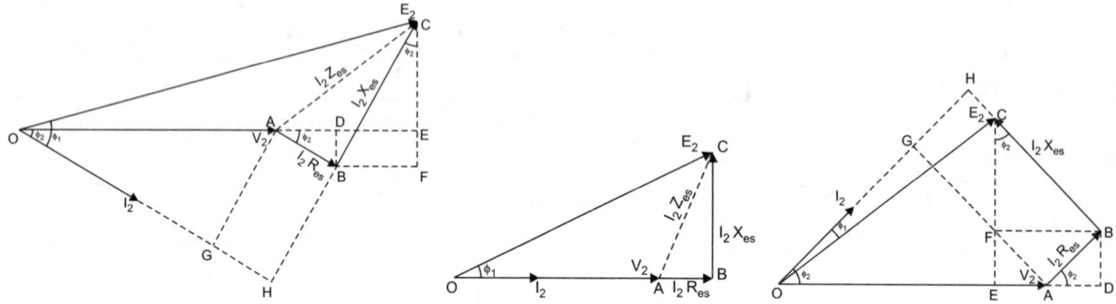

(a) इंडक्टिव लोड (b) रेसिस्टिव लोड (c) कपैसिटिव लोड

चित्र 3.21: फेजर आरेख

फेजर आरेख से नो लोड सेकेंडरी वोल्टेज के लिए अनुमानित और साथ ही सटीक समीकरण हम प्राप्त कर सकते हैं

(i) अनुमानित समीकरण;

(a) लेगिंग शक्ति गुणाकं के लिए (इंडक्टिव लोड),

समकोण त्रिभुज OEC पर विचार करें [देखिए चित्र 3.21(a)]

$$OC \cong OE = OA + AD + DE$$

$$= OA + AD + BF$$

या $$E_2 = V_2 + I_2 R_{es} \cos \phi_2 + I_2 Xes \sin \phi_2$$

(b) यूनिटी शक्ति गुणाकं के लिए (रेसिस्टिव लोड)

समकोण त्रिभुज *OBC* पर विचार करें [देखिए चित्र 3.21(b)]

$$OC \cong OB = OA + AB;$$

$$E_2 = V_2 + I_2 R_{es}$$

(c) लीडिंग शक्ति गुणाकं के लिए (कपैसिटिव लोड)

समकोण त्रिभुज *OEC* पर विचार करें [देखिए चित्र 3.21(c)]

$$OC \cong OE = OA + AD - DE = OA + AD - BF$$

या $$E_2 = V_2 + I_2 R_{es} \cos \phi_2 - I_2 X_{es} \sin \phi 2$$

(ii) सटीक समीकरण;

(a) लेगिंग शक्ति गुणाकं (पावर फैक्टर) के लिए (इंडक्टिव लोड),

समकोण त्रिभुज *OHC* पर विचार करें [देखिए चित्र 3.21(a)]

$$OC = \sqrt{(OH)^2 + (HC)^2} = \sqrt{(OG+GH)^2 + (HB+BC)^2}$$

$$= \sqrt{(OG+AB)^2 + (GA+BC)^2}$$

या $$E_2 = \sqrt{(V_2 \cos \phi_2 + I_2 R_{es})^2 + (V_2 \sin \phi_2 + I_2 X_{es})^2}$$

प्राथमिक पावर फैक्टर, $\cos \phi 1 = \frac{OH}{OC} = \frac{OG+GH}{OC} = \frac{OG+AB}{OC} = \frac{V_2 \cos \phi_2 + I_2 R_{es}}{E_2}$

(b) **यूनिटी शक्ति गुणाकं के लिए (रेसिस्टिव लोड)**

समकोण त्रिभुज OBC पर विचार करें [देखिए चित्र 3.21(b)]

$$OC = \sqrt{(OB)^2 + (BC)^2}$$

या $$OC = \sqrt{(OA+AB)^2 + (BC)^2}$$

या $$E_2 = \sqrt{(V_2 + I_2 R_{es})^2 + (I_2 X_{es})^2}$$

प्राथमिक पावर फैक्टर, $\cos \phi_1 = \frac{OB}{OC} = \frac{OA+AB}{OC} = \frac{V_2 + I_2 R_{es}}{E_2}$

(c) यूनिटी शक्ति गुणाकं के लिए (रेसिस्टिव लोड)

लीडिंग शक्ति गुणाकं के लिए (कपैसिटिव लोड)

समकोण त्रिभुज OHC पर विचार करें [देखिए चित्र 3.21(c)]

$$OC = \sqrt{(OH)^2 + (HC)^2} = \sqrt{(OG+GH)^2 + (HB-BC)^2}$$

$$= \sqrt{(OG+AB)^2 + (GA-BC)^2}$$

या $$E_2 = \sqrt{(V_2 \cos\phi_2 + I_2 R_{es})^2 + (V_2 \sin\phi_2 - I_2 X_{es})^2}$$

प्राथमिक पावर फैक्टर, $\cos \phi_1 = \frac{HC}{OC} = \frac{OG+GH}{OC} = \frac{OG+AB}{OC} = \frac{V_2 \cos\phi_2 + I_2 R_{es}}{E_2}$

3.17 विभव विनियमन

जब एक ट्रांसफॉर्मर को स्थिर आपूर्ति वोल्टेज के साथ लोड किया जाता है, ट्रांसफार्मर के आंतरिक मापदंडों में वोल्टेज ड्रॉप के कारण टर्मिनल वोल्टेज बदल जाता है उदाहरण स्वरुप प्राथमिक और द्वितीयक प्रतिरोध और प्रतिघात। आंतरिक वोल्टेज ड्रॉप लोड और उसके पावर फैक्टर पर भी निर्भर करता है। नो-लोड और फुल-लोड टर्मिनल वोल्टेज के बीच बीजीय अंतर विभव (वोल्टेज) विनियमन के संदर्भ में मापा जाता है।

स्थिर आपूर्ति वोल्टेज पर, द्वितीयक टर्मिनल वोल्टेज में नो-लोड से पूर्ण-लोड में परिवर्तन को नो लोड वोल्टेज के संदर्भ में ट्रांसफॉर्मर का वोल्टेज रेगुलेशन कहलाता है।

माना E_2 = नो-लोड पर सेकेंडरी टर्मिनल वोल्टेज,

V_2 = पूर्ण-लोड पर सेकेंडरी टर्मिनल वोल्टेज,

तो, वोल्टेज रेगुलेशन = $\frac{E_2 - V_2}{E_2}$ (प्रति इकाई)

प्रतिशत के रूप में, % वोल्टेज रेगुलेशन = $\frac{E_2 - V_2}{E_2} \times 100$

जब सभी मात्राओं को ट्रांसफार्मर के प्राथमिक पक्ष को संदर्भित किया जाता है;

% वोल्टेज रेगुलेशन = $\frac{V_1 - E_1}{V_1} \times 100$

वोल्टेज विनियमन का सन्निकट अभिव्यक्ति

नो-लोड सेकेंडरी वोल्टेज के लिए सन्निकट अभिव्यक्ति लेख 15 से निकाली गई है ।

(i) *आगमनात्मक भार के लिए* : $E_2 = V_2 + I_2 R_{ES} \cos \phi + I_2 X_{ES} \sin \phi$

$$E_2 - V_2 = I_2 R_{ES} \cos \phi + I_2 X_{ES} \sin \phi$$

$$\frac{E_2 - V_2}{E_2} \times 100 = \frac{I_2 R_{ES} \cos \phi}{E_2} \times 100 + \frac{I_2 X_{ES} \sin \phi}{E_2} \times 100$$

$\frac{I_2 R_{ES}}{E_2} \times 100 =$ प्रतिशत प्रतिरोध ड्रॉप

$\frac{I_2 X_{ES}}{E_2} \times 100 =$ प्रतिशत प्रतिक्रिया ड्रॉप

% विनियमन = % प्रतिरोध ड्रॉप x cos ϕ + % प्रतिक्रिया ड्रॉप x sin ϕ

उसी प्रकार

(ii) *प्रतिरोधक भार के लिए* : % विनियमन = % प्रतिरोध ड्रॉप

(iii) *कैपेसिटिव लोड के लिए* : % विनियमन = % प्रतिरोध ड्रॉप x cos ϕ – % प्रतिक्रिया ड्रॉप x sin ϕ

उदाहरण 3.8 : 1 : 2 के अनुपात वाले एकल फेज ट्रांसफार्मर का प्राथमिक प्रतिरोध 0.25 Ω है और 0.5 Ω की प्रतिक्रिया और माध्यमिक के लिए संबंधित मान क्रमश 0.8 Ω और 1.8 Ω हैं। यदि यह ट्रांसफॉर्मर 10 A, 400 V और 0.8 पी एफ लैगिंग आपूर्ति कर रहा है तो ट्रांसफॉर्मर के नो लोड सेकेंडरी टर्मिनल वोल्टेज का निर्धारण करें।

समाधान : प्राथमिक प्रतिरोध, $R_1 = 2.5\ \Omega$

प्राथमिक प्रतिक्रिया, $X_1 = 0.5\ \Omega$

माध्यमिक प्रतिरोध, $R_2 = 0.8\ \Omega$

माध्यमिक प्रतिक्रिया $X_2 = 1.8\ \Omega$

माध्यमिक करेंट $I_2 = 10\ A$

लोड पी एफ $\cos \phi = 0.8$ लैगिंग

लोड पर सेकेंडरी टर्मिनल वोल्टेज, $V_2 = 400\ V$

परिवर्तन अनुपात $= \frac{N_2}{N_1} = \frac{2}{1} = 2$

माध्यमिक को संदर्भित प्राथमिक प्रतिरोध, $R'_1 = K^2 R_1 = 2 \times 2 \times 0.25 = 1\ \Omega$

माध्यमिक को संदर्भित प्राथमिक प्रतिक्रिया, $X'_1 = K^2 X_1 = 2 \times 2 \times 0.5 = 2\ \Omega$

माध्यमिक को संदर्भित समतुल्य प्रतिरोध, $R_{ES} = R'_1 = R_2 = 1 + 0.8 = 1.8\ \Omega$

माध्यमिक को संदर्भित समतुल्य प्रतिक्रिया, $X_{ES} = X'_1 = X_2 = 2 + 1.8 = 3.8\ \Omega$

लोड पी एफ $\cos \phi = 0.8$ लैगिंग $\therefore \sin \phi = \sin \cos^{-1} \phi = 0.6$

नो लोड पर सेकेंडरी टर्मिनल वोल्टेज, $E_2 = \sqrt{(V_2 \cos\phi + I_2 R_{ES})^2 + (V_2 \sin\phi + I_2 X_{ES})^2}$

$$E_2 = \sqrt{(400 \times 0.8 + 10 \times 1.8)^2 + (400 \times 0.6 + 10 \times 3.8)^2}$$

$$E_2 = \sqrt{(338)^2 + (278)^2} = 437.64 \text{ V}$$

उदाहरण 3.9 : एक 5 : 1 के अनुपात वाले सिंगल फेज ट्रांसफॉर्मर का प्राथमिक प्रतिरोध 0.4 Ω और प्रतिघात 1.2 Ω का है, द्वितीयक प्रतिरोध 0.01 Ω और प्रतिघात 0.04 Ω का है। जब ट्रांसफॉर्मर 125 A, को 600 V को वितरित कर रहा है तो (i) 0·8 p.f. लैगिंग और (ii) 0.8 p.f. पर प्रतिशत विनियमन की गणना करें।

समाधान : डेटा दिया गया है

$$R_1 = 0.4\ \Omega$$
$$X_1 = 1.2\ \Omega$$
$$R_2 = 0.01\ \Omega$$
$$X_2 = 0.04\ \Omega$$
$$I_2 = 125\ A$$
$$V_2 = 600\ V$$

$$\text{परिवर्तन अनुपात} = \frac{N_2}{N_1} = \frac{1}{5} = 0.2$$

$$R_1' = K^2 R_1 = 0.2 \times 0.2 \times 0.4 = 0.016\ \Omega$$
$$R_{ES} = R_1' + R_2 = 0.016 + 0.01 = 0.026\ \Omega$$
$$X_1' = K^2 X_1 = 0.2 \times 0.2 \times 1.2 = 0{\cdot}048\ \Omega$$
$$X_{ES} = X_1' + X_2 = 0.048 + 0.04 = 0{\cdot}088\ \Omega$$

(i) 0·8 p.f. लैगिंग के लिए

$$\cos\phi = 0.8\ \therefore\ \sin\phi = \sin\cos^{-1}\phi = 0.6$$
$$E_2 = V_2 + I_2 R_{ES}\cos\phi + I_2 X_{ES}\sin\phi$$
$$E_2 = (600 + 125 \times 0{\cdot}026 \times 0{\cdot}8) + (125 \times 0{\cdot}088 \times 0{\cdot}6) = 609.2\ \text{V}$$
$$\%\ \text{विनियमन} = \frac{E_2 - V_2}{E_2} \times 100 = \frac{609.2 - 600}{609.2} \times 100 = 1{\cdot}51\%$$

(ii) 0.8 p.f. लीडिंग के लिए

$$\cos\phi = 0.8\ \therefore\ \sin\phi = \sin\cos^{-1}\phi = 0{\cdot}6$$
$$E_2 = V_2 + I_2 R_{ES}\cos\phi - I_2 X_{ES}\sin\phi$$
$$E_2 = (600 + 125 \times 0.026 \times 0{\cdot}8) - (125 \times 0.088 \times 0{\cdot}6) = 596\ V$$
$$\%\ \text{विनियमन} = \frac{E_2 - V_2}{E_2} \times 100 = \frac{596 - 600}{596} \times 100 = -0{\cdot}67\ \%$$

उदाहरण 3.10 : ट्रांसफॉर्मर का ओमिक हानि आउटपुट का 1% है और प्रतिक्रिया ड्रॉप 5% तो के विनियमन की गणना कीजिए जब पावर फैक्टर (i) 0.8 लैगिंग (ii) 0.8 लीडिंग (iii) एकता, हो तो।

समाधान : % विनियमन = % प्रतिरोध ड्रॉप x cos ϕ + % प्रतिक्रिया ड्रॉप x sin ϕ

(i) 0·8 p.f. लैगिंग के लिए

$$\cos\phi = 0.8\ \therefore\ \sin\phi = \sin\cos^{-1}\phi = 0.6$$
$$\%\ \text{विनियमन} = 1 \times 0.8 + 5 \times 0.6 = 0.38\%$$

(ii) 0·8 p.f. लीडिंग के लिए

$$\%\ \text{विनियमन} = \%\ \text{प्रतिरोध ड्रॉप} \times \cos\phi - \%\ \text{प्रतिक्रिया ड्रॉप} \times \sin\phi$$
$$\%\ \text{विनियमन} = 1 \times 0.8 - 5 \times 0.6 = -2.2\ \%$$

(iii) युनिटी p.f. के लिए

% विनियमन = % प्रतिरोध ड्रॉप

% विनियमन = 1%

अभ्यास प्रश्न

1. एक 10 KVA के बिना लोड के 2000/400 V के साथ 1-चरण ट्रांसफार्मर, प्रतिरोध और रिसाव प्रतिक्रिया है प्राथमिक वाइंडिंग के क्रमशः 5.5 W और 12 W, द्वितीयक वाइंडिंग के संगत मान 0.5 W और 0.45 W होने पर। पूरे लोड पर सेकेंडरी वोल्टेज का मान निर्धारित करें, जब प्राथमिक प्रयुक्त वोल्टेज 2000 V और 0·8 pf लैगिंग है। (**उत्तर** 377.65 V)

2. एक 10 KVA, 2000/400 वी, सिंगल फेज ट्रांसफॉर्मर में प्रतिरोध और रिसाव प्रतिक्रिया निम्नानुसार है:–
प्राथमिक वाइंडिंग: प्रतिरोध = 5.5 Ω, प्रतिक्रिया = 12 Ω
द्वितीयक वाइंडिंग: प्रतिरोध = 0.2 Ω, प्रतिक्रिया = 0.45 Ω
पूर्ण भार पर द्वितीयक वोल्टेज का मान निर्धारित करें, जब प्राथमिक आपूर्ति वोल्टेज 2000 V और 0.8 p.f. अग्रणी की है। (**उत्तर** 405.55 V)

3. एक 40 KVA, 6600/250 V सिंगल फेज ट्रांसफार्मर की प्राथमिक और माध्यमिक वाइंडिंग का प्रतिरोध क्रमशः 10 Ω और 0.02 Ω है। कुल रिसाव प्रतिक्रिया 35 Ω है जो कि प्राथमिक वाइंडिंग को संदर्भित करता है। पूर्ण भार 0.8 पी एफ लैगिंग पर विनियमन का मान निर्धारित करें। (**उत्तर** 3.56%)

3.18 ट्रांसफार्मर की हानियां

एक वास्तविक ट्रांसफार्मर में होने वाले नुकसान हैं:

(i) कोर या लोहे की हानि (कोर लॉस) (ii) तांबे की हानि (कॉपर लॉस)

(i) **कोर या लोहे की हानियाँ :** जब किसी ट्रांसफॉर्मर की प्राथमिक वाइंडिंग को एसी की आपूर्ति दी जाती है तब ट्रांसफॉर्मर के कोर में एक प्रत्यावर्ती फ्लक्स स्थापित होता है, इसलिए ट्रांसफॉर्मर के चुंबकीय कोर मे, हिस्टैरिसीस और एड़ी की न हानि होती है।

(a) हिस्टैरिसीस लॉस : जब चुंबकीय सामग्री प्रवाह के उत्क्रमण के अधीन होती है, तो आणविक चुम्बकों के निरंतर उत्क्रमण के लिए शक्ति की आवश्यकता होती है। यही शक्ति गर्मी के रूप में नष्ट हो जाती है और हिस्टैरिसीस हानि ($P_h = K_h V_f \ B_m{}^{1.6}$) के नाम से जाना जाता है। हिस्टैरिसीस हानि को कम करने के लिये कोर के निर्माण सामग्री में सिलिकॉन स्टील का उपयोग किया जाता है।

(b) एडी करेंट लॉस : चूंकि ट्रांसफॉर्मर के कोर में फ्लक्स प्रत्यावर्ती होता है और यह कोर की चुंबकीय सामग्री भी के साथ भी जुड़ता जिससे कोर में एक ई.एम.एफ. बनता है और करेंट को परिचालित करता है। यह करेंट एड़ी करेंट कहलता है। इन एडी धाराओं को बनाए रखने के लिए शक्ति की आवश्यकता होती है। जब यह शक्ति गर्मी के रूप में नष्ट हो जाती है तो इसे एड़ी करेंट लॉस ($P_{eh} = K_e \ V_f \ V_f^2 \ t^2 \ B_m{}^2$) के रूप में जाना जाता है। पतले लेमिनेशन का कोर बनाकर एड़ी करेंट लॉस को कम किया जा सकता है।

यह आलेख-8 में पहले ही देखा जा चुका है कि ट्रांसफार्मर के कोर में स्थापित फ्लक्स नो लोड और फुल लोड दोनो स्थिति मे स्थिर । इसलिए, लोहे की हानि भार से स्वतंत्र होता है और इसे निरंतर हानि के रूप में जाना जाता है।

(ii) **ताँबे की हानियाँ :** प्राथमिक और द्वितीयक दोनों वाइंडिंग में ओमिक प्रतिरोध के कारण कॉपर की हानि होती है। यदि I_1, I_2 प्राथमिक और द्वितीयक धाराएं हैं और R_1, R_2 क्रमशः प्राथमिक और द्वितीयक प्रतिरोध हैं।

तो,

$$\text{तांबे की कुल हानियाँ} = I_1^2 R_1 + I_2^2 R_2 = I_1^2 R_p + I_2^2 R_s$$

प्राइमरी और सेकेंडरी वाइंडिंग में करेंट लोड के हिसाब से बदलते रहते है इसलिये होते हैं, इसलिए ये तांबे की हानियाँ भार के अनुसार भिन्न होते हैं और चर हानियों के रूप में जाने जाते हैं।

उदाहरण 3.11. एक 50 KVA, 2000/200 V, सिंगल फेज, 50 Hz ट्रांसफार्मर का प्राथमिक प्रतिरोध 3.5 Ω और 4.5 Ω की प्रतिक्रिया है। द्वितीयक प्रतिरोध और प्रतिक्रिया क्रमशः 0·015 Ω और 0·02 Ω हैं। निम्न निकले (i) प्राथमिक पक्ष को संदर्भित समकक्ष प्रतिरोध, प्रतिक्रिया और प्रतिबाधा (ii) ट्रांसफार्मर में तांबे की कुल हानियाँ।

समाधान : ट्रांसफार्मर रेटिंग = 50 KVA, 2000/200 V, 1-Φ, 50 Hz

प्राथमिक प्रतिरोध = $R_1 = 3.5\ \Omega$

द्वितीयक प्रतिरोध = $X_1 = 4.5\ \Omega$

प्राथमिक प्रतिक्रिया = $R_2 = 0.015\ \Omega$

द्वितीयक प्रतिक्रिया = $X_2 = 0.02\ \Omega$

$$\text{परिवर्तन अनुपात} = \mathrm{K} = \frac{V_2}{V_1} = \frac{200}{2000} = 0.1$$

(i) प्राथमिक पक्ष को संदर्भित समतुल्य प्रतिरोध, $R_{ep} = R_1 + R_2'$

$$R_{ep} = R_1 + \frac{R_2}{K^2} = 3.5 + \frac{0.015}{0.1^2} = 3.5 + 1.5 = 5\ \Omega$$

प्राथमिक पक्ष को संदर्भित समतुल्य प्रतिक्रिया, $X_{ep} = X_1 + X_2'$

$$X_{ep} = X_1 + \frac{X_2}{K^2} = 4.5 + \frac{0.02}{0.1^2} = 4.5 + 2 = 6.5\ \Omega$$

प्राथमिक पक्ष को संदर्भित समतुल्य प्रतिबाधा, $Z_{ep} = \sqrt{R_{ep}^2 + X_{es}^2} = \sqrt{5^2 + 6.5^2} = 8.2\ \Omega$

(ii) प्राथमिक रेटेड करेंट $I_1 = \dfrac{50 \times 1000}{2000} = 25\ A$

ट्रांसफार्मर में तांबे का पूरा लोड पर नुकसान,

$P_{cu} = I_1^2 R_{ep} = 25^2 \times 5 = 3125\ W$

3.19 ट्रांसफार्मर की दक्षता

एक ट्रांसफॉर्मर की दक्षता को आउटपुट पावर और इनपुट पावर के अनुपात के रूप में परिभाषित किया जाता है, जब दोनों पावर को समान इकाइयों में मापा जाता है (W या KW में) हैं ।

$$\text{ट्रांसफॉर्मर दक्षता} = \quad \eta = \frac{\text{आउटपुट पावर}}{\text{इनपुट पावर}} \times 100 = \frac{\text{आउटपुट पावर}}{\text{आउटपुट पावर + कुल हानियाँ}} \times 100$$

$$\eta = \frac{\text{आउटपुट पावर}}{\text{आउटपुट पावर + लोहे की हानियाँ + तांबे की हानियाँ}} \times 100$$

$$\eta = \frac{V_2 I_2 \cos\phi_2}{V_2 I_2 \cos\phi_2 + P_i + P_{cu}} \times 100$$

जहाँ,

V_2 = द्वितीयक टर्मिनल वोल्टेज

I_2 = फुल लोड सेकेंडरी करेंट

$\cos \phi_2$ = भार का p.f.

P_i = हिस्टैरिसीस लॉस + एडी करेंट लॉस

P_{cu} = फुल लोड कॉपर लॉस = $I_2^2 R_{es}$

यदि x पूर्ण भार का अंश है, तो इस भिन्न पर ट्रांसफार्मर की दक्षता निम्न संबंध द्वारा दी जाती है

$$\eta_x = \frac{x V_2 I_2 \cos \phi_2}{x V_2 I_2 \cos \phi_2 + P_i + x^2 P_{cu}} \times 100$$

ट्रांसफॉर्मर का कॉपर लॉस भार के अंश के वर्ग के रूप में भिन्न होते हैं।

3.20 अधिकतम दक्षता की परिस्थिति

किसी दिए गए भार और p.f. पर एक ट्रांसफॉर्मर की दक्षता निम्न संबंध द्वारा व्यक्त किया जाता है

$$\eta = \frac{V_2 I_2 \cos \phi_2}{V_2 I_2 \cos \phi_2 + P_i + I_2^2 R_{es}} \times 100 \qquad \text{...(i)}$$

$$\eta = \frac{V_2 \cos \phi_2}{V_2 \cos \phi_2 + \dfrac{P_i}{I_2} + I_2^2 R_{es}} \times 100$$

ट्रांसफॉर्मर का टर्मिनल वोल्टेज V_2 लगभग स्थिर है। इस प्रकार किसी दिए गए p.f. के लिए, दक्षता लोड करेंट (I_2) पर निर्भर करता है। व्यंजक (i) में अंश स्थिर है और दक्षता अधिकतम होगी यदि भाजक न्यूनतम है। इस प्रकार अधिकतम मान प्राप्त करने के लिये भाजक को चर (I_2) से भेद कर और इसे शून्य के बराबर कर स्थिति प्राप्त की जाती है।

$$\frac{d}{d I_2}\left(V_2 \cos \phi_2 + \frac{P_i}{I_2} + I_2 R_{es}\right)$$

$$0 - \frac{P_i}{I_2^2} + R_{es} = 0$$

$$P_i = I_2^2 R_{es} \qquad \text{...(ii)}$$

लोहे की हानियाँ = तांबे की हानियाँ

इस प्रकार, एक ट्रांसफॉर्मर की दक्षता अधिकतम होगी जब तांबे (या चर) की हानियाँ और लौह की हानियाँ (या स्थिर) बराबर होते हैं।

$$\eta_{\max} = \frac{V_2 I_2 \cos \phi_2}{V_2 I_2 \cos \phi_2 + 2 P_i} \times 100 \quad \text{क्योंकि } P_i = P_{cu}$$

समीकरण (ii) से,

आउटपुट करेंट (I_2) का मान जिस पर ट्रांसफार्मर की दक्षता अधिकतम होगी

$$I_2 = \sqrt{\frac{P_i}{R_{es}}}$$

यदि x पूर्ण भार kVA का वह अंश है जिस पर ट्रांसफार्मर की दक्षता अधिकतम होती है।

तब, कॉपर लॉस $= x\,P_{cu}$ जहां P_{cu} पूर्ण भार पर कॉपर लॉस है

लौह की हानियाँ $= P_i$

अधिकतम दक्षता के लिए,

$$x^2\,P_{cu} = P_i$$

$$x = \frac{P_i}{P_{cu}}$$

अधिकतम दक्षता के अनुरूप आउटपुट KVA

$$= x\text{. फुल लोड KVA} = x\,.\,\sqrt{\frac{P_i}{P_c}}$$

$$= x \text{ फुल लोड KVA. } \sqrt{\frac{\text{लौह की हानियाँ}}{\text{फुल लोड कॉपर लॉस}}}$$

उदाहरण 3.12: 25 KVA, 2000 /200 V बिजली ट्रांसफार्मर में लोहे और पूर्ण भार तांबे की हानियाँ क्रमशः 350 W और 400 W हैं। p.f. = 1, पर दक्षता की गणना (i) पूर्ण भार और (ii) आधा भार।

समाधान :

$$\eta_x = \frac{x\,V_2 I_2 \cos\phi_2}{x\,V_2 I_2 \cos\phi_2 + P_i + x^2\,P_{cu}} \times 100$$

जहाँ, $\cos\phi = 1 = P_i = 350$ W; $P_{cu} = 400$ W

(i) फुल-लोड पर; $x = 1$,

$$\eta = \frac{1 \times 25 \times 1000}{1 \times 25 \times 1000 \times 1 + 350 + 400} \times 100 = 97.087\ \%$$

(ii) आधे भार पर; $x = 0{\cdot}5$

$$\eta = \frac{0.5 \times 25 \times 1000 \times 1}{0.5 \times 25 \times 1000 \times 1 + 350 + 0.5^2\,400} \times 100 = 96.565\ \%$$

उदाहरण 3.13 : पूर्ण भार धारा पर, 100 KVA ट्रांसफार्मर में लोहे और तांबे की हानियाँ प्रत्येक हैं 2·5 KW के बराबर है। 75 KVA और 0·8 पावर फैक्टर लैगिंग के भार पर ट्रांसफॉर्मर की दक्षता का पता लगाएं।

समाधान : पूर्ण भार के किसी भी अंश x पर एक ट्रांसफार्मर की दक्षता

$$\eta_x = \frac{x\,V_2 I_2 \cos\phi_2}{x\,V_2 I_2 \cos\phi_2 + P_i + x^2\,P_{cu}} \times 100$$

जहां, ट्रांसफार्मर रेटेड की क्षमता = 100 KVA

ऑपरेटिंग लोड = 75 KVA

भार का अंश, x

$$x = \frac{75}{100} = 0.75$$

लोहे की हानि, $P_i = 2{\cdot}5$ KW

पूर्ण भार पर तांबे का नुकसान, $P_{cu} = 2{\cdot}5$ KW

लोड का पावर फैक्टर, $\cos\phi = 0.8$ लैगिंग

$$\eta = \frac{0.75 \times 100 \times 0.8}{0.75 \times 100 \times 0.8 + 2.5 + 0.75^2 \times 2.5} \times 100 = 93.88\ \%$$

उदाहरण 3.14 : 1000 kVA , 110/220 V, 50 Hz सिंगल फेज ट्रांसफार्मर की दक्षता है हाफ लोड पर 0·8 पावर फैक्टर अग्रणी पर 98·5% है और पूर्ण लोड यूनिट पावर फ़ैक्टर पर 98·8% है । खोजें (i) आयरन लॉस (ii) फुल लोड कॉपर लॉस।

समाधान: भार के किसी भी अंश x पर दक्षता;

$$\eta = \frac{x\,kVA \times \cos\phi}{x\,kVA \times \cos\phi + P_i + x^2 P_c} \times 100$$

जहाँ, Pc पूर्ण-भार कॉपर हानि है और P_i लोहे की हानि है।

(i) जहाँ $x = 0{\cdot}5$; $\cos\phi = 0{\cdot}8$; $\eta_x = 98{\cdot}5\%$

$$95.5 = \frac{0\cdot 5 \times 1000 \times 0\cdot 8}{0\cdot 5 \times 1000 \times 0\cdot 8 + P_i + (0\cdot 5)^2\ P_c} \times 100$$

$$400 + Pi + 0{\cdot}25\,P_c = \frac{400 \times 100}{98\cdot 5}$$

or $$P_i + 0{\cdot}25\,P_c = 6{\cdot}1\text{ kW} \quad \text{(i)}$$

(ii) जहाँ $x = 1$; $\cos\phi = 1$; $\eta_x = 98{\cdot}8\%$

$$98.8 = \frac{1 \times 1000 \times 1}{1 \times 1000 \times 1 + Pi + (1)^2\ Pc} \times 100$$

$$1000 + P_i + P_c = \frac{1000 \times 100}{98\cdot 8} \text{ or}$$

$$P_i + P_c = 12{\cdot}15\text{ kW} \quad \text{(ii)}$$

Subtracting equation (*i*) from (*ii*), we get,

$$0{\cdot}75\,P_c = 6{\cdot}05$$

or P_c = **8·07 kW** (*Ans.*)

and $P_i = 12{\cdot}15 - 8{\cdot}07$ kW = **4·08 kW** (*Ans.*)

उदाहरण 3.15 : 25kVA ,2000 V/ 200 V ट्रांसफार्मर में लोहे और तांबे के नुकसान क्रमशः 200 W और 400 W. हैं । हाफ लोड और 0·8 पावर फैक्टर लैगिंग पर दक्षता की गणना करें। अधिकतम दक्षता और संबंधित भार भी गणना करें।

समाधान: ट्रांसफार्मर रेटिंग = 25 केवीए; लोहे की हानि, = 200 W ; पूर्ण भार तांबे के नुकसान, = 400 W

भार का अंश, $x = \frac{1}{2} = 0.5$; पावर फैक्टर, $\cos = 0{\cdot}8$

$$\text{Efficiency,}\quad \eta_x = \frac{x \times \text{kVA} \times 1000\ \cos\phi}{x \times \text{kVA} \times 1000\ \cos\phi + P_i + x^2 P_C} \times 100\%$$

$$= \frac{(0\cdot5)\times 25\times 10^3\times 0\cdot 8}{0\cdot 5\times 25\times 10^3\times 0\cdot 8+200+(0\cdot 5)^2\times 400}\times 100\%$$

$$= \mathbf{97{\cdot}08\ \%}\ (Ans.)$$

अधिकतम दक्षता, $P_i = x^2 P_c$

$$x = \sqrt{\frac{P_i}{P_c}} = \sqrt{\frac{200}{400}} = 0\cdot 707$$

Maximum efficiency, $$\eta_{max} = \frac{x\times \text{kVA}\times 1000\times \cos\phi}{x\times \text{kVA}\times 1000\times\cos\phi+2P_i}$$

$$= \frac{0\cdot 707\times 25\times 10^3\times 0\cdot 8}{0\cdot 707\times 25\times 10^3\times 0\cdot 8+2\times 200} = \mathbf{97{\cdot}25\%}\ \text{(उत्तर)}$$

अधिकतम दक्षता में संबंधित भार= x अधिकतम kVA =0.707 × 25 = **17.675** kVA (उत्तर)

अभ्यास प्रश्न

1. 500kVAट्रांसफार्मर की प्राथमिक और द्वितीयक वाइंडिंग में क्रमशः 0.42ओम और 0.0011ओम का प्रतिरोध होता है। प्राथमिक और द्वितीयक वोल्टेज क्रमशः 600 Vऔर 400 V हैं। लोहे का नुकसान 2·9 kW है। आधे पूर्ण भार, 0·8 लैगिंग के पावर फैक्टर पर दक्षता की गणना करें। (उत्तर 98.07%)
2. एक 220/400 V , 10 kVA, 50 Hz, सिंगल-फेज ट्रांसफॉर्मर में पूरे लोड पर 120 W का कॉपर लॉस होता है। यदि एक पावर फैक्टर और पूर्ण भार पर इसकी दक्षता 98% है, लोहे के नुकसान का निर्धारण करें। 0.8 p.f पर हाफ फुल-लोडपर ट्रांसफॉर्मर की दक्षता क्या होगी? (उत्तर 84.08W;97.23%)
3. एक 40 kVA,ट्रांसफॉर्मर में 400 W का कोर लॉस और 800 W का फुल-लोड कॉपर लॉस होता है। यदि लोड का पावर फैक्टर 0.9 लैगिंग है, तो गणना करें:(i) पूर्ण भार दक्षता, और (ii) पूर्ण भार का प्रतिशत जिस पर अधिकतम दक्षता होती है। (उत्तर 96.77%; 70.7%)

3.21 ऑटो-ट्रांसफार्मर

एक ऑटो-ट्रांसफार्मर एक ट्रांसफॉर्मर होता है जिसमें लैमिनेटेड कोर पर केवल एक वाइंडिंग होता है। इसके वाइंडिंग का एक हिस्सा प्राथमिक और द्वितीयक दोनों पक्षों के लिए उभय-निष्ठ सामान्य है। लोड की स्थिति पर, लोड करेंट का एक भाग होता है आपूर्ति

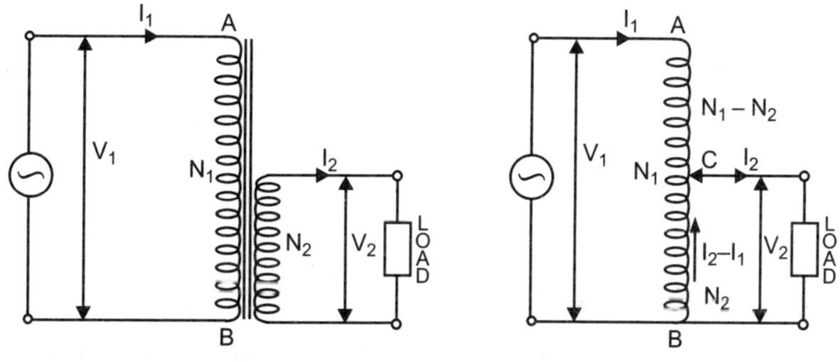

(a) साधारण दो वाइंडिंग ट्रांसफार्मर (b) ऑटो-ट्रांसफार्मर

चित्र 3.22: साधारण दो वाइंडिंग ट्रांसफार्मर और ऑटो-ट्रांसफार्मर

से सीधे प्राप्त किया जाता है और शेष भाग ट्रांसफार्मर क्रिया द्वारा प्राप्त किया जाता है। एक साधारण ट्रांसफार्मर में प्राथमिक और द्वितीयक वाइंडिंग विद्युत रूप से एक दूसरे से अछूता रहता है लेकिन चुंबकीय रूप से जुड़ा होता है (देखें चित्र 3.22(a)) जबकि, एक ऑटो-ट्रांसफार्मर में प्राथमिक और द्वितीयक वाइंडिंग चुंबकीय और विद्युत रूप से जुड़ा होता है। चित्र 3.22 (b) प्राथमिक वाइंडिंग AB को दर्शाता है जहां C पर टैपिंग इस प्रकार ली जाती है कि CB सेकेंडरी वाइंडिंग के रूप में कार्य करता है। आपूर्ति की वोल्टेज AB पर लगाई जाती है

और लोड CB से जुड़ा होता है। टैपिंग स्थिर या परिवर्तनशील हो सकता है।

जब ए.सी. वोल्टेज V_1 को AB पर लगाया जाता है, कोर में एक प्रत्यावर्ती फ्लक्स स्थापित हो जाता है, यह वाइंडिंग AB में एक ई.एम.एफ. E_1 को प्रेरित करता है। इस ई.एम.एफ. का एक भाग द्वितीयक परिपथ में लिया जाता है।

यदि,

V_1 प्राथमिक का प्रयुक्त लागू वोल्टेज है ; V_2 = द्वितीयक वोल्टेज भार के ओर

I_1 = प्राथमिक करेंट; I_2 = लोड करेंट

N_1 = A और B के बीच फेरों की संख्या

N_2 = C और B के बीच फेरों की संख्या

नो-लोड करेंट, लीकेज रिएक्टेन्स और हानियाँ की उपेक्षा करने पर

$V_1 = E_1$ और $V_2 = E_2$

परिवर्तन अनुपात, $K = \dfrac{V_2}{V_1} = \dfrac{N_2}{N_1} = \dfrac{I_1}{I_2}$

चूंकि द्वितीयक एम्पीयर टर्न प्राथमिक एम्पीयर टर्न के विपरीत होते हैं इसलिए करेंट I_2, करेंट I_1 के विपरीत (विरोध) चरण में होते है। द्वितीयक वोल्टेज प्राथमिक से कम होता है इसलिए, करेंट I_2 करेंट I_1 से अधिक होता है। तो BC से बहने वाली परिणामी करेंट $(I_2 - I_1)$ होता है।

अब,

खंड BC में एम्पीयर टर्न = करेंट × फेरे (टर्न)

$$= (I_2 - I_1)\, N_2 = \left(\frac{I_1}{K} - I_1\right) N_1\, x\, K = N_1\, I_1\, (1 - K) \qquad \text{...(i)}$$

खंड AC में एम्पीयर टर्न = $(N_1 - N_2)\, I_1$

$$= N_1\, I_1 \left(1 - \frac{N_2}{N_1}\right) = N_1\, I_1\, (1 - K) \qquad \text{...(ii)}$$

समीकरण (i) और (ii) से पता चलता है कि खंड BC के कारण एम्पीयर टर्न है और खंड AC के कारण एम्पीयर टर्न एक दूसरे को संतुलित करता है जो कि ट्रांसफार्मर क्रिया की विशेषता है।

तांबे की बचत

आयतन, और इसलिए तांबे का वजन, कंडक्टर की लंबाई के और पार अनुभाग क्षेत्र (क्रास सेक्शन) के समानुपाती होता है। कंडक्टर की लंबाई घुमावों (टर्न) की संख्या के समानुपाती होती है जबकि क्रास सेक्शन क्षेत्रफल इसके माध्यम से बहने वाली धारा के समानुपाती होता है। अतः तांबे का भार धारा के और घुमावों की संख्या के गुणनफल का समानुपाती होता है।

अब, चित्र 3.22 (b) के संदर्भ में, एक ऑटो-ट्रांसफार्मर में आवश्यक तांबे का वजन

$$W_a = \text{खंड } BC \text{ में तांबे का वजन} + \text{खंड } AC \text{ में तांबे का वजन}$$

$$W_a \alpha = (N_1 - N_2) I_1 + (I_2 - I_1) N_2$$
$$W_a \alpha = N_1 I_1 + N_2 I_2 - 2I_1 N_2$$

यदि यही काम एक साधारण दो वाइंडिंग ट्रांसफॉर्मर करता है तो चित्र 3.22 (a) के संदर्भ में। एक साधारण ट्रांसफार्मर में आवश्यक तांबे का कुल भार (W_0)

W_0 = इसके प्राथमिक वाइंडिंग पर तांबे का भार + इसके द्वितीयक वाइंडिंग पर तांबे का भार

$$W_0 \alpha N_1 I_1 + N_2 I_2$$

अब, ऑटो-ट्रांसफॉर्मर में तांबे के वजन का एक साधारण ट्रांसफार्मर में तांबे के वजन का अनुपात

$$\frac{W_a}{W_o} = \frac{N_1 I_1 + N_2 I_2 - 2I_1 N_2}{N_1 I_1 + N_2 I_2} = \frac{N_1 I_1 + N_2 I_2}{N_1 I_1 + N_2 I_2} - \frac{2I_1 N_2}{N_1 I_1 + N_2 I_2}$$

$$\frac{W_a}{W_o} = 1 - \frac{2\, I_1 N_2 / I_1 N_1}{I_1 N_1 / I_1 N_1 + I_2 N_2 / I_1 N_1} = 1 - K$$

$$W_a = (1 - \text{K})\, W_o$$

ऑटो-ट्रांसफार्मर का उपयोग करने से तांबे की बचत प्रभावित होती है

= एक साधारण ट्रांसफार्मर में आवश्यक तांबे का वजन का – एक ऑटो-ट्रांसफार्मर में आवश्यक तांबे का वजन का

$$= W_o - W_a = W_o - (1 - K)\, W_o = \text{K}\, W_o$$

बचत = K × साधारण ट्रांसफार्मर (दो वाइंडिंग ट्रांसफार्मर) में आवश्यक तांबे का कुल भार

ऑटो-ट्रांसफार्मर तांबे में बचत बढ़ जाती है जब परिवर्तन अनुपात एक के करीब पहुंचता है, इसलिए, ऑटो-ट्रांसफॉर्मर का उपयोग तब किया जाता है जब K लगभग एक के बराबर हो।

ऑटो-ट्रांसफॉर्मर के उपयोग:

(i) इसका उपयोग ऑटो-ट्रांसफॉर्मर स्टार्टर के रूप में किया जाता है। एक गिलहरी पिंजरे प्रेरण मोटर के स्टेटर को शुरू करने के दौरान 50 से 60% तक वोल्टेज देने के लिए उपयोग किया जाता है।

(ii) इसका उपयोग वितरण केबल में होने वाले वोल्टेज ड्रॉप को ठीक करने के लिए किया जाता है।

(iii) इसका उपयोग नियामक ट्रांसफार्मर के रूप में किया जाता है (इस मामले में बिंदु C परिवर्तनशील है)।

ऑटो-ट्रांसफॉर्मर के दोष

हालांकि ऑटो-ट्रांसफार्मर की लागत कम होती है, बेहतर विनियमन और एक ही रेटिंग के साधारण दो वाइंडिंग ट्रांसफार्मर के तुलना में कम नुकसान होता है लेकिन फिर भी यह व्यापक रूप से उपयोग नहीं किए जाते हैं।

मुख्य नुकसान यह है कि माध्यमिक वाइंडिंग प्राथमिक से अछूता नहीं है। यदि एक ऑटो ट्रांसफार्मर उच्च वोल्टेज से कम वोल्टेज की आपूर्ति के लिए उपयोग किया जाता है और माध्यमिक वाइंडिंग में एक ब्रेक होता है, पूर्ण प्राथमिक वोल्टेज द्वितीयक टर्मिनलों में आता है जो ऑपरेट और उपकरण (भार) के लिए खतरनाक हो सकता है। इसलिए, यह सलाह दी जाती है कि उच्च को जोड़ने के लिए ऑटो ट्रांसफार्मर का उपयोग न करें। उनका उपयोग केवल उन स्थानों तक सीमित है जहां उत्पादन में मामूली बदलाव होता है इनपुट वोल्टेज से वोल्टेज की आवश्यकता होती है।

उदाहरण 3.16 : एक ऑटो ट्रांसफार्मर के प्राथमिक और द्वितीयक वोल्टेज हैं क्रमशः 500 V और 400 V है।आरेख की सहायता से वाइंडिंग में करेंट वितरण को दर्शाइए जब द्वितीयक धारा 100 A है। इस विशेष मामले में तांबे की बचत की गणना करें।

समाधान : परिवर्तन अनुपात $K = \frac{V_2}{V_1} = \frac{400}{500} = 0.8$

संबंध का उपयोग $K = \frac{I_1}{I_2}$

प्राथमिक धारा $I_1 = KI_2 = 0.8 \times 100 = 80\ A$

खंड BC में धारा $= I_2 - I_1 = 100 - 80 = 20\ A$

वाइंडिंग के विभिन्न वर्गों में करेंट के वितरण के लिए कृपया चित्र 3.22(b) देखें।

तांबे की बचत या बचत $= KW_o = 0.8\ W_o$

बचत % = 0.8 × 100 = 80%

3.22 तीन फेज ट्रांसफार्मर

किफायती कारणों से विद्युत शक्ति के उत्पादन, पारेषण और वितरण के लिए तीन चरण प्रणाली को हमेशा अपनाया जाता है। आम तौर पर, बिजली उत्पादन स्टेशनों पर 11 KV पर उत्पन्न होता है, जबकि यह 400 KV, 220 KV, 132 KV या 66 KV पर आर्थिक कारणों से प्रेषित होता है। प्राप्त स्टेशनों पर, वोल्टेज स्तर कम हो जाता है और कम दूरी के माध्यम से बिजली का संचार होता है। उपभोक्ताओं को बिजली की आपूर्ति करते समय, सुरक्षा कारणों से वोल्टेज स्तर 400V (लाइन वैल्यू) तक कम हो जाता है।

3-चरण विद्युत शक्ति को संभालने के लिए और उत्पादन स्टेशनों पर वोल्टेज स्तर को बढ़ाने के लिए और प्राप्त करने वाले स्टेशनों पर वोल्टेज स्तर को कम करने के लिए, 3-चरण स्टेप-अप और स्टेप डाउन ट्रांसफार्मर के लिए इस्तेमाल होता है ।

3.23 तीन फेज ट्रांसफार्मर के गुण

जनरेटिंग स्टेशनों और रिसीविंग स्टेशनों पर 3-फेज सिस्टम में वोल्टेज स्तर को तीन सिंगल-फेज ट्रांसफॉर्मर (उन्हें स्टार या डेल्टा में इंटरकनेक्ट करके) लगाकर या एक थ्री फेज ट्रांसफॉर्मर लगाकर बदला जा सकता है। आम तौर पर, निम्नलिखित कारणों से सिंगल फेज ट्रांसफॉर्मर बैंक पर ईकाई तीन चरण ट्रांसफार्मर को प्राथमिकता दी जाती है।

(i) इसके लिए कम मात्रा में लोहे और तांबे की आवश्यकता होती है।

(ii) इसका आकार छोटा होता है और इसे छोटे टैंक में रखा जा सकता है और इसलिए इसे ठंडा करने के लिए कम मात्रा में तेल की आवश्यकता होती है।

(iii) इसका वजन कम होता है और जगह कम घेरती है।

(iv) इसे कम संख्या में बुश की आवश्यकता होती है।

(v) समान रेटिंग वाले तीन सिंगल फेज ट्रांसफॉर्मर वाले बैंक की तुलना में, इसकी लागत लगभग 15% कम है।

(vi) यह थोड़ी बेहतर दक्षता और विनियमन पर काम करता है।

इसलिए, वोल्टेज को स्टेप-अप और स्टेप-डाउन करने के लिए बिजली व्यवस्था में तीन चरण ट्रांसफार्मर हमेशा इस्तेमाल होता है । हालांकि, इस ट्रांसफार्मर निम्नलिखित नुकसान से ग्रस्त हैं।

(i) 3-फेज ट्रांसफार्मर की मरम्मत करना अधिक कठिन और महंगा है।

(ii) तीन एकल चरण ट्रांसफार्मर को अलग-अलग परिवहन करने की तुलना में 3-चरण ट्रांसफार्मर की एकल बड़ी इकाई को परिवहन करना मुश्किल है।

3.24 तीन फेज ट्रांसफार्मर का गठन

निर्माण की दृष्टि से 3-चरण ट्रांसफार्मर को निम्नलिखित प्रकार से वर्गीकृत किया जाता है

(i) कोर टाइप ट्रांसफॉर्मर (ii) शेल टाइप ट्रांसफॉर्मर

(i) **कोर प्रकार के ट्रांसफार्मर :** कोर प्रकार के 3-चरण ट्रांसफार्मर में, क्रॉस-सेक्शन के समान क्षेत्र के कोर के तीन लिम्ब होते हैं। तीन लिम्ब दो क्षैतिज (ऊपर और नीचे) सदस्यों से जुड़े होते हैं जिन्हें योक कहा जाता है। सभी लिम्ब और योको के क्रॉस-सेक्शन का क्षेत्र समान है क्योंकि प्रत्येक भाग में फ्लक्स सेट-अप का हर पल परिमाण समान होता है। कोर में इन्सुलेशन के लिए दोनों तरफ ऑक्साइड फिल्म कोटिंग वाले सिलिकॉन स्टील सामग्री के टुकड़े होते हैं। टुकड़े आमतौर पर "E" और "I" आकार के होते हैं और वैकल्पिक रूप से कंपित होते हैं।

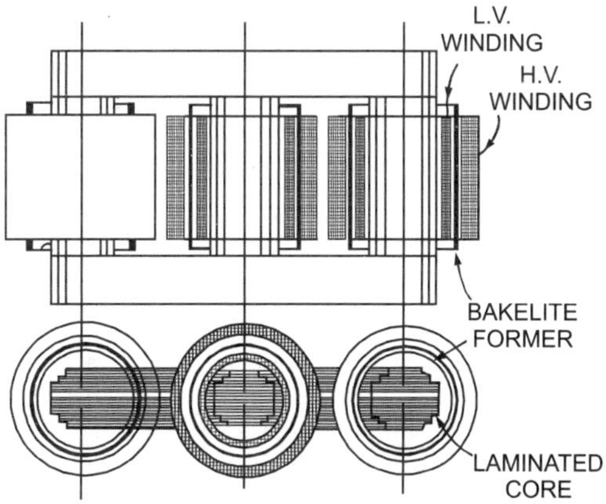

चित्र 3.23: 3-फेज कोर टाइप ट्रांसफॉर्मर

3-फेज कोर टाइप ट्रांसफॉर्मर का पूरा खंड अपनी योजना के साथ चित्र में दिखाया गया हैI इस प्रकार के ट्रांसफार्मर आमतौर पर गोलाकार बेलनाकार कॉइल से घेरा होते हैं। लो वोल्टेज वाइंडिंग कोर के पास घेरा है और उच्च वोल्टेज (HV) वाइंडिंग कम वोल्टेज वाइंडिंग पर घेरा है जैसा कि चित्र 3.23 में दिखाया गया है। इंसुलेशन हमेशा कोर और लो वोल्टेज वाइंडिंग के बीच और लो वोल्टेज वाइंडिंग और हाई वोल्टेज वाइंडिंग के बीच में उपयोग किया जाता है।

(ii) **शेल टाइप ट्रांसफॉर्मर :** शेल टाइप ट्रांसफॉर्मर में, कोर कंस्ट्रक्शन ऐसा होता है कि वाइंडिंग लोहे को घेरने के बजाय कोर में एम्बेडेड होती है जैसा कि चित्र 3.24 में दिखाया गया है। मध्य लिम्ब अंश के क्रॉस सेक्शन का क्षेत्रफल पार्श्व अंश और क्षैतिज सदस्यों से दोगुना होता है।

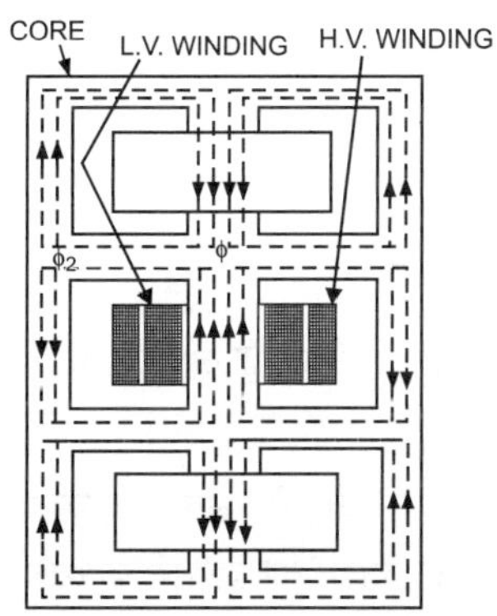

चित्र 3.24: 3-फेज शेल टाइप ट्रांसफॉर्मर

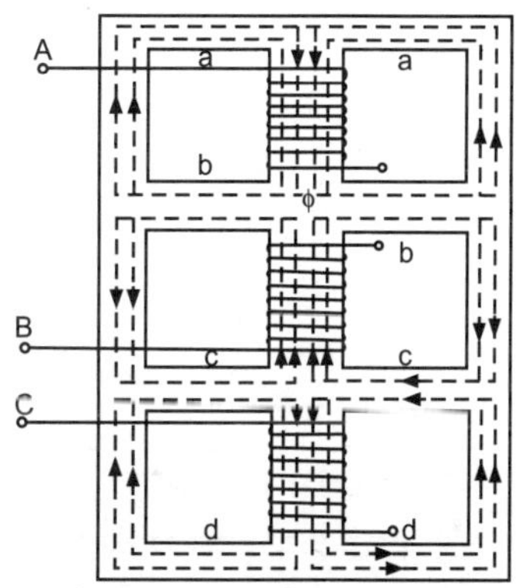

चित्र 3.25: 3-फेज शेल टाइप ट्रांसफॉर्मर में फ़्लक्स का वितरण

तीन चरणों की लो वोल्टेज और उच्च वोल्टेज वाइंडिंग मध्य लिम्ब अंश घेरा हैं। इन वाइंडिंग को तीन भागों में लंबवत रूप से रखा गया है जैसा कि चित्र 3.25 में दिखाया गया है।

3.25 तीन फेज ट्रांसफार्मर का कनेक्शन

तीन-चरण ट्रांसफार्मर की तीन प्राथमिक और तीन माध्यमिक वाइंडिंग को स्टार तथा डेल्टा में जोड़ा जा सकता है, तदनुसार ट्रांसफार्मर को नाम दिया गया है

(i) स्टार-स्टार कनेक्टेड 3-फेज ट्रांसफार्मर
(ii) डेल्टा-डेल्टा कनेक्टेड 3-फेज ट्रांसफार्मर
(iii) डेल्टा-स्टार कनेक्टेड 3-फेज ट्रांसफॉर्मर
(iv) स्टार-डेल्टा कनेक्टेड 3-फेज ट्रांसफॉर्मर

(i) **स्टार-स्टार कनेक्टेड 3-फेज ट्रांसफॉर्मर:** स्टार (Y) में जुड़े 3-फेज ट्रांसफॉर्मर के तीन वाइंडिंग के बंच को प्राथमिक और सेकेंडरी दोनों तरफ जोड़ा जा सकता है जो चित्र 3.26 और चित्र 3.27 में दिखाया गया है। यदि प्रत्येक ट्रांसफार्मर के परिवर्तन का अनुपात K है, तो प्राथमिक और द्वितीयक पक्षों पर लाइन वोल्टेज के बीच समान अनुपात मौजूद होगा। लोड संतुलित होने पर ही यह कनेक्शन संतोषजनक ढंग से काम करता है

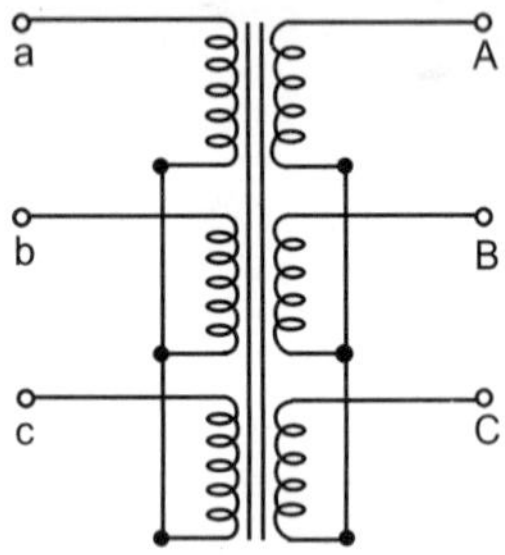

चित्र 3.26: स्टार-स्टार में जुड़ी वाइंडिंग

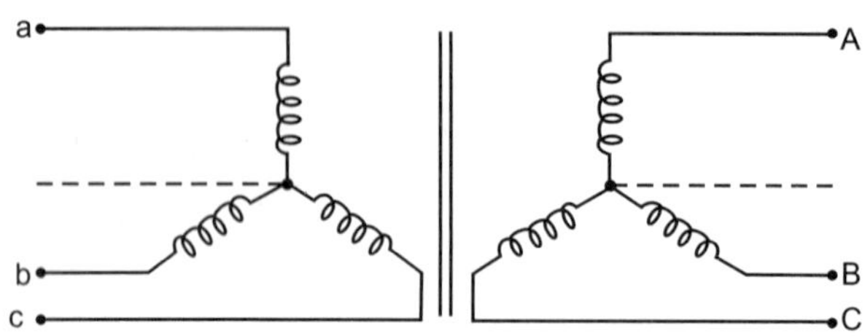

चित्र 3.27: Y-Y कनेक्शन

फायदे

(i) इस प्रकार के कनेक्शनों में कम मोड़ों (टर्न) की आवश्यकता होती है क्योंकि प्रत्येक फेज वाइंडिंग में 57.8% लाइन वोल्टेज होता है। इसलिए यह सस्ता है।

(ii) वाइंडिंग के लिए कंडक्टरों का क्रॉस-सेक्शनल क्षेत्र बड़ा होता है क्योंकि लाइन और फेज करेंट समान होते हैं, इसलिए, भारी भार या शॉर्ट सर्किट के दौरान उस पर लगाए गए तनाव को सहन करने के लिए वाइंडिंग अधिक मजबूत होती है।

(iii) बहुत अधिक वोल्टेज संभव है क्योंकि इन्सुलेट मटेरियल कI डॉइलेक्ट्रिक तनाव कम होता है कम लाइन वोल्टेज के कारण।

$$\text{वोल्टेज यानी लाइन वोल्टेज} = \frac{1}{\sqrt{3}}$$

नुकसान

(i) यदि किसी कारण से एक चरण विफल हो जाता है तो अन्य चरण कार्य से बाहर हो जाते हैं और संभवतः ट्रांसफार्मर बंद हो सकता है।

(ii) यदि सेकेंडरी फेज में असंतुलन होता है, तो यह स्टार पॉइंट वोल्टेज में परिवर्तन कर सकता है, जो कोई भी मान ग्रहण कर सकता है यदि इसे अर्थित नहीं किया गया है। अल्टरनेटर के स्टार पॉइंट को प्राइमरी के स्टार पॉइंट से जोड़कर न्यूट्रल पॉइंट की शिफ्टिंग को रोका जा सकता है।

(iii) भले ही प्राइमरी का स्टार पॉइंट अर्थ्ड में हो, फिर भी अगर अल्टरनेटर वोल्टेज में तीसरा हार्मोनिक मौजूद है, तो यह उसी रूट पर चलने वाली टेलीफोन लाइनों में हस्तक्षेप का कारण बनता है। प्रत्येक ट्रांसफॉर्मर पर तृतीयक वाइंडिंग के माध्यम से ट्रिपल फ्रीक्वेंसी करेंट को समाप्त किया जा सकता है।

(iv) यदि प्राथमिक और सेकेंडरी दोनों के स्टार पॉइंट्स को अर्थ नहीं किया जाता है, तो चरणों का नियमन खराब होगा।

(ii) **डेल्टा- डेल्टा कनेक्टेड 3-फेज ट्रांसफॉर्मर:** 3-फेज ट्रांसफॉर्मर के इन वाइंडिंग के बंच प्राथमिक और सेकेंडरी दोनों तरफ डेल्टा में जुड़े होते हैं, जो चित्र 3.28 और चित्र 3.28 में दिखाए गए हैं। लाइन वोल्टेज अब केवल अलग-अलग ट्रांसफॉर्मर वाइंडिंग्स में वोल्टेज हैं और कोई न्यूट्रल नहीं है।

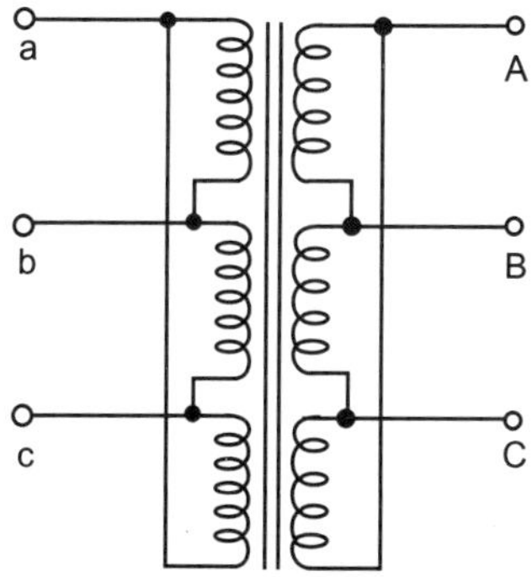

चित्र 3.28: डेल्टा-डेल्टा में जुड़े वाइंडिंग

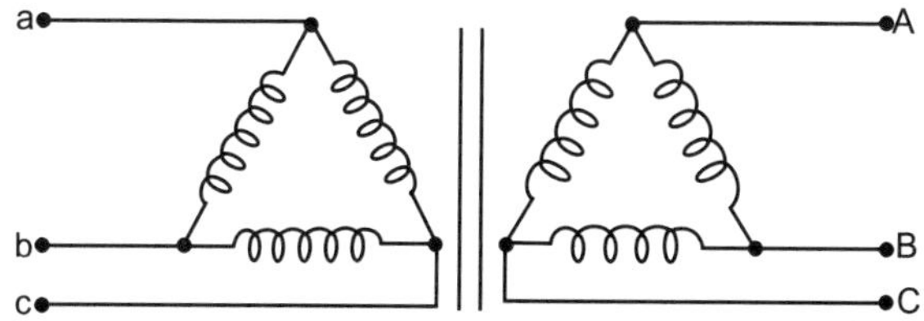

चित्र 3.29: डेल्टा-डेल्टा कनेक्शन

इस मामले में, यह आवश्यक है कि वाइंडिंग के सभी तीन सेटों का परिवर्तन अनुपात समान हो, अन्यथा वाइंडिंग के चारों ओर परिसंचारी धाराएं बिना लोड के भी स्थापित की जाएंगी। किसी दी गई रेखा के प्राथमिक और द्वितीयक पक्षों पर वोल्टेज एक ही चरण में कम या ज्यादा होगा, रीएकटेन्स के कारण केवल छोटा अंतर पाया जा सकता है। इन कनेक्शनों के निम्नलिखित फायदे हैं:

फायदे

1. इस मामले में, फ्लक्स का कोई डिसटोर्सन नहीं होता है, क्योंकि मैग्नेटाइजीग धारा का तीसरा हार्मोनिक घटक प्रत्येक प्राथमिक वाइंडिंग में एक वापसी पथ पाता है।
2. स्टार-स्टार कनेक्शन की तरह असंतुलित लोडिंग से कोई कठिनाई अनुभव नहीं होती है। लोड असंतुलन की डिग्री की परवाह किए बिना तीन चरण वोल्टेज व्यावहारिक रूप से समान रहते हैं।
3. तार का क्रॉस-सेक्शनल क्षेत्र कम हो जाता है क्योंकि फेज करेंट लाइन करेंट का $1/\sqrt{3}$ गुना होता है, और इसलिए यह तुलनात्मक रूप से सस्ता होता है क्योंकि इसमें इस्तेमाल किया जाने वाला कॉपर कम होता है।
4. ये कनेक्शन कम वोल्टेज और उच्च धाराओं पर काम करने वाले बड़े ट्रांसफार्मर के लिए अधिक उपयुक्त हैं।
5. यदि किसी भी कारण से तीन वाइंडिंग में से एक अक्षम हो जाती है, तो डेल्टा-डेल्टा कनेक्शन खुले डेल्टा या वी-वी कनेक्शन के रूप से संचालित होता रहता है। ज्यादातर इस लाभ के लिए डेल्टा कनेक्शन को प्राथमिकता दी जाती है। इसका केवल एक ही नुकसान है कि कोई न्यूट्रल उपलब्ध नहीं है। तीन लाइन कंडक्टरों के लिए तीन समान प्रतिरोधों इंडकटेन्स और कैपि टेन्स को जोड़ने वाले तारे द्वारा न्यूट्रल बनाया जा सकता है।

(iii) **डेल्टा-स्टार कनेक्टेड 3-फेज ट्रांसफॉर्मर:** इन कनेक्शनों में, प्राथमिक डेल्टा में और सेकेंडरी स्टार में जुड़ा हुआ है जैसा कि चित्र 3.30 और चित्र 3.31 में दिखाया गया है। प्राथमिक इनपुट वोल्टेज हर एक ट्रांसफार्मर वाइंडिंग के प्राथमिक वोल्टेज और ट्रांसफार्मर बैंक द्वारा ली गई मैग्नेटाइजीग धारा के बराबर होना चाहिए।

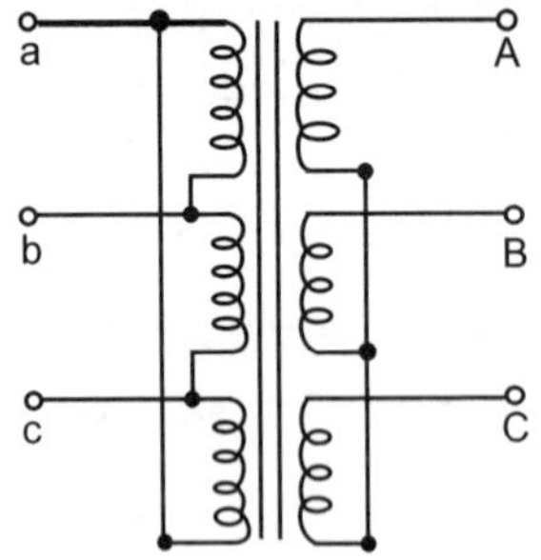

चित्र 3.30: डेल्टा-स्टार में जुड़ी वाइंडिंग

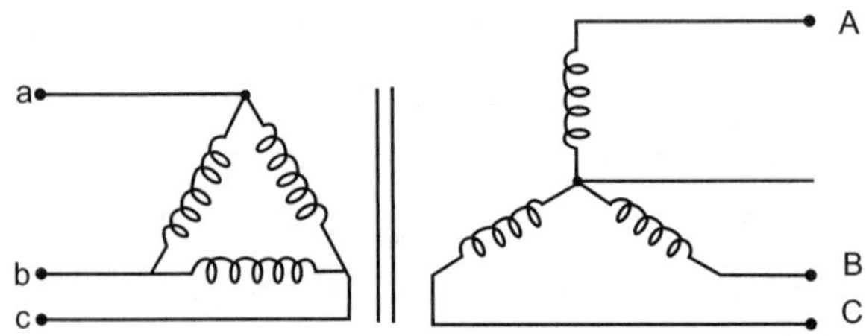

चित्र 3.31: $\Delta - Y$ कनेक्शन

यदि इनपुट वोल्टेज संतुलित और साइनसोइडल हैं, तो आउटपुट वोल्टेज भी संतुलित और साइनसोइडल हैं। सेकेंडरी से प्राथमिक लाइन वोल्टेज का अनुपात ट्रांसफार्मर के परिवर्तन अनुपात का $\sqrt{3}$ गुना है।

यानी

$$\frac{E_2}{E_1} = \frac{\sqrt{3}\, E_2(ph)}{E_1(ph)} = \sqrt{3}k$$

जहां, E_2 = सेकेंडरी लाइन वोल्टेज

E_1 = प्राथमिक लाइन वोल्टेज

साथ ही सेकेंडरी लाइन धाराएं (Current) $\frac{1}{\sqrt{3}K}$ प्राइमरी लाइन धाराओं (Current) का गुणा होती हैं।

$$\frac{I_2}{I_1} = \frac{I_2(ph)}{\sqrt{3}\, I_1(ph)} = \frac{1}{\sqrt{3}K}$$

कनेक्शन की सभी व्यवस्थाओं में से, इस प्रकार का आमतौर पर वितरण प्रणाली में उपयोग किया जाता है, क्योंकि इसका उपयोग 3 फेज बिजली उपकरण और सिंगल फेज प्रकाश सर्किट दोनों की आपूर्ति के लिए किया जा सकता है।

डेल्टा-डेल्टा कनेक्शन पर डेल्टा-स्टार कनेक्शन का लाभ यह है कि उच्च वोल्टेज के लिए कम इन्सुलेशन की आवश्यकता होती है।

(iv) **स्टार- डेल्टा कनेक्टेड 3-फेज ट्रांसफार्मर:** जब प्राइमरी को स्टार में और सेकेंडरी को डेल्टा में जोड़ा जाता है जैसा कि चित्र 3.32 और चित्र 3.33 में दिखाया गया है। इसके ठीक विपरीत जो ऊपर डेल्टा-स्टार में वर्णित है, काम करेगा। ऐसा संयोजन तब जनरेटिंग स्टेशनों पर वोल्टेज बढ़ाने के लिए उपयुक्त होगा।

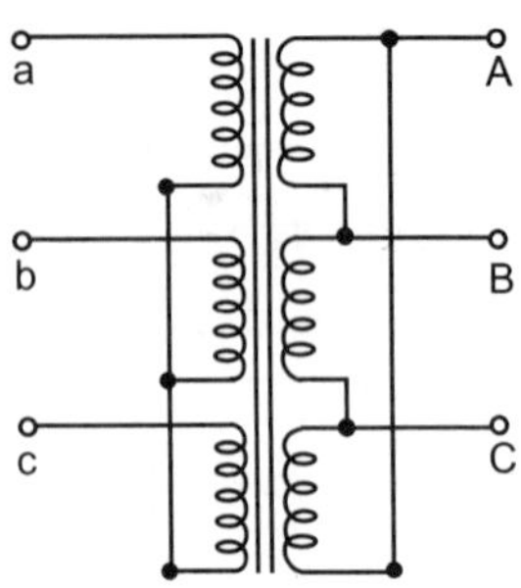

चित्र 3.32: स्टार-डेल्टा में जुड़ी वाइंडिंग

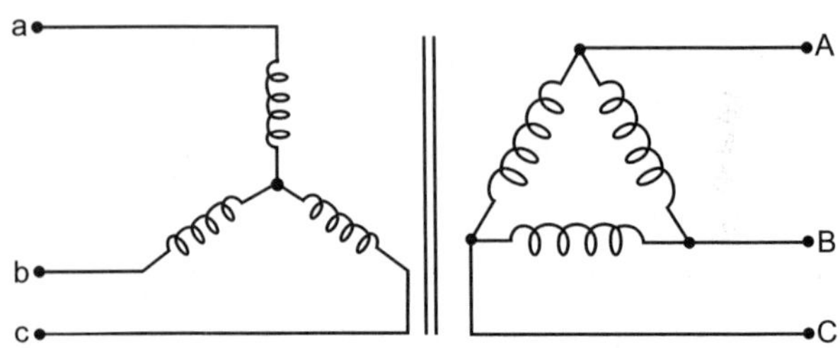

चित्र 3.33: Y-Δ कनेक्शन

इन कनेक्शनों में:

$$\frac{E_2}{E_1} = \frac{E_2(ph)}{\sqrt{3}\,E_1(ph)} = \frac{1}{\sqrt{3}}\text{K}$$

और

$$\frac{I_2}{I_1} = \frac{\sqrt{3}\,I_2(ph)}{I_1(ph)} = \frac{\sqrt{3}}{K}$$

उदाहरण 3.17 : एक 3-फेज स्टेप डाउन ट्रांसफॉर्मर 6600 V मेन्स से जुड़ा है और 24 A का करेंट लेता है। निम्नलिखित कनेक्शनों के लिए सेकेंडरी लाइन वोल्टेज, लाइन करेंट और आउटपुट की गणना करें (i) डेल्टा/डेल्टा (ii) स्टार/स्टार (iii) डेल्टा/स्टार (iv) स्टार/डेल्टा। प्रति चरण घुमावों का अनुपात 12 है। उपेक्षा हानि।

समाधान : प्रति फेज फेरों का अनुपात = 12

ट्रांसफार्मर अनुपात $K = \frac{1}{12}$

(i) डेल्टा/डेल्टा

डेल्टा कनेक्शन लाइन वोल्टेज = फेज वोल्टेज

प्राइमरी लाइन वोल्टेज = 6600 V

प्राइमरी फेज वोल्टेज = 6600 V

सेकेंडरी फेज वोल्टेज $= \frac{6600}{12} = 550$ V

सेकेंडरी लाइन वोल्टेज = 550 V

लाइन करेंट = $\sqrt{3}\,x$ फेज करेंट

प्राइमरी फेज करेंट = $\frac{24}{\sqrt{3}}$

सेकेंडरी फेज करेंट = $\frac{24}{\sqrt{3}} \times 12$

सेकेंडरी लाइन करेंट = $\sqrt{3} \times \frac{24}{\sqrt{3}} \times 12 = 288\,A$

आउटपुट = $\sqrt{3}\,V_L I_L = \frac{\sqrt{3} \times 550 \times 288}{1000}$ KVA = **274.36 KVA**

(ii) स्टार/स्टार

स्टार कनेक्शन

लाइन वोल्टेज = $\sqrt{3}\,x$ फेज वोल्टेज

लाइन करेंट = फेज करेंट

प्राइमरी फेज वोल्टेज = $\frac{6600}{\sqrt{3}}$

$$\text{सेकेंडरी फेज वोल्टेज} = \frac{6600}{\sqrt{3} \times 12}$$

$$\text{सेकेंडरी लाइन वोल्टेज} = \sqrt{3}\ \frac{6600}{\sqrt{3} \times 12} = 550\text{ V}$$

$$\text{प्राइमरी लाइन करेंट} = 24\ A$$

$$\text{सेकेंडरी लाइन करेंट} = 24 \times 12 = 288\text{ A}$$

$$\text{आउटपुट} = \frac{\sqrt{3} \times 550 \times 288}{1000}\text{ KVA} = 274.36\text{ KVA}$$

(iii) डेल्टा/स्टार

$$\text{प्राइमरी फेज वोल्टेज} = 6600\ \text{वोल्ट}$$

$$\text{सेकेंडरी फेज वोल्टेज} = \frac{6600}{12} = 550\ \text{वोल्ट}$$

$$\text{सेकेंडरी लाइन वोल्टेज} = \sqrt{3} \times 550 = 952.63\text{ V}$$

$$\text{प्राइमरी फेज करेंट} = \frac{24}{\sqrt{3}}$$

$$\text{सेकेंडरी फेज करेंट} = \frac{24}{\sqrt{3}} \times 12 = 116.27\text{ A}$$

$$\text{सेकेंडरी लाइन करेंट} = 116.26\text{ A}$$

$$\text{आउटपुट} = \frac{\sqrt{3} \times 952.63 \times 166.27}{1000} = 274.36\text{ KVA}$$

(iv) स्टार/डेल्टा

$$\text{प्राइमरी फेज वोल्टेज} = \frac{6600}{\sqrt{3} \times 12}$$

$$\text{सेकेंडरी फेज वोल्टेज} = 317.54\text{ V}$$

$$\text{सेकेंडरी लाइन वोल्टेज} = 317.54\text{ V}$$

$$\text{प्राइमरी लाइन करेंट} = \text{प्राइमरी फेज करेंट} = 24\ A$$

$$\text{सेकेंडरी फेज करेंट} = 24 \times 12 = 288\ A$$

$$\text{सेकेंडरी लाइन करेंट} = \sqrt{3} \times 288 = 498.24\ A$$

$$\text{आउटपुट} = \frac{\sqrt{3} \times 317.54 \times 498.83}{1000} = 274.36\text{ KV}$$

3.26 पावर ट्रांसफार्मर और उसके सहायक

विद्युत शक्ति या ऊर्जा को एक सर्किट से दूसरे सर्किट में स्थानांतरित करने के लिए बिजली व्यवस्था में उपयोग किए जाने वाले ट्रांसफार्मर को पावर ट्रांसफार्मर कहा जाता है। एक ट्रांसफॉर्मर की रेटिंग में वोल्टेज, फ्रीक्वेंसी और KVA शामिल होते हैं। KVA रेटिंग KVA आउटपुट है जो एक ट्रांसफार्मर सामान्य सेवा शर्तों के तहत रेटेड वोल्टेज और आवृत्ति फ्रीक्वेंसी पर तापमान वृद्धि की

सीमा (आमतौर पर 45° से 60°C) को पार किए बिना वितरित कर सकता है। बिजली ट्रांसफार्मर में निम्नलिखित महत्वपूर्ण भाग होते हैं:

1. **चुंबकीय परिपथ :** चुंबकीय मटेरियल का ट्रांसफार्मर कोर होता है। ट्रांसफार्मर कोर निर्माण कोर टाइप ट्रांसफॉर्मर या शेल टाइप ट्रांसफॉर्मर प्रकार हो सकता है। बिजली व्यवस्था में उपयोग किए जाने वाले बिजली ट्रांसफार्मर ज्यादातर तीन फेज ट्रांसफार्मर होते हैं। कोर 3-फेज ट्रांसफार्मर में एक बराबर क्रॉस-सेक्शन क्षेत्र के तीन लिम (limbs) होते हैं।
2. **विद्युत सर्किट :** तीन फेज ट्रांसफार्मर में तीन प्राथमिक (H.V.) वाइंडिंग और तीन सेकेंडरी (LV) वाइंडिंग होते हैं। पूरे एल.वी. वाईडिग कोर के बगल में लिपटा होता है, फिर पूरे एच.वी. वाईडिग घेरा एल.वी. पर लिपटा होता है। बीच में एल.वी. वाईडिग और एच.वी. वाईडिग और कोर और एल.वी.वाईडिग) के बीच में इन्सुलेशन प्रदान किया जाता है।
3. **ट्रांसफार्मर का तेल ऑयल :** ट्रांसफार्मर का तेल कच्चे पेट्रोलियम के आंशिक आसवन द्वारा प्राप्त खनिज तेल है। तेल का उपयोग केवल ऑयल कूल्ड ट्रांसफार्मर में किया जाता है। तेल न केवल ट्रांसफार्मर में नुकसान के कारण उत्पन्न गर्मी को वाइंडिंग और कोर से ट्रांसफॉर्मर टैंक तक पहुंचाता है, बल्कि इन्सुलेशन का और भी महत्वपूर्ण कार्य करता है। जब ट्रांसफार्मर बिजली देता है, तो ट्रांसफार्मर में हानि के कारण गर्मी पैदा होती है। इस गर्मी को प्रभावी ढंग से समाप्त किया जाना चाहिए अन्यथा वाइंडिंग का तापमान बढ़ जाएगा। तापमान में वृद्धि से हानि और बढ़ जाता है। इस प्रकार, ट्रांसफार्मर की दक्षता कम हो जाएगी। चूंकि ट्रांसफार्मर में घूमने वाला हिस्सा नहीं होता है, इसलिए घूमने वाली मशीनों की तुलना में ट्रांसफार्मर को ठंडा करना मुश्किल होता है। विभिन्न रेटिंग के ट्रांसफार्मर को ठंडा करने के लिए विभिन्न तरीके अपनाए जाते हैं। सामान्य तरीके हैं वायु प्राकृतिक शीतलन (ANC), तेल में डूबे हुए प्राकृतिक शीतलन (OMNC), तेल में डूबे हुए तेल परिसंचरण प्राकृतिक शीतलन (OFNC), वायु विस्फोट शीतलन के साथ तेल में डूबे हुए तेल परिसंचरण (OFABC), पानी में डूबे हुए तेल परिसंचरण के साथ तेल में डूबे हुए तेल परिसंचरण (OIFWC) आदि।

   आमतौर पर, वितरण ट्रांसफार्मर को ठंडा करने के लिए, तेल में डूबे हुए प्राकृतिक शीतलन (OINC) विधि को अपनाया जाता है। मुख्य टैंकों के साथ कूलिंग ट्यूब या छोटे कूलिंग रेडिएटर्स का उपयोग किया जाता है, जैसा कि चित्र 3.34 में दिखाया गया हे। गर्मी के अपव्यय के लिए सतह क्षेत्र को बढ़ाने के लिए।
4. **टैंक कवर :** टैंक के कवर पर कई हिस्सों को व्यवस्थित किया जाता है जिनमें से सबसे महत्वपूर्ण हैं:
   (i) *बुशिंग :* ट्रांसफार्मर की आंतरिक वाइंडिंग तांबे की छड़ या बार के माध्यम से लाइनों से जुड़ी होती है जो टैंक के कवर से अछूता रहता है, इन्हें बुशिंग के रूप में जाना जाता है। 33 kV तक के साधारण पोर्सिलेन बुशिंग का उपयोग किया जा सकता है। इस वोल्टेज के ऊपर तेल से भरी झाड़ियाँ या कंडेनसर बुशिंग लगाई जाती है।
   (ii) *तेल कंजर्वेटर टैंक:* तेल कनसवेटर को तेल विस्तार कक्ष के रूप में भी जाना जाता है। यह एक छोटा बेलनाकार एयर टाइट और ऑयल टाइट बर्तन होता है। तेल एक कंजर्वेटर ट्यूब के साथ टैंक कवर पर मुख्य ट्रांसफार्मर टैंक से जुड़ा हुआ है। यह टैंक आंशिक रूप से तेल से भरा है। तेल का विस्तार और संकुचन, संरक्षक में तेल के स्तर को बदल देता है।
   (iii) *ब्रिथर:* ट्रांसफार्मर के तेल को वायुमंडलीय हवा के संपर्क में नहीं आने देना चाहिए, क्योंकि थोड़ी मात्रा में नमी ट्रांसफार्मर तेल की ढांकता हुआ

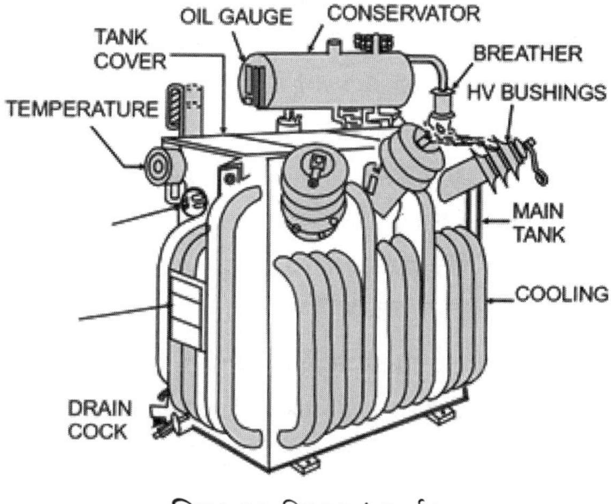

चित्र 3.34: वितरण ट्रांसफार्मर

ताकत में काफी कमी का कारण बनती है। सभी टैंक फिटिंग को एयर टाइट बनाया गया है। जब तेल संरक्षक में तेल का स्तर बदलता है, तो हवा संरक्षक के अंदर और बाहर जाती है। इस क्रिया को श्वास के रूप में जाना जाता है। सांस लेने वाली हवा को एक उपकरण के माध्यम से पारित करने के लिए बनाया जाता है जिसे सांस से अमूर्त नमी कहा जाता है। ब्रीदर में सिलिका-जेल या कैल्शियम क्लोराइड जैसे कुछ अन्य सुखाने वाले एजेंट होते हैं। यह सुनिश्चित करता है कि केवल शुष्क हवा ही ट्रांसफार्मर टैंक में प्रवेश करती है।

(iv) *बुखोलज रिले :* यह मुख्य टैंक और तेल संरक्षक के बीच में स्थापित है। यह एक गैस रिले है जो ट्रांसफॉर्मर के अंदर विकसित होने वाली किसी भी गलती की चेतावनी देता है, और यदि गलती खतरनाक है, तो रिले ट्रांसफॉर्मर सर्किट को डिस्कनेक्ट कर देता है। यह रिले 750 KVA से अधिक क्षमता वाले ट्रांसफार्मर में स्थापित है।

एक 200 kVA, 11 kV/400 V तेल में डूबे हुए प्राकृतिक कूल्ड वितरण ट्रांसफार्मर के सभी महत्वपूर्ण भागों को चित्र 3.34 में दिखाया गया है।

परियोजना

Project-1:
How To Make 12V
2A Transformer

Project-2:
How To Make
Simple Inverter 12v
To 220v IRFZ44N,
No IC

Project-3:
How to make 230V
5000W Free Energy

सारांश

1. **चुम्बक :** चुम्बक एक ऐसा पदार्थ या वस्तु है जो अपने चारों ओर एक चुंबकीय क्षेत्र प्रदर्शित करता है और लोहे (फेरोमैग्नेटिक) के टुकड़ों को आकर्षित करने की क्षमता रखता है।
2. **चुंबकीय सामग्री के प्रकार :** सभी सामग्रियों को उनके चुंबकीय व्यवहार के संदर्भ में वर्गीकृत किया जा सकता है जैसे कि प्रतिचुंबकीय, अनुचुंबकीय या लौहचुंबकीय।
   (i) *प्रतिचुंबकीय पदार्थ:* वे पदार्थ जिनमें चुंबकीय क्षेत्र के प्रति कमजोर, नकारात्मक संवेदनशीलता होती है, प्रतिचुंबकीय पदार्थ कहलाते हैं।
   (ii) *अनुचुंबकीय पदार्थ:* वे पदार्थ जिनमें चुंबकीय क्षेत्र के लिए एक छोटी, सकारात्मक संवेदनशीलता होती है, अनुचुंबकीय पदार्थ कहलाते हैं।
   (iii) *लौहचुम्बकीय पदार्थ :* वे पदार्थ जिनमें बाह्य चुम्बकीय क्षेत्र के प्रति अधिक सकारात्मक सुग्राह्यता होती है, लौहचुम्बकीय पदार्थ कहलाते हैं।
3. **महत्वपूर्ण पद :** चुंबकत्व से संबंधित महत्वपूर्ण शब्द हैं:
   (i) *चुम्बकीय क्षेत्र :* चुम्बक के चारों ओर का वह क्षेत्र जहाँ उसके ध्रुवों पर बल प्रदर्शित होता है, चुम्बकीय क्षेत्र कहलाता है।

(ii) *चुंबकीय फ्लक्स :* चुंबकीय परिपथ में स्थापित बल की चुंबकीय रेखाओं का परिमाण चुंबकीय प्रवाह कहलाता है।

(iii) *मैंगेटिक फ्लक्स घनत्व :* एक बिंदु पर फ्लक्स के समकोण पर प्रति इकाई क्षेत्र फ्लक्स को उस बिंदु पर चुंबकीय फ्लक्स घनत्व कहा जाता है।

(iv) *पारगम्यता :* किसी पदार्थ की उसके माध्यम से चुंबकीय बल रेखाओं को संचालित करने की क्षमता उस पदार्थ की पारगम्यता कहलाती है।

(v) *एम.एम.एफ. :* एक इकाई चुंबकीय ध्रुव को एक बार चुंबकीय परिपथ के चारों ओर घुमाने में किए गए कार्य को m.m.f., कहा जाता है। MMF = NI, AT

(vi) *रीलक्टेन्स (S) :* चुंबकीय सर्किट द्वारा चुंबकीय प्रवाह के विरोध को रीलकटेन्स (S) कहा जाता है।

$$S = \frac{1}{a\mu_0\mu_r} \text{ AT/Wb}$$

(vii) *चुंबकीय फ्लक्स* (ϕ) : चुंबकीय परिपथ में स्थापित बल की चुंबकीय रेखाओं की मात्रा को चुंबकीय प्रवाह कहा जाता है।

(viii) एम.एम.एफ., रिलक्टेंस और फ्लक्स के बीच संबंध।

$$\phi = \frac{MMF}{S}$$

(ix) *परमियेन्स :* यह रिलक्टेंस के लिए पारस्परिक है।

4. B-H कर्व; किसी पदार्थ के B और H के बीच के आलेख को उस पदार्थ का B-H वक्र कहते हैं। यह सामग्री के गुणों को दर्शाता है।

5. **ट्रांसफार्मर:** एक स्थिर उपकरण जो एक ही आवृत्ति पर एसी विद्युत शक्ति को एक सर्किट से दूसरे में स्थानांतरित करता है लेकिन आमतौर पर विभिन्न वोल्टेज स्तर पर ट्रांसफॉर्मर कहलाता है। यह इलेक्ट्रोमैग्नेटिक इंडक्शन (परस्पर प्रेरित ई.एम.एफ) के मूल सिद्धांत पर काम करता है।

6. **आदर्श ट्रांसफार्मर :** हानियों को उपेक्षा करते है; $E_1I_1 \cos\theta = E_2I_2 \cos\theta$

7. **डीसी पर ट्रांसफार्मर :** यह कभी भी डीसी पर लागू नहीं होता है। अन्यथा यह जल जाएगा क्योंकि स्व-प्रेरित ई.एम.एफ. का कोई काउंटर नहीं है। और यह d.c पर भारी धारा खींचता है।

8. **ई.एम.एफ. समीकरण:** $E_2 = 4.44\ N_2\, f Ø = 4.44\ E_2\, f \text{BA}$

9. **ट्रांसफार्मर वाइडिग प्रतिरोध:** R; R_1; $R_1' = R_1K^2$; $R_{es} = R_2 + R_1'$
$R_2' = R_2/K^2$, $R_{ep} = R_1 + R_2'$

10. **लीकेज फ्लक्स:** एक वाइंडिंग द्वारा उत्पन्न फ्लक्स का वह हिस्सा जो दूसरे से नहीं जुड़ता है, लीकेज फ्लक्स कहलाता है।

11. **वोल्टेज विनियमन:** निरंतर आपूर्ति वोल्टेज पर, माध्यमिक टर्मिनल वोल्टेज में नो-लोड से पूर्ण लोड में परिवर्तन को वोल्टेज विनियमन कहा जाता है। इसे आम तौर पर नो-लोड वोल्टेज के प्रतिशत के रूप में लिया जाता है।

$$\% \text{ विनियमन} = \frac{E_2 - V_2}{12} \times 100$$

12. **एक ट्रांसफॉर्मर में हानियाँ :** 1. लोहे की हानि (P_i), 2. तांबे की हानि (पूर्ण लोड पर)

13. एक ट्रांसफॉर्मर की दक्षता

$$\text{ट्रांसफॉर्मर की दक्षता} = 1 - \frac{\text{हानियाँ}}{\text{इनपुट}} = \frac{I_1^2 R_1 + P_i}{V_1 I_1 \cos\phi}$$

14. अधिकतम दक्षता के लिए शर्त $P_i = P_{cu}$।

15. **ऑटो-ट्रांसफॉर्मर:** एक ट्रांसफॉर्मर, जिसमें केवल एक वाइंडिंग होती है, जिसका एक हिस्सा प्राइमरी और दूसरा सेकेंडरी के रूप में कार्य करता है, ऑटो ट्रांसफॉर्मर कहलाता है। तांबे में बचत = K × दो वाइंडिंग ट्रांसफॉर्मर के लिए आवश्यक कॉपर का वजन।

16. **तीन-चरण ट्रांसफार्मर:** एक स्थिर उपकरण जो आवृत्ति को समान रखते हुए एक सर्किट से दूसरे में 3-चरण की शक्ति को स्थानांतरित करता है लेकिन (आमतौर पर) वोल्टेज स्तर को बदलता है उसे 3-चरण ट्रांसफार्मर कहा जाता है।

17. **3-फेज ट्रांसफार्मर के गुण:** उन्हें लोहे और तांबे की कम माला की आवश्यकता होती है, छोटे आकार के होते हैं, कम जगह घेरते हैं, वजन में हल्का, बेहतर दक्षता और विनियमन, कम लागत आदि।

18. **3-फेज ट्रांसफॉर्मर का निर्माण :** वे या तो कोर टाइप या शेल टाइप होते हैं।

19. **तीन-चरण ट्रांसफार्मर के कनेक्शन:** प्राइमरी और सेकेंडरी के इंटरकनेक्शन के अनुसार, इन ट्रांसफार्मर को (i) स्टार-स्टार कनेक्टेड (ii) डेल्टा-डेल्टा कनेक्टेड (iii) डेल्टा-स्टार कनेक्टेड (iv) स्टार-डेल्टा कनेक्टेड के रूप में वर्गीकृत किया जा सकता है।

20. **डिस्ट्रीब्यूशन/पावर ट्रांसफॉर्मर और उसके ऑक्जिलरीज:** पावर सिस्टम में जरूरत के मुताबिक वोल्टेज को स्टेप-अप या स्टेप-डाउन करने के लिए लगाए गए ट्रांसफॉर्मर को पावर ट्रांसफॉर्मर कहा जाता है। इन ट्रांसफार्मर के मुख्य सहायक हैं (i) कंजर्वेटर टैंक (ii) कूलिंग ट्यूब (iii) ब्रीथ, (iv) बुकहोल्ज़ रिले (v) तापमान गेज आदि।

अभ्यास के लिए संख्यात्मक प्रश्न

1. एक साइनुसॉइडल फ्लक्स 0.2 Wb (अधिकतम) एक ट्रांसफॉर्मर सेकेंडरी कॉइल के 55 टर्न से जुड़ता है। माध्यमिक में प्रेरित ई.एम.एफ. (आर एम एस) की गणना करें। 50 Hz आपूर्ति आवृत्ति है। (**उत्तर** 244.2 V)

2. 6600/400 V, 50 Hz, सिंगल फेज, कोर टाइप ट्रांसफार्मर की डिजाइन आवश्यकताएं हैं: ई.एम.एफ. प्रति टर्न 15 V; अधिकतम फ्लक्स घनत्व 1.5 टेस्ला (अर्थात Wb/m^2)। प्राथमिक और माध्यमिक टर्न की उपयुक्त संख्या और कोर के शुद्ध क्रॉस सेक्शनल क्षेत्र का पता लगाएं। (**उत्तर** 440; 26.67; 450 cm^2)

3. एक सिंगल फेज ट्रांसफॉर्मर में 400 प्राइमरी और 1000 सेकेंडरी टर्न हैं। कोर का शुद्ध अनुप्रस्थ काट का क्षेत्रफल 60 cm^2 है। यदि प्राथमिक वाइंडिंग को 500 V पर 50 Hz आपूर्ति से जोड़ा जाता है, तो कोर और ई.एम.एफ में अधिकतम फ्लक्स घनत्व के मूल्य की गणना करें। द्वितीयक वाइंडिंग में प्रेरित स्थिति का प्रतिनिधित्व करने वाला वेक्टर आरेख बनाएं (**उत्तर** 0.938 Tesla, 1250 V)

4. 33 KVA, 2200/220 V, 50 Hz सिंगल फेज ट्रांसफार्मर में निम्नलिखित पैरामीटर हैं: प्राथमिक वाइंडिंग (एचवी साइड); प्रतिरोध $r = 2.4\ \Omega$, रिसाव प्रतिक्रिया $x = 6.0\ \Omega$, सेकेंडरी वाइंडिंग (Iv साइड): प्रतिरोध $r = 0.03\ \Omega$, लीकेज रियेक्टेन्स $x = 0.07\ \Omega$। माध्यमिक को संदर्भित प्राथमिक प्रतिरोध और रिसाव प्रतिक्रिया का पता लगाएं। (**उत्तर** 0.024 Ω और 0.06 Ω)

5. 4:1 के अनुपात वाले एकल-चरण ट्रांसफार्मर में प्राथमिक प्रतिरोध और प्रतिक्रिया 0.5 Ω और 1.5 Ω है और माध्यमिक के लिए संबंधित मान क्रमशः 0.034 Ω और 0.1 Ω हैं। 600 V पर 120 *A* वितरित करते समय प्रतिशत विनियमन निर्धारित करें। (i) 0.707 लैगिंग (ii) 0.8 लीडिंग पीएफ पर। (**उत्तर** 3.53%; −3.26%)

6. 0.8 p.f लैगिंग पर काम करने वाले ट्रांसफॉर्मर के लिए वोल्टेज विनियमन के मान की गणना करें जब प्रतिरोध ड्रॉप 2% और रियेक्टेन्स ड्रॉप 4% है। (**उत्तर** 4.0 %)

7. एक 230/460 V, सिंगल-फेज ट्रांसफॉर्मर का प्राथमिक प्रतिरोध 0.2 Ω और प्रतिक्रिया 0.5 Ω है। माध्यमिक के लिए संगत मान क्रमशः 0.75 Ω और 1.8 Ω हैं। 0.8 p.f लैगिंग पर 10 A की आपूर्ति करते समय द्वितीयक टर्मिनल वोल्टेज ज्ञात करें। (**उत्तर** 424.8 V)

8. 500 KVA ट्रांसफार्मर की प्राथमिक और द्वितीयक वाइंडिंग में क्रमशः 0.42 Ω और 0.0011 Ω का प्रतिरोध होता है। प्राथमिक और द्वितीयक वोल्टेज क्रमशः 6600 V और 400V हैं। लोहे की हानि 2.9 kW है। आधे पूर्ण भार पर दक्षता की गणना करें 0.8 p.f लैगिंग पर। (**उत्तर** 98.07%)

9. एक 50 KVA ट्रांसफॉर्मर में 0.8 पीएफ पर फुल-लोड पर 98% की दक्षता और की दक्षता होती है 96.9 पूर्ण भार पर, 0.8 पीएफ लोहे की हानि और पूर्ण भार तांबे की हानि का निर्धारण करें। (**उत्तर** 287 W; 529 W)

10. एक 440/110 V ट्रांसफार्मर का प्रभावी प्राथमिक प्रतिरोध 0.3 Ω और द्वितीयक प्रतिरोध 0.02 Ω है। यदि सामान्य इनपुट वोल्टेज पर लोहे की हानि 150 W है, तो उस द्वितीयक धारा की गणना करें जिस पर अधिकतम दक्षता होगी। यूनिटी (1) पावर फैक्टर लोड के लिए इस अधिकतम दक्षता का मान ज्ञात करें? (**उत्तर** 62.22 A; 94.8%)

11. एक 25 kVA, 1100/400 V, सिंगल फेज ट्रांसफॉर्मर में, लोहे और तांबे की हानि पूर्ण भार पर क्रमशः 350 और 400 W है। आधे भार व एकता शक्ति कारक पर दक्षता की गणना करें। अधिकतम दक्षता पर भार निर्धारित करें। (**उत्तर** 96.52%; 23.85 KW)

12. एक 2000/200 V ट्रांसफार्मर का प्राथमिक प्रतिरोध और प्रतिक्रिया क्रमशः 2 Ω और 4 Ω है। संगत द्वितीयक मान 0.025 Ω और 0.04 Ω हैं। निर्धारित करें: (i) माध्यमिक को संदर्भित प्राथमिक के समतुल्य प्रतिरोध और प्रतिक्रिया; (ii) माध्यमिक को संदर्भित कुल प्रतिरोध और प्रतिक्रिया; (iii) प्राथमिक को संदर्भित माध्यमिक के समतुल्य प्रतिरोध और प्रतिक्रिया; (iv) प्राथमिक को संदर्भित कुल प्रतिरोध और प्रतिक्रिया।
(**उत्तर** 0.02 Ω, 0.04 Ω, 0.045 Ω, 0.08 Ω, 2.5 Ω, 4 Ω, 4.5 Ω, 8 Ω)

बहुविकल्पीय प्रश्न

1. B-H वक्र के असंतृप्त भाग के दौरान
   (a) B < H (b) B > H (c) B × H (d) B = 0

2. ट्रांसफार्मर कोर टुकड़े टुकड़े में है
   (a) क्योंकि ठोस कोर बनाना मुश्किल है
   (b) क्योंकि टुकड़े टुकड़े कोर एड़ी वर्तमान नुकसान को कम करने के लिए उच्च प्रवाह घनत्व
   (c) प्रदान करता है।
   (d) हिस्टैरिसीस नुकसान से बचने के लिए।

3. एक ट्रांसफॉर्मर जिसमें 250 KVA का आउटपुट 3000 V पर होता है, उसके प्राथमिक पर 600 टर्न और सेकेंडरी वाइंडिंग पर 60 टर्न होते हैं। ट्रांसफार्मर का परिवर्तन अनुपात क्या होगा?
   (a) 10 (b) 0.1
   (c) 100 (d) 0.01

4. यदि R ट्रांसफार्मर की प्राथमिक वाइंडिंग का प्रतिरोध है और K ट्रांसफार्मर अनुपात तो द्वितीयक को संदर्भित समतुल्य प्राथमिक प्रतिरोध होगा
   (a) $K R_1^2$ (b) $K R_1$
   (c) $K^2 R_1$ (d) $\frac{R_1}{K^2}$

5. ट्रांसफार्मर की अधिकतम दक्षता के लिए शर्त यह है कि
   (a) तांबे के हानियां लोहे के नुकसान का आधा है (b) तांबे के हानियां लोहे के हानियां के वर्ग हैं
   (c) तांबे के हानियां लोहे के हानियां के बराबर हैं (d) तांबे के हानियां शून्य हैं

6. प्रेरित ई.एम.एफ. ट्रांसफार्मर में सेकेंडरी केवल आपूर्ति की
   (a) आवृत्ति पर निर्भर करेगा। (b) केवल माध्यमिक में घुमावों की संख्या।
   (c) कोर में आवृत्ति और प्रवाह। (d) आवृत्ति, माध्यमिक घुमावों की संख्या और कोर में प्रवाह।

7. डीसी में एक ट्रांसफॉर्मर कभी नहीं जुड़ा होता है। लाइन क्योंकि
   (a) डीसी वोल्टेज को ऊपर या नीचे करने की कोई आवश्यकता नहीं है।
   (b) फैराडे का कानून मान्य नहीं है क्योंकि प्रवाह के परिवर्तन की दर शून्य है।
   (c) डीसी में नुकसान सर्किट उच्च हैं।
   (d) यह किफायती नहीं है।

8. ट्रांसफार्मर में एडी करेंट लॉस होता है
   (a) प्राथमिक वाइंडिंग (b) कोर
   (c) माध्यमिक वाइंडिंग (d) उपरोक्त में से कोई नहीं।

9. निम्नलिखित में से किस विद्युत मशीन की दक्षता उच्चतम है?
   (a) डीसी जनरेटर (b) ए.सी. जनरेटर
   (c) ट्रांसफार्मर (d) प्रेरण मोटर।

10. ट्रांसफार्मर की अधिकतम दक्षता के लिए शर्त यह है कि
   (a) तांबे के हानियां लोहे के हानियां का आधा है (b) तांबे के हानियां लोहे के हानियां के वर्ग हैं
   (c) तांबे के हानियां लोहे के हानियां के बराबर हैं (d) तांबे के हानियां शून्य हैं

11. यदि लोहे के हानियां और पूर्ण भार तांबे के हानियां दिए जाते हैं तो वह भार जिस पर ट्रांसफार्मर की दक्षता अधिकतम होती है, द्वारा दिया जाता है

   आयरन लॉस आयरन लॉस

   (a) $\text{फुल लोड} \times \frac{\text{आयरन लॉस}}{\text{फुल लोड कॉपर लॉस}}$ (b) $\text{फुल लोड} \times \sqrt{\frac{\text{आयरन लॉस}}{\text{फुल लोड कॉपर लॉस}}}$

(c) फुल लोड × $\frac{\text{आयरन लॉस}}{\text{हाफ लोड कॉपर लॉस}}$ (d) फुल लोड × $\sqrt{\frac{\text{फुल लोड कॉपर लॉस}}{\text{आयरन लॉस}}}$

12. एक 3-फेज ट्रांसफार्मर का परिवर्तन अनुपात संबंध द्वारा दिया जाता है।

(a) $\frac{E_{2(L)}}{E_{1(L)}}$ (b) $\frac{E_{2(ph)}}{E_{1(ph)}}$

(c) $\frac{E_{2(L)}}{E_{1(ph)}}$ (d) $\frac{E_{2(ph)}}{E_{1(L)}}$

13. समान रेटिंग वाले तीन 1-फेज ट्रांसफार्मर के बैंक की तुलना में सिंगल 3-फेज ट्रांसफार्मर की लागत है

(a) 15% कम (b) 15% अधिक

(c) 50% कम (d) 50% अधिक

14. आमतौर पर HV वाइंडिंग लगाई जाती है

(a) कम वोल्टेज वाइंडिंग पर कोर (b) कोर के बगल में

(c) a और b दोनों (d) इनमें से कोई नहीं

लघु उत्तरीय प्रश्न

1. चुंबक क्या है?
2. चुंबकीय क्षेत्र से आप क्या समझते हैं ?
3. चुंबकीय फ्लक्स घनत्व को परिभाषित करें।
4. एमएमएफ की व्याख्या करें।
5. सापेक्ष पारगम्यता को परिभाषित कीजिए।
6. चुंबकीय परिपथ में अनिच्छा को परिभाषित कीजिए तथा इसका सूत्र दीजिए।
7. चुम्बकीय पदार्थ के B-H अभिलक्षणों की व्याख्या कीजिए।
8. ट्रांसफार्मर क्या है?
9. स्टेप-अप और स्टेप-डाउन ट्रांसफार्मर क्या हैं?
10. स्टेप-अप और स्टेप-डाउन ट्रांसफार्मर के अनुप्रयोग क्या हैं?
11. एक ट्रांसफॉर्मर में कौन सी दो वाइंडिंग मौजूद होती हैं?
12. ट्रांसफार्मर के कार्य सिद्धांत की व्याख्या करें।
13. ट्रांसफार्मर के क्या कार्य हैं?
14. वोल्टता परिवर्तन अनुपात को परिभाषित कीजिए।
15. निर्माण की दृष्टि से विभिन्न प्रकार के ट्रांसफार्मरों के नाम लिखिए?
16. ट्रांसफार्मर के कोर को लैमिनेट क्यों किया जाता है?
17. ट्रांसफार्मर को स्थिर युक्ति भी क्यों कहा जाता है?

18. हम ट्रांसफार्मर में आयरन-कोर का उपयोग क्यों करते हैं?
19. कारण सहित स्पष्ट कीजिए कि क्या होता है जब एक बिजली ट्रांसफार्मर को उसी वोल्टेज रेटिंग की डीसी आपूर्ति से जोड़ा जाता है?
20. विद्युत उपकरणों में ट्रांसफार्मर की दक्षता अधिकतम क्यों होती है?
21. एक आदर्श और व्यावहारिक ट्रांसफार्मर में क्या अंतर है?
22. ट्रांसफॉर्मर में लीकेज फ्लक्स कैसे होता है?
23. स्टार-डेल्टा ट्रांसफार्मर पर एक संक्षिप्त टिप्पणी लिखिए।

परीक्षण प्रश्न

1. लोहे का B-H वक्र एक सीधी रेखा क्यों नहीं है?
2. शर्तों को परिभाषित करें: पारगम्यता, अनिच्छा और पारगम्यता।
3. लौहचुम्बकीय पदार्थ का B-H वक्र अचुंबकीय पदार्थ से किस प्रकार भिन्न है? चुंबकीय सामग्री के B-H वक्र के सभी प्रमुख क्षेत्रों के नाम बताइए।
4. एक ट्रांसफार्मर क्या है? बिजली व्यवस्था में इसकी क्या आवश्यकता है?
5. ट्रांसफार्मर के कार्य सिद्धांत की व्याख्या करें।
6. बताएं कि ट्रांसफार्मर का कोर लैमिनेट क्यों होता है?
7. बताएं कि ट्रांसफार्मर के कोर के लिए सिलिकॉन स्टील का चयन क्यों किया जाता है?
8. कोर-टाइप ट्रांसफॉर्मर के निर्माण संबंधी विवरण दें।
9. एक ट्रांसफॉर्मर में समझाइए कि कैसे एक वाइंडिंग से दूसरी वाइंडिंग में पावर ट्रांसफर की जाती है।
10. एक ट्रांसफार्मर में दिखाएँ कि $\frac{E_1}{E_2} = \frac{I_2}{I_1} = \frac{T_1}{T_2}$
11. क्या होता है जब डी.सी. ट्रांसफॉर्मर के प्राइमरी में वोल्टेज लगाया जाता है?
12. ई.एम.एफ. के लिए व्यंजक व्युत्पन्न कीजिए। एक ट्रांसफॉर्मर वाइंडिंग में प्रेरित। दिखाएँ कि ई.एम.एफ. प्राथमिक में प्रति मोड़ प्रेरित ई.एम.एफ. माध्यमिक में प्रति मोड़।
13. समझाइए कि ट्रांसफॉर्मर के नियमन से क्या तात्पर्य है।
14. एक ट्रांसफॉर्मर में विभिन्न हानियाँ क्या हैं ? वे कहाँ होते हैं और वे भार के साथ कैसे भिन्न होते हैं?
15. एक ट्रांसफार्मर की दक्षता को परिभाषित कीजिए और अधिकतम दक्षता प्राप्त करने के लिए शर्त ज्ञात कीजिए।
16. एक ऑटो ट्रांसफॉर्मर पारंपरिक दो वाइंडिंग ट्रांसफॉर्मर से किस प्रकार भिन्न होता है? इसके उपयोग क्या हैं?

अटेनमेंट एवं गैप विश्लेषण

गैप विश्लेषण करने और उपचारात्मक उपायों पर काम करने के लिए कार्यक्रम के परिणामों की प्राप्ति को नीचे दी गई तालिका में संकलित किया जाएगा।

कोर्स आउटकम्स	प्रोग्राम आउटकम्स की प्राप्ति (1-कमजोर सह-संबंध ; 2-मध्यम सह-संबंध ; 3-मजबूत सह-संबंध)											
	PO-1	PO-2	PO-3	PO-4	PO-5	PO-6	PO-7	PO-8	PO-9	PO-10	PO-11	PO-12
CO-1												
CO-2												
CO-3												

बहुविकल्पीय प्रश्नों के उत्तर													
1.	(c)	2.	(c)	3.	(b)	4.	(c)	5.	(c)	6.	(d)	7.	(b)
8.	(b)	9.	(c)	10.	(c)	11.	(b)	12.	(b)	13.	(a)	14.	(b)

प्रयोगशाला

प्रयोग 3

ट्रांसफॉर्मर :

एक ऑसिलोस्कोप पर नो-लोड करेंट वेवफॉर्म का अवलोकन (बी-एच कर्व नॉनलाइनरिटी के कारण नॉन-साइनुसॉइडल वेव-शेप को हार्मोनिक्स के बारे में चर्चा के साथ दिखाया जाना चाहिए)। ट्रांसफॉर्मर की लोडिंग: प्राथमिक और माध्यमिक वोल्टेज, धाराओं और शक्ति का मापन।

उद्देश्य:

1. छात्रों को ट्रांसफॉर्मर से अभ्यस्थ कराना और एक सामान्य बिजली ट्रांसफार्मर की विशेषताओं को उसके सरलतम रूप में परिचित कराना ।

आवश्यक उपकरण /उपकरण/घटक

1. ट्रांसफार्मर (230 /12-0-12 V)
2. फंक्शन जनरेटर या सिंगल-फेज ऑटोट्रांसफॉर्मर (वैरिएक)
3. ऑसिलोस्कोप (दो-चैनल)
4. डीजिटल मल्टी - मीटर

सिद्धांत :

ट्रांसफार्मर एक स्थिर विद्युत गशीन है जो एसी विद्युत शक्ति को एक सर्किट से दूसरे सर्किट में स्थानांतरित करता है। ट्रान्सफ़ॉर्मर का उपयोग अक्सर तीन प्रमुख कारणों से किया जाता है:

1. विद्युत शक्ति को एक परिपथ से दूसरे परिपथ में स्थानांतरित करते समय एसी वोल्टेज स्तर को बदलना। यदि आउटपुट साइड में वोल्टेज का स्तर बढ़ जाता है, तो ट्रांसफॉर्मर को स्टेप-अप ट्रांसफॉर्मर कहा जाता है जबकि आउटपुट साइड में

वोल्टेज का स्तर घट जाता है, तो ट्रांसफॉर्मर को स्टेप- डाउन ट्रांसफॉर्मर कहा जाता है ।

2. उपकरणों की सुरक्षा के लिए विद्युत अलगाव के लिए। ।
3. प्रतिबाधा मिलान के लिए, अक्सर बेमेल प्रतिबाधा के साथ दो घटक कनेक्ट करने के लिए उपयोग किया जाता है । उदाहरण: एक ऑडियो एम्पलीफायर से अधिकतम बिजली उत्पादन प्राप्त करने के लिए , एक उच्च प्रतिबाधा स्टीरियो एम्पलीफायर और एक कम प्रतिबाधा स्पीकर एक प्रतिबाधा मिलान ट्रांसफार्मर के साथ जुड़े हुए हैं ।

अक्सर, हम मान सकते हैं कि ट्रांसफार्मर एक आदर्श उपकरण है जिसका अर्थ है कि इसमें कोई आंतरिक बिजली हानि नहीं होती है और प्राथमिक और माध्यमिक के साथ सभी चुंबकीय प्रवाह लिंक होते हैं। आदर्श मॉडल बड़े बिजली ट्रांसफार्मर के लिए उपयुक्त है, जहां हस्तांतरित बिजली की तुलना में नुकसान बहुत कम है। एक आदर्श ट्रांसफार्मर सभी इनपुट पावर को लोड तक पहुंचाता है यानी पावर इनपुट पावर आउटपुट के बराबर होता है

$$V_1 I_1 = V_2 I_2$$

सर्किट आरेख

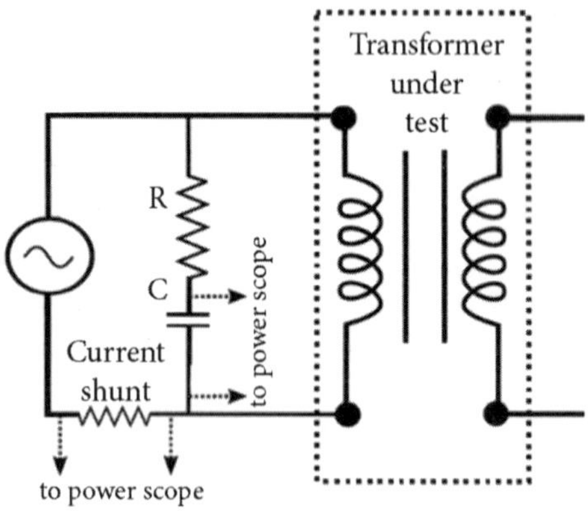

चित्र 3.1 (a) : बी-एच वक्र का पता लगाने के लिए कनेक्शन

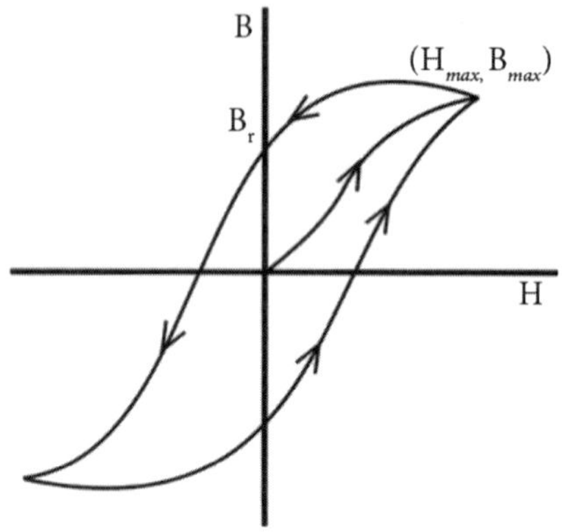

चित्र 3.1 (b): बी-एच वक्र

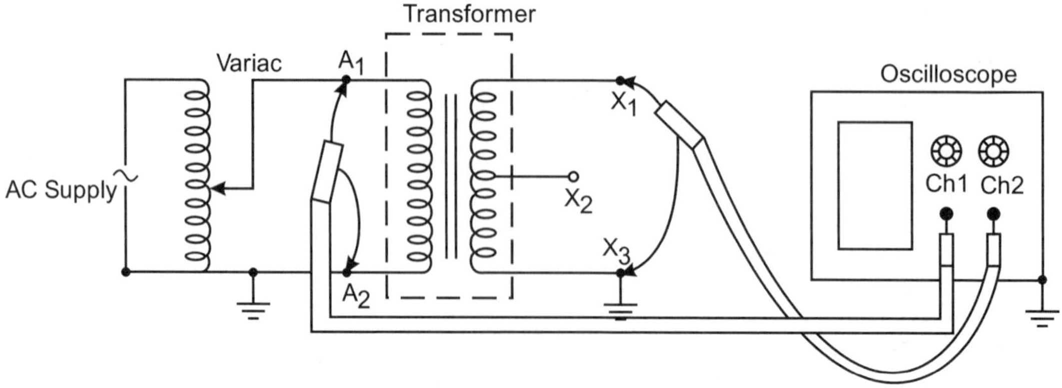

चित्र 3.1 (c): बिना किसी लोड के ट्रांसफार्मर का परीक्षण

प्रक्रिया:

1. चित्र 3 .1 (a) में दिखाए गए सर्किट के अनुसार उपकरण को कनेक्ट करें ।
2. सर्किट कनेक्शन के पश्चात आप प्रभारी शिक्षक द्वारा कनेक्शन की जाँच अवश्य करवा लें ।
3. सर्किट में स्विच होने पर स्विच के माध्यम से आपूर्ति चालू करें ।
4. बिंदीदार चिह्नित टर्मिनलों में एक सीआरओ कनेक्ट करें और चित्र 3.1 (b) में दिखाए गए वक्र को प्राप्त करने के लिए इसके नॉब्स को समायोजित करें।
5. यदि ट्रांसफॉर्मर को नो-लोड पर परीक्षण किया जाना है, तो चित्र 3.1 (c) में दिखाए अनुसार कनेक्शन बनाएं।
   (a) नीचे उल्लिखित ट्रांसफार्मर वोल्टेज को मापने के लिए सीआरओ का उपयोग करें और परिणामों को सारणीबद्ध रूप में रिकॉर्ड करें।
      - प्राथमिक A_1 और A_2 में V_{pp} (चैनल-1 पर)
      - प्राथमिक X_1 और X_3 में V_{pp} (चैनल-2 पर)
      - सेकेंडरी X_1 से X_2 के सेंटर-टैप से एक तरफ V_{pp} (माप के लिए चैनल-2 ग्राउंड लीड को X_3 पर ले जाएं)
      - सेकेंडरी X_2 से X_3 के दूसरी तरफ सेंटर-टैप से V_{pp} (माप के लिए चैनल-2 लीड को X_2 से X_3 तक ले जाएं)
6. सिंगल-फेज ट्रांसफॉर्मर की लोडिंग की जांच करने के लिए, ट्रांसफॉर्मर के प्राइमरी और सेकेंडरी साइड में एक एमीटर , वोल्टमीटर और एक वाटमीटर कनेक्ट करें ।
7. सेकेंडरी साइड पर एक वैरिएबल लोड जुड़ा हुआ है और अलग-अलग लोड पर ट्रांसफॉर्मर के दोनों किनारों पर जुड़े एमीटर, वोल्टमीटर और वाटमीटर की रीडिंग ले ।

निष्कर्ष:

1. हिस्टैरिसीस लूप का आकार लगभग वैसा ही होता है जैसा कि सिद्धांत में अध्ययन किया जाता है ।
2. सेकेंडरी साइड पर एक वेरिएबल लोड लगाएं और अलग-अलग लोड पर ट्रांसफॉर्मर के दोनों किनारों पर जुड़े एमीटर, वोल्टमीटर और वाटमीटर की रीडिंग लें।

मौखिक प्रश्नोत्तर

1. एक ट्रांसफार्मर क्या है ?
2. ट्रांसफार्मर के प्रमुख अनुप्रयोग क्या हैं ?
3. यदि एक ट्रांसफॉर्मर पर लोड को दोगुना कर दिया जाता है, तो सेकेंडरी में करेंट बढ़कर दोगुना हो जाता है , प्राइमरी करेंट का क्या होगा?
4. नो-लोड करेंट से आप क्या समझते हैं?

प्रयोग 4

तीन-फेज ट्रांसफार्मर: स्टार और डेल्टा कनेक्शन। वोल्टेज और करेंट रिलेशनशिप (लाइन-लाइन वोल्टेज, फेज-टू-न्यूट्रल वोल्टेज, लाइन और फेज करेंट)। प्राथमिक और द्वितीयक पक्ष के बीच चरण-शिफ्ट। संतुलित तीन-चरण सर्किट में संचयी तीन- फेज शक्ति।

उद्देश्य:

जब एक 3- फेज ट्रांसफार्मर या तीन एकल- फेज ट्रांसफार्मर अलग-अलग कॉन्फ़िगरेशन में जुड़े होते हैं, तो वोल्टेज और धाराओं के लाइन और फेज (चरण) राशियों के बीच संबंध को सत्यापित करना ।

आवश्यक उपकरण/उपकरण/घटक :

1. तीन एकल फेज ट्रांसफार्मर (प्रत्येक 1 kVA, 230/115 V रेटिंग या रेटिंग के एक तीन फेज ट्रांसफार्मर ……… ..
2. ………….. रेंज की चार वोल्टमीटर
3. ………….. रेंज की चार एमीटर
4. बैलेंस्ड 3 फेज भार … … .. (कहते हैं एक ही रेटिंग के तीन हीटर विधिवत जाँच)।
5. तीन फेज एसी आपूर्ति।
6. कनेक्टिंग लीड आदि।

सर्किट आरेख:

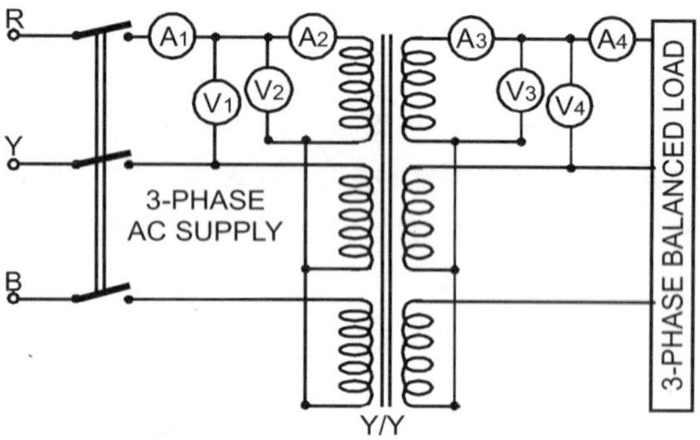

चित्र 4.1: स्टार-स्टार कनेक्टेड ट्रांसफॉर्मर

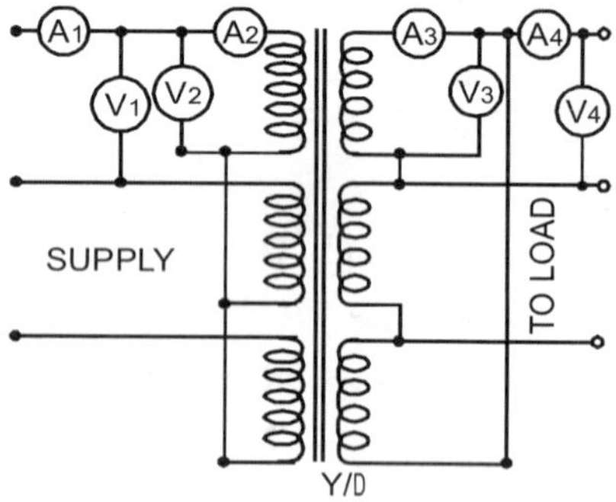

चित्र 4. 2 : स्टार- डेल्टा कनेक्टेड ट्रांसफॉर्मर

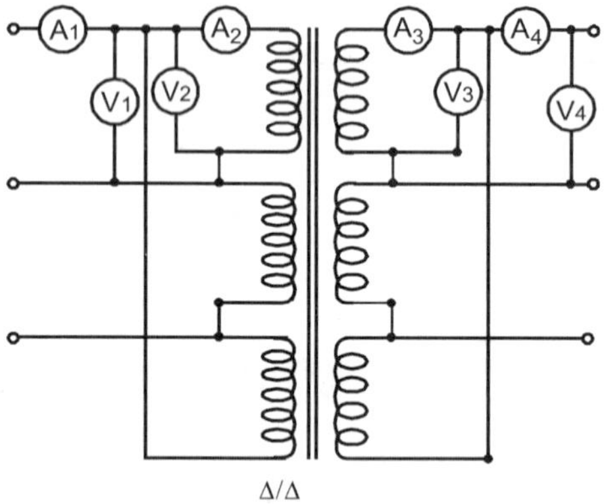

चित्र 4.3 : डेल्टा-डेल्टा कनेक्टेड ट्रांसफॉर्मर

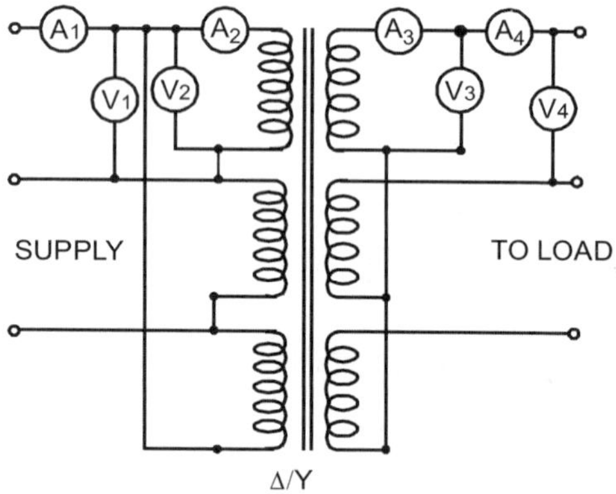

चित्र 4.4 : डेल्टा- स्टार कनेक्टेड ट्रांसफॉर्मर

सिद्धांत: विभिन्न विन्यासों में:

जब वाइंडिंग को स्टार में जोड़ा जाता है, $V_{Ph} = \dfrac{V_L}{\sqrt{3}}$ और $I_{Ph} = I_L$

जब वाइंडिंग को डेल्टा में जोड़ा जाता है, $I_{Ph} = \dfrac{I_L}{\sqrt{3}}$ और $V_{Ph} = V_L$

परिवर्तन अनुपात, $K = \dfrac{N_2}{N_1} = \dfrac{V_{ph2}}{V_{ph1}}$

प्रक्रिया:

1. चित्र 4.1 ,4.2,4.3 और 4.4 में दिखाए गए सर्किट के अनुसार विभिन्न विन्यासों में कनेक्शन बनाएं।
2. प्रभारी शिक्षक द्वारा कनेक्शन की जाँच करवा लें ।
3. स्विच पर TPST स्विच को चालू करें ।
4. दोनों पक्षों से जुड़े सभी वोल्टमीटर और एमीटर की रीडिंग लें, फिर उन्हें अवलोकन तालिका में दर्ज करें।
5. दोनों पक्षों पर वोल्टेज और धाराओं के बीच अलग-अलग संबंध खोजें।
6. प्रत्येक कॉन्फ़िगरेशन के लिए प्रयोग दोहराएं।

अवलोकन तालिका:

प्राथमिक पक्ष

विन्यास	वाल्टमीटर रीडिंग		एमीटर रीडिंग		संबंध	
	$V_1 = V_{L1}$	$V_2 = V_{ph1}$	$A_1 = I_{L1}$	$A_2 = I_{ph1}$	Voltage V_1 / V_2	Current A_1 / A_2

माध्यमिक पक्ष

विन्यास	वोल्टमीटर रीडिंग		एमीटर रीडिंग		संबंध	
	$V_3 = V_{ph2}$	$V_4 = V_{L2}$	$A_3 = I_{ph2}$	$A_4 = I_{L2}$	Voltage V_4 / V_3	Current A_4 / A_3

परिणाम:

यह देखा गया है कि स्टार कनेक्शन में, $\frac{V_L}{V_{Ph}} = \sqrt{3}$ और $\frac{I_L}{I_{Ph}} = 1$

जबकि डेल्टा कनेक्शन में , $\frac{V_L}{V_{Ph}} = 1$, और $\frac{I_L}{I_{Ph}} = \sqrt{3}$

3-चरण संतुलित सर्किट में पावर = 3 $P = 3V_{ph}I_{ph}\cos\phi = \sqrt{3}V_L I_L \cos\sqrt{3}V_L I_L \cos\phi$

मौखिक प्रश्नोत्तर

- स्टार कनेक्टेड सिस्टम में लाइन वोल्टेज और फेज वोल्टेज के बीच क्या संबंध है?
- स्टार कनेक्टेड सिस्टम में, लाइन करेंट और फेज करेंट के बीच क्या संबंध है ?
- डेल्टा कनेक्टेड सिस्टम में, लाइन वोल्टेज और फेज वोल्टेज के बीच क्या संबंध है?
- डेल्टा कनेक्टेड सिस्टम में, लाइन करेंट और फेज करेंट के बीच क्या संबंध है ?
- 3-फेज प्रणाली में, बिजली की खपत के लिए समीकरण क्या है ?

4 विद्युत मशीन

यूनिट विशिष्ट

- 3-फेज इंडक्शन मोटर का कार्य सिद्धांत और इसके रोटेशन की दिशा को कैसे उलटना है।
- टॉर्क-स्लिप कर्व की मदद से 3-फेज इंडक्शन मोटर के व्यवहार का विश्लेषण करना।
- 3-फेज इंडक्शन मोटर में प्रमुख नुकसान और उन पर स्लिप का प्रभाव।
- 3-फेज इंडक्शन मोटर और उनके प्रकारों के लिए स्टार्टर की आवश्यकता।
- 3-फेज इंडक्शन मोटर की गति को नियंत्रित करने के तरीके।
- स्वाभाविक रूप से, सिंगल-फेज इंडक्शन मोटर्स सेल्फ-स्टार्टिंग नहीं हैं, उन्हें सेल्फ-स्टार्टिंग कैसे करें।
- छायांकित पोल मोटर, यूनिवर्सल मोटर और अलग से उत्साहित डीसी मोटर्स के कार्य सिद्धांत, विशेषताएं और अनुप्रयोग।
- एक एसी जनरेटर / अल्टरनेटर की निर्माण सुविधाएँ।

भूमिका

इंडक्शन मशीन या इंडक्शन मोटर किसी भी उद्योग की रीढ़ की हड्डी होती है। इंडक्शन मोटर्स सिंगल-फेज या थ्री फेज हो सकती हैं। सिंगल फेज इंडक्शन मोटर्स आमतौर पर छोटे आकार (3 एचपी तक) में निर्मित होते हैं और घरेलू उपकरणों को संभालने के लिए हल्के भार के साथ लगाए जाते हैं। 3-फेज इंडक्शन मोटर्स उद्योग में सबसे अधिक इस्तमाल की जाने वाली एसी मोटर्स हैं क्योंकि उनके पास सरल और मजबूत निर्माण, कम लागत, उच्च दक्षता, यथोचित रूप से अच्छा पावर फैक्टर, सेल्फ स्टार्टिंग टॉर्क और कम रखरखाव है। उद्योग में उपयोग की जाने वाली यांत्रिक शक्ति का लगभग 90% से अधिक तीन चरण प्रेरण मोटर्स द्वारा प्रदान किया जाता है।

इस अध्याय में, हम थ्री फेज इंडक्शन मोटर्स के सभी महत्वपूर्ण पहलुओं के साथ-साथ 1-फेज इंडक्शन मोटर्स, डीसी मोटर्स और सिंक्रोनस जनरेटर के कामकाज का अध्ययन करेगे।

यूनिट आउटकम्स

U4-O1: यूनिट 4 लर्निंग आउटकम - 1

3-फेज इंडक्शन मोटर की निर्माण विशेषताओं और कार्यप्रणाली के बारे में जानकारी।

U4-O2: यूनिट 4 लर्निंग आउटकम-2

टॉर्क-स्लिप कर्व की मदद से 3-फेज इंडक्शन मोटर के व्यवहार का विश्लेषण।

U4-O3: यूनिट 4 लर्निंग आउटकम -3

3-फेज इंडक्शन मोटर के बड़े नुकसान पर स्लिप के प्रभाव का विश्लेषण।

U4-O4: यूनिट 4 लर्निंग आउटकम - 4

3-फेज इंडक्शन मोटर शुरू करने के लिए नियोजित विभिन्न स्टार्टर्स का विश्लेषण।

U4-O5: यूनिट 4 लर्निंग आउटकम - 5

विभिन्न सिंगल-फेज इंडक्शन मोटर्स जैसे स्प्लिट फेज मोटर, शेडेड पोल मोटर, यूनिवर्सल मोटर अलग से एक्साइटेड डीसी मोटर्स आदि की विशेषताओं और उनके अनुप्रयोगों का विश्लेषण।

कोर्स आउटकम्स (COs) के साथ यूनिट आउटकम्स (UOs) का परस्पर संबंध

यूनिट 4 आउटकम्स	प्रोग्राम आउटकम्स (PO) के साथ अपेक्षित संबंध (1- कमजोर सहसंबंध; 2- मध्यम सहसंबंध; 3- मजबूत सहसंबंध)		
	CO-1	CO-2	CO-3
U4-O1	1	3	
U4-O2	1	3	
U4-O3	1	3	
U4-O4	1	3	
U4-O5		3	

रोचक तथ्य

हैंस क्रिश्चियन ओर्स्टेड पहले वैज्ञानिक थे जिन्होंने दिखाया कि विद्युत प्रवाह चुंबकीय प्रभाव पैदा करता है। यह एक आकस्मिक खोज थी। चुंबकीय बल रेखाओं की दिशा चालक से प्रवाहित होने वाली धारा की दिशा पर निर्भर करती है।

- गुरुत्वाकर्षण के साथ समानता- बिजली कुछ हद तक गुरुत्वाकर्षण के समान ही काम करती है। गुरुत्वाकर्षण आकर्षित करता है, जबकि बिजली आकर्षित और प्रतिकर्षित दोनों करती है।

वीडियो संसाधन

वीडियो लिंक:

The Rotating Magnetic Field RMF

How does a 3 Phase Induction Motor work? - Technical animation

3- phase induction motor working principle

Torque speed Characteristics of three phase induction Motor

Single Phase Machines| Rotating magnetic field & Synchronous Speed

What is Shaded Pole Induction Motor ? - Construction & Working | Animated

How do Universal Motors work ?

DC Motor, How it works?

How does an Alternator Work ?

4.1 3-फेज इंडक्शन मोटर की निर्माण विशेषताएं :

3-फेज इंडक्शन मोटर में दो मुख्य भाग होते हैं, स्टेटर और रोटर।

1. स्टेटर : यह मोटर का स्थिर भाग होता है। इसके तीन मुख्य भाग हैं,

(i) बाहरी फ्रेम, (ii) स्टेटर कोर , (iii) स्टेटर वाइंडिंग।

(i) **बाहरी फ्रेम :** यह मोटर का बाहरी भाग होता है। इसका कार्य स्टेटर कोर का समर्थन करना और मशीन के अंदरूनी हिस्सों की रक्षा करना है। छोटी मशीनों के लिए कास्ट डाली जाती लेकिन बड़ी मशीनों के लिए यह गढ़ी जाती है। मोटर को नींव पर रखने के लिए, बाहरी फ्रेम में पैर दिए गए हैं जैसा कि चित्र 4.1 में दिखाया गया है।

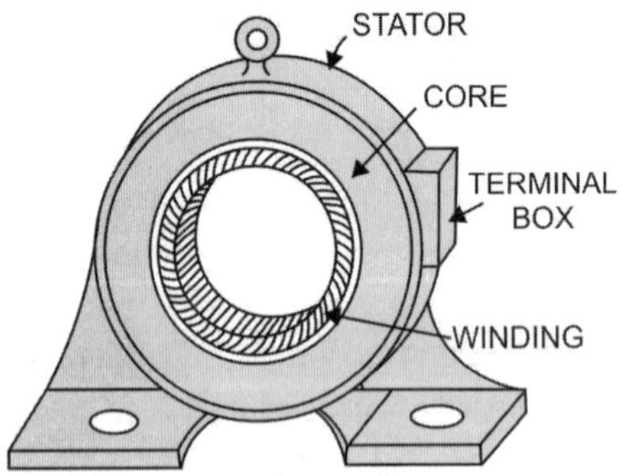

चित्र 4.1 : स्टेटर

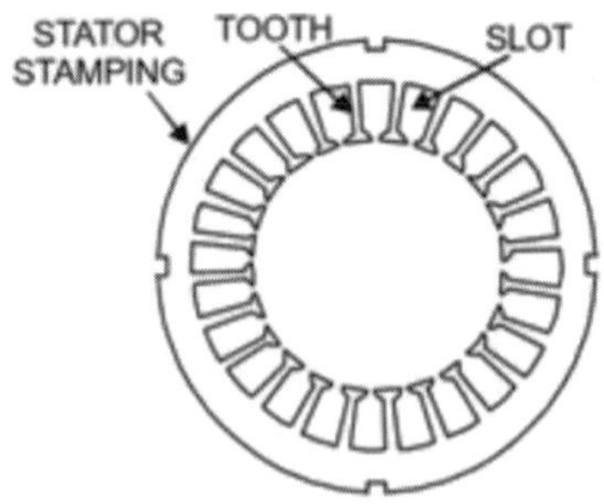

चित्र 4.2 : स्टेटर स्टैम्पिंग

(ii) **स्टेटर कोर:** स्टेटर कोर वैकल्पिक चुंबकीय क्षेत्र को ले जाने के लिए है जो हिस्टैरिसीस और एडी करेंट नुकसान पैदा करता है, इसलिए, कोर उच्च ग्रेड सिलिकॉन स्टील स्टैम्पिंग से बना है। स्टैम्पिंग को हाइड्रोलिक दबाव में इकट्ठा किया जाता है और फ्रेम के लिए बंद कर दिया जाता है। प्रत्येक मुद्रांकन एक पतली वार्निश परत के साथ दूसरे से अछूता रहता है। मुद्रांकन की मोटाई आमतौर पर 0.3 से 0.5 mm तक भिन्न होती है। जैसा कि चित्र 4.2, में दिखाया गया है, स्टेटर वाइंडिंग को समायोजित करने के लिए स्टैम्पिंग की आंतरिक परिधि पर स्लॉट्स को छिद्रित किया जाता है। ।

(iii) **स्टेटर वाइंडिंग:** स्टेटर कोर में तीन फेज वाइंडिंग होती है जिसे आमतौर पर थ्री फेज सप्लाई सिस्टम से सप्लाई किया जाता है। वाइंडिंग के छह टर्मिनल (प्रत्येक चरण के दो) मशीन के टर्मिनल बॉक्स में जुड़े हुए हैं। मोटर के स्टेटर में निश्चित संख्या के पोल के लिए वाइंडिंग लपेटा जाता है। गति की आवश्यकता से सटीक संख्या निर्धारित की जा रही है। यह देखा जाएगा कि ध्रुवों की संख्या जितनी अधिक होगी, गति उतनी ही कम होगी और इसके विपरीत, क्योंकि

$$N_s \propto \frac{1}{P} \qquad \left(\because N_S = \frac{120f}{P}\right)$$

वाइंडिंग को स्टार्टर के माध्यम से बाहरी रूप से स्टार या डेल्टा में जोड़ा जा सकता है

2. रोटर : यह मोटर का घूमने वाला भाग है। रोटर दो प्रकार के होते हैं, जो 3 फेज इंडक्शन मोटर्स में कार्यरत होते हैं।

(i) स्क्वीररेल केज (गिलहरी केज) रोटर

(ii) स्लिप रिंग / फेज वाउण्ड रोटर।

(i) **स्क्वीररेल केज (गिलहरी केज रोटर):** इस प्रकार के रोटर को नियोजित करने वाली मोटरों को गिलहरी केज इंडक्शन मोटर्स के रूप में जाना जाता है। रोटर के सरल और ऊबड़-खाबड़ निर्माण के कारण अधिकांश इंडक्शन मोटर्स इस प्रकार की होती हैं। एक गिलहरी केज रोटर में एक लैमिनेटेड बेलनाकार कोर होता है जिसमें बाहरी परिधि पर अर्ध-बंद गोलाकार स्लॉट होते हैं। कॉपर या एल्युमिनियम बार कंडक्टरों को इन स्लॉट्स में रखा जाता है और प्रत्येक छोर पर कॉपर या एल्युमिनियम रिंग्स द्वारा शॉर्ट सर्किट किया जाता है, जिसे शॉर्ट सर्किटिंग रिंग कहा जाता है, जैसा कि चित्र 4.3 में दिखाया गया है। इस प्रकार, रोटर वाइंडिंग स्थायी रूप से शॉर्ट सर्किट है और रोटर सर्किट में कोई बाहरी प्रतिरोध जोड़ना संभव नहीं है। रोटर स्लॉट आमतौर पर शाफ्ट के समानांतर नहीं होते हैं लेकिन तिरछे होते हैं।

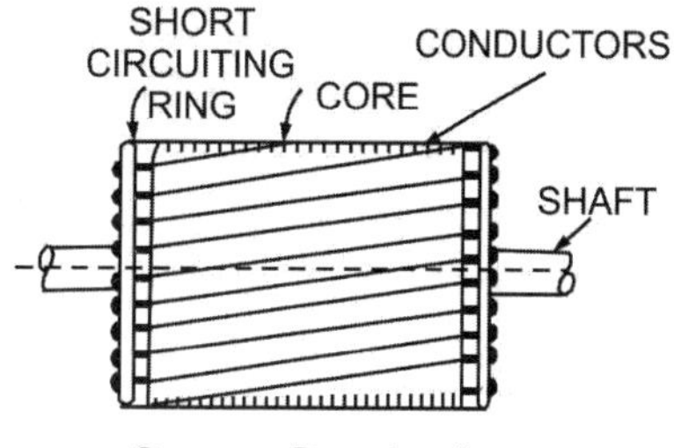

चित्र 4.3: स्क्रिरल केज रोटर

रोटर को तिरछा करने के निम्नलिखित फायदे हैं:

(क) यह गुनगुनाहट (हमिंग) ध्वनि को कम करता है जिससे मोटर का शांत चलना सुनिश्चित होता है,

(ख) यह रोटर के विभिन्न पदों के लिए एक चिकनी टोक़ वक्र में परिणाम देता है,

(ग) यह स्टेटर और रोटर के चुंबकीय लॉकिंग को कम करता है,

(घ) रोटर बार कंडक्टर की लंबाई बढ़ने के कारण यह रोटर प्रतिरोध को बढ़ाता है।

(*ii*) **स्लिप रिंग / फेज वाउण्ड रोटर:** फेज घाव रोटर को स्लिप रिंग रोटर भी कहा जाता है और इस प्रकार के रोटर को नियोजित करने वाले मोटर्स को फेज घाव या स्लिपिंग इंडक्शन मोटर्स के रूप में जाना जाता है। स्लिप रिंग रोटर में एक लेमिनेटेड बेलनाकार कोर होता है जिसमें बाहरी परिधि पर अर्ध-बंद स्लॉट होते हैं और एक 3-चरण अछूता रहता है ।

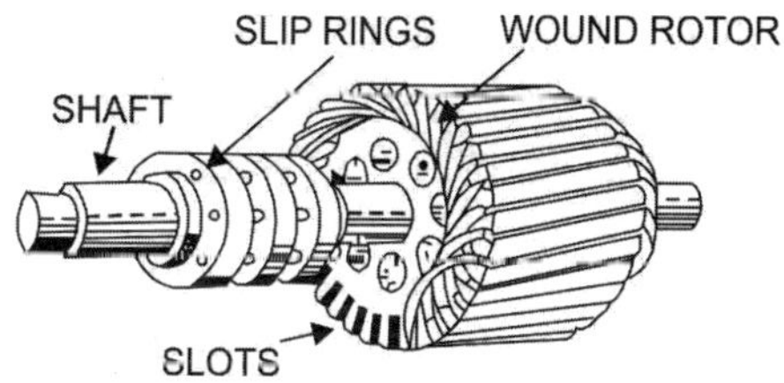

चित्र.4.4: फेज वाउण्ड रोटर

इस मोटर में, आवश्यकता के आधार पर रोटर सर्किट में कोई बाहरी प्रतिरोध जोड़ा जा सकता है। इस मोटर में भी रोटर तिरछा है।एक हल्के स्टील के शाफ्ट को रोटर के केंद्र से गुजारा जाता है और इसे कुंजी के साथ तय किया जाता है। शाफ्ट का उद्देश्य यांत्रिक शक्ति को स्थानांतरित करना है।

4.2 परिक्रामी क्षेत्र (रीवोल्विंग फील्ड) का उत्पादन

एक स्टेटर पर विचार करें, जिस पर तीन अलग-अलग वाइंडिंग्स को तीन संकेंद्रित कॉइल्स द्वारा दर्शाया गया है a_1a_2, b_1b_2 तथा c_1c_2 क्रमशः 120° विद्युत रूप से अलग रखा गया है।

स्टेटर पर 3-चरण आपूर्ति दें, जैसा कि चित्र 4.5 में दिखाया गया है। तीन चरण धाराएं तीन कुंडलियों के माध्यम से प्रवाहित होंगी और अपने स्वयं के चुंबकीय क्षेत्र उत्पन्न करेंगी। प्रत्यावर्ती धारा के धनात्मक आधे चक्र को प्रारंभ टर्मिनलों में धारा के आवक प्रवाह के रूप में माना जाता है और ऋणात्मक आधे चक्र को प्रारंभ टर्मिनलों में धारा के बाहरी प्रवाह के रूप में माना जाता है। उसी कुंडली के अंतिम टर्मिनलों में धारा के प्रवाह की दिशा विपरीत होती है।

मान लीजिए किसी तात्कालिक t_1 पर, कॉइलसाइड a_1 में करेंट अंदर की ओर और b_1 और c_1 में बाहर की ओर है। जबकि, एक ही कुण्डली की अन्य भुजाओं में धारा विपरीत होती है अर्थात कुण्डली की भुजा में a_2 बाहर की ओर और b_2 और c_2 अंदर की ओर होती है। परिणामी क्षेत्र और उसकी दिशा (F_m) चित्र 4.6 में अंकित है।

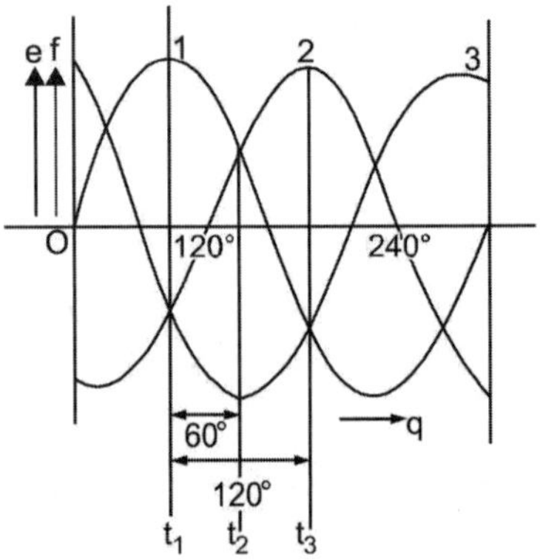

चित्र 4.5 : स्टेटर कोर में उत्पन्न चुंबकीय फ्लक्स का तरंग आरेख

किसी भी क्षण t2 पर जब 60° होता है, कुंडली के किनारों a_1 और b_1 में करेंट अंदर की ओर होता है और c_1 में बाहर की ओर होता है। जबकि विपरीत दिशा में करेंट विपरीत होता है। परिणामी क्षेत्र और उसकी दिशा को चित्र 4.7 में दिखाया गया है। जो अपनी पिछली स्थिति से = 600 के कोण से घुमाया जाता है।

किसी भी क्षण t_3 पर जब 120° होता है, कॉइलसाइड b_1 में करेंट अंदर की ओर होता है और c_1 में और a_1 बाहर की ओर होता है। परिणामी क्षेत्र और उसकी दिशा चित्र में दिखाई गई है। चित्र 4.8 जिसे अपनी पहली स्थिति से =120° विद्युत कोण से घुमाया जाता है।

इस प्रकार, एक चक्र में, परिणामी क्षेत्र एक चक्कर पूरा करता है। इसलिए, हम यह निष्कर्ष निकालते हैं कि जब 3-चरण वाउण्ड स्टेटर को 3-चरण की आपूर्ति दी जाती है, तो एक परिणामी क्षेत्र उत्पन्न होता है जो एक स्थिर गति से घूमता है, जिसे तुल्यकालिक गति सिंक्रोनस स्पीड कहा जाता है।

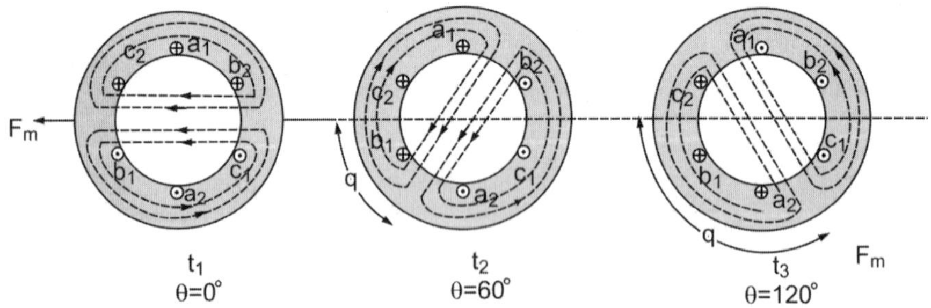

चित्र 4.6: किसी भी क्षण t_1 में चुंबकीय फ्लक्स का परिणामी अक्ष

चित्र 4.7: किसी भी क्षण t_2 में चुंबकीय फ्लक्स का परिणामी अक्ष

चित्र 4.8: किसी भी क्षण t_3 में चुंबकीय फ्लक्स का परिणामी अक्ष

इस मामले में, हमने देखा है कि जब चरण 1, 2 और 3 से आपूर्ति क्रमशः कुंडल a_1a_2, b_1b_2 और c_1c_2 को दी जाती है, तो एक वामावर्त घूर्णन क्षेत्र उत्पन्न होता है। यदि कुंडल a_1a_2, b_1b_2 और c_1c_2 को क्रमशः चरण 1, 3 और 2 से आपूर्ति की जाती है, तो घूर्णन क्षेत्र की दिशा उलट जाती है। इस प्रकार, घूर्णन क्षेत्र के घूर्णन की दिशा को उलटने के लिए किन्हीं दो आपूर्ति टर्मिनलों के कनेक्शनों को आपस में बदल दिया जाता है।

4.3 कार्य के सिद्धांत

जब 3-चरण वाउण्ड प्रेरण मोटर के स्टेटर को 3-चरण की आपूर्ति दी जाती है, तो स्टेटर में एक परिक्रामी क्षेत्र स्थापित किया जाता है। किसी भी समय, स्टेटर द्वारा स्थापित चुंबकीय क्षेत्र को चित्र 4.9 में दिखाया गया है। चित्र 4.9 में परिणामी क्षेत्र की दिशा एक तीर शीर्ष Fm द्वारा चिह्नित की जाती है। मान लीजिए कि यह क्षेत्र ω_s रेडियन प्रति सेकंड यानी तुल्यकालिक गति की कोणीय गति से घड़ी की विपरीत दिशा में घूम रहा है।

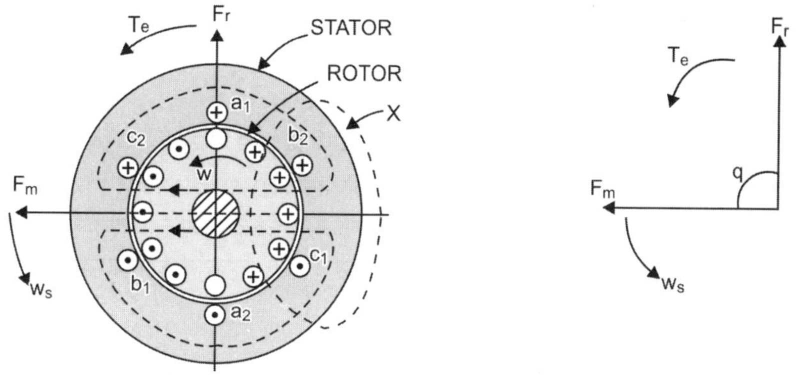

(a) किसी भी क्षण t1 पर स्टेटर क्षेत्र की स्थिति और रोटर कंडक्टर में प्रेरित ईएमएफ की दिशा

(b) क्षेत्र की चरणबद्ध स्थिति

चित्र 4.9: तीन चरण प्रेरण मोटर का कार्य सिद्धांत

स्थिर रोटर कंडक्टर परिक्रामी क्षेत्र को काटते हैं और विद्युत चुम्बकीय प्रेरण के कारण एक ई.एम.एफ. रोटर कंडक्टर में प्रेरित है। जैसा कि रोटर कंडक्टर शॉर्ट सर्किट होते हैं, उनके माध्यम से करेंट उस दिशा में प्रवाहित होता है जैसा कि चित्र में दिखाया गया है। रोटर करेंट ले जाने वाले कंडक्टर एक परिणामी क्षेत्र F_r की स्थापना करते हैं। यह क्षेत्र स्टेटर मुख्य क्षेत्र F_m के अनुरूप आने का प्रयास करता है। इसके कारण वामावर्त दिशा में एक विद्युतचुंबकीय बलाघूर्ण T_e विकसित होता है। इस प्रकार, रोटर उसी दिशा में घूमना शुरू कर देता है जिसमें स्टेटर क्षेत्र घूम रहा है। एक ई.एम.एफ. कंडक्टरों में प्रेरण द्वारा प्रेरित किया जाता है। जैसा कि रोटर कंडक्टर शॉर्ट सर्किट होते हैं, उनमें से करेंट प्रवाहित होता है, जैसा कि चित्र 4.10, (b) में दिखाया गया है। जो उनके चारों ओर क्षेत्र स्थापित करता है। एक परिणामी क्षेत्र स्थापित किया गया है, जैसा कि चित्र में दिखाया गया है। चित्र 4.10 (c) जो रोटर कंडक्टरों पर बल लगाता है। इस प्रकार, रोटर उसी दिशा में घूमना शुरू कर देता है जिसमें स्टेटर क्षेत्र घूम रहा है।

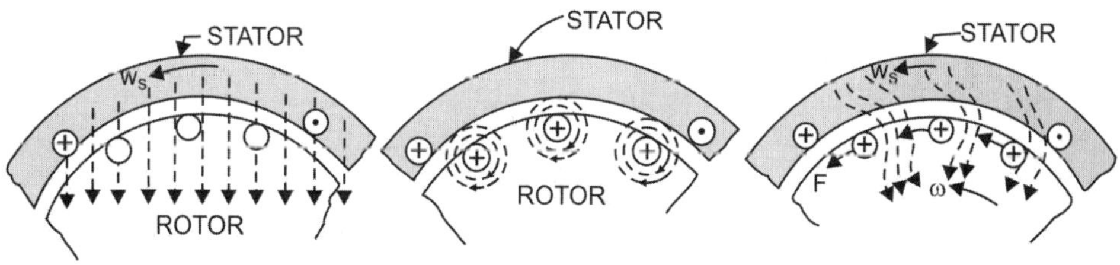

(a) रोटरवाइंडिंग के कारण चुम्बकीय क्षेत्र

(a) रोटरकंडक्टर के कारण चुम्बकीय क्षेत्र

(a) परिणामी चुंबकीय क्षेत्र

चित्र 4.10 : मोटर में विकसित चुंबकीय क्षेत्र

रोटर गति पकड़ता है और समकालिक गति प्राप्त करने का प्रयास करता है लेकिन ऐसा करने में विफल रहता है। ऐसा इसलिए है क्योंकि यदि रोटर समकालिक गति प्राप्त कर लेता है तो परिक्रामी स्टेटर क्षेत्र और रोटर के बीच सापेक्ष गति शून्य होगी, ई.एम.एफ. रोटर कंडक्टरों में प्रेरित किया जाएगा। कोई ई.एम.एफ. मतलब कोई करेंट नहीं, कोई रोटर फील्ड F_r नहीं है और इसलिए कोई टॉर्क पैदा नहीं होता है। इस प्रकार, एक प्रेरण मोटर कभी भी तुल्यकालिक गति से नहीं चलती है। यह हमेशा तुल्यकालिक गति से कम गति पर लगता है। चूंकि, इस मोटर के संचालन का सिद्धांत विद्युत चुम्बकीय प्रेरण पर निर्भर करता है, इसलिए इसका नाम प्रेरण मोटर है।

4.4 3-फेज इंडक्शन मोटर के घूर्णन की दिशा का उत्क्रमण

4.2 यह देखा गया है कि 3-फेज इंडक्शन मोटर के स्टेटर में एक परिक्रामी क्षेत्र स्थापित किया जाता है जब इसकी वाइंडिंग को 3-फेज आपूर्ति दी जाती है और रोटेशन की दिशा आपूर्ति अनुक्रम पर निर्भर करती है।

लेख 4.3 में यह देखा गया है कि थ्री फेज इंडक्शन मोटर का रोटर उसी दिशा में घूमता है जैसे कि परिक्रामी क्षेत्र का होता है।

यदि आपूर्ति का क्रम उलट दिया जाए तो परिक्रामी क्षेत्र या रोटर के घूमने की दिशा को उलट दिया जा सकता है। स्टेटर टर्मिनलों पर किन्हीं दो आपूर्ति लीडों के कनेक्शन को इंटरचेंज करके आपूर्ति अनुक्रम को उलट किया जा सकता है। इसलिए, स्टेटर टर्मिनलों पर किसी भी दो आपूर्ति लीड के कनेक्शन को इंटरचेंज करके 3-चरण प्रेरण मोटर के घूर्णन की दिशा को उलट किया जा सकता है।

4.5 स्लिप

इंडक्शन मोटर का रोटर हमेशा तुल्यकालिक गति (Synchronous speed) से कम गति से घूमता है। फ्लक्स स्पीड (N_s) और रोटर स्पीड (N) के बीच के अंतर को स्लिप कहा जाता है। इसे आमतौर पर तुल्यकालिक गति (N_s) के प्रतिशत के रूप में व्यक्त किया जाता है और इसे प्रतीक S द्वारा दर्शाया जाता है।

% slip, $$\% S = \frac{N_S - N}{N_S} \times 100 \text{ or Fractional slip, } S = \frac{N_S - N}{N_S}$$

रोटर गति , $N = N_s\,(l - S)$

सिंक्रोनस स्पीड और रोटर स्पीड के बीच के अंतर को स्लिप स्पीड कहा जाता है यानी स्लिप स्पीड = $N_s - N_r$

फुल लोड पर स्लिप का मान लगभग 6% छोटी मोटरों से लेकर बड़े मोटर्स के लिए लगभग 2% तक होता है।

स्लिप का महत्व: स्लिप इंडक्शन मोटर के संचालन में महत्वपूर्ण भूमिका निभाता है। हम पहले ही देख चुके हैं कि रोटर की गति और फ्लक्स की तुल्यकालिक गति के बीच का अंतर उस दर को निर्धारित करता है जिस पर रोटर कंडक्टरों द्वारा फ्लक्स को काटा जाता है और इसलिए प्रेरित ई.एम.एफ.

रोटर करेंट, $i_2 \propto e_2$ और टॉर्क, $T \propto i_2$ या $T = KN_s \left(\frac{N_S - N}{N_S}\right)$

$\therefore$ $T = K\,(N_s - N)$

या $T = K_1\, S$ Hence $T \propto S$

इस प्रकार, अधिक स्लिप अधिक से अधिक प्रेरित ई.एम.एफ. या रोटर करेंट और इसलिए बड़ा टॉर्क विकसित होगा। नो-लोड पर, इंडक्शन मोटर को मैकेनिकल, आयरन और अन्य नुकसानों को पूरा करने के लिए छोटे टॉर्क की आवश्यकता होती है, इसलिए स्लिप छोटा होता है। जब मोटर लोड होती है, तो लोड को चलाने के लिए अधिक टॉर्क की आवश्यकता होती है, इसलिए स्लिप बढ़ जाती है और रोटर की गति थोड़ी कम हो जाती है। इस प्रकार, यह देखा गया है कि एक इंडक्शन मोटर में स्लिप को खुद इस तरह से समायोजित करता है ताकि सामान्य ऑपरेशन के तहत आवश्यक ड्राइविंग टॉर्क को पूरा किया जा सके।

4.6 रोटर करेंट की आवृत्ति

रोटर धाराओं की आवृत्ति रोटर और स्टेटर क्षेत्र के बीच सापेक्ष गति पर निर्भर करती है। जब रोटर स्थिर होता है, रोटर धाराओं की आवृत्ति आपूर्ति आवृत्ति के समान होती है। लेकिन एक बार जब रोटर घूमना शुरू कर देता है, रोटर धाराओं की आवृत्ति स्लिप स्पीड ($N_s - N_r$) पर निर्भर करती है। किसी भी गति N_r पर, रोटर धाराओं की आवृत्ति f_r होने दें। फिर

$$f_r = \frac{(N_S - N)P}{120} = \frac{(N_S - N)}{N_S} \cdot \frac{N_S P}{120} = S \times f$$

उदाहरण 4.1: एक 3-फेज इंडक्शन मोटर में 6 ध्रुवों है और 50 Hz सिस्टम से आपूर्ति की जाती है। गणना करें: (i) तुल्यकालिक गति। (ii) 3% स्लिप पर चलने पर मोटर की वास्तविक गति (iii) रोटर में प्रेरित ई.एम.एफ. की आवृत्ति।

समाधान:

(i) तुल्यकालिक गति $N_s = \dfrac{120f}{P} = \dfrac{120 \times 50}{6}$ **= 1000 r.p.m.** (*Ans.*)

(ii) 3% स्लिप पर चलने पर मोटर की वास्तविक गति

$$N_r = N_s\,(1 - S) \text{ where, } S = 0{\cdot}03$$

$$N_r = 1000\,(1 - 0{\cdot}03) = \mathbf{970\ r.p.m.}\ (Ans)$$

(iii) रोटर में प्रेरित ई.एम.एफ. की आवृत्ति

$$f_r = s \times f = 0.03 \times 50 = \mathbf{1.5\ Hz}\ (Ans)$$

3% स्लिप पर चलने पर मोटर की वास्तविक गति

उदाहरण 4.2. : 5 HP, 230 V, 3-चरण, 50 Hz, 4 पोल गिलहरी पिंजरे प्रेरण मोटर रेटेड वोल्टेज और रेटेड आवृत्ति लागू होने पर 4% की पूर्ण लोड स्लिप पर संचालित होती है। निर्धारित करें (i) फुल लोड स्पीड (ii) न्यूटन-मीटर में फुल लोड टॉर्क। (iii) इस स्थिति में रोटर धारा की आवृत्ति और (iv) स्टेटर एम.एम.एफ.के घूर्णन की गति ।

समाधान:

(i) फुल लोड स्पीड

तुल्यकालिक गति(Synchronous Speed) = $\dfrac{120 \times f}{P}$

$$N_s = \frac{120 \times f}{P} = \frac{120 \times 50}{4}$$

$$N_r = \text{Ns}(1 - \text{S}) = 1500(1 - 0.04) = 1440 \text{ rpm}$$

(ii) न्यूटन-मीटर में फुल लोड टॉर्क

$$P = \omega T,\ \omega = 2\,\pi\,\text{N}/60$$

$$P = 5 \times 735.5 \text{ W}$$

$$T = \frac{5 \times 735{\cdot}5 \times 60}{2\pi \times 1440} = 24.39 \text{ Nm}$$

(iii) रोटर धारा की आवृत्ति $f_r = S \times f = 0.04 \times 50 = 2 \text{ Hz}$

(iv) स्टेटर एम.एम.एफ.के घूर्णन की गति

$$N_s = \frac{120 \times f}{P} = \frac{120 \times 50}{4} = 1500 \text{ rpm}$$

उदाहरण 4.3 : इंडक्शन मोटर को बिजली की आपूर्ति 8 पोल, 3-फेज, 750 rpm द्वारा की जाती है। अल्टरनेटर मोटर की फुल लोड स्पीड 1440 r.p.m है। मोटर में स्लिप का प्रतिशत और ध्रुवों की संख्या पता लगाएं ।

समाधान:

अल्टरनेटर की स्पीड N_{sa}= 750 rpm

अल्टरनेटर के ध्रुवों की संख्या $P_a = 8$

उत्पन्न या आपूर्ति आवृत्ति $f = \dfrac{P_a \times N_{sa}}{120} = \dfrac{8 \times 750}{120} = 50 \text{ Hz}$

मोटर की स्पीड $N_r = 1440$ rpm

मोटर के ध्रुवों की संख्या $P = \frac{120 \times f}{N} = \frac{120 \times 50}{1440} = 4.16 = 4$

मोटर की तुल्यकालिक गति (Synchronous Speed) = $\frac{120 \times f}{P}$

$$N_s = \frac{120 \times f}{P} = \frac{120 \times 50}{4} = 1500 \text{ rpm}$$

मोटर की स्लिप $\% S = \frac{N_s - N}{N_s} \times 100$

$$= \frac{1500 - 1440}{1500} \times 100 = 4\%$$

उदाहरण 4.4 : एक 200 HP, 3-फेज, 400 V, 50 Hz इंडक्शन मोटर में पूर्ण भार पर 1425 r.p.m. की गति होती है। मशीन में 4 पोल हैं। स्लिप की गणना करें। रोटर e.m.f. 1 मिनट में कितने पूर्ण प्रत्यावर्तन करेगा ज्ञात करो ।

समाधान:

$f = 50$ Hz, P = 4, N = 1425 r.p.m.

मोटर की तुल्यकालिक $N_s = \frac{120 \times f}{P} = \frac{120 \times 50}{4} = 1500\text{rpm}$

$$\% S = \frac{N_s - N}{N_s} = \frac{1500 - 1425}{1500} = 5\%$$

रोटर ई.एम.एफ.

$$f_r = S_f = .05 \times 50 = 2.5\text{Hz} = 2.5 \text{ cycle/sec}$$

1 मिनट में कितने पूर्ण प्रत्यावर्तन

$$f_r = 60 \times 2.5 = 150 \text{ cycle /min}$$

अभ्यास प्रश्नावली

1. एक 3-फेज, 4 पोल वाऊन्ड रोटर इंडक्शन मोटर को 50 Hz सिस्टम से आपूर्ति की जाती है। गणना करें: (i) तुल्यकालिक गति। (ii) 4% स्लिप पर चलने पर मोटर की वास्तविक गति (iii) रोटर ई.एम.एफ. की आवृत्ति।

   (उत्तर, 1500 आरपीएम; 1440 आरपीएम; 2 हर्ट्ज)

2. एक 10 HP, 230 V, 3-चरण, 50 Hz, 6 पोल गिलहरी पिंजरे मोटर को रेटेड वोल्टेज और रेटेड आवृत्ति लगाने होने पर 4% की पूर्ण लोड स्लिप पर संचालित होती है। निर्धारित करें (i) पूर्ण तेज गति। (ii) न्यूटन-मीटर में फुल लोड टॉर्क। (iii) इस स्थिति में रोटर धारा की आवृत्ति और (iv) स्टेटर के घूर्णन की गति एम.एम.एफ.

   (उत्तर : 960 rpm ; 73.16 Nm; 2 Hz, 1000 rpm

3. इंडक्शन मोटर को बिजली की आपूर्ति 12 पोल, 3-फेज, 500 rpm द्वारा की जाती है। अल्टरनेटर मोटर की फुल लोड स्पीड 1440 r.p.m है। में प्रतिशत स्लिप और ध्रुवों की संख्या ज्ञात करो । (उत्तर: 4; 4%)

4. एक 500 HP, 3-फेज, 440 V, 50 Hz इंडक्शन मोटर फुल लोड पर 950 rpm की गति से चल रही है। मशीन में 6 पोल हैं। स्लिप की गणना करें। रोटर ई.एम.एफ. प्रति मिनट कितने पूर्ण प्रत्यावर्तन करेगा ज्ञात करो ।

(उत्तर, 0.05 या 5%; 150 cycle/ min)

4.7 रोटर एम. एम.एफ की गति

जब पॉली फेज इंडक्शन मोटर के स्टेटर वाइंडिंग को तीन-चरण धाराओं की आपूर्ति की जाती है, तो एक परिणामी क्षेत्र स्थापित किया जाता है जो एक स्थिर गति से घूमता है जिसे सिंक्रोनस गति (Ns = 120f/P) कहा जाता है।

यह घूर्णन क्षेत्र पॉली फेज ई.एम.एफ. को प्रेरित करता है। रोटर वाइंडिंग में और यदि रोटर वाइंडिंग बंद है, तो इसमें पॉली फेज धाराएं प्रसारित होती हैं। ये धाराएँ रोटर में एक परिक्रामी क्षेत्र स्थापित करती हैं जो गति से घूमता है I

$$N_r = 120 \times fr / P \ldots \text{ रोटर के सापेक्ष में}$$

अब $$N_r = 120 \times S_f/P = SN_s$$

जब रोटर स्वयं N r.p.m की गति से एयर गैप में घूम रहा है।

एयर गैप में रोटर क्षेत्र की गति $= N + N_r = (1 - S)\, N_s + SN_s = N_s - SN_s + SN_s = N_s$

एयर गैप में रोटर क्षेत्र की गति $= N_s$

इस प्रकार, रोटर चुंबकीय क्षेत्र भी एयर गैप में, उसी गति से और उसी दिशा में घूमता है जैसे स्टेटर क्षेत्र में। इसलिए, दोनो चुंबकीय क्षेत्र एक दूसरे के सापेक्ष में स्थिर हैं।

4.8 रोटर ई. एम . एफ.

पॉली फेज धाराओं द्वारा स्टेटर में स्थापित परिक्रामी चुंबकीय क्षेत्र स्टेटर और रोटर वाइंडिंग दोनों के लिए सामान्य है। यह क्षेत्र दोनों वाइंडिंग में ई.एम.एफ. दोनों वाइंडिंग में प्रेरित करता है । प्रति फेज स्टेटर में प्रेरित ई.एम.एफ. दिए गए संबंध के द्वारा दिया जाता है :

$$E_1 = 4.44\, k_{w1}\, T_1 f \phi_m \qquad \ldots \text{(i)}$$

k_{w1} = वाइंडिंग फैक्टर यानी उत्पाद या कॉइल स्पैन फैक्टर k_c और डिस्ट्रीब्यूशन फैक्टर k_d।

T_1 = स्टेटर वाइंडिंग के घुमावों / फेज (turn/phase)की संख्या

F = स्टेटर या आपूर्ति आवृत्ति और

ϕ_m = फ्लक्स (flux) का अधिकतम मान।

रोटर प्रेरित ई.एम.एफ./ फेज, $E_2 = 4.44\, kw_2\, T_2 f_r\, \phi_m$ ... (ii)

जहां fr रोटर करेंट फ्रीक्वेंसी है, रोटर के स्थिर स्थिति में , यानी शुरुआत में $fr = f$ इसलिए,

रोटर प्रेरित ई.एम.एफ./ फेज स्थिर या प्रारंभ पर,

$$E_{2s} = 4.44\, kw_2\, \mathrm{T}_2 f \phi_m$$

समीकरण (ii) को समीकरण (i) द्वारा विभाजित करने से, हम प्राप्त करते हैं,

$$\frac{E_{2s}}{E_1} = \frac{4{\cdot}44\, kw_2\, T_2 f\, \phi_m}{4{\cdot}44\, kw_1\, T_1\, f\, \phi_m} = \frac{T_2}{T_1} - K$$

समीकरण (ii), चालू हालत में रोटर में,प्रेरित ई.एम.एफ.

$$E_2 = 4{\cdot}44\, kw_2\, T_2\, (Sf)\, \phi_m = SE_{2s}$$

रोटर सर्किट में प्रेरित ई.एम.एफ. रोटर सर्किट में प्रारंभ में अधिकतम होता है और चालू हालत में स्लिप के मान के अनुसार बदलता रहता है। चूंकि, फुल लोड की स्थिति में सामान्य स्लिप का मान लगभग 5% है, इसलिए, रोटर प्रेरित ई.एम.एफ. अधिकतम मान का लगभग 5% होता है।

4.9 रोटर प्रतिरोध

चूँकि रोटर वाइंडिंग कुछ संवाहक सामग्री (तांबे या एल्यूमीनियम) से बनी होती है, इसका एक निश्चित प्रतिरोध (R= $\rho\ l/a$) होता है। इसका मान स्थिर रहता है और इसे R_2 द्वारा निरूपित किया जाता है।

4.10 रोटर प्रतिक्रिया

रोटर धाराओं द्वारा उत्पादित संपूर्ण फ्लक्स स्टेटर वाइंडिंग से नहीं जुड़ता है। रोटर फ्लक्स का वह भाग जो रोटर कंडक्टरों को जोड़ता है लेकिन स्टेटर वाइंडिंग के साथ नहीं, यह लीकेज फ्लक्स कहलाता है और इसलिए लीकेज इंडक्शन (L_2) विकसित होता है। रिसाव प्रवाह के कारण और लीकेज इंडक्शन बहुत छोटा है यदि रोटर कंडक्टर को रोटर की सबसे बाहरी परिधि में रखा जाता है जैसा कि चित्र 4.11 में दिखाया गया है। रोटर करेंट के आवृत्ति के आधार पर, रोटर रिएक्टेंस विकसित होता है ।

रोटर प्रतिक्रिया $=X_2 = 2\pi f_r L_2 = 2\pi\ Sf L_2 = S\,(2\pi f L_2)$

जब रोटर स्थिर रहता है अर्थात प्रारंभ में, तब , स्लिप का मान $S = 1$ होता है

रोटर रिएक्टेंस प्रतिक्रिया का मान $= X_{2s} = 2\pi f L_2$

इस प्रकार, सामान्य चलने के स्थिति में तहत, रोटर रियेक्टेन्स, $X_2 = SX_{2s}$ होता है I

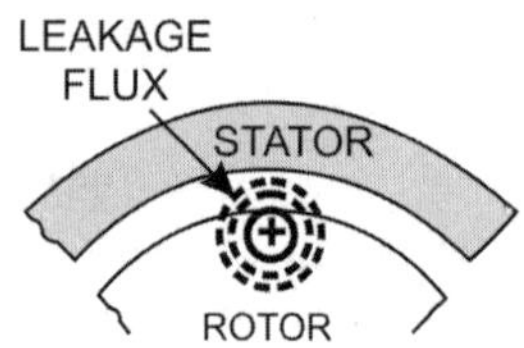

चित्र 4.11 : रोटर लीकेज फ्लक्स

4.11 रोटर प्रतिबाधा

रोटर सर्किट द्वारा रोटर करेंट के प्रवाह के लिए दिए गए कुल विरोध को रोटर प्रतिबाधा कहा जाता है।

रोटर प्रतिबाधा $\bar{Z}_2 = R_2+jX_2=R_2+j\,SX_{2s}$

रोटर प्रतिबाधा का परिमाण $Z_2 = \sqrt{(R_2)^2+(SX_{2s})^2}$

4.12 रोटर करेंट और पावर फैक्टर

इंडक्शन मोटर का रोटर सर्किट आरेख चित्र 4.12 में दिखाया गया है।

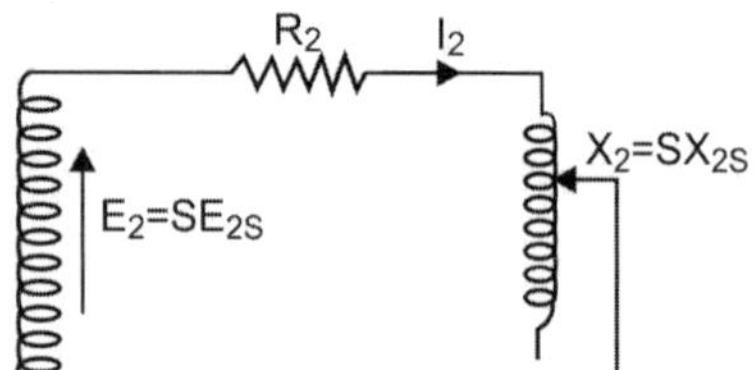

चित्र 4.12: रोटर सर्किट

रोटर प्रेरित ई.एम.एफ. $= E_2 = SE_{2s}$

रोटर प्रतिबाधा, $Z_2 = \sqrt{R_2^2 + X_2^2}$

$$= \sqrt{(R_2)^2+(SX_{2s})^2}$$

रोटर करेंट, $I_2 = \dfrac{E_2}{Z_2}$

$$= \frac{E_2}{\sqrt{(R_2)^2+(X_2)^2}} = \frac{SE_{2s}}{\sqrt{(R_2)^2+(SX_{2s})^2}}$$

रोटर पावर फैक्टर, $\cos\phi_2 = \dfrac{R_2}{Z_2} = \dfrac{R_2}{(R_2)^2 + (SX_{2s})^2}$

4.13 रोटर का सरलीकृत समतुल्य सर्किट

विभिन्न मापदंडों और विद्युत मात्राओं को सर्किट आरेख पर दर्शाया गया है, जैसा कि चित्र 4.13 में दिखाया गया है। रोटर करेंट का मान नीचे दिये व्यंजक द्वारा निकाला जाता है I

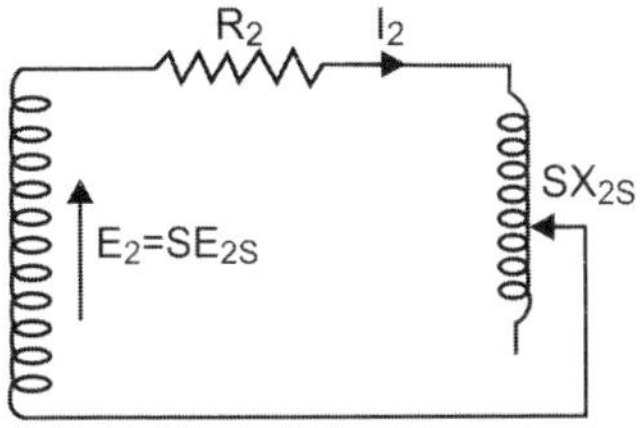

चित्र 4.13: रोटर सर्किट चर X_2 के साथ

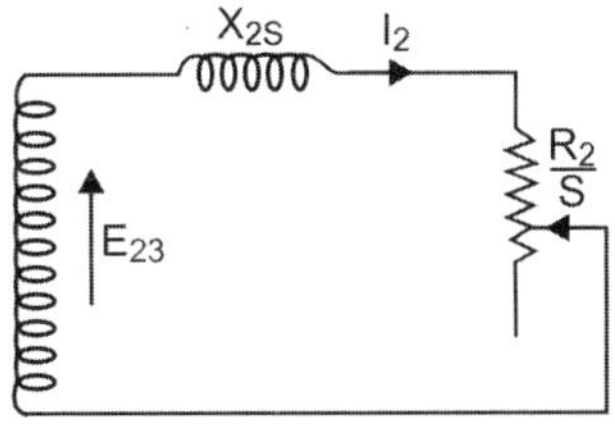

चित्र 4.14: रोटर सर्किट स्थिर X_2 के साथ

$$I_2 = \frac{SE_{2s}}{\sqrt{(R_2)^2 + (SX_{2s})^2}}$$

रोटर करेंट के लिए अन्य व्यंजक है , (उपर दिये व्यंजक के अंश और हर को S से भाग देने पर)

$$I_2 = \frac{E_{2s}}{\sqrt{(R_2 / S)^2 + (X_{2s})^2}}$$

यह व्यंजक समतुल्य परिपथ का सुविधाजनक रूप को दर्शाता है जैसा कि चित्र 4.14 में दिखाया गया है।

प्रतिरोध स्लिप का एक फंक्शन है और इसे दो भागों में विभाजित किया जा सकता है :

$\dfrac{R_2}{S} = R_2 + R_2\left(\dfrac{1-S}{S}\right)$ जहां , $R_2\left(\dfrac{1-S}{S}\right)$ रोटर पर विद्युत भार को दर्शाता है।

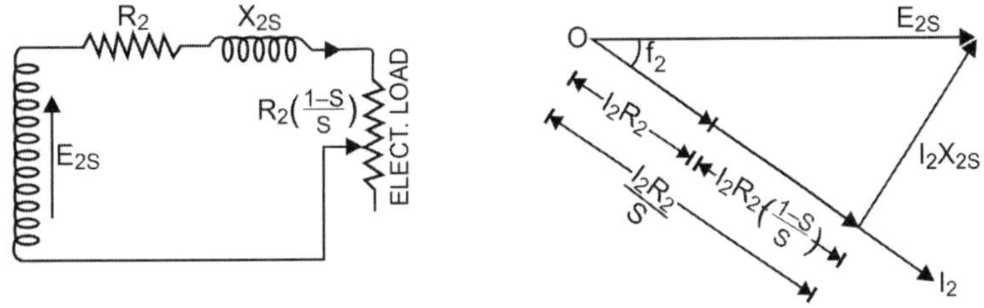

(a) रोटर का समकक्ष सर्किट (b) फेजर आरेख

चित्र 4.15: रोटर समकक्ष सर्किट और फेजर आरेख

इस प्रकार, अंतिम सरलीकृत समकक्ष रोटर सर्किट चित्र 4.15 में दिखाया गया है।

जहाँ R_2 रोटर प्रतिरोध है और X_{2s} स्टैंडस्टिल लीकेज प्रतिक्रिया ।

इस काल्पनिक प्रतिरोध द्वारा खपत की गई पॉवर का मान या इतनी विद्युत शक्ति है जो यांत्रिक शक्ति में परिवर्तित होती है

$$L_2^2 R_2 \left(\frac{1-S}{S}\right)$$

यांत्रिक हानियों को घटाने के बाद, जो हम प्राप्त करते हैं वह शाफ्ट पर उपलब्ध आउटपुट पावर होता ।

इस प्रकार, विद्युत शक्ति जो यांत्रिक शक्ति में परिवर्तित होती है $= L_2^2 R_2 \left(\frac{1-S}{S}\right)$ Watt

सरलीकृत समतुल्य परिपथ से रोटर परिपथ का फेजर आरेख चित्र 4.15 (b) . में दर्शाए अनुसार खीचा गया है । रोटर करेंट I_2 ,रोटर स्टैंडस्टिल प्रेरित ईएमएफ E_{2s} से एक कोण ϕ द्वारा लैग करता है ।

R_2 में वोल्टेज घटाव(drop) I_2R_2 के बराबर होता है ।

$R_2 \left(\frac{1-S}{S}\right)$ i.e. $L_2^2 R_2 \left(\frac{1-S}{S}\right)$ के साथ एक ही फेज में होते हैं जबकि X_2 में वोल्टेज घटाव (drop) $I_2 X_2$ के बराबर होता है और करेंट I_2 को 90° के कोण से लीड करता है ।

दोनों वोल्टेज घटाव (Voltage drop) के सदिश का योग E_{2s} . के बराबर होता है I

$$E_{2s} = I_2 \sqrt{(R_2 / S)^2 + (X_{2s})^2}$$

रोटर सर्किट का पावर फैक्टर,

$$\cos\phi = \frac{R_2 / S}{\sqrt{(R_2 / S)^2 + (X_{2s})^2}}$$

4.14 इंडक्शन मोटर के लॉसेस

इंडक्शन मोटर प्रमुख हानियाँ हैं

1. स्टेटर लॉसेस: इंडक्शन मोटर के स्टेटर में होने वाले हानियाँ को स्टेटर हानियाँ कहा जाता है I
   (i) स्टेटर कॉपर लॉस – $(I_1)^2 R_1$ (प्रति फेज)
   (ii) स्टेटर आयरन लॉस- ये हिस्टैरिसीस लॉस और एडी करेंट लॉस का योग होता हैं।
2. **रोटर लॉसेस:** जो हानियाँ एक इंडक्शन मोटर के रोटर में होती हैं उसे रोटर हानियाँ कहा जाता है ।
   (i) रोटर कॉपर लॉस - $(I_2)^2 R_2$ (प्रति फेज)
   (ii) रोटर आयरन लॉस - चूंकि सामान्य रूप से चलने की स्थिति में रोटर की आवृत्ति बहुत कम होती है,
   इसलिए ये नुकसान इतने छोटे हैं कि उनकी उपेक्षा की जाती है।
3. **मेकनीकल लॉसेस:** विंडेज और घर्षण हानियाँ के योग को यांत्रिक लॉस कहते हैं।

4.15 शक्ति प्रवाह आरेख

स्टेटर को विद्युत शक्ति का इनपुट दिया जाता है। स्टेटर कॉपर लॉस और स्टेटर आयरन लॉस को इनपुट पावर से घटाने के बाद जो शेष पावर हैं उसे स्टेटर आउटपुट पावर कहते हैं जो चुंबकीय प्रवाह के माध्यम से स्टेटर से रोटर में स्थानांतरित होता हैं, जिसे रोटर इनपुट कहा जाता है। रोटर इनपुट पावर में रोटर तांबे के हानियाँ होते हैं और शेष यांत्रिक शक्ति में परिवर्तित हो जाती है।

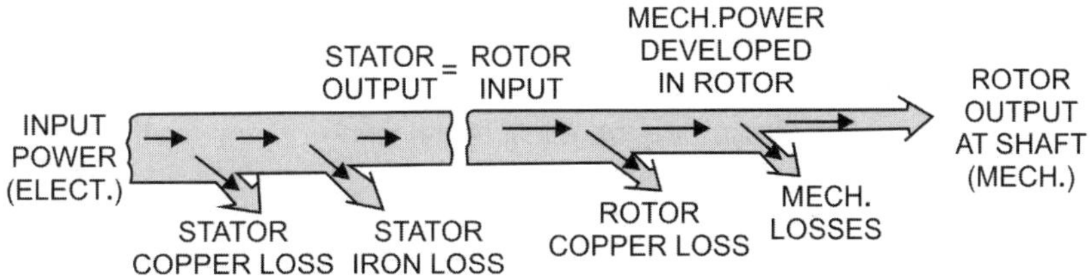

चित्र 4.16 : इंडक्शन मोटर का शक्ति प्रवाह आरेख

यांत्रिक शक्ति जिसे रोटर में विकसित यांत्रिक शक्ति कहा जाता है। यांत्रिक शक्ति से मैकेनिकल नुकसान घटाने पर शाफ्ट पावर आउटपुट मिलता है । इंडक्शन मोटर का शक्ति प्रवाह चित्र 4.16 में दिखाया गया है।

4.16 रोटर कॉपर लॉस, स्लिप और रोटर इनपुट के बीच संबंध

हमने देखा है कि रोटर में विकसित विद्युत शक्ति यांत्रिक शक्ति में परिवर्तित हो जाती है जो संबंध निम्न दर्शाया जाता है :

$$\text{रोटर में विकसित यांत्रिक शक्ति} = L_2^2 R_2 \left(\frac{1-S}{S}\right) \quad \text{... (i)}$$

$$\text{रोटर कॉपर लॉस} = L_2^2 R_2 \quad \text{... (ii)}$$

$$\text{रोटर इनपुट} = \text{विकसित यांत्रिक शक्ति} + \text{रोटर कॉपर लॉस}$$

$$= L_2^2 R_2 \left(\frac{1-S}{S}\right) + L_2^2 R_2 = \left(\frac{I_2^2 R_2}{S}\right) \quad \text{. (iii)}$$

समीकरण से। (i) और (ii), हम पाते हैं,

$$\frac{\text{रोटर कॉपर लॉस}}{\text{विकसित यांत्रिक शक्ति}} = \frac{I_2^2 R_2}{I_2^2 R_2 \left(\frac{1-S}{S}\right)}$$

$$\text{रोटर कॉपर लॉस} = \left(\frac{\boldsymbol{S}}{\boldsymbol{1-S}}\right) \text{विकसित यांत्रिक शक्ति}$$

समीकरण (ii) और (iii), हम प्राप्त करते हैं

$$\frac{\text{रोटर कॉपर लॉस}}{\text{रोटर इनपुट}} = \frac{I_2^2 R_2}{I_2^2 R_2 / S}$$

नोट: *सभी मान , चरण मान हैं।*

4.17 रोटर दक्षता

रोटर आउटपुट का रोटर इनपुट के साथ अनुपात (यानी, यांत्रिक नुकसान की उपेक्षा करते हुए रोटर में विकसित यांत्रिक शक्ति) को रोटर दक्षता कहा जाता है।

$$\text{रोटर दक्षता} = \frac{\text{विकसित यांत्रिक शक्ति}}{\text{रोटर इनपुट}} = \frac{I_2^2 R_2 \left(\frac{1-S}{S}\right)}{I_2^2 R / S} = (1 - S)$$

उदाहरण 4.5 : एक 10 HP, 4 पोल, 25 Hz, 3-फेज, वाउण्ड रोटर प्रेरण मोटर 9100 W लाइन से ले रहा है । कोर लॉस 290 W, स्टेटर कॉपर लॉस 568 W, रोटर कॉपर लॉस 445 W, घर्षण और विंडेज नुकसान 100 W हैं। गणना करे (a) हवा के अंतराल में स्थानांतरित शक्ति; (b) रोटर द्वारा विकसित वाट में यांत्रिक शक्ति; (c) वाट में यांत्रिक बिजली उत्पादन; (d) दक्षता ; (e) स्लिप ।

हल : मोटर या स्टेटर का पावर इनपुट = 9100 W

(a) एयर गैप में स्थानांतरित पावर = स्टेटर इनपुट – स्टेटर कोर लॉस – स्टेटर कॉपर लॉस

= 9100 – 290 – 568 = 8242 W

(b) रोटर में विकसित यांत्रिक शक्ति = रोटर इनपुट – रोटर कॉपर लॉस = 8242 – 445 = 7797 W

(c) रोटर आउटपुट = विकसित यांत्रिक शक्ति – यांत्रिक हानि = 7797 – 100 = 7697 W

(d) $$\text{मोटर दक्षता} = \frac{7697}{9100} = 8458\%$$

(e) $$S = \text{स्लिप} = \frac{\text{रोटर कॉपर लॉस}}{\text{रोटर इनपुट}} = \frac{445}{8242} = 0.5399\ \%$$

उदाहरण 4.6: एक 4 पोल, -3फेज, 50 Hz, 400 V इंडक्शन मोटर में स्टेटर डेल्टा कनेक्टेड है और रोटर स्टार कनेक्टेड है । रोटर वाइंडिंग के प्रत्येक चरण में प्रत्येक चरण में घुमावों की संख्या स्टेटर वाइंडिंग का एक चौथाई है । पूर्ण लोड गति 1455 rpm है। रोटर प्रतिरोध 0.3 Ω है, और रोटर गतिरोध प्रतिघात 1 Ω प्रति चरण है। स्टेटर और रोटर वाइंडिंग समान हैं। स्टेटर घाटा बराबर 100 W। घर्षण और विंडेज नुकसान 50 W के बराबर हैं। गणना करें।

(i) अवरुद्ध रोटर वोल्टेज प्रति चरण (ii) रोटर करेंट प्रति चरण पूर्ण भार पर
(iii) पूरे लोड पर कुल रोटर पावर इनपुट (iv) पूरे लोड पर रोटर पावर लॉस (v) दक्षता

हल : यहाँ, $P = 4; f = 50$ Hz; $V_2 = 400$ V ; $\frac{N_2}{N_1} = \frac{1}{4}$

(i) $N = 1455$ r.p.m ; $R_2 = 0{\cdot}3\ \Omega$; $X_{2s} = 1\ \Omega$ स्टेटर घाटा =100 W ,
घर्षण और विंडेज नुकसान =50 W ,
स्टेटर प्रेरित ई.एम.एफ. प्रति चरण, $E_1 = V_L = 400$ V (डेल्टा जुड़ा हुआ)

अब, $$\frac{E_{2s}}{E_1} = \frac{N_2}{N_1} = \frac{1}{4}$$

अवरुद्ध रोटर वोल्टेज प्रति चरण, $$E_{2s} = \frac{400}{4} = 100\ \text{V}$$

(ii) तुल्यकालिक गति, $$N_s = \frac{120f}{P} = \frac{120\times 50}{4} = 1500\ \text{rpm}$$

$$\text{स्लिप} = \frac{N_s - N}{N_s} = \frac{1500-1455}{1500} = 0.0366$$

(iii) रोटर करेंट = $$I_2 = \frac{SE_{2s}}{\sqrt{(R_2)^2 + (SX_{2s})^2}} = \frac{0\cdot 03\times 100}{\sqrt{(0\cdot 3)^2 + (0\cdot 03\times 1)^2}} = 9.95\ \text{A}$$

(iv) रोटर कॉपर लॉस = $3I_2^2 R_2 = 3 \times (9{\cdot}95)^2 \times 0{\cdot}3 = 89$ W

रोटर को पावर इनपुट

$$S = \frac{\text{रोटर कॉपर लॉस}}{\text{रोटर इनपुट}}$$

$$\text{रोटर कॉपर लॉस} = S \times \text{रोटर इनपुट}$$

$$\text{रोटर इनपुट} = \frac{\text{रोटर कॉपर लॉस}}{S} = \frac{89}{0.03} = 2967 \text{ W}$$

$$\text{मोटर का इनपुट} = \text{रोटर इनपुट} + \text{स्टेटर हानियाँ} = 3067 = 100 + 2967 \text{ W}$$

$$\text{शाफ्ट आउटपुट} = \text{रोटर इनपुट} - \text{रोटर कॉपर लॉस} - \text{घर्षण और विंडेज हानि}$$

$$= 2967 - 89 - 50 = 2828 \text{ W}$$

उदाहरण 4.7: एक 60 HP, 6-पोल, 3-फेज इंडक्शन मोटर 960 rpm पर लोड आउटपुट देता है जब 400 V, 0·8 पावर फैक्टर, 50 Hz की आपूर्ति के साथ । विंडेज और घर्षण से होने वाली हानियाँ आती हैं 3 HP और स्टेटर का नुकसान 2kW है। पता करें: (a) कुल रोटर तांबे की हानि; (b) दक्षता, और (c) लाइन करेंट।

हल : रोटर आउटपुट = 6० HP = 60 ×735.5 = 44130 W

$$\text{यांत्रिक हानियाँ} = 3 \text{ HP} = 3 \times 735.5 = 2206 \text{ W}$$

$$\text{विकसित यांत्रिक शक्ति} = \text{रोटर आउटपुट} + \text{यांत्रिक हानियाँ} = 44130 + 2206 = 46336 \text{ W}$$

$$\text{तुल्यकालिक गति, } N_s = \frac{120f}{P} = \frac{120 \times 50}{6} = 1000 \text{ r.p.m.}$$

$$\text{स्लिप} = \frac{N_s - N}{N_s} = \frac{1000 - 960}{1000} = 0 \cdot 04$$

$$\text{रोटर कॉपर लॉस} = \frac{S}{1-S} \text{ विकसित यांत्रिक शक्ति} = \frac{0 \cdot 04}{1 - 0 \cdot 04} \times 46336 = 1931 \text{ W}$$

$$\text{स्टेटर हानियाँ} = 2\text{kW} = 2000\text{W}$$

$$\text{स्टेटर या मोटर के लिए इनपुट} = \text{विकसित यांत्रिक शक्ति} + \text{रोटर हानि} + \text{स्टेटर हानि}$$

$$= 46336 + 1931 + 2000 = 50267 \text{ W}$$

$$\text{दक्षता} = \frac{\text{आउटपुट}}{\text{इनपुट}} = \frac{44130}{50367} \times 100 = 87.79 \%$$

$$\text{लाइन करेंट, } I_2 = \frac{\text{इनपुट}}{\sqrt{3} \times (\text{लाइन वोल्टेज} \times \text{पावर फैक्टर})} = \frac{50267}{\sqrt{3} \times (400 \times 0.8)} = 90.67 \text{ A}$$

उदाहरण 4.8 : एक 4-पोल, 50 Hz, 3-फेज इंडक्शन मोटर में 17 kW शाफ्ट आउटपुट के लिए पर मोटर की 85% दक्षता है। इस भार के लिए कुल स्टेटर हानियाँ 9०० W हैं और विंडेज और घर्षण हानियाँ 1100 W हैं। रोटर द्वारा विकसित स्लिप, टॉर्क और रोटर शाफ्ट पर उपलब्ध टॉर्क की गणना करें ।

हल : ध्रुवों की संख्या, $P = 4$; आपूर्ति आवृत्ति, $f = 50$-हर्ट्ज

मोटर दक्षता, = %85 ; आउटपुट पावर = 17 kW = 17000 W

स्टेटर नुकसान = 900 W; यांत्रिक हानियाँ = 1100 W

$$\text{इनपुट पावर} = \frac{\text{आउटपुट पावर}}{\eta} = \frac{17000}{0.85} = 20000 \text{ W}$$

स्टेटर आउटपुट या रोटर इनपुट = इनपुट पावर – स्टेटर लॉस = 20000 – 900 = 19100 W

विकसित यांत्रिक शक्ति = आउटपुट पावर + मैक हानियाँ = 17000 + 1100 =18100 W

रोटर कॉपर नुकसान= रोटर इनपुट - विकसित यांत्रिक शक्ति = 19100 – 18100 = 1000W

$$S = \frac{\text{रोटर कॉपर लॉस}}{\text{रोटर इनपुट}} = \frac{1000}{19100} = 0.5235$$

$$\text{तुल्यकालिक गति, } N_s = \frac{120f}{P} = \frac{120 \times 50}{4} = 1500 \text{ r.p.m.}$$

$$\text{रोटर गति, } N = N_s(1 - S) = 1500\,(1 - 0{\cdot}05235) = 1421{\cdot}47 \text{ r.p.m.}$$

$$\text{कोणीय गति, } \omega = \frac{2\pi N}{60} = \frac{2\pi \times 1421\cdot 47}{60} = 148.85 \text{ rad /sec}$$

विकसित टॉर्क = T

रोटर में विकसित शक्ति = ωT; $18100 = 148.85 \times T$; $T = 121.6$ Nm

$$\text{रोटर शाफ्ट पर उपलब्ध टॉर्क} = \frac{\text{रोटर आउटपुट}}{\omega} = \frac{17000}{148.85} = 114.2 \text{ Nm}$$

उदाहरण 4.9 : एक 3-फेज इंडक्शन मोटर की दक्षता 90% है और यह 480 rpm की गति से चलती है मोटर की आपूर्ति 400 V मेन से की जाती है और यह 0.77 p.f पर 75 A का करेंट लेता है। गणना करें मोटर में विकसित बी.एच.पी. (मीट्रिक) और चरखी के माध्यम से लाइन शाफ्ट चलाते समय बेल्ट पर विकसित खिचाव यदि चरखी का व्यास 0·75 मीटर।

समाधान: आपूर्ति वोल्टेज, V_L= 400 V; रोटर गति, N = 480 rpm

मोटर दक्षता, η = 90% = 0·9 ; आपूर्ति से ली गई धारा, I_L = 75 A

मोटर p.f., $\cos\phi = 0{\cdot}77$ । चरखी का व्यास, d = 0·75 m

चरखी की त्रिज्या r = 0.75/2 = 0.375

$$\text{इनपुट पावर} = \sqrt{3}\ V_L I_L \cos\phi = \sqrt{3} \times 400 \times 75 \times 0{\cdot}77 = 40010 \text{ W}$$

$$\text{आउटपुट पावर} = \text{इनपुट पावर} \times \eta = 40010 \times 0{\cdot}9 = 36009 \text{ W}$$

$$\text{बी.एच.पी. मोटर का} = \frac{\text{आउटपुट पावर}}{735.5} = \frac{36009}{735{\cdot}5} = 48.958 \text{ BHP}$$

$$\text{कोणीय गति, } \omega = \frac{2\pi N}{60} = \frac{2\pi \times 480}{60} = 16\pi$$

$$\text{शाफ्ट पर उपलब्ध टॉर्क} = \frac{\text{आउटपुट पावर}}{\omega} = \frac{36009}{16\pi} = 716.376 \text{ Nm}$$

अब, टॉर्क T_m = बेल्ट पर खिचाव × चरखी की त्रिज्या

$$\text{बेल्ट पर खिचाव} = \frac{T_m}{r} = \frac{716\cdot 376}{0\cdot 375} = 1910\cdot 34 \text{ N} = \frac{1910\cdot 34}{9\cdot 81} = 194.73 \text{ Kg}$$

अभ्यास प्रश्न

1. 3-फेज इंडक्शन मोटर का पावर इनपुट 80 kW है। स्टेटर मे कुल नुकसान 1.5KW का है। यदि मोटर %4 स्लिप के साथ चल रही हो तो कुल विकसित यांत्रिक शक्ति ज्ञात कीजिए। (उत्तर 75.36 KW)
2. एक 50 एचपी, 3-फेज, 6-पोल इंडक्शन मोटर 960 आरपीएम पर फुल लोड आउटपुट देता है। जब कब 400V, 50Hz, 0·8 पीएफ से आपूर्ति की गई। विंडेज और घर्षण के कारण होने वाली हानियाँ 2H.P. तथा स्टेटर हानियां 2 किलोवाट है। मालूम करें । (a) कुल रोटर कॉपर नुकसान; (b) दक्षता और (c) लाइन करेंट।
3. एक 400 V, 6 पोल, 50 Hz, 3-फेज इंडक्शन, मोटर, 965 rpm, 0 87 पावर फैक्टर लैगिंग पर चलते हुये यांत्रिक हानियों सहित 20 HP विकसित करता है । गणना करें (i) स्लिप (ii) रोटर कॉपर लॉस (iii) कुल इनपुट अगर स्टेटर लॉस 1500 W (iv) लाइन करेंट और (v) रोटर ई.एम.एफ. द्वारा प्रति मिनट किए गए चक्रों की संख्या ।
(उत्तर 833.5 ; %3.5W; 16743.5W; 27.78A; 1.75 हर्ट्ज)
4. एक 4-पोल, 3-फेज, 50 हर्ट्ज इंडक्शन मोटर 4% स्लिप पर 159 N-m का उपयोगी टॉर्क प्रदान करता है। गणना करें: (i) रोटर इनपुट; (ii) मोटर इनपुट; (iii) मोटर दक्षता, यदि घर्षण और विंडेज लॉस कुल 500 W और स्टेटर लॉस 1000 W हैं। (उत्तर 25497 W; 26497 W ;90·49%)
5. 440 V, 50 हर्ट्ज, 6-पोल, 3-फेज इंडक्शन मोटर को मुख्य आपूर्ति से 81 kW की इनपुट शक्ति प्राप्त होती है। रोटर ई.एम.एफ. प्रति मिनट 120 पूर्ण चक्र बनाता है। इसका स्टेटर नुकसान 1 kW है और प्रति फेज रोटर करेंट 65 एम्पीयर है। गणना करें: (i) प्रति चरण रोटर तांबे की हानियां; (ii) प्रति चरण रोटर प्रतिरोध; (iii) टॉर्क विकसित हुआ। (उत्तर. 1067 W; 0.2525 ohm; 763.94 Nm)

4.18 इंडक्शन मोटर द्वारा विकसित टॉर्क

हम पहले ही देख चुके हैं कि 3-फेज इंडक्शन मोटर की विद्युत शक्ति यांत्रिक में परिवर्तित हो जाती है शक्ति संबंध द्वारा दी जाती है;

$$P_0 = 3I_2{}^2R_2\left(\frac{1-S}{S}\right) \quad \ldots (i)$$

$$P_0 = \omega\, T \quad \ldots (ii)$$

जहां, ω = रोटर की कोणीय गति (रेडियन/सेकंड) तथा T= एक प्रेरण मोटर द्वारा विकसित टार्क (न्यूटन मीटर)

समीकरण (i) और (ii) को समीकरण करते हुए, हम प्राप्त करते हैं

$$\omega\, T = 3I_2{}^2R_2\left(\frac{1-S}{S}\right) = 3\frac{I_2^2R_2}{S}\cdot\frac{1-S}{\omega}$$

$$T = \frac{3}{\omega_2}\cdot\frac{I_2^2\,R_2}{S} \qquad [\text{क्योंकि } \omega = \omega_s\,(1-S)]$$

जहां, ω_s = कोणीय तुल्यकालिक गति (रेडियन/सेकंड)

जैसे

$$I_2 = \frac{SE_{2s}}{\sqrt{(R_2)^2 + (SX_{2s})^2}}$$

$$\therefore \quad T_2 = \frac{3}{\omega_2}\left(\frac{SE_{2s}}{\sqrt{(R_2)^2 + (SX_{2s})^2}}\right)^2\cdot\frac{R_2}{S}$$

या
$$T = \frac{3}{\omega_s} \frac{E_{2s}^2 R_2 / S}{[(R_2 / S)^2 + (X_{2s})^2]} = \frac{3}{\omega_s} \frac{E_{2s}^2 R_2 / S}{[(R_2 / S)^2 + (X_{2s})^2]}$$

यह फुल लोड टॉर्क के लिए समीकरण है।

4.19 अधिकतम टॉर्क की शर्तें और समीकरण

इंडक्शन मोटर में विकसित फुल लोड टॉर्क संबंध द्वारा दिया गया है:

$$T = \frac{3}{\omega_2} \frac{SE_{2s}^2 R_2}{[(R_2)^2 + (SX_{2s})^2]}$$

या
$$T \propto \frac{SR_2}{R_2^2 + S^2 X_{2x}^2} \qquad \text{(क्योंकि } \frac{3}{\omega_s} E_{2s}^2 \text{ स्थिर है ।)}$$

स्लिप के एक विशेष मान पर विकसित टॉर्क अधिकतम होगा। चूंकि, स्लिप (S) एक परिवर्तनीय मात्रा है, इसलिए, अधिकतम टॉर्क प्राप्त करने के लिए शर्त, S के संबंध में टॉर्क के लिए उपरोक्त अभिव्यक्ति विभेदित है और शून्य के बराबर है ।

$$\frac{dT}{dS} = \frac{(R_2^2 + S^2 X_{2s}^2)\, R_2 - SR_2(0 + 2SX_{2s}^2)}{(R_2^2 + S^2 X_{2s}^2)^2}$$

या $(R_2{}^2 + S^2 X_{2s}^2)\, R_2 = 2R_2 S^2 X_{2s}{}^2$

या $R_2{}^2 = (SX_{2s})^2$ or $R_2 = SX_{2s}$

या $S = R_2/X_{2s}$ यह स्लिप है जिस पर टॉर्क अधिकतम होता है।

अधिकतम टार्क का व्यंजक प्राप्त करने के लिए अधिकतम टार्क के व्यंजक में $R_2 = SX_{2s}$ का मान प्रतिस्थापित करने से हम प्राप्त करते हैं,

$$\text{अधिकतम टार्क, } T_m = \frac{3}{\omega_s} \frac{SE_{2s}^2\, (SX_{2s})}{[(SX_{2s})^2 + (SX_{2s})^2]} = \frac{3E_{2s}^2}{2\omega X_{2s}}$$

इस प्रकार, अधिकतम टार्क रोटर प्रतिरोध से स्वतंत्र है लेकिन यह रोटर ठहराव पर प्रतिक्रिया के विपरीत आनुपातिक है (यानी, X_{2s})। इसलिए, अधिकतम टार्क के उच्च मूल्य को प्राप्त करने के लिए, रोटर की रिसाव प्रतिक्रिया (leakage reactance) को न्यूनतम रखी जानी चाहिए। (i) रोटर कंडक्टरों को रोटर की बाहरी परिधि के बहुत पास रखकर और (ii) स्टेटर और रोटर के बीच हवा के अंतर को सबसे छोटा संभव मूल्य में कम करके यह हासिल किया जा सकता है।

4.20 प्रारंभिक टॉर्क

प्रारंभ में रोटर स्थिर होता है और स्लिप का मान एक होता है अर्थात $S = 1$

इस प्रकार, प्रारंभिक टार्क का समीकरण प्राप्त करने के लिए, पूर्ण भार टॉर्क के समीकरण में स्लिप, $S = 1$ के मान को प्रतिस्थापित कीजिए;

$$\therefore \quad \text{प्रारंभिक टॉर्क, } T_s = \frac{3}{\omega_s} \frac{E_{2s}^2 R_2}{[(R_2)^2 + (X_{2s})^2]}$$

कभी-कभी प्रारंभ में अधिकतम टार्क की आवश्यकता होती है। उस स्थिति में, अधिकतम टार्क की स्थिति में $S = 1$ के मान को प्रतिस्थापित करें।

$$R_2 = SX_{2s} = X_{2s} \qquad \text{(क्योंकि प्रारम्भ में } S = 1)$$

इस प्रकार, प्रारंभ में अधिकतम टार्क प्राप्त करने के लिए, रोटर प्रतिरोध का मान रुके हुए स्तिथि में रोटर रिसाव प्रतिक्रिया के बराबर होना चाहिए। इसलिए, प्रारंभ में रोटर सर्किट में कुछ बाहरी प्रतिरोध जोड़ा जाता है। ये स्लिप रिंग इंडक्शन मोटर्स के मामले में ही संभव है ।

यही कारण है कि स्लिप रिंग इंडक्शन मोटर्स को क्यों लगाया जाता है, जहां शुरू में भारी भार उठाने की आवश्यकता होती है जैसे कि लिफ्ट, क्रेन, लिफ्ट आदि।

एक बार जब मोटर भार उठा लेती है तो बाहरी प्रतिरोध धीरे-धीरे शून्य हो जाता है। गिलहरी केज इंडक्शन मोटर्स में रोटर प्रतिरोध निश्चित है और रोटर प्रतिक्रिया के लिए तुलना में काफी कम रखा गया है, अन्यथा रोटर तांबे का नुकसान अधिक होगा और मोटर की दक्षता कम हो जाएगी। हालांकि गिलहरी पिंजरे प्रेरण मोटर्स में उच्च प्रारंभिक टार्क प्राप्त करने के लिए एक और पिंजरा रोटर में एम्बेडेड है और मोटर को डबल केज इंडक्शन मोटर कहते है।

4.21. टॉर्क-स्लिप वक्र

इंडक्शन मोटर द्वारा विकसित फुल लोड टॉर्क इस समीकरण द्वारा दिया जाता है;

$$T = \frac{3}{\omega_s}\frac{SE_{2s}^2 R_2}{[R_2^2 + (SX_{2s})^2]}$$

टॉर्क-स्लिप या टॉर्क-स्पीड कर्व को ड्रा करने के लिए निम्नलिखित: बिंदुओं पर विचार किया जाता है:

(*i*) तुल्यकालिक गति पर (Ns); स्लिप, $S = 0$ और टॉर्क $T = 0$ ।

(*ii*) जब रोटर की गति तुल्यकालिक गति के बहुत निकट हो अर्थात, जब स्लिप बहुत कम होती है तो $(SX_{2s})^2$ पद का मान R_2^2 [अर्थात, $(SX_{2s})^2 << R_2^2$)] की तुलना में बहुत छोटा है और उपेक्षित है।

इसलिए, टॉर्क इस समीकरण द्वारा दिया जाता है;

$$T = \frac{3}{\omega_s}\frac{SE_{2s}^2 R_2}{R_2^2}$$

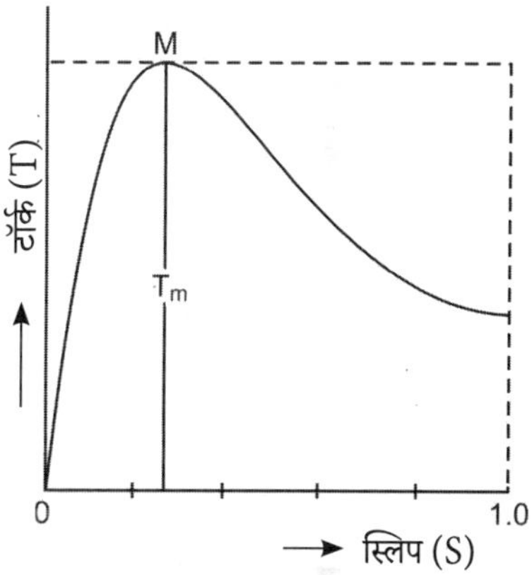

चित्र 4.17: T-s वक्र

इस प्रकार, स्लिप के निम्न मानों पर, टॉर्क स्लिप S के लगभग समानुपाती होता है और टॉर्क -स्लिप का वक्र एक सीधी रेखा है, जैसा कि चित्र 4.17. में दिखाया गया है।

(iii) जैसे-जैसे स्लिप बढ़ता है, टॉर्क बढ़ता है और जब $S = R_2/X_{2s}$ होता है तो अधिकतम मान प्राप्त करता है । टॉर्क के इस अधिकतम मूल्य को ब्रेक डाउन या पुल आउट टॉर्क भी कहते है।

(iv) अधिकतम टॉर्क के बिंदु से अधिक भार में वृद्धि के कारण वृद्धि के साथ स्लिप में यानी जब स्लिप अधिक होती है, तो $(SX_{2s})^2$ पद का मान R_2^2 [अर्थात, $(SX_{2s})^2 >> R_2^2$] की तुलना में बहुत बड़ा है। इसलिए R_2^2 की तुलना में $(SX_{2s})^2$ उपेक्षित है और यह टॉर्क इस समीकरण द्वारा दिया जाता है।

$$T = -\frac{SE_2\ R_2}{X^2 X^2} = K'\frac{1}{S} \text{ or } T \alpha \frac{1}{S}$$

इस प्रकार, स्लिप के उच्च मान पर (अर्थात, अधिकतम टॉर्क के संगत स्लिप से अधिक), टॉर्क स्लिप S के लगभग व्युत्क्रमानुपाती है और टॉर्क-स्लिप वक्र एक आयताकार अतिपरवलय (ह्य्पेर्बोला) है, जैसे की चित्र 4.18 में दिखाया गया है।

इस प्रकार, अधिकतम टॉर्क के बिंदु से आगे खिसकने के साथ भार में वृद्धि के कारण, टॉर्क में कमी आती है। नतीजा यह होता है कि मोटर लोड नहीं उठा पाती और धीमी हो जाती है और अंत में रुक जाती है।

मोटर में इसका परिणाम अवरुद्ध रोटर (ब्लॉक्ड रोटर) या शॉर्ट सर्किट होता है।

4.22. टॉर्क गति वक्र और परिचालन क्षेत्र

चित्र 4.18 में इंडक्शन मोटर का टॉर्क-स्पीड कर्व दिखाया गया है। यह वही वक्र है जो पहले से खींचा हुआ है, फर्क सिर्फ इतना है कि स्लिप के बदले स्पीड एब्सिस्सा पर लेते है। वक्र से, यह स्पष्ट है कि प्रेरण मोटर बिंदु X और Y पर समान टॉर्क विकसित करती है। हालांकि बिंदु X पर मोटर अस्थिर है क्योंकि लोड बढ़ने के साथ गति कम हो जाती है और मोटर द्वारा विकसित टॉर्क भी कम हो जाता है। इसलिए, मोटर लोड नहीं उठा सका और इसका परिणाम यह है कि मोटर धीमी हो जाती है और अंततः रुक जाती है।

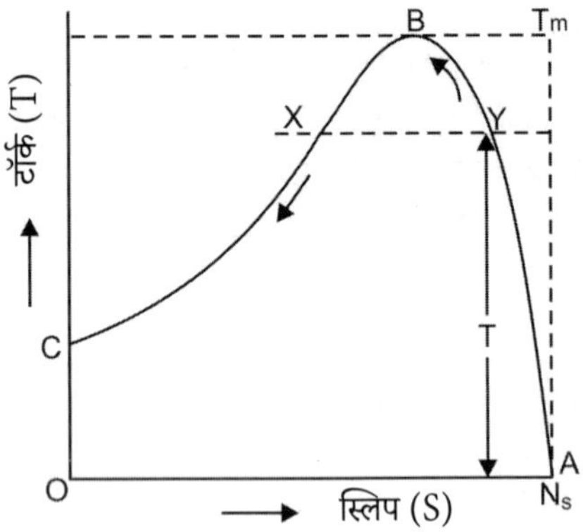

चित्र 4.18: T-s वक्र का ऑपरेटिंग क्षेत्र

यदि सर्किट इतना संरक्षित किया गया हो तो लघु सर्किट ब्रेकर खुले में ट्रिप हो जायेगा । बिंदु Y पर, मोटर स्थिर है क्योंकि इस क्षेत्र में भार की वृद्धि से गति घट जाती है लेकिन मोटर द्वारा विकसित टॉर्क बढ़ जाता है। इस प्रकार मोटर अतिरिक्त भार को प्रभावी ढंग से उठाने की स्थिति में होगा।

इस प्रकार, टॉर्क -गति वक्र का क्षेत्र BC एक अस्थिर क्षेत्र है और क्षेत्र AB स्थिर है या इंडक्शन मोटर का ऑपरेटिंग क्षेत्र जैसा कि चित्र 4.18 में दिखाया गया है।

उदाहरण 4.10: एक 3-फेज इंडक्शन मोटर में 4-पोल स्टार-कनेक्टेड स्टेटर वाइंडिंग होती है। मोटर लाइन वोल्टेज 400V, 50 Hz (हर्ट्ज) पर चलता है। रोटर प्रतिरोध और गतिरोध प्रतिक्रिया प्रति चरण क्रमशः 0.15 और 1.0 Ω हैं। रोटर से स्टेटर घुमावों का अनुपात 0.7 है। 4% स्लिप पर कुल टॉर्क की गणना करें।

समाधान: यहाँ, $P = 4$; $f = 50$ Hz ; $R_2 = 0{\cdot}15\ \Omega$; $X_{2s} = 1.0\ \Omega$; $S = 4\%$

दिया हुआ वोल्टेज (लाइन का मान), $V_L = 400$ V

स्टेटर प्रेरित वोल्टेज (फेज का मान), $E_1 = \dfrac{V_L}{\sqrt{3}} = \dfrac{400}{\sqrt{3}} = 231$ V

रोटर से स्टेटर घुमाव का अनुपात, $\dfrac{T_2}{T_1} = 0{\cdot}7 = \dfrac{E_{2s}}{E_1}$

∴ स्थिर रोटर में प्रेरित ई.एम.एफ $E_{2s} = 0{\cdot}7\, E_1 = 0{\cdot}7 \times 231 = 161{\cdot}7$ V

तुल्यकालिक गति, $N_s = \dfrac{120f}{P} = \dfrac{120 \times 50}{4} = 1500$ r.p.m

तुल्यकालिक कोणीय गति, $\omega_s = \dfrac{2\pi N_s}{60} = \dfrac{2\pi \times 1500}{60} = 50\,\pi$ rad/sec

विकसित टॉर्क,
$$T = \frac{3}{\omega_s} \frac{SE_{2s}^2\, R_2}{[R_2^2 + (SX_{2s})^2]}$$

$$= \frac{3}{50\pi} \times \frac{0 \cdot 04 \times (161.7)^2 \times 0 \cdot 15}{[(0 \cdot 15)^2 + (0 \cdot 04 \times 1.0)^2]} = 730.78 \text{ Nm} \quad \text{(उत्तर)}$$

उदाहरण 4.11: एक 6-पोल, 50 Hz, 3-फेज इंडक्शन मोटर में प्रति चरण 0.02 Ω का रोटर प्रतिरोध और ०·8 Ω प्रति चरण का स्थिर प्रतिक्रिया होता है। उस गति की गणना करें जिस पर अधिकतम टॉर्क विकसित होता है।

हल: यहाँ, = 6; $f = 50$ Hz ; $R_2 = 0{\cdot}02\ \Omega$; $X_{2s} = 0{\cdot}8\ \Omega$

अधिकतम टॉर्क के लिए शर्त है ; $R_2 = SX_{2s}$

∴ स्लिप पर टॉर्क अधिकतम होगा, $S = \dfrac{R_2}{X_{2s}} = \dfrac{0.02}{0.8} = 0{\cdot}025$

तुल्यकालिक गति, $N_s = \dfrac{120f}{P} = \dfrac{120 \times 50}{6} = 1000$ r.p.m

जिस गति से टॉर्क अधिकतम होगा, $N = N_s\,(1 - S)$

$= 1000\,(1 - 0{\cdot}025) =$ **975 r.p.m.** (उत्तर)

अभ्यास

1. 200 V, 50 Hz आपूर्ति का वोल्टेज पर चलती है। प्रति चरण रोटर प्रतिरोध और गतिरोध प्रतिक्रिया क्रमशः 0.1ओम और 0.9 ओम है । रोटर से स्टेटर घुमावों का अनुपात 0.67 है। कुल टोक़ की गणना करें 4% पर्ची।

   (उत्तर, 40.48 एनएम)

2. एक 4-पोल, 50 Hz, 3-फेज इंडक्शन मोटर में प्रति चरण 0·21 ओम का रोटर प्रतिरोध है और प्रति चरण 0·7 ओम की गतिरोध प्रतिक्रिया है। उस गति की गणना करें जिस पर अधिकतम टोक़ विकसित होगा। (उत्तर, 1455 आरपीएम)

4.23. स्टार्टर की आवश्यकता

मेन्स से करेंट खींचने वाली मोटर, रोटर करेंट पर निर्भर करती है। चालू हालत में रोटर करेंट समीकरण द्वारा दिया जाता है;

$$I_2 = \frac{SE_{2s}}{\sqrt{R_2^2 + (SX_{2s})^2}}$$

प्रारंभ में स्लिप $S = 1$ पर, इसलिए रोटर करेंट $I_{2s} = \dfrac{E_{2s}}{\sqrt{R_2^2 + X_{2s}^2}}$

यह करेंट अपने फुल लोड करेंट की तुलना में बहुत बड़ा होता है। इस प्रकार, जब एक गिलहरी केज इंडक्शन मोटर सीधे सप्लाई मेन्स से जुड़ी होती है, तो यह मेन्स से बहुत बड़ा करेंट (पूर्ण लोड करेंट का लगभग 5 से 7 गुना) लेती है। यह भारी धारा मोटर के लिए खतरनाक नहीं हो सकती है क्योंकि यह थोड़े समय के लिए होती है, लेकिन यह निम्नलिखित प्रभावों का कारण बनती है:

(i) यह वितरण लाइनों में बड़ी वोल्टेज ड्रॉप उत्पन्न करता है और इस प्रकार आपूर्ति प्रणाली के वोल्टेज विनियमन को प्रभावित करता है। यह अन्य मोटरों और समान लाइनों से जुड़े भार पर प्रतिकूल प्रभाव डालता है।

(ii) इसलिए डायरेक्ट स्विचिंग द्वारा बड़ी क्षमता वाले इंडक्शन मोटर्स को शुरू करना उचित नहीं है। बल्कि, ऐसी मोटरों को किसी शुरुआती उपकरण जैसे स्टार्टर के माध्यम से शुरू किया जाना चाहिए।

एक स्टार्टर का कार्य प्रारंभिक अत्यधिक धारा को एक निर्धारित मूल्य तक सीमित करना है। एक स्टार्टर में इंडक्शन मोटर्स को ओवर लोडिंग से बचाने के लिए कुछ सुरक्षात्मक उपकरण भी होते हैं।

4.24. गिलहरी केज इंडक्शन मोटर्स को शुरू करने के तरीके

गिलहरी केज (स्क्वीररेल केज) इंडक्शन मोटर्स में करेंट की प्रारंभिक भीड़ को प्रतिबंधित करने के लिए नियोजित विभिन्न स्टार्टर्स नीचे दिए गए हैं:

1. डायरेक्ट ऑन लाइन (डीओएल) स्टार्टर; 2. स्टार/डेल्टा स्टार्टर; 3. ऑटो-ट्रांसफार्मर स्टार्टर।

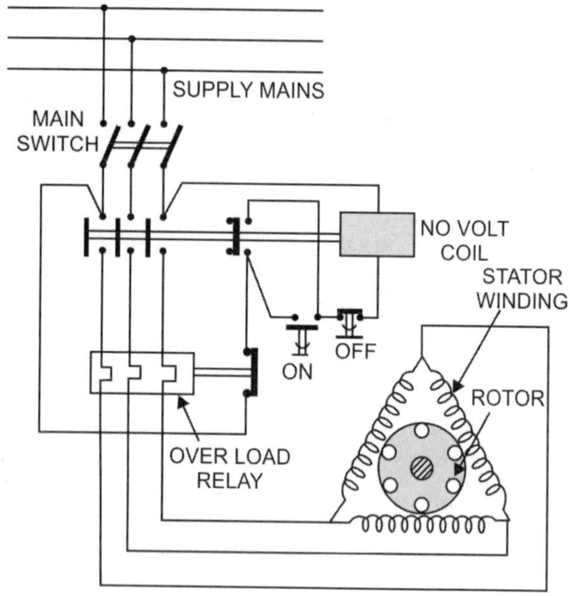

चित्र 4.19 : डी.ओ.एल. स्टार्टर

1. **डायरेक्ट ऑन लाइन (D.O.L.) स्टार्टर:** यह एक स्टार्टर है जिसके द्वारा मोटर को सीधे सप्लाई मेन्स पर स्विच किया जाता है। सामान्य औद्योगिक मोटर्स के साथ इस ऑपरेशन के परिणामस्वरूप सामान्य फुल लोड करेंट के पांच से सात गुना के क्रम में अत्यधिक करेंट होती है। यह उच्च धारा तेजी से घटती है क्योंकि मोटर गति पकड़ती है लेकिन यह बहुत कम शक्ति गुणांक पर होती है और इस प्रकार वितरण लाइनों में सप्लाई वोल्टेज को बाधित करती है। इस कारण से, आपूर्ति प्राधिकारी मोटर के आकार को 5 एच.पी. तक सीमित करते हैं। जिसे इस स्टार्टर द्वारा शुरू किया जा सकता है। एक स्वचालित डी.ओ.एल. स्टार्टर चित्र 4.19 में दिखाया गया है।

   एक डायरेक्ट ऑन लाइन स्टार्टर में अनिवार्य रूप से एक कॉन्टैक्टर होता है जिसमें चार सामान्य रूप से खुले (NO) संपर्क होते हैं और एक कॉन्टैक्टर कॉइल जिसे नो वोल्ट कॉइल या नो वोल्ट रिलीज कहा जाता है । दो पुश बटन ON और OFF होते हैं जिनका उपयोग मोटर को स्टार्ट और स्टॉप करने के लिए किया जाता है। मोटर को अतिभार से बचाने के लिए, प्रत्येक फेज में थर्मल या चुंबकीय ओवर-लोड कॉइल जुड़े होते हैं।

   मोटर को चालू करने के लिए, ऑन पुश बटन (हरा) दबाया जाता है जो नो-वोल्ट कॉइल को दो फेज़ो में जोड़कर सप्लाई देता है। नो-वोल्ट कॉइल अपने प्लंजर को इस तरह से खींचती है कि सभी सामान्य रूप से खुले (NO) संपर्क बंद हो जाते हैं और मोटर तीन संपर्कों के माध्यम से आपूर्ति से जुड़ा होता है। चौथे कॉन्टैक्ट को पकड़े रखने का कार्य करता है जो ऑन पुश बटन के मुक्त होने के बाद भी नो-वोल्ट कॉइल सर्किट को बंद रखता है। मोटर को रोकने के लिए, ऑफ पुश बटन (लाल) को क्षण भर के लिए दबाया जाता है जो मुख्य कोन्टक्टो को खोलने वाले नो वोल्ट कॉइल को वि-चुंबकीय करता है। जब मोटर पर अधिक लोड हो जाती है, तो थर्मल अतिभार रिले कॉन्टैक्ट, नियंत्रण सर्किट में जुड़ा होता है, इस प्रकार सप्लाई से नो-वोल्ट रिले को अलग कर देता है। थर्मल तत्व अतिभार रिले द्वारा अतिभार सुरक्षा प्राप्त किया जाता है।

2. **स्टार-डेल्टा स्टार्टर:** यह विधि इस सिद्धांत पर आधारित है कि स्टार कनेक्शन में प्रत्येक वाइंडिंग में वोल्टेज, फेज वोल्टेज लाइन वोल्टेज का 1/3 गुना होता है, जबकि उसी वाइंडिंग को डेल्टा में जोड़ने पर दोनों के बीच में पूरी लाइन वोल्टेज होगी। अतः शुरुआत में, मोटर को स्टार में जोड़ा जाता है ताकि प्रत्येक वाइंडिंग में कम वोल्टेज लगाया जा सके। मोटर के गति प्राप्त करने के बाद चेंज-ओवर स्विच के माध्यम से एक ही सप्लाई में वही वाइंडिंग डेल्टा में जोड़ दिया जाता है,जैसा कि चित्र 4.20 में दिखाया गया है। स्टार्टर में ओवरलोड और अंडर वोल्टेज सुरक्षा उपकरण भी लगे होते हैं।

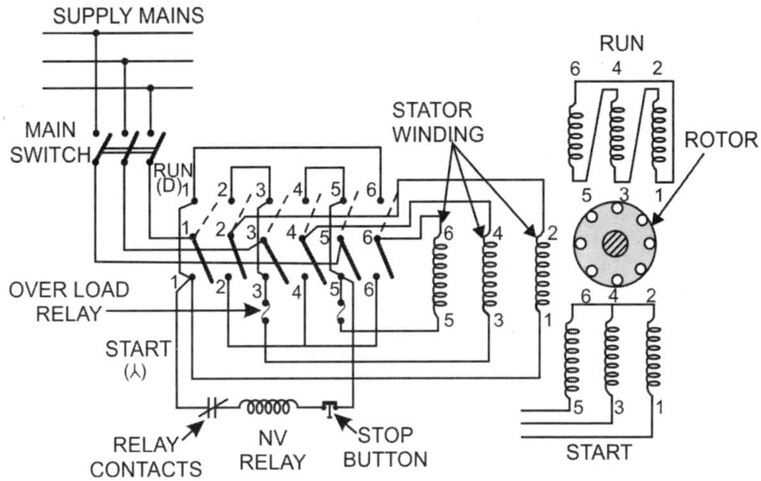

चित्र 4.20: स्टार-डेल्टा स्टार्टर

चूंकि स्टार्ट स्टेटर वाइंडिंग स्टार कनेक्शन में जुड़े हुए हैं, इसलिए प्रत्येक फेज वाइंडिंग में वोल्टेज को लाइन वोल्टेज के 1/3 तक कम कर दिया जाता है, इसलिए,प्रारंभिक धारा/फेज बराबर हो जाता है

$$I_{SC} / \sqrt{3} = \text{प्रारंभिक लाइन धारा}$$

डेल्टा में जुड़े स्टेटर वाइंडिंग के साथ सीधे स्विचिंग द्वारा लाइन धारा चालू करना = $\sqrt{3}\ I_{SC}$

$$\therefore \quad \frac{\text{स्टार डेल्टा स्टार्टर के साथ लाइन धारा}}{\text{डायरेक्ट स्विचिंग के साथ लाइन धारा}} = \frac{\mathbf{I}_{sc} / \sqrt{3}}{\sqrt{3}\mathbf{I}_{sc}} = \frac{1}{3}$$

इस प्रकार, यह निष्कर्ष निकाला जाता है कि जब एक स्टार/डेल्टा स्टार्टर द्वारा 3-फेज मोटर शुरू की जाती है, तो इसके द्वारा खींची गई धारा उस मूल्य के 1/3 तक सीमित होती है कि यह बिना स्टार्टर के खींचती है।

3. **ऑटो-ट्रांसफॉर्मर स्टार्टर:** पिछली विधि में, करेंट को शॉर्ट सर्किट करेंट से केवल 1/3 गुना कम किया जा सकता है। जबकि, इस विधि में, वोल्टेज मोटर के बीच में लगता है और इसलिए चालू होने के समय करेंट को बहुत कम मान तक कम रखते है।

प्रारंभ के समय, मोटर 6 पोल डबल थ्रो स्विच ऑटो-ट्रांसफार्मर के माध्यम से सप्लाई के द्वारा जुड़ा होता है। जब मोटर को लगभग पूरी तरह से गति दी जाती है, तो ऑपरेटिंग हैंडल को चलाने की स्थिति में ले जाया जाता है। इसके द्वारा मोटर को सीधे लाइन से जोड़ा जाता है जैसा कि चित्र 4.21 में दिखाया गया है।

पहली विधि में समझाने के अनुसार अतिभार सुरक्षा और वोल्टेज सुरक्षा प्रदान की जाती है। हालांकि इस प्रकार का स्टार्टर महंगा होता है

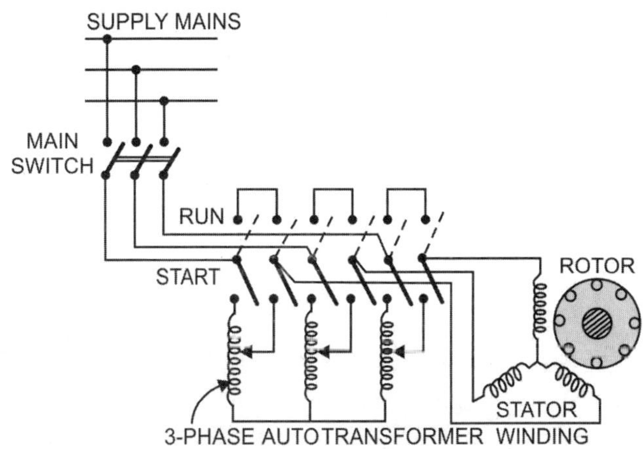

चित्र 4.21: ऑटो-ट्रांसफॉर्मर स्टार्टर

लेकिन स्टार-कनेक्टेड और डेल्टा- कनेक्टेड इंडक्शन मोटर्स दोनों के लिए सबसे उपयुक्त होता है। यह बड़ी मोटर को शुरू करने के लिए सबसे उपयुक्त है।

बड़े आकार की मोटरें मेन्स से बड़ी मात्रा में करेंट खींचती हैं यदि वे स्टार्टर के बिना मेन्स से जुड़ी हों। यद्यपि, अगर वे स्टार/डेल्टा स्टार्टर के माध्यम से मेन्स से जुड़े हैं, तो करेंट 1/3rd मान तक सीमित है जो अभी भी इतना बड़ा है कि यह उसी लाइन से जुड़े अन्य लोड को परेशान करेगा। इसलिए, शुरू में धारा की प्रवाह को कम मूल्यों तक सीमित करने के लिए ऑटो-ट्रांसफार्मर स्टार्टर्स को प्राथमिकता दी जाती है। ऑटो-ट्रांसफॉर्मर स्टार्टर्स की मदद से, हम शुरुआती धारा को किसी भी पूर्व निर्धारित मूल्य तक सीमित कर सकते हैं जैसा कि नीचे बताया गया है:

मान लीजिए कि एक ऑटो ट्रांसफार्मर द्वारा मोटर को चालू किया जाता है जिसका परिणमन अनुपात K है

यदि सामान्य वोल्टेज लागू होने पर I_{sc} प्रारंभिक धारा है।

प्रारंभ में स्टेटर पर दिया गया वोल्टेज = KV

फिर मोटर इनपुट धारा $= KI_{SC}$

सप्लाई धारा = ऑटो ट्रांसफार्मर की प्राथमिक धारा

= K × ऑटो ट्रांसफार्मर का सेकेंडरी धारा $= KKI_{SC} = K^2 I_{SC}$

यदि ऑटो-ट्रांसफार्मर स्टार्टर के माध्यम से मोटर पर 20% (अर्थात 1/5 वां) वोल्टेज लगाया जाता है, तो मेन्स से खींची गई धारा को $\left(\frac{1}{5}\right)^2$ यानी 1/25वीं बार घटाया जाता है ।

4.25. स्लिप रिंग इंडक्शन मोटर की प्रारंभिक विधि

स्लिप रिंग इंडक्शन मोटर को शुरू करने के लिए, एक 3-फेज रिओस्टेट रोटर सर्किट के साथ श्रेणी में ब्रश के माध्यम से जुड़ा हुआ है जैसा कि चित्र 4.22 में दिखाया गया है। इसे रोटर रिओस्टेट स्टार्टर कहते हैं। यह तीन अलग-अलग परिवर्ती अवरोधक एक 3- फेज आर्म्ड हैंडल के माध्यम से एक साथ जुड़ते हैं जो एक तारा बिंदु बनाता है।हैंडल को हिलाने से प्रत्येक फेज में समान प्रतिरोध दिया जा सकता है।प्रारंभ में, पूरे रिओस्टेट प्रतिरोध को रोटर सर्किट में डाला जाता है और रोटर करेंट कम हो जाता है इसके अनुरूप यह मोटर द्वारा शुरू में मुख्य से खींची गई धारा को कम कर देता है।जब मोटर गति पकड़ती है तो बाहरी प्रतिरोध धीरे-धीरे कम हो जाता है

$$I_{2s} = \frac{E_{2s}}{\sqrt{(R_2 + R)^2 + (X_{2s})^2}}$$

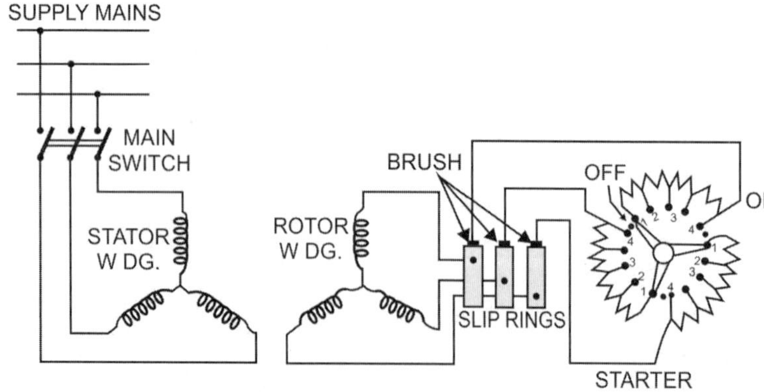

चित्र 4.22: रोटर रिओस्टेट स्टार्टर

और अंततः पूरे प्रतिरोध को सर्किट से बाहर कर दिया जाता है और स्लिप रिंग शॉर्ट-सर्किट हो जाते हैं।रोटर सर्किट में बाहरी प्रतिरोध डालने से, न केवल शुरुआती करेंट कम होता है, बल्कि पावर फैक्टर में सुधार के कारण स्टार्टिंग टॉर्क भी बढ़ जाता है:

प्रारंभ में:

स्टार्टर के बिना पावर फैक्टर, $\cos\phi_s = \dfrac{R_2}{\sqrt{(R_2)^2 + (X_{2s})^2}}$

स्टार्टर के साथ पावर फैक्टर, $\cos'\phi_s = \dfrac{(R_2 + R)}{\sqrt{(R_2 + R)^2 + (X_{2s})^2}}$

इसलिए, $\cos'\phi_s >> \cos\phi_s$

4.26. इंडक्शन मोटर्स का गति नियंत्रण

एक प्रेरण मोटर की गति इस समीकरण द्वारा दी जाती है

$$N = N_s(1 - S) \text{ or } N = \frac{120f}{P}(1 - S)$$

इसलिए वॉउण्ड मोटर की गति तीन कारकों पर निर्भर करती है, जैसे आवृत्ति, स्लिप और ध्रुवों की संख्या । इस प्रकार, इन तीन मात्राओं में से किसी एक को बदलकर या नियंत्रित करके एक प्रेरण मोटर की गति को नियंत्रित किया जा सकता है।

4.27. स्लिप को बदलकर गति नियंत्रण

एक प्रेरण मोटर की स्लिप को बदलकर गति को बदला जा सकता है, और (1) रोटर सर्किट प्रतिरोध को बदलकर (2) सप्लाई वोल्टेज को बदलकर और (3) रोटर सर्किट में वोल्टेज इंजेक्ट करके स्लिप को बदला जा सकता है।

1. रोटर सर्किट को बदलकर गति नियंत्रण प्रतिरोध

वॉउण्ड मोटर के रोटर परिपथ में प्रतिरोध का प्रस्तावित करके स्लिप को बदला जा सकता है और इसलिए गति बदल जाती है।

इंडक्शन मोटर में विकसित टॉर्क इस समीकरण से दिया जाता है।

$$T = \frac{3}{\omega_s}\frac{E_{2s}^2 R_2 / S}{[(R_2/S)^2 + (X_{2s})^2]}$$

यदि स्थिर है तो बलाघूर्ण स्थिर रहेगा। किसी दिए गए टॉर्क के लिए, मोटर जिस स्लिप पर रोटर प्रतिरोध के समानुपाती कार्य करती है।

स्लिप रिंग इंडक्शन रोटर का टॉर्क-स्पीड कर्व (डॉटेड) चित्र 4.23. में दिखाया गया है।

जब रोटर परिपथ में एक बाहरी प्रतिरोध जोड़ा जाता है, तो उसी टॉर्क T के लिए स्पीड कम हो जाती है, जिससे कि अनुपात स्थिर रहता है।

स्पीड नियंत्रण की इस पद्धति के नुकसान हैं:

खराब दक्षता: रोटर परिपथ में बाहरी प्रतिरोध का परिचय कराने से, रोटर परिपथ में अतिरिक्त शक्ति हानि होती है जो मोटर की समग्र दक्षता को कम करती है।

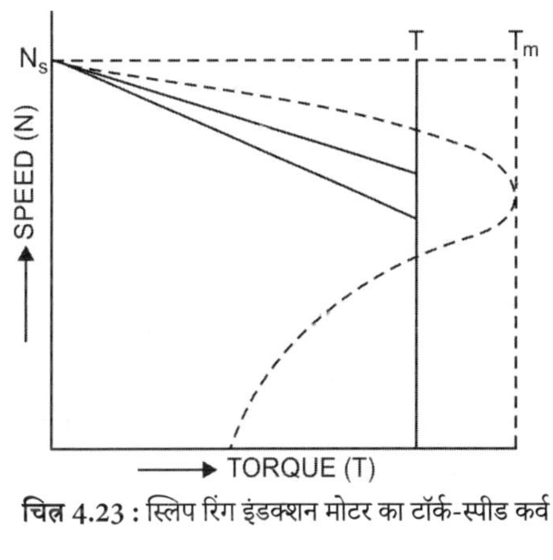

चित्र 4.23 : स्लिप रिंग इंडक्शन मोटर का टॉर्क-स्पीड कर्व

खराब गति विनियमन: जब रोटर परिपथ में कुछ बाहरी प्रतिरोध जोड़कर प्रेरण मोटर की स्पीड को नियंत्रित किया जाता है, तो स्पीड में परिवर्तन तब बढ़ता है जब मशीन पर लोड एक मान से दूसरे मान में बदलता है। इसलिए मशीन खराब नियमन पर काम करती है।

उदाहरण के लिए, चित्र 4.24 देखें। जब रोटर प्रतिरोध R_1 है और मशीन पर लोड आधा लोड से पूर्ण-लोड में बदल जाता है, तो मोटर की स्पीड N_1 से N_2 में घट जाती है। हालाँकि, जब रोटर परिपथ में कुछ प्रतिरोध जोड़ा जाता है ताकि इसका मान R_2 (यानी $R_2 > R_1$) हो जाए, तो स्पीड N_3 से N_4 में बदलती है जब मोटर पर लोड आधे-लोड से पूर्ण-लोड में बदल जाता है। यह बहुत ही स्पष्ट है कि $N_3 – N_4$, $N_1 – N_2$ से बड़ा है। इसलिए मशीन खराब नियमन पर काम करती है।

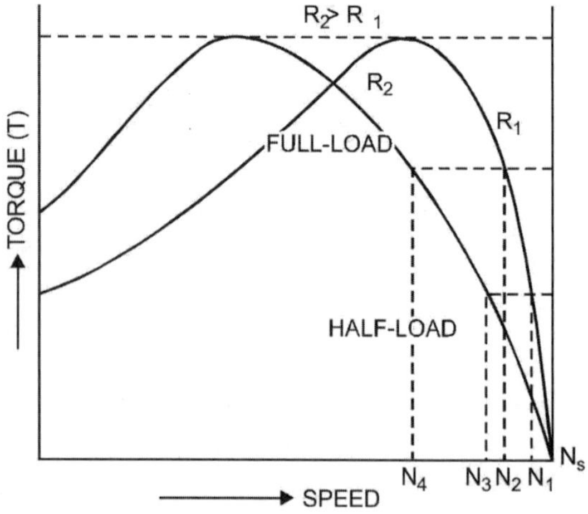

चित्र 4.24 : रोटर प्रतिरोध का मोटर स्पीड पर असर

2. आपूर्ति वोल्टेज को नियंत्रित करके गति नियंत्रण:

मोटर के आपूर्ति वोल्टेज को नियंत्रित करके मोटर की स्लिप या स्पीड को भी बदला जा सकता है। हम पहले ही देख चुके हैं कि मोटर द्वारा विकसित टॉर्क, सप्लाई वोल्टेज के वर्ग के समानुपाती होता है। यदि सप्लाई वोल्टेज कम हो जाता है, तो मोटर द्वारा विकसित टॉर्क तेजी से घटता है और भार उठाने के लिए स्लिप बढ़ जाती है या स्पीड कम हो जाती है।

उदाहरण के लिए, चित्र 4.25 को देखें। रेटेड वोल्टेज और दिए गए लोड पर, मोटर की स्पीड है। यदि सप्लाई वोल्टेज कम कर दिया जाता है (मान लीजिए 90%), तो दिए गए भार को लेने के लिए मोटर की स्पीड घट जाती है।

इस विधि का उपयोग तीन- फेज बड़े प्रेरण मोटर्स के स्पीड नियंत्रण के लिए कभी नहीं किया जाता है क्योंकि वोल्टेज नियंत्रण उपकरण बहुत महंगे और भारी होते हैं। हालांकि, इस विधि को आमतौर पर सिंगल-फेज इंडक्शन मोटर्स जैसे छत के पंखे आदि के साथ नियोजित किया जाता है।

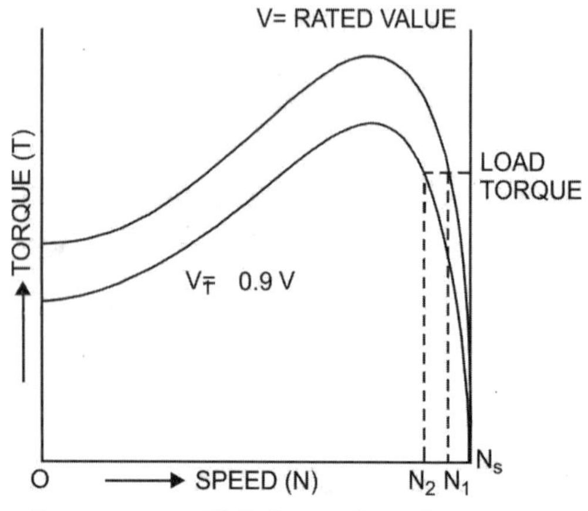

चित्र 4.25 : आपूर्ति वोल्टेज का मोटर स्पीड पर असर

3. रोटर सर्किट में वोल्टेज इंजेक्ट करके गति नियंत्रण:

एक इंडक्शन मोटर की स्पीड को रोटर परिपथ में सीधे स्लिप आवृत्ति पर वोल्टेज प्रवाहित करके भी नियंत्रित किया जा सकता है। इस विधि को सबसे पहले के.एच. श्रेज ऑफ़ स्वीडन द्वारा पेश की गई थी और जिस मोटर में यह विधि कार्यरत है उसे श्रेज मोटर कहते है। यदि प्रवाहित ई.एम.एफ. सीधे एक घटक है तो मोटर की गति, रोटर प्रेरित ई.एम.एफ. के विपरीत कम हो जाती है। दूसरी ओर, यदि प्रवाहित ई.एम.एफ. रोटर प्रेरित ई.एम.एफ. के साथ एक घटक है, तो मोटर की स्पीड बढ़ जाती है और तुल्यकालिक स्पीड से आगे बढ़ सकता है।

आजकल, श्रेज मोटर्स को उनकी भारी लागत और भारी निर्माण के कारण पसंद नहीं किया जाता है, लेकिन ये अभी भी अखबार की छपाई जैसे बड़े प्रिंटिंग प्रेस में कार्यरत हैं।

4.28. सप्लाई आवृत्ति को बदलकर गति नियंत्रण

पावर सप्लाई की आवृत्ति स्थिर है, इसलिए, इस विधि द्वारा एक प्रेरण मोटर की स्पीड को नियंत्रित करने के लिए, प्रेरण मोटर स्वतंत्र रूप से संचालित अल्टरनेटर से जुड़ा हुआ है। स्पीड को नियंत्रित करने के लिए, अल्टरनेटर की आवृत्ति को बदला जाता है । यह एक महंगा मामला है।

नियंत्रित रेक्टिफायर (एस सी आर) की क्षमताओं में हाल ही में सुधार और उनके निर्माण की लागत में लगातार कमी, इसने मोटर को सप्लाई की आवृत्ति को नियंत्रित करके इंडक्शन मोटर की गति को नियंत्रित करना संभव बना दिया है। इस विधि से इंडक्शन मोटर्स की रेटेड स्पीड के 5 से 10% तक नियंत्रित किया जा सकता है। हालाँकि, यदि स्पीड को इस मान से अधिक नियंत्रित किया जाना है, तो उसके अनुसार मोटर को डिज़ाइन करना होगा ।

4.29. ध्रुवों को बदलकर गति नियंत्रण

स्टेटर वाइंडिंग कनेक्शन को उपयुक्त स्विच के माध्यम से बदला जा सकता है, इस तरह से स्टेटर पोल की संख्या बदल जाती है। यह मोटर की वास्तविक स्पीड को बदल देता है क्योंकि मोटर की वास्तविक गति ध्रुवों की संख्या के लगभग विपरीत समानुपाती होती है।

उपयुक्त कनेक्शन द्वारा एक वाइंडिंग दो अलग-अलग स्पीड दे सकती है।

मान लीजिए कि चार कॉइल प्रति फेज हैं। यदि ये इस तरह से जुड़े हुए हैं कि ये करेंट को एक ही दिशा में प्रवाहित करते है, फिर यह आठ ध्रुवों का निर्माण करेगा जैसा कि चित्र 4.26 (a) में दिखाया गया है। अब अगर कनेक्शंस ऐसी हैं कि वैकल्पिक कॉइल्स विपरीत दिशाओं में धारा प्रवाहित करती हैं, हमें कुल मिलाकर चार ध्रुव मिलते हैं जैसे की चित्र 4.26 (b) में दिखाया गया है।

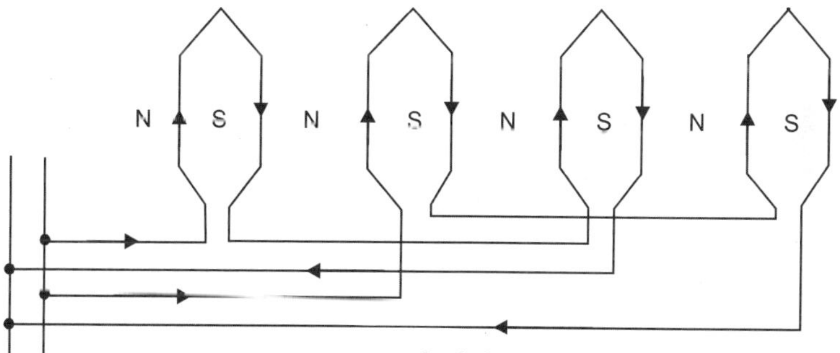

(a) आठ पोल के लिए

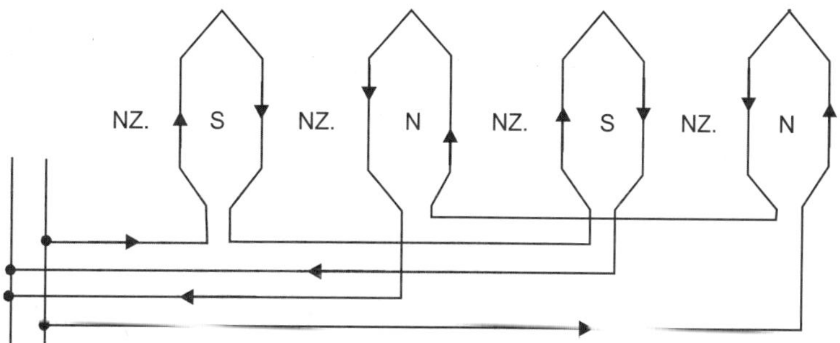

(a) चार - पोल के लिए

चित्र 4.26: ध्रुवों की संख्या बदलकर गति नियंत्रण

यदि दो से अधिक स्पीड की आवश्यकता होती है, तो दो अलग-अलग वाइंडिंग एक ही स्लॉट में रखे जाते हैं और यदि प्रत्येक को दो स्पीड देने की व्यवस्था की जाती है तो दो वाइंडिंग चार अलग-अलग स्पीड दे सकती हैं। गिलहरी केज मोटर्स में, रोटर पोल्स स्वचालित रूप से समायोजित हो जाते हैं। हालांकि, वॉउण्ड मोटर में, रोटर पोल को तदनुसार बदलते समय ध्यान देना पड़ता है ।

4.30. कैस्केड विधि द्वारा गति नियंत्रण

दो या दो से अधिक मोटरों को शामिल करने वाली प्रेरण मोटर की गति नियंत्रण की इस विधि को कैस्केड विधि का गति नियंत्रण कहते है । दो मशीनें यांत्रिक रूप से एक-दूसरे से जुड़ी हुई हैं, उनमें से एक स्लिप रिंग इंडक्शन मोटर होनी चाहिए। ज्यादातर दोनों स्लिप रिंग मोटरों का उपयोग एकता के बराबर परिवर्तन अनुपात में किया जाता है। इस मामले में सप्लाई इंडक्शन मोटर में से एक के स्टेटर से जुड़ी होती है और प्रेरित ई.एम.एफ. स्लिप रिंग से रोटर को दूसरे इंडक्शन मोटर के स्टेटर या रोटर को दिया जाता है।

यदि दो मशीनों के ध्रुवों की संख्या है और f सप्लाई आवृत्ति है, तो इस प्रकार अलग-अलग स्पीड दे सकते है:

(i) जब मशीन I अकेले काम करती है:

$$\text{तुल्यकालिक स्पीड} = \frac{120f}{P_1}$$

(ii) जब मशीन II अकेले काम करती है:

$$\text{तुल्यकालिक स्पीड} = \frac{120f}{P_2}$$

(iii) जब मशीन I और II को संचयी कैस्केड में जोड़ा जाता है, यानी दोनों मोटरों का टॉर्क एक ही दिशा में होता है;

$$\text{सेट की तुल्यकालिक स्पीड} = \frac{120f}{P_1 + P_2}$$

(iv) जब मशीन I और II को डिफरेंशियल कैस्केड में जोड़ा जाता है, यानी मोटर्स का टॉर्क विपरीत दिशा में होता है;

$$\text{सेट की तुल्यकालिक गति} = \frac{120f}{P_1 - P_2}$$

4.31. तीन फेज प्रेरण मोटर का अनुप्रयोग

गिलहरी केज इंडक्शन मोटर्स और स्लिप-रिंग (फेज वॉउण्ड) इंडक्शन मोटर्स के अनुप्रयोग नीचे दिए गए हैं:

1. **गिलहरी केज इंडक्शन मोटर्स:** ये मोटर यांत्रिकी रूप से मजबूत होती हैं और लगभग स्थिर स्पीड से संचालित होती हैं। ये मोटर्स उच्च शक्ति कारक पर काम करते हैं और इनमें उच्च भार क्षमता होती है। हालाँकि, इन मोटरों में कम स्टार्टिंग टॉर्क होता है। (यानी, ये मोटर अत्यधिक भार नहीं उठा सकते हैं) और शुरुआत में अत्यधिक धारा प्रवाहित होती हैं। इन विशेषताओं के आधार पर, ये मोटर सबसे उपयुक्त हैं इनके लिए:

   (i) प्रिंटिंग मशीनरी
   (ii) आटा चक्की
   (iii) सॉ मिल
   (iv) छोटे उद्योगों की शाफ्ट ड्राइव
   (v) पम्पस
   (vi) छोटे जनरेटर आदि के साथ प्राइम-मूवर्स।

2. **स्लिप-रिंग (या फेज- वॉउण्ड) इंडक्शन मोटर्स:** इन मोटरों में गिलहरी केज इंडक्शन मोटर्स की सभी महत्वपूर्ण विशेषताएं (लाभ) होती हैं और साथ ही साथ अत्यधिक भार उठाने की क्षमता सप्लाई से छोटी धारा प्रवाहित करना । तदनुसार ये मोटर्स सबसे उपयुक्त हैं इनके लिए:

(i) रोलिंग मिल
(ii) लिफ्ट और होइस्ट
(iii) बड़ी आटा चक्की
(iv) बड़े पम्पस
(v) भारी उद्योगों के लाइन शाफ्ट
(vi) मध्यम और बड़े जनरेटर के साथ प्राइम-मूव।

4.32 सिंगल फेज इंडक्शन मोटर में उत्पादित क्षेत्र की प्रकृति

सिंगल-फेज इंडक्शन मोटर में उत्पादित क्षेत्र को डबल रिवॉल्विंग फील्ड द्वारा समझाया जा सकता है यह सिद्धांत नीचे दिया गया है: -

यह सिद्धांत "फेरारिस सिद्धांत" पर आधारित है सिंगल फेज मोटर में जो स्पंदनशील क्षेत्र उत्पन्न होते उन्हे आधे परिमाण के दो घटकों में विभाजित किया जाता है जो एक - दुसरे के विपरीत दिशा में समान तुल्यकालिक गति से घूर्णन करते है ।

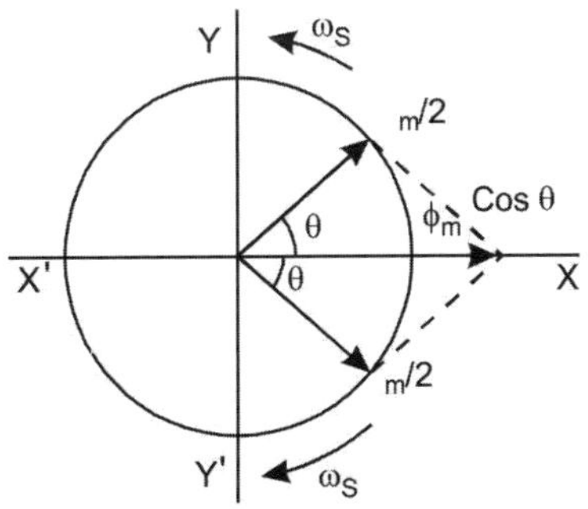

(a) किसी भी पल में चरणबद्ध

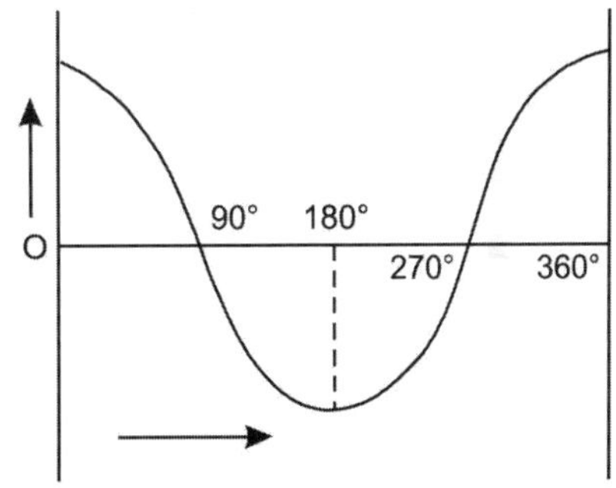

(b) प्रतिनिधित्व तरंग आरेख

चित्र 4.27: डबल रिवॉल्विंग फील्ड

इस प्रकार अल्टरनेटिंग फ्लक्स जो स्टैंड स्टिल पर सिंगल फेज इंडक्शन मोटर के एयर गैप से होकर गुजरता है एक ही शक्ति के दो क्षेत्रों के संयोजन होते हैं जो समान गति से घूम रहे हैं, एक दक्षिणावर्त दिशा में और दूसरा वामावर्त दिशा में। इन प्रत्येक क्षेत्रों की ताकत वास्तविक प्रत्यावर्ती क्षेत्र की अधिकतम क्षेत्र शक्ति के आधे के बराबर होगा जैसा कि चित्र 4.27 (a) में दिखाया गया है।

मान लीजिए कि ϕ_m स्पंदनशील क्षेत्र है, जिसमें दो घटक हैं और प्रत्येक के परिमाण $\phi_m /2$ है ।दोनों क्षेत्र समान कोणीय गति ωs रेडियन/सेकंड से एक - दुसरे के विपरीत दिशा में घूम रहे हैं जैसा कि चित्र 4.27 (a) में दिखाया गया है। दो क्षेत्र का परिणामी $\phi_m \cos \theta$ है। इससे पता चलता है कि परिणामी क्षेत्र कोण की कोज्या के अनुसार बदलता रहता है।परिणामी क्षेत्र का तरंग आकार चित्र 4.27 (b) में दिखाया गया है।

इस प्रकार एक प्रत्यावर्ती क्षेत्र को दो क्षेत्रों द्वारा दर्शाया जा सकता है जिनमें से प्रत्येक आधे परिमाण व समान कोणीय गति (ω_s रेडियन/सेकंड) विपरीत दिशा में घूर्णन करते है।

4.33 सिंगल फेज इंडक्शन मोटर द्वारा विकसित टॉर्क

दो घूमने वाले क्षेत्र विपरीत दिशाओं में टॉर्क पैदा करेंगे। दो परिक्रामी क्षेत्रों फील्ड नंबर 1 और फील्ड नंबर 2 को होने दें क्लॉकवाइज और एंटीक्लॉकवाइज दिशा में घूमते हैं । फील्ड नंबर 1 दक्षिणावर्त दिशा, जबकि, फील्ड नंबर 2 वामावर्त क्षेत्र वामावर्त दिशा में टोक़ पैदा करता है। क्लॉकवाइज टॉर्क को पॉजिटिव और एंटीक्लॉकवाइज नेगेटिव के रूप में प्लॉट किया जाता है। स्टैंड स्टिल पर, दोनों क्षेत्रों के लिए स्लिप का मान 1 होता है । दक्षिणावर्त दिशा में तुल्यकालिक गति फ़ील्ड 1 के लिए स्लिप का मान शून्य (0) देगा लेकिन यह फील्ड नंबर 2 के लिए स्लिप का मान 2 देगा । इसी तरह घड़ी की विपरीत दिशा में तुल्यकालिक गति फील्ड नंबर 2 के लिए स्लिप का मान शून्य (0) देगा और फ़ील्ड 1 के लिए स्लिप का मान 2 देगा । रोटर में विकसित परिणामी बलाघूर्ण है शून्य

स्थिति से गुजरने वाले वक्र द्वारा चित्र 4.28 में दिखाया गया है।

अब अगर हम परिणामी टॉर्क को देखें तो प्रारंभिक टॉर्क (स्लिप = 1 पर टॉर्क) शून्य है। और शुरू करने के अलावा

परिणामी बलाघूर्ण का हमेशा कुछ परिमाण होता है, जो दर्शाता है कि इस प्रकार की मोटर एक बार किसी भी दिशा में शुरू हो जाती है उस दिशा में टॉर्क विकसित करेगी और रोटर आवश्यक गति पकड लेगा । उपरोक्त विश्लेषण से पता चलता है कि सिंगल फेज इंडक्शन मोटर सिंगल वाइंडिंग के साथ विकसित टॉर्क नहीं होती है लेकिन अगर रोटर किसी भी दिशा में किसी सहायक माध्यम से घुमाया जाता है तो टॉर्क उसी दिशा में विकसित होगा जिसमें इसे शुरू करने के लिए घुमाया गया है। तो समस्या का हल यह है कि मोटर में स्टार्टिंग टॉर्क विकसित करने के लिए एक सहायक माध्यम की आवश्यकता होती है ।

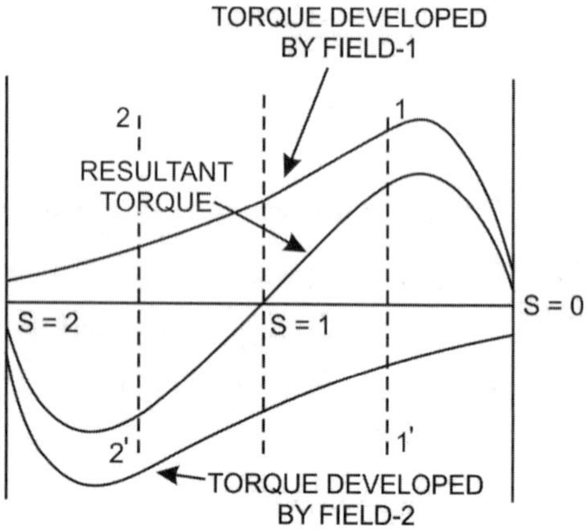

चित्र 4.28: दो क्षेत्रों द्वारा विकसित टॉर्क

4.34 सिंगल फेज एसी मोटर के प्रकार

सिंगल-फेज इंडक्शन मोटर्स में शुरुआती टॉर्क प्राप्त करने के लिए विभिन्न तरीकों (साधनों) का इस्तेमाल किया जाता है।तदनुसार उन्हें वर्गीकृत किया गया है;

1. स्प्लिट फेज मोटर्स 2. शेडेड पोल मोटर्स 3. एसी सीरीज मोटर्स या कम्यूटेटर मोटर्स।

4.35 स्प्लिट-फेज मोटर

स्प्लिट-फेज मोटर का बाहरी फ्रेम कोर और स्टेटर 3-चरण प्रेरण मोटर के बाहरी फ्रेम और स्टेटर कोर के समान होता है । स्टार्टिंग और रनिंग वाइंडिंग को स्टेटर स्लॉट में रखा जाता है। दोनों वाइंडिंग को समानांतर में रखा जाता है जैसा कि चित्र 4.29 (a) में दिखाया गया है। इसका उद्देश्य दो अलग-अलग धाराओं को प्राप्त करना है जो एक दूसरे से पर्याप्त रूप से विस्थापित किया जाता है ताकि एक परिक्रामी क्षेत्र का उत्पादन किया जा सके । मुख्य वाइंडिंग जो है अत्यधिक आगमनात्मक है सामान्य तरीके से लाइन में जुड़ा हुआ है।सहायक या प्रारंभिक वाइंडिंग का मुख्य वाइंडिंग की तुलना में अधिक प्रतिरोध और प्रतिक्रिया कम होता है ।

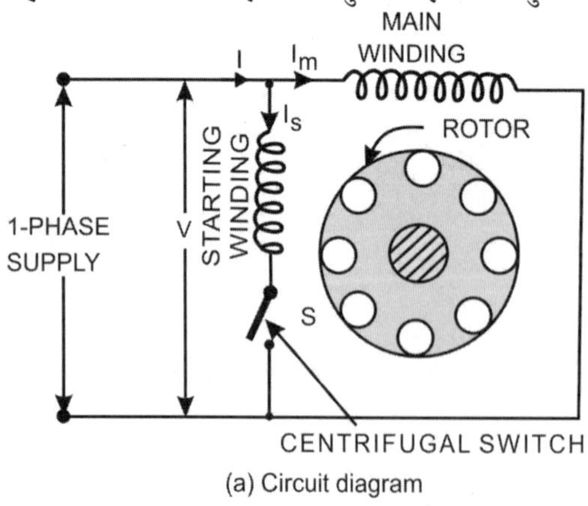

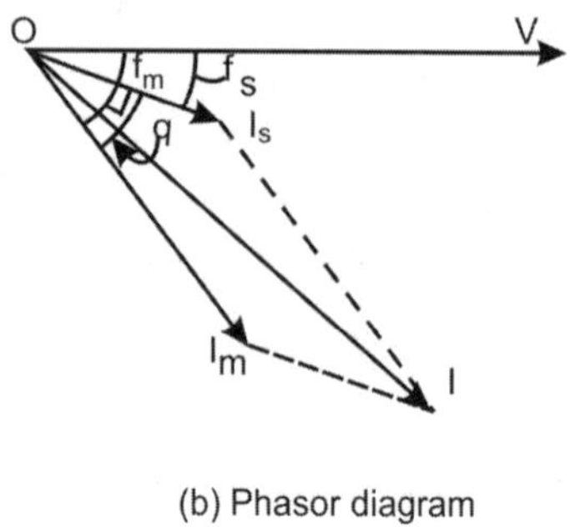

(a) सर्किट आरेख (b) फेजर आरेख

चित्र 4.29: स्प्लिट-फेज मोटर

स्टार्टिंग वाइंडिंग का करेंट आपूर्ति वोल्टेज को कम कोण ϕ_s से लैग करता जबकि मुख्य वाइंडिंग का करेंट वर्तमान I_m अत्यधिक आगमनात्मक होने के कारण आपूर्ति वोल्टेज को अधिक कोण $\phi_s m$ से लैग करता है जैसा कि चित्र 4.29 (b) में दिखाया गया है ।

इस प्रकार, एक परिक्रामी चुंबकीय क्षेत्र स्टेटर में स्थापित हो जाता है और रोटर में एक प्रारंभिक टोक़ विकसित होता है नतीजतन रोटर घूमना शुरू कर देता है और गति पकड़ता है। एक सेंट्रीफ्यूगल स्विच जो सामान्य रूप से बंद रहता है, को स्टार्टिंग वाइंडिंग के साथ श्रृंखला में जोड़ा जाता है। जब मोटर तुल्यकालिक गति का लगभग 75% गति प्राप्त कर लेता है, तब सेंट्रीफ्यूगल स्विच सेंट्रीफ्यूगल बल की मदद से अपने आप खुल जाता है और स्टार्टिंग वाइंडिंग को सर्किट से हटा देता है । यह महत्वपूर्ण है कि केन्द्रापसारक स्विच को खुलना चाहिए अन्यथा सहायक वाइंडिंग पतले तार से बनी होती है तथा वाइंडिंग अधिक गर्म हो जाएगी और क्षतिग्रस्त हो सकती है।

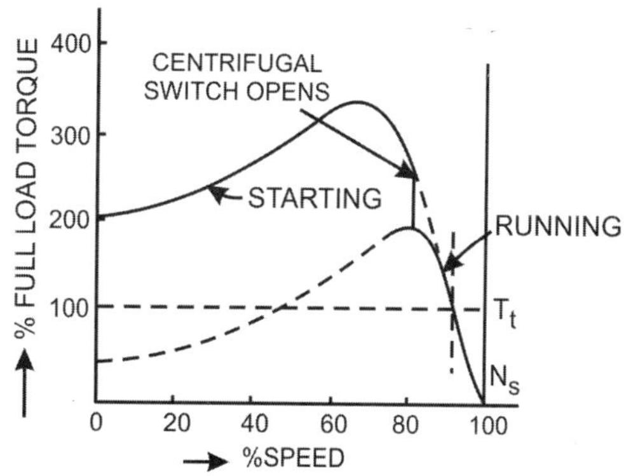

चित्र 4.30 : स्प्लिट-फेज मोटर का टॉर्क- गति वक्र

प्रदर्शन और विशेषताएं: स्प्लिट-फेज मोटर का विशिष्ट टोक़ गति विशेषताओं को चित्र 4.30 में दिखाया गया है। स्टार्टिंग टॉर्क फुल लोड टॉर्क से लगभग दोगुना है। शुरुआत में करेंट लगभग 6 से 8 गुना होता है। लोड में वृद्धि के साथ गति केवल 5% से 7% तक की गिरती है अन्यथा यह क स्थिर गति वाली मोटर है। मोटर की गति निम्न संबंध द्वारा नियंत्रित होती है।

इसकी वास्तविक गति तुल्यकालिक गति NS से कम है। समान भार के लिए इसकी रेटिंग पाली चरण प्रेरण मोटर से लगभग 60%की है । इसकी पीएफ और दक्षता कम है । पी.एफ. 0.6 और दक्षता भी लगभग 60% है।

अनुप्रयोग: चूंकि शुरुआती टोक़ इतना अधिक नहीं है इसलिए इस मशीन का उपयोग वहां नहीं किया जाता है जहां पर बड़ी टॉर्क की आवश्यकता होती है। इसका उपयोग छोटे भार के लिए लगभग (0.25 HP) के लिए किया जाता है। इसका उपयोग वाशिंग मशीन, पंखे, ब्लोअर, वुड वर्किंग टूल्स, ग्राइंडर और कई अन्य लो स्टार्टिंग टॉर्क एप्लीकेशन के लिए किया जाता है।

घूर्णन की दिशा का उत्क्रमण: 1-चरण (विभाजित चरण) प्रेरण मोटर के घूर्णन की दिशा को स्टार्टिंग वाइंडिंग या तो कनेक्शन को उलट कर (इंटरचेंजिंग) किया जा सकता है ।

4.36 संधारित्र मोटर

यह भी एक स्प्लिट फेज मोटर है। इस मोटर में एक संधारित्र को स्टार्टिंग वाइंडिंग के साथ श्रेणीक्रम में जोड़ा जाता है। यह उपर्युक्त स्प्लिट फेज मोटर का एक उन्नत रूप है। इन मोटर्स में I_s और I_m के बीच कोणीय विस्थापन लगभग 90° तक किया जा सकता है और उच्च प्रारंभिक टॉर्क प्राप्त किया जा सकता है । चूँकि प्रारंभिक बलाघूर्ण कोण के $\sin\theta$ समानुपाती होता है । प्रारंभिक वाइंडिंग में संधारित्र स्थायी या अस्थायी रूप से जोड़ा जा सकता है। तदनुसार, संधारित्र मोटर्स हो सकते हैं ।

1. कैपेसिटर स्टार्ट मोटर
2. कैपेसिटर रन मोटर
3. कैपेसिटर स्टार्ट और कैपेसिटर रन मोटर

1. **कैपेसिटर स्टार्ट मोटर्स :** कैपेसिटर स्टार्ट में इंडक्शन मोटर कैपेसिटर C का मान बड़ा होता है । यह मोटर को उच्च प्रारंभिक टॉर्क देता है । नियोजित संधारित्र का ड्यूटी रेटिंग कम समय का होता है ।

   कैपेसिटर इलेक्ट्रोलाइटिक प्रकार का होता है। इलेक्ट्रोलाइटिक कैपेसिटर C प्रारंभिक वाइंडिंग और केन्द्रापसारक स्विच S के साथ श्रृंखला में जुड़ा होता है जैसा कि चित्र 4.31 (a) में दिखाया गया है। जब मोटर तुल्यकालिक गति का लगभग 75% की गति प्राप्त कर लेता है तो

प्रारंभिक वाइंडिंग कट-ऑफ हो जाता है। मोटर और वाइंडिंग का निर्माण स्प्लिट फेज मोटर के समान होता है। इसका उपयोग वहां किया जाता है जहां उच्च स्टार्टिंग टॉर्क की आवश्यकता होती है जैसे रेफ्रिजरेटर ।

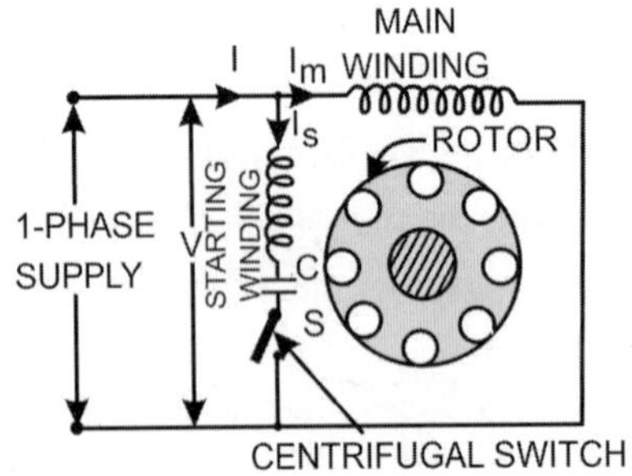

चित्र 4.31(a) सर्किट आरेख

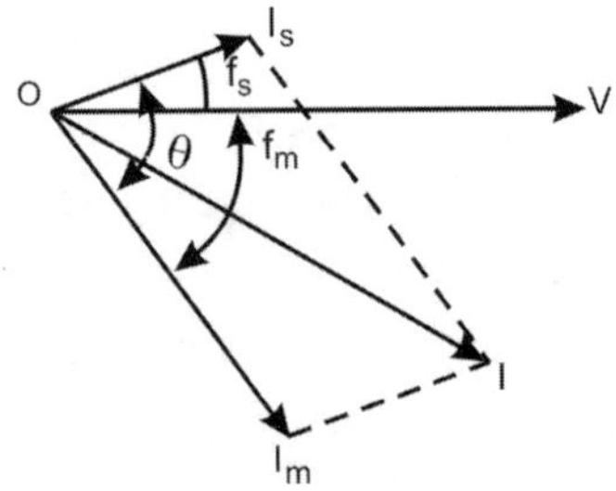

चित्र 4.31(b) फेजर आरेख

चित्र 4.31: कैपेसिटर स्टार्ट मोटर

प्रदर्शन और विशेषताएं : यह मोटर लगभग 5% स्लिप के साथ गति स्थिर देता है। इस प्रकार की मोटर पूर्ण भार का लगभग 4 से 5 गुना उच्च प्रारंभिक टॉर्क विकसित करता है। यह कम प्रारंभिक धारा खींचता है। इसका टॉर्क- गति वक्र चित्र 4.32 में दिखाया गया है। रोटेशन की दिशा को प्रारंभिक वाइंडिंग या रनिङ्ग वाइंडिंग के कनेक्शन को इंटरचेंज करके बदला जा सकता है ।

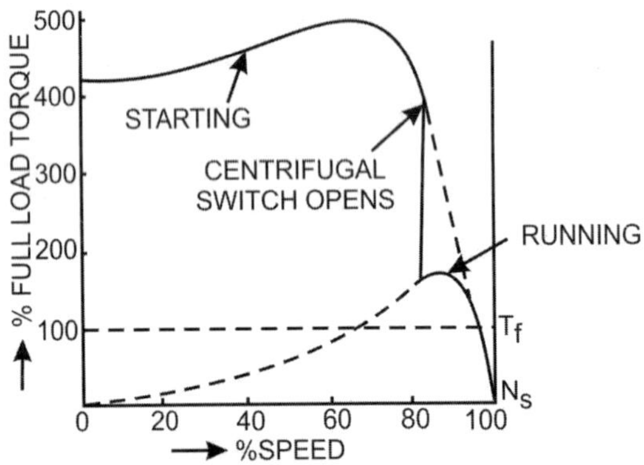

चित्र 4.32: कैपेसिटर स्टार्ट मोटर का टॉर्क- गति वक्र

2. **कैपेसिटर रन मोटर्स (फैन मोटर्स) :** इन मोटरों में, एक पेपर कैपेसिटर प्रारंभिक वाइंडिंग के साथ स्थायी रूप से जुड़ा होता है, जैसा कि चित्र 4.33 (a) में दिखाया गया है। इसमें, इलेक्ट्रोलाइटिक संधारित्र का उपयोग नहीं किया जा सकता है क्योंकि इस प्रकार के कैपेसिटर को केवल कम समय की रेटिंग के लिए डिज़ाइन किया जाता है । मेन और स्टार्टिंग वाइंडिंग दोनों की रेटिंग समान होती है।

   प्रदर्शन और विशेषताएं: स्टार्टिंग टॉर्क फुल लोड टॉर्क से लगभग 50 से 100% कम है। पावर फैक्टर में सुधार एकता के बराबर हो सकता है। दक्षता में लगभग 75% है। इसके विशेषताओं को चित्र 4.33 (b) में दिखाया गया है। यह आमतौर पर पंखे, रूम कूलर, पोर्टेबल टूल्सऔर अन्य घरेलू और वाणिज्यिक बिजली के उपकरण में उपयोग किया जाता है ।

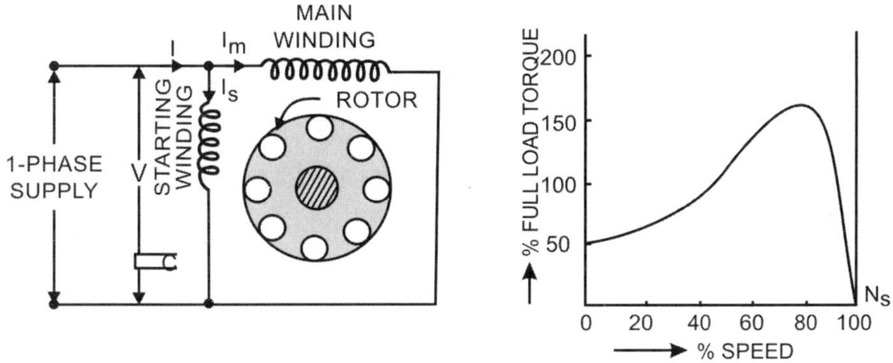

(a) सर्किट आरेख (b) कैपेसिटर रन मोटर का टॉर्क-गति वक्र

चित्र 4.33: कैपेसिटर रन मोटर

3. **कैपेसिटर स्टार्ट और कैपेसिटर रन मोटर्स :** इस मोटर में, दो कैपेसिटर का उपयोग किया जाता है एक प्रारंभिक उद्देश्य के लिए और अन्य चलाने के उद्देश्य के लिए जैसा कि चित्र 4.34 (a) में दिखाया गया है। प्रारंभिक उद्देश्य के लिए संधारित्र C_s का इस्तेमाल किया जाता है जो इलेक्ट्रोलाइटिक प्रकार का होता है। जब मोटर तुल्यकालिक गति का 75% गतिप्राप्त करता है तो केन्द्रापसारक स्विच S की मदद से मोटर डिस्कनेक्ट हो जाता है । जहांकि अन्य संधारित्र CR जो एक कागज संधारित्र है चालू अवस्था में स्टार्टिंग वाइंडिंग के परिपथ में रहता है। इस प्रकार की मोटर बेहतरीन रनिंग और स्टार्टिंग ऑपरेशन देती है। संधारित्र C_s का मान C_r शुरू करना से अधिक होता है।

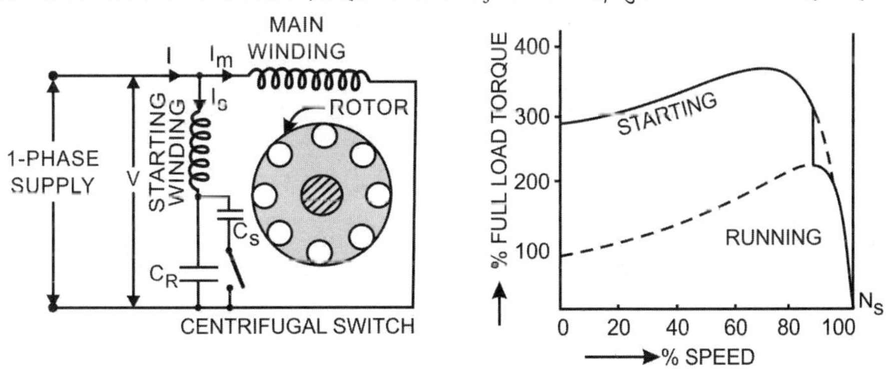

(a) सर्किट आरेख (b) कैपेसिटर रन और कैपेसिटर रन मोटर मोटर का टॉर्क- गति वक्र

चित्र 4.34 : कैपेसिटर रन कैपेसिटर रन मोटर मोटर

प्रदर्शन और विशिष्टता : ऐसी मोटरें दो चरण मोटर्स के रूप में काम करती हैं जो सर्वोत्तम प्रदर्शन और नीरव संचालन प्रदान करती हैं । स्टार्टिंग टॉर्क ज्यादा होता है, स्टार्टिंग करेंट कम होता है , बेहतर पी.एफ और उच्च दक्षता देता है । इस मोटर का एकमात्र नुकसान उच्च लागत है। इस मोटर के विशिष्ट टॉर्क- गति वक्र को चित्र 4.34 (b) में दिखाया गया है ।

4.37 शेडेड पोल मोटर

बनावट

स्टेटर में बहिर्गत पोल के साथ शेडेड पोल मोटर (छायांकित पोल मोटर) का निर्माण किया जाता है। प्रत्येक ध्रुव की अपनी एक्साइटिङ्ग वाइंडिंग होती है जैसा चित्र 4.35 (a) में दिखाया गया है। प्रत्येक पोल कोर का 1/3 भाग तांबे की पट्टी से घिरा होता है और एक बंद लूप बनाते हैं जिसे छायांकन बैंड कहा जाता है जैसा कि चित्र 4.35 (a) और (b) में दिखाया गया है। रोटर आमतौर पर गिलहरी होता है । जब स्टेटर वाइंडिंग को सिंगल फेज सप्लाई दी जाती है, तो यह अल्टरनेटिंग फ्लक्स उत्पन्न करता है।

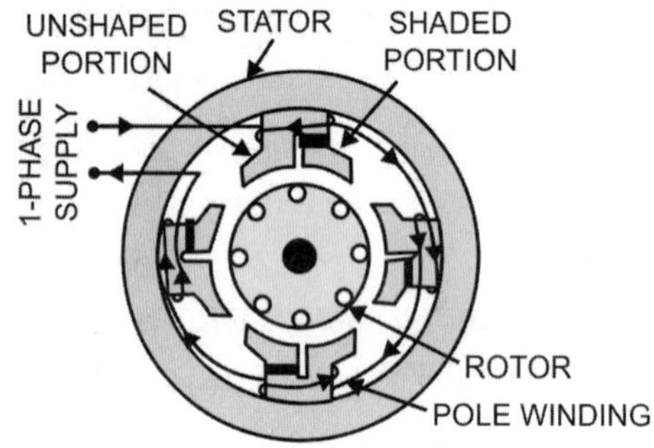

(a) शेडेड पोल मोटर का स्टेटर

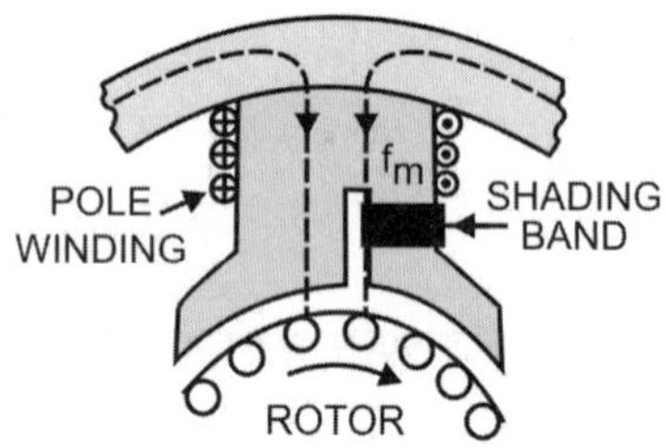

(b) शेडेड पोल मोटर का छायांकित ध्रुव

चित्र 4.35: शेडेड पोल मोटर

ध्रुव में फ्लक्स बढ़ रहा होता है तब फ्लक्स का एक भाग छायांकित पोल से गुजरने का प्रयास करता है । यह फ्लक्स वोल्टेज को प्रेरित करता है और इसलिए कॉपर रींग में करेंट प्रवाह होता है, और लेनज़ के नियम द्वारा धारा की दिशा ऐसी होती है कि वह कारणों का विरोध करती है अर्थात् छायांकित भाग में फ्लक्स का बढ़ना का विरोध करती ।इसलिए शुरुआत में, फ्लक्स का बड़ा भाग प्रत्येक ध्रुव के अछायांकित पक्ष से होकर गुजरता है और परिणामी अछायांकित पक्ष के पोल पर स्थित होता है। जब फ्लक्स अपने अधिकतम मान तक पहुँच जाता है, तो उसके परिवर्तन की दर शून्य हो जाती है, जिससे ई.एम.एफ. तथा इसलिए शेडिंग कॉइल में करेंट शून्य हो जाता है । फ्लक्स समान रूप से ध्रुव चरण में वितरित किया जाता है और परिणामी क्षेत्र ध्रुव के केंद्र में स्थित होता है । उसके बाद मेनफ्लक्स कम हो जाता है, वर्तमान छायांकन कॉइल में प्रेरित करेंट अब ध्रुव के छायांकित हिस्से पर फ्लक्स को बढ़ाता है , और परिणामी फ्लक्स छायांकित ध्रुव पर स्थित होता है जैसा कि चित्र 4.36 में दिखाया गया है।

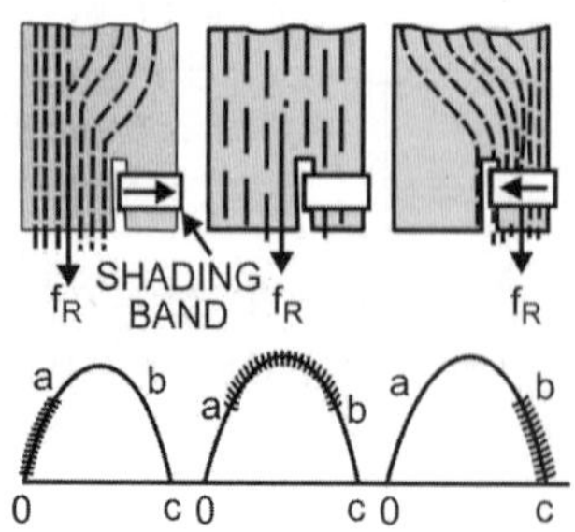

चित्र 4.36: आधे चक्र के दौरान ध्रुव में फ्लक्स वितरण

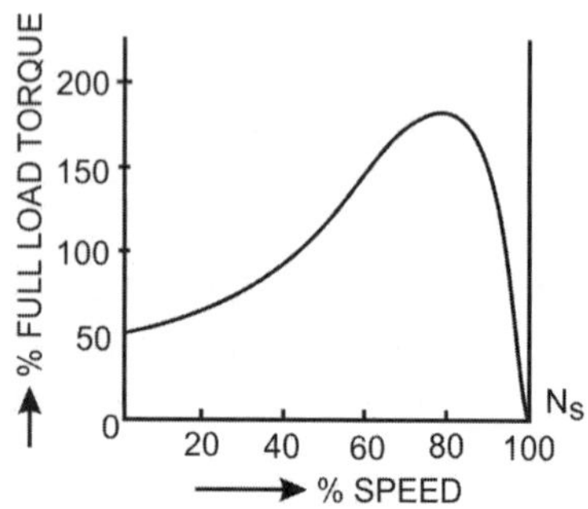

चित्र 4.37: छायांकित पोल मोटर की टॉर्क -गति विशेषताएँ

इसलिए, एक परिक्रामी क्षेत्र स्थापित किया जाता है जो ध्रुव के छायांकित भाग से छायांकित की ओर घूमता है, इस प्रकार, विद्युत चुम्बकीय प्रेरण द्वारा, रोटर में स्टार्टिंग टॉर्क विकसित होता है और रोटर घूमने लगता है। उसके बाद इसका रोटर गति पकड लेता है ।

प्रदर्शन और विशेषताएं

एक विशिष्ट गति टोक़ विशेषताओं को चित्र 4.37 में दिखाया गया है। स्टार्टिंग टॉर्क फुल लोड टॉर्क से बहुत छोटा लगभग 50% होता है। छायांकन कॉइल में निरंतर शक्ति की हानियां होने के कारण इन मोटरों की दक्षता कम है । इन मोटरों का उपयोग छोटे पंखे, बिजली की घड़ियां, ग्रामोफोन आदि के लिए किया जाता है। इसके घूर्णन की दिशा छायांकन कुंडली की स्थिति पर निर्भर करती है, अर्थात ध्रुव का कौन सा भाग है छायांकन कुंडल के साथ लिपटे। घूर्णन की दिशा ध्रुव के अछायांकित भाग से छायांकित भाग की ओर होती है। इसके घूर्णन की दिशा तब तक उलटी नहीं जा सकती जब तक कि ध्रुवों की स्थिति उलट न दी जाए।

4.38 एसी श्रृंखला मोटर या कम्यूटेटर मोटर

जब डीसी श्रृंखला मोटर को फेज-1 ए.सी. को सप्लाई दी जाती है तो इसमें एक यूनिडायरेक्शनल टॉर्क विकसित हो जाता है। वास्तव में, धनात्मक आधे चक्र के दौरान, श्रृंखला क्षेत्र वाइंडिंग और आर्मेचर वाइंडिंग में समान धारा प्रवाहित होती है जो एक दिशा

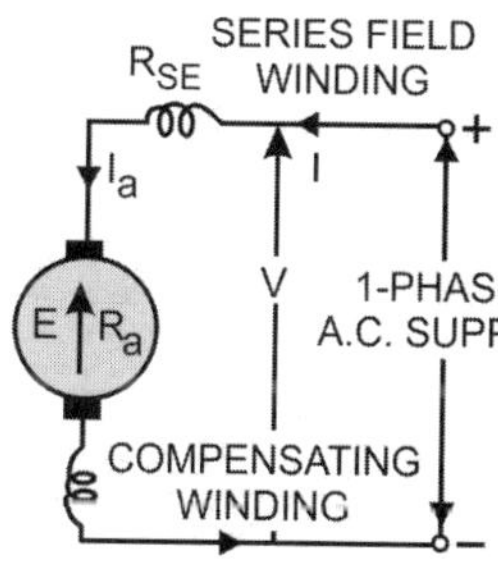

चित्र 4.38 : एसी श्रृंखला मोटर का सर्किट आरेख

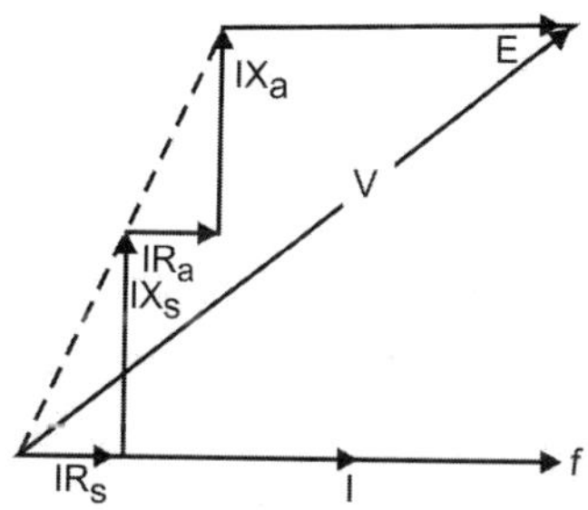

चित्र 4.38 : वोल्टेज वितरण

में एक बलाघूर्ण विकसित करता है (जैसे दक्षिणावर्त) । नकारात्मक आधे चक्र के दौरान, सीरीज़ फील्ड वाइंडिंग से बहने वाली धारा और साथ ही साथ आर्मेचर से प्रवाहित होने वाली धारा भी उलट जाती है है, इसलिए, टॉर्क उसी दिशा में विकसित होता है (अर्थात दक्षिणावर्त दिशा)। इस प्रकार, एक निरंतर रोटेशन प्राप्त होता है।

गणितीय रूप से हम जानते हैं

डीसी श्रृंखला मोटर्स में टोक़ $T \propto \phi_{se} I_a$, जहां I_a = आर्मेचर धारा ϕ_{se} = श्रृंखला वाइंडिंग की फ्लक्स

जब श्रृंखला मोटर को ए.सी. आपूर्ति दी जाती है तो धनात्मक आधे चक्र के दौरान $T \propto \phi_{se} I_a$ नकारात्मक आधे चक्र के के दौरान $T \propto (-\phi_{se})(-I_a) \propto \phi_{se} I_a$

इस प्रकार धनात्मक और ऋणात्मक आधे चक्र के दौरान समान बलाघूर्ण (टॉर्क) उत्पन्न होता है। हालांकि, डीसी श्रृंखला मोटर को एसी पर संतोषजनक संचालन के लिए में कुछ संशोधन आवश्यक हैं। जो नीचे दिए गए हैं:

1. लोहे की क्षेत्र संरचना और योक को लैमिनेट करना पड़ेगा ।
2. सीरीज फील्ड वाइंडिंग को इस तरह से डिजाइन किया गया है कि यह डी.सी की तुलना में अपेक्षाकृत छोटा एम.एम.एफ उत्पन्न करेगा , यह घुमावों की संख्या को कम करके किया जाता है। छोटे क्षेत्र m.m.f का परिणाम होगा कम वायु अंतर प्रवाह इसलिए, आवश्यक टॉर्क विकसित करने के लिए आर्मेचर कंडक्टरों की संख्या को आनुपातिक रूप से बढ़ाना होगा।

3. आर्मेचर कंडक्टरों में वृद्धि के परिणामस्वरूप आर्मेचर की आगमनात्मक प्रतिक्रिया में वृद्धि होगी इसलिए शुद्ध आगमनात्मक प्रतिक्रिया को कम नहीं किया जा सकता है। इस कठिनाई को दूर करने के लिए क्षतिपूर्ति वाइंडिंग को आर्मेचर के साथ श्रृंखला में जोड़ा जाता है जैसा कि चित्र 4.38 में दिखाया गया है। यह पूरी तरह से आर्मेचर वाइंडिंग के आगमनात्मक प्रभाव को बेअसर करता है।
4. चुंबकीय परिपथ की रिलक्टेन्स को कम करके कम m.m.f. के साथ उच्च फ्लक्स प्राप्त की ती है।इसलिए उपयोग की जाने वाली चुंबकीय सामग्री उच्च पारगम्यता की होनी चाहिए और एयरगैप छोटा होना चाहिए।

जैसा कि वेक्टर आरेख (चित्र 4.39) में दिखाया गया है, आर्मेचर और फील्ड वाइंडिंग के प्रतिरोध और प्रतिक्रिया में बड़ा वोल्टेज ड्राप होता है इसलिए ऑपरेशन के लिए केवल E वोल्टेज बचता है।

जहां $\overline{E} = \overline{V} - (\overline{IR_S} + \overline{IX_S} + \overline{IR_a} + \overline{IX_a})$

$IR_S \longrightarrow$ श्रृंखला वाइंडिंग प्रतिरोध में वोल्टेज ड्रॉप

$IX_S \longrightarrow$ श्रृंखला वाइंडिंग प्रतिक्रिया में वोल्टेज ड्रॉप

$IR_a \longrightarrow$ आर्मेचर प्रतिरोध में वोल्टेज ड्रॉप

$IX_a \longrightarrow$ आर्मेचर प्रतिक्रिया में वोल्टेज ड्रॉप

प्रदर्शन और अभिलक्षण :

ए.सी. श्रृंखला और डीसी श्रृंखला मोटर्स के गति- टॉर्क अभिलक्षण चित्र 4.40 में दिखाया गया है। टॉर्क करेंट और गति के वर्ग के रूप में भिन्न होता है तथा लगभग करेंट के व्युत्क्रमानुपाती भिन्न होता है। एडी करेंट के अधिक नुकसान और पीएफ के प्रभाव के कारण दक्षता उतनी अच्छी नहीं होगी जितनी कि संबंधित डी.सी. मशीन की होती है । इन मोटरों में उनके व्यापक अनुप्रयोग होते हैं जहां उच्च गति (20000 आरपीएम) की आवश्यकता होती है, उदाहरण के लिए मिक्सर ग्राइंडर, ब्लोअर, हेयर ड्रायर आदि।

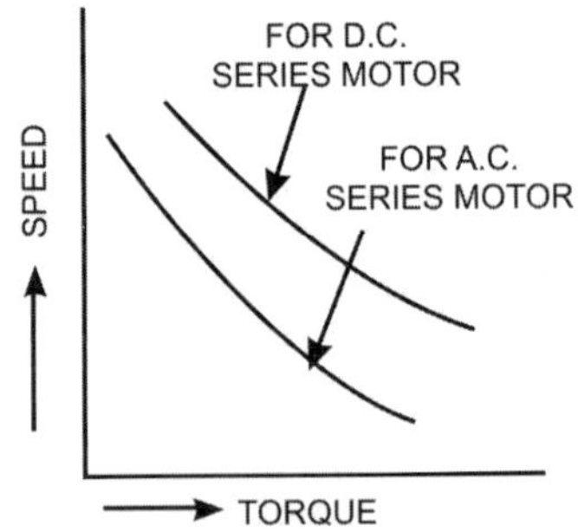

चित्र 4.40: टॉर्क – गति अभिलक्षण

4.39 सार्वभौमिक मोटर

एक मोटर जिसे रेटेड वोल्टेज पर एसी के साथ-साथ डीसी आपूर्ति पर भी संचालित किया जा सकता है उसे सार्वभौमिक मोटर कहा जाता है । मूल रूप से, यूनिवर्सल मोटर एक एसी सीरीज मोटर है। यह डीसी सीरीज मोटर का सिर्फ एक बेहतर रूप है। यूनिवर्सल मोटर का कोर साइज उसी रेटिंग की डीसी सीरीज मोटर के कोर साइज से ज्यादा होता है।

बनावट

मोटर के दो मुख्य भाग होते हैं।

1. स्टेटर और 2. रोटर।

1. **स्टेटर :** यह मोटर का स्थिर भाग है। इसमें चुंबकीय फ्रेम (या योक), ध्रुव कोर . पोल शू , फील्ड या वाइंडिंग लगा होता है जैसा कि चित्र 4.41 में दिखाया गया है।

   चुंबकीय फ्रेम, पोल कोर और पोल शू सिलिकॉन स्टील स्टैम्पिंग से बने होते हैं। स्टाम्पिंग, वार्निश परत द्वारा एक दूसरे से विद्युत रूप से अछूता हैं । सिलिकॉन स्टील में हिस्टैरिसीस नुकसान बहुत कम हैं और स्टांपिंग के कारण मौजूदा एड़ी नुकसान कम हो जाते हैं। एनामेल्ड कॉपर से बनी फील्ड वाइंडिंग को ध्रुवों के चारों ओर आवश्यक फ्लक्स उत्पन्न करने के लिए लपेटा जाता है ।

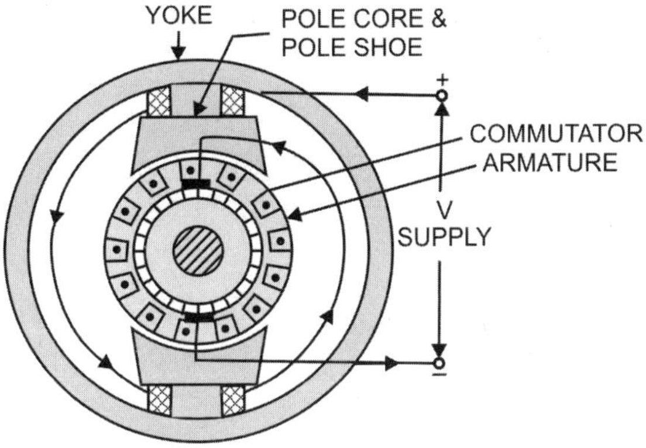

चित्र 4.41: यूनिवर्सल मोटर

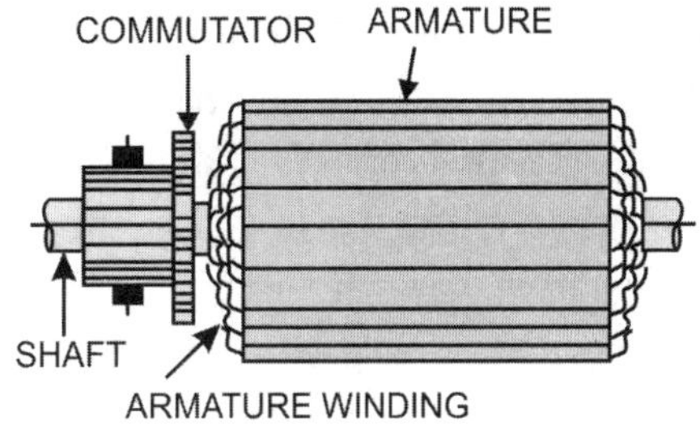

चित्र 4.42: यूनिवर्सल मोटर का रोटर

2. **रोटर :** यह मोटर का घूमने वाला भाग है। इसमें शाफ्ट, आर्मेचर, आर्मेचर वाइंडिंग और कम्यूटेटर, जैसा कि चित्र 4.42 में दिखाया गया है।

   शाफ्ट रोटर का एक हिस्सा है जो यांत्रिक शक्ति या ऊर्जा को भार में स्थानांतरित करता है। यह हल्के स्टील से बना होता है । आर्मेचर सिलिकॉन स्टील सामग्री के स्टैम्पिंग से बना होता है क्योंकि यह चुंबकीय क्षेत्र को ले जाने के काम आता है । यह शाफ्ट से जुड़ा होता है। आर्मेचर वाइंडिंग को समायोजित करने के लिए इसकी बाहरी परिधि पर स्लॉट काटे जाते हैं। आर्मेचर वाइंडिंग के छोर को कम्यूटेटर सेगमेंट में बांधा गया है। कम्यूटेटर पच्चर के आकार का बना होता है और एक रिङ्ग के आकार जैसा दिखता है । वेजेज एक दूसरे से माइकानाइट की इंसुलेटिंग परत द्वारा अछूता रहता है। कम्यूटेटर भी शाफ्ट में लगा रहता है ।

   मशीन में करेंट पहुंचाने के लिए कार्बन ब्रश को कम्यूटेटर सतह पर दबाया जाता है।

सिद्धांत

जब एक धारावाही चालक को चुंबकीय क्षेत्र में रखा जाता है, तो उस पर बल लगता है और एक टॉर्क विकसित होता है। दूसरे शब्दों में, जब रोटर करेंट ले जाने वाले कंडक्टरों द्वारा निर्मित रोटर क्षेत्र मुख्य क्षेत्र के साथ आने की कोशिश करता है तो टॉर्क विकसित होता है और रोटर को घूमता है।

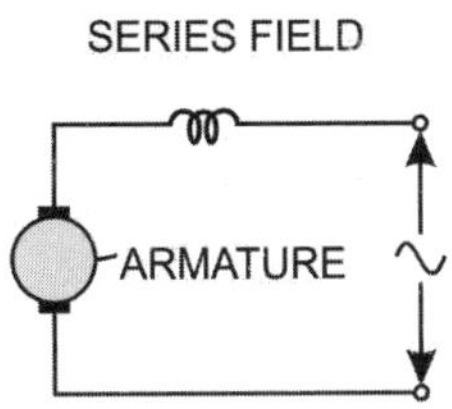

चित्र 4.43: सर्किट आरेख

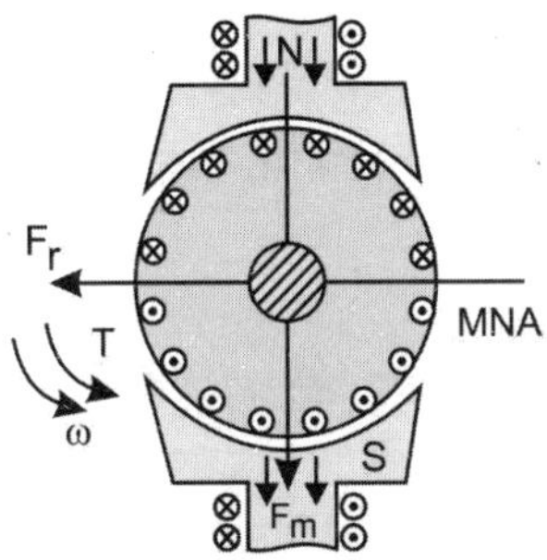

चित्र 4.44: सकारात्मक आधा चक्र में विकसित टॉर्क

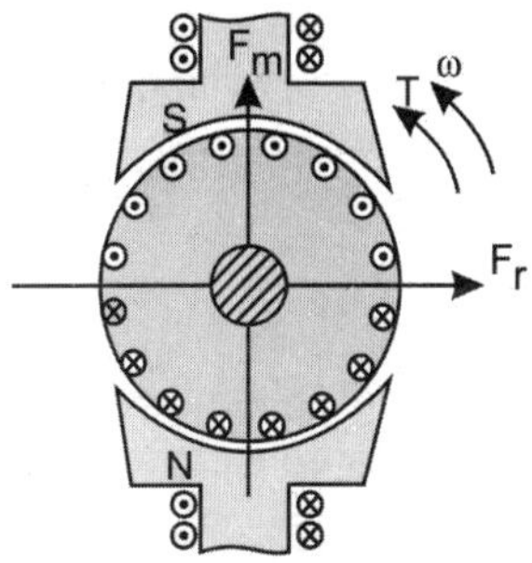

चित्र 4.45: नकारात्मक आधा चक्र में विकसित टॉर्क

कार्य और संचालन

आर्मेचर वाइंडिंग और स्टेटर फील्ड वाइंडिंग दोनों श्रृंखला में जुड़े हुए हैं, जैसा कि चित्र 4.43 में दिखाया गया है। जब मोटर को 1-फेज, एसी की आपूर्ति दी जाती है, तो फील्ड वाइंडिंग और आर्मेचर वाइंडिंग से करेंट प्रवाहित होता है और फील्ड वाइंडिंग ही मुख्य स्टेटर फ़ील्ड F_m की स्थपना करता और आर्मेचर वाइंडिंग ,रोटर फील्ड की स्थपना करता है जैसा कि चित्र 4.44 . में दिखाया गया है। रोटर फील्ड(F_r) खुद को मुख्य क्षेत्र (F_m) के साथ संरेखित करने की कोशिश करता है और एक वामावर्त टॉर्क विकसित होता है ।

नकारात्मक आधे चक्र के दौरान, में धारा के प्रवाह की दिशा फील्ड वाइंडिंग के साथ-साथ आर्मेचर वाइंडिंग में भी उलट जाता है, जैसे चित्र 4.45 में दिखाया गया है। दोनो वाइंडिंग्स ने अपने मैग्नेटिफिल्ड स्थापित करते जिसकी दिशा चित्र 4.45 में दिखाया गया है।फिर से रोटर में वामावर्त टॉर्क विकसित होता है। इस प्रकार मोटर में यूनिडायरेक्शनल टॉर्क उत्पन्न होता है । निरंतर टोक़ प्राप्त करने के लिए, कम्यूटेटर कुंडली में धारा के या कंडक्टर जो चुंबकीय तटस्थ अक्ष (MNA) को पार करते हैं उसकी दिशा उलट देता है ।

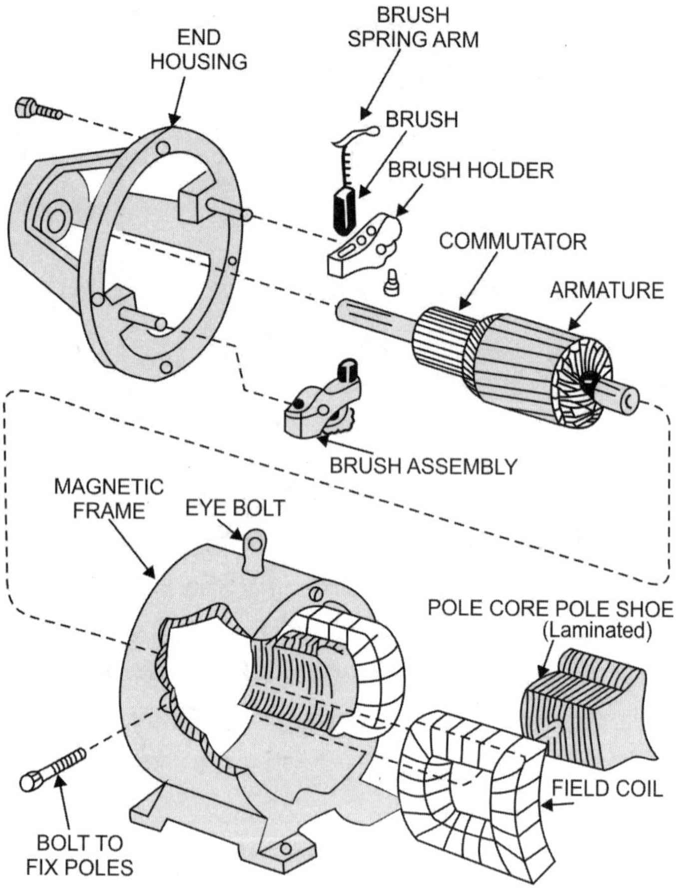

चित्र 4.46: डीसी मशीन का डिस-असेंबल व्यू

अनुप्रयोग:

आकार में ¾ HP से बड़े मशीनें का उपयोग वैक्यूम क्लीनर और औद्योगिक सिलाई में किया जाता है । छोटे आकार में ¼ एचपी या उससे कम, इनका उपयोग इलेक्ट्रिक हैंड ड्रिल, मिक्सर, कैन ओपनर्स, ब्लेंडर्स, इलेक्ट्रिक शेवर, हेयर ड्रायर आदि में किया जाता है ।

4.40 डी.सी.मोटर

एक मशीन जो यांत्रिक शक्ति को डी.सी.विद्युत शक्ति में परिवर्तित करता है तो उसको डी.सी. जनरेटर कहा जाता है । एक मशीन जब डी.सी. विद्युत शक्ति को यांत्रिक शक्ति में परिवर्तित करता है तो उसको डीसी मोटर के रूप में जाना जाता है । निर्माण की दृष्टि से डीसी जनरेटर और मोटर में कोई अंतर नहीं है ।जहां गति की विस्तृत श्रृंखला और अच्छी गति विनियमन की आवश्यकता होती है वहां डी.सी. मोटर बहुत उपयोगी होते हैं ।

4.41 मुख्य निर्माण विशेषताएं

डीसी मशीन के विभिन्न भागों को बिखरे हुए रूप में चित्र 4.46 में दिखाया गया है। डीसी मशीन के आवश्यक भाग नीचे वर्णित हैं:

1. चुंबकीय फ्रेम या योक

बाहरी बेलनाकार फ्रेम जिसमें मुख्य पोल और इंटर पोल लगे होते हैं और जिसके माध्यम से मशीन को नीव से जोड़ा जाता है उसे योक कहा जाता है। यह दो उद्देश्यों को पूरा करता है:

(i) यह मशीन के अंदरूनी हिस्सों को यांत्रिक सुरक्षा प्रदान करता है।

(ii) यह चुंबकीय प्रवाह के लिए कम अनिच्छा पथ प्रदान करता है।

योक छोटी मशीनों के लिए कच्चा लोहा से बना होता है और बड़ी मशीनों के लिए, यह कच्चा इस्पात या फेब्रिकेटेड रोल्ड स्टील का बना होता है क्योंकि इन सामग्रियों में कच्चा लोहा की तुलना में बेहतर चुंबकीय गुण होते हैं।

2. पोल कोर और पोल शू

चुंबकीय फ्रेम या योक में , पोल कोर और पोल शू , बोल्ट के द्वारा लगे होते हैं। वे निम्नलिखित उद्देश्यों की पूर्ति करते हैं:

(i) वे फील्ड या एक्साइटिग कॉइल का समर्थन करते हैं।

(ii) वे आर्मेचर परिधि पर चुंबकीय प्रवाह को अधिक समान रूप से फैलाते हैं। चूंकि पोल जूतों में क्रॉस सेक्शन का बड़ा क्षेत्र होता है, इसलिए चुंबकीय पथ की रिलक्टेन्स कम हो जाती है।

आम तौर पर, पोल कोर और पोल शू पतले कास्ट स्टील या लोहे के टुकड़े-टुकड़े से बने होते हैं जो चित्र 4.47 (a) में दिखाए गए अनुसार हाइड्रोलिक दबाव में एक साथ रिवेट किया गया हैं ।

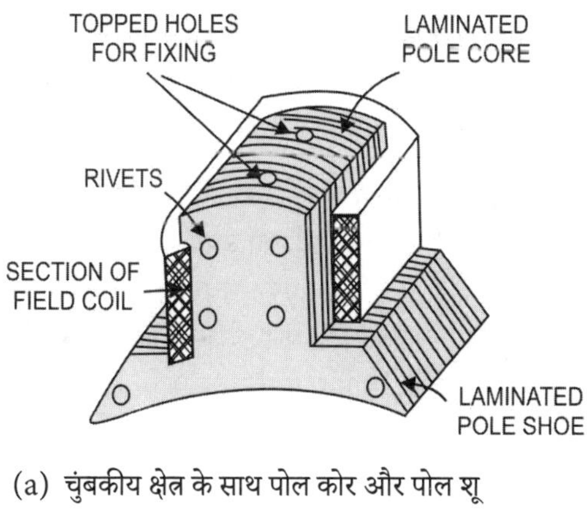

(a) चुंबकीय क्षेत्र के साथ पोल कोर और पोल शू

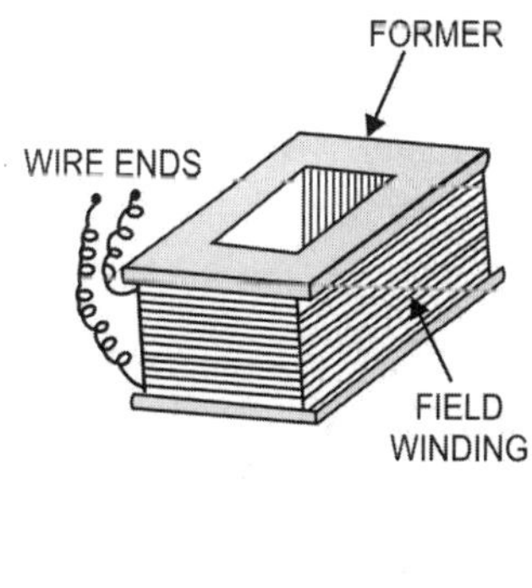

(b) फील्ड वाइंडिंग

चित्र 4.47: पोल के साथ पोल कोर और पोल शू

3. फील्ड या एक्साइटिंग कॉइल्स

एनामेल्ड कॉपर वायर का इस्तेमाल फील्ड या एक्साइटिंग कुंडल

बनाने के लिए किया जाता है । कॉइल्स को फॉर्मर पर लपेट दिया जाता है [चित्र 4.47 (b) देखें] और फिर पोल कोर के चारों ओर रखा जाता है जैसा कि चित्र 4.47 (a) में दिखाया गया है। जब प्रत्यक्ष धारा को फील्ड वाइंडिंग से गुजारा जाता है, तो

ध्रुव चुम्बकित हो जाती है जो आवश्यक फ्लक्स उत्पन्न करते हैं । सभी ध्रुवों की क्षेत्र कुण्डलियाँ श्रेणीक्रम में जुड़ी हुई हैं इस तरह से कि जब उनमें से करेंट प्रवाहित होता है, तो आसन्न ध्रुव विपरीत ध्रुवता प्राप्त कर लेते हैं जैसा कि चित्र 4.48 में दिखाया गया है ।

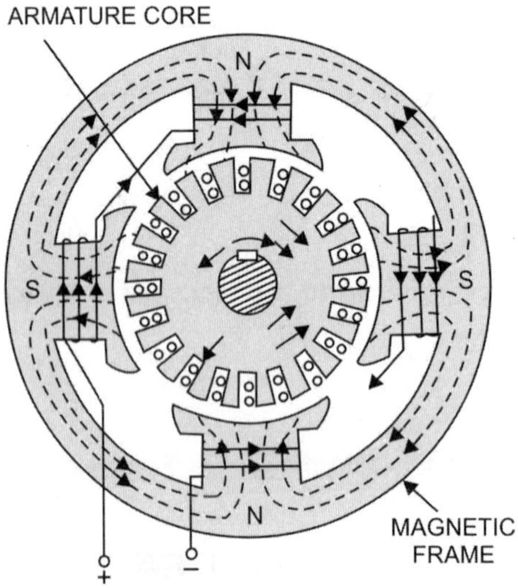

चित्र 4.48: स्टेटर और आर्मेचर

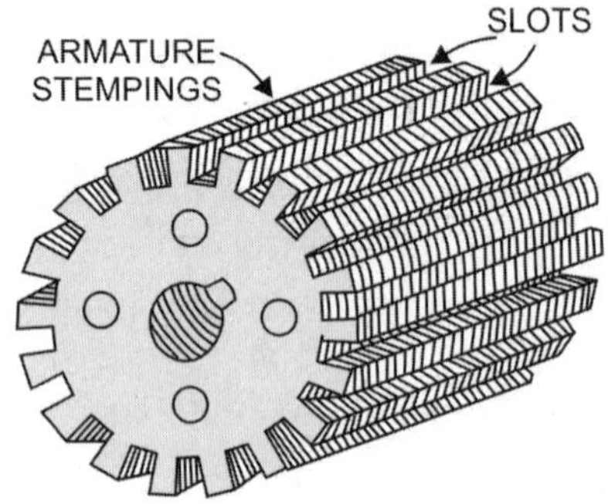

चित्र 4.49: डीसी मशीन का आर्मेचर

4. आर्मेचर कोर

यह बेलनाकार होता है और घूर्णन शाफ्ट से जुड़ा होता है। बाहरी पर परिधि स्लॉट काट दिए जाते हैं, जैसा कि चित्र 4.49 में दिखाया गया है, जो आर्मेचर वाइंडिंग को समायोजित करता है। आर्मेचर कोर निम्नलिखित उद्देश्यों को पूरा करता है:

(i) इसमें कंडक्टरों को स्लॉट में रखा जाता है।

(ii) यह चुंबकीय प्रवाह के लिए एक आसान मार्ग प्रदान करता है।

चूंकि आर्मेचर मशीन का घूमने वाला हिस्सा है, इसलिए फ्लक्स का उत्क्रमण कोर में होता है, इसलिए हिस्टैरिसीस हानियाँ उत्पन्न होती हैं। इन नुकसानों को कम करने के लिए इसके निर्माण में सिलिकॉन स्टील सामग्री का उपयोग किया जाता है। घूर्णन आर्मेचर चुंबकीय क्षेत्र को काटता है जो इसमें एक ईएमएफ को प्रेरित करता है। यह ई.एम.एफ. भंवर धाराओं (एड़ी करेंट) को प्रसारित करता है जिसके परिणामस्वरूप इसमें एड़ी करेंट का नुकसान होता है। इन घाटे को कम करने के लिए,आर्मेचर कोर को लैमिनेट किया जाता है, दूसरे शब्दों में हम कह सकते हैं कि लगभग 0.3 से 0.5 mm मोटी स्टैम्पिंग इसके निर्माण के लिए उपयोग किया जाता है। प्रत्येक टुकड़े टुकड़े या मुद्रांकन को वार्निश परत द्वारा दूसरे से इन्सुलेट किया जाता है (चित्र देखें 4.49)।

5. आर्मेचर वाइंडिंग

आर्मेचर स्लॉट में रखे गए इंसुलेटेड कंडक्टर उपयुक्त होते हैं जो एक दुसरे से अच्छे से जुड़े होते है। इसे आर्मेचर वाइंडिंग के रूप में जाना जाता है। आर्मेचर वाइंडिंग डीसी मशीन का दिल होता है। यह एक ऐसी जगह है जहां बिजली का रूपांतरण होता है यानी जनरेटर, मैकेनिकल के मामले में यांत्रिक शक्ति को विद्युत शक्ति में परिवर्तित किया जाता है और मोटर के मामले में, विद्युत शक्ति को यांत्रिक शक्ति में परिवर्तित किया जाता है । कनेक्शन के आधार पर आर्मेचर वाइंडिंग दो प्रकार की होती है ।

(i) लैप वाइंडिंग

(ii) वेव वाइंडिंग

(i) **लैप वाइंडिंग:** लैप वाइंडिंग में, कंडक्टर इस तरह से जुड़े होते हैं कि की संख्या समानांतर पथ ध्रुवों की संख्या के बराबर होते हैं। इस प्रकार, यदि मशीन में P पोल और Z आर्मेचर कंडक्टर हैं, फिर P समानांतर, पथ होंगे, प्रत्येक पथ में Z/P कंडक्टर श्रृंखला में होंगे । इस मामले में, ब्रश की संख्या समानांतर पथों की संख्या के बराबर है। जिनमें से आधे ब्रश धनात्मक हैं और शेष (आधे) ऋणात्मक हैं।

(ii) **वेव वाइंडिंग:** वेव वाइंडिंग में, कंडक्टर इतने जुड़े होते हैं कि वे मशीन के ध्रुवों की संख्या की परवाह किए बिना दो समानांतर पथ में विभाजित हो जाते हैं । इस प्रकार, यदि मशीन में Z आर्मेचर कंडक्टर, केवल दो समानांतर पथ होंगे जिनमें से प्रत्येक में Z/2 कंडक्टर श्रृंखला में होंगे । इस स्थिति में, ब्रशों की संख्या दो के बराबर होती है, यानी समानांतर पथों की संख्या।

6. कम्यूटेटर

यह डीसी मशीन का सबसे महत्वपूर्ण भाग है और निम्नलिखित उद्देश्यों की पूर्ति करता है:-

(i) यह घूर्णन आर्मेचर कंडक्टर को स्थिर बाहरी सर्किट से ब्रश के माध्यम से जोड़ता है ।

(ii) जनरेटर क्रिया में यह आर्मेचर कंडक्टर में प्रेरित प्रत्यावर्ती करेंट को बाहरी लोड सर्किट के लिए यूनिडायरेक्शनल करेंट में परिवर्तित करता है। जबकि, मोटर क्रिया में प्रत्यावर्ती टार्क को यूनिडायरेक्शनल (निरंतर) आर्मेचर में उत्पन्न बलाघूर्ण में परिवर्तित करता है ।

कम्यूटेटर बेलनाकार आकार का होता है और यह पच्चर के आकार के कठोर तांबे के खंडों से बना होता है। खंड अभ्रक की एक पतली शीट द्वारा एक दूसरे से अछूता रहता है। खंडों को एक साथ रखा जाता है दो V-आकार के छल्ले का मतलब है जो खंडों में काटे गए V-खांचे में फिट होते हैं। प्रत्येक आर्मेचर कॉइल है राईजर के माध्यम से कम्यूटेटर खंड से जुड़ा होता है । कम्यूटेटर असेंबली का अनुभागीय दृश्य है चित्र 4.50 में दिखाया गया है।

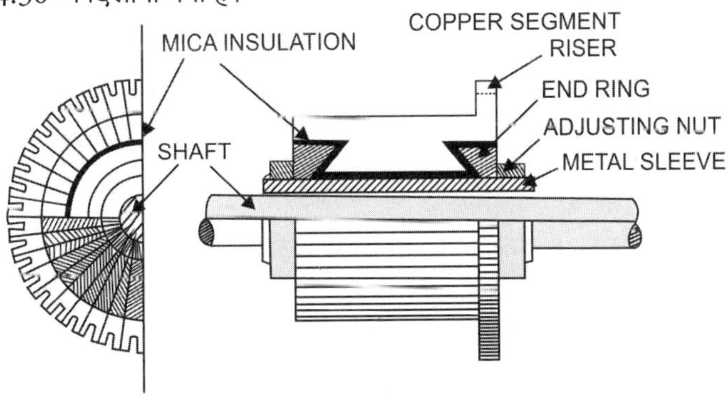

चित्र 4.50: कम्यूटेटर असेंबली का अनुभागीय दृश्य

7. ब्रश

ब्रश को कम्यूटेटर पर दबाया जाता है और यह आर्मेचर वाइंडिंग और बाहरी सर्किट के बीच कनेक्टिंग लिंक बनाता है । वे आमतौर पर उच्च ग्रेड कार्बन से बने होते हैं क्योंकि कार्बन कंडक्टिंग मटेरियल होता है और साथ ही पाउडर के रूप में कम्यूटेटर सतह पर इम्ब्रिकेटिंग प्रभाव प्रदान करता है । ब्रशों को कम्यूटेटर के आस-पास ब्रश होल्डर और राकर द्वारा विशेष स्थिति में रखा जाता है ।

8. ब्रशरॉकर

यह ब्रश होल्डर के स्पिंडल को पकड कर रखता है। इसे मशीन के स्थिर फ्रेम पर नट और बोल्ट के साथ फिट किया जाता है। अपनी स्थिति को समायोजित करके, कम्यूटेटर के ऊपर स्थित ब्रश को समायोजित करता है कम्यूटेटर की स्पार्किंग को कम करने में सहायक होता है ।

9. एंडहाउसिंग

एंडहाउसिंग मुख्य फ्रेम और सपोर्ट बेयरिंग के सिरों से जुड़े होते हैं। फ्रंट हाउसिंग बेयरिंग और ब्रश असेंबलियों को सपोर्ट करता है जबकि रियरहाउसिंग आम तौर पर केवल बेयरिंग को सपोर्ट करते हैं।

10. बीयरिंग

बॉल या रोलर बीयरिंग को एंडहाउसिंग में फिट किया जाता है। बीयरिंग का कार्य मशीन के घूर्णन और स्थिर भागों के बीच घर्षण को कम करना है। बीयरिंग के निर्माण के लिए अधिकतर उच्च कार्बन स्टील का उपयोग किया जाता है क्योंकि यह बहुत सक्त , मजबूत और टिकाऊ होते है।

11. शाफ्ट

शाफ्ट अधिकतम तोड़ने की ताकत के साथ हल्के स्टील से बना है। शाफ्ट का उपयोग किया जाता है
यांत्रिक शक्ति को मशीन से या मशीन में स्थानांतरित करें। घूमने वाले हिस्से जैसे आर्मेचर कोर,कम्यूटेटर, कूलिंग फैन आदि शाफ्ट पर लगे होते हैं।

4.42 आर्मेचर प्रतिरोध

आर्मेचर टर्मिनलों के बीच के प्रतिरोध को आर्मेचर प्रतिरोध कहा जाता है। यह आम तौर पर R_a द्वारा दर्शाया जाता है । आर्मेचर प्रतिरोध का मान आमतौर पर काफी छोटा (1 Ω से कम) होता है। आर्मेचर प्रतिरोध निम्नलिखित कारकों पर निर्भर करता है:

(i) लंबाई, क्रॉस-सेक्शन का क्षेत्र और आर्मेचर वाइंडिंग की सामग्री।

(ii) आर्मेचर वाइंडिंग का प्रकार यानी लैप या वेव वाइंडिंग। यह उस तरीके को दिखाएगा जिसमें कंडक्टर (यानी उनके श्रृंखला-समानांतर संयोजन) जुड़े हुए हैं।

4.43 डीसी मोटर्स का कार्य सिद्धांत

एक डीसी मोटर का संचालन इस सिद्धांत पर आधारित है कि जब एक करेंट ले जाने वाले कंडक्टर को एक चुंबकीय क्षेत्र में रखा जाता है तो इसके द्वारा एक यांत्रिक बल का अनुभव किया जाता है। इस बल की दिशा फ्लेमिंग का वाम हस्त नियम द्वारा निर्धारित की जाती है और इसका परिमाण संबंध द्वारा दिया गया है।

$$F = Bil \text{ Newton}$$

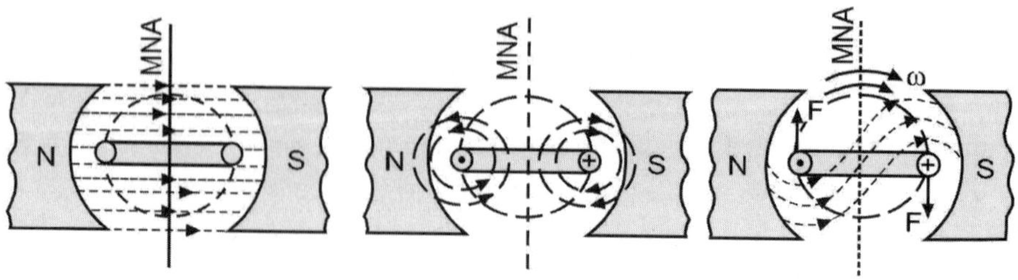

(a) मुख्य ध्रुव द्वारा उत्पन्न चुंबकीय क्षेत्र (b) रोटर कंडक्टर द्वारा उत्पादित चुंबकीय क्षेत्र (c) परिणामी चुंबकीय क्षेत्र और उनका प्रभाव

चित्र 4.51: डीसी मोटर में विकसित चुंबकीय क्षेत्र

सरलता के लिए, बाइपोलर मशीन द्वारा उत्पन्न चुंबकीय क्षेत्र में रखे आर्मेचर के केवल एक कॉइल पर विचार करें [देखें चित्र 4.51(a)] । जब डी.सी. आपूर्ति कॉइल से जुड़ी है, इसके माध्यम से करेंट प्रवाहित होता है जो अपना स्वयं का क्षेत्र स्थापित करता है जैसा कि चित्र 4.51 (b) में दिखाया गया है। दो क्षेत्रों के परस्पर क्रिया द्वारा (अर्थात क्षेत्र मुख्य ध्रुवों और कुंडल द्वारा निर्मित), एक परिणामी क्षेत्र स्थापित किया गया है जैसा कि चित्र 4.51 (c) में दिखाया गया है। इसकी प्रवृत्ति अपनी मूल स्थिति में आने की होती है अर्थात सीधी रेखा में जिसके कारण बल लगाया जाता है दो कुंडल पक्ष और टॉर्क विकसित होते हैं जो कुंडल को घुमाते हैं। वैकल्पिक रूप से, यह कहा जा सकता है कि मुख्य ध्रुव एक क्षेत्र Fm उत्पन्न करते हैं। इसकी दिशा चित्र 4.52 में अंकित है।

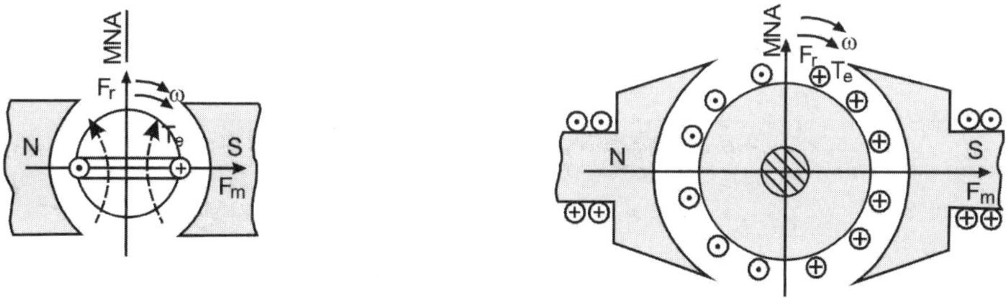

(a) ....   (b) .....

चित्र 4.52 : मुख्य क्षेत्र और रोटर क्षेत्र की धुरी की स्थिति

जब कॉइल (आर्मेचर कंडक्टर) को करेंट की आपूर्ति की जाती है, तो यह अपना खुद का क्षेत्र F_r के रूप में चिह्नित करता है। यह क्षेत्र मुख्य क्षेत्र के अनुरूप आने की कोशिश करता है और एक विद्युत चुम्बकीय टॉर्क दक्षिणावर्त विकसित होता है जिसकी दिशा चित्र 4.52 में अंकित है।

वास्तविक मशीन में आर्मेचर पर बड़ी संख्या में कंडक्टर लगाए जाते हैं। सभी कंडक्टर को एक ध्रुव के प्रभाव में रखा जाता है (जैसे उत्तरी ध्रुव) जो धारा को एक दिशा (बाहर की ओर) में ले जाता है। जबकि, दूसरे ध्रुव यानि दक्षिणी ध्रुव के प्रभाव में रखे गए अन्य चालक धारा को विपरीत दिशा (अंदर की ओर) में ले जाते हैं जैसा कि चित्र 4.53 में दिखाया गया है। एक परिणामी रोटर क्षेत्र उत्पन्न होता है। इसकी दिशा (F_r) द्वारा चिह्नित की जाती है । यह रोटर क्षेत्र F_r मुख्य क्षेत्र F_m के अनुरूप आने की कोशिश करता है और टॉर्क (T_e) विकसित होता है। इस प्रकार, रोटर घुमने लगता है ।

यह देखा जा सकता है कि एक सतत टॉर्क प्राप्त करने के लिए, प्रत्येक कंडक्टर या कुंडल पक्ष में करेंट के प्रवाह की दिशा को चुंबकीय तटस्थ अक्ष (एमएनए) को पार करते समय उलट दिया जाना चाहिए । यह कार्य एक कम्यूटेटर की मदद के साथ हासिल किया है ।

कम्यूटेटर का कार्य

डीसी मोटर में निरंतर टोक़ प्राप्त करने के लिए कम्यूटेटर प्रत्येक आर्मेचर कंडक्टर में धारा के प्रवाह की दिशा को उलटने का कार्य करता है जब यह एम.एन.ए. को पार करता है ।

4.44 बैक ईएमएफ

यह देखा गया है कि जब मुख्य चुंबकीय क्षेत्र में रखे आर्मेचर कंडक्टरों को करेंट की आपूर्ति की जाती है, टॉर्क विकसित होता है और आर्मेचर को घूमता है, आर्मेचर कंडक्टर चुंबकीय क्षेत्र को क काटता है और एक ई.एम.एफ. इन कंडक्टरों में प्रेरित करता है। आर्मेचर कंडक्टर में प्रेरित इस ई.एम.एफ. की दिशा फ्लेमिंग के दाहिने हाथ के नियम द्वारा निर्धारित किया जाता है। यह चित्र 4.54 (b) में चिह्नित है ।

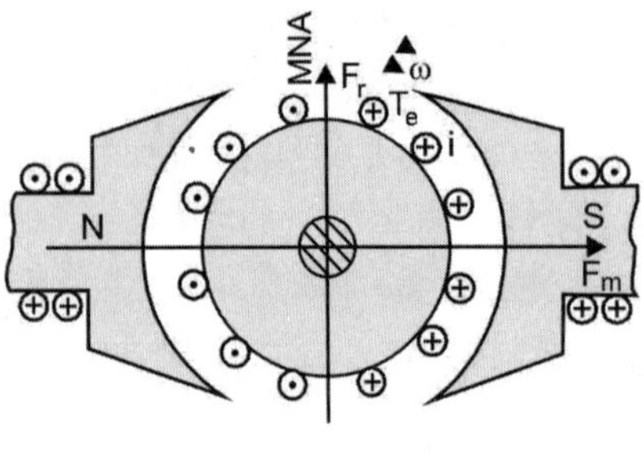

चित्र 4.53 : टॉर्क का विकास

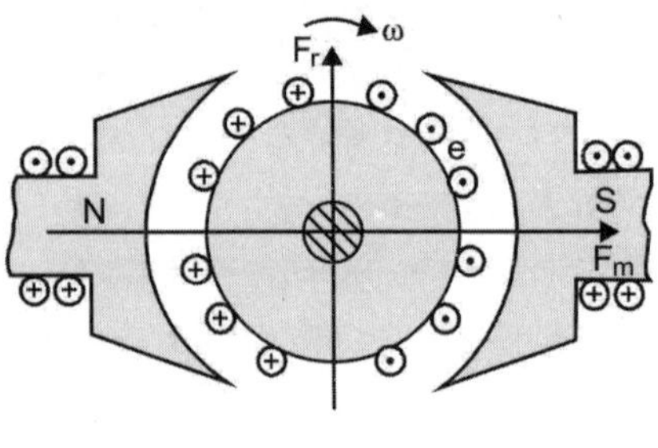

चित्र 4.54 : घूर्णन के कारण उत्पन्न ईएमएफ

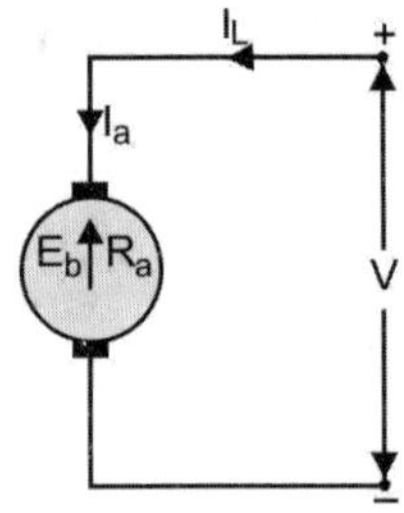

चित्र 4.55: सर्किट आरेख

यह देखा जा सकता है कि इस प्रेरित ई.एम.एफ. की दिशा लगाये गये वोल्टेज के विपरीत है। इसीलिए इस प्रेरित ई.एम.एफ. को बैक ई.एम.एफ बुलाया जाता है (E_b) । इस प्रेरित ई.एम.एफ. का परिमाण संबंध द्वारा दिया जाता है;

$$E_b = \frac{\phi Z N P}{60 A}$$

मोटर के रूप में काम करने वाली मशीन का एक साधारण पारंपरिक सर्किट आरेख चित्र 4.55 में दिखाया गया है। इसमें, आपूर्ति वोल्टेज प्रेरित बैक ई.एम.एफ से अधिक है ($V > E_b$)। इसलिए, विद्युत धारा हमेशा मुख्य आपूर्ति से मोटर को दी जाती है और विभिन्न मात्राओं के बीच संबंध होगा ; $E_b = V - I_a R_a$

बैक ईएमएफ का महत्व

आर्मेचर के माध्यम से बहने वाली धारा निम्न संबंध द्वारा दी जाती है

$$I_a = \frac{V - E_b}{R_a}$$

जब मोटर पर लगाया गया यांत्रिक भार बढ़ता है, तो इसकी गति कम हो जाती है जिससे E_b का मान कम हो जाता है । परिणाम स्वरूप मान ($V - E_b$) का मान बढ़ता है जिसके फलस्वरूप I_a बढ़ता है। इसलिए, मोटर मेन से अतिरिक्त करेंट लेता है । इस प्रकार, बैक ईएमएफ लोड के अनुसार इनपुट पावर को नियंत्रित करता है।

4.45 डीसी मोटर के प्रकार

आर्मेचर और उनकी फील्ड वाइंडिंग के कनेक्शन के आधार पर, डी.सी. मोटर्स को वर्गीकृत किया जा सकता है:

1. **अलग से उत्साहित डीसी मोटर :** एक अलग से उत्साहित डीसी मोटर का पारंपरिक आरेख चित्र 4.56 में दिखाया गया है। इसका वोल्टेज समीकरण होगा:

$$E_b = V - I_a R_a - 2n_b$$

2. **स्वयं उत्साहित डी.सी. मोटर्स :** इन मोटर्स को आगे निम्न प्रकार से वर्गीकृत किया जा सकता है;

   (i) **शंट मोटर्स :** उनका पारंपरिक आरेख चित्र 4.57 . में दिखाया गया है

   महत्वपूर्ण संबंध :

   $I_{sh} = V/R_{sh}$; $I_a = I_L - I_{sh}$

   $E_b = V - I_a R_a - 2\upsilon_b$

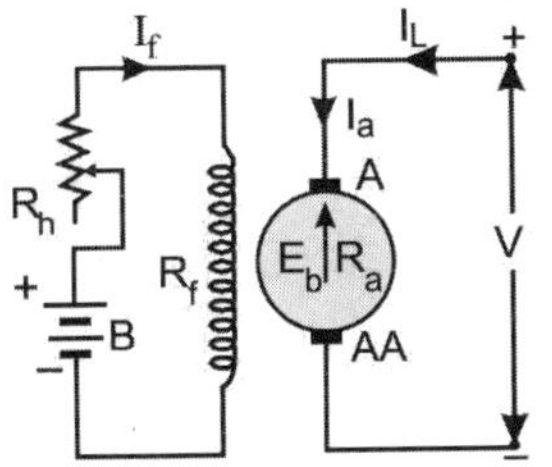

चित्र 4.56: अलग से उत्साहित मोटर का सर्किट

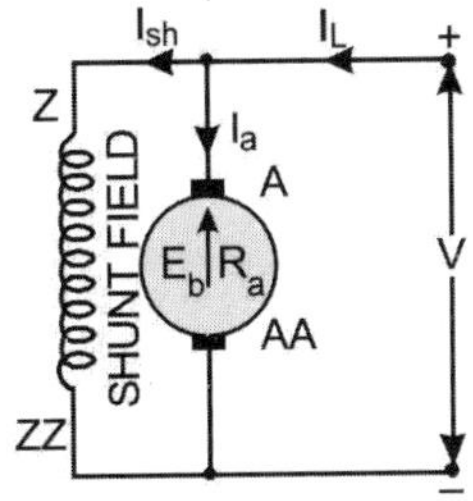

चित्र 4.57: शंट मोटर का सर्किट आरेख

(ii) **श्रृंखला मोटर :** इसका पारंपरिक आरेख चित्र 4.58 में दिखाया गया है।

महत्वपूर्ण संबंध : $I_L = I_a = I_{se}$; $E_b = V - I_a (R_a + R_{se}) - 2V_b$

(iii) **यौगिक मोटर :** इसका पारंपरिक आरेख चित्र 4.59 में दिखाया गया है।

$$E_b = V - I_a (R_a + R_{se}) - 2V_b$$

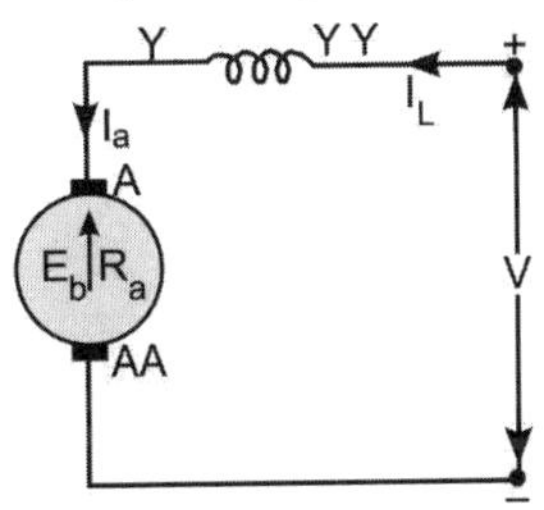

चित्र 4.58: श्रृंखला मोटर का पारंपरिक आरेख

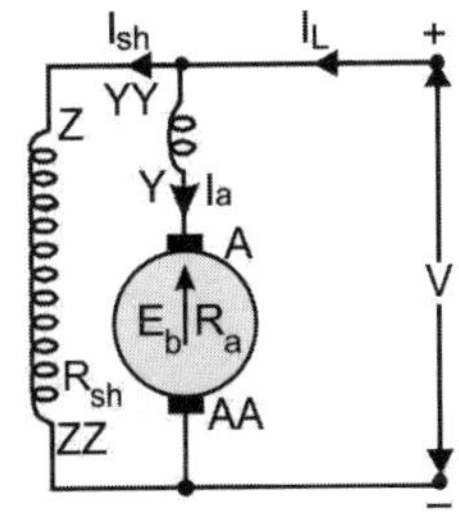

चित्र 4.59 : यौगिक मोटर का पारंपरिक आरेख

उपरोक्त सभी वोल्टेज समीकरणों में, ब्रश वोल्टेज ड्रॉप v_b को कभी-कभी उपेक्षित कर दिया जाता है क्योंकि इसका मान बहुत छोटा होता है।

4.46 डीसी मोटर्स के अभिलक्षण

डीसी मोटर का प्रदर्शन उसके विशिष्ट वक्रों से आसानी से आंका जा सकता है, जिसे मोटर अभिलक्षण/विशेषताएं के रूप में जाना जाता है। मोटर की विशेषताएँ वक्र वे हैं जो दोनों मात्रा के बीच संबंध दर्शाते हैं । इन राशियों के आधार पर निम्नलिखित विशेषताएँ प्राप्त की जा सकती हैं:

1. **गति और आर्मेचर करेंट अथार्त N-I की अभिलक्षण:** यह गति N और आर्मेचर धारा I_a के बीच खींचा गया वक्र है. इसे गति विशेषताओं के रूप में भी जाना जाता है।
2. **टॉर्क और आर्मेचर करेंट अथार्त T-I_a अभिलक्षण :** यह आर्मेचर T और आर्मेचर करेंट I_a. में विकसित टॉर्क के बीच खींचा गया वक्र है इसे विद्युत अभिलक्षण के रूप में भी जाना जाता है।
3. **गति और टार्क अथार्त N - T अभिलक्षण:** यह गति N और आर्मेचर T में विकसित टार्क के बीच खींचा गया वक्र है। इसे यांत्रिक विशेषताओं के रूप में भी जाना जाता है।

मोटर विशेषताओं पर चर्चा करते समय निम्नलिखित महत्वपूर्ण संबंधों को ध्यान में रखा जाना चाहिए:

$$E_b \propto N\phi \quad \text{or} \quad N \propto \frac{E_b}{\phi} \quad \text{and} \quad T \propto \phi I_a$$

4.47 अलग से उत्साहित डीसी मोटर्स के अभिलक्षण

इस मोटर का पारंपरिक आरेख चित्र 4.60 में दिखाया गया है। इन मोटरों में फील्ड करेंट $I_f = V/R_f$ स्थिर रहता है क्योंकि दिया हुआ वोल्टेज V स्थिर है। इसलिए, इन मोटरों में फ्लक्स व्यावहारिक रूप से लगातार स्थिर रहता है।

1. N - I_a अभिलक्षण

हम जानते हैं कि, चूंकि फ्लक्स स्थिर है; या अगर आर्मेचर ड्रॉप ($I_a R_a$) नगण्य है, मोटर की गति के सभी मूल्यों के लिए भार स्थिर रहेगी जैसा कि चित्र 4.61 में बिंदीदार रेखा AB द्वारा दिखाया गया है। लेकिन कड़ाई से बोलते हुए, जैसे-जैसे लोड बढ़ने के कारण आर्मेचर करेंट बढ़ता है आर्मेचर ड्रॉप I_a R_a भी बढ़ जाती है और मोटर की गति थोड़ी कम हो जाती है चित्र 4.61 में सीधी रेखा AC द्वारा दिखाया गया है (आर्मेचर प्रतिक्रिया की उपेक्षा करते हुए) । इसके अलावा, विशेषता वक्र शून्य आर्मेचर करेंट के एक बिंदु से शुरू नहीं होता है क्योंकि कम करेंट, नो-लोड आर्मेचर करेंट I_{a0}, बिना लोड के मोटर के रोटेशन को बनाए रखने के लिए आवश्यक है।

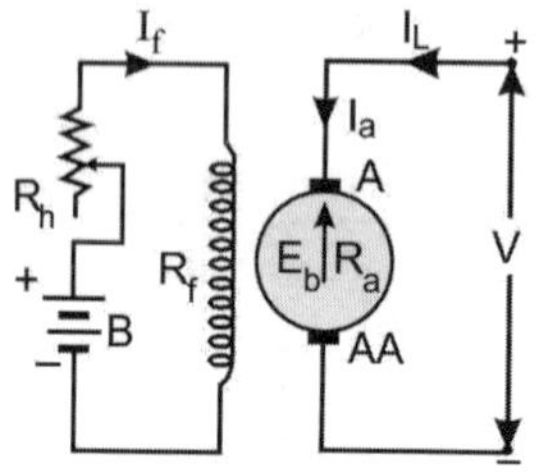

चित्र 4.60: अलग से उत्साहित डीसी मोटर का सर्किट आरेख

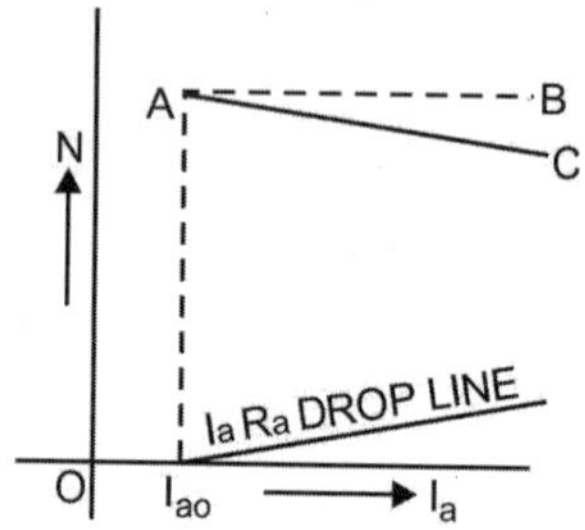

चित्र 4.61 : N-I_a अभिलक्षण

चूंकि अलग से उत्साहित डीसी मोटर की गति में पूर्ण में कोई उल्लेखनीय भार (लोड) परिवर्तन नहीं हुआ है इसलिए इसे एक स्थिर गति वाली मोटर माना जाता है। यह मोटर सबसे उपयुक्त है जहां लगभग निरंतर गति की आवश्यकता होती है और लोड को पूरी तरह से और अचानक से लोड डाला जा सकता है।

2. T-I_a के अभिलक्षण

हम जानते है कि $T \propto \phi\, l_a$

चूंकि फ्लक्स स्थिर है (आर्मेचर को दी गयी वोल्टेज से पूर्णतः अलग है), $T \propto l_a$

इसलिए, विद्युत विशेषता (अर्थात $T - I_a$) मूल बिंदु से गुजरने वाली एक सीधी रेखा है जैसा कि चित्र 4.62 में दिखाया गया है। अभिलक्षणिक वक्र से यह स्पष्ट है कि अगर मशीन भारी(heavy)लोड पर है तो मशीन को शुरू करने के लिए अत्यधिक आर्मेचर धारा की आवश्यकता होती है। इसलिए, इन मोटरों को भारी लोड के साथ शुरू नहीं किया जाता है।

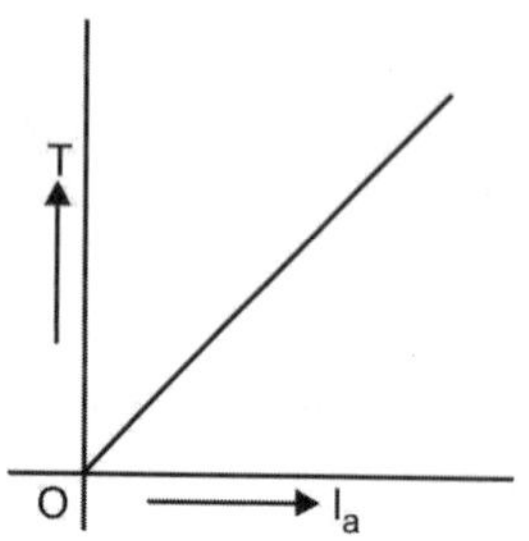

चित्र 4.62: T-I_a के अभिलक्षण

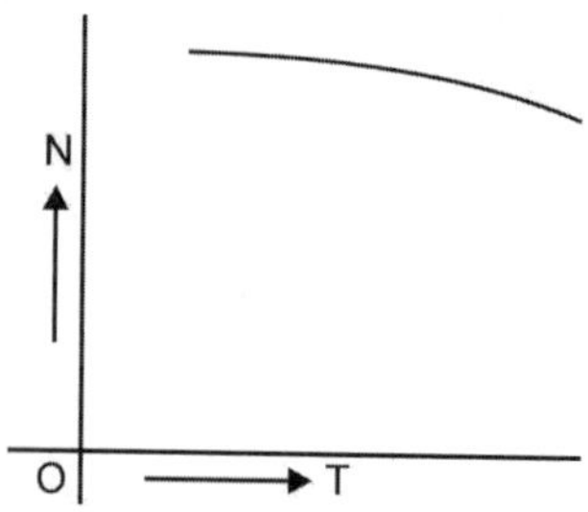

चित्र 4.63: N-T अभिलक्षण

3. N-T के अभिलक्षण

N-T अभिलक्षण पहली दो विशेषताओं से ली गई है। जब लोड टॉर्क बढ़ता है, आर्मेचर करेंट I_a बढ़ता है लेकिन गति थोड़ी कम हो जाती है। इस प्रकार लोड या टॉर्क में वृद्धि के साथ, गति थोड़ी कम हो जाती है जैसा कि चित्र 4.63 में दिखाया गया है।

4.48 अलग से उत्साहित डीसी मोटर का गति नियंत्रण

अलग से उत्साहित डीसी की सबसे आम और सटीक गति नियंत्रण विधि मोटर्स वार्ड लियोनार्ड प्रणाली है जैसा कि नीचे बताया गया है:

वार्ड-लियोनार्ड प्रणाली : इस प्रणाली का उपयोग मोटर को परिवर्तनीय वोल्टेज की आपूर्ति के लिए किया जाता है। जैसा कि चित्र 4.64 में दिखाया गया है, एक DC. जनरेटर G यांत्रिक रूप से एक प्राइम मूवर PM के साथ युग्मित है जो जनरेटर को निरंतर गति पर घुमाता है। जनरेटर की फील्ड वाइंडिंग एक निरंतर DC वोल्टेज से जुड़ा है। आपूर्ति एक फील्ड रेगुलेटर और रिवर्सिंग स्विच के माध्यम से लाइन। डी.सी. मोटर M को जनरेटर G और उसके द्वारा खिलाया जाता है फील्ड वाइंडिंग सीधे एक स्थिर डीसी आपूर्ति लाइन से जुड़ा है।

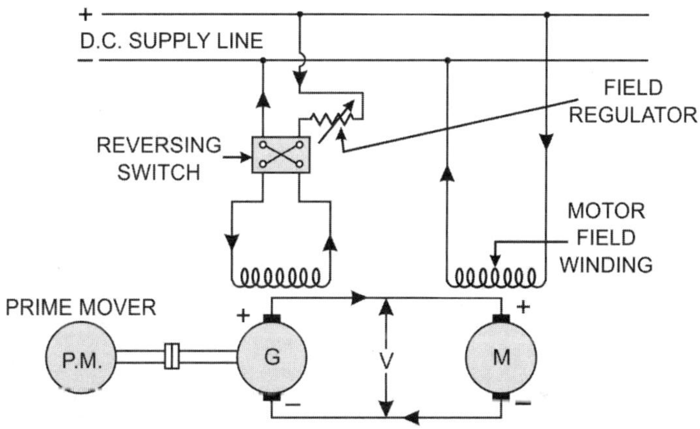

चित्र 4.64: वार्ड-लियोनार्ड प्रणाली द्वारा अलग से उत्साहित डीसी मोटर्स का गति नियंत्रण

मोटर को दिए गए जनरेटर का वोल्टेज, इसके फील्ड रेगुलेटर के माध्यम से शून्य से उसके अधिकतम मूल्य तक भिन्न हो सकता है।

रिवर्सिंग स्विच के माध्यम से क्षेत्र की धारा की दिशा को उलट कर, उत्पन्न वोल्टेज की ध्रुवीयता को उलटा किया जा सकता है। इसलिए, इस विधि द्वारा, रोटेशन की गति और दिशा दोनों को बहुत सटीक रूप से नियंत्रित किया जा सकता है।

यह प्रणाली बहुत महँगी होती है क्यों की इसमें दो अतिरिक्त मशीनों की आवश्यकता (एक जनरेटर और एक प्राइम मूवर) है। गति नियंत्रण की यह प्रणाली सबसे उपयुक्त है जहां लगभग असीमित गति रोटेशन की किसी भी दिशा में नियंत्रण आवश्यक है उदा। इस्पात रोलिंग मिलों, कागज उद्योग, लिफ्टों में, क्रेन, जहाजों का डीजल-इलेक्ट्रिक प्रणोदन आदि।

4.49 गति विनियमन

एक डीसी की गति विनियमन मोटर को पूर्ण भार से बिना भार के गति में परिवर्तन के रूप में परिभाषित किया गया है और पूर्ण लोड गति के प्रतिशत के रूप में व्यक्त किया जाता है।

$$\text{गति विनियमन} = \frac{\text{बिना भार में गति} - \text{पूर्ण भार में गति}}{\text{पूर्ण भार में गति}} \times 100 = \frac{N_0 - N}{N} \times 100$$

4.50 सिंक्रोनस मशीन

तुल्यकालिक मशीन एक ए.सी. मशीन जिसका संतोषजनक संचालन निम्नलिखित संबंधों पर निर्भर करता है:

$$N_S = \frac{120f}{P} \quad or \quad f = \frac{PN_S}{120}$$

जहां N_S r.p.m में तुल्यकालिक गति है। f आपूर्ति आवृत्ति है और P मशीन में ध्रुवों की संख्या है।

जब एक विद्युत शक्ति प्रणाली से जुड़ा होता है, तो एक तुल्यकालिक मशीन हमेशा संबंध बनाए रखती है। यदि मोटर के रूप में कार्य करने वाली तुल्यकालिक मशीन इस औसत गति को बनाए रखने में विफल रहती है (N_S), मशीन अपने रोटेशन को बनाए रखने के लिए पर्याप्त टॉर्क विकसित नहीं करेगी और रुक जाएगी। यदि सिंक्रोनस मशीन जनरेटर के रूप में काम कर रही है, तो उसे एक निश्चित गति से चलना होगा। सभी विद्युत उपकरणों के बाद से एक विशेष आवृत्ति पर बिजली उत्पन्न करने के लिए तुल्यकालिक गति और मशीनों को इस आवृत्ति पर संचालित करने के लिए डिज़ाइन किया गया है। भारत में विद्युत आवृत्ति का मान 50 Hz है।

4.51 मूल सिद्धांत

सिंक्रोनस मशीन सिर्फ एक इलेक्ट्रो-मैकेनिकल ट्रांसड्यूसर है जो यांत्रिक ऊर्जा को विद्युत ऊर्जा में या इसके विपरीत परिवर्तित करता है । निम्लिखित मौलिक घटना जो इन रूपांतरणों को संभव बनाती हैं:

(i) विद्युत-चुंबकीय प्रेरण का नियम और (ii) अंतःक्रिया का नियम।

(i) **विद्युत-चुंबकीय प्रेरण का नियम:** यह ई.एम.एफ., यानी ई.एम.एफ. के उत्पादन से संबंधित है। एक कंडक्टर में प्रेरित जब भी यह चुंबकीय क्षेत्र में कटौती करता है (चित्र 4.65 देखें)। ये है फैराडे का विद्युत चुम्बकीय प्रेरण का पहला नियम कहा जाता है।

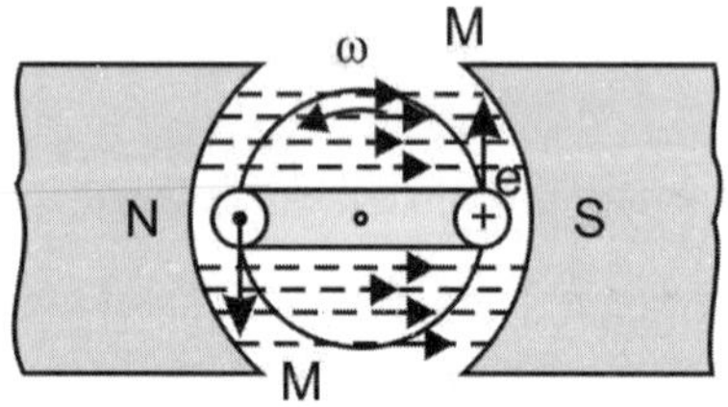

चित्र 4.65: जनरेटर क्रिया

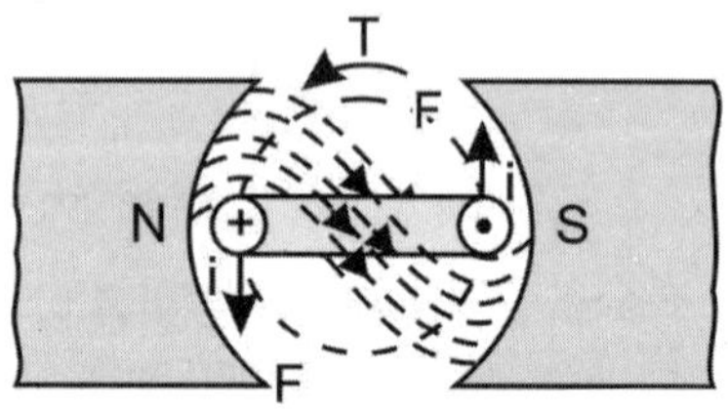

चित्र 4.66: मोटर क्रिया

(ii) **अंतःक्रिया का नियम :** यह नियम बल के उत्पादन की परिघटना से संबंधित है। या टॉर्क यानी जब भी किसी धारावाही चालक को चुंबकीय क्षेत्र में रखा जाता है, तो परस्पर क्रिया द्वारा करेंट ले जाने वाले कंडक्टर और मुख्य क्षेत्र द्वारा उत्पन्न चुंबकीय क्षेत्र, चालक पर बल लगाया जाता है और बलाघूर्ण विकसित होता है (देखिए चित्र 4.66)।

4.52 साइनुसॉइडल अल्टरनेटिंग ईएमएफ का उत्पादन

जब कोई कंडक्टर या कॉइल चुंबकीय क्षेत्र में एक ई.एम.एफ. इसमें घटना से प्रेरित है विद्युत चुम्बकीय प्रेरण कहा जाता है। यह या तो स्थिर में एक कुंडल घुमाकर प्राप्त किया जा सकता है चुंबकीय क्षेत्र या कुंडल को स्थिर रखकर और चुंबकीय क्षेत्र को घुमाकर। (चुंबकीय क्षेत्र मशीन के घूमने वाले हिस्से पर फील्ड वाइंडिंग लगाकर घुमाया जा सकता है)।

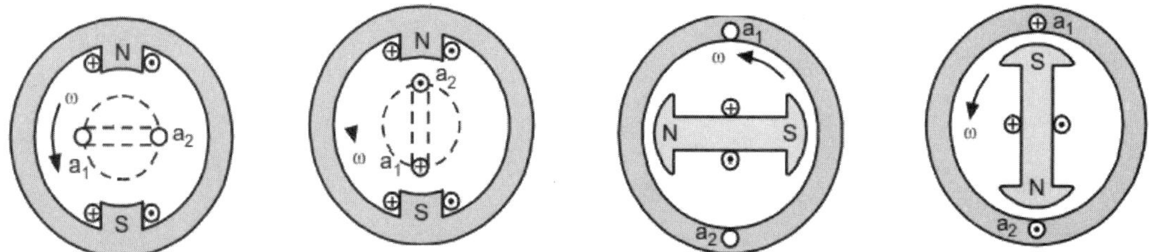

(a) t_1 पर चुंबकीय क्षेत्र में घूमता हुआ कॉइल

(b) t_2 पर चुंबकीय क्षेत्र में घूमता हुआ कॉइल

(c) t_1 पर कुण्डली में घूमने वाला चुंबकीय क्षेत्र

(d) t_2 पर कुण्डली में घूमने वाला चुंबकीय क्षेत्र

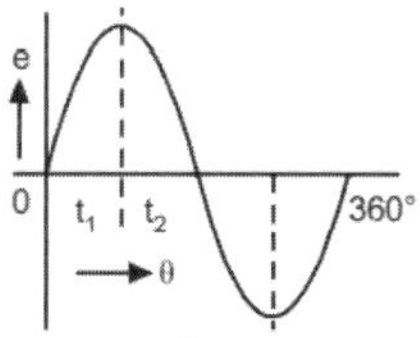

(e) साइनसॉइडल तरंग

चित्र 4.67: प्रत्यावर्ती ईएमएफ का उत्पादन

उदाहरण के लिए चित्र 4.67 (a) और (b) देखें, एक स्थिर चुंबकीय में घूमते हुए एक कॉइल की दो स्थितियां क्षेत्र दिखाया गया है। जबकि, आकृति 4.67 (c) और (d) में, a में घूर्णन विद्युत-चुंबक की दो स्थितियाँ स्थिर आर्मेचर पर रखा गया कुंडल दिखाया गया है। प्रथम दृष्टया कुण्डली में प्रेरित ई.एम.एफ. शून्य है चूँकि कुण्डली द्वारा काटे गए फ्लक्स शून्य होते हैं। हालांकि, दूसरे पल में, ई.एम.एफ. कुंडल में प्रेरित है अधिकतम (धनात्मक की और)। दो पल t_1 और t_2 में दिखाए गए तरंग चित्र 4.67 (e)आरेख पर चिह्नित हैं। एक चक्कर में प्रेरित ई.एम.एफ. एक चक्र पूरा करता है और इसकी तरंग आकृति चित्र 4.67 (e) में दिखाया गया है।

4.53 आवृत्ति, गति और ध्रुवों की संख्या के बीच संबंध

चित्र 4.68 में, एक मशीन के रोटर पर ध्रुवों की P संख्या है, जब एक कंडक्टर को N_S आर.पी.एम की गति से घूमता है तो उसमें ई.एम.एफ प्रेरित होता है।

$\therefore$ प्रति चक्कर लगाए गए चक्रों की संख्या $= \frac{P}{2}$

प्रति सेकंड किए गए चक्कर की संख्या $f = \frac{N_s}{60}$

$$f = \frac{P}{2} \times \frac{N_s}{60} = \frac{PN_s}{120} \text{ Hz}$$

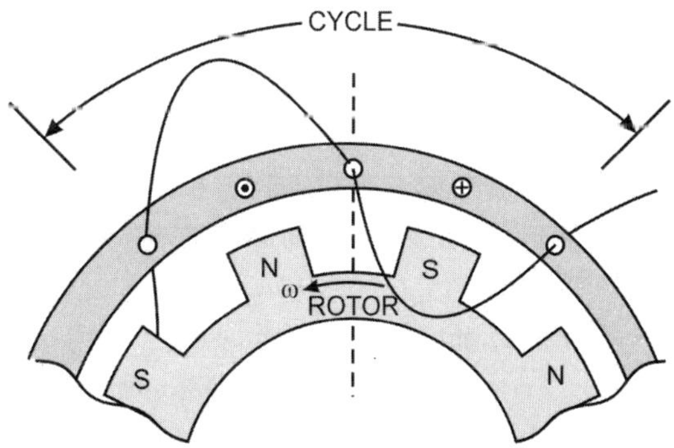

चित्र 4.68: रोटर पर ध्रुवों की संख्या

4.54 सिंक्रोनस मशीन की निर्माण विशेषताएं

केवल छोटी सिंक्रोनस मशीनों में फील्ड को स्टेटर और आर्मेचर वाइंडिंग रोटर पर रखा जाता है, लेकिन बड़ी मशीनों में, फील्ड वाइंडिंग को रोटर पर रखा जाता है और आर्मेचर वाइंडिंग को स्टेटर पर रखा जाता है, जैसा कि चित्र 4.69 में दिखाया गया है। घूर्णन क्षेत्र और स्थिर आर्मेचर प्रणाली को स्थिर क्षेत्र और घूर्णन आर्मेचर सिस्टम पर प्राथमिकता दी जाती है।

एक तुल्यकालिक मशीन के महत्वपूर्ण भाग नीचे दिए गए हैं:

1. स्टेटर   2. रोटर   3. मिश्रित

1. स्टेटर :

मशीन के बाहरी स्थिर भाग को स्टेटर कहते हैं, इसमें निम्नलिखित होते हैं:

महत्वपूर्ण भाग:

(i) **स्टेटर फ्रेम** : यह ढलवाँ लोहे से बनी मशीन का बाहरी भाग होता है और मशीन के अंदरूनी हिस्से रक्षा करता है। इसे किसी अन्य मजबूत सामग्री से भी बनाया जा सकता है क्योंकि यह चुंबकीय क्षेत्र ले जाने के लिए नहीं है। कास्ट आयरन का उपयोग केवल इसकी उच्च यांत्रिक शक्ति के कारण किया जाता है।

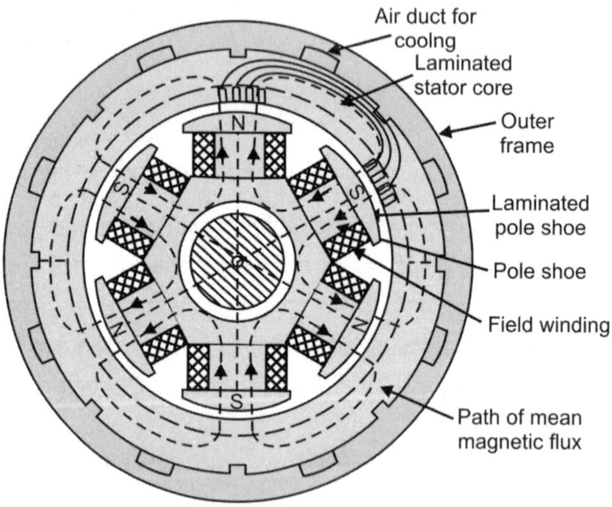

चित्र 4.69 : तुल्यकालिक मशीन की निर्माण विशेषताएं

(ii) **स्टेटर कोर:** स्टेटर कोर सिलिकॉन स्टील सामग्री से बनता है। यह भाग सिलिकन इस्पात की गोल पत्तियों को संगठित करके बनाया जाता है। इसका कार्य बल की चुंबकीय रेखाएं और स्टेटर वाइंडिंग को समायोजित करने के लिए एक आसान मार्ग प्रदान करना है।

(iii) **स्टेटर वाइंडिंग:** स्टेटर कोर की आंतरिक परिधि पर स्लॉट काटे जाते हैं जिसमें वाइंडिंग रखी गई है। मोटर चाहे 3-फेज या 1- फेज एनामेल्ड तांबे का उपयोग वाइंडिंग के रूप में किया जाता है।

2. रोटर :

मशीन के घूमने वाले भाग को रोटर कहते हैं। निर्माण की दृष्टि से, रोटर दो प्रकार के होते हैं जिनका नाम इस प्रकार है

(i) सैलिएंट पोल टाइप रोटर।

(ii) बेलनाकार पोल टाइप रोटर।

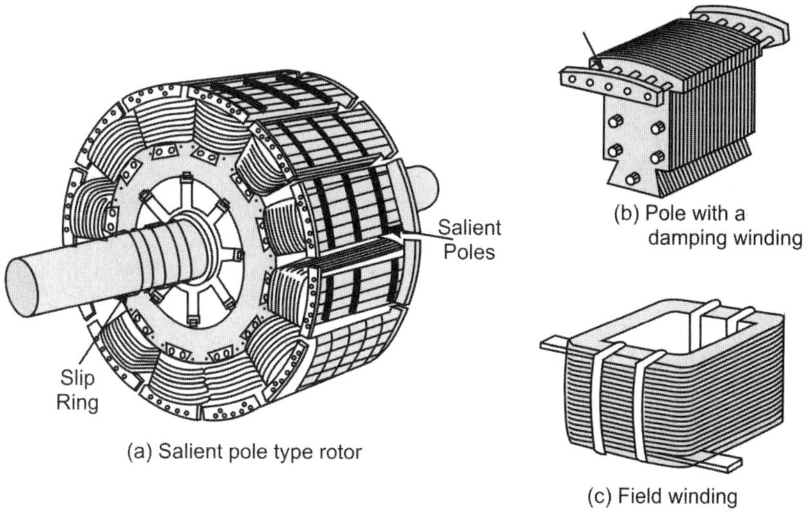

चित्र 4.70: अल्टरनेटर के महत्वपूर्ण भाग

(i) सैलिएंट पोल टाइप रोटर: इसमें, रोटर पर प्रक्षेपित (projected poles) ध्रुव प्रदान किए जाते हैं। सैलिएंट पोल टाइप रोटर का उपयोग मध्यम और निम्न गति के लिए उपयुक्त है और आमतौर पर हाइड्रो-इलेक्ट्रिक और डीजल पावर प्लांट सिंक्रोनस जनरेटर के रूप में नियोजित किया जाता है । आवश्यक आवृत्ति प्राप्त करने के लिए, इन मशीनों (जनरेटर) की गति काफी कम है, जैसा कि चित्र 4.69 और 4.60 में दिखाया गया है इतनी बड़ी ध्रुवों की संख्या को समायोजित करने के लिए, इन मशीनों में बड़ा व्यास और छोटी लंबाई होती है। 200 आरपीएम की गति के लिए। (वाटर टर्बाइन के साथ अल्टरनेटर) मशीनों का व्यास 14 मीटर जितना बड़ा होता है और लंबाई केवल 1 मीटर होती है। मुख्य ध्रुव प्रकार रोटर (सैलिएंट पोल टाइप) में निम्नलिखित पार्ट्स महत्वपूर्ण हैं:

(a) **स्पाइडर:** चुंबकीय प्रवाह के लिए एक आसान रास्ता प्रदान करने के लिए स्पाइडर कच्चा लोहा से बना है। यह शाफ्ट से जुड़ा होता है और बाहरी सतह पर, पोल कोर और पोल-शू इसके साथ जुडी होती है इसके लिए (आकृति 4.70 देखें)।

(b) **पोल कोर और पोल शू:** यह टुकड़े-टुकड़े शीट सामग्री से बना है [चित्र 4.70 (b) देखें] ।पोल कोर चुंबकीय क्षेत्र के लिए कम से कम प्रतिघात पथ प्रदान करता है और पोल शू पूरे परिधि पर समान रूप से क्षेत्र के साइनसोइडल तरंग रूप का उत्पादन करने के लिए उत्पन्न ई.एम.एफ वितरित करता है।

(c) **फील्ड वाइंडिंग या रोमांचक वाइंडिंग:** फील्ड वाइंडिग को पहले फॉर्मर के ऊपर लपेटा जाता है [देखें चित्र 4.70 (c)] और फिर पोल कोर के चारों ओर रखा गया। इसे स्लिपरिंग के जरिए डीसी सप्लाई दी जाती है। जब फील्ड वाइंडिंग से दिष्ट धारा प्रवाहित होती है, तो यह आवश्यक चुंबकीय क्षेत्र उत्पन्न करती है।

(d) **डैपर वाइंडिंग:** सबसे बाहरी परिधि में, छेद प्रदान किए जाते हैं जिनमें तांबा डम्पर बनाने वाले रिंगों द्वारा दोनों तरफ बार डाले जाते हैं और आपस में शॉर्ट-सर्किट किए जाते हैं।

(ii) **बेलनाकार पोल टाइप रोटर :** इसमें, कोई प्रक्षेपित ध्रुव नहीं हैं लेकिन रोटर वाइंडिंग के माध्यम से बहने वाली धारा द्वारा गठित ध्रुव बनता हैं । नॉन सैलिएंट (बेलनाकार) प्रकार ध्रुव का निर्माण उच्च गति के लिए अनुकूल होता है है। भाप टर्बाइन उच्च गति (3000 rpm) पर घूमते हैं । जनरेटर जो के रूप में, जब इन टर्बाइनों का उपयोग इस मशीन के लिए प्राइम-मूवर के रूप में किया जाता है और दी गई आवृत्ति के लिए कम संख्या में ध्रुवों की आवश्यकता होती है। इसलिए, ये मशीनें छोटे या कम व्यास और लंबाई में बड़ी होती है। गैर मुख्य ध्रुव प्रकार के रोटर में निम्नलिखित भाग होतें हैं:

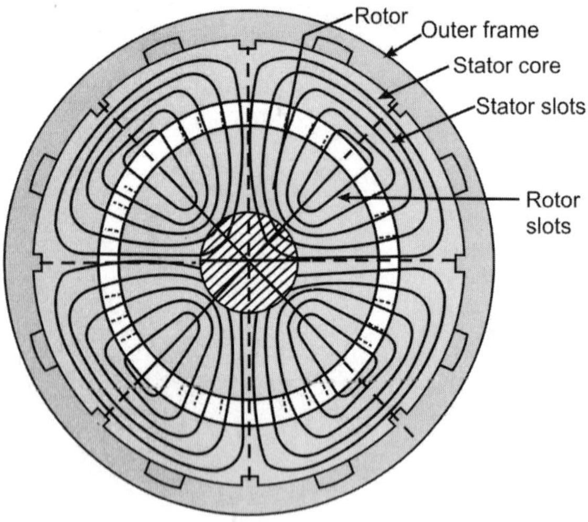

चित्र 4.71: नान - सेलिएण्ट पोल अल्टरनेटर

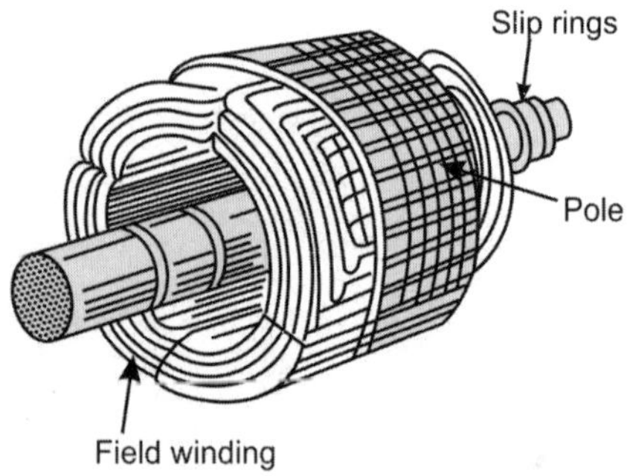

चित्र 4.72: नान - सेलिएण्ट पोल रोटर

(a) **रोटर कोर:** रोटर कोर सिलिकॉन स्टील स्टैम्पिंग से बना है। यह शाफ्ट की कुंजी है। बाहरी परिधि पर स्लॉट काट दिए जाते हैं जिसमें एक्साइटिंग कॉइल्स रखे जाते हैं। चुंबकीय प्रवाह के लिए यह एक आसान रास्ता प्रदान करता है

(b) **रोटर वाइंडिंग या इक्साइटेशन वाइंडिंग:** इसे रोटर स्लॉट में रखा जाता है और करेंट पास किया जाता है वाइंडिंग के माध्यम से इस तरह से कि आवश्यकता के अनुसार पोल बनते हैं (चित्र देखें 4.72)।

3. विविध भाग

निम्नलिखित कुछ महत्वपूर्ण विविध भाग हैं;

(a) **ब्रश:** ब्रश, कार्बन से बने होते हैं और ये स्लिप रिंग्स पर रगड़ता हैं। डी.सी. सप्लाई ब्रश को दी जाती है । ब्रश से करेंट प्रवाहित होकर स्लिप रिंग तक जाता है और फिर इक्साइटेशन वाइंडिंग में।

(b) **बियरिंग्स:** शाफ्ट और बाहरी स्थिर आवरण के बीच बियरिंग्स घर्षण को कम करने के लिए प्रदान किया जाता है। उनके निर्माण के लिए उच्च कार्बन स्टील सामग्री प्रयुक्त होता है।

(c) शाफ्ट: शाफ्ट नरम इस्पात से बना होता है। शाफ्ट के माध्यम से मशीन में यांत्रिक शक्ति ली जाती है या दी जाती है।

4.55 स्थिर क्षेत्र प्रणाली पर घूर्णन क्षेत्र प्रणाली के लाभ

स्थिर क्षेत्र प्रणाली की तुलना में घूर्णन क्षेत्र प्रणाली के महत्वपूर्ण लाभ निम्नलिखित हैं:

(i) आर्मेचर वाइंडिंग फील्ड वाइंडिंग की तुलना में अधिक जटिल है। इसलिए, स्थिर संरचना पर आर्मेचर वाइंडिंग लगाना आसान है ।

(ii) आधुनिक अल्टरनेटर (तुल्यकालिक जनरेटर) में, उच्च वोल्टेज उत्पन्न होता है, इसलिए, भारी इन्सुलेशन प्रदान किया जाता है और जब इसे स्थिर संरचना पर रखा जाता है तो उच्च वोल्टेज वाइंडिंग को इन्सुलेट करना आसान होता है ।

(iii) अत्यधिक धारा को वहन करने के लिए आर्मेचर कंडक्टरों का आकार बहुत अधिक होता है, जिसके कारण, उच्च केन्द्रापसारक तनाव (centrifugal stresses) विकसित होते हैं। इस प्रकार, उन्हें स्थिर संरचना पर रखना सरल होता है।

(iv) स्लिप रिंग का आकार धारा के प्रवाह के परिमाण पर निर्भर करता है, इसलिए, क्षेत्र को घुमाते समय कम करेंट उत्तेजना देने के लिए छोटे आकार के स्लिप रिंग प्रणाली का प्रयोग किया जाता है जो की आसान होता है ।

(v) लाइटर फील्ड ले जाने पर हाई स्पीड रोटार प्रणाली को बनाना और ठीक से संतुलित करना आसान होता है।

(vi) रोटर पर फील्ड सिस्टम प्रदान करने पर रोटर का वजन छोटा होता है और इस तरह उत्पादित घर्षण नुकसान कम होता है।

(vii) आर्मेचर को स्थिर रखने पर बेहतर शीतलन प्रणाली प्रदान की जा सकती है।

4.56. तीन फेज सिंक्रोनस मशीन

केवल छोटे ए.सी. घरेलू अनुप्रयोगों में कार्यरत मशीनें सिंगल-फेज मशीनें होती हैं। बड़े ए.सी. मशीनें आमतौर पर तीन फेज की मशीनें होती हैं। सिंक्रोनस मशीनों का प्रमुख अनुप्रयोग उत्पादन स्टेशनों पर नियोजित जनरेटर के रूप में होता है।

सभी जनरेटिंग स्टेशनों पर, थ्री-फेज सिंक्रोनस जेनरेटर निरपवाद रूप से कार्यरत हैं क्योंकि निम्नलिखित कारण:

(i) फ्रेम और सामग्री के समान आकार के लिए: तीन-चरण मशीनों में लगभग 1.5 गुना है उत्पादन अधिक होता है एकल-चरण मशीनों की तुलना में ।

(ii) जब यह एकल- फेज के रूप में होता है, तो बिजली तीन फेज के रूप में अधिक आर्थिक रूप से प्रसारित और वितरित की जा सकती है। इसलिए, 3-फेज तुल्यकालिक जनरेटर विद्युत उत्पादन के लिए कार्यरत हैं।

(iii) उद्योगों में, बिजली रूपांतरण के लिए, तीन- फेज प्रेरण मोटर्स को हमेशा नियोजित किया जाता है चूंकि वे मजबूत, अधिक कुशल, सेल्फ स्टार्टिंग, हाई पावर फैक्टर पर काम करते हैं और बहुत लागत में सस्ता होता है। उनके संचालन के लिए तीन फेज की शक्ति की आवश्यकता होती है, इसलिए इसे प्राथमिकता दी जाती है (3- फेज तुल्यकालिक जनरेटर) उत्पन्न करने के लिए, विद्युत शक्ति संचारित और वितरित करने 3- फेज प्रणाली को अपनाया जाता है।

4.57 ईएमएफ समीकरण

P = ध्रुवों की संख्या;

ϕ = वेबर्स में फ्लक्स प्रति पोल;

N = आरपीएम में गति ;

f = हर्ट्ज में आवृत्ति;

Z_{ph} = प्रति चरण श्रृंखला में जुड़े कंडक्टरों की संख्या,

T_{ph} = प्रति चरण श्रृंखला में जुड़े घुमावों की संख्या

*K_c = कुंडल अवधि कारक;

---

* **कुंडल अवधि कारक (K_C)**

यह अनुपात होता है कोइल में इंदुसड ई.एम.एफ. का जब वाइंडिंग शार्ट पिचड़ है और जब वही वाइंडिंग फुल पिचड़ है , को कॉइल सौन फैक्टर या पिच फैक्टर या कॉर्डेड फैक्टर कहा जाता है। यह आमतौर पर K_c द्वारा निरूपित किया जाता है और इसका मूल्य हमेशा एकता (Unity) से कम होता है

$$\text{कुंडल अवधि कारक, } K_c = \frac{2e \cos \beta / 2}{2e} = \cos \beta / 2$$

जहां β कोण है जिसके माध्यम से कुंडल शार्ट पिचेड होता है।

$**K_d$ = वितरण कारक

एक परिक्रमण के दौरान प्रत्येक चालक द्वारा काटे गए फ्लक्स = $P\phi$ weber वेबर

एक चक्कर पूरा करने में लगने वाला समय $= \frac{60}{N}$ सेकंड

औसत प्रेरित ई.एम.एफ. प्रति कंडक्टर $= \frac{P\phi}{60/N} = \frac{P\phi N}{60}$

औसत प्रेरित ई.एम.एफ. प्रति फेज, $= \frac{P\phi N}{60} \times Z_{ph} = \frac{P\phi N}{60} \times 2T_{ph}$ $\left(\because T_{ph} = \frac{Z_{ph}}{2}\right)$

$$= 4 \times \phi \times T_{ph} \times \frac{PN}{120} = 4\,\phi f T_{ph}$$

प्रेरित ई.एम.एफ. का आर.एम.एस. मान प्रति फेज,

E_{ph} = औसत मान × रूप गुणनखंड (Average value × form factor)

$$E_{ph} = 4\,\phi f T_{ph} \times 1{\cdot}11 = 4{\cdot}44\,\phi f T_{ph} \text{ volt}$$

वाइंडिंग के कॉइल स्पैन फैक्टर (K_C) और वितरण कारक (K_D) को ध्यान में रखते हुए । वास्तविक प्रेरित ई.एम.एफ. प्रति फेज,

$$E_{ph} = \mathbf{4{\cdot}44\, K_c\, K_d\, \phi f\, T_{ph}\ volt}$$

उदाहरण 4.12: *एक तीन- फेज 50 हर्ट्ज, तुल्यकालिक जनरेटर 250 आरपीएम पर चलता है। मशीन के ध्रुवों की संख्या ज्ञात कीजिये? इस मशीन के लिए आप किस प्रकार के प्राइम-मूवर की अपेक्षा करेंगे ?*

हल : आवृत्ति, $f = 50$ Hz

गति, $N_S = 250$ आरपीएम; फिर $P = \frac{120f}{N_s} = \frac{120 \times 50}{250} = 24$ Ans.

चूंकि तुल्यकालिक जनरेटर की गति बहुत कम है, इसलिए प्राइम-मूवर एक पानी टरबाइन (हाइड्रोलिक- टरबाइन) होगा । इतनी बड़ी संख्या में ध्रुवों के लिए मशीन एक मुख्य-पोल (Salient-Pole) प्रकार होगी।

उदाहरण 4.13: 3- फेज, 6-पोल, स्टार कनेक्टेड अल्टरनेटर के नो-लोड टर्मिनल वोल्टेज की गणना करें जो1000 rpm पर चल रहा है निम्नलिखित डेटा होने पर: प्रति ध्रुव साइनसॉइडल रूप से वितरित प्रवाह = 60 mWb आर्मेचर स्लॉट की कुल संख्या = 60; प्रति स्लॉट कंडक्टरों की संख्या = 10; वितरण कारक; $K_d = 0{\cdot}96$। पूर्ण पिच वाइंडिंग मान लें।

** **वितरण कारक (K_d)**

यह अनुपात होता है इंदुसड कोइल ग्रुप का जब वाइंडिंग डिस्ट्रिब्यूटेड है स्लॉट्स पर और इंदुसड कोइल ग्रुप का जब वाइंडिंग कंसन्ट्रेटेड है एक स्लॉट मे कुंडल समूह में जब वाइंडिंग एक स्लॉट में केंद्रित होता है तो वितरण कारक या चौड़ाई कारक कहा जाता है। यह आम तौर पर है K_d द्वारा निरूपित और इसका मूल्य हमेशा एकता(Unity)से कम होता है।

वितरण कारक $K_d = \dfrac{\sin\frac{m\alpha}{2}}{m\sin\frac{\alpha}{2}}$

जहां, m = प्रति फेज प्रति पोल स्लॉट की संख्या और α = 180 डिग्री/ प्रति पोल स्लॉट्स की संख्या यानी स्लॉट पिच।

हल: पूर्ण पिच वाइंडिंग के लिए; कुंडल अवधि कारक, $K_c = 1$
(वितरण कारक दिया गया है, इसलिए इसकी गणना नहीं की जानी है।

$$\text{लपेटो की संख्या प्रति फेज, } T_{ph} = \frac{60 \times 10}{2 \times 3} = 100$$

$$\text{दिया गया आवृति , } f = \frac{PN_S}{120} = \frac{6 \times 1000}{120} = 50 \text{ Hz}$$

$$\text{प्रेरित ई.एम.एफ. प्रति फेज, } E_{ph} = 4{\cdot}44\, K_c\, K_d f \phi\, T_{ph}$$

$$= 4{\cdot}44 \times 1 \times 0{\cdot}96 \times 50 \times 60 \times 10^{-3} \times 100 = 1278.7\text{V}$$

चूंकि अल्टरनेटर स्टार कनेक्टेड है;

$$\text{कोई लोड टर्मिनल वोल्टेज नहीं, } E_L = \sqrt{3}\, E_{Ph} = \sqrt{3} \times 1278.7 \text{ (उत्तर)}$$

उदाहरण 4.14 : 3-फेज, 12-पोल, स्टार कनेक्टेड के नो-लोड टर्मिनल वोल्टेज की गणना करें 500 आरपीएम पर चल रहा अल्टरनेटर निम्नलिखित डेटा होने

साइनुसॉइडल रूप से वितरित फ्लक्स प्रति पोल = 55 m Wb

आर्मेचर स्लॉट की कुल संख्या = 72

कंडक्टरों की संख्या/स्लॉट = 8

वितरण कारक = 0·96 , पूर्ण पिच वाइंडिंग मान लें।

हल: ध्रुवों की संख्या, $P = 12$; गति, $N_S = 500$ आरपीएम.

फ्लक्स, $\phi = 55 \times 10^{-3}$ Wb; स्लॉट की संख्या = 72

कंडक्टरों/स्लॉट की संख्या = 8; वितरण कारक, $K_d = 0{\cdot}96$

पूर्ण पिच वाइंडिंग के लिए,

कुंडल अवधि कारक, $K_c = 1$

वितरण कारक दिया गया है, इसलिए इसकी गणना नहीं की जानी चाहिए

$$\text{लपेटो की संख्या प्रति फेज } T_{ph} = \frac{72 \times 8}{2 \times 3} = 96$$

$$\text{दिया गया आवृति , } f = \frac{PN_S}{120} = \frac{12 \times 500}{120} = 50 \text{ Hz}$$

$$\text{प्रेरित ई.एम.एफ. प्रति फेज, } E_{ph} = 4{\cdot}44\, K_c\, K_d f \phi\, T_{ph}$$

$$= 4{\cdot}44 \times 1 \times 0{\cdot}96 \times 50 \times 55 \times 10^{-3} \times 96 = 1125.3 \text{ V}$$

चूंकि अल्टरनेटर स्टार कनेक्टेड है;

$$\text{कोई लोड टर्मिनल वोल्टेज नहीं, EL} = \sqrt{3}\, E_{ph} = \sqrt{3} \times 1125.3 = \mathbf{1949\ V} \text{ (उत्तर)}$$

अभ्यास

1. एक तीन- फेज 50 हर्ट्ज, तुल्यकालिक जनरेटर 187·5 rpm पर चलता है। मशीन के ध्रुवों की संख्या ज्ञात कीजिए? इस मशीन के लिए आप किस प्रकार के प्राइम-मूवर की अपेक्षा करेंगे ? (उत्तर=32)

2. 3-फेज, 4-पोल, स्टार कनेक्टेड अल्टरनेटर चल रहे नो-लोड टर्मिनल वोल्टेज की गणना करें 1500 rpm पर निम्नलिखित डेटा होने पर: साइनसॉइडली वितरित फ्लक्स प्रति पोल = 66 mWb; संपूर्ण आर्मेचर स्लॉट्स की संख्या = 72; प्रति स्लॉट कंडक्टरों की संख्या = 10; वितरण कारक; K_d = 0·96 (पूर्ण पिच वाइंडिंग मान लें)।

(उत्तर=2924 V)

3. 3-फेज, 8-पोल, स्टार कनेक्टेड अल्टरनेटर रनिंग के नो-लोड टर्मिनल वोल्टेज की गणना करें 750 rpm पर निम्नलिखित डेटा होना:
साइनुसॉइडल रूप से वितरित फ्लक्स प्रति पोल = 55 m Wb
आर्मेचर स्लॉट की कुल संख्या = 72
कंडक्टरों की संख्या/स्लॉट = 10
वितरण कारक = 0·96
पूर्ण पिच वाइंडिंग मान लें।

(उत्तर=2436.3 V)

परियोजना

Project-1: How to make Induction motor

Project-2: Powerful 220V and 12V Free Energy Generator using dc motor New

Project-3: Lifetime battery for any clock | Circuit for wall clock | 3.7v to 1.5v Converter

सारांश

1. **थ्री-फेज इंडक्शन मोटर :** एक मशीन जो 3-फेज एसी बिजली ऊर्जा को विद्युत चुम्बकीय प्रेरण घटना का उपयोग करके यांत्रिक ऊर्जा में कन्वर्ट करती है। ऐसे मोटर को 3- फेज प्रेरण कहा जाता है।
2. **इंडक्शन मोटर्स के प्रकार:** रोटर के निर्माण के अनुसार इंडक्शन मोटर्स दो प्रकार के होते हैं अर्थात् स्क्वीररेल केज इंडक्शन मोटर (गिलहरी केज) और स्लिपरिंग (फेज वाउण्ड इंडक्शन मोटर)
3. **परिक्रामी क्षेत्र का उत्पादन :** जब के 3-फेज स्टेटर को 3-फेज की आपूर्ति दी जाती है एक प्रेरण मोटर, परिमाण का एक परिणामी क्षेत्र 1·5 flux से एक स्थिर गति पर जिसे तुल्यकालिक गति कहा जाता है N_s ($N_s = 120\ f/p$)।
4. **कार्य सिद्धांत:** प्रारंभ में, स्थिर रोटर कंडक्टर परिक्रामी चुंबकीय क्षेत्र द्वारा कट किये जाते हैं और विद्युत चुम्बकीय प्रेरण घटना से उनमें एक ई.एम.एफ. प्रेरित हो जाता है। रोटर करेंट शॉर्ट सर्किट कंडक्टर के माध्यम से प्रवाहित होता है और रोटर फील्ड का उत्पादन करते हैं। रोटर और स्टेटर चुंबकीय क्षेत्र की परस्पर क्रिया से, टॉर्क विकसित होता है और परिक्रामी क्षेत्र की दिशा में रोटर घूमने लगता है ।
5. **रोटेशन की दिशा को बदलना:** 3-फेज इंडक्शन मोटर के रोटेशन की दिशा स्टेटर टर्मिनलों पर किन्हीं दो सप्लाई लीडों के कनेक्शन को इंटरचेंज (आपस में बदलकर) करके हो सकती है ।

6. **स्लिप :** 3-फेज मोटर का रोटर कभी भी समकालिक गति प्राप्त नहीं करता है क्योंकि उस गति पर रोटर कंडक्टर और स्टेटर परिक्रामी क्षेत्र के बीच कोई सापेक्ष गति नहीं होगी और प्रेरण घटना संभव नहीं है। इसकी गति हमेशा तुल्यकालिक गति से कम होती है।

   सिंक्रोनस स्पीड और रोटर स्पीड के बीच के अंतर को स्लिप कहा जाता है। यह आम तौर पर है तुल्यकालिक गति के एक अंश के रूप में निरूपित होता है । $s = (N_S - N)/N_S$)
7. रोटर धाराओं की आवृत्ति : $f_r = S_f$
8. **रोटर ई.एम.एफ. :** स्थिर अवस्था में : $E_{2s} = 4 \cdot 44\ kw_2\ T_2 f\ \phi$ or $E_{2s} = KE_1$

   चालू अवस्था में $E_2 = SE_{2s}$
9. **रोटर प्रतिरोध:** R_2
10. **रोटर प्रतिघातः** स्थिर अवस्था में – X_{2s} ; चलने की स्थिति में $X_2 = SX_{2s}$
11. **रोटर करेंट:** $I_2 = E_2/Z_2$ जहां $E_2 = SE_{2s}$ और $Z_2 = \sqrt{R_2^2 + (SX_{2s})^2}$
12. **रोटर शक्ति गुणाकः** $\cos\phi_2 = R_2/Z_2 = R\sqrt{R_2^2 + (SX_{2s})^2}$
13. **विद्युत प्रवाह:** स्टेटर कॉपर लॉस-स्टेटर आयरन लॉस = स्टेटर आउटपुट या रोटर इनपुट।

    रोटर इनपुट-रोटर कॉपर लॉस = रोटर में विकसित यांत्रिक शक्ति।

    रोटर में विकसित यांत्रिक शक्ति - यांत्रिक हानि = शाफ्ट पर उत्पादन यांत्रिक शक्ति।
14. रोटर कॉपर लॉस और स्लिप के बीच संबंध: रोटर कॉपर लॉस = S × रोटर इनपुट।
15. **विकसित टार्क :** $T = \dfrac{3}{\omega_s}\dfrac{SE_{2s}^2 R_2}{[(R_2^2) + (SX_{2s})^2]} = \dfrac{3}{\omega_s}\dfrac{E_{2s}^2 R_2 / S}{[(R_s / S)^2 + (X_{2s})^2]}$
16. **अधिकतम टॉर्क के लिए शर्तः** $R_2 = SX_{2s}$ or $S = R_2/X_{2s}$
17. **अधिकतम टॉर्कः** $T_m = \dfrac{3E_{2s}^2}{2\omega_s X_{2s}} = T_m \propto \dfrac{1}{X_{2s}}$
18. **स्टार्टरः** प्रारंभ में धारा के दबाव प्रवाह को सीमित करने के लिए प्रयुक्त उपकरण को स्टार्टर के रूप में जाना जाता है। है मोटर सुरक्षा के लिए इसमें नो वोल्ट कॉइल और ओवर-लोड कॉइल होते हैं ।
19. **डायरेक्ट ऑन लाइन (DOL) स्टार्टर:** यह स्टार्टर प्रारंभ में धारा के दबाव प्रवाह सीमित नहीं करता है लेकिन इसमें मोटरों की सुरक्षा के लिए नो-वोल्ट और ओवर-लोड रिले शामिल होते हैं । इसका उपयोग छोटे आकार के मोटर्स (3HP से कम) में किया जाता है
20. **स्टार-डेल्टा स्टार्टर:** यह स्टेटर वाइंडिंग को पहले स्टार में जोड़ता है और फिर डेल्टा में इस प्रकार कम किया जाता है प्रारंभिक धारा का मूल्य 1/3वां हो जाये । यह अधिकांश 3- फेज गिलहरी पिंजरे प्रेरण मोटर्स में उपयोग होता है ।
21. **ऑटो-ट्रांसफार्मर स्टार्टर:** यह प्रारंभ में स्टेटर वाइंडिंग को कम वोल्टेज प्रदान करता है और किसी भी पूर्व निर्धारित मूल्य के लिए प्रारंभिक धारा को कम करने की क्षमता रखता है । इसका उपयोग 3- फेज के बहुत बड़े आकार के गिलहरी केज इंडक्शन मोटर्स शुरू करने के लिए किया जाता है ।
22. **स्लिप-रिंग इंडक्शन मोटर्स का प्रारंभ:** स्लिप-रिंग इंडक्शन मोटर्स में, शुरुआती करेंट को रोटर सर्किट में प्रतिरोध जोड़कर कम किया जाता है ।

23. **इंडक्शन मोटर्स का स्पीड कंट्रोल:** 3-फेज इंडक्शन मोटर की गति को बदला जा सकता है (i) स्लिप को बदलकर, (ii) सप्लाई आवृत्ति को बदलकर और (iii) एक प्रेरण मोटर के ध्रुवों की संख्या को बदलकर ।

24. **सिंगल-फेज इंडक्शन मोटर:** एक मशीन जो 1-फेज एसी विद्युत शक्ति को चुम्बकीय प्रेरण घटना का उपयोग करके यांत्रिक शक्ति में परिवर्तित करती है, विद्युत 1- फेज प्रेरण मोटर कहलाती है ।

25. **1- फेज प्रेरण मोटर में टॉर्क विकास:** जब 1- फेज के स्टेटर को 1- फेज सप्लाई दी जाती है 1- फेज प्रेरण मोटर परिमाण के दो क्षेत्र $\phi_m/2$ उत्पन्न होते हैं जो तुल्यकालिक गति के विपरीत दिशा में पर घूमते हैं । दो क्षेत्रों द्वारा एक समान और विपरीत बलाघूर्ण विकसित किया जाता है और इसीलिए परिणामी बलाघूर्ण प्रारंभ में शून्य होता है। इस प्रकार, 1- फेज प्रेरण मोटर एक सेल्फ स्टार्टिंग मोटर नहीं है। हालांकि, यदि रोटर को किसी बाहरी माध्यम से किसी भी दिशा में घुमाया जाता है, टॉर्क विकसित होता है और रोटर उस दिशा में गति पकड़ लेता है।

26. **स्प्लिट फेज मोटर:** 1-फेज इंडक्शन मोटर्स में स्टार्टिंग टॉर्क प्राप्त करने के लिए, सिंगल वाइंडिंग विभिन्न प्रतिरोध और प्रेरकत्व(inductance) वाले दो भागों में विभाजित है। वे विभिन्न कोण से धाराएं ले जाते हैं जो एक परिणामी क्षेत्र को समकालिक गति से स्पेस(स्टेटर और रोटर के बीच का खाली जगह) में परिक्रमण करते हैं, यह मोटर में स्टार्टिंग टॉर्क विकसित करता है।

27. **कैपेसिटर मोटर्स:** ये (i) कैपेसिटर स्टार्ट मोटर्स, (ii) कैपेसिटर रन मोटर और (iii) कैपेसिटर स्टार्ट और कैपेसिटर से चलने वाली मोटरें हो सकते हैं।

28. **शेडेड पोल मोटर्स:** इन मोटरों में एकतांबे की पट्टी 1/3 पोल भाग के साथ ध्रुवों के ऊपर से चढ़ाया जाता है । ध्रुव के इस भाग को शेडेड पोल भाग कहते हैं। इस वजह से, परिक्रामी क्षेत्र को स्टेटर में स्थापित किया जाता है और टॉर्क विकसित किया जाता है।

29. **एसी सीरीज मोटर:** इन मोटरों में उच्च प्रारंभिक टॉर्क विकसित करने और उच्च गति से घूमने की क्षमता होती है । टॉर्क धारा के वर्ग के समानुपाती और गति के व्युत्क्रमानुपाती होता है।

30. **यूनिवर्सल मोटर्स:** एक मोटर जिसे एसी के साथ-साथ डीसी सप्लाई पर रेटेड वोल्टेज पर संचालित किया जा सकता है यूनिवर्सल मोटर कहा जाता है।

31. **डीसी मोटर:** एक मशीन जो डीसी विद्युत शक्ति को यांत्रिक शक्ति में परिवर्तित करती है। डीसी मोटर के रूप में जाना जाता है । इसका कार्य सिद्धांत है कि जब एक धारा प्रवाहित कंडक्टर को चुंबकीय क्षेत्र में रखा जाता है, उस पर एक बल लगाया जाता है और टॉर्क विकसित होता है।

32. **एक डीसी मशीन की निर्माण:** एक डीसी मशीन के आवश्यक भाग हैं चुंबकीय फ्रेम या योक, पोल कोर और पोल शू, फील्ड या रोमांचक कॉइल, आर्मेचर कोर, आर्मेचर वाइंडिंग, कम्यूटेटर, ब्रश, ब्रश रॉकर, और हाउसिंग आदि।

33. **कम्यूटेटर के कार्य:** कम्टेटरयू धारा के प्रवाह की दिशा को उलट देता है आर्मेचर कंडक्टर मे जब वे एम.एन.ए. को पार करते हैं निरंतर टॉर्क प्राप्त करने के लिए

34. **बैक ई.एम.एफ.(Back EMF) :** जब डी.सी. सप्लाई आर्मेचर दी जाती है। आर्मेचर कंडक्टर मुख्य चुंबकीय क्षेत्र को काटती है और विपरीत दिशा में एक प्रेरित ई.एम.एफ. उत्पन्न हो जाता है (सप्लाई वोल्टेज के विपरीत दिशा. (ईबी)

$E_b = PZN\,\phi_{sh}/60\,A\,;\; E_b \propto N\,\phi \text{ or } N \propto E_b/\phi\,;\; E_b < V \text{ and } E_b = V - I_a R_a$

35. **डीसी मोटर्स के प्रकार और महत्वपूर्ण संबंध:**

अलग से उत्साहित: $l_a = l_L$; $E_b = V - l_a R_a - 2v_b$

शंट मोटर्स: $l_{sh} = V/R_{sh}$; $l_a = l_L - l_{sh}$; $E_b = V - l_a R_a - 2v_b$b

सीरिज मोटर्स: $l_{se} = l_a = l_L$; $E_b = V - l_a (R_a + R_{se}) - 2 v_b$

कंपाउंड मोटर्स: संचयी: $\phi_r = \phi_{sh} + \phi_{se}$ डिफरेंशियल: $\phi_r = \phi_{sh} - \phi_{se}$

36. **डीसी मोटर्स का गति नियंत्रण:** डीसी मोटर्स की गति को फील्ड नियंत्रण और आर्मेचर नियंत्रण विधियों को नियोजित करके बहुत ही सटीक रूप से नियंत्रित किया जा सकता है।

37. **तुल्यकालिक मशीनें :** एक मशीन जो केवल तुल्यकालिक गति से घूमती है तुल्यकालिक मशीन N_S कहा जाता है । इसका संचालन निम्नलिखित संबंध पर निर्भर करता है।

$$N_s = \frac{120 f}{P}$$

38. **अल्टरनेटर:** एक ए.सी. मशीन जो यांत्रिक शक्ति या ऊर्जा को ए.सी. विद्युतीय शक्ति या ऊर्जा में बदल दे वांछित आवृत्ति के साथ उसे अल्टरनेटर कहा जाता है। इसे तुल्यकालिक जनरेटर या ए.सी. जनरेटर भी कहा जाता है । इसके संचालन का मूल सिद्धांत विद्युत-चुंबकीय प्रेरण है।

38. **तुल्यकालिक मशीनों का निर्माण:** अर्थव्यवस्था और सरल डिजाइनिंग के कारण आमतौर पर बड़े आकार की मशीनों में आर्मेचर स्थिर होती हैं और फील्ड रोटेटिंग सिस्टम के होते हैं।

40. रोटर निर्माण के अनुसार, तुल्यकालिक मशीनें दो प्रकार की हैं, (i) मुख्य ध्रुव प्रकार(Salient pole type) (ii) गैर-मुख्य ध्रुव प्रकार(Non-Salient pole type)

41. **अनुप्रयोग:** (i) मुख्य पोल प्रकार की मशीनें (अल्टरनेटर) कम गति पर संचालित होती हैं और हाइड्रो-इलेक्ट्रिक पावर प्लांट में पानी के टर्बाइनों के साथ मिलकर जुड़े होते है । इन मशीनों में बड़ी संख्या में ध्रुव, व्यास बड़े और लंबाई छोटी होती हैं, (ii) गैर-मुख्य पोल प्रकार की मशीनें (अल्टरनेटर) उच्च गति से संचालित होते हैं और थर्मल पावर प्लांट में स्टीम टर्बाइन के साथ जोड़े जाते हैं। इन मशीनों में कम संख्या में ध्रुव, व्यास छोटे और लंबाई में ये बड़े होते है।

42. **3-फेज सिंक्रोनस मशीन:** बड़ी ए.सी. मशीनें उनकी उच्च दक्षता और अर्थव्यवस्था के कारण हमेशा 3- फेज मशीन होती हैं।

44. **Emf समीकरण :** $E_{ph} = 4{\cdot}44\, K_c\, K_d\, \phi \int T_{ph}$

लघु उत्तरीय प्रश्न

1. क्या एक प्रेरक मोटर का बाहरी फ्रेम प्लास्टिक से बना हो सकता है, क्यों बताएं?
2. क्या dc मशीन का बाहरी फ्रेम प्लास्टिक से बनाया जा सकता है, बताएं क्यों?
3. इंडक्शन मोटर का रोटर तिरछा होता है, क्यों?
4. क्या हम सिर्फ इनपुट पर किन्हीं दो टर्मिनलों के कनेक्शन इंटरचेंज करके 3-फेज इंडक्शन मोटर के रोटेशन की दिशा को उलट सकते हैं, यदि हां, तो क्यों बताएं?
5. एक गिलहरी पिंजरे रोटर में, रोटर कंडक्टर और स्लॉट के बीच कोई इन्सुलेशन प्रदान नहीं किया जाता है, क्यों?
6. इंडक्शन मोटर को एसिंक्रोनस मोटर भी कहा जाता है, क्यों?

7. क्या एक प्रेरण मोटर तुल्यकालिक गति से चल सकती है, बताएं क्यों?
8. जब 3- फेज प्रेरण मोटर के स्टेटर को 3- फेज की सप्लाई दी जाती है, एक परिक्रामी क्षेत्र स्थापित होता है। जब समान सप्लाई एक 3-फेज ट्रांसफार्मर को दी जाती है तो कोई परिक्रामी क्षेत्र स्थापित नहीं होता है, बताएं क्यों ?
9. रोटर कंडक्टरों को रोटर की सबसे बाहरी परिधि पर रखा जाता है, क्यों?
10. एक प्रेरक मोटर के स्टेटर और रोटर के बीच हवा का अंतर जितना संभव हो उतना छोटा रखा जाता है, क्यों?
11. डायरेक्ट ऑन लाइन स्टार्टर इंडक्शन मोटर के शुरुआती करेंट को सीमित नहीं करता है, फिर भी यह है स्टार्टर कहा जाता है स्विच नहीं, क्यों?
12. बहुत बड़े 3-फेज इंडक्शन मोटर्स के लिए ऑटो ट्रांसफॉर्मर स्टार्टर्स को स्टार डेल्टा स्टार्टर्स से अधिक पसंद किया जाता है, क्यों?
13. बड़े इंडक्शन मोटर्स को सीधे ऑन लाइन चालू नहीं किया जाता है, क्यों?
14. लिफ्टों में किस प्रकार की 3-फेज इंडक्शन मोटर लगाई जाती है, बताएं क्यों?
15. इंडक्शन मोटर हमेशा लैगिंग पावर फैक्टर पर पावर खींचती है, क्यों?
16. जब इंडक्शन मोटर पर लोड बढ़ता है, तो इसकी गति कम हो जाती है, क्यों?
17. 1-फेज कैपेसिटर रन मोटर के मामले में यदि कैपेसिटर क्षतिग्रस्त है तो मोटर शुरू नहीं होती है। हालाँकि यदि इसे किसी भी दिशा में घुमाया जाता है तो यह उस दिशा में गति पकड़ लेता है, क्यों?
18. एक शेडेड पोल मोटर के घूर्णन की दिशा को उलट नहीं किया जा सकता है, क्यों?
19. स्प्लिट-फेज सिंगल-फेज इंडक्शन मोटर के रोटेशन की दिशा को उलटा किया जा सकता है, कैसे?
20. मिक्सर-ग्राइंडर में यूनिवर्सल मोटर क्यों लगाई जाती है?
21. आर्मेचर कोर के क्या कार्य हैं?
22. फील्ड सिस्टम का कार्य क्या है?
23. योक के मुख्य कार्य क्या हैं?
24. पोल शू के मुख्य कार्य क्या हैं?
25. कार्बन ब्रश के क्या फायदे हैं?
26. डीसी मशीनों का आर्मेचर सिलिकॉन स्टील से क्यों बना होता है?
27. डीसी मोटर क्या है?
28. डीसी मोटर का कार्य सिद्धांत क्या है?
29. बैक ईएमएफ क्या है?
30. डीसी मोटर्स के विभिन्न प्रकार क्या हैं?
31. कौन से कारक एक तुल्यकालिक जनरेटर के ध्रुवों की संख्या निर्धारित करते हैं?
32. अल्टरनेटर को kVA में रेटिंग क्यों किया जाता है?

अभ्यास के लिए संख्यात्मक प्रश्न

1. यदि ई.एम.एफ. एक 8 पोल इंडक्शन मोटर के स्टेटर में 50 हर्ट्ज की और रोटर में 1.5 हर्ट्ज आवृत्ति है मोटर के चलने की गति और उसके स्लिप ज्ञात करें । (Ans. 727.5 r.p.m., 0.03)

2. एक 8-पोल अल्टरनेटर 750 rpm पर चलता है। और एक 6-पोल इंडक्शन मोटर को बिजली की आपूर्ति करता है जो 3% की फुल लोड स्लिप है। प्रेरण मोटर की पूर्ण भार गति और इसकी रोटर ई.एम.एफ. की आवृत्ति ज्ञात कीजिए

(Ans. 970 r.p.m., 1.5 Hz)

3. यह 3- फेज प्रेरण मोटर के साथ लगभग 700 r.p.m की गति प्राप्त करना चाहता है। (i) 60 हर्ट्ज मोटर के लिए ध्रुवों की संख्या निर्धारित करें; (ii) मोटर 25 Hz । यदि प्रत्येक मोटर की रेटेड लोड स्लिप 5% है, प्रत्येक मोटर के लिए निर्धारित गति निर्धारित करें। (Ans. 10 ; 684 r.p.m., 4 ; 712.5 r.p.m.)

4. रेटेड लोड पर ध्रुवों की संख्या, स्लिप और रोटर धाराओं की आवृत्ति निर्धारित करें, 3- फेज, 3 7 kW इंडक्शन मोटर पर रेटेड:

   (i) 220 V, 50 Hz, 1440 r.p.m. (ii) 120 V, 400 Hz, 3800 r.p.m.

(उत्तर 4, 4%, 2 Hz 12, 5%, 20 Hz)

5. 3- फेज 6-पोल इंडक्शन मोटर पर एक संतुलित 3- फेज, 50 हर्ट्ज वोल्टेज लगाया जाता है। जब मोटर रेटेड आउटपुट देता है, स्लिप 0.04 पाई जाती है। ज्ञात कीजिए :

   (i) स्टेटर संरचना के सापेक्ष परिक्रामी क्षेत्र की गति।
   (ii) रोटर धाराओं की आवृत्ति।
   (iii) रोटर की गति एम.एम.एफ. रोटर संरचना के सापेक्ष।
   (iv) रोटर की गति एम.एम.एफ. स्टेटर संरचना के सापेक्ष।
   (v) रोटर की गति एम.एम.एफ. स्टेटर क्षेत्र वितरण के सापेक्ष।
   (vi) क्या कुल एक दिशा टॉर्क (unidirectional)के विकास के लिए स्थितियां सही हैं?

(उत्तर 4, 4%, 2 Hz 12, 5%, 20 Hz)

6. एक 6-पोल, 3-फेज, 50 Hz इंडक्शन मोटर में एक स्टार कनेक्टेड रोटर है। रोटर का प्रतिरोध और प्रतिघात क्रमशः 0.25 Ω और 2.5 Ω है । प्रारंभ में स्लिपरिंग के बीच प्रेरित ई.एम.एफ. 100 V है। यदि पूर्ण भार पर गति 960 r.p.m है। गणना कीजिए (i) स्लिप, (ii)रोटर प्रेरित ई.एम.एफ. प्रति फेज (iii) रोटर करेंट और पावर फैक्टर स्तिर अवस्था में (स्टैंडस्टिल) पर और (iv) रेटेड लोड पर रोटर करेंट और पावर फैक्टर।

(उत्तर 4% ; 57.735 V ; 22.98 A, 0.0995 लीडिंग ; 8.577 A, 0.9285 लेगिंग)

7. 3-फेज इंडक्शन मोटर को आपूर्ति की जाने वाली शक्ति 40 kW है और संबंधित स्टेटर हानियाँ 1.5 kW हैं। गणना करें:

   (a) कुल कितना विकसित यांत्रिक शक्ति और रोटर हानि (Loss) कितना होगा है,जब स्लिप 0.04 है।
   (b) अगर घर्षण और विंडेज हानि 0.8 किलोवाट (kW) हैं ,तो मोटर की आउटपुट पावर।
   (c) मोटर की दक्षता। जब रोटर लोहे की हानियां मौजूद नहीं हैं ।

(उत्तर 36.96 kW; 1.54 kW; 36.16 kW; 90. 4%)

8. 3-फेज इंडक्शन मोटर का शाफ्ट आउटपुट 75 kW है। घर्षणऔर विंडेज हानियां हैं 1000 W। स्टेटर कोर लॉस 4000 W है और स्टेटर कॉपर लॉस 2500 W है। यदि स्लिप 3.5% है तो मोटर की दक्षता क्या है? (उत्तर 87. 97%)

9. एक 400 वोल्ट, 6-पोल, 50 हर्ट्ज, 3-फेज इंडक्शन मोटर, यांत्रिक हानियां के साथ 20 HP विकसित करता है और स्पीड 995 r.p.m., 0.87 का पावर फैक्टर। गणना करें:

   (i) स्लिप (ii) रोटर कॉपर लॉस (iii) लाइन करेंट। स्टेटर कॉपर लॉस 1500 W है।

(उत्तर 0.005; 73.92 W ; 27 A)

10. एक 50 HP, 6-पोल, 3-फेज इंडक्शन मोटर, 0.86 p.f. , जब 500 V, 50 Hz मेन से जुड़ा हो, 955 rpm पर फुल लोड आउटपुट देता है फ्रिक्शन और विंडेज लॉस कुल 2 HP और स्टेटर नुकसान 1.5 kW हैं। इस भार के लिए निर्धारित करें:
कुल रोटर Cu हानियां; (ii) दक्षता; तथा (iii) लाइन करेंट (उत्तर 1.802 kW; 88.51% ; 55 .78 A)
11. एक 6-पोल, 3-फेज इंडक्शन मोटर 960 आरपीएम की गति से चलती है और शाफ्ट टॉर्क 135.7 N-m है। रोटर तांबे के नुकसान की गणना करें यदि घर्षण और विंडेज नुकसान की मात्रा 150 वाट(W) है। आपूर्ति की आवृत्ति 50 हर्ट्ज है। (उत्तर 574.67 W)
12. 50 एचपी पर लोड होने पर इंडक्शन मोटर की दक्षता 85% होती है। इस लोड पर स्टेटर कॉपर हानि और रोटर कॉपर की हानि प्रत्येक समान लोहे की हानि। यांत्रिक नुकसान नो लोड का एक तिहाई है। रोटर कॉपर लॉस, रोटर इनपुट और स्लिप की गणना करें।
(संकेत : इनपुट = $\frac{\text{आउटपुट}}{\eta}$; नुकसान = इनपुट - आउटपुट; यदि रोटर कॉपर लॉस = K. तो कुल नुकसान = के + के + के + $\frac{\text{के}}{3}$)
13. एक 3-चरण, 50 हर्ट्ज, सिंक्रोनस जनरेटर 166.67 rpm पर चलता है। पोल की संख्या कितनी है? इस मशीन के अलावा आप क्या प्राइम-ओवर करेंगे? (उत्तर 36, हाइड्रोलिक टर्बाइन)
14. 4-पोल, 3-फेज अल्टरनेटर के स्टेर कोर में 36 स्लॉट होते हैं। इसमें एक छोटी पिच 3-चरण होती है। 8 स्लॉट के बराबर कॉइल स्पैन के साथ घुमावदार। वितरण और कुंडल पिच कारक का निर्धारण करें।
15. 8 स्लॉट के बराबर कॉइल स्पैन के साथ । वितरण और कुंडल पिच कारक का निर्धारण करें। (उत्तर 0·9598 ; 0·9848)
16. एक 3-फेज, 12-पोल अल्टरनेटर में 108 स्लॉट और 10 कंडक्टर के साथ एक स्टार कनेक्टेड वाइंडिंग है प्रति स्लॉट। फूल पिच कॉइल हैं। प्रति पोल फ्लक्स 0·05 Wb है जो साइनसॉइड रूप से वितरित होता है और गति 600 rpm है। ओपन सर्किट पर लाइन वोल्टेज की गणना करें। मान लें वितरण कारक 0·96 बराबर है। (उत्तर 3986·7 वोल्ट)

बहुविकल्पीय प्रश्न

1. इंडक्शन मोटर का स्टेटर कोर का बना होता है
(a) लेमिनेट कच्चा (cast) लोहा
(b) माईल्ड (mild) स्टील
(c) सिलिकॉन स्टील स्टाम्पिंग
(d) मुलायम(Soft) लकड़ी।
2. इंडक्शन मोटर की स्टेटर वाइंडिंग को डिज़ाइन किया जा सकता है
(a) कोई भी पोल की संख्या
(b) कोई भी पोल की सम संख्या
(c) कोई भी पोल की विषम संख्या
(d) केवल चार पोल के लिए।
3. स्क्वीरल केज इंडक्शन मोटर का रोटर तिरछा होता है क्योंकि
(a) यह ध्वनि को कम करता है इस प्रकार मोटर का चलना सुनिश्चित करता है।
(b) यह रोटर के विभिन्न स्थिति के लिए एक स्मूथ टॉर्क वक्र में परिणाम देता है।
(c) यह स्टेटर और रोटर की चुंबकीय लॉकींग से बचाता है।
(d) ये सभी।

4. फेज-वाउंड इंडक्शन मोटर के स्लिप रिंग किसके बने होते हैं:
   (a) लकड़ी (b) कच्चा (Cast) लोहा
   (c) स्टील (d) कॉपर
5. स्टेटर और रोटर के बीच कोई विद्युत कनेक्शन नहीं है, फिर भी बिजली स्थानांतरित की जाती है रोटर के माध्यम से स्टेटर को
   (a) चुंबकीय फ्लक्स (b) हवा
   (c) पानी (d) चुंबक।
6. एक बड़े इंडक्शन मोटर में आमतौर पर फुल लोड स्लिप का मान होता है
   (a) 0.4% (b) 20%
   (c) 3 से 5% (d) 6 से 15%
7. प्रारंभ में, इंडक्शन मोटर का मान स्लिप कितना होता है
   (a) शून्य (b) 0.5
   (c) एक (d) अनंत।
8. चलने की स्थिति, रोटर फ्लक्स सीधे आनुपातिक (proportional) होता है
   (a) इंड्यूस ई.एम.एफ. (b) रोटर करट
   (c) स्लिप (d) इनपुट वोल्टेज।
9. प्रारंभ में रोटर पावर फैक्टर है
   (a) बहुत अधिक (b) बहुत कम
   (c) एक (d) शून्य।
10. एक इंडक्शन मोटर का रोटर कॉपर के नुकसान सीधे आनुपातिक होते हैं
   (a) मोटर के इनपुट (b) मोटर के आउटपुट
   (c) रोटर प्रतिरोध (d) स्लिप
11. अधिकतम टॉर्क की शर्त है
   (a) $R_2 = SZ_{2s}$ (b) $X_{2s} = SR_2$
   (c) $R_2 = X_{2s}$ (d) $R_2 = SX_{2s}$
12. स्टार्टर का कार्य है
   (a) मोटर शुरू करने के लिए (b) मोटर शुरू करने और रोकने के लिए
   (c) प्रारंभिक विद्युत धारा को सीमित करने के लिए (d) इनपुट वोल्टेज को सीमित करने के लिए
13. सिंगल फेज, स्प्लिट वाइंडिंग इंडक्शन मोटर का स्टेटर कोर किसका बना होता है?
   (a) लेमिनेट कच्चा(Cast Iron) लोहा (b) माईल्ड(mild) स्टील
   (c) सिलिकॉन स्टील स्टाम्पिंग (d) मुलायम (Soft) लकड़ी।
14. सिंगल फेज इंडक्शन मोटर में शुरू में, दो रेवोविंग क्षेत्र उत्पन्न करते हैं
   (a) रोटर कंडक्टर के असमान टॉर्क (b) रोटर कंडक्टर में कोई टॉर्क नहीं होता
   (c) रोटर कंडक्टर के बराबर और विपरीत टॉर्क (d) रोटर कंडक्टर में समान दिशा में बराबर टॉर्क

15. चलने की स्थिति के दौरान यदि स्प्लिट फेज इंडक्शन मोटर की शुरुआती वाइंडिंग काट दी जाती है।
(a) मोटर बंद हो जाएगी
b) मोटर वाइडिग जल जाएगी
(c) मुख्य वाइडिग क्षतिग्रस्त हो जाएगा
(d) मोटर घूमता रहेगा

16. कैपेसिटर स्टार्ट मोटर का शुरुआती टॉर्क है
(a) कैपेसिटर से चलने वाली मोटर से अधिक
(b) कैपेसिटर से चलने वाली मोटर से कम
(c) एक छायांकित पोल(shaded pole) मोटर से कम
(d) एक स्प्लिट-फेज इंडक्शन मोटर से कम।

17. स्प्लिट-फेज इंडक्शन मोटर के रोटेशन की दिशा को उलटा किया जा सकता है
(a) इनपुट टर्मिनलों के कनेक्शन को उलट देना
(b) केवल मुख्य वाइडिग के कनेक्शन को उलटना
(c) केवल शुरुआती (Starting)वाइडिग के कनेक्शन को उलटना
(d) या तो (b) या (c)।

18. घरेलू रेफ्रिजरेटर के लिए कौन सी मोटर सबसे उपयुक्त है ?
(a) 3-फेज इंडक्शन मोटर
(b) डीसी मोटर
(c) कैपेसिटर स्टार्ट मोटर
(d) छायांकित पोल मोटर।

19. घरेलू मिक्सर-ग्राइंडर के लिए कौन सी मोटर सबसे उपयुक्त है?
(a) 3-फेज इंडक्शन मोटर
(b) यूनिवर्सल मोटर
(c) कैपेसिटर स्टार्ट मोटर
(d) छायांकित पोल मोटर।

20. एक डीसी मशीन का योको बना है
(a) तांबा
(b) कार्बन
(c) कच्चा लोहा
(d) सिलिकॉन स्टील

21. डीसी मशीन का आर्मेचर कोर बना है
(a) तांबा
(b) कार्बन
(c) कच्चा लोहा
(d) सिलिकॉन स्टील

22. एक डीसी मशीन के कम्यूटेटर के खंड (Segments) बने होते हैं
(a) पीतल
(b) तांबा
(c) कार्बन
(d) सिलिकॉन स्टील

23. एक डीसी मशीन के कम्यूटेटर के खंड एक दूसरे से अंतर (अछूता) रहते है
(a) रबड़
(b) चीनी मिट्टी
(c) अभ्रक
(d) वार्निश

24. एक डी.सी. मशीन के ब्रश बने होते हैं
(a) लोहा
(b) पीतल
(c) अभ्रक
(d) कार्बन

25. डीसी मोटर की गति परिवर्तन कर सकते हैं
(a) केवल फील्ड करेंट को बदल के
(b) केवल आर्मेचर प्रतिरोध को बदलकर,
(c) लोहा की हानियां और तांबे की हानियां को बराबर कर

26. भारत में बड़े अल्टरनेटरों में उत्पन्न वोल्टेज की आवृत्ति है
    (a) मेगासाइकिल में (b) किलोसाइकिल में
    (c) 60 हर्ट्ज (d) 50 हर्ट्ज
27. हाइड्रोलिक टर्बाइनों के साथ युग्मित अल्टरनेटर के लिए ठीक रोटर हैं
    (a) सालियन पोल प्रकार (b) सिलेंडर रोटर प्रकार
    (c) ठोस(Solid) रोटर प्रकार (d) उपरोक्त में से कोई भी।
28. सालियन पोल प्रकार के अल्टरनेटर आमतौर पर किसके साथ नियोजित होते हैं?
    (a) हाई स्पीड प्राइम मूवर्स (b) कम और मध्यम गति प्राइम मूवर्स
    (c) हाइड्रोजन कूल्ड प्राइम मूवर्स (d) कम वोल्टेज अल्टरनेटर।
29. एक अल्टरनेटर में प्रति फेज उत्पन्न वोल्टेज का RMS मान किसके द्वारा दिया जाता है?
    (a) $E_{ph} = 4{\cdot}44\ K_c\ K_d\ N\ \phi\ f$ (b) $E_{ph} = 4{\cdot}44\ K_c\ K_d\ N\ \phi$
    (c) $E_{ph} = 4{\cdot}44\ K_c\ K_d\ N^2\ \phi\ f$ (d) $E_{ph} = 1{\cdot}11\ K_c\ K_d\ N\ \phi\ f$
30. अल्टरनेटर की रेटिंग आमतौर पर व्यक्त की जाती है
    (a) फुल लोड करेंट (b) हॉर्स पावर (HP)
    (c) केवीए (kVA) (d) किलोवाट (KW)

परिक्षण प्रश्न

1. 3-फेज स्क्वीरल केज इंडक्शन मोटर के निर्माण की व्याख्या करें।
2. चर्चा करें कि 3 फेज इंडक्शन मोटर में रोटेटिंग क्षेत्र कैसे उत्पन्न होता हैIरोटेटिंग क्षेत्र टॉर्क के उत्पादन में कैसे मदद करता है।
3. 3-फेज इंडक्शन मोटर के रोटर करेंट की आवृत्ति और इनपुट आवृत्ति के बीच संबंध व्युत्पन्न करें।
4. यदि बिना लोड के चलते हुए 3-फेज इंडक्शन मोटर का एक फेज बंद हो जाता है,इसके रोटर का क्या होगा?
5. क्या इंडक्शन मोटर (3-फेज) सिंक्रोनस गति से चल सकती है? अपना जवाब समझाएं।
6. स्लिप, स्लिप फ्रीक्वेंसी, वाउंड रोटर, केज रोटर के बारे में लिखो ।
7. 3-फेज इंडक्शन मोटर के रोटेशन की दिशा कैसे उलटी जा सकती है?
8. थ्री-फेज इंडक्शन मोटर के कार्य करने के सिद्धांत की व्याख्या कीजिए और %स्लिप व्याख्या करेंI
9. एक इंडक्शन मोटर सिंक्रोनस गति से कितना टॉर्क विकसित करता है? उत्तर व्याख्या करें।
10. एक प्रेरण मोटर में विभिन्न प्रकार के हानियां की सूची बनाएं।
11. एक इंडक्शन मोटर में विभिन्न हानियाँ क्या हैं? वे किन कारकों पर निर्भर करते हैं?
12. रोटर कॉपर हानि के लिए स्लिप और रोटर को इनपुट के रूप में व्यंजक व्युत्पन्न कीजिए।
13. एक 3-फेज एक इंडक्शन मोटर के चल रही स्थिति के लिए, टॉर्क प्राप्त करें और फिर अधिकतम टॉर्क की शर्त समझाएं।
14. 3-फेज इंडक्शन मोटर के अधिकतम टॉर्क के लिए शर्त और अधिकतम टॉर्क का व्यंजक भी व्युत्पन्न कीजिए।
15. इंडक्शन मोटर के टॉर्क के लिए सरलीकृत समीकरण व्युत्पन्न कीजिए।

16. 3-फेज स्लिप रिंग इंडक्शन मोटर की स्लिप-टॉर्क वक्र को बनाएं और समझाएं। उस पर शुरुआती और अधिकतम टॉर्क को चिह्नित करें।
17. 3-फेज इंडक्शन मोटर्स को शुरू करने के लिए स्टार्टर क्यों आवश्यक है। 3-फेज स्क्वीरल केज इंडक्शन मोटर्स शुरू करना की विभिन्न विधियों के नाम लिखिए और किसी एक विधि की विस्तार से व्याख्या करना।
18. 3-फेज स्क्वीरल केज इंडक्शन मोटर की शुरुआत के लिए नियोजित विभिन्न स्टार्टर्स के नाम बताएं। स्टार-डेल्टा स्टार्टर को विस्तार से समझाइए।
19. बड़े तीन फेज इंडक्शन मोटर्स को शुरू करने की विभिन्न विधियाँ बताइए। ऑटो ट्रांसफार्मर स्टार्टर की व्याख्या विस्तार से करेंI
20. आप कितने टर्मिनलों को खोजने की उम्मीद करते 3-फेज स्क्वीरल केज इंडक्शन मोटर्स के टर्मिनल बॉक्स पर जब मोटर का उपयोग स्टार-डेल्टा स्टार्टर द्वारा शुरू करने के लिए किया जाएगा।
21. बताएं कि 3-फेज वाउड प्रकार इंडक्शन मोटर्स कैसे शुरू होती है।
22. बताएं कि रोटर सर्किट प्रतिरोध को बदलकर स्लिप रिंग इंडक्शन मोटर की गति को कैसे बदला जा सकता है। इस पद्धति की सीमाएं और नुकसान क्या हैं?
23. पॉली-फेज स्क्वीरल केज इंडक्शन मोटर के गति नियंत्रण के विभिन्न तरीकों का नाम दें। गति नियंत्रण की पोल परिवर्तन विधि के सिद्धांत को संक्षेप में समझाइए।
24. बता दें कि मूल रूप से सिंगल फेज इंडक्शन मोटर सेल्फ स्टार्टिंग मोटर नहीं है।
25. आप सिंगल फेज इंडक्शन मोटर को सेल्फ स्टार्टिंग कैसे बनाएंगे?
26. दिखाएँ कि एक एकल चरण साइनसॉइडल क्षेत्र को दो क्षेत्रों द्वारा प्रतिस्थापित किया जा सकता है जो चारों ओर घूमते हैं विपरीत दिशाओं में हवा का अंतर। इन दोनों क्षेत्रों में से प्रत्येक के कारण टोक़-पर्ची वक्र को स्केच करें।इस तथ्य को कैसे समझाया जा सकता है कि एकल-चरण प्रेरण मोटर में कोई प्रारंभिक टोक़ नहीं है इन वक्रों से? वे दिशा में मोटर के तेज होने के तथ्य की व्याख्या कैसे करते हैं जिसमें इसे शुरू किया गया है? वह तरीका बताइए जिससे एकल-फेज मोटर का आरंभिक बलाघूर्ण किसके द्वारा प्राप्त किया जा सकता है?
27. सिंगल फेज कैपेसिटर स्टार्ट इंडक्शन मोटर के निर्माण और कार्य की व्याख्या करें।
28. सीलिंग फैन के साथ कैपेसिटर क्यों लगाया जाता है?
29. सीलिंग फैन, सिंगल फेज एसी पर स्विच करने पर घूमना शुरू नहीं करती है। क्या कारण हो सकते हैं?
30. सिंगल फेज इंडक्शन मोटर्स कैपेसिटर-स्टार्ट कैपेसिटर-रन के निर्माण (स्केच के साथ) और कार्य की व्याख्या करें। इसके फायदे और व्यावहारिक अनुप्रयोग क्या हैं?
31. आप सिंगल फेज इंडक्शन मोटर के रोटेशन की दिशा कैसे बदल सकते हैं?
32. सिंगल फेज शेडेड पोल मोटर के कार्य और निर्माण का वर्णन करें।
33. एसी सीरीज मोटर की कार्यप्रणाली का वर्णन करें।
34. यूनिवर्सल मोटर की कार्यप्रणाली और निर्माण का वर्णन कीजिए।
35. एक d.c. मशीन के विभिन्न भागों के नाम लिखिए और प्रत्येक भाग का कार्य का वर्णन करें ।
36. एक डीसी मोटर के संचालन के सिद्धांत की व्याख्या करें।
37. डीसी मोटर की कार्यप्रणाली को उपयुक्त चित्र द्वारा समझाइए।
38. डीसी मोटर में कम्यूटेटर के कार्य की व्याख्या करें।

39. बैक ई.एम.एफ. (Back EMF) क्या है?
40. विभिन्न प्रकार के डी.सी. मोटर्स का उल्लेख करें और उनके उपयोग समझाइए ।
41. गति-आर्मेचर धारा अभिलक्षणों की सहायता से दिखाइए कि पृथक् से उत्तेजित dc लोड मोटर लगभग स्थिर गति से चलती है किसी भी भार के लिए ।
42. पृथक् से उत्तेजित dc मोटर के गति-टॉर्क वक्र का चित्र बनाइए और इसकी चर्चा कीजिए।
43. पृथक् से उत्साहित डीसी मोटर की गति-भार और टोक़-लोड विशेषताओं को स्केच करें।
44. डीसी मोटर की गति के लिए एक सामान्य समीकरण लिखिए। इनपुट वोल्टेज और फ्लक्स प्रति पोल के अनुसार।
45. पृथक् से उत्तेजित डीसी मोटर के गति नियंत्रण की वार्ड-लियोनार्ड विधि का वर्णन करें।
46. एक अल्टरनेटर के की पोल आवृत्ति और गति की संख्या के बीच संबंध का पता लगाएं।
47. एक सिंक्रोनस मशीन के विभिन्न भाग का नाम बताइए। उनमें प्रयुक्त फलन और सामग्री का वर्णन करें।
48. बेलनाकार (Cylindrical) रोटर अल्टरनेटर का संरचनात्मक विवरण दें।
49. सालियन (Salient) पोल और बेलनाकार (Cylindrical) पोलप्रकार के रोटर के बीच अंतर स्पष्ट करें। जिसका उपयोग किया जाता है। अल्टरनेटर उनके अनुप्रयोगों का उल्लेख कीजिए।
50. बताएं कि एक अल्टरनेटर का स्टेटर कोर लैमिनेटेड क्यों होता है।
51. अल्टरनेटर के क्षेत्र प्रणाली को घूर्णन और आर्मेचर स्थिर बनाने के लाभों की सूची बनाएं।
52. एक अल्टरनेटर के इंड्यूस ई.एम.एफ. के लिए सरलीकृत समीकरण व्युत्पन्न कीजिए।

अटेनमेंट एवं गैप विश्लेषण

गैप विश्लेषण करने के लिए कार्यक्रम के परिणामों की प्राप्ति को नीचे दी गई तालिका में संकलित करें और उपचारात्मक उपाय करें

कोर्स आउटकम्स	प्रोग्राम आउटकम्स की प्राप्ति 1-कमज़ोर सह-संबंध ; -2मध्यम सह-संबंध ; -3 मजबूत सह-संबंध											
	PO-1	PO-2	PO-3	PO-4	PO-5	PO-6	PO-7	PO-8	PO-9	PO-10	PO 11	PO-12
CO-1												
CO-2												
CO-3												

बहुविकल्पीय प्रश्नों के उत्तर													
1.	(c)	2.	(b)	3.	(c)	4.	(d)	5.	(a)	6.	(c)	7.	(c)
8.	(c)	9.	(b)	10.	(d)	11.	(d)	12.	(c)	13.	(c)	14.	(c)
15.	(d)	16.	(a)	17.	(d)	18.	(c)	19.	(b)	20.	(c)	21.	(d)
22.	(b)	23.	(c)	24.	(d)	25.	(d)	26.	(d)	27.	(a)	28.	(b)
29.	(a)	30.	(c)										

प्रयोगशाला

प्रयोग 5

मशीनों के कट-आउट सेक्शन का प्रदर्शन: डीसी मशीन (कम्यूटेटर-ब्रश व्यवस्था), इंडक्शन मशीन (गिलहरी केज रोटर), सिंक्रोनस मशीन (फील्ड विंगिंग-स्लिप रिंग अरेंजमेंट) और सिंगल-फेज इंडक्शन मशीन।

उद्देश्य:

विद्युत प्रणाली में आमतौर पर कार्यरत विभिन्न विद्युत मशीनों की निर्माण विशेषताओं से छात्रों को परिचित कराना ।

आवश्यक उपकरण/उपकरण/घटक

विभिन्न मशीनों के कटे हुए खंड / अलग-अलग हिस्से जैसे

1. डीसी मशीन (कम्यूटेटर-ब्रश व्यवस्था)
2. मैं प्रेरण मशीन (गिलहरी पिंजरे रोटर)
3. सिंक्रोनस मशीन (फील्ड विंगिंग-स्लिप रिंग अरेंजमेंट)
4. सिंगल फेज इंडक्शन मशीन।

1. डीसी मशीन (कम्यूटेटर-ब्रश व्यवस्था)

डीसी मशीन के विभिन्न भागों का उल्लेख नीचे किया गया है:

प्रत्येक भाग के लिए प्रयुक्त कार्य और सामग्री

1. **चुंबकीय फ्रेम या योक:** बाहरी बेलनाकार फ्रेम जिसमें मुख्य ध्रुव और अंतर ध्रुव लगे होते हैं, योक कहलाते हैं । यह चुंबकीय प्रवाह के लिए एक कम अनिच्छा पथ प्रदान करता है और मशीन के भीतरी भागों की रक्षा करता है । छोटी मशीनों का योक कच्चा लोहा से बना होता है लेकिन बड़ी मशीनों के मामले में यह कच्चा स्टील या फेब्रिकेटेड रोल्ड स्टील से बना होता है।
2. **पोल कोर और पोल शूज़:** पोल कोर और पोल शूज़ बोल्ट द्वारा चुंबकीय फ्रेम या योक से जुड़े होते हैं। वे क्षेत्र या रोमांचक कॉइल का समर्थन करते हैं और आर्मेचर परिधि पर चुंबकीय प्रवाह को अधिक समान रूप से फैलाते हैं।आमतौर पर, पोल कोर और पोल जूते पतले कास्ट स्टील के टुकड़े या स्टैम्पिंग से बने होते हैं।
3. **फील्ड या रोमांचक कॉइल:** वह कॉइल फॉर्मर पर लपेटे जाते हैं और फिर पोल कोर के चारों ओर रखे गए हैं। तामचीनी तांबे के तार का उपयोग क्षेत्र या रोमांचक कॉइल के निर्माण के लिए किया जाता है। जब फील्ड वाइंडिंग से दिष्ट धारा प्रवाहित की जाती है, तो यह उन ध्रुवों को चुम्बकित कर देती है जो आवश्यक फ्लक्स उत्पन्न करते हैं।
4. **आर्मेचर कोर:** यह बेलनाकार है और घूर्णन शाफ्ट में फिट किये जाते हैं । पर इसकी बाहरी परिधि , खांचे बने रहते हैं जिसमें आर्मेचर वाइंडिंग को समायोजित किये जाते हैं । इस स्लॉट्स में आर्मेचर कंडक्टर को रखा जाता है । यह चुंबकीय प्रवाह के लिए एक आसान मार्ग प्रदान करता है।
5. **आर्मेचर वाइंडिंग:** आर्मेचर स्लॉट में रखे गए इंसुलेटेड कंडक्टर उपयुक्त रूप से जुड़े हुए हैं। इसे आर्मेचर वाइंडिंग के रूप में जाना जाता है। यह एक ऐसी जगह है जहां बिजली का रूपांतरण होता है यानी जनरेटर के मामले में, यांत्रिक शक्ति को विद्युत शक्ति में परिवर्तित किया जाता है और मोटर के मामले में विद्युत शक्ति को यांत्रिक शक्ति में परिवर्तित किया जाता है। कनेक्शन के आधार पर आर्मेचर वाइंडिंग को लैप वाइंडिंग और वेव वाइंडिंग नाम दिया गया है।

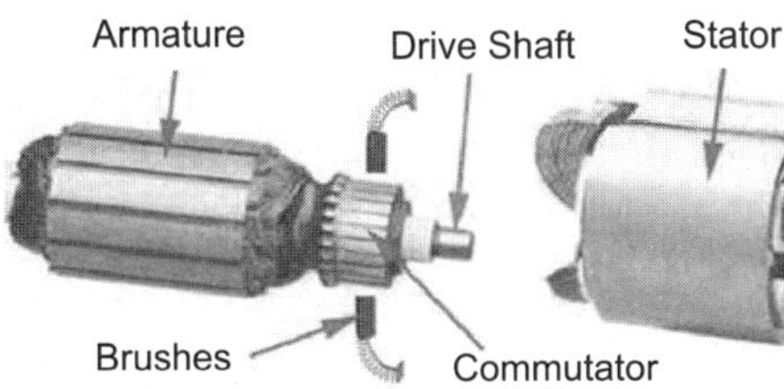

चित्र 5 .1 (a) डीसी के कुछ मशीन के कटे हुए अलग-अलग हिस्से हिस्सों

चित्र 5 .1 (b) कम्यूटेटर और ब्रश

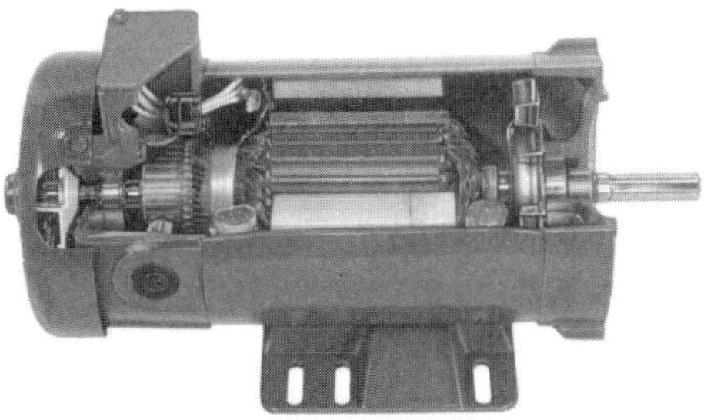

चित्र 5.1 (c) एक डीसी मशीनों का असेंबल दृश्य

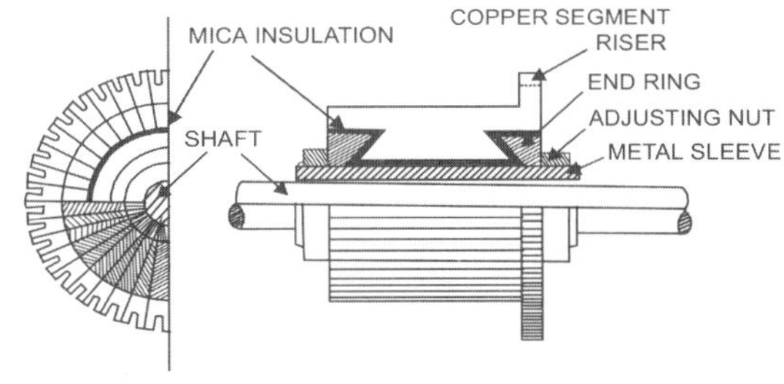

Fig. 5

चित्र 5.1 (d) एक कम्यूटेटर का आधा अनुभागीय दृश्य

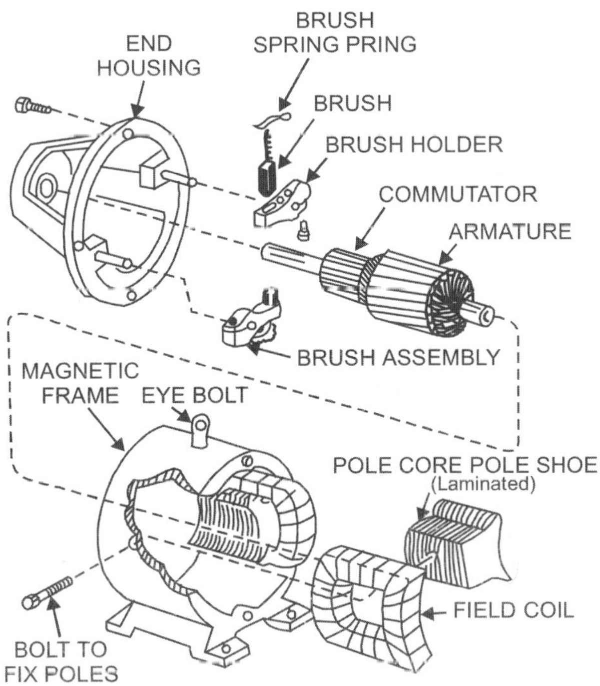

चित्र 1. 5 (e) एक डीसी मशीन के हिस्से (पेंसिल स्केच)

6. **कम्यूटेटर:** यह एक डीसी मशीन का सबसे महत्वपूर्ण हिस्सा है और निम्नलिखित उद्देश्यों को पूरा करता है: यह घूर्णन आर्मेचर कंडक्टरों को ब्रश के माध्यम से स्थिर बाहरी सर्किट से जोड़ता है। यह जनरेटर क्रिया में बाहरी लोड सर्किट में आर्मेचर कंडक्टरों में प्रेरित प्रत्यावर्ती धारा को यूनिडायरेक्शनल करंट में परिवर्तित करता है । , जबकि यह मोटर क्रिया में आर्मेचर में उत्पन्न प्रत्यावर्ती बलाघूर्ण को यूनिडायरेक्शनल (निरंतर) बलाघूर्ण में परिवर्तित करता है।

   कम्यूटेटर बेलनाकार आकार का होता है और यह पच्चर के आकार के कठोर तांबे के खंडों से बना होता है। खंड अभ्रक की एक पतली शीट द्वारा एक दूसरे से अछूता रहता है। एक आर्मेचर कॉइल राईजर के माध्यम से कम्यूटेटर सेगमेंट से जुड़ा होता है।

7. **ब्रश:** ब्रश को कम्यूटेटर पर दबाया जाता है और आर्मेचर वाइंडिंग और बाहरी सर्किट के बीच कनेक्टिंग लिंक बनाता है। वे आम तौर पर उच्च ग्रेड कार्बन से बने होते हैं क्योंकि कार्बन सामग्री का संचालन कर रहा है और साथ ही पाउडर के रूप में कम्यूटेटर सतह पर प्रभावकारी प्रभाव प्रदान करता है। ब्रश धारकों और वाइंडिंग द्वारा ब्रश को कम्यूटेटर के चारों ओर विशेष स्थिति में रखा जाता है।

8. **एंड हाउसिंग:** एंड हाउसिंग मुख्य फ्रेम और सपोर्ट बेयरिंग के सिरों से जुड़े होते हैं। फ्रंट हाउसिंग बेयरिंग और ब्रश असेंबलियों को सपोर्ट करता है जबकि रियर हाउसिंग आमतौर पर केवल बेयरिंग को सपोर्ट करता है।

9. **बियरिंग्स:** बॉल या रोलर बेयरिंग को एंड हाउसिंग में फिट किया जाता है। बियरिंग्स का कार्य मशीन के घूर्णन और स्थिर भागों के बीच घर्षण को कम करना है। बीयरिंग के निर्माण के लिए अधिकतर उच्च कार्बन स्टील का उपयोग किया जाता है क्योंकि यह बहुत मजबूत होते हैं ।

10. **शाफ्ट:** शाफ्ट अधिकतम तोड़ने की ताकत के साथ हल्के स्टील से बना है। शाफ्ट का उपयोग यांत्रिक शक्ति को मशीन से या मशीन में स्थानांतरित करने के लिए किया जाता है।

2. तीन फेज प्रेरण मशीन (गिलहरी पिंजरे रोटर)

3-फेज इंडक्शन मोटर में दो मुख्य भाग होते हैं, स्टेटर और रोटर।

1. **स्टेटर:** यह मोटर का स्थिर भाग होता है। इसमें शामिल है

   (i) बाहरी फ्रेम, (ii) स्टेटर कोर और (iii) स्टेटर वाइंडिंग।

   (i) **बाहरी फ्रेम:** यह मोटर का बाहरी शरीर है । इसका कार्य स्टेटर कोर का समर्थन करना और मशीन के अंदरूनी हिस्सों की रक्षा करना है।

   यह कुछ यांत्रिक रूप से मजबूत सामग्री जैसे कच्चा लोहा, निर्मित स्टील या सिंथेटिक प्लास्टिक से बना होता है।

   (ii) **स्टेटर कोर:** स्टेटर कोर वैकल्पिक चुंबकीय क्षेत्र को ले जाने के लिए है जो हिस्टैरिसीस और एडी करंट नुकसान पैदा करता है ; इसलिए, कोर उच्च ग्रेड सिलिकॉन स्टील मुद्रांकन से बना है। स्टेटर वाइंडिंग को समायोजित करने के लिए स्टैम्पिंग की आंतरिक परिधि पर स्लॉट्स को छिद्रित किया जाता है ।

   (iii) **स्टेटर वाइंडिंग:** स्टेटर कोर में थ्री फेज वाइंडिंग होती है जिसे आमतौर पर थ्री फेज सप्लाई सिस्टम से सप्लाई किया जाता है। वाइंडिंग के छह टर्मिनल (प्रत्येक फेज के दो) मशीन के टर्मिनल बॉक्स में जुड़े हुए हैं। मोटर का स्टेटर निश्चित संख्या में ध्रुवों के लिए वाइंडिंग किया जाता है, गति की आवश्यकता से सटीक संख्या निर्धारित की जा रही है। यह देखा मशीन गया है कि ध्रुवों की संख्या जितनी अधिक होगी, गति उतनी ही कम होगी और इसके विपरीत। तीन- फेज वाइंडिंग को स्टार्टर के माध्यम से बाहरी रूप से स्टार या डेल्टा में जोड़ा जा सकता है।

2. **रोटर:** यह मोटर का घूमने वाला भाग है। रोटर दो प्रकार के होते हैं, जो 3 - फेज इंडक्शन मोटर्स में कार्यरत होते हैं ।

   (i) गिलहरी केज रोटर (ii) फेज वाउण्ड रोटर।

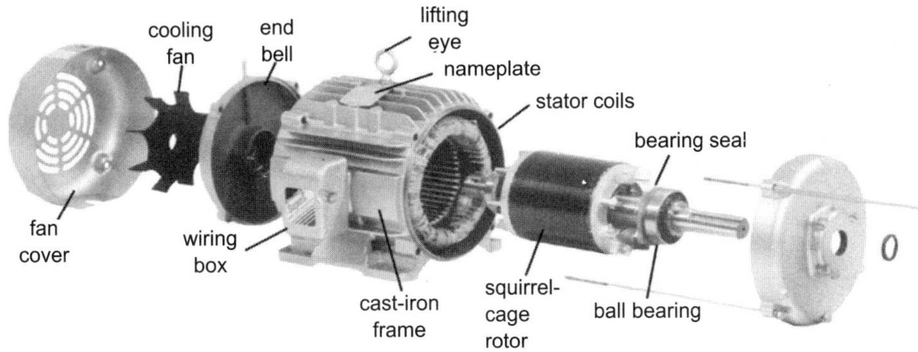

चित्र 5.2: (a) 3-फेज इंडक्शन मोटर के अलग- अलग हिस्से

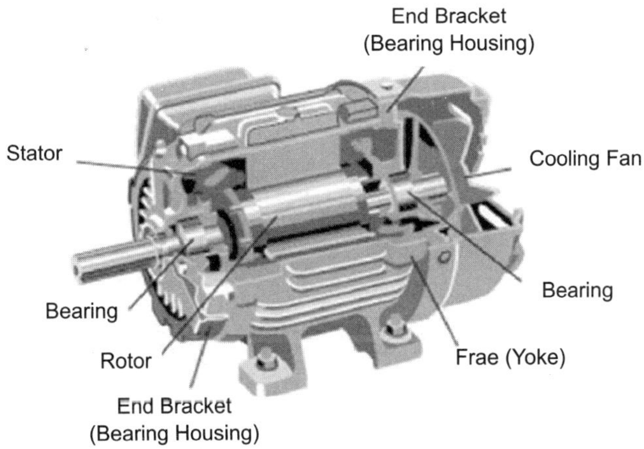

चित्र 5.2: (b) 3-फेज इंडक्शन मोटर का अनुभागीय दृश्य

(i) स्क्विरेल केज रोटर: इस प्रकार के रोटर को नियोजित करने वाली मोटरों को स्क्विरेल केज इंडक्शन मोटर्स के रूप में जाना जाता है । रोटर के सरल और टिकाऊ निर्माण के कारण अधिकांश इंडक्शन मोटर्स इस प्रकार की होती हैं।

एक गिलहरी केज रोटर में एक लैमिनेटेड बेलनाकार कोर होता है जिसमें बाहरी परिधि पर अर्ध-बंद गोलाकार स्लॉट होते हैं। कॉपर या एल्युमिनियम बार कंडक्टरों को इन स्लॉट्स में रखा जाता है और प्रत्येक छोर पर कॉपर या एल्युमिनियम रिंग्स द्वारा शॉर्ट सर्किट किया जाता है, जिसे शॉर्ट सर्किटिंग रिंग कहा जाता है ।

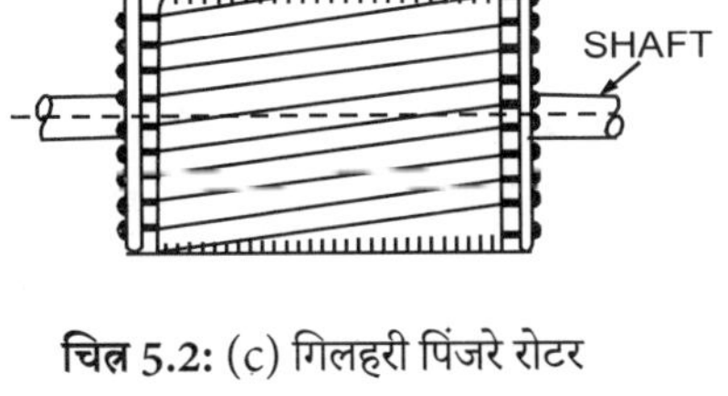

चित्र 5.2: (c) गिलहरी पिंजरे रोटर

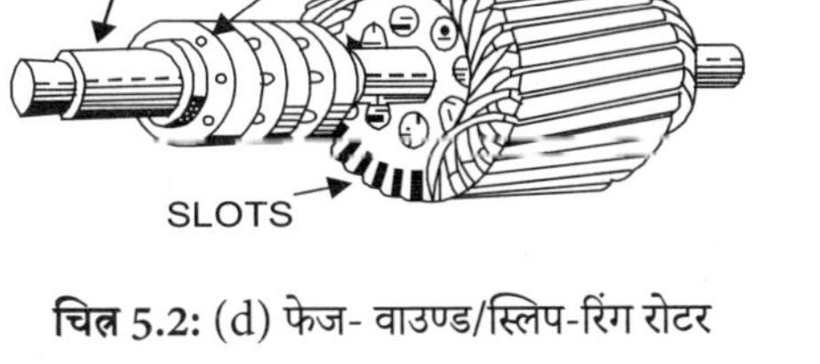

चित्र 5.2: (d) फेज- वाउण्ड/स्लिप-रिंग रोटर

(ii) **फेज वाउण्ड रोटर:** फेज वाउण्ड रोटर को स्लिप रिंग रोटर भी कहा जाता है और इस प्रकार के रोटर को नियोजित करने वाले मोटर्स को फेज वाउण्ड या स्लिपिंग इंडक्शन मोटर्स के रूप में जाना जाता है । स्लिप रिंग रोटर में एक लेमिनेटेड बेलनाकार कोर होता है जिसमें बाहरी परिधि पर अर्ध-बंद स्लॉट होते हैं और इसमें 3- फेज की इंसुलेटेड वाइंडिंग होती है। रोटर वाइंडिंग स्टार से जुड़ा है और वह तीन शेष टर्मिनल शाफ्ट की कुंजी वाले तीन कॉपर स्लिप रिंग से जुड़े हैं ।

शाफ्ट: एक हल्के स्टील के शाफ्ट को रोटर के केंद्र के माध्यम से पारित किया जाता है और इसे कुंजी के साथ फिट किया जाता है। शाफ्ट का उद्देश्य यांत्रिक शक्ति को स्थानांतरित करना है।

3. सिंक्रोनस मशीन (फील्ड वाइंडिंग -स्लिप रिंग अरेंजमेंट)

केवल छोटी सिंक्रोनस मशीनों में फील्ड सिस्टम को स्टेटर पर और आर्मेचर वाइंडिंग को रोटर पर रखा जाता है, लेकिन बड़ी मशीनों में फील्ड वाइंडिंग को रोटर पर और आर्मेचर वाइंडिंग को स्टेटर पर रखा जाता है।

एक तुल्यकालिक मशीन के महत्वपूर्ण भाग हैं:

1. स्टेटर 2. रोटर 3. कुछ विविध भाग

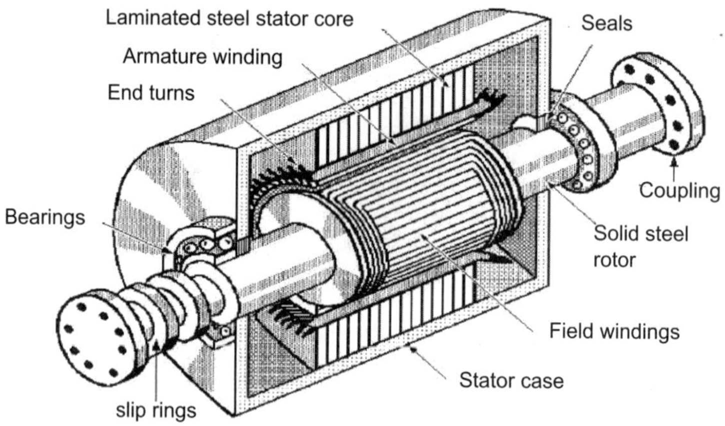

चित्र 5. 3 : 1- फेज सिंक्रोनस मोटर का अनुभागीय दृश्य

एक छोटी सिंक्रोनस मशीन का निर्माण विवरण डीसी मशीन के समान ही होता है, सिवाय इसके कि इसमें , एक कम्यूटेटर के स्थान पर , स्लिपिंग लगाए जाते हैं क्योंकि इन मशीनों में एसी को डीसी में परिवर्तित नहीं किया जाना है। आर्मेचर वाइंडिंग डिजाइन भी अलग है।

4. सिंगल-फेज इंडक्शन मशीन

सिंगल-फेज प्रेरण मोटर के स्टेटर और रोटर दो मुख्य भाग होते हैं।

1. **स्टेटर:** यह मोटर का स्थिर भाग होता है। इसमें है

   (i) बाहरी फ्रेम, (ii) स्टेटर कोर और (iii) स्टेटर वाइंडिंग।

   (i) **बाहरी फ्रेम:** यह मोटर का बाहरी शरीर है। इसका कार्य स्टेटर कोर का समर्थन करना और मशीन के अंदरूनी हिस्सों की रक्षा करना है।यह कुछ यांत्रिक रूप से मजबूत सामग्री जैसे कच्चा लोहा, निर्मित स्टील या सिंथेटिक प्लास्टिक से बना होता है।

(ii) **स्टेटर कोर:** स्टेटर कोर वैकल्पिक चुंबकीय क्षेत्र को ले जाने के लिए है जो हिस्टैरिसीस और एडी करंट नुकसान पैदा करता है; इसलिए, कोर उच्च ग्रेड सिलिकॉन स्टील मुद्रांकन से बना है। स्टेटर वाइंडिंग को समायोजित करने के लिए स्टैम्पिंग की आंतरिक परिधि पर स्लॉट्स को छिद्रित किया जाता है।

(iii) **स्टेटर वाइंडिंग:** स्टेटर कोर एक सिंगल फेज वाइंडिंग को दो भागों में विभाजित करता है ; एक को रनिंग वाइंडिंग कहा जाता है और अन्य को स्टार्टिंग वाइंडिंग कहा जाता है । आम तौर पर मोटर को सेल्फ स्टार्टिंग बनाने के लिए इस वाइंडिंग के साथ एक संधारित्र को श्रृंखला में जोड़ा जाता है । यह मोटर एक सिंगल फेज आपूर्ति प्रणाली से संचालित होता है I

2. **रोटर:** यह मोटर का घूमने वाला भाग है। इन मोटरों में गिलहरी केज रोटर लगाया जाता है।

मौखिक प्रश्नोत्तर

1. आर्मेचर कोर के क्या कार्य हैं?
2. डीसी मशीनों में रोमांचक कॉइल का क्या कार्य है?
3. डीसी मशीनों में योक का मुख्य कार्य क्या है?
4. पोल जूते के मुख्य कार्य क्या हैं?
5. कार्बन ब्रश का क्या कार्य है?
6. डीसी मशीनों का आर्मेचर सिलिकॉन स्टील स्टैम्पिंग से क्यों बना होता है?
7. डीसी मशीनों में कम्यूटेटर का क्या कार्य है ?
8. क्या इंडक्शन मोटर का बाहरी फ्रेम प्लास्टिक का बनाया जा सकता है?
9. क्या डीसी मशीन का बाहरी फ्रेम प्लास्टिक से बनाया जा सकता है?
10. इंडक्शन मोटर के स्टेटर कोर को लैमिनेट क्यों किया जाता है ?
11. सिंक्रोनस मशीनों में स्लिपरिंग्स का क्या कार्य है ?
12. तुल्यकालिक मशीनों में, कम्यूटेटर के स्थान पर स्लिपरिंग का उपयोग क्यों किया जाता है?
13. सिंगल-फेज इंडक्शन मोटर्स में सिंगल-फेज वाइंडिंग को दो भागों में क्यों विभाजित किया जाता है ?
14. सिंगल फेज इंडक्शन मोटर्स का स्टेटर कोर सिलिकॉन स्टील स्टैम्पिंग से क्यों बना होता है ?

प्रयोग-6

अलग से उत्साहित डीसी मोटर की टॉर्क - स्पीड अभिलक्षण

उद्देश्य:

छात्रों को अलग से उत्साहित डीसी मोटर से परिचित कराना और इसकी टॉर्क-स्पीड अभिलक्षण का पता लगाना ।

आवश्यक उपकरण/उपकरण/घटक

1. एक अलग से उत्साहित डीसी मोटर,
2. डीसी आपूर्ति (230/250 V),
3. एक उत्तेजक या बैटरी,

4. फील्ड करेंट को नियंत्रित करने के लिए एक रिओस्टेट,
5. __________ रेंज के दो डीसी वोल्टमीटर,
6. ___________ रेंज के दो डीसी एमीटर

सिद्धांत

आर्मेचर और उनके फील्ड वाइंडिंग के कनेक्शन के आधार पर, डीसी मोटर्स को अलग से उत्साहित डीसी मोटर्स और सेल्फ एक्साइटेड डीसी मोटर्स के रूप में वर्गीकृत किया जा सकता है।

1. **अलग से उत्साहित डीसी मोटर्स :** एक अलग से उत्साहित डीसी मोटर का पारंपरिक आरेख चित्र 6.1 में दिखाया गया है। इसका वोल्टेज समीकरण होगा;

$$E_b = V - I_a R_a - 2V_b$$

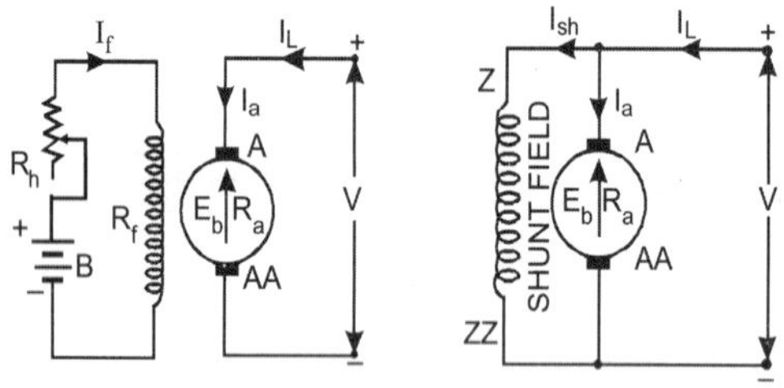

चित्र 6.1: अलग से उत्साहित डीसी मोटर

डीसी मोटर्स के अभिलक्षण

एक डीसी मोटर के प्रदर्शन को उसके विशिष्ट वक्रों से आसानी से आंका जा सकता है, जिसे मोटर विशेषताओं के रूप में जाना जाता है। मोटर की विशेषताएँ वे वक्र हैं जो दो मात्राओं के बीच संबंध दर्शाते हैं। इन राशियों के आधार पर, निम्नलिखित विशेषताएं प्राप्त की जा सकती हैं:

1. **गति और आर्मेचर करेंट यानी $N - I_a$ अभिलक्षण :** यह गति (N) और आर्मेचर करेंट (I_a) के बीच खींचा गया वक्र है । इसे गति अभिलक्षण के रूप में भी जाना जाता है ।
2. **टॉर्क और आर्मेचर करेंट यानी $T - I_a$ अभिलक्षण:** यह आर्मेचर में विकसित टॉर्क (T) और आर्मेचर करेंट (I_a) के बीच खींचा गया वक्र है । इसे विद्युत अभिलक्षण के रूप में भी जाना जाता है ।
3. **गति और टॉर्क यानी N-T अभिलक्षण:** यह आर्मेचर में विकसित टॉर्क (T) और गति (N) के बीच खींचा गया वक्र है । इसे यांत्रिक अभिलक्षण के रूप में भी जाना जाता है ।

मोटर विशेषताओं पर चर्चा करते समय निम्नलिखित महत्वपूर्ण संबंधों को ध्यान में रखा जाना चाहिए:

$$E_b \alpha N \text{ या और } T \alpha I_a$$

अलग से उत्साहित डीसी मोटर्स के अभिलक्षण

इस मोटर का पारंपरिक आरेख चित्र 6.1 में दिखाया गया है। इन मोटरों में, फील्ड करेंट $I_f = V/R_f$ स्थिर रहता है क्योंकि आपूर्ति वोल्टेज V स्थिर है। इसलिए, डीसी शंट मोटर्स में फ्लक्स व्यावहारिक रूप से स्थिर है।

1. N - I_a अभिलक्षण

हम जानते हैं कि $N \alpha \frac{E_b}{\phi}$

चूंकि फ्लक्स स्थिर है; $N \alpha E_b$ या $N \alpha V - I_a R_a$

यदि आर्मेचर ड्रॉप ($I_a R_a$) नगण्य है, तो मोटर की गति लोड के सभी मानों के लिए स्थिर रहेगी जैसा कि चित्र 6.2 में बिंदीदार रेखा AB द्वारा दिखाया गया है ।

लेकिन वास्तविकता में जैसे-जैसे भार बढ़ता है तो इसके के कारण आर्मेचर करेंट भी बढ़ता है, आर्मेचर ड्रॉप ($I_a R_a$)बढ़ जाती है, और मोटर की गति थोडी कम हो जाती है जिसे AC सीधी रेखा के रूप में चित्र 4.2 में दिखाया गया है (आर्मेचर प्रतिक्रिया की उपेक्षा)। इसके अलावा, विशेषता वक्र शून्य आर्मेचर करेंट के एक बिंदु से शुरू नहीं होता है क्योंकि एक छोटा करेंट, नो-लोड आर्मेचर करेंट I_{a0}, बिना लोड के मोटर के रोटेशन को बनाए रखने के लिए आवश्यक है।

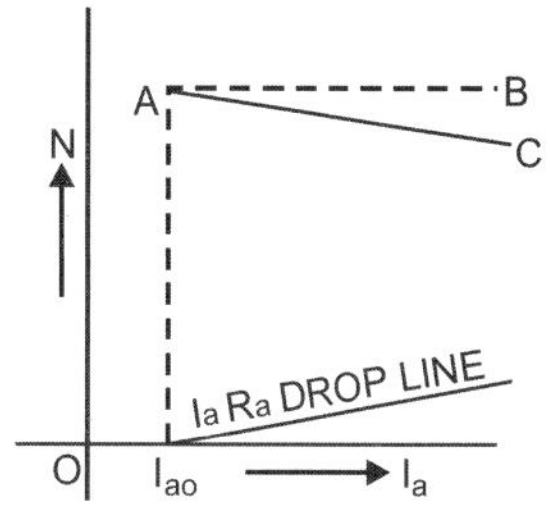

चित्र 6.2: $N–I_a$ अभिलक्षण

विशेषताएं

चूंकि डीसी शंट मोटर की गति में शून्य भार से पूर्ण भार में कोई उल्लेखनीय परिवर्तन नहीं होता है, इसलिए इसे स्थिर गति मोटर माना जाता है।

2. T - I_a अभिलक्षण

हम जानते हैं कि $T \alpha l_a$

चूँकि फ्लक्स स्थिर है, $T \alpha l_a$

अत: विद्युत अभिलक्षण (अर्थात T-I_a) मूल बिन्दु से गुजरने वाली एक सीधी रेखा है जैसा कि चित्र 6.3 में दिखाया गया है। अभिलक्षण वक्र से यह स्पष्ट है कि यदि मशीन भारी भार पर है तो शुरुआत में एक बड़े आर्मेचर करेंट की आवश्यकता होती है। इस प्रकार, इन मोटरों को कभी भी लोड पर चालू नहीं किया जाना चाहिए।

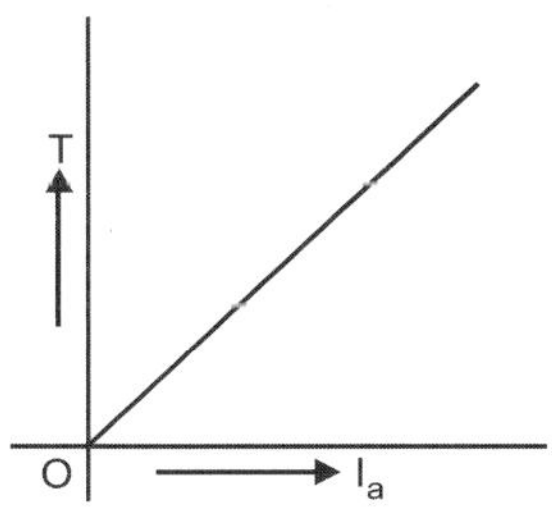

चित्र 6.3: T–I एक अभिलक्षण

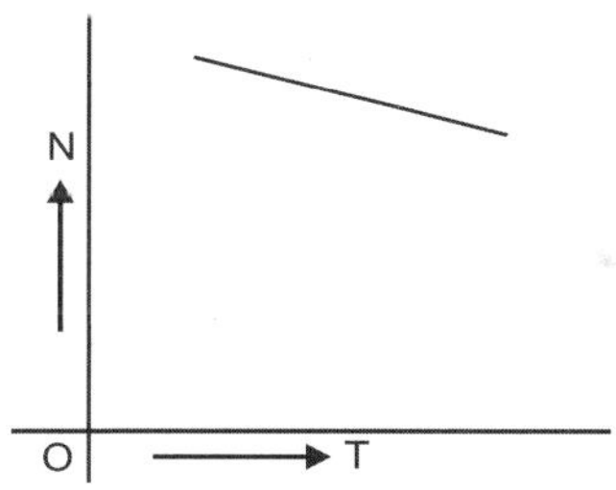

चित्र 6.4: N–T अभिलक्षण

3. N -T अभिलक्षण

N-T अभिलक्षण पहले दो विशेषताओं से ली गई है। लोड टॉर्क बढ़ जाती है, आर्मेचर करेंट I_a बढ़ जाती है, लेकिन गति से थोड़ा कम हो जाती है। इस प्रकार, लोड या टॉर्क में वृद्धि के साथ, गति थोड़ी कम हो जाती है जैसा कि चित्र 4.4 में दिखाया गया है।

हालांकि, जब N-T अभिलक्षणों को व्यावहारिक रूप से खींचा जाना है, इसे लिए मशीन पर यांत्रिक भार को चरणों में बढ़ाया जाता है और लोड या आर्मेचर करेंट I_a को आर्मेचर सर्किट में जुड़े एक एमीटर की मदद से मापा जाता है और इसी समय मोटर की गति को टैकोमीटर की सहायता से मापा जाता है ।

सर्किट आरेख

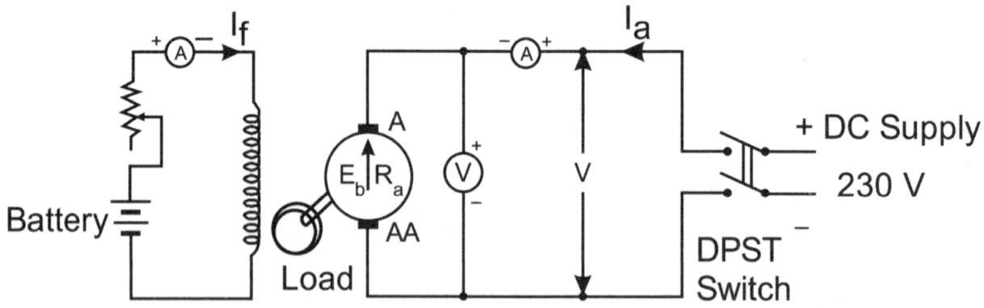

चित्र 6.5: N-T अभिलक्षण को निर्धारित करने के लिए सर्किट

प्रक्रिया:

1. चित्र 6.5 में दिखाए गए सर्किट के अनुसार उपकरण को कनेक्ट करें।
2. प्रभारी शिक्षक से कनेक्शन की जांच कराएं।
3. स्विच- डीपीएसटी स्विच के माध्यम से आपूर्ति चालू करें ।
4. सर्किट प्रतिरोध के मान को समायोजित करके फ़ील्ड करेंट I_f के मान को समायोजित करें।
5. मशीन पर कोई भार न डालें और आर्मेचर करेंट I_0 को मापें, यह मशीन में नुकसान के कारण मशीन पर लोड दिखाता है। साथ ही मोटर N_0 की संगत चाल को भी मापें ।
6. मोटर पर यांत्रिक भार लागू करें, आर्मेचर धारा I_{a1} को मापें और मोटर की संगत गति N_1 ज्ञात करें।
7. मशीन पर लोड को चरणों में बढ़ाएं और संबंधित रीडिंग लें और उन्हें सारणीबद्ध करें।

नोट: प्रायोगिक कार्य करते समय, आर्मेचर के आर-पार वोल्टेज और फील्ड करेंट को स्थिर रखना होता है।

अवलोकन तालिका:

क्र.सं.	फील्ड करेंट I_f, Ampere में	आर्मेचर वोल्टेज V, Volt में	आर्मेचर करेंट I_a Ampere में	मोटर स्पीड N, rpm में
1.				
2.				

निष्कर्ष:

1. वक्र का आकार लगभग वैसा ही है जैसा कि चित्र 6.4 में दिखाया गया है।
2. वक्र से पता चलता है कि जब इस पर लोड लगाया जाता है तो इस मोटर की गति लगभग स्थिर रहती है।
3, इसे एक स्थिर गति मोटर कहा जाता है।

मौखिक प्रश्नोत्तर:

अलग से उत्तेजित मोटर में, क्या हमें फील्ड सर्किट और आर्मेचर को बिजली की आपूर्ति के लिए अलग आपूर्ति स्रोतों की अ ा है या दोनों को एक ही स्रोत से आपूर्ति की जा सकती है, अपने उत्तर की पुष्टि करें?

अलग से उत्तेजित मोटर को नियत गति वाली मोटर क्यों कहा जाता है?

प्रयोग -7

2 और 4-पोल, तीन- फेज प्रेरण मोटर्स की तुल्यकालिक गति। प्रेरण मोटर्स के फेज कनेक्शन के -अनुक्रम में परिवर्तन कर से दिशा उलट। प्रेरण मोटर की टॉर्क-स्लिप अभिलक्षण । सुपर-सिंक्रोनस गति से संचालित एक प्रेरण मशीन का जनरेटर के रुप में संचालन।

उद्देश्य:

1. छात्रों को 3-फेज इंडक्शन मोटर्स में घूमने वाले चुंबकीय क्षेत्र की समकालिक गति से परिचित कराना।
2. 3-फेज इंडक्शन मोटर्स के रोटेशन की दिशा को कैसे उलटें।
3. 3-फेज इंडक्शन मोटर के टॉर्क-स्लिप अभिलक्षण का महत्व ।
4. इंडक्शन मोटर इंडक्शन जनरेटर के रूप में कब और कैसे काम करता है।

आवश्यक उपकरण/उपकरण/घटक

1. 3-फेज एसी आपूर्ति।
2. 3-फेज प्रेरण मोटर।
3. एक स्टार्टर (स्टार-डेल्टा स्टार्टर)
4. रिवर्सिंग स्विच (स्विच पर परिवर्तन)
5. गति मापने के लिए टैकोमीटर (यांत्रिक या डिजिटल)।
6. शुरुआत में बताए गए उपकरण (यानी प्लायर, स्क्रू ड्राइवर, टेस्ट पिन आदि)
7. कनेक्टिंग लीड आदि।

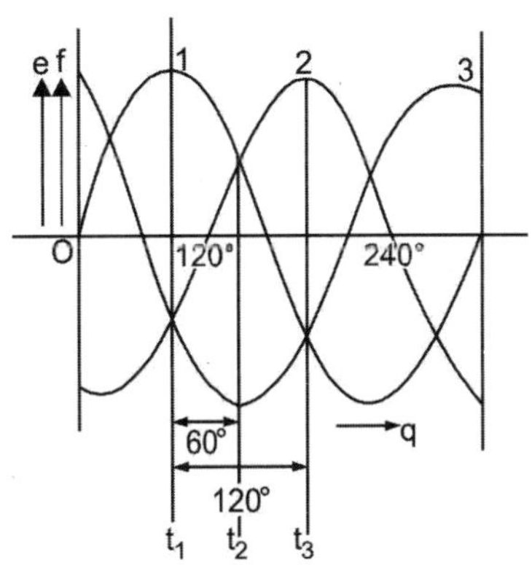

चित्र 4.5 : स्टेटर कोर में उत्पन्न चुंबकीय फ्लक्स का तरंग आरेख

एक स्टेटर पर विचार करें, जिस पर तीन अलग-अलग वाइंडिंग्स को तीन संकेंद्रित कॉइल्स द्वारा दर्शाया गया है a_1a_2, b_1b_2 तथा c_1c_2 क्रमशः 120° विद्युत रूप से अलग रखा गया है। स्टेटर पर -3चरणआपूर्ति दें, जैसा कि चित्र में दिखाया गया है। तीन चरण धाराएं तीन कुंडलियों के माध्यम से प्रवाहित होंगी और अपने स्वयं के चुंबकीय क्षेत्र उत्पन्न करेंगी।प्रत्यावर्ती धारा के धनात्मकआधे चक्र को प्रारंभ टर्मिनलों में धारा के आवक प्रवाह के रूप में माना जाता है और ऋणात्मक आधेचक्रको प्रारंभ टर्मिनलों में धारा के बाहरी प्रवाह के रूप में माना जाता है ।उसी कुंडली के अंतिम टर्मिनलों में धारा के प्रवाह की दिशा विपरीत होती है।

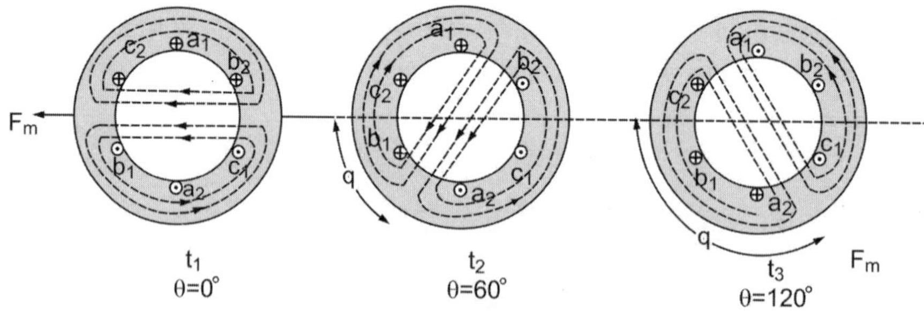

चित्र 4.6: परिणामी परिक्रामी क्षेत्र की दिशा और स्थिति

इसलिए, हम यह निष्कर्ष निकालते हैं कि जब एक प्रेरण मोटर के 3-फेज स्टेटर को 3-फेज की आपूर्ति दी जाती है, तो एक परिणामी क्षेत्र उत्पन्न होता है जो फेज अनुक्रम की दिशा में निरंतर गति से घूमता है, जिस गति से यह क्षेत्र घूमता है उसे तुल्यकालिक गति कहा जाता है और उसका मान निम्न संबंध द्वारा दिया जाता है

$$N_S = \frac{120^0 \times f}{P}$$

कुंडल a_1a_2, b_1b_2 और c_1c_2 को फेज 1, 2 और 3 से आपूर्ति दी जाती है तो एक वामावर्त घूर्णन क्षेत्र उत्पन्न होता है। यदि कुंडल a_1a_2, b_1b_2 और c_1c_2 को क्रमशः चरण 1, 3 और 2 से आपूर्ति की जाती है, तो घूर्णन क्षेत्र की दिशा उलट जाती है।

इस प्रकार, घूर्णन क्षेत्र के घूर्णन की दिशा को उलटने के लिए किन्हीं दो आपूर्ति टर्मिनलों के कनेक्शनों को आपस में बदल दिया जाता है।

2-पोल और 4-पोल 3-फेज प्रेरण मोटर्स की तुल्यकालिक गति

2-पोल, 3-फेज इंडक्शन मोटर के लिए सिंक्रोनस स्पीड होगी।

$$N_S = \frac{120 f}{P} = \frac{120 \times 50}{2} = 3000 \text{ rpm}$$

4-पोल, 3-फेज इंडक्शन मोटर के लिए सिंक्रोनस स्पीड होगी।

$$N_S = \frac{120 f}{P} = \frac{120 \times 50}{4} = 1500 \text{ rpm}$$

कनेक्शन के फेज -अनुक्रम के परिवर्तन से दिशा उलटना

यह देखा गया है कि 3-फेज इंडक्शन मोटर के स्टेटर में एक परिक्रामी क्षेत्र स्थापित किया जाता है जब इसकी वाइंडिंग को 3-फेज आपूर्ति दी जाती है और रोटेशन की दिशा आपूर्ति अनुक्रम पर निर्भर करती है।

यदि आपूर्ति का क्रम उलट दिया जाए तो परिक्रामी क्षेत्र या रोटर के घूमने की दिशा को उलट जाता है। स्टेटर टर्मिनलों पर किन्हीं दो आपूर्ति लीडों के कनेक्शन को इंटरचेंज करके आपूर्ति अनुक्रम को उलट जा सकता है।

इसलिए, स्टेटर टर्मिनलों पर किसी भी दो आपूर्ति लीड के कनेक्शन को इंटरचेंज करके -3चरण प्रेरण मोटर के घूर्णन की दिशा को उलटा जा सकता है।

इंडक्शन मोटर की टॉर्क-स्लिप अभिलक्षण

एक प्रेरण मोटर द्वारा विकसित पूर्ण भार टॉर्क का मान निम्न संबंध द्वारा दिया जाता है

$$T = \frac{3}{\omega_2}\frac{SE_{2s}^2 R_2}{[(R_2)^2 + (SX_{2s})^2]}$$

टॉर्क-स्लिप या टॉर्क-स्पीड कर्व खींचने के लिए निम्नलिखित बिंदुओं पर विचार किया जाता है:

(i) तुल्यकालिक गति (Ns) पर; स्लिप , s = 0 और टॉर्क ,T = 0

(ii) जब रोटर की गति तुल्यकालिक गति के बहुत निकट होती है अर्थात, जब स्लिप बहुत कम होती है तो पद $(sX_{2s})^2$ का मान $(R_2)^2$ यानी, $[(sX_{2s})^2<<(R_2)^2)]$ की तुलना में बहुत छोटा होता है और उसे नजरअंदाज कर दिया।

इसलिए, टॉर्क का मान निम्न अभिव्यक्ति द्वारा दिया जाता है

$$T = \frac{3}{\omega_s}\frac{SE_{2s}^2 R_2}{R_2^2}$$

इस प्रकार, स्लिप के कम मानों पर, बलाघूर्ण स्लिप S के लगभग समानुपाती होता है और टॉर्क-स्लिप वक्र एक सीधी रेखा है, जैसा कि चित्र में दिखाया गया है।

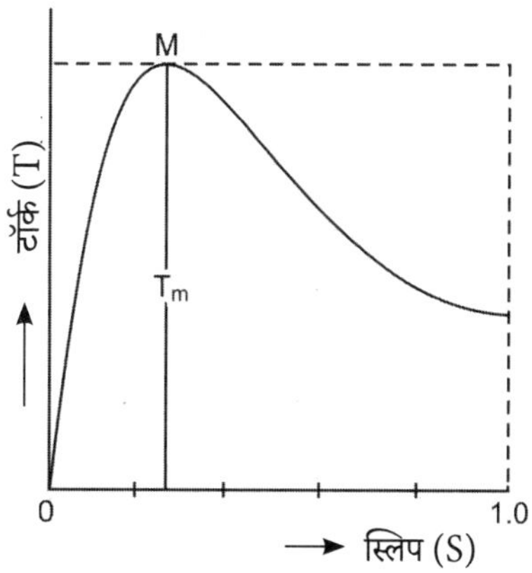

चित्र टॉर्क -स्लिप वक्र

(iii) जैसे-जैसे स्लिप बढ़ती है, टॉर्क बढ़ता है और $S = R_2/X_{2s}$ होने पर अधिकतम मान प्राप्त करता है। टॉर्क के इस अधिकतम मान को ब्रेक डाउन या पुल-आउट टॉर्क के रूप में जाना जाता है।

(iv) अधिकतम टॉर्क के बिंदु से अधिक भार में वृद्धि के कारण स्लिप में और वृद्धि के साथ यानी जब स्लिप अधिक होती है, तो टर्म $[(sX_{2s})^2$ का मान $(R_2)^2)]$ की तुलना में बहुत बड़ा होता है।

[यानी, $[(sX_{2s})^2>>(R_2)^2)]$ इसलिए, $(R_2)^2$ को $(SX_{2s})^2$ की तुलना में उपेक्षित किया जाता है और बलाघूर्ण निम्न व्यंजक द्वारा दिया जाता है।

$$T = \frac{3}{\omega_s}\frac{SE_{2S}^2 \quad R_2}{S^2X_{2S}^2 + S^2X_{2S}^2} - \frac{3}{\omega_s}\frac{SE_{2S}^2 R_2}{2S^2X_{2S}^2} \text{ or } \quad T = K'\frac{1}{S} \text{ or } T\alpha\frac{1}{S}$$

इस प्रकार, स्लिप के उच्च मान पर (अर्थात, अधिकतम बलाघूर्ण के संगत स्लिप), बलाघूर्ण स्लिप S के लगभग व्युत्क्रमानुपाती होता है और आघूर्ण-स्लिप वक्र एक आयताकार अतिपरवलय होता है, जैसा कि चित्र 7.3 में दिखाया गया है।

सुपर-सिंक्रोनस गति से संचालित होने पर जनरेटर के रूप में एक प्रेरण का संचालन

हम यह देखते हैं कि जब एक इंडक्शन मशीन के 3-फेज स्टेटर को 3-फेज की आपूर्ति दी जाती है, तो टॉर्क विकसित होता है, और रोटर गति पकड़ता है। ऐसे में मशीन मोटर की तरह काम करती है और रोटर की गति परिक्रामी क्षेत्र की तुल्यकालिक गति से कम होती है।

हालाँकि, यदि 3-फेज इंडक्शन मशीन के रोटर को एक प्राइम मूवर से जोड़ा जाता है जो इसे सिंक्रोनस गति से अधिक गति से चलाने में सक्षम है, तो यह देखा जाएगा कि मशीन द्वारा ऊर्जा को वापस मेन्स में फीड किया जाता है इसे खींचना। इस स्थिति में मशीन जनरेटर के रूप में काम करती है। चूंकि मशीन इंडक्शन परिघटना पर काम करती है और मशीन को कोई उत्तेजना नहीं दी जाती है, मशीन को इंडक्शन जनरेटर कहा जाता है।

इस मशीन के संबंध में निम्नलिखित बातें ध्यान देने योग्य हैं।

1. मशीन को मेन से जोड़ा जाता है और पहले मोटर के रूप में संचालित किया जाता है और फिर प्राइम मूवर की मदद से रोटर को सिंक्रोनस गति से अधिक गति से घुमाकर जनरेटर के रूप में संचालित किया जाता है।
2. मशीन को कभी भी स्वतंत्र रूप से जनरेटर के रूप में संचालित नहीं किया जा सकता है क्योंकि मशीन के किसी भी हिस्से को कोई उत्तेजना प्रदान नहीं की जाती है। इसके अलावा, प्रेरण घटना केवल तभी संभव है जब मशीन को पहले मोटर के रूप में संचालित किया जाता है यानी मशीन स्वतंत्र रूप से काम नहीं कर रही है।
3. जब प्राइम-मूवर की मदद से रोटर की गति स्टेटर परिक्रामी क्षेत्र की तुल्यकालिक गति से अधिक की जाती है, तो प्राइम-मूवर द्वारा आपूर्ति की गई यांत्रिक ऊर्जा विद्युत ऊर्जा में परिवर्तित हो जाती है। इसलिए, मशीन जनरेटर के रूप में काम करती है।
4. जनरेटर के रूप में मशीन की ऑपरेटिंग रेंज अधिकतम टॉर्क के मान के अनुरूप स्लिप तक सीमित है।

3-फेज इंडक्शन मोटर्स के रोटेशन की दिशा को कैसे उलटें

सर्किट आरेख:

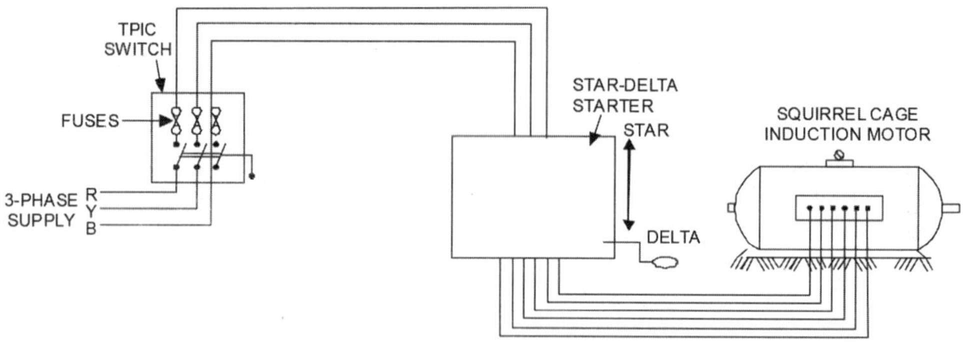

चित्र 7.4: स्टार-डेल्टा स्टार्टर और टीपीआईसी स्विच के माध्यम से आपूर्ति से जुड़ा 3-फेज इंडक्शन मोटर

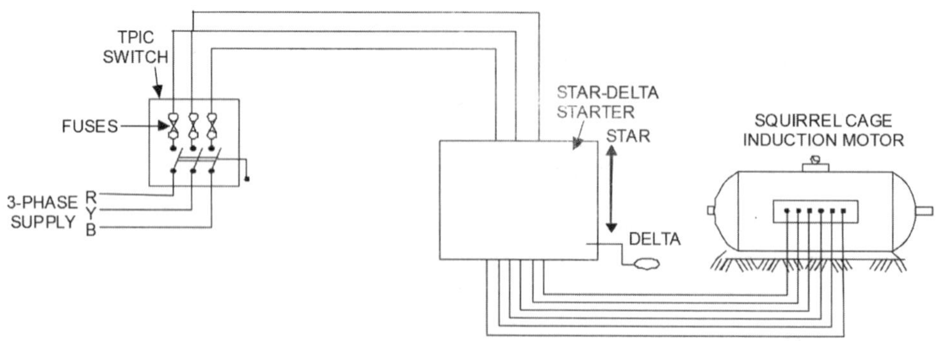

चित्र 7.5: टर्मिनलों R और Y को इंटरचेंज कर 3-फेज इंडक्शन मोटर के रोटेशन को उलटा जाता है

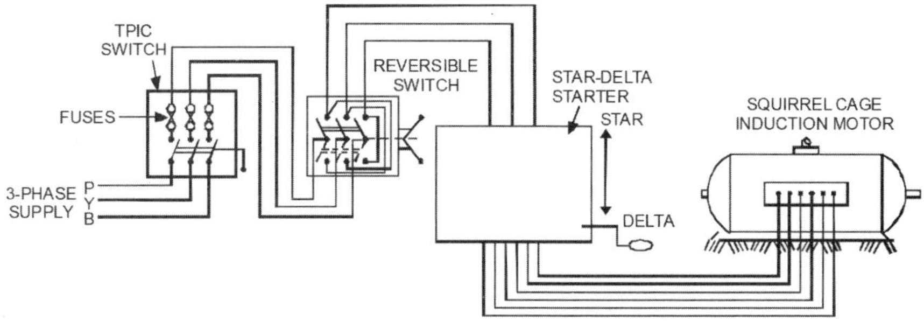

चित्र 7.6: 3-फेज इंडक्शन मोटर, रिवर्सिबल स्विच की मदद से टर्मिनलों R और Y को इंटरचेंज करके रोटेशन को उलट दिया जाता है

प्रक्रिया:

1. टीपीआईसी स्विच और एक स्टार-डेल्टा स्टार्टर के माध्यम से मोटर से कनेक्शन बनाएं जैसा कि चित्र 7.4 . में दिखाया गया है
2. प्रभारी शिक्षक से कनेक्शन की जांच कराएं।
3. पहले हैंडल को स्टार में और फिर डेल्टा स्थिति में फेंककर मोटर शुरू करें।
4. मोटर के घूमने की दिशा का निरीक्षण करें।
5. स्टार्टर पर स्टॉप बटन दबाकर मोटर को रोकें और टीपीआईसी स्विच को बंद कर दें।
6. मोटर के घूमने की दिशा को उलटने के लिए टीपीआईसी स्विच के किन्हीं दो टर्मिनलों पर मोटर के लीड को इंटरचेंज करें जैसा कि चित्र 7.5 में दिखाया गया है।

   या

   मोटर के घूर्णन की दिशा को उलटने के लिए, रिवर्सिबल स्विच में किन्हीं दो टर्मिनलों पर मोटर के लीड को आपस में बदलें जैसा कि चित्र 7.6 में दिखाया गया है।
7. टीपीआईसी स्विच को ऑन करें और मोटर को फिर से चालू करें। मोटर के घूमने की दिशा का निरीक्षण करें।
8. यदि कोई मोटर 2-पोल के लिए क्षतिग्रस्त है, तो बिना किसी लोड के इसकी गति 3000 आरपीएम से थोड़ी कम है क्योंकि इंडक्शन मोटर केवल सिंक्रोनस गति से कम गति पर चलती है जबकि 4-पोल इंडक्शन मोटर 1500 आरपीएम से थोड़ी कम गति से घूम सकती है। आरपीएम. घूर्णन गति को टैकोमीटर द्वारा मापा जा सकता है।

अवलोकन:

मोटर के घूमने की दिशा - दक्षिणावर्त /वामावर्त।

कनेक्शन बदलने के बाद मोटर के घूमने की दिशा - दक्षिणावर्त/वामावर्त।

परिणाम:

जब किन्हीं दो टर्मिनलों पर कनेक्शन इंटरचेंज होते हैं तो मोटर के घूमने की दिशा उलट जाती है।

निष्कर्ष:

1. एक प्रेरण मोटर अतुल्यकालिक मोटर है।

मौखिक प्रश्नोत्तर

1. 6-पोल इंडक्शन मोटर की तुल्यकालिक गति क्या होगी?
2. यदि RB टर्मिनलों पर कनेक्शन को आपस में बदल दिया जाता है, तो क्या इंडक्शन मोटर के घूमने की दिशा उलट जाएगी, सिद्ध करें ?
3. काम करते समय, यदि 3-फेज इंडक्शन मोटर की गति किसी तरह से सिंक्रोनस गति से अधिक बढ़ा दी जाती है, तो आप क्या उम्मीद करेंगे ?

5 पॉवर कन्वर्टर्स

यूनिट विशिष्ट

- शक्ति परिवर्तकों और सरल रेखिक वोल्टेज नियामक का कार्य।
- बक परिवर्तक के कार्यों का विश्लेषण।
- बूस्ट परिवर्तक के कार्यों का विश्लेषण।
- बक-बूस्ट परिवर्तक के कार्यों का विश्लेषण।
- विभव स्रोत इन्वर्टर का कार्य और अनुप्रयोग।
- मॉडुलन की आवश्यकता।

भूमिका

विद्युत प्रणाली में, शक्ति परिवर्तन का मतलब है विद्युत ऊर्जा का एक प्रकार से दूसरे प्रकार में परिवर्तन जैसे एसी से डीसी, डीसी से एसी, डीसी से डीसी या एक से एसी. कभी-कभी सिर्फ विभव अथवा आवृत्ति या दोनों मानो का परिवर्तन।

एक शक्ति परिवर्तक एक विद्युत अथवा विद्युत यांत्रिक उपकरण होता है, विद्युत ऊर्जा के परिवर्तन के लिए यह एक सरल परिणामित्र हो सकता है, जो विभव के स्तर को बदलने के लिए एसी शक्ति में इस्तेमाल होता है किंतु दूसरी तरफ से यह और अधिक जटिल प्रणाली को समावेशित कर सकता है यह परिभाषिक शब्द शक्ति परिवर्तक विद्युत यंत्रों के एक प्रकार के रूप में भी प्रयोग किया जाता है, जो परिवर्तित करता है प्रत्यावर्ती धारा कि एक आवृत्ति को दूसरी आवृत्ति में जैसा कि पहले बताया गया है। शक्ति परिवर्तन प्रणाली अपने अनुप्रयोगों के अनुसार विभिन्न प्रकार से वर्गीकृत किया जा सकता है। शक्ति परिवर्तक प्रणाली के वर्गीकरण का एक तरीका यह है जिसके अनुसार आगत और निर्गत प्रत्यावर्ती धारा (एसी) अथवा दिष्ट धारा (डीसी) हो सकती है।

डीसी से डीसी शक्ति परिवर्तन: डीसी से डीसी परिवर्तक इस श्रेणी के अंतर्गत आते हैं। ये आमतौर पर डीसी विभव स्तर को बदलने के लिए नियोजित होते हैं। एक विभव नियामक और रैखिक नियामक डीसी से डीसी।

डीसी को एसी शक्ति परिवर्तन: डीसी को एसी में बदलने के लिए एक शक्ति परिवर्तक का उपयोग किया जाता है।

एसी से डीसी शक्ति परिवर्तन: एसी को डीसी में बदलने के लिए जिन उपकरणों का उपयोग किया जाता है, वे हैं दिष्टकारी, मुख्य शक्ति सप्लाई इकाई (पीएसयू) और स्विच्ड-मोड शक्ति आपूर्ति।

एसी से एसी शक्ति परिवर्तन: एसी से एसी में बदलने के लिए उपयोग किए जाने वाले उपकरण परिणामित्र / स्व-परिणामित्र, विभव परिवर्तक, विभव नियामक, साइक्लोकोनवर्टर और चर-आवृत्ति ट्रांसफार्मर हैं। एकल और त्रि-कला संचालन के लिए शक्ति परिवर्तन के कुछ उपकरण और तरीके भी हैं।

जैसा कि हम जानते हैं कि मानक बिजली वोल्टेज और आवृत्ति एक देश से दूसरे देश में और कभी-कभी एक देश के भीतर भी भिन्न होती है। अमेरिका में यह आमतौर पर 120 V, 60 Hz होता है, लेकिन यूरोप, एशिया, अफ्रीका और दुनिया के

कई अन्य हिस्सों में यह आमतौर पर 230 V, 50 Hz होता है। इसके अलावा हवाई जहाजों में, आमतौर पर 400 Hz पर बिजली का उपयोग किया जाता है, इसलिए 50 Hz / 60 Hz से 400 Hz आवृत्ति परिवर्तन की आवश्यकता तब होती है जब जमीन पर खड़े हवाई जहाज को बिजली देने के लिए उपयोग की जाने वाली ग्राउंड पावर यूनिट का उपयोग किया जाता है। इसके विपरीत, आंतरिक 400 Hz आंतरिक शक्ति को उड़ान के दौरान यात्रियों को उपलब्ध बिजली निर्गत सुविधा के लिए 50 Hz या 60 Hz में परिवर्तित किया जा सकता है। यह भी सच है कि कुछ इलेक्ट्रॉनिक उपकरण के लिए एसी अनुकूलक (एक प्रकार की बिजली आपूर्ति) का उपयोग मुख्य विभव एसी को कम विभव डीसी में बदलने के लिए किया जाता है जो माइक्रोचिप्स द्वारा खपत के लिए उपयुक्त है। इसी तरह, देशों के बीच यात्रा करते समय विभव परिवर्तको "यात्रा (ट्रैवल) कन्वर्टर्स" के रूप में भी जाना जाता है) का उपयोग किया जाता है।

जो ~120 V बनाम ~240 V एसी मुख्य शक्ति का उपयोग करते हैं। "एडेप्टर" भी हैं जो केवल दो अलग-अलग आकार के एसी शक्ति प्लग और सॉकेट के बीच विद्युत संपर्क बनाते हैं, ये न तो विभव और न ही आवृत्ति बदल रहे हैं।

इस अध्याय में, हम कुछ महत्वपूर्ण परिवर्तको के बारे में जानेंगे।

यूनिट आउटकम्स

U5-O1: यूनिट-5 लर्निंग आउटकम-1

शक्ति परिवर्तक की कार्यप्रणाली को समझना।

U5-O2: यूनिट-5 लर्निंग आउटकम-2

बक परिवर्तक के कार्य और अनुप्रयोगों का विश्लेषण

U5-O3: यूनिट-5 लर्निंग आउटकम-3

बूस्ट परिवर्तक के कार्य और अनुप्रयोगों का विश्लेषण

U5-O4: यूनिट-5 लर्निंग आउटकम-4

बक-बूस्ट कन्वर्टर के कामकाज और अनुप्रयोगों का विश्लेषण। मॉड्यूलेशन का अर्थ और विभिन्न मॉड्यूलेटरों का विश्लेषण।

कोर्स आउटकम्स (COs) के साथ यूनिट आउटकम्स (UOs) का परस्पर संबंध

यूनिट 5 आउटकम्स	कोर्स आउटकम्स (COs) के साथ अपेक्षित संबंध (1-कमजोर सहसंबंध; 2-मध्यम सहसंबंध; 3-मजबूत सहसंबंध)		
	CO-1	CO-2	CO-3
U 5 -01	1	3	–
U 5 -02	1	3	–
U 5 -03	1	3	–
U 5 -04	1	3	–
U 5 -05	1	3	–

रोचक तथ्य

- विश्व का सबसे बड़ा प्रकाश बल्ब एडिसन, न्यू जर्सी में स्थित है। यह 14 फीट लंबा है, इसका वजन आठ टन है, और यह थॉमस एडिसन मेमोरियल टॉवर के शीर्ष पर स्थित है।
- बिजली हमारे शरीर में मौजूद है - हमारी तंत्रिका कोशिकाएं इसका उपयोग हमारी मांसपेशियों को संकेत भेजने के लिए करती हैं।

- आइसलैंड वह देश है जो सालाना सबसे अधिक बिजली का उपयोग करता है। उनकी खपत अमेरीका की तुलना में लगभग 23% अधिक है।

वीडियो संसाधन

सर्किट के लिए वीडियो लिंक

Basic Linear Regulator Operation

Buck Converter Operation and Voltage Equation-Lecture

How does Buck Converter work? | DC-DC Converter - 1

How does Boost and Buck - Boost Converter work? | DC-DC Converter - 2

What is Modulation? Why Modulation is Required ? Types of Modulation Explained.

5.1 डीसी-डीसी पॉवर कन्वर्टर

डीसी-डीसी पॉवर कन्वर्टर व्यक्तिगत कंप्यूटर, लैपटॉप, कार्यालय उपकरण, अंतरिक्ष यान बिजली प्रणालियों, दूरसंचार उपकरण, डीसी मोटर ड्राइव आदि के लिए बिजली की आपूर्ति जैसे विभिन्न अनुप्रयोगों में कार्यरत हैं। डीसी-डीसी कनवर्टर का आगत एक अनियमित डीसी विभव है। और यह विभिन्न परिमाण का एक विनियमित निर्गत विभव उत्पन्न करता है।

डीसी-डीसी कन्वर्टर्स का वर्गीकरण

डीसी-डीसी परिवर्तकों को इस प्रकार वर्गीकृत किया जा सकता है:

बक कन्वर्टर: ये अपचयी परिवर्तक हैं, इनका निर्गत विभव डीसी आगत विभव से कम होता है।

बूस्ट कन्वर्टर: ये उच्चायी परिवर्तक होते हैं, इनका निर्गत विभव डीसी आगत विभव से अधिक होता है।

बक-बूस्ट कनवर्टर: उनका निर्गत विभव डीसी आगत विभव से अधिक या कम हो सकता है।

5.2 रैखिक विभव नियामक

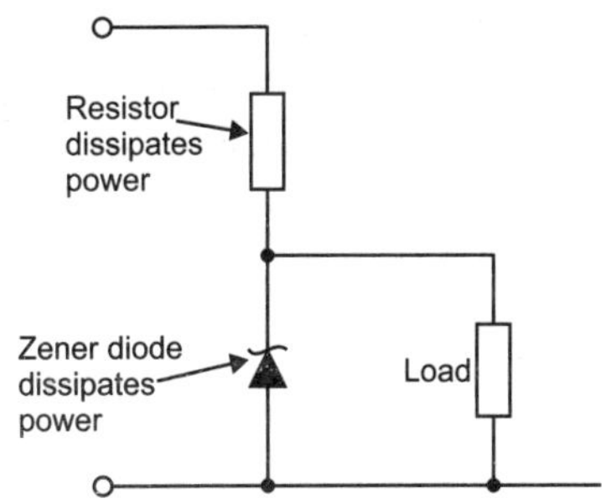

चित्र 5.1: रैखिक विभव नियामक

डीसी विभव को एक साधारण रैखिक विभव नियामक का उपयोग करके भार (लोड) पर कम या नीचे किया जा सकता है। जैसा कि चित्र 5.1 में दिखाया गया है, अपचयी क्रिया का सबसे बुनियादी रूप एक संभावित विभक्त या वोल्टेज ड्रॉपर के रूप में एक प्रतिरोध का उपयोग करना है। कुछ मामलों में वोल्टेज को स्थिर करने के लिए जेनर डायोड का भी उपयोग किया जा सकता है। वोल्टेज ड्रॉपर या अपचयी कन्वर्टर के इस रूप के साथ समस्या यह है कि यह बिजली के मामले में बहुत अनुपयोगी है। प्रतिरोध के कारण घटा वोल्टेज का ताप के रूप में क्षय होगा, और जेनर डायोड के माध्यम से बहने वाली कोई भी धारा भी गर्मी को नष्ट कर देगी। इन दोनों तत्वों के परिणामस्वरूप आवश्यक ऊर्जा की हानि होती है। इसके अलावा, ऐसे मामलों में, जब वोल्टेज कम होता है, तो धारा नहीं बढ़ता है। जबकि, बक-कन्वर्टर्स के मामले में, जब वोल्टेज को कम किया जाता है, तो धारा को बढ़ा दिया जाता है (यानी $Pin = Pout$)।

5.3 बक कनवर्टर

बक कन्वर्टर एक डीसी-डीसी पावर कन्वर्टर है जो वोल्टेज को कम करता है और करेंट को एक साथ बढ़ाता है जैसे कि इनपुट पावर सप्लाई आउटपुट (लोड) के समान रहती है।

बक कनवर्टर का ब्लॉक आरेख (पारंपरिक सर्किट) और चित्रमय दृश्य क्रमशः चित्र 5.2 और 5.3 में दिखाया गया है। इसमें अनिवार्य रूप से शामिल हैं;

- **कम से कम दो अर्धचालक उपकरण:** एक डायोड और एक ट्रांजिस्टर, हालांकि, आधुनिक बक कन्वर्टर्स में आमतौर पर डायोड को दूसरे ट्रांजिस्टर से बदल दिया जाता है और ट्रांजिस्टर को मोसफेट या आईजीबीटी से बदल दिया जाता है।
- **कम से कम एक ऊर्जा भंडारण तत्व:** एक संधारित्र, इंडक्टर या दोनों का संयोजन।
- **अतिरिक्त संधारित्र (या कभी-कभी कैपेसिटर और इंडक्टर्स का संयोजन):** इनका उपयोग तरंगों को फ़िल्टर करने के लिए किया जाता है। इन घटकों को आम तौर पर आउटपुट (लोड-साइड) और इनपुट (सप्लाईसाइड) में जोड़ा जाता है; सादगी के लिए यहाँ नहीं दिखाया गया है।

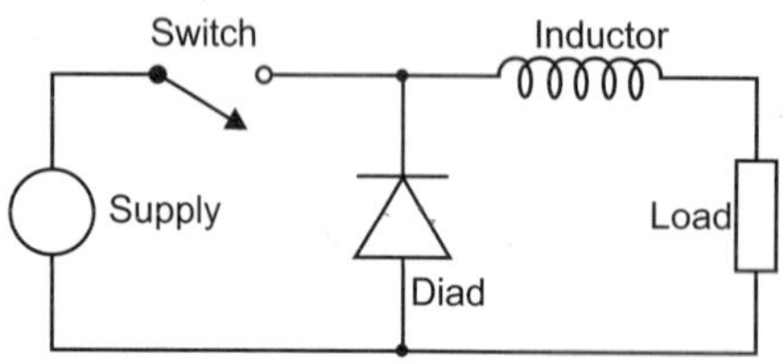

चित्र 5.2: बक कनवर्टर सर्किट आरेख

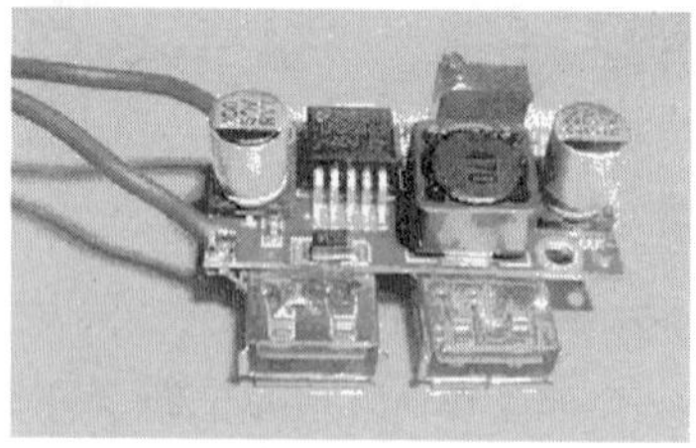

चित्र 5.3: बक कनवर्टर का सचित्र दृश्य

कार्य सिद्धांत

एक बक कनवर्टर के दो परिपथ विन्यास यानी ऑन-स्टेट, जब कुंजी (स्विच) बंद होता है, और ऑफ-स्टेट, जब स्विच खुला होता है, क्रमशः चित्र 5.4 और 5.5 में दिखाया गया है। तीर जोकि पारंपरिक धारा के प्रवाह की दिशा इंगित करते हैं।

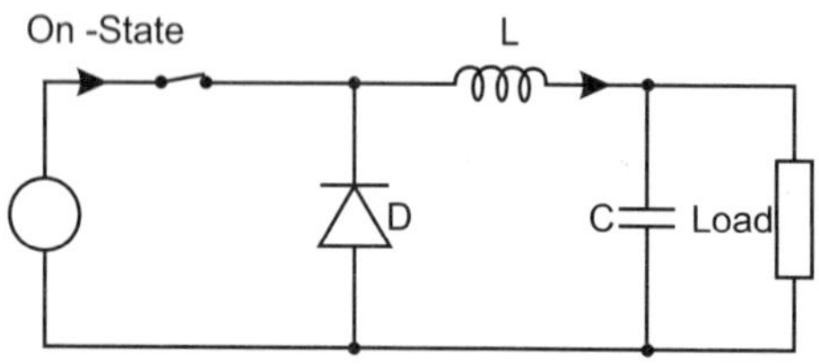

चित्र 5.4: ऑन-स्टेट

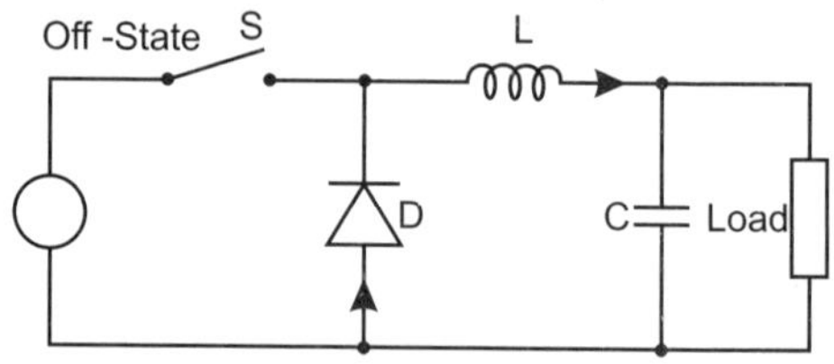

चित्र 5.5: ऑफ-स्टेट

आदर्श संचालन के लिए, यह माना जाता है कि

- सभी घटक विशेष रूप से परिपूर्ण हैं, स्विच और डायोड में शून्य विभव क्षय होता है यदि चालू अवस्था में रहें । शून्य धारा प्रवाह यदि स्विच खुला हो, और प्रेरक का श्रृंखला प्रतिरोध शून्य होता है।
- इनपुट और आउटपुट विभव, एक चक्र के दौरान नहीं बदलते हैं। इसका तात्पर्य है कि आउटपुट धारिता अनंत होती है।

बक कनवर्टर की कार्यप्रणाली को अच्छे से समझने के लिए, प्रेरक की धारा और विभव के बीच के आपसी संबंध को समझना होगा।

बंद अवस्था

जब स्विच खुला (ऑफ-स्टेट) होता है, जैसा कि चित्र 5.2 में दिखाया गया है, परिपथ में धारा शून्य है।

चालू अवस्था

- जब स्विच बंद हो (ऑन-स्टेट), जैसा कि चित्र 5.4 में दिखाया गया है, तब धारा बढ़ाना शुरू हो जायेगा और धारा परिवर्तन के कारण, प्रेरक के सिरों में एक विरोधी वोल्टेज उत्पन्न होना शुरू हो जायेगा।
- यह विभव क्षय स्रोत के वोल्टेज का प्रतिकार करता है और इसीलिए भार (load) के सिरों में विभव कम कर देता है। जैसे-जैसे धारा के परिवर्तन की दर घटती जाती है, वैसे इंडक्टर (inductor) के सिरों की विभव भी घटती जाती है, इससे पूरे लोड में विभव बढ़ जाता है। इस समय के दौरान, प्रेरक ऊर्जा को चुंबकीय क्षेत्र के रूप में संग्रहीत करता है।
- यदि करेंट बदलते समय स्विच खोला जाता है, तब हमेशा प्रेरक (inductor) के सिरों में वोल्टेज ड्रॉप रहेगा। इसलिए लोड पर कुल (net voltage) वोल्टेज हमेशा इनपुट वोल्टेज से कम रहेगा। (यानी स्रोत वोल्टेज)

बंद अवस्था

जब स्विच को फिर से खोला जाता है (ऑफ-स्टेट), जैसा कि चित्र 5.5 में दिखाया गया है, करेंट कम होना शुरू हो जाएगा। घटती करेंट के इस बदलाव के कारण प्रेरक के सिरों में एक वोल्टेज ड्रॉप उत्पन्न होगा और एक करेंट स्रोत बन जाता है। इंडक्टर चंबकीय क्षेत्र में ऊर्जा संग्रहित करता जो भार के माध्यम से करेंट प्रवाह का समर्थन करता है। यह ऑफ स्टेट करेंट ऑन-स्टेट के दौरान बहने वाले करेंट में जुड़ जाता है, इसलिए, कुल करेंट बन जाता है और यह औसत इनपुट करेंट से अधिक होता है (ऑफ-स्टेट के दौरान शून्य होना)।

- इस प्रकार, ऑफ-स्टेट के दौरान, वोल्टेज में कमी होती है लेकिन इस कमी की भरपाई औसत धारा में वृद्धि द्वारा की जाती है। आदर्श रूप से यह भार को प्रदान की गई शक्ति को संरक्षित करता है।
- यह इसीलिए होता है क्योकि ऑफ-स्टेट के दौरान, इंडक्टर अपनी संग्रहीत ऊर्जा को शेष सर्किट में निर्वहन कर रहा है।

यदि प्रेरक को पूरी तरह से डिस्चार्ज होने से पहले स्विच को फिर से बंद कर दिया जाता है तो लोड पर विभव हमेशा, इनपुट वोल्टेज से अधिक होगा।

बक कनवर्टर निरंतर मोड या आंतरायिक मोड में काम कर सकते हैं।

बक कनवर्टर निरंतर मोड

कम्यूटेशन चक्र के दौरान यदि प्रेरक में बहने वाली करेंट का मान कभी भी शून्य पर नहीं गिरता है तब बक कनवर्टर को निरंतर मोड में संचालित कहा जाता है।

इस मोड में बक कनवर्टर के ऑपरेटिंग सिद्धांत का वर्णन करने के लिए, चित्र 5.6 में दिखाए गए प्लॉट पर विचार करें।

(डायोड वोल्टेज ड्राप को नगण्य करते हुए) (करेंट का मान घटते हुए)

- जब स्विच को बंद किया जाता है, जैसा कि चित्र 5.4 में दिखाया गया है, प्रेरक के सिरों की वोल्टेज $V_L = V_i - V_0$, प्रेरक से बहने वाली करेंट रैखिक रूप से बढ़ती है (सन्निकटन में, वोल्टेज ड्रॉप लगभग स्थिर

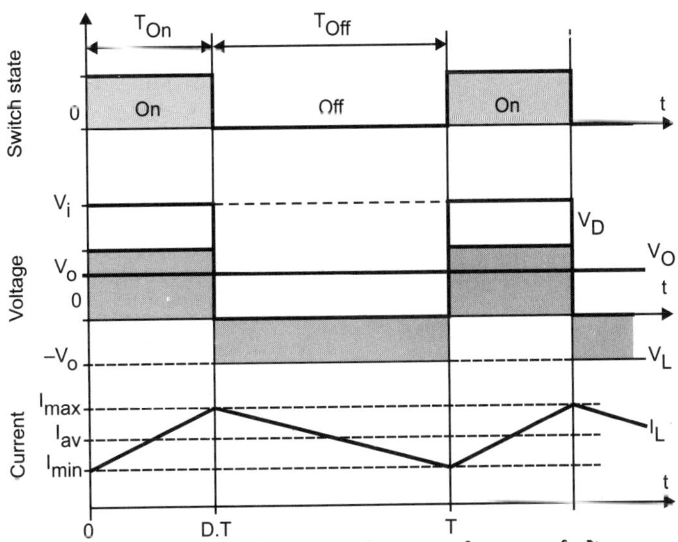

चित्र 5.6: निरंतर मोड में काम कर रहे एक आदर्श बक कनवर्टर में समय के साथ विभव और धाराओं

होता है)। इस पल में, डायोड विभव स्रोत V द्वारा रिवर्स-बायस्ड होता है, इसलिए इसके माध्यम से धारा प्रवाहित नहीं होती है।

- जब स्विच को ओपन किया जाता है, जैसा कि चित्र 5.5 में दिखाया गया है, डायोड फॉरवर्ड बायस्ड होता है प्रेरक के सिरों की वोल्टेज $V_L = -V_0$ (डायोड में गिरावट उपेक्षित है)।

प्रेरक L के चुंबकीय क्षेत्र में संचित ऊर्जा $E = \frac{1}{2} L\, I_L^2$ है।

चूंकि ऑन टाइम के दौरान प्रेरक L में I_L की वृद्धि होती है, उसके साथ-साथ संचित ऊर्जा E में भी वृद्धि होती है और ऑफ टाइम के दौरान प्रेरक L में I_L की कमी होती है, यह दर्शाता है कि कनवर्टर में प्रेरक L का उपयोग ऊर्जा को इनपुट से आउटपुट में स्थानांतरित करने के लिए किया जाता है।

- I_L के परिवर्तन की दर को इस सूत्र से निर्धारित किया जा सकता है: $V_L = L\frac{dI_L}{dt}$
- ऑन टाइम के दौरान V_L का मान होगा $V_i - V_0$ और ऑफ-स्टेट के दौरान $-V_0$ होगा, इसलिए, ऑन-स्टेट के दौरान करेंट में वृद्धि इस संबंध द्वारा दी जाती है:

$$\Delta I_{Lon} = \int_0^{t_{on}} \frac{V_L}{L} dt = \frac{(V_i - V_o)}{L} t_{on},\ t_{on} = DT$$

जहाँ D को (ड्यूटी साइकिल) कर्तव्य चक्र (एक अदिश राशि) कहा जाता है जो 0 और 1 के बीच स्थित होता है।

- दूसरी ओर, ऑफ-स्टेट के दौरान करेंट कम हो जाता है, जो इस सम्बन्ध द्वारा दर्शाया जाता है:

$$\Delta I_{Loff} = \int_{t_{on}}^{t_{on}+t_{off}} \frac{V_L}{L} dt = \frac{(V_i - V_o)}{L} t_{off},\ t_{off} = (1-D)T$$

- यह मानते हुए कि कनवर्टर स्थिर अवस्था में चल रहा है, प्रत्येक घटक में संग्रहीत ऊर्जा कम्यूटेशन चक्र के अंत में T, शुरुआत चक्र के बराबर है। यह दिखाता है कि करेंट I का परिमाण t = 0 और t = T पर समान रहता है (देखिए आकृति 5.6)। उपरोक्त समीकरणों से हम प्राप्त करते हैं:

$$\Delta I_{Lon} + \Delta I_{Loff} = 0 \quad \text{या} \quad \frac{(V_i - V_o)}{L} t_{on} - \frac{(V_o)}{L} t_{off} = 0$$

- उपरोक्त समीकरणों के अनुसार, मात्राओं को चित्र 5.6 में दर्शाए अनुसार रेखांकन द्वारा दर्शाया जा सकता है। यहाँ L_{on} और L_{off} को विभिन्न आयतों (ग्रे और गहरे भूरे) द्वारा दर्शाया जाता है। स्थिर-अवस्था के अंतर्गत की स्थिति, मात्रा के लिए आयत का क्षेत्रफल $(V_i - V_0)\, t_{on}$ मात्रा के लिए आयत का क्षेत्रफल $(-V_0)\, t_{off}$ के बराबर होना चाहिए।
  चित्र 5.6 से यह साफ़ हो जाता है कि $t_{on} = DT$ और $t_{off} = (1 - D)T$

  इससे यह साबित होता है कि $(V_i - V_0)DT - V_0\,(1 - D)T = 0$ या $V_0 - DV_i = 0 \rightarrow D = \frac{V_o}{V_i}$

- उपरोक्त समीकरण से पता चलता है कि किसी दिए गए इनपुट विभव के लिए कनवर्टर का आउटपुट विभव उपयोगिता अनुपात (ड्यूटी साइकिल) के साथ रैखिक रूप से बदलता रहता है। चूंकि उपयोगिता अनुपात D, t_{on} और T अवधि के बीच के अनुपात के बराबर है जो कभी 1 से अधिक नहीं हो सकता। इसीलिए $V_0 \le V_i$, यही कारण है कि इस कनवर्टर को स्टेप डाउन कन्वर्टर के रूप में जाना जाता है।

  उदाहरण के लिए, यदि 12 V डीसी को 3 V डीसी तक नीचे ले जाने की आवश्यकता है, (यानी आउटपुट वोल्टेज एक चौथाई है इनपुट वोल्टेज का) तो हमें 25% के उपयोगिता अनुपात वाले कनवर्टर की आवश्यकता होती है।

आंतरायिक मोड

एक बक कनवर्टर को **आंतरायिक** मोड में संचालित कहा जाता है यदि प्रेरक के माध्यम से करेंट कम्यूटेशन चक्र की कुछ अवधि के लिए शून्य तक आ जाता है। एक बक कनवर्टर केवल इस मोड में तब संचालित होता है जब भार (लोड) में आवश्यक ऊर्जा की मात्रा बहुत कम हो। ऊपर वर्णित सिद्धांत में एकमात्र अंतर यह है कि प्रेरक, कम्यूटेशन चक्र के अंत में पूरी तरह से डिस्चार्ज हो जाता है: चित्र 5.7 में दिखाया गया है। हालाँकि, यह पिछले कुछ समीकरणों को प्रभावित करता है।

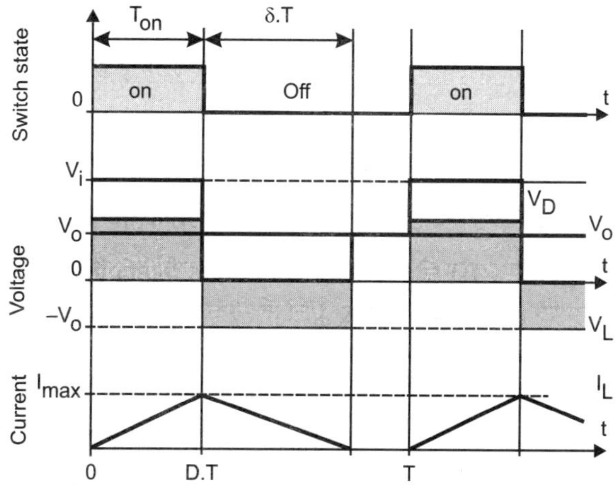

चित्र 5.7: असंतत मोड में काम कर रहे एक आदर्श बक कनवर्टर में समय के साथ विभव और

- इन कन्वर्टर्स में, प्रत्येक कम्यूटेशन चक्र में, करेंट शून्य हो जाता है। इसका परिणाम आउटपुट कैपेसिटर का निर्वहन जो अधिक स्विचिंग नुकसान का कारण बनता है। इन्हें कम करने के लिए पल्स-फ्रीक्वेंसी मॉड्यूलेशन के रूप में जानी जाने वाली एक अलग नियंत्रण तकनीक को अपनाया जाता है।

फिर भी यह माना जाता है कि कनवर्टर स्थिर अवस्था में काम करता है। इसलिए, प्रेरक की ऊर्जा को शुरुआत के चक्र के साथ, अंत के चक्र के समान माना जाता है (यहाँ आंतरायिक मोड में, यह शून्य है)। इसका मतलब है कि प्रेरक का औसत विभव V_L शून्य) है; अर्थात् चित्र 5.7 में प्रकाश और अंधेरे आयतों का क्षेत्रफल समान है।

जिससे पता चलता है: $(V_i - V_0)DT - V_0\delta\ T = 0$

तो का δ मान, $\delta = \dfrac{(V_i - V_o)}{V_o} D$

आउटपुट करेंट जो की लोड को दिया जाता है (Io) स्थिर है क्योंकि हमने माना है कि आउटपुट संधारित्र एक कम्यूटेशन चक्र के दौरान अपने टर्मिनलों में निरंतर विभव बनाए रखने के लिए काफी बड़ा है । इसका तात्पर्य है कि संधारित्र के माध्यम से बहने वाली धारा का औसत मान शून्य होता है। इसलिए, हम कह सकते है कि $I_L' = I_0$ जहां I_L प्रेरक धारा का औसत मूल्य है।

चित्र 5.7 में यह देखा जा सकता है कि प्रेरक धारा तरंग का आकार त्रिकोणीय होता है। इसलिए I_L' का औसत मूल्य निम्नानुसार ज्यामितीय रूप से हल किया जा सकता है:

$$I_L' = \left(\frac{1}{2} I_{L\max} DT + \frac{1}{2} I_{L\max} \delta T\right)\frac{1}{T} = \frac{I_{L\max}(D+\delta)}{2} = I_0$$

प्रारंभ में, प्रेरक में धारा शून्य होती है और t_{on} के दौरान $I_{L\,max}$ तक बढ़ती है। इसलिए, $I_{L\,max}$ बराबर होगा:

$$I_{L\,max} = \frac{(V_i - V_o)}{V_o} DT$$

पिछले समीकरण में $I_{L\,max}$ के मान को प्रतिस्थापित करने पर, हम प्राप्त करते हैं,

$$I_0 = \frac{(V_i - V_o)\, DT\, (D + \delta)}{2L}$$

उपरोक्त व्यंजक में δ का मान रखने पर यह इस प्रकार प्राप्त होता है :

$$I_0 = \frac{(V_i - V_o)DT\left(D + \frac{V_i - V_o}{V_o} D\right)}{2L} \quad \text{या} \quad V_0 = V_i \frac{1}{\frac{2LI_o}{D^2 V_i T} + 1}$$

निष्कर्ष: उपरोक्त समीकरण से, यह स्पष्ट है कि एक बक कनवर्टर का आउटपुट विभव असंतत मोड में निम्न रूप से काम करता है जैसे कि

- निरंतर मोड के अपने समकक्ष की तुलना में बहुत अधिक जटिल है।
- आउटपुट वोल्टेज अब न केवल इनपुट विभव (Vi.) का एक फ़ंक्शन है और कर्तव्य चक्र D, बल्की यह प्रेरक मान (L), कम्यूटेशन अवधि (T) और आउटपुट करेंट (Io) पर भी निर्भर करता है।

इस प्रकार, निरंतर मोड को मुख्यतः असंतत मोड से ज्यादा इस्तेमाल किया जाता है किया जाता है।

उपयोग

बक कन्वर्टर्स उल्लेखनीय रूप से कार्यक्षम हैं (अक्सर 90% से अधिक)। ये कनवर्ट, कंप्यूटर के लिए मुख्य आपूर्ति विभव (240 V) को कम वोल्टेज (अक्सर 12V) यूएसबी, डी रैम और सीपीयू (1.8V या उससे कम) करने के लिए बहुत उपयोगी हैं।

5.4 बूस्ट कनर्वटर

बूस्ट कन्वर्टर एक डीसी-टू-डीसी पावर कन्वर्टर है जो विभव को बढ़ाता है और करेंट को कम करता है साथ ही इनपुट पावर सप्लाई आउटपुट (लोड) के समान रहती है।

साधारण सर्किट

एक बूस्ट कनवर्टर का खंड आरेख (साधारण या पारंपरिक सर्किट) और सचित्र दृश्य क्रमशः चित्र 5.8 और चित्र 5.9 में दिखाया गया है।

इसमें निम्नलिखित अनिवार्य रूप से शामिल हैं;

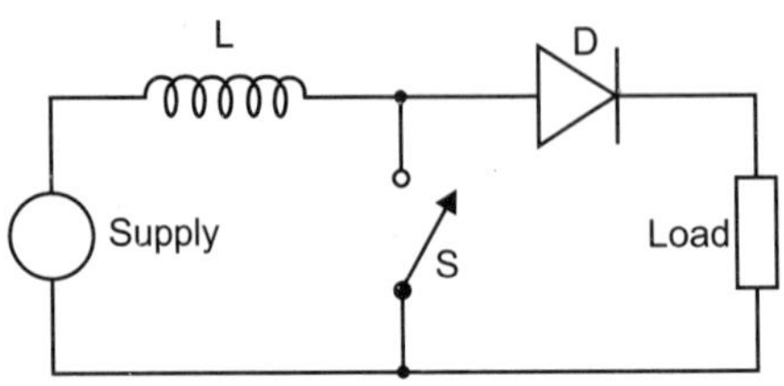

चित्र 5.8: बूस्ट कन्वर्टर का ब्लॉक आरेख

चित्र 5.9: बूस्ट कन्वर्टर का सचित्र दृश्य

- कम से कम दो अर्धचालक - एक डायोड और एक ट्रांजिस्टर, हालांकि, आधुनिक बक कन्वर्टर्स में आमतौर पर डायोड को दूसरे ट्रांजिस्टर से बदल दिया जाता है और ट्रांजिस्टर को मोसफेट से या आईजीबीटी बदल दिया जाता है।
- कम से कम एक ऊर्जा भंडारण स्रोत - एक संधारित्र, एक प्रेरक या दोनों के संयोजन से।

- अतिरिक्त कैपेसिटर (या कभी-कभी कैपेसिटर और प्रेरक का एक संयोजन) - इनका उपयोग तरंगों को फ़िल्टर करने के लिए किया जाता है। इन घटकों को आम तौर पर आउटपुट (लोड-साइड) और इनपुट (सप्लाई-साइड) में जोड़ा जाता है;

सिद्धांत

बूस्ट कन्वर्टर का मूल सिद्धांत

एक प्रेरक की प्रवृत्ति है कि करेंट में परिवर्तन से, चुंबकीय क्षेत्र बनाने और नष्ट करने का विरोध करता है। इस कनवर्टर में, आउटपुट विभव हमेशा इनपुट विभव से अधिक होता है । एक बूस्ट पावर स्टेज का एक सर्किट चित्र 5.10 में दिखाया गया है।

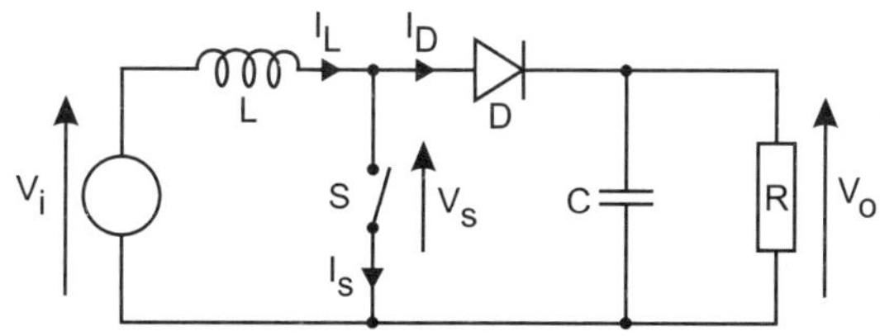

चित्र 5.10: बूस्ट कनवर्टर योजनाबद्ध सर्किट आरेख

कार्यचालन

बूस्ट कन्वर्टर के दो सर्किट कॉन्फ़िगरेशन यानी ऑन-स्टेट, जब स्विच बंद होता है, और ऑफ स्टेट, जब स्विच खुला होता है, क्रमशः चित्र 5.11 और 5.12 में दिखाया गया है। तीर, धारा के प्रवाह की दिशा को इंगित करते हैं।

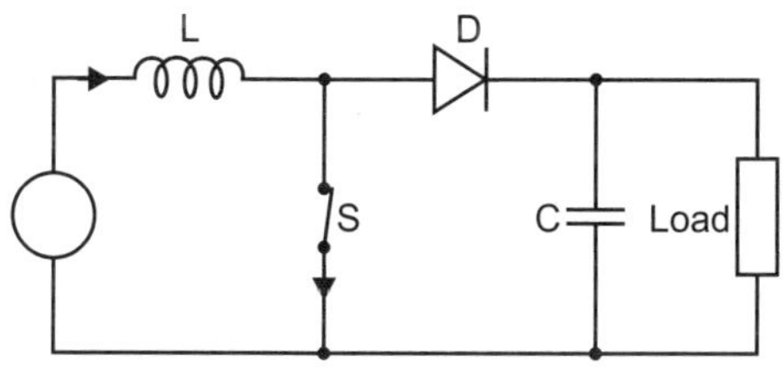

चित्र 5.11: ऑन-स्टेट में बूस्ट कन्वर्टर

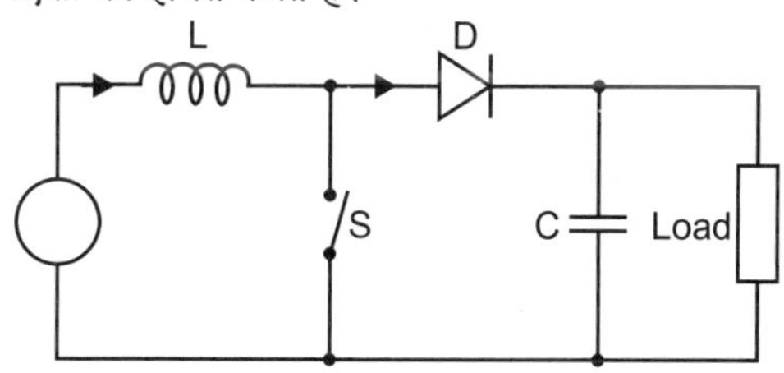

चित्र 5.12: ऑफ-स्टेट में बूस्ट कन्वर्टर

- सभी घटक परिपूर्ण हैं विशेष रूप से, जब स्विच बंद होने पर डायोड में शून्य धारा और विभव शून्य होता है। स्विच चालू होने पर प्रेरक में श्रृंखला प्रतिरोध शून्य होता है।
- इनपुट और आउटपुट विभव एक चक्र के दौरान नहीं बदलते हैं। इसका तात्पर्य है कि आउटपुट समाई अनंत हो रही है।

इसकी कार्यप्रणाली को निम्न प्रकार से समझा जा सकता है

चालू अवस्था

जब स्विच बंद (ऑन - स्टेट) होता है, तो प्रेरक के माध्यम से दक्षिणावर्त दिशा में एक चुंबकीय क्षेत्र विकसित होता है, और उसमें कुछ ऊर्जा संचित हो जाती है और प्रेरक एक ध्रुवता प्राप्त कर लेता है।

बंद अवस्था

- जब स्विच (ऑफ-स्टेट) खोला जाता है, तो करेंट कम हो जाएगा क्योंकि प्रतिबाधा अधिक है। चुंबकीय क्षेत्र जो पहले से विकसित था लोड की ओर करेंट बनाए रखने के लिए नष्ट हो जायेगा। इस प्रकार दो स्रोतों का कुल ईएमएफ श्रृंखला में होगा जिससे संधारित्र, डायोड D के द्वारा एक उच्च विभव तक चार्ज होगा।

बूस्ट कनवर्टर निरंतर मोड

- यदि स्विच बहुत तेजी से चल रहा है, तो प्रेरक चार्जिंग के दौरान पूरी तरह से चार्ज नहीं होगा, इस तरह जब स्विच खुला है तो लोड में वोल्टेज ड्राप सोर्स के वोल्टेज से अधिक रहता है, इसके अलावा, जब स्विच खुली स्थिति में होता है, तो संधारित्र जो समानांतर में होता है लोड के साथ इस संयुक्त विभव को चार्ज किया जाता है।
- फिर से जब स्विच बंद किया जाता है, तो दाहिने हाथ की तरफ बाएं हाथ की तरफ से शार्ट कर दिया जाता है, इस अवस्था में संधारित्र, लोड को आवश्यक वोल्टेज और ऊर्जा प्रदान करने में सक्षम है। इसके दौरान समय, अवरुद्ध डायोड संधारित्र को स्विच के माध्यम से डिस्चार्ज करने से रोकता है। स्पष्टतः, संधारित्र को भी डिस्चार्ज से रोकने के लिए स्विच को फिर से बहुत तेजी से खोला जाना चाहिए।
- यह निष्कर्ष निकला है कि एक बूस्ट कनवर्टर दो अलग-अलग चरणों के तहत काम करता है:
- ऑन-स्टेट में (जब स्विच बंद होता है), इसके परिणामस्वरूप प्रेरक धारा में वृद्धि होती है
- ऑफ-स्टेट में (जब स्विच खुला होता है), इस मामले में इंडक्टर धारा को एकमात्र रास्ता दिया जाता है जो फ्लाई बैक डायोड D, कैपेसिटर C और लोड R के माध्यम से होता है। इसके परिणामस्वरूप संधारित्र में ऑन-स्टेट के दौरान संचित ऊर्जा का स्थानांतरण होता है।

बूस्ट कन्वर्टर्स निरंतर मोड या असंतत मोड में काम कर सकते हैं।

निरंतर मोड

एक बूस्ट कन्वर्टर को निरंतर मोड में संचालित कहा जाता है यदि प्रेरक के माध्यम से करेंट (I_L) कम्यूटेशन चक्र के दौरान कभी भी शून्य पर नहीं गिरता। इस मोड में बूस्ट कनवर्टर के ऑपरेटिंग सिद्धांत का वर्णन करने के लिए, चित्र 5.13 में दिखाए गए ग्राफ प्लॉट पर विचार करें।

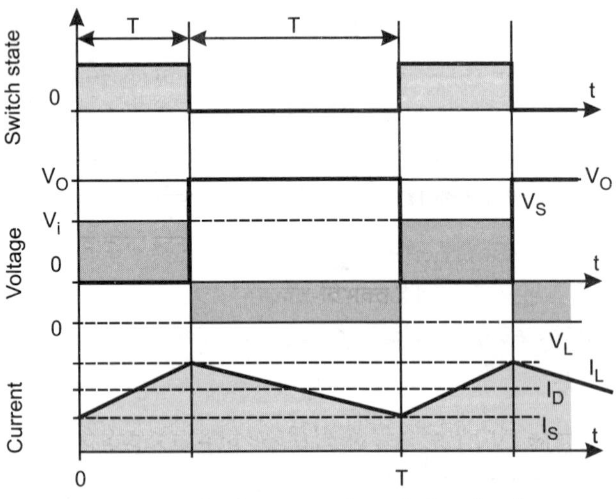

चित्र 5.13: निरंतर मोड में बूस्ट कनवर्टर का वोल्टेज और करेंट तरंग

असतत मोड

एक वर्धन अथवा बूस्ट परिवर्तक असतत मोड में संचालित होता है यदि दिक् परिवर्तक चक्र (कम्यूटेशन साइकिल) समाप्त होने से पहले प्रेरक पूर्ण रूप से अनावेशित हो जाए। यह साधारणतः तब होता है जब कम विद्युत भार हो। इस स्थिति में प्रेरक से गुजरने वाली धारा का मान गिरकर शून्य हो जाता है एक अवधि के दौरान चित्र क्रमांक 5.14 में तरंग देखें जबकि अंतर बहुत कम है किंतु निर्गत

विभव समीकरण पर इसका प्रभाव अधिक होता है। विभव लब्धि (वोल्टेज गैन) की गणना निम्न प्रकार से की जा सकती है -

जैसा कि समय चक्र के प्रारंभ में धारा शून्य है, इस का अधिकतम मान $I_{L\,\max}$ (t = DT) है-

$$I_{L\,\max} = \frac{V_i\,DT}{L}$$

बंद अवधि के दौरान I_L गिरकर शून्य होगा δT अवधि के बाद,

$$I_{L\,\max} + \frac{(V_i - V_o)\,\delta T}{L} = 0$$

उपरोक्त दोनों समीकरणों का हल करने पर हम δ का मान ज्ञात कर सकते हैं जैसे

$$\delta = \frac{V_i D}{(V_0 - V_i)}$$

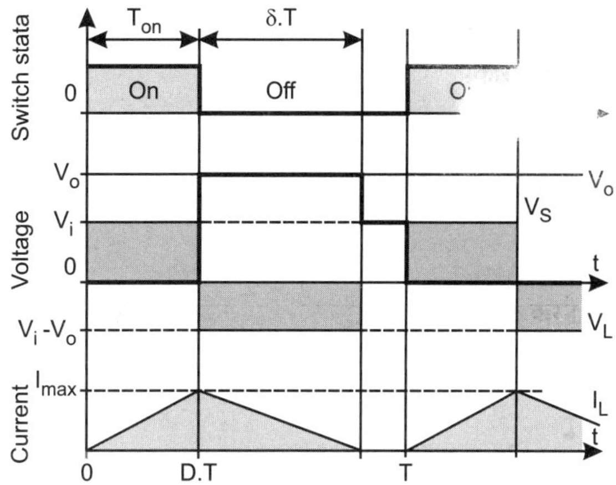

चित्र 5.14: असतत मोड में वर्धन या बूस्ट परिवर्तक के विभव एवं धारा का तरंग स्वरूप

विद्युत भार की धारा I_0, डायोड धारा I_D का मान बराबर है जैसा की चित्र 5.14 में दिखाया गया है। डायोड की धारा का मान प्रेरक की धारा के बराबर है इस बंद स्थिति या ऑफ स्टेट के दौरान अतः निर्गत धारा को इस प्रकार लिखा जा सकता है

$$I_0 = I_D = \frac{I_{L\,\max}}{2}\delta$$

$I_{L\,\max}$ और δ का मान प्रति स्थापित करने पर समीकरण होगा

$$I_0 = \frac{V_i DT}{2L}, \frac{V_i D}{V_o - V_i} = \frac{V_i^2 D^2 T}{2L\,(V_o - V_i)}$$

अतः निर्गत विभव लब्धि (आउटपुट वोल्टेज गैन) : $\dfrac{V_o}{V_\imath} = 1 + \dfrac{V_i\,D^2 T}{2LI_0}$

इस आउटपुट विभव गैन का समीकरण सतत मोड आउटपुट विभव गैन की तुलना में अधिक जटिल है। साथ ही और सतत प्रक्रिया में आउटपुट विभव गैन ना केवल ड्यूटी साइकिल अथवा उपयोगिता अनुपात (D) किंतु प्रेरक मान (L) आगत विभव (V_i) दिक् परिवर्तक अवधि तथा निर्गत धारा (I_0) पर भी निर्भर करता है।

अनुप्रयोग

बूस्ट कन्वर्टर उच्च दक्षता वाले होते हैं (साधारण 90% से अधिक) बैटरी शक्ति प्रणाली साधारण तथा अधिक विभव प्राप्त करने के लिए सेलों को श्रेणी क्रम में लगाकर एकीकृत पैक बना लेते हैं, जबकि सेलों को श्रेणी क्रम में जमा कर उच्च विभव अनुप्रयोगों के लिए स्टैग बनाना संभव नहीं है, क्योंकि जगह अपर्याप्त होती है बूस्ट कन्वर्टर विभव बढ़ा सकते हैं और सेलों की संख्या कम कर सकते हैं। बूस्ट कननर्टर का उपयोग हाइब्रिड विद्युत वाहनों एवं प्रकाश व्यवस्था प्रणाली में होता है, जो दो बैटरी शक्ति का अनुप्रयोग है। बूस्ट का उपयोग 2.4 V के दो आवेशित करने योग्य सेलो से 9 V तक बढ़ाने के लिए किया जाता है जो केलकुलेटर में उपयोग आता है। बूस्ट कन्वर्टर्स छोटे पैमाने के भी उपकरणों को पावर देते हैं जैसे पोर्टेबल लाइटिंग सिस्टम, LED इत्यादि प्रकाश उत्सर्जन करने के लिए एक सफेद LED को 3.5 V की आवश्यकता होती है। तथा एक लैंप को शक्ति देने के लिए एक बूस्ट कन्वर्टर 1.5 V वाले एल्कलाइन सेल का विभव बढ़ा सकता है।

5.5 बक बूस्ट कनवर्टर

बक बूस्ट कन्वर्टर डीसी से डीसी शक्ति परिवर्तित करने की एक युक्ति है जो भी विभव को कम अथवा अधिक और धारक को कम अथवा अधिक एक साथ कर सकता है वह भी इस प्रकार की आगत शक्ति आपूर्ति और निर्गत भार बराबर रहें। दो विभिन्न स्थिति टोपोलॉजी (संरचना तकनीक) जो बक बूस्ट कन्वर्टर में प्रयुक्त होती है दोनों ही निर्भर विभव को सीमा विस्तार देती है विस्तार आगत विभव से कहीं अधिक पूर्ण परिमाण तथा निम्न स्तर पर लगभग शून्य।

परंपरागत परिपथ

खंड रेखा चित्र परंपरागत परिपथ एवं चित्र में दृश्य जिसमें बक बूस्ट कन्वर्टर क्रमशः चित्र 5.15 एवं चित्र 5.16 में दर्शाया गया है

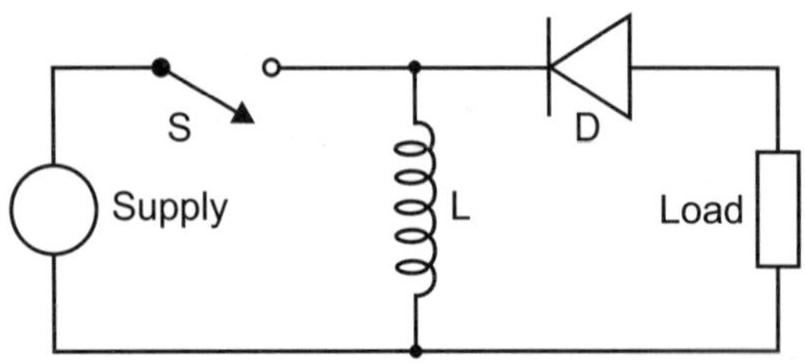

चित्र 5.15: इनवर्टिंग बक-बूस्ट कनवर्टर का मूल योजनाबद्ध सर्किट आरेख

चित्र 5.16: बक-बूस्ट कनवर्टर का सचित्र दृश्य

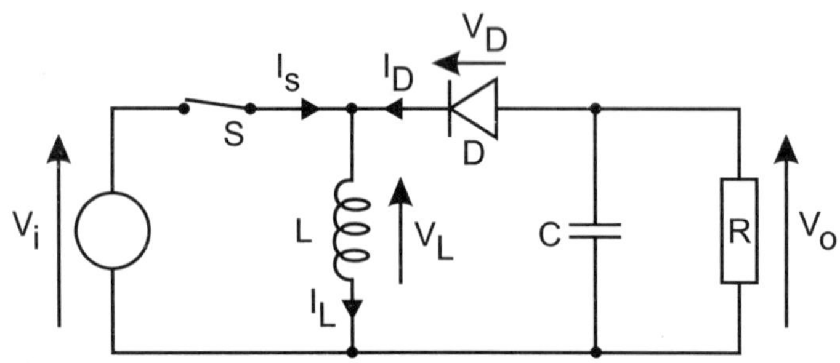

चित्र 5.17: बक बूस्ट कन्वर्टर

बक बूस्ट कन्वर्टर का विस्तृत आरेख चित्र 5.17 में दिखाया गया है इसके आवश्यक भाग हैं

- *कम से कम दो अर्धचालक*: एक डायोड और एक ट्रांजिस्टर, आधुनिक बक कन्वर्टर में डायोड के स्थान पर एक दूसरा ट्रांजिस्टर तथा ट्रांजिस्टर के स्थान पर मॉसफेट या IGBT लगा होता है
- *कम से कम एक उर्जा संग्राहक तत्व*: एक संधारित्र, प्रेरक अथवा दोनों का समायोजन।
- *अतिरिक्त संधारित्र (या कभी-कभी संधारित्र और प्रेरकों का एक संयोजन)*: इनका उपयोग लघु तरंगों (रिप्पल) छानने के लिए किया जाता है यह अवयव साधारणतः निर्गत (भार की ओर) तथा आगत आपूर्ति की ओर लगाए जाते हैं, सरलीकरण के उद्देश्य से यह यहां प्रदर्शित नहीं किए गए हैं।

व्युत्क्रम (इनवर्टिंग) सॉन्स्थिति (टोपोलॉजी) या संरचना तकनीक

इस सॉन्स्थिति में निर्गत विभव धारा की अपेक्षा विपरीत ध्रुवता का होता है। कुंजी युक्त तरह की शक्ति आपूर्ति / स्विच मोड पावर सप्लाई (एसएमपीएस) ,यह एक समान संरचना तकनीक है जो बक परिवर्तक एवं बूस्ट परिवर्तक में प्रयुक्त होती है। निर्गत विभव समायोजन है जो कुंजी रूपी ट्रांजिस्टर के उपयोगिता अनुपात (ड्यूटी साइकिल) पर आधारित है । इस संरचना तकनीक की हानि यह

है कि परिवर्तक की कुंजी या स्विच भू संपर्कन (ग्राउंडेड) नहीं होते जिससे परिचालन परिपथ में व्यवधान उत्पन्न होता है। यद्यपि यह अवगुण नुकसान नहीं पहुंचाता यदि शक्ति आपूर्ति भार परिपथ से पृथक (आइसोलेटेड) हो।

परिचालन के सिद्धांत

व्युत्क्रम बक- बूस्ट परिवर्तक (इनवर्टर) के मूल सिद्धांत अत्यंत सरल हैं चित्र 5.18 देखें

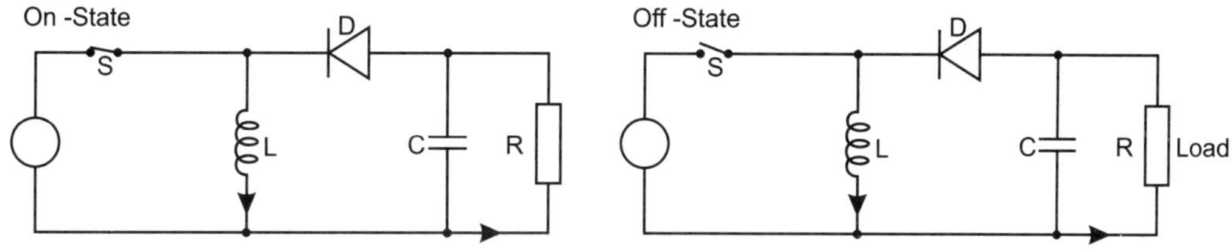

(a) जब स्विचन (ऑन-स्टेट) (b) जब स्विचबंद (ऑफ-स्टेट)

चित्र 5.18: बक-बूस्ट कनवर्टर की दो ऑपरेटिंग स्थिति

कुंजी खुली हो ऑन स्टेट जब कुंजी बंद हो ऑफ स्टेट चित्र 5.18 बक- बूस्ट परिवर्तक की दो परिचालन स्थितियां

- जब कुंजी ऑन स्थिति (ऑन-स्टेट) में और आगत विभव स्रोत सीधे प्रेरक से जुड़ा होता है। परिणाम स्वरूप प्रेरण (L) ऊर्जा का संग्रहण चुंबकीय क्षेत्र में करता है। इस अवस्था में भार को ऊर्जा की आपूर्ति संधारित्र द्वारा की जाती है।
- जब कुंजी खुली स्थिति (ऑफ- स्टेट) में प्रेरक भार और संधारित्र से जुड़ा होता है इसलिए प्रेरक द्वारा ऊर्जा की आपूर्ति भार और संधारित्र को, की जाती है।

बक और बूस्ट परिवर्तक की तुलना में व्युत्क्रम बक- बूस्ट परिवर्तक के अभिलक्षण मुख्यता हैं-

- निर्गत विभव की ध्रुवता आगत के विपरीत होती है निर्गत विभव के सतत रूप से बदला जा सकता है शून्य से अनंत तक (आदर्श परिवर्तक के लिए) निर्गत विभव की सीमाएं बक- बूस्ट परिवर्तक के लिए क्रमशः Vi से 0 (शून्य) तथा Vi से ∞ (अनंत) तक होती हैं।

एक बक परिवर्तक के साथ संयोजित बूस्ट परिवर्तक चार कुंजी टोपोलॉजी (4- स्विच टोपोलॉजी)

निर्गत विभव सामान्यतः, आगत के समान ध्रुवता वाला होता है और आगत से कम या अधिक मान का हो सकता है इस प्रकार के व्युत्क्रम बक बूस्ट परिवर्तक केवल एक प्रेरक का उपयोग करते हुए, बक परिवर्तक मोड और बूस्ट परिवर्तक मोड दोनों में प्रयुक्त होता है। साँस्थिति (टोपोलॉजी) में डायोड की जगह कुंजियां (स्विच)प्रयुक्त होती हैं कारण इसे **चार कुंजी बक बूस्ट परिवर्तक (फोर स्विच बक बूस्ट कनवर्टर)** भी कहते हैं।

परिचालन के सिद्धांत

4 स्विच टोपोलॉजी में बक और बूस्ट परिवर्तक समायोजित होते हैं। यह बक अथवा बूस्ट मोड संचालित हो सकते हैं दोनों ही मोड में एक समय में केवल एक कुंजी (स्विच), उपयोगिता अनुपात (ड्यूटी साइकिल) को नियंत्रित करती है, अन्य कुंजी दिक् परिवर्तक की भांति तथा पूर्व कुंजी के व्युतक्रम में संचालित होती हैं तथा बची हुई कुंजियां जड़वत स्थिति में होती हैं।

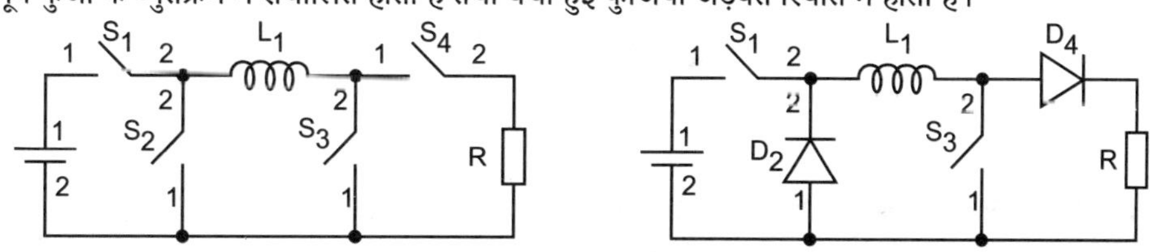

(a) 4 कुंजी बक - बूस्ट मूल परिपथ (b) S2 एवं S4 का डायोड की भांति परिचालन

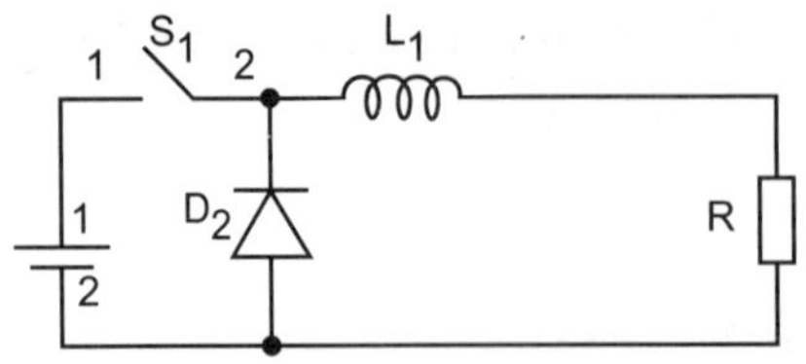

(c) बक मोड S3 खुला D4 चालू

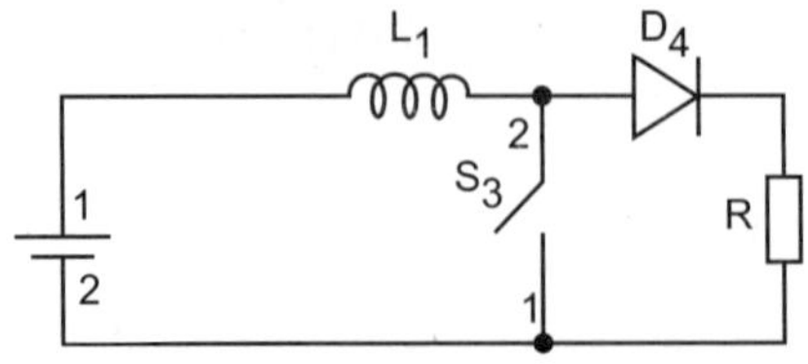

(d) बूस्ट मोड S1 बंद D2 बाधित

चित्र 5.19: 4-स्विच टोपोलॉजी की मूल व्याख्या

दो डायोड का उपयोग करके 12 कुंजी बक बूस्ट परिवर्तक बनाया जा सकता है जैसा क्षेत्र 5.19 में दिखाया गया है। यद्यपि परिवर्तक को उन्नत करने हेतु डायोड को फेट या मोसफेट से बदल दिया जाता है जिससे लागत तो कुछ अधिक बढ़ता है किंतु दक्षता बढ़ जाती है और विभव क्षय कम होता है।

सतत एवं अतत प्रकार

बक बूस्ट परिवर्तक सतत साथ ही असतत मोड में भी परिचालित हो सकते हैं जैसा कि वर्क परिवर्तक और बूस्ट परिवर्तक में होता है, जब प्रेरक की धारा कभी भी गिरकर शून्य ना हो देख परिवर्तन अवधि में तब इसे सतत मोड प्रकार कहा जाता है किंतु यदि यह कुछ अवधि के लिए गिर जाए (शून्य तक), तब इसे असतत मोड कहा जाता है।

बक बूस्ट परिवर्तक के अनुप्रयोग

- इसका उपयोग होता विनियमित शक्ति स्रोतों के रूप में होता है।
- इसका उपयोग बैटरी शक्ति प्रणाली में होता है।
- शक्ति संवर्धन अनुप्रयोग
- उपभोक्ता इलेक्ट्रॉनिक्स उपकरणों में।
- अनुकूली नियंत्रण (अडेप्टिव कंट्रोल) अनुप्रयोग।

बक बूस्ट परिवर्तक के लाभ

- यह अधिक निर्गत विभव प्रदान करता है।
- मोसफेट पर कम विभव भार।
- लघु परिचालन उपयोगिता अनुपात ड्यूटी साइकिल।

5.6 उपयोगिता अनुपात अथवा ड्यूटी साइकिल

यह एक कालावधी या अंतराल है जब संकेत या प्रणाली सक्रिय होती है उपयोगिता अनुपात (ड्यूटी साइकिल) कहलाती है साधारणतः उपयोगिता अनुपात प्रतिशत अथवा अनुपात में व्यक्त जाती है एक समय अवधि (पीरियड) समय कि वह अवधि है जिसमें संकेत अपना एक बल और खुला (ऑन ऑफ) चक्र पूरा करता है। एक सूत्र उपयोगिता अनुपात (%) से अभिव्यक्त किया जाता है-

समान रूप से उपयोगिता अनुपात (अनुपात) से अभिव्यक्त किया जाता है

$$D = \frac{PW}{T} \times 100$$

यहां D उपयोगिता अनुपात या ड्यूटी साइकिल है PW स्पंद विस्तार/चौड़ाई (पल्स विड्थ) (स्पंद सक्रिय समय) T और संकेत की पूर्ण अवधि है।

परिवर्तक के लिए, $D = V_{out} / V_{in}$

इसी प्रकार 60% उपयोगिता अनुपात का तात्पर्य यह है कि संकेत 60% समय तक चालू ऑन रहता है किंतु 40% समय खंड तक बंद रहता है।

टिप्पणी: चालू समय (ऑन टाइम) जब 60% उपयोगिता अनुपात हो यह समय सेकंड के भाग के रूप में हो सकता है 1 दिन या 1 सप्ताह यह अवधि की लंबाई विस्तार पर निर्भर करता है।

विद्युत उपकरण शक्ति परिवर्तक में उपयोगिता अनुपात ड्यूटी साइकिल का उपयोग सक्रिय संकेत के प्रतिशत समय की व्याख्या करने के लिए किया जाता है विभव स्रोत अंतरवर्तक (वोल्टेज सोर्स इनवर्टर)

5.7 वोल्टेज सोर्स इनवर्टर

एक परिपथ जो जलवत दिष्ट धारा स्रोत से संचालित होता है और प्रत्यावर्ती धारा निर्मित करता है साधारण था **विभव स्रोत अंतरवर्तक** कहलाता है।

यदि आगत डीसी एक विभव स्रोत है तब अंतरवर्तक एक विभव स्रोत अंतर वर्तक/ वोल्टेज सोर्स इनवर्टर (VSI) कहलाता है। इसी प्रकार एक धारा स्रोत अंतर वर्तक / करेंट सोर्स इनवर्टर (CSI), जहां आगत परिपथ की ओर एक धारा स्रोत है VSI परिपथ का निर्गत एसी विभव पर सीधा नियंत्रण होता है जबकि CSI निर्गत धारा को सीधा नियंत्रित करता है एक आदर्श VSI के निर्गत विभव रूप (वेवफॉर्म) का आकार निर्गत से जुड़े भार लोड पर निर्भर नहीं करता। सबसे सरल विभव स्रोत बैटरी बैंक होता है एक VSI के लिए जो कई सेलो की श्रेणी- समांतर संयोजन होता है। सौर विद्युत सेल दूसरे प्रकार के डीसी विभव स्रोत हो सकता है एक ऐसी विभव स्रोत आपूर्ति दिष्टकारी के उपयोग से बने डीसी को भी हम डीसी विभव स्रोत कहेंगे। विभव स्लोत जलवत कहलाता है यदि स्रोत विभव का परिमाण जुड़े हुए भार पर निर्भर ना हो।

विभव स्रोत अंतरवर्तक / वोल्टेज सोर्स इनवर्टर (VSI) का उपयोग अबाधित शक्ति आपूर्ति / अनइंटरप्टेड पावर सप्लाई UPS इकाई के रूप में होता है। संयोजित करने योग्य गति उपकरण / एडजेस्टेबल स्पीड ड्राइव (एएसडी) जिनका उपयोग एसी मोटर इलेक्ट्रॉनिक के आवृत्ति परिवर्तक परिपथ आदि गें होता है। हम में से अधिकतर लोग व्यापारिक रूप से उपलब्ध इनवर्टर इकाई से परिचित हैं जो हमारे घरों और कार्यालयों में आवश्यक उपकरण चलाने हेतु ऊर्जा के पूरक के रूप में प्रयुक्त किया जाता है। जहां विद्युत आपूर्ति बाधित होती है इस प्रकार एक अंतरवृतक अथवा इनवर्टर इकाई में बैटरी आपूर्ति का उपयोग आगत डीसी विभव स्रोत के रूप में किया जाता है और इनवर्टर परिपथ डीसी को एसी में आवश्यक शक्ति आवृत्ति के साथ परिवर्तित करता है जो प्राप्त करने योग्य एसी विभव का मान आगत डीसी बस विभव के कारण सीमित हो जाता है। साधारण घरेलू इनवर्टर का विभव मात्र 12 V हो सकता है और इनवर्टर परिपथ केवल 10 V (आरएमएस) की आपूर्ति करने में सक्षम होगा, इस प्रकार के मामले में परिणामित्र (ट्रांसफार्मर) का उपयोग करके इनवर्टर निर्गत विभव को बाहर भार लोड की आवश्यकता के अनुसार बढ़ाया जाता है जैसे 230 V।

5.8 डीसी आगत का एसी निर्गत में रूपांतरण

आरेखीय परिपथ

डीसी को एसी में बदलने के लिए, ट्रांजिस्टर-स्विच का उपयोग करते हुए दो योजनाबद्ध सर्किट, चित्र 5.20 (a) और 5.21 (a) में दिखाए गए हैं। दोनों सर्किट में, ट्रांजिस्टर सामान्य एमिटर कॉन्फ़िगरेशन में काम करते हैं और पुश-पुल तरीके से आपस में जुड़े होते हैं। ट्रांजिस्टर स्विच के लिए एकल नियंत्रण संकेत रखने के लिए, एक ट्रांजिस्टर n-p-n प्रकार का होता है और दूसरा p-n-p प्रकार का होता है और उनके उत्सर्जक और आधार छोटे होते हैं जैसा कि चित्रों में दिखाया गया है। दोनों सर्किटों के लिए एक सममित द्विध्रुवी डीसीआपूर्ति की आवश्यकता होती है। npn ट्रांजिस्टर का संग्राहक धनात्मक डीसी आपूर्ति (+E) से जुड़ा होता है, जबकि pnp ट्रांजिस्टर का संग्राहक समान परिमाण (-E) की ऋणात्मक डीसी आपूर्ति से जुड़ा होता है। एमिटर शॉर्टिंग पॉइंट और पावर सप्लाई ग्राउंड के बीच एक प्रतिरोधक भार जुड़ा हुआ है

कार्य प्रणाली

जब ट्रांजिस्टर सक्रिय (एम्पलीफायर) मोड में काम करते हैं

सक्रिय (एम्पलीफायर) मोड में काम कर रहे ट्रांजिस्टर के लिए सर्किट चित्र 5.20 (a) में दिखाया गया है। जब लागू बेस सिग्नल सकारात्मक होता है, तो पीएनपी ट्रांजिस्टर रिवर्स बायस्ड होता है और pnp ट्रांजिस्टर लोड करेंट का संचालन करता है। इसी तरह ऋणात्मक आधार वोल्टेज के लिए pnp ट्रांजिस्टर संचालित होता है जबकि npn ट्रांजिस्टर रिवर्स बायस्ड रहता है। बेस सिग्नल के साथ श्रृंखला में जुड़ा एक उपयुक्त अवरोधक बेस करेंट को सीमित कर देगा और इसे साइनुसॉइडल बनाए रखेगा बशर्ते लागू (साइनुसॉइडल) बेस सिग्नल परिमाण बेस से एमिटर कंडक्शन-वोल्टेज ड्रॉप की तुलना में बहुत अधिक हो। अपनी कार्य सीमा पर ट्रांजिस्टर के नियत लब्धि को मानते हुए, लागू बेस सिग्नल के अनुसार लोड करेंट को देखा जा सकता है। चित्र 5.20 (b) एक विशिष्ट लोड वोल्टेज और बेस सिग्नल वेवफॉर्म दिखाता है, अन्य ट्रांजिस्टर भी अपने चालन के दौरान शक्ति क्षय को प्रदर्शित करेगा।

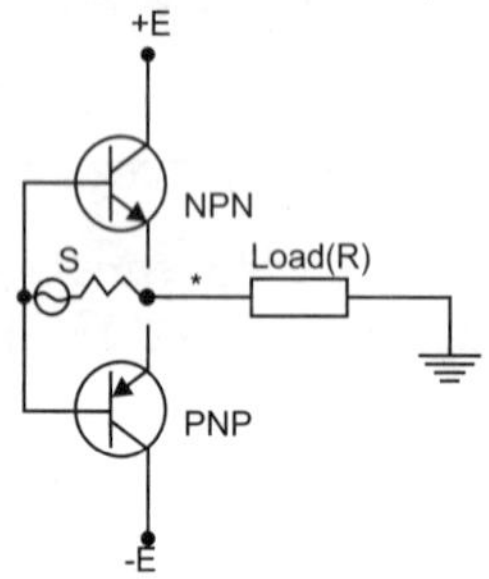

(a) सर्किट आरेख

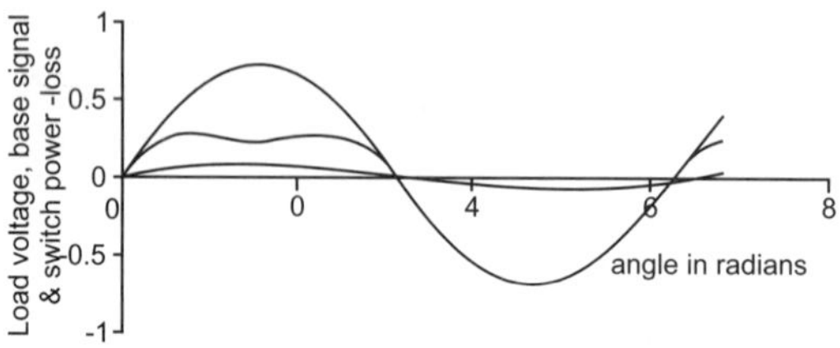

(b) वेव आरेख

चित्र 5.20: ट्रांजिस्टर सक्रिय-मोड में

जब ट्रांजिस्टर स्विच्ड-मोड में काम करते हैं

स्विच्ड-मोड में काम कर रहे ट्रांजिस्टर के लिए सर्किट चित्र 5.21 (a) में दिखाया गया है। ऑन-स्टेट वोल्टेज ड्रॉप नगण्य होने पर कंडक्टिंग स्विच पूरी तरह से बना रहता है और नॉन-कंडक्टिंग स्विच पूरी तरह से बंद रहता है जिससे इसके माध्यम से कोई क्षरण नहीं होता है। चित्र 5.21 (b) में स्विच-मोड सर्किट द्वारा लोड वोल्टेज तरंग आउटपुट। परिमाण +E के साथ आयताकार है जब तब NPN ट्रांजिस्टर चालू होता है और –E जब PNP ट्रांजिस्टर होता है।

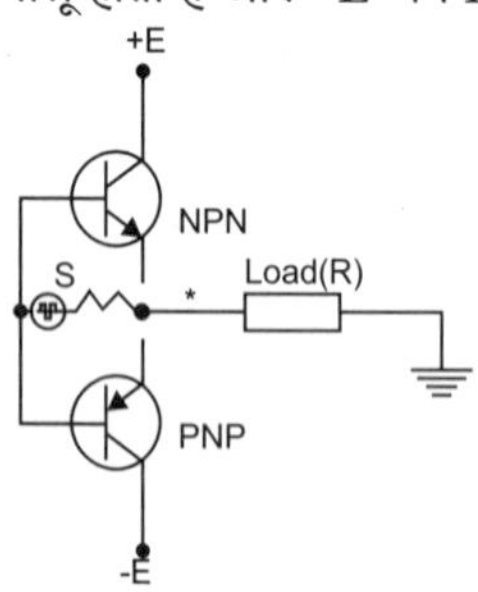

(a) सर्किट आरेख

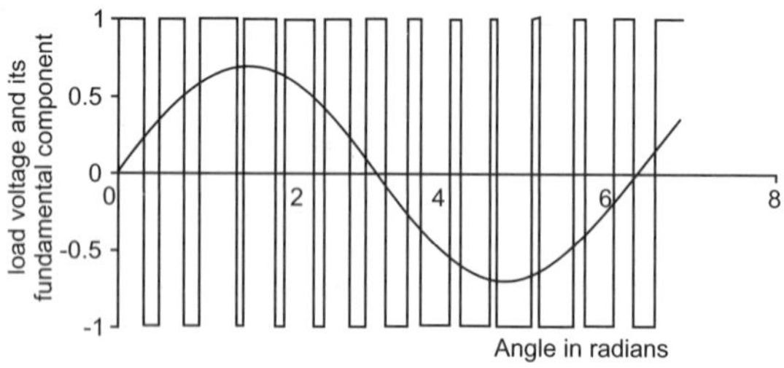

(b) साइन तरंग आरेख

चित्र 5.21: स्विच मोड में ट्रांजिस्टर

ऐसा तरंग चित्र 5.21(b) में दिखाया गया है। दो ट्रांजिस्टर के चालू और बंद अवधि को नियंत्रित किया जाता है ताकि (i) परिणामी आयताकार तरंग में कोई डीसी घटक न हो (ii) वांछित आवृत्ति और परिमाण का एक मौलिक (साइनुसॉइडल) घटक हो और (iii) अवांछित हार्मोनिक विभव की आवृत्तियां हों मौलिक घटक की तुलना में बहुत अधिक है ताकि उन्हें फ़िल्टर किया जा सके। एक मौलिक साइन तरंग को चित्र 5.21 (b) में भी दिखाया गया है। यह तरंग सिस्टम वोल्टेज के साइनुसॉइडल आउटपुट वोल्टेज तरंग के समान है।

एम्पलीफायर मोड और स्विच्ड मोड सर्किट दोनों ही नियंत्रणीय परिमाण और आवृत्ति के एसी विभव का उत्पादन करने में सक्षम हैं। हालांकि, उच्च स्विचिंग पावर लॉस के कारण पावर-इलेक्ट्रॉनिक अनुप्रयोगों में एम्पलीफायर सर्किट स्वीकार्य नहीं है। स्विच्ड मोड सर्किट स्वीकार्य है, हालांकि यह वांछित मौलिक आवृत्ति विभव के साथ-साथ अवांछित हार्मोनिक विभव की महत्वपूर्ण मात्रा उत्पन्न करता है। इन उच्च आवृत्ति विभव हार्मोनिक्स को छोटे आकार के फिल्टर का उपयोग करके आसानी से अवरुद्ध किया जा सकता है। इस प्रकार, लोड विभव की वांछित गुणवत्ता प्राप्त की जा सकती है।

5.9 वोल्टेज सोर्स इनवर्टर की सामान्य संरचना

एकल-चरण वोल्टेज स्रोत इन्वर्टर

एक विशिष्ट पावर-सर्किट टोपोलॉजी चित्र 5.22 में दिखाया गया है। मध्यम आउटपुट पावर अनुप्रयोगों के लिए, केवल एक डीसी स्रोत और पसंदीदा डिवाइस हैं:

(i) एन-चैनल आईजीबीटी (Q_1, Q_2, Q_3 आदि- तेज और नियंत्रणीय स्विच के रूप में कार्य करते हैं)

(ii) एक बड़ा डीसी लिंक संधारित्र (C_{DC})

(iii) फास्ट रिकवरी डायोड (D_1, D_2, D_3 आदि)

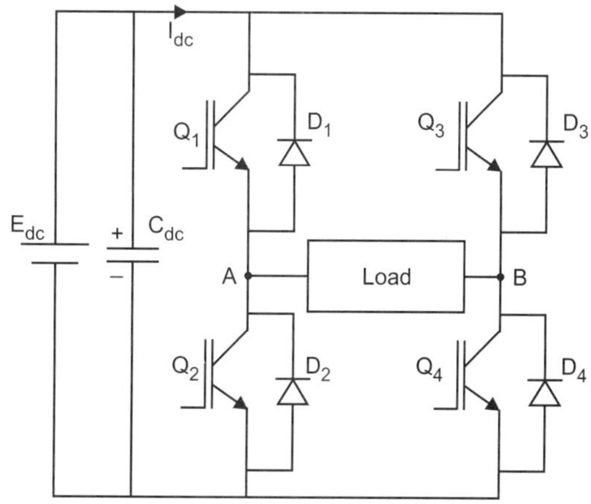

चित्र 5.22: एकल-कला वोल्टेज स्रोत इन्वर्टर VSI

डीसी बस द्वारा इन्वर्टर स्विच को आपूर्ति की जाने वाली धारा को डीसी लिंक करेंट के रूप में संदर्भित किया जाता है और इसे चित्र 5.22 में 'I_{DC}' के रूप में दिखाया गया है। डीसी लिंक करेंट का परिमाण अक्सर बदल जाता है क्योंकि इन्वर्टर स्विच (Q_1, Q_2, Q_3 और Q_4) चालू और बंद होते हैं। इन्वर्टर स्विच में कम नुकसान के लिए पूरी तरह से या पूरी तरह से बंद मोड में काम करता है। तात्कालिक डीसी लिंक करेंट में कला परिवर्तन तब भी होता है जब इन्वर्टर आउटपुट पर एसी लोड स्थिर शक्ति ले रहा हो। हालाँकि, डीसी लिंक करेंट का औसत परिमाण सकारात्मक रहता है यदि शुद्ध शक्ति-प्रवाह डीसी बस से एसी लोड तक हो। यदि इन्वर्टर से जुड़ा एसीभार पुन: उत्पन्न हो रहा है, तो परिणामी पावर-फ्लो दिशा उलट जाती है। पुनृउत्पादन होता है जब डीसी लिंक करेंट का माध्य परिमाण ऋणात्मक हो।

एक आदर्श इनपुट (डीसी) आपूर्ति के लिए, बिना किसी श्रृंखला प्रतिबाधा के, डीसी लिंक संधारित्र की कोई भूमिका नहीं होती है। हालाँकि एक व्यावहारिक वोल्टेज आपूर्ति में काफी मात्रा में आउटपुट प्रतिबाधा हो सकती है। आपूर्ति लाइन प्रतिबाधा, यदि पर्याप्त रूप से बड़े डीसी लिंक कैपेसिटर द्वारा बाईपास नहीं किया जाता है, तो इन्वर्टर ऑपरेशन के दौरान डीसी बस में काफी विभव स्पाइक हो सकता है। इसके परिणामस्वरूप आउटपुट विभव की गुणवत्ता में गिरावट हो सकती है, यह इन्वर्टर स्विच की खराबी का कारण भी बन सकता है क्योंकि इन्वर्टर के गैर-संचालन स्विच में बस विभव दिखाई देता है। इसके अलावा, डीसी लिंक कैपेसिटर की अनुपस्थिति में, आपूर्ति लाइन की श्रृंखला अधिष्ठापन इसके माध्यम से करेंट के त्वरित निर्माण या गिरावट को रोक देगा और सर्किट आदर्श VSI से अलग व्यवहार करता है जहां डीसी वोल्टेज आपूर्ति में वृद्धि और गिरावट की अनुमति दी जाती है इन्वर्टर परिपथ की मांग के अनुसार धारा।

इसलिए, तरंगों को दूर करने के लिए डीसी लिंक संधारित्र लगाया जाना चाहिए। इन्हें स्विच के बहुत करीब रखा जाना चाहिए ताकि यह स्विचिंग धाराओं के उच्च आवृत्ति घटक को कम प्रतिबाधा पथ प्रदान करे। संधारित्र स्वयं बहुत कम समकक्ष श्रृंखला रोकनेवाला और प्रारंभ करनेवाला के साथ अच्छी गुणवत्ता का होना चाहिए।

जब स्विच को ब्रिज फैशन में n-चैनल IGBTs का उपयोग करके जोड़ा जाना हो, तो गेट (बेस.)

VSI स्विच के गेट (आधार) संकेतों को अलग करने की आवश्यकता है।

परिपथ को बनाते समय, परिपथ में महत्वपूर्ण मात्रा में शेष प्रेरकत्व को सम्मिलित करने से बचने के लिए डीसी बस में स्विच और डायोड को जोड़ने वाले तार (लीड) न्यूनतम लंबाई के होने चाहिए। पावर परिपथ के समग्र लेआउट का इन्वर्टर परिपथ के प्रदर्शन पर महत्वपूर्ण प्रभाव पड़ता है।

प्रत्येक नियंत्रित स्विच के साथ समानांतर में एक डायोड, जैसे आईजीबीटी, का उपयोग वीएसआई में आउटपुट पर एक गैर-एकता पावर फैक्टर लोड की अनुमति देने के लिए किया जाता है।

अनिवार्य रूप से, यह एक पूर्ण ब्रिज परिपथ है जैसा कि चित्र 5.22 में दिखाया गया है। परिपथ में स्विच के दो लम्बे भाग होते हैं, प्रत्येक लम्बे भाग में ऊपरी स्विच और निचला स्विच होता है। ऊपरी और निचले स्विच का जंक्शन बिंदु उस विशेष पैर का आउटपुट बिंदु है। लम्बे भागो के आउटपुट बिंदु और डीसी बस के मध्य-विभव के बीच के विभव को डीसी बस की मध्य क्षमता के रूप में संदर्भित 'पोल विभव' कहा जाता है। कोई भी पोल वोल्टेज को नेगेटिव बस या पॉजिटिव बस को संदर्भित करने के बारे में सोच सकता है, लेकिन जब तक अन्यथा उल्लेख नहीं किया जाता है, तब तक पोल वोल्टेज को डीसी बस की मध्य-क्षमता के रूप में माना जाता है। सिंगल-फेज ब्रिज इन्वर्टर के दो पोल विभव में आम तौर पर समान परिमाण और आवृत्ति होती है लेकिन उनका कलांतर 180° का होता हैं। इस प्रकार इन दो ध्रुव आउटपुट (बिंदु 'A' और 'B' के बीच) के बीच जुड़े भार में अलग-अलग ध्रुव वोल्टेज के परिमाण के दोगुने के बराबर विभव होगा।

तीन-फेज विभव स्रोत इन्वर्टर

एक विशिष्ट पावर-सर्किट टोपोलॉजी चित्र 5.23 में दिखाया गया है। मध्यम आउटपुट पावर अनुप्रयोगों के लिए, केवल एक डीसी स्रोत और पसंदीदा उपकरण हैं:

(i) एन-चैनल IGBTs (Q_1, Q_2, Q_3, Q_4, Q_5, Q_6 - तेज और नियंत्रणीय स्विच के रूप में कार्य करते हैं)

(ii) एक बड़ा डीसी लिंक संधारित्र (C_{DC})

(iii) तेजी से रिकवरी डायोड (D_1, D_2, D_3, D_4, D_5, D_6)

चित्र 5.23 में दिखाए गए 3-चरण इन्वर्टर ब्रिज का कार्य 1-कला इन्वर्टर के समान है। अंतर केवल इतना है कि 3- कला इन्वर्टर ब्रिज के पोल वोल्टेज, टर्मिनल वोल्टेज A, B और C से 120° विस्थापित (फेज) होते है।

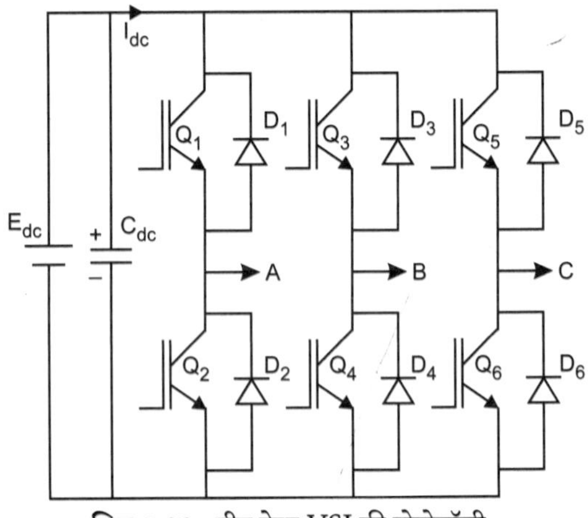

चित्र 5.23: तीन फेज VSI की टोपोलॉजी

5.10 मॉडुलन

किसी वाहक तरंग के कुछ अभिलक्षणों (जैसे आयाम, आवृत्ति या प्रावस्था) को मॉड्यूलेटिंग संकेत द्वारा परिवर्तित करने की प्रक्रिया **मॉडुलन** कहलाती है।

ऑडियो (संदेश) संकेतों या तरंगों में कम शक्ति होती है और इसे लंबी दूरी तक प्रेषित नहीं किया जा सकता है। इसलिए, इन तरंगों या संकेतों को उच्च आवृत्ति (वाहक) तरंगों में 'जोड़ा' जाता है क्योंकि इनमें लंबी दूरी तक यात्रा करने की पर्याप्त शक्ति होती है।

वाहक तरंग को आमतौर पर इस समीकरण द्वारा दर्शाया जाता है;

$$v_c = V_c \sin(\phi_c t + \phi)$$

इस समीकरण में तीन चर आयाम V_c, आवृत्ति f_c ($\omega_c = 2\pi f_c$ के रूप में) और कला कोण हैं। इसलिए, ऑडियो तरंगों को वाहक तरंगों में इस तरह से जोड़ा जाता है कि वाहक की कुछ विशेषता (आयाम, आवृत्ति या कला) संकेत के अनुसार बदलती रहती है। यह प्रक्रिया जिसके द्वारा वाहक को सिग्नल के अनुसार संशोधित किया जाता है, **मॉड्यूलेशन कहलाता है।

* मॉड्यूलेटिंग सिग्नल ऑडियो या वीडियो सिग्नल हो सकता है।

** वास्तव में, नाम मॉडुलन संशोधन से आया है।

5.11 मॉडुलन की आवश्यकता

रेडियो/टीवी संचार में मॉडुलन अत्यंत आवश्यक है, उपकरण में कमजोर संकेतों को संसाधित करना और अन्य इलेक्ट्रॉनिक प्रणालियों में (i) परिचालन सीमा को बढ़ाता है, (ii) बिना वायर के सिग्नल ट्रांसमिट करता है और (iii) ट्रांसमिटिंग एंटेना के आकार को कम करता है।

5.12 मॉडुलन के प्रकार

जैसा कि पहले चर्चा की गई है, मॉडुलन संदेश संकेत के अनुसार वाहक तरंग के कुछ विशेषताओं यानी आयाम, आवृत्ति या कला को बदलने की एक प्रक्रिया है। तदनुसार, मॉडुलन तीन प्रकार का होता है, अर्थात्;

(i) आयाम मॉडुलन (ii) आवृत्ति मॉडुलन (iii) कला मॉडुलन।

हम अपना ध्यान पहले दो प्रकार के मॉड्यूलेशन यानी आयाम मॉड्यूलेशन और आवृत्ति मॉड्यूलेशन पर सीमित रखेंगे। ऐसा इसलिए है क्योंकि भारत में, रेडियो प्रसारण प्रणाली में आयाम मॉड्यूलेशन कार्यरत है, जबकि आवृत्ति मॉड्यूलेशन ध्वनि संकेतों के लिए नियोजित है और आयाम टीवी प्रसारण में चित्र (वीडियो) संकेतों के लिए नियोजित है।

5.13 आयाम मॉडुलन

वह प्रक्रिया जिसके द्वारा वाहक तरंग के आयाम को माडुलन सिग्नल के अनुसार परिवर्तित किया जाता है, **आयाम मॉडुलन** कहलाता है।

आयाम मॉडुलन का सिद्धांत चित्र 5.24 में दर्शाया गया है। चित्र 5.24 में दिखाई गई तीन तरंगें हैं (A) मॉड्यूलेटिंग सिग्नल, (B) वाहक तरंग और (C) आयाम मॉड्यूलेटेड तरंग के परिणामी। यह ध्यान दिया जा सकता है कि जब आवृत्ति f का एक संकेत आवृत्ति f_c की वाहक तरंग के साथ संशोधित होता है,

परिणामी तरंग (मॉड्यूलेटेड तरंग) उत्पन्न होती है। यह वाहक तरंग यानी fc की आवृत्ति को बरकरार रखता है, लेकिन इसका आयाम सिग्नल के अनुसार बदलता रहता है। परिणामी तरंग का आयाम एक साथ दोनों हिस्सों (सकारात्मक और नकारात्मक) में भिन्न होता है। ऐसा इसलिए है क्योंकि जब संकेत सकारात्मक अर्थ में बढ़ता है, तो वाहक तरंग का आयाम भी बढ़ जाता है। दूसरी ओर जब संकेत नकारात्मक अर्थों में बदल रहा होता है, तो वाहकों का आयाम कम हो जाता है। यह मॉडुलन (दो तरंगों का मिश्रण) ठोस अवस्था उपकरणों या वाल्वों का उपयोग करके एक इलेक्ट्रॉन सर्किट की मदद से किया जाता है। सर्किट को मॉड्यूलेटर के रूप में जाना जाता है।

ध्यान देने योग्य महत्वपूर्ण बिंदु हैं;

(i) संग्राहक तरंग का आयाम संदेश संकेत के अनुसार बदलता रहता है।

(ii) माडुलित तरंग की आवृत्ति वाहक आवृत्ति के समान (f_c) होती है।

(iii) मॉडुलन करते समय, वाहक का आयाम सिग्नल के अनुसार दोनों हिस्सों पर एक साथ बदलता रहता है।

5.14 मॉडुलन कारक और इसके महत्त्व

हमने देखा है कि आयाम मॉडुलन में, संकेत के सकारात्मक आधे चक्र के दौरान वाहक का आयाम बढ़ता है, जबकि यह संकेत के नकारात्मक आधे चक्र के दौरान घटता है (चित्र 5.24 देखें)। सिग्नल द्वारा वाहक तरंग के आयाम को किस हद तक बदल दिया जाता है, इसे मॉड्यूलेशन फैक्टर नामक कारक द्वारा वर्णित किया जाता है। इसे निम्नानुसार परिभाषित किया जा सकता है:

मॉडुलन के कारण वाहक तरंग के आयाम में परिवर्तन का सामान्य वाहक तरंग के मूल आयाम से अनुपात को **मॉडुलन कारक** कहा जाता है। इसे आमतौर पर 'm' अक्षर से दर्शाया जाता है।

मॉडुलन कारक, $$m = \frac{\text{वाहक के आयाम में परिवर्तन}}{\text{सामान्य वाहक का आयाम}}$$

उपरोक्त संबंध स्पष्ट रूप से दर्शाता है कि मॉडुलन कारक दोनों तरंगों के आयाम पर निर्भर करता है; वाहक और संकेत।

मॉडुलन कारक का महत्व: आयाम मॉडुलन में, वाहक तरंग का आयाम मॉड्यूलेटिंग संकेत तरंग के अनुसार बदलता रहता है। मॉडुलन कारक की डिग्री संदेश संकेत की ताकत को दर्शाती है यानी मॉड्यूलेशन की डिग्री (m) जितनी अधिक होगी, संदेश संकेत उतना ही मजबूत और स्पष्ट होगा और इसके विपरीत। इसलिए, m = 1 या 100% के लिए, प्रेषित किया जा रहा संदेश संकेत सबसे मजबूत होगा। हालांकि, जब कैरियर अति मॉड्यूलेटेड (अर्थात m > 1 या 100%) हो जाता है, तो AM तरंग बंद हो जाएगी और रिसेप्शन के दौरान एक बड़ा विरूपण होगा। इसलिए, मॉडुलन की डिग्री कभी भी 100% से अधिक नहीं होनी चाहिए।

5.15 आयाम मॉडुलन तरंग का विश्लेषण

वाहक वोल्टेज तरंग को समीकरण द्वारा निरूपित करने दें;

$$v_c = V_c \sin(\omega_c + \phi)$$

सादगी के लिए, कला कोण को शून्य मानें, फिर

$$v_c = V_c \sin \omega_c t \qquad \text{(i)}$$

जहां, v_c = वाहक का तात्क्षणिक मान

V_c = वाहक का आयाम

$\omega_c = 2\pi f_c$ = वाहक आवृत्ति f_c पर कोणीय वेग।

इस वाहक को समीकरण द्वारा दर्शाए गए मॉड्यूलेटिंग सिग्नल के साथ मॉड्यूलेट करें;

$$v_s = V_s {}^* \cos \omega_s t \qquad \text{...(ii)}$$

जहाँ, v_s = संकेत का तात्क्षणिक मान

V_s = सिग्नल का आयाम

$\omega_s = 2\pi f_s$ = वाहक आवृत्ति f_s पर कोणीय वेग।

यदि m मॉडुलन कारक है, तो

$$m = \frac{V_s}{V_c} \text{ or } V_s = mV_c \qquad \text{...(iii)}$$

V_s के मान को समीकरण (ii) में प्रतिस्थापित करने पर। (ii), हम पाते हैं,

$$v_s = mV_c {}^* \cos \omega_s t \qquad \text{...(iv)}$$

आयाम मॉडुलन में, वाहक तरंग (V_c) का आयाम संकेत के अनुसार बदलता रहता है जैसा कि चित्र 5.24 में दिखाया गया है। इसलिए, परिणामी माडुलित तरंग का आयाम संकेत आवृत्ति से भिन्न होता है। इसलिए, AM तरंग का आयाम इस प्रकार दिया गया है;

$$= V_c(1 + m \cos \omega_s t) \qquad \text{...(v)}$$

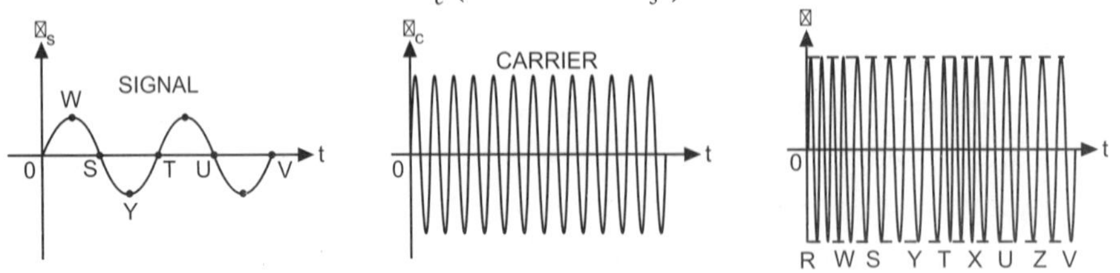

(a) संकेत तरंग (b) वाहक तरंग (c) परिणामी का आयाम मॉडुलन तरंग

चित्र 5.24: आयाम मॉडुलन तरंग

* गणना कार्य को सरल बनाने के लिए, संकेत को consine के कोण द्वारा दर्शाया जाता है। यह केवल यह दर्शाता है कि गणना बिंदु को सकारात्मक अधिकतम स्थिति में लिया गया है।

इस प्रकार, परिणामी माडुलित तरंग का तात्क्षणिक मान होगा;

$$v = \text{आयाम} \times \sin \omega_c t$$
$$= V_c (1 + m\cos \omega_s t) \sin \omega_c t$$
$$= V_c \sin \omega_c t + mV_c \sin \omega_c t \cos \omega_s t$$
$$= V_c \sin \omega_c t + \frac{mV_c}{2} (2 \sin \omega_c t \cos \omega_s t)$$
$$= V_c \sin \omega_c t + \frac{mV_c}{2} [\sin(\omega_c t - \omega_s t) + \sin(\omega_c t - \omega_s t)]$$
$$= V_c \sin \omega_c t + \frac{mV_c}{2} \sin(\omega_c - \omega_s)t + \frac{mV_c}{2} \sin(\omega_c - \omega_s)t \quad ...(vi)$$

माडुलित वोल्टेज तरंग के समीकरण (vi) से निम्नलिखित बिंदुओं पर ध्यान दिया जा सकता है;

(i) AM तरंगें निम्नलिखित तीन तरंगों का योग है जो साइनसॉइड रूप से भिन्न होती हैं
   (a) पहला परिमाण V_c और आवृत्ति $**f_c$
   (b) दूसरा परिमाण $mV_c / 2$ और आवृत्ति $f_c - f_s$
   (c) तीसरा परिमाण $mV_c / 2$ और आवृत्ति $f_c + f_s$ है।

(ii) AM तरंग में वाहक f_c की मौलिक आवृत्ति होती है और दो और आवृत्तियाँ $f_c - f_s$ और $f_c + f_s$ उत्पन्न करती हैं जिन्हें साइड-बैंड आवृत्तियों के रूप में जाना जाता है। जहाँ, $f_c - f_s$ को निचली साइडबैंड आवृत्ति और $f_c + f_s$ को ऊपरी साइडबैंड आवृत्ति कहा जाता है।

5.16 आयाम मॉडुलन की कमियाँ

आयाम मॉडुलन की निम्नलिखित कमियाँ है.

1. **निम्न दक्षता:** आयाम मॉडुलन में, साइडबैंड में सिग्नल होता है, इसलिए साइडबैंड में मौजूद शक्ति केवल उपयोगी शक्ति है। साइडबैंड शक्ति AM तरंग की कुल शक्ति का केवल एक तिहाई (33. 3%) है। इसलिए, यह कहा जाता है कि आयाम मॉडुलन खराब दक्षता पर संकेत प्रसारित करता है।
2. **शोर युक्त अभिग्रहण :** AM तरंग में, वाहक में आयाम भिन्नता में संकेत होता है। दुर्भाग्य से, सभी प्राकृतिक और मानव निर्मित शोर में विद्युत गड़बड़ी होती है। इसके अलावा, रेडियो रिसीवर एक ऐसा उपकरण है जो वांछित सिग्नल या शोर के कारण मौजूद आयाम भिन्नताओं के बीच अंतर नहीं कर सकता है। इसलिए ग्राही शोर युक्त है। यदि हम रेडियो रिसीवर के पास स्कूटर या मोटर-साइकिल शुरू करते हैं, किसी क्षण के लिए एक शोर होता है इसलिए ग्राही शोर युक्त है।
3. **लघु परिचालन सीमा:** आयाम मॉड्यूलेशन की खराब दक्षता के कारण, इस पद्धति को नियोजित करने वाले ट्रांसमीटरों की छोटी रेंज होती है यानी संदेश (सिग्नल) को लंबी दूरी तक प्रेषित नहीं किया जा सकता है।
4. **निम्नश्रव्य गुणवत्ता:** विद्युत आयाम गड़बड़ी के अधिक हस्तक्षेप के कारण, प्राप्त श्रव्य गुणवत्ता खराब होती है जब सिग्नल एक ट्रांसमीटर आयाम मॉड्यूलेशन द्वारा होता है।

5.17 आवृत्ति मॉडुलन

वह प्रक्रिया जिसके द्वारा वाहक तरंग की आवृत्ति को माडुलन सिग्नल के अनुसार परिवर्तित किया जाता है, **आवृत्ति मॉडुलन** कहलाती है।

** यहाँ, $f_c = \dfrac{\omega_c}{2\pi}$;

आवृत्ति मॉडुलन का सिद्धांत चित्र 5.25 में दर्शाया गया है। चित्र में दिखाई गई तीन तरंगें हैं (a) संकेत, (b) वाहक और (c) परिणामी आवृत्ति मॉड्यूलेटेड तरंग। यह ध्यान दिया जा सकता है कि जब आवृत्ति f_s के संकेत को आवृत्ति f_c की वाहक तरंग के साथ मॉड्यूलेट किया जाता है, तो एक परिणामी मॉडुलित तरंग उत्पन्न होती है।

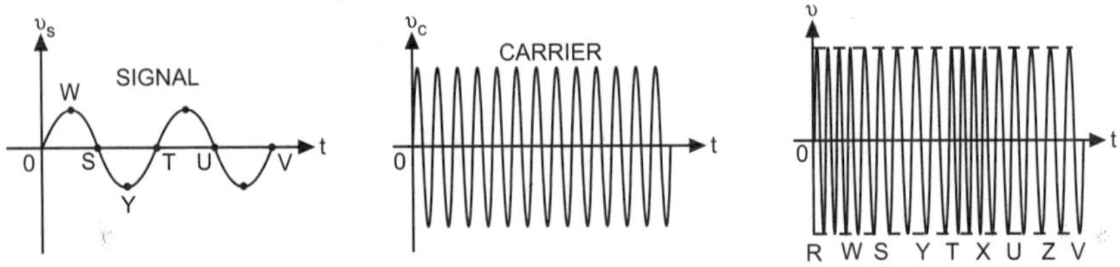

(a) संकेत तरंग (b) वाहक तरंग (c) परिणामी आवृत्ति मॉडुलन तरंग

चित्र 5.25: आवृत्ति मॉडुलन तरंग

यह वाहक तरंग (यानी V_c) के आयाम को बरकरार रखता है लेकिन इसकी आवृत्ति संकेत के तात्कालिक परिमाण के अनुसार बदलती रहती है। इस प्रकार, जब सिग्नल वोल्टेज शून्य होता है, वाहक तरंग की आवृत्ति संशोधित नहीं होती है और वही रहती है (चित्र 5.25-c में स्थिति *RSTU* और *V* देखें)। हालाँकि, जब सिग्नल का परिमाण अपने सकारात्मक शिखर मान तक पहुँच रहा होता है, तो वाहक तरंग की आवृत्ति (मॉड्यूलेशन के बाद) भी बढ़ जाती है, जैसा कि निकट दूरी वाले चक्रों द्वारा दर्शाया गया है (चित्र 5.25-c में स्थिति *W* और *X* देखें)। जबकि, ऋणात्मक शिखर मान के दौरान, वाहक की आवृत्ति कम हो जाती है जैसा कि व्यापक रूप से दूरी वाले चक्रों द्वारा दर्शाया गया है (चित्र 5.25-c में स्थिति *Y* और *Z* देखें)।

गणितीय रूप से;

वाहक वोल्टेज में समीकरण द्वारा दिया जाता है;

$$v_c = V_c \sin \omega_c t$$

और मॉडुलन तरंग या संकेत समीकरण द्वारा दिया जाता है;

$$v_s = V_s \cos \omega_s t$$

इस प्रकार, *FM* वोल्टेज का तात्क्षणिक मान इस प्रकार दिया जाता है;

जहाँ V_c = वाहक तरंग का आयाम

$\omega_s = 2\pi\, f_c$ = वाहक आवृत्ति f_c. पर कोणीय वेग

$\omega_s = 2\pi\, f_s$ = संकेत आवृत्ति f_s. पर कोणीय वेग

= अधिकतम आवृत्ति विचलन

= $k\ V_s\ f_c$ जहां $k\ V_s$ आनुपातिकता स्थिरांक है और V_s FM के लिए संकेत तरंग मॉड्यूलेशन इंडेक्स का आयाम है, m_f को इस प्रकार परिभाषित किया गया है:

$$m = \frac{\text{अधिकतम आवृत्ति विचलन}}{\text{संकेत आवृत्ति मॉडुलन}} = \frac{\delta}{f_c} \quad ...(iv)$$

इसलिए,
$$v = V_c \sin(\omega_c t + m_f\ \omega_s t) \quad ...(v)$$

निम्नलिखित बिंदु ध्यान देने योग्य हैं:

(i) माडुलित तरंग का आयाम वाहक तरंग के आयाम के समान होता है।

(ii) संग्राहक तरंग की आवृत्ति संदेश संकेत के अनुसार बदलती रहती है।

---

* समीकरण में, $v_c = V_c \sin(\omega_c + \phi)$, यदि सरलता के लिए कला कोण की उपेक्षा की जाती है, तो $v_c = V_c \sin \omega_c t$

लाभ

(i) *उच्च संचरण क्षमता*: AM की तुलना में FM की ट्रांसमिशन दक्षता बहुत अधिक है। ऐसा इसलिए है क्योंकि AM में संचरित शक्ति मॉड्यूलेशन गहराई द्वारा नियंत्रित होती है जबकि FM में यह मॉड्यूलेशन गहराई से स्वतंत्र होती है क्योंकि FM तरंग का आयाम स्थिर होता है। इसके अलावा, FM में सभी संचरित शक्ति उपयोगी होती है, जबकि AM में इसका अधिकांश उपयोग वाहक को संचारित करने में किया जाता है।

(ii) *शोर रहित ग्राहिता*: शोर के कारण होने वाले आयाम भिन्नताओं को दूर करने के लिए FM रिसीवर को आयाम सीमाओं के साथ लगाया जा सकता है, इसलिए, FM रिसीवर शोर रहित रिसेप्शन प्रदान करते हैं। इसके अलावा, FM प्रसारण ऊपरी *VHF और UHF फ्रीक्वेंसी रेंज में काम करते हैं, जिस पर AM प्रसारण द्वारा कब्जा किए गए MF और HF रेंजरों की तुलना में कम शोर होता है।

(iii) *बेहतर ऑडियो गुणवत्ता*: AM की तुलना में FM में कम आसन्न-चैनल हस्तक्षेप होता है। ऐसा इसलिए है क्योंकि **मानक आवृत्ति आवंटन वाणिज्यिक FM स्टेशनों के बीच एक गार्ड बैंड प्रदान करते हैं।

कमियां

FM प्रसारण भी कुछ कमियों से ग्रस्त हैं, अन्यथा कोई AM ट्रांसमिशन नहीं बचा होता। ये कमियां नीचे सूचीबद्ध हैं:

(i) *व्यापक चैनल की आवश्यकता है*: FM को एक अधिक व्यापक चैनल की आवश्यकता होती है, जो AM द्वारा आवश्यक 10 गुना बड़ा हो। यह प्रमुख नुकसानों में से एक है।

(ii) *उपयोग किए गए उपकरण अधिक जटिल और महंगे हैं*: FM संचारण और प्राप्त करने वाले उपकरण विशेष रूप से मॉड्यूलेटर और डिमोडुलेटर अधिक जटिल और महंगे हैं।

(iii) *रिसेप्शन का छोटा क्षेत्र*: इस मामले में **रिसेप्शन लाइन ऑफ विजन** तक सीमित है, इसलिए, FM के लिए रिसेप्शन का क्षेत्र AM की तुलना में बहुत छोटा है। इस संपत्ति को सह-चैनल आवंटन के लिए एक लाभ के रूप में माना जा सकता है अन्यथा यह सच है कि यह ग्राही के क्षेत्र को कम कर देता है।

5.18 कला मॉडुलन

वह प्रक्रिया जिसके द्वारा वाहक तरंग के कला कोण को मॉडुलन संकेत के अनुसार परिवर्तित किया जाता है, **कला मॉडुलन** कहलाता है।

कला मॉडुलन में, कला विचलन मॉड्यूलेटिंग सिग्नल (V_s) के आयाम के समानुपाती होता है, लेकिन इसकी आवृत्ति (f_s) से स्वतंत्र होता है। इस मामले में, संग्राहक तरंग का कला मॉड्यूलेटिंग सिग्नल के सकारात्मक आधे चक्र के दौरान संदर्भ स्थिति की ओर जाता है और मॉड्यूलेटिंग संकेत के नकारात्मक आधे चक्र के दौरान संदर्भ स्थिति को पीछे छोड़ देता है। मॉड्यूलेटेड तरंग (f_s) के कला (फेजर) का कोणीय विस्थापन मॉड्यूलेटिंग संकेत द्वारा सीमा के भीतर प्रतिबंधित है।

गणितीय

यदि वाहक वोल्टेज समीकरण द्वारा दिया जाता है:

$$v_c = V_c \qquad \text{...(i)}$$

और मॉड्यूलेटिंग संकेत वेव समीकरण द्वारा दिया जाता है;

$$v_s = V_s \omega_s t \qquad \text{...(ii)}$$

* VHF का अर्थ है अतिउच्च आवृत्ति और

UHF का मतलब अति-अति उच्च आवृत्ति, MF का मतलब है मध्यम आवृत्ति

HF का अर्थ है उच्च आवृत्ति

** I.T.U की अंतर्राष्ट्रीय रेडियो सलाहकार समिति (CCIR) द्वारा दुनिया भर में मानक आवृत्तियों का आवंटन किया जाता है।

कला मॉडुलन में, कला समीकरण में। (i) मॉडुलन वोल्टेज के तात्कालिक आयाम के अनुसार भिन्न होता है। PM लहर के लिए अभिव्यक्ति होगी

$$v_c = V_c \qquad ...(iii)$$

जहां s इस विशेष मॉड्यूलेटिंग संकेत द्वारा प्रस्तुत चरण परिवर्तन का अधिकतम मान है और इस मॉड्यूलेशन के अधिकतम आयाम के समानुपाती है। समान रूप से, उपरोक्त समीकरण के रूप में फिर से लिखा जा सकता है;

$$v_c = V_c \qquad ...(iv)$$

जहां $m_p = \phi_s$ = चरण मॉड्यूलेशन के लिए मॉड्यूलेशन इंडेक्स

परियोजना

Project-1:
How To Make
Simple Inverter 12v
To 220v IRFZ44N,
No IC

Project-2:
WOW Experiment
Electric Science
Magnet & Speaker
/ New Ideas Free
Energy 100%

सारांश

1. *शक्ति कन्वर्टर:* एक कला कन्वर्टर एक इलेक्ट्रिकल या इलेक्ट्रो-मैकेनिकल या इलेक्ट्रॉनिक डिवाइस है जो विद्युत ऊर्जा को मैकेनिकल, मैकेनिकल एनर्जी इलेक्ट्रिकल, डीसी से एसी, एसी से डीसी, डीसी से डीसी के विभिन्न वोल्टेज स्तर, एसी से एसी में परिवर्तित करता है। वोल्टेज स्तर या अलग आवृत्ति।
2. *सरल रैखिक वोल्टेज नियामक:* यह सिर्फ एक संभावित-विभक्त है।
3. *बक कन्वर्टर:* यह एक डीसी-डीसीशक्ति कन्वर्टर है जो विभव को कम करता है और धारा को एक साथ बढ़ाता है ताकि इनपुट पावर सप्लाई आउटपुट (लोड) की तरह ही रहे।
4. *बक कन्वर्टर्स के अनुप्रयोग:* ये कंप्यूटर के मुख्य आपूर्ति विभव (अक्सर 12 V) को यूएसबी, रैम और सीपीयू (1.8 V या उससे कम) के लिए आवश्यक निम्न विभव में परिवर्तित करने के लिए बहुत उपयोगी होते हैं।
5. *बूस्ट कन्वर्टर:* यह एक डीसी-डीसी पावर कन्वर्टर है जो विभव को बढ़ाता है और धारा को एक साथ नीचे ले जाता है ताकि इनपुट पावर सप्लाई आउटपुट (लोड) की तरह ही रहे।
6. *बूस्ट कन्वर्टर्स के अनुप्रयोग:* बूस्ट कन्वर्टर्स का उपयोग करने वाले दो बैटरी चालित एप्लिकेशन हाइब्रिड इलेक्ट्रिक वाहनों (HEV) और लाइटिंग सिस्टम में उपयोग किए जाते हैं।

7. *बक-बूस्ट कन्वर्टर*: यह डीसी-से -डीसी पावर कन्वर्टर का एक प्रकार है जिसमें आउटपुट विभव (परिमाण) और स्टेप-अप या स्टेप-डाउन करेंट को एक साथ स्टेप-अप या स्टेप-डाउन करने की क्षमता होती है। इनपुट बिजली की आपूर्ति आउटपुट (लोड) के समान रहती है।

8. *उपयोगिता अनुपात*: वह अवधि या काल अवधि जिसमें कोई संकेत या प्रणाली सक्रिय रहती है, उपयोगिता अनुपात कहलाती है।

9. *वोल्टेज स्रोत इन्वर्टर*: एक सर्किट जो एक जड़वत डीसी स्रोत से संचालित होता है और एक एसी आउटपुट विकसित करता है उसे आमतौर पर वोल्टेज स्रोत इन्वर्टर के रूप में जाना जाता है।

10. *मॉडुलन*: वह प्रक्रिया जिसके द्वारा एक तरंग (वाहक) की विशेषताओं को दूसरी तरंग (मॉड्यूलेटिंग सिग्नल वेव) में भिन्नता के अनुसार संशोधित किया जाता है, मॉड्यूलेशन कहलाती है।

11. *वाहक तरंग के लिए समीकरण*: वाहक तरंग समीकरण द्वारा दी गई है: $v_c = V_c \sin(\text{wc} + \phi)$

    इस तरंग की तीन चर विशेषताएँ होती हैं अर्थात आयाम V_c, आवृत्ति f_c $(c = 2 f_c)$ और कला कोण।

12. *मॉडुलन की आवश्यकता*:

    (i) ऑपरेटिंग रेंज बढ़ाने के लिए (ii) बिना तार के ट्रांसमिशन की अनुमति देने के लिए

    (iii) संचारण एंटेना के आकार को कम करने के लिए।

13. *आयाम मॉडुलन*: जब एक वाहक तरंग के आयाम को मॉड्यूलेटिंग सिग्नल के अनुसार बदल दिया जाता है, तो प्रक्रिया को आयाम मॉड्यूलेशन कहा जाता है।

14. *मॉडुलन कारक*: सामान्य वाहक तरंग के मूल में मॉड्यूलेशन के कारण वाहक तरंग के आयाम में परिवर्तन के अनुपात को मॉड्यूलेशन कारक कहा जाता है

$$m = \frac{V_s}{V_c}$$

15. *आगाम मॉडुलन की सीमाएं*: (i) खराब दक्षता (ii) शोर ग्राहिता (iii) छोटी ऑपरेटिंग रेंज (iv) खराब ऑडियो गुणवत्ता।

16. *आवृत्ति मॉड्यूलेशन*: वह प्रक्रिया जिसके द्वारा वाहक तरंग की आवृत्ति को मॉड्यूलेटिंग सिग्नल के अनुसार परिवर्तित किया जाता है, आवृत्ति मॉड्यूलेशन कहलाती है।

17. *FM के लाभ*: (i) उच्च संचरण क्षमता (ii) शोर रहित ग्राहिता (iii) बेहतर ऑडियो गुणवत्ता।

    FM के नुकसान: (i) व्यापक चैनल की जरूरत है (ii) उपयोग किए जाने वाले उपकरण अधिक जटिल और महंगे हैं (iv) रिसेप्शन का छोटा क्षेत्र।

18. *कला मॉडुलन*: वह प्रक्रिया जिसके द्वारा वाहक तरंग के चरण कोण को मॉडुलन संकेत के अनुसार परिवर्तित किया जाता है, कला मॉड्यूलेशन कहलाता है।

लघु उत्तरीय प्रश्न

1. शक्ति परिवर्तक क्या है?
2. शक्ति परिवर्तक कैसे काम करता है?
3. इन्वर्टर और कन्वर्टर में क्या अंतर है?

4. आप डीसी को एसी में कैसे बदलते हैं?
5. रेक्टिफायर और इन्वर्टर में क्या अंतर है?
6. कम वोल्टेज प्राप्त करने के लिए विभव विभक्त का उपयोग कैसे किया जाता है?
7. विभव विभक्त पर बक कन्वर्टर को क्यों प्राथमिकता दी जाती है?
8. बक कन्वर्टर कैसे काम करता है?
9. किसी परिपथ में धारा को किस प्रकार बढ़ाया जा सकता है?
10. बूस्ट कन्वर्टर कैसे काम करता है?
11. बूस्ट कन्वर्टर का क्या उपयोग है?
12. बक बूस्ट कन्वर्टर क्या है?
13. बक बूस्ट कन्वर्टर कैसे काम करता है?
14. डीसी से एसी इन्वर्टर कैसे काम करता है?
15. उपयोगिता अनुपात क्या है?
16. 60% उपयोगिता अनुपात का क्या अर्थ है?
17. 100% उपयोगिता अनुपात क्या है?
18. वोल्टेज स्रोत इन्वर्टर डीसी को एसी में कैसे परिवर्तित करता है?
19. किसी VSI में प्रयुक्त होने वाले प्रमुख घटकों के नाम लिखिए, उसका परिपथ बनाइए।
20. 1-कला और 3-कला VSI में क्या अंतर है?
21. UPS और इन्वर्टर में क्या अंतर है?
22. साइनुसॉइडल न्यूनाधिक क्या है?
23. विभिन्न प्रकार के मॉडुलन क्या हैं?
24. अति-मॉड्यूलेशन से क्या तात्पर्य है?
25. अंडर-मॉड्यूलेशन से क्या तात्पर्य है?
26. आयाम मॉडुलन का उपयोग कहाँ किया जाता है?
27. आयाम मॉडुलन से आप क्या समझते हैं?
28. FM, AM से बेहतर क्यों है?
29. आयाम मॉडुलन कैसे कार्य करता है?
30. आयाम मॉडुलन सूचकांक क्या है?
31. FM संकेत क्या है?

बहुविकल्पीय प्रश्न

1. IGBT जैसे नियंत्रित स्विच के साथ समानांतर में एक डायोड का उपयोग VSI में किया जाता है:
   (a) डीसी लिंक करेंट को उलटने से रोकें।
   (b) आउटपुट पर एक गैर-ईकाई शक्ति गुणाँक लोड की अनुमति दें।
   (c) डीसी बस ध्रुवीयता के आकस्मिक उलट के खिलाफ सर्किट की रक्षा करें।
   (d) उपरोक्त में से कोई नहीं।
2. एक वोल्टेज स्रोत इन्वर्टर के डीसी बस में लगाए गए एक बड़े संधारित्र का उद्देश्य है:
   (a) स्विच विफलता से बचाने के लिए।
   (b) आदर्श डीसी स्रोत के माध्यम से उच्च आवृत्ति करेंट लहर को कम करने के लिए।
   (c) एक निरंतर डीसी लिंक चालू बनाए रखने के लिए।
   (d) डीसी लिंक करेंट के उच्च आवृत्ति घटक के लिए कम प्रतिबाधा पथ की अनुमति दें।
3. N-चैनल IGBT का उपयोग करते हुए VSI स्विच के गेट (आधार) संकेतों को अलग करने की आवश्यकता है:
   (a) इन्वर्टर आउटपुट टर्मिनलों पर शॉर्ट के खिलाफ स्विच की सुरक्षा।
   (b) गेट ड्राइव सर्किट में कम नुकसान।
   (c) ब्रिज फैशन में कनेक्ट होने के लिए स्विच।
   (d) एक डीसी लिंक वोल्टेज स्विच वोल्टेज रेटिंग से अधिक है।
4. इन्वर्टर स्विच पूरी तरह से या पूरी तरह से बंद मोड में काम करने के लिए काम करता है:
   (a) स्विच में कम नुकसान।
   (b) आउटपुट वोल्टेज तरंग में न्यूनतम विरूपण।
   (c) स्विचिंग उपकरणों के लिए आसान गेट कंट्रोल सर्किट।
   (d) आउटपुट पर गैर-प्रतिरोधक भार के लिए संतोषजनक संचालन।
5. AM एक प्रक्रिया है जिसके द्वारा
   (a) वाहक की आवृत्ति संकेत के अनुसार भिन्न होती है।
   (b) वाहक का आयाम संकेत के अनुसार भिन्न होता है।
   (c) वाहक का कला संकेत के अनुसार भिन्न होता है।
   (d) आवृत्ति और आयाम दोनों संकेत के अनुसार भिन्न होते हैं।

परिक्षण प्रश्न

1. शक्ति परिवर्तक से आप क्या समझते हैं? आप उन्हें कैसे वर्गीकृत करेंगे?
2. एक परिपथ आरेख की सहायता से बक परिवर्तक की कार्यविधि समझाइए।
3. सतत मोड में काम कर रहे बक कनवर्टर के इनपुट और आउटपुट तरंग-आकृतियों को ड्रा करें।

4. आप बक कनवर्टर के संचालन के निरंतर और असंतत मोड के बीच अंतर कैसे करेंगे?
5. एक परिपथ आरेख की सहायता से एक बूस्टर कनवर्टर की कार्यप्रणाली को समझाइए।
6. असंतत मोड में काम कर रहे बूस्ट कन्वर्टर के इनपुट और आउटपुट वेव-शेप को ड्रा करें।
7. आप बूस्ट कन्वर्टर के संचालन के निरंतर और असंतत मोड के बीच अंतर कैसे करेंगे?
8. बक कन्वर्टर और बूस्ट कन्वर्टर की विशेषताओं और महत्वपूर्ण अनुप्रयोगों का उल्लेख करें।
9. एक परिपथ आरेख की सहायता से बक -बूस्ट कनवर्टर की कार्यविधि समझाइए।
10. उपयोगिता अनुपात का क्या महत्व है?
11. वोल्टेज स्रोत इन्वर्टर (वीएसआई) की सहायता से डीसी को एसी में कैसे परिवर्तित किया जाता है?
12. एम्पलीफायर मोड VSI पर स्विच मोड VSI को क्यों पसंद किया जाता है?
13. एक परिपथ आरेख की सहायता से एकल-चरण VSI की कार्यविधि समझाइए।
14. मॉडुलन क्या है? संचार प्रणाली में मॉडुलन की आवश्यकता का उल्लेख कीजिए। यामॉडुलन से आप क्या समझते हैं ?क्यों जरूरी है?
15. AM और FM को परिभाषित कीजिए। इन परिभाषाओं को समझाने के लिए रेखाचित्रों का प्रयोग कीजिए। ये कहाँ कार्यरत हैं?
16. मॉडुलन कारक से आप क्या समझते हैं ? इसका महत्व क्या है?
17. FM किस प्रकार AM से भिन्न है ? माडुलन की दो विधियों के सापेक्ष गुण-दोषों की विवेचना कीजिए।
18. आयाम मॉडुलन को परिभाषित करें और एक साइनुसॉइडल वाहक विभव के लिए एक अभिव्यक्ति प्राप्त करें, एक अन्य साइनसोइडल विभव द्वारा संशोधित आयाम?

अटेनमेंट एवं गैप विश्लेषण

गैप विश्लेषण करने और उपचारात्मक उपायों पर काम करने के लिए कार्यक्रम के परिणामों की प्राप्ति को नीचे दी गई तालिका में संकलित किया जाएगा:

कोर्स आउटकम्स	प्रोग्राम आउटकम्स की प्राप्ति (1- कमजोर सहसंबंध ; 2- मध्यम सहसंबंध ; 3- मजबूत सहसंबंध)											
	PO-1	PO-2	PO-3	PO-4	PO-5	PO-6	PO-7	PO-8	PO-9	PO-10	PO-11	PO-12
CO-1												
CO-2												
CO-3												

बहुविकल्पीय प्रश्नों के उत्तर									
1.	(b)	2.	(d)	3.	(c)	4.	(a)	5.	(b)

प्रयोगशाला

प्रयोग 8

जनरेटर के रूप में काम करने वाली सिंक्रोनस मशीन - लोड के साथ स्टैंड-अलोन ऑपरेशन। फील्ड उत्तेजना के माध्यम से वोल्टेज का नियंत्रण।

इस प्रयोग को दो भागों में बाँटा जा सकता है :

(i) स्थिर गति पर एक तुल्यकालिक जनरेटर में नो लोड टर्मिनल वोल्टेज और उत्तेजना धारा के बीच संबंध को प्लॉट करने के लिए।

(ii) उत्तेजना और गति को स्थिर रखते हुए एक अल्टरनेटर के वोल्टेज और लोड करंट के बीच संबंध का निर्धारण।

उद्देश्य:

1. यह दिखाने के लिए कि एक अल्टरनेटर में उत्पन्न वोल्टेज संतृप्ति से पहले फील्ड करंट के समानुपाती होता है।
2. यह दिखाने के लिए कि एक अल्टरनेटर का टर्मिनल वोल्टेज लोड में वृद्धि के साथ गिरता है (जब लोड प्रतिरोधक (resistive) या इंडक्टिव होता है)।

आवश्यक उपकरण/उपकरण/घटक :

(i) डीसी मोटर के साथ युग्मित सिंक्रोनस मशीन की रेटिंग ....

(ii) गति को नियंत्रित करने के लिए डीसी मोटर के लिए प्रतिरोध R_1 को नियंत्रित करने वाला क्षेत्र।

(iii) एमीटर डीसी रेटिंग .... (अधिकतम फील्ड करंट रेटिंग)

(iv) वोल्टमीटर एसी रेटिंग .... (अधिकतम लाइन वोल्टेज रेटिंग)

(v) टैकोमीटर।

(vi) अल्टरनेटर के फुल लोड करंट के बराबर रेंज का एसी एमीटर।

(vii) 3-फेज लोड।

सर्किट आरेख:

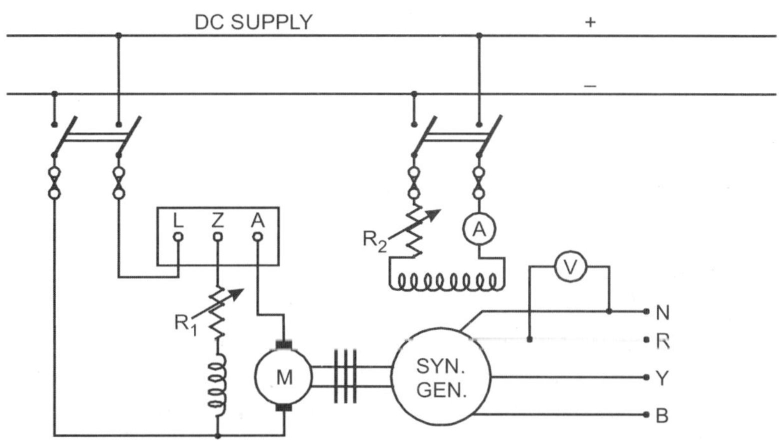

चित्र 8.1: बिना लोड, टर्मिनल वोल्टेज पर फील्ड उत्तेजना के प्रभाव का निरीक्षण करने के लिए सर्किट आरेख

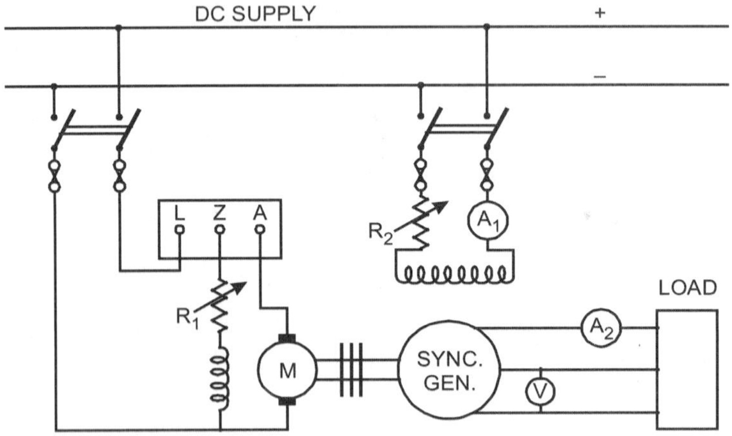

चित्र 8.2 : टर्मिनल वोल्टेज पर लोड के प्रभाव का निरीक्षण करने के लिए सर्किट आरेख

सिद्धांत:

एक अल्टरनेटर में प्रेरित ईएमएफ प्रति चरण का परिमाण है

$$E = 4{\cdot}44\, K_c\, K_d\, f\, \varphi\, T$$ (जहां E प्रति चरण टर्मिनल वोल्टेज है)

$$E \propto \phi f$$

जब गति या आवृत्ति स्थिर रखी जाती है

$E \propto \phi$ या $E \propto I_f$ (संतृप्ति से पहले)

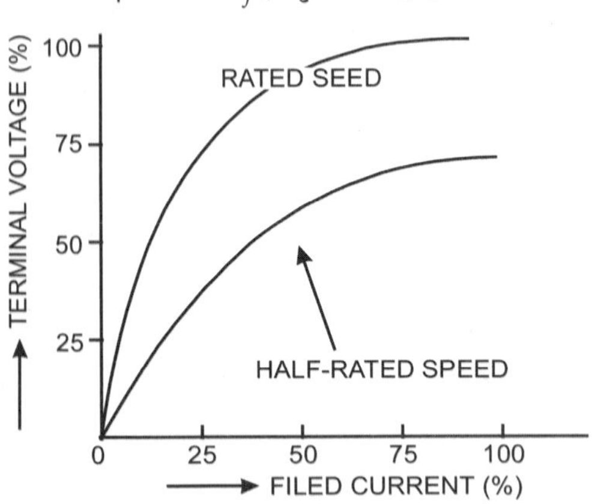

चित्र 8.3: I_f और V के बीच वक्र

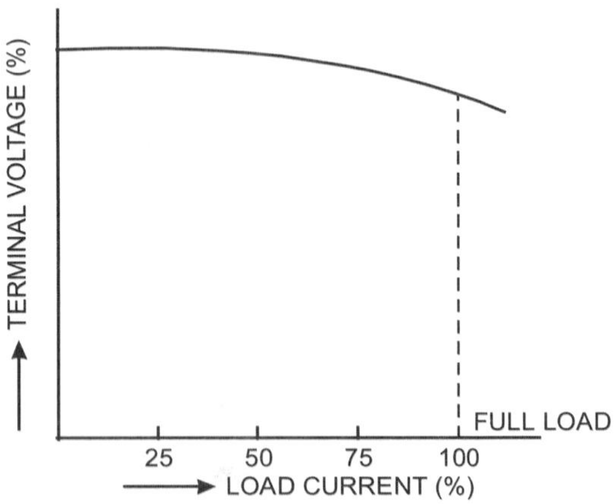

चित्र 8.4: I_L और V के बीच वक्र

जहां ϕ ध्रुव प्रति फ्लक्स है और आवृत्ति f जो अल्टरनेटर के गति पर निर्भर करता है । फ्लक्स का मूल्य ϕ, फील्ड करंट और फील्ड वाइंडिंग के घुमावों की संख्या पर निर्भर करता है। चूँकि फील्ड वाइंडिंग के फेरों की संख्या निश्चित होती है, इसलिए फील्ड फ्लक्स (I_f) के समानुपाती होता है । उपरोक्त शर्तें केवल मशीन के चुंबकीय सर्किट की संतृप्ति के चरण तक ही सही हैं, जिसके बाद

क्षेत्र (फील्ड)में वृद्धि के साथ फ्लक्स में वृद्धि नहीं होती है । यदि अल्टरनेटर की गति स्थिर रखी जाती है, तो इसका ईएमएफ फ्लक्स के समानुपाती रूप से बदलता रहता है । फील्ड करंट और प्रेरित ईएमएफ (फेज वैल्यू) के बीच संबंध जब एक ग्राफ पेपर पर प्लॉट किया जाता है तो एक अल्टरनेटर की मैग्नेटाइजेशन विशेषता या नो-लोड विशेषताएँ देता है। रोटर गति जैसा कि चित्र 8.3 में दिखाया गया है, समान चुंबकीयकरण विशेषताओं को अलग-अलग पर खींचा जा सकता है ।

एक अल्टरनेटर का टर्मिनल वोल्टेज लोड में वृद्धि के साथ गिरता है (कैपेसिटिव लोड को छोड़कर जो सिस्टम पर शायद ही कभी होता है) । दूसरे शब्दों में, यह कहा जा सकता है कि जब अल्टरनेटर से पूरा भार हटा दिया जाता है, तो इसका टर्मिनल वोल्टेज बढ़ जाता है जैसा कि चित्र 8.4 में दिखाया गया है।

प्रक्रिया:

प्रदर्शन करने के लिए नो-लोड परीक्षण / प्रयोग, नीचे दिए गए चरणों का पालन करें:

1. चित्र 8.1. में दिखाए गए सर्किट आरेख के अनुसार कनेक्शन बनाएं।
2. किये गए कनेक्शन की जांच अपने प्रभारी से करवाओ।
3. अल्टरनेटर के साथ मिलकर डीसी मोटर शुरू करें और अल्टरनेटर के फील्ड सर्किट को खुला रखते हुए इसकी गति को रेटेड मान पर समायोजित करें।
4. प्रेरित ईएमएफ का मान मापें जो बहुत छोटा (लगभग शून्य) होगा।
5. अब अल्टरनेटर के फील्ड एक्साइटमेंट को ऑन करें और फील्ड करंट I_f को चरणों में बढ़ाएं । प्रत्येक चरण पर फील्ड करंट I_f (एमीटर रीडिंग a) के मान और प्रेरित ईएमएफ E (वोल्टमीटर रीडिंग V एक फेज और न्यूट्रल के बीच जुड़ा हुआ) के संगत मान पर ध्यान दें । इन रीडिंग को सारणीबद्ध करें।
6. मोटर की गति को रेटेड मान के आधे से कम करें (इसे टैकोमीटर से जांचें)।
7. उत्तेजना को शून्य तक कम करें और फ़ील्ड करंट I f को चरणों में बढ़ाएं । प्रत्येक चरण पर प्रेरित ईएमएफ का मान नोट करें और रीडिंग को सारणीबद्ध करें।

प्रक्रिया:

भार परीक्षण/प्रयोग करने के लिए, नीचे दिए गए चरणों का पालन करें:

1. चित्र 8.2 में दिखाए गए सर्किट आरेख के अनुसार कनेक्शन बनाएं।
2. प्रभारी शिक्षक से कनेक्शन की जांच कराएं।
3. DC मोटर शुरू करें और इसकी गति को अल्टरनेटर की रेटेड गति से समायोजित करें।
4. अल्टरनेटर के लिए उत्तेजना पर स्विच करें और रेटेड टर्मिनल वोल्टेज प्राप्त होने तक इसके मूल्य को समायोजित करें।
5. उत्तेजना को स्थिर रखते हुए लोड को कनेक्ट करें और इसे चरणों में बढ़ाएं, यह देखा जाएगा कि वोल्टेज कम हो रहा है लेकिन इस स्तर पर किसी भी रीडिंग को रिकॉर्ड न करें।
6. लोड को फुल लोड वैल्यू तक बढ़ाएं और फील्ड करंट को एडजस्ट करें ताकि रेटेड टर्मिनल वोल्टेज रेटेड गति से प्राप्त हो।
7. उत्तेजना को इसी मान पर स्थिर रखते हुए लोड (यानी लोड करंट) को कम करते जाएं । गति को स्थिर रखते हुए प्रत्येक चरण पर लोड करंट (I_L) और टर्मिनल वोल्टेज (V) के मान को नोट करें ।
8. स्विच बंद लोड पूरी तरह से और मूल्यांकन गति से टर्मिनल वोल्टेज दर्ज करते हैं।
9. लोड करंट (I_L) और टर्मिनल वोल्टेज (V) के बीच ग्राफ बनाएं ।

अवलोकन तालिका : I_f और V के बीच वक्र बनाने के लिए

क्रमांक	स्पीड N_1	फील्ड करंट I_f	टर्मिनल वोल्टेज V	स्पीड N_2	फील्ड करंट I_f	टर्मिनल वोल्टेज V
1.						
2.						
3.						
4.						
5.						

अवलोकन तालिका: I_L और V के बीच वक्र बनाने के लिए

क्रमांक	फील्ड करंट $I_f(A_1)$	स्पीड (N)	लोड करेंट I_L (A_2)	टर्मिनल वोल्टेज V
1.				
2.				
3.				
4.				
5.				

परिणाम :

1. वक्र का संभावित आकार चित्र 8.3 में दिखाया गया है।
2. I_f और V के बीच एक वक्र आलेखित करें , संभावित वक्र चित्र 8.4 में दिखाए गए हैं।

6 विद्युतीय स्थापना

यूनिट विशिष्ट

- स्विचगियर और इसके कार्य।
- LV, MV और HV स्विचगियर्स और LV स्विचगियर में कार्यरत प्रमुख उपकरण या उपकरण।
- स्विच फ्यूज यूनिट (एसएफयू), एमसीबी, ईएलसीबी/आरसीसीबी, एमसीसीबी आदि जैसे एलवी स्विचगियर उपकरणों द्वारा प्रदान की गई सुरक्षा।
- वायरिंग इंस्टॉलेशन में उपयोग किए जाने वाले विभिन्न प्रकार के केबल।
- घरेलू, वाणिज्यिक और औद्योगिक प्रतिष्ठानों में उपयोग किए जाने वाले विभिन्न प्रकार के वायरिंग सिस्टम।
- स्थापना में उपयोग किए जाने वाले उपकरणों के आधार पर तारों के आकार का चयन।
- अर्थिंग और उसका महत्व।
- लीड-एसिड बैटरी की निर्माण संबंधी विशेषताएं और कार्य करना।
- ऊर्जा खपत शुल्क और बिलिंग की गणना।

भूमिका

तीव्र औद्योगिक विकास मुख्य रूप से विभिन्न क्षेत्रों में विद्युत ऊर्जा के उपयोग के कारण है। आज के समय में विद्युत ऊर्जा पर निर्भरता इतनी अधिक है कि यह हमारे दैनिक जीवन का एक जरुरी हिस्सा बन गई है।

बिजली एक अच्छा नौकर है लेकिन अगर ठीक से नहीं संभाला जाए तो एक बुरा मालिक भी हो सकता है। इसलिए विद्युत अधिष्ठापन के साथ काम करते हुए और बिजली के उपकरणों को संभालते समय हमेशा अपनी और दूसरों की सुरक्षा का ध्यान रखना चाहिए। जरा सी लापरवाही दुर्घटना का कारण बन सकती है जो घातक हो सकती है। इसलिए बिजली से निपटने से पहले कुछ सुरक्षा उपायों का पालन करना चाहिए।

ऑपरेटरों और उपकरणों को सुरक्षा प्रदान करने के लिए विभिन्न सुरक्षा उपकरणों का विकास किया गया है इस अध्याय में, हम विभिन्न सुरक्षा उपकरणों, अर्थिंग आदि पर चर्चा करेंगे।

यूनिट आउटकम्स

U6-O1: **यूनिट - 6 लर्निंग आउटकम - 1**

स्विचगियर के विषयवस्तु और कार्यों को समझना।

U6-O2: **यूनिट - लर्निंग आउटकम - 2**

एलवी, एमवी और एचवी स्विचगियर के बीच अंतर

U6-O3: **यूनिट** - 6 **लर्निंग आउटकम** - 3

स्विच फ्यूज यूनिट (एसएफयू), एमसीबी, ईएलसीबी/आरसीसीबी, और एमसीसीबी जैसे एलवी स्विचगियर उपकरणों के कामकाज का विश्लेषण ।

U6-O4: **यूनिट** - 6 **लर्निंग आउटकम** - 4

प्रतिष्ठानों में उपयोग किए जाने वाले विभिन्न प्रकार के वायरिंग इंस्टॉलेशन और इंसुलेटेड वायर/केबल्स का विश्लेषण ।

U6-O5: **यूनिट** - 6 **लर्निंग आउटकम** - 5

अर्थिंग और उसका उद्देश्य।

U6-O6: **यूनिट** -6 **लर्निंग आउटकम** - 6

लीड-एसिड बैटरी का निर्माण, कार्य और अनुप्रयोग।

कोर्स आउटकम्स (COs) के साथ यूनिट आउटकम्स (UOs) का परस्पर संबंध

यूनिट 6 आउटकम्स	प्रोग्राम आउटकम्स (PO) के साथ अपेक्षित संबंध (1- कमजोर सहसंबंध; 2- मध्यम सहसंबंध; 3- मजबूत सहसंबंध)		
	CO-1	CO-2	CO-3
U6-O1	1		3
U6-O2	1		3
U6-O3	1		3
U6-O4	1		3
U6-O5	1		3
U6-O6	1		3

रोचक तथ्य

- विश्व का सबसे बड़ा बल्ब (एडिसन), न्यू जर्सी में है। यह 14 फीट लंबा है, इसका वजन आठ टन है, और यह थॉमस एडिसन मेमोरियल टॉवर के शीर्ष पर स्थित है।
- बिजली हमारे शरीर में मौजूद है - हमारी तंत्रिका कोशिकाएं इसका उपयोग हमारी मांसपेशियों को संकेत भेजने के लिए करती हैं।
- आइसलैंड वह देश है जो सालाना सबसे अधिक बिजली का उपयोग करता है। उनकी खपत यू.एस. की तुलना में लगभग 23% अधिक है।

वीडियो संसाधन

सर्किट एलवी स्विचगियर उपकरण के लिए वीडियो लिंक

LV Switchgear equipment

Cables used in wiring installations

Types of wiring installations

Purpose of Earthing

Types of Earthing

Constructional features and working of a lead-acid battery

Calculation of energy consumption charges and billing

6.1 स्विचगियर

एक विद्युत शक्ति प्रणाली में, विद्युत उपकरण को नियंत्रित करने, संरक्षित करने और अलग करने के लिए उपयोग किए जाने वाले विद्युत स्विच, फ़्यूज़ या सर्किट ब्रेकर के संयोजन को स्विचगियर कहा जाता है।

स्विचगियर (SWITCHGEAR) का उपयोग विद्युत आपूर्ति की विश्वसनीयता में सुधार के लिए किया जाता है।

मोटे तौर पर, एक स्विचगियर में दो प्रकार के घटक होते हैं:

- पावर कंडक्टिंग कंपोनेंट्स, जैसे स्विच, सर्किट ब्रेकर, फ़्यूज़ और लाइटनिंग अरेस्टर, जो विद्युत शक्ति के प्रवाह को संचालित या बाधित करते हैं।
- कंट्रोलिंग कंपोनेंट्स, जैसे कि कंट्रोल पैनल, करेंट ट्रांसफॉर्मर, संभावित ट्रांसफॉर्मर, प्रोटेक्टिव रिले और संबंधित सर्किट्री, जो पावर कंडक्टिंग कंपोनेंट्स की निगरानी, नियंत्रण और सुरक्षा करते हैं।

इस प्रकार, स्विचगियर का मूल कार्य सुरक्षा है। यह अप्रभावित सर्किट की सेवा को बनाए रखते हुए शॉर्ट-सर्किट और अधिभार दोष धाराओं को बाधित करता है। स्विचगियर बिजली आपूर्ति से सर्किट का अलगाव भी प्रदान करता है बिजली प्रणाली में, विद्युत स्विचगियर्स को एचवी (HV), एमवी (MV) और एलवी (LV) स्विचगियर्स के रूप में वर्गीकृत किया जाता है।

एचवी स्विचगियर्स: 33 KV से ऊपर के वोल्टेज से संबंधित स्विचगियर सिस्टम को उच्च वोल्टेज स्विच गियर कहा जाता है। उच्च वोल्टेज सर्किट ब्रेकर, एचवी स्विचगियर का मुख्य घटक है।

एमवी स्विचगियर्स: स्विचगियर सिस्टम जो 3 kV से 33 kV के बीच वोल्टेज को संभालता है उसे मध्यम वोल्टेज स्विचगियर या एमवी स्विचगियर के रूप में वर्गीकृत किया जाता है। ये स्विचगियर्स कई तरह के होते हैं।

एलवी स्विचगियर्स: आम तौर पर 1 KV तक रेटेड विद्युत स्विचगियर को कम वोल्टेज स्विचगियर कहा जाता है। LV स्विचगियर शब्द में लो वोल्टेज सर्किट ब्रेकर, स्विच, ऑफ लोड इलेक्ट्रिकल आइसोलेटर्स, HRC फ़्यूज़, अर्थ लीकेज सर्किट ब्रेकर, मिनिएचर सर्किट ब्रेकर (MCB) और मोल्डेड केस सर्किट ब्रेकर (MCCB) आदि शामिल हैं यानी LV सिस्टम की सुरक्षा के लिए आवश्यक सभी एक्सेसरीज़।

6.2 लो वोल्टेज स्विचगियर या एल वी स्विचगियर

रेटिंग थर्मल	AC-23 आईसोलेटिंग फ़्यूज़ रेटिंग	AC-22 फ़्यूज़ स्विच रेटिंग	AC-23 फ़्यूज़ स्विच रेटिंग	प्रस्तावित फ़्यूज़ प्रकार	AC-23 मोटर स्विच रेटिंग	यांत्रिक धैर्यता (ऑपरेटिंग साइकिल)
63A	80A	80A	63A	H TS	28 KW	10,000
100A	125A	125A	100A	H TSD	45 KW	10,000
160A	200A	200A	160A	H TSF	80KW	8,000
200A	250A	250A	200A	H TSF	90 KW	8,000
320A	400A	320A	320A	H TSK	150 KW	5,000
400A	500A	460A	400A	H TSMF	185 KW	5,000
500A	630A	630A	500A	H TTM	225 KW	5,000
800A	800A	750A	630A	H TLM	300 KW	3,000

LV स्विचगियर सिस्टम में, बिजली के उपकरणों को शॉर्ट सर्किट और बिजली के फ़्यूज़ या इलेक्ट्रिकल सर्किट ब्रेकर द्वारा ओवर लोड की स्थिति से बचाया जाता है। हालांकि, उपकरणों के अंदर होने वाली खराबी से मानव ऑपरेटर पर्याप्त रूप से सुरक्षित नहीं है। अर्थ लीकेज सर्किट ब्रेकर का उपयोग करके समस्या को दूर किया जा सकता है। यह लो लीकेज करेंट पर काम करता है। अर्थ लीकेज सर्किट ब्रेकर 100 mA जितना कम लीकेज करेंट का पता लगा सकता है और 100 msec से कम समय में उपकरण को डिस्कनेक्ट करने में सक्षम है।

आइए हम सबसे लोकप्रिय स्विचगियर उपकरणों जैसे स्विच फ्यूज यूनिट (एसएफयू), एमसीबी, ईएलसीबी, एमसीसीबी के बारे में जानकारी प्राप्त करें ।

6.3 फ्यूज

धातु के तार का एक छोटा टुकड़ा, जिसे सर्किट के साथ श्रृंखला में जोड़ा जाता है, जब उसमें से करेंट का पूर्व निर्धारित मान से ज्यादा प्रवाहित होता है तो यह पिघल जाता है और सर्किट को अलग करता है, इसे * फ्यूज कहा जाता है।

फ्यूज श्रृंखला में जुड़ा हुआ है (चित्र 6.1 देखें)।

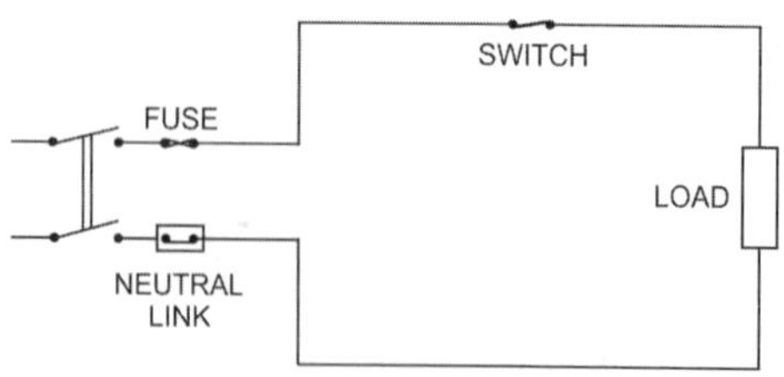

चित्र 6.1: परिपथ के साथ श्रृंखला में जुड़ा हुआ फ्यूज

सर्किट को संरक्षित किया जाता है और सामान्य परिस्थितियों में खुद को गर्म किए बिना लोड करेंट को वहन करता है। हालांकि, जब असामान्य स्थिति होता है, एक अत्यधिक धारा (पूर्व निर्धारित मान के अधिक या बराबर जिसके लिए फ़्यूज़ डिज़ाइन किया गया है) इसके माध्यम से बहती है। इससे फ्यूज वायर का तापमान इस हद तक बढ़ जाता है कि वह पिघल जाता है और सर्किट को खोल देता है। यह मशीन या उपकरण को अत्यधिक करेंट के कारण होने वाले नुकसान से बचाता है

टाईम- करेंट अभिलक्षण: फ्यूज को उड़ाने में लगने वाला समय अत्यधिक करेंट के परिमाण पर निर्भर करता है। करेंट जितना बड़ा होता है, फ्यूज को उड़ने में उतना ही कम समय लगता है। इसलिए एक फ्यूज में व्युत्क्रम टाईम - करेंट अभिलक्षण होता है जैसा कि चित्र 6.2 में दिखाया गया है जो एक उपकरण के सुरक्षा के लिए जरुरी है।

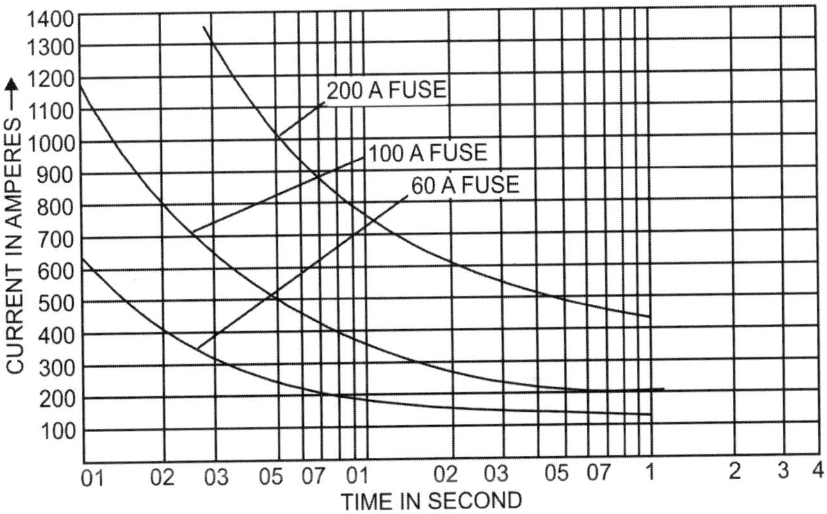

चित्र 6.2: विभिन्न फ़्यूज़ की टाईम - करेंट अभिलक्षण

लाभ

(i) इस सुरक्षात्मक उपकरण की लागत बहुत कम है।
(ii) इसके रख रखाव की आवश्यकता नहीं है।
(iii) यह बिना शोर या धुएं के भारी धारा को बाधित करता है।
(iv) फ्यूज तत्व का छोटा आकार शॉर्ट सर्किट के तहत वर्तमान सीमित प्रभाव डालता है।
(v) फ्यूज तार की उचित सामग्री का चयन करके संचालन का न्यूनतम समय पूर्व निर्धारित किया जा सकता है।
(vi) व्युत्क्रम समय-करेंट अभिलक्षण इसे अत्यधिक-करेंट से सुरक्षा के लिए उपयुक्त बनाती है।

नुकसान

(i) प्रत्येक ऑपरेशन के बाद री-तायरिंग या फ़्यूज़ बदलने में काफी समय नष्ट हो जाता है।
(ii) शॉर्ट-सर्किट पर, श्रृंखला में फ़्यूज़ के बीच निर्धारण केवल तभी प्राप्त किया जा सकता है जब संबंधित फ़्यूज़ के सापेक्ष आकार में काफी अंतर हो।

6.4 स्विच फ्यूज यूनिट (एसएफयु)

स्विच फ़्यूज़: यूनिट में विभिन्न पोर्सिलेन रीवायरेबल फ़्यूज़ या HRC फ़्यूज़ फिटिंग्स होते हैं जो उनके कंडक्टिंग पार्ट्स के साथ पूर्ण होते हैं। जैसा कि चित्र 6.3 में दिखाया गया है, स्विच को क्विकब्रेक टाइप मैकेनिज्म के साथ मजबूत साइड ऑपरेटिंग हैंडल से सुसज्जित किया गया है।

स्विच फ़्यूज़: यूनिट के कॉन्टैक्ट इलेक्ट्रोलाइटिक कॉपर सिल्वर-प्लेटेड से बने होते हैं। स्थिर कॉन्टैक्ट के साथ एक हटाने योग्य ढाल रहता है। स्विच फ्यूज यूनिट्स रीवायरेबल में फ्यूजवायर या एचआरसी फ्यूज लिंक लगे रहते हैं। इन सभी भागों को सुरक्षा की दृष्टि से एक बड़े डिब्बा में फ़िट किया जाता है।

बाहरी कवर फॉस्फेटाइज्ड और पाउडर-लेपित शीट स्टील का बना रहता है। SFU में नाली नॉक-आउट (conduit knock-out) भी लगा रहता है। 'चालू' स्थिति में स्विच को खुलने से रोकने के लिए डोर इंटर-क्लॉक भी लगा रहता है।

(a) दो-पोल एसएफयू (b) 3-पोल एसएफयू

चित्र 6.3: स्विच फ्यूज यूनिट (एसएफयू)

6.5 मिनिएचर सर्किट ब्रेकर (एमसीबी)

मिनिएचर सर्किट ब्रेकर (एमसीबी) एक ऐसा उपकरण है जो ओवर करेंट और शॉर्ट सर्किट दोषों के खिलाफ वायरिंग सिस्टम और परिष्कृत उपकरणों की निश्चित सुरक्षा सुनिश्चित करता है। लघु सर्किट ब्रेकर का बाहरी दृश्य और आंतरिक विवरण क्रमशः चित्र 6.4 और 6.5 में दिखाया गया है।

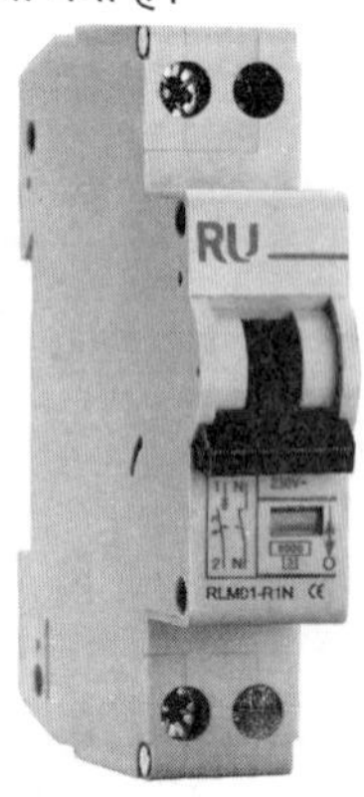

MCB

चित्र 6.4: एमसीबी का बाहरी दृश्य चित्र

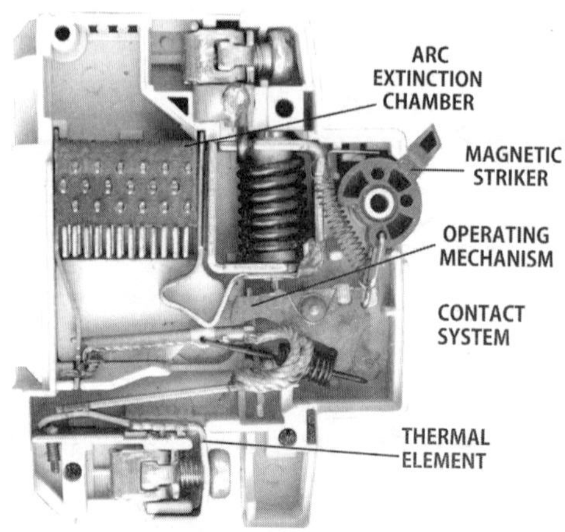

चित्र 6.5: एमसीबी की आंतरिक संरचना

संरचना

निम्नलिखित मुख्य भागों पर विचार करके एमसीबी के निर्माण को समझाया जा सकता है।

(i) **बाहरी भाग या आवास:** एमसीबी के बाहरी शरीर या आवास को इंजेक्शन मोल्डिंग मशीन की मदद से एक विशेष ग्रेड ग्लास फाइबर प्रबलित पॉलीस्टर से ढाला जाता है। एमसीबी के बाहरी भाग और अन्य पॉलीस्टर अवयव अग्निरोधी, एंटी-ट्रैकिंग और नॉन हाइग्रोस्कोपिक होते हैं। इन पॉलीस्टर भागों और बाहरी भाग में उच्च तापमान और यांत्रिक प्रभावों का सामना करने की क्षमता होती है।

(ii) **संपर्क:** एमसीबी के संपर्क शुद्ध चांदी के बने होते हैं। यह लंबे संपर्क जीवन, कम संपर्क प्रतिरोध जैसे निश्चित लाभ प्रदान करता है, त्वरित चाप हटाने और कम गर्मी उत्पादन सुनिश्चित करता है।

(iii) **ऑपरेटिंग मैकेनिज्म:** ऑपरेटिंग मैकेनिज्म के सभी कंपोनेंट्स विशेष प्लास्टिक से बने होते हैं जो कि सेल्फ लुब्रिकेटिंग होते हैं जिसके कारण यह सभी कंपोनेंट्स इनमें टूट-फूट, जंग और जंग से बचाता है। ये घटक वजन में बहुत हल्के होते हैं और इनमें कम जड़ता होती है जिसके कारण यह जल्दी चालू-बंद बैंड हो पाता है। इस प्रकार ऑपरेटिंग तंत्र की विश्वसनीयता और कठोरता को बनाए में मदद करता है।

(iv) **आर्क बुझाने वाला कक्ष:** सर्किट को तोड़ने के दौरान उत्पन्न आर्क को एक विशेष आर्क चुट कक्ष में रखकर अचानक बुझा दिया जाता है।

(v) **फिक्सिंग व्यवस्था:** एमसीबी माउंटिंग क्लिप आसानी से डिन-बार पर लग जाती है और स्क्रू ड्राइवर के साथ एक साधारण ऑपरेशन द्वारा आसानी से हटाया जा सकता है। यह उस समय को बचाता है जो इसे शिकंजा के साथ ठीक करने के लिए आवश्यक होता।

(vi) **मल्टीपल एमसीबी की मैकेनिकल इंटरलॉकिंग:** सभी (3 या 4) मल्टीपल एमसीबी के लीवर आंतरिक रूप से जुड़े हुए हैं। यह सभी ध्रुवों की एक साथ ट्रिपिंग सुनिश्चित करता है, भले ही किसी एक चरण में दोष विकसित हो।

सिद्धांत

एमसीबी दो अलग-अलग परिस्थितियों में काम कर सकता है:

(i) **मध्यम अधिभार की स्थिति:** मध्यम अधिभार की स्थिति का पता थर्मो-मेटल के उपयोग से प्राप्त किया जाता है, जो इससे गुजरने वाली धारा की प्रतिक्रिया में विक्षेपित होता है। थर्मो-मेटल ट्रिप लीवर के विपरीत चलता है जिससे ट्रिप मैकेनिज्म मुक्त होता है।

(ii) **शॉर्ट सर्किट की स्थिति:** जब एमसीबी के माध्यम से बहने वाली धारा पूर्व-निर्धारित स्तर (इसकी सेटिंग या रेटिंग के अनुसार) तक पहुंच जाती है, तो यह सोलनॉइड प्लंजर को धक्का देती है जो ट्रिप मैकेनिज्म को छोड़ती है और साथ ही संपर्कों को अलग करती है।

शॉर्ट सर्किट स्थितियों के तहत, उच्च गति, प्रत्यक्ष अभिनय विद्युत-चुंबकीय तंत्र के उपयोग से वर्तमान सीमित कार्रवाई प्राप्त की जाती है।

यह तंत्र संपर्कों को जबरन अलग करता है और साथ ही साथ यात्रा तंत्र को मुक्त करता है। एक उच्च चाप वोल्टेज ड्रॉप तेजी से पेश किया जाता है जो फॉल्ट करेंट को कुछ मिलीसेकंड की अवधि तक सीमित करता है और लगभग तात्कालिक रुकावट को प्राप्त करता है (तथ्यों को चित्र 6.6 में ग्राफिक रूप से दिखाया गया है)।

जब संपर्क अलग हो जाते हैं, तब भी चाप के कारण करेंट ऊपर उठता है। यह चाप चुट कक्ष में जल्दी से बुझ जाता है और करेंट को सैद्धांतिक अधिकतम मूल्य तक पहुंचने की अनुमति नहीं देता है। कुल ब्रेकिंग टाइम 5 msec से कम हो जाता है।

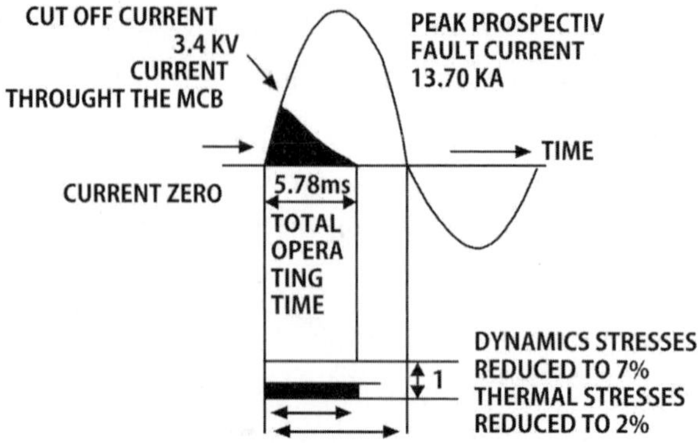

चित्र 6.6: एमसीबी की परिचालन विशेषताएँ

उपयोग

चूंकि एमसीबी 0.5, 1.6, 2, 2.5, 3, 4, 5, 6, 7.5, 10, 16, 20, 25, 32, 35, 40 और 63 A की विभिन्न करेण्ट रेटिंग और 240/415V एसी और 220V डीसी की वोल्टेज रेटिंग के साथ उपलब्ध हैं। । इसके अलावा, उनके पास बहुत कम ब्रेकिंग टाइम (5 msec) होता है, इसलिए, इन्हें आम तौर पर व्यावसायिक रूप से और घरेलू उद्देश्यों जैसे कंप्यूटर, एयर कंडीशनर, कंप्रेसर, रेफ्रिजरेटर और कई अन्य उपयोग किए जाने वाले महत्वपूर्ण और परिष्कृत उपकरणों की सुरक्षा के लिए नियोजित किया जाता है।

6.6 अर्थ लीकेज सर्किट ब्रेकर (ईएलसीबी)

औद्योगिक, वाणिज्यिक और घरेलू भवनों में कभी-कभी (आमतौर पर बरसात के मौसम में) अर्थ पर रिसाव होता है। इस रिसाव से बिजली का झटका या आग लग सकती है इसलिए, अर्थ रिसाव बहुत खतरनाक है और इसे सुरक्षा की आवश्यकता है। ईएलसीबी एक उपकरण है जो अर्थ रिसाव दोषों से सुरक्षा प्रदान करता है।

निर्माण और आंतरिक सर्किट विवरण

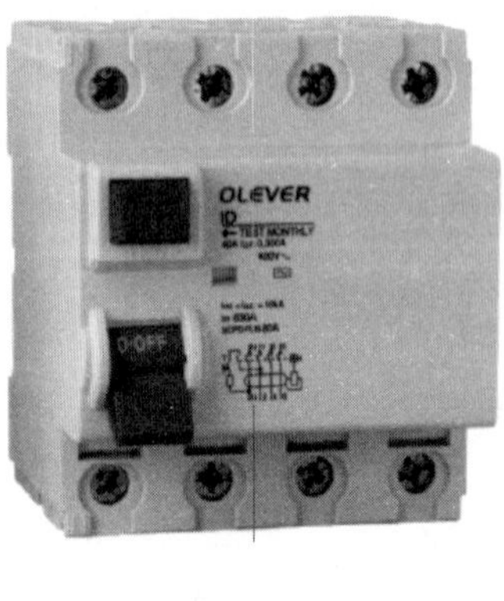

चित्र 6.7: 4-पोल ईएलसीबी

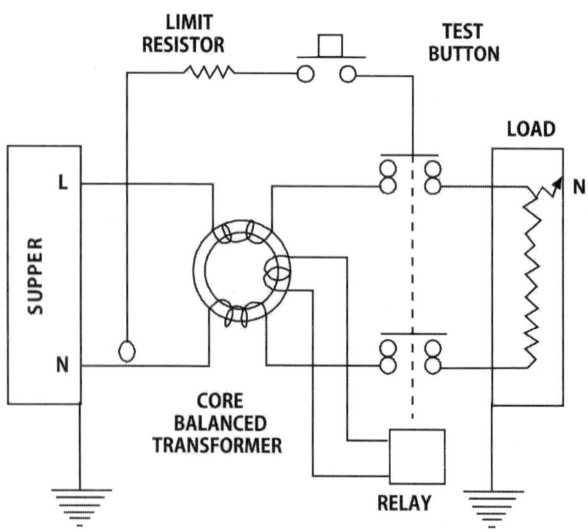

चित्र 6.8: 2-पोल ईएलसीबी का आंतरिक वायरिंग आरेख

एलसीबी के आवरण को उच्च गुणवत्ता वाली इन्सुलेट सामग्री से ढाला गया है। यह सामग्री अग्निरोधी, एंटी-ट्रैकिंग, गैर-हीग्रोस्कोपिक, प्रभाव प्रतिरोधी होती है और उच्च तापमान का सामना कर सकती हैं। बॉडी में डिन-चैनल पर स्प्रिंग लोडेड माउंटिंग व्यवस्था है जो ईएलसीबी की स्थिति में स्नैप फिटिंग सुनिश्चित करता है। हालांकि, इनमें दो स्क्रू की मदद से किसी भी सतह पर सीधे स्क्रू-ऑन करने की सुविधा भी होती है। 2-पोल ईएलसीबी का उपयोग 1-चरण आपूर्ति के लिए किया जाता है और 4-पोल ईएलसीबी का उपयोग 3-चरण, 4 तार आपूर्ति के लिए किया जाता है। एक 4-पोल ईएलसीबी को चित्र 6.7 में दिखाया गया है।

2-पोल ईएलसीबी का आंतरिक वायरिंग आरेख चित्र 6.8 में दिखाया गया है। जैसा कि चित्र 6.8 में दिखाया गया है, एक ईएलसीबी में एक कोर संतुलित ट्रांसफॉर्मर (फेराइट रिंग जिस पर फेज और न्यूट्रल वायर के एक या दो टर्न होते हैं, और रिले के ऑपरेटिंग कॉइल के कुछ टर्न लगे होते हैं), और एक रिले होता है। एक सीमित रोकनेवाला के साथ श्रृंखला में चरण और तटस्थ के बीच एक परीक्षण बटन रखा गया है। 2-पोल और 4-पोल ELCB के लिए टर्मिनल पदनाम और कनेक्शन आरेख क्रमशः चित्र 6.9 और चित्र 6.10 में दिखाया गया है।

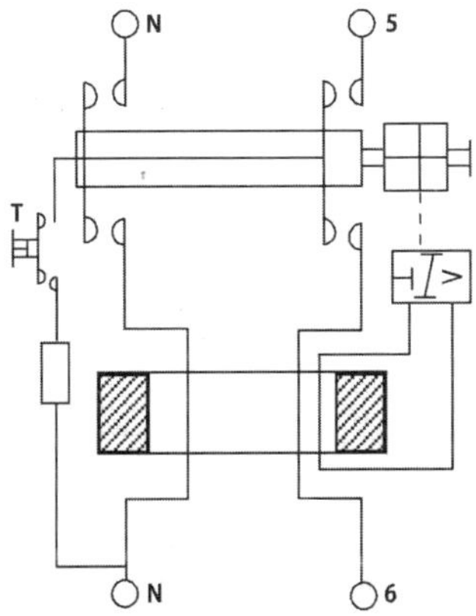

चित्र 6.9: 2-पोल ईएलसीबी का सर्किट

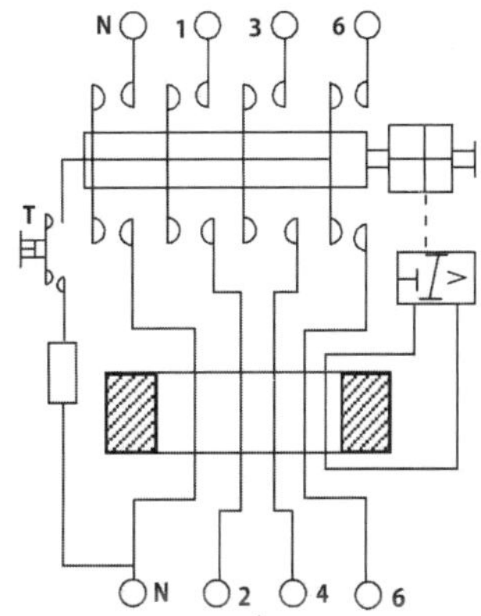

चित्र 6.10: 4-पोल ईएलसीबी का सर्किट

कार्य सिद्धांत

सामान्य परिस्थितियों में, फेज वायर और न्यूट्रल के माध्यम से बहने वाली धाराओं का परिमाण समान होता है और कोर बैलेंस्ड ट्रांसफॉर्मर के कोर में कोई फ्लक्स नहीं होता है (यानी दो वाइंडिंग फ्लक्स को बेअसर करते हैं)। इस प्रकार, एक ही कोर पर रिले कॉइल और ऑपरेटिंग कॉइल में कोई ई.एम.एफ. प्रेरित नहीं होता है। हालांकि, जब अर्थ फॉल्ट (अर्थ लीकेज) होता है, तो फेज वायर में करेंट न्यूट्रल वायर से ज्यादा हो जाता है। यह असंतुलन कोर संतुलित ट्रांसफार्मर के मूल में फ्लक्स स्थापित करता है जो बदले में ऑपरेटिंग कॉइल में एक ई.एम.एफ. को प्रेरित करता है। इसलिए रिले सक्रिय हो जाता है और ईएलसीबी का प्लंजर बंद स्थिति में चला जाता है या आपूर्ति से लोड को डिस्कनेक्ट कर देता है। इस प्रकार, ईएलसीबी कोई भी प्रणाली को रिसाव से बचाता है।

परीक्षण घुंडी का उपयोग

ईएलसीबी के तंत्र और कार्य की आवधिक जाँच के लिए एक परीक्षण नॉब प्रदान किया गया है।

6.7 मोल्डेड केस सर्किट ब्रेकर (एमसीसीबी)

मोल्डेड केस सर्किट ब्रेकर वो विद्युत सुरक्षा उपकरण होते हैं जिनका उपयोग आमतौर पर तब किया जाता है जब लोड करेंट मिनिएचर सर्किट ब्रेकर की क्षमताओं से अधिक हो जाता है। उनका उपयोग वहां भी किया जाता है जहां वर्तमान करेंट रेटिंग को समायोजित करके ट्रिप सेटिंग्स को समायोजित करने की आवश्यकता होती है, जो प्लग-इन सर्किट ब्रेकर और एमसीबी में उपलब्ध नहीं हैं।

100 A एमसीसीबी मोल्डेड केस सर्किट ब्रेकर

100 A एमसीसीबी 4 पोलविद्युत सर्किट ब्रेकर

चित्र 6.11: मोल्डेड केस सर्किट ब्रेकर

एक मोल्डेड केस सर्किट ब्रेकर (एमसीसीबी) एक प्रकार का विद्युत सुरक्षा उपकरण है जिसका उपयोग वोल्टेज की एक विस्तृत श्रृंखला और 50 Hz और 60 Hz दोनों की आवृत्तियों के लिए किया जा सकता है। मोल्डेड-केस और मिनिएचर सर्किट ब्रेकर के बीच मुख्य अंतर यह है कि एमसीसीबी की करेंट रेटिंग 2500 A तक हो सकती है, और इसकी ट्रिप सेटिंग्स सामान्य रूप से समायोज्य होती हैं। इसके अलावा एमसीसीबी आकार में एमसीबी से काफी बड़े होते हैं। इसके निम्नलिखित तीन प्रमुख कार्य हैं:

- ओवरलोड से सुरक्षा।
- बिजली की खराबी से सुरक्षा।
- सर्किट को चालू और बंद करना।

मोल्डेड-केस सर्किट ब्रेकर से उपलब्ध करेंट रेटिंग की विस्तृत श्रृंखला उन्हें विभिन्न प्रकार के अनुप्रयोगों में उपयोग करने की अनुमति देती है। एमसीसीबी कम करेंट रेटिंग जैसे 15 A से लेकर औद्योगिक रेटिंग जैसे 2500 A तक के करेंट रेटिंग साथ के उपलब्ध हैं मोल्डेड-केस सर्किट ब्रेकर का बाहरी दृश्य चित्र 6.11 में दिखाया गया है।

कार्य सिद्धांत

एमसीसीबी थर्मल-चुंबकीय सर्किट ब्रेकरों द्वारा उपयोग किए जाने वाले समान भौतिक सिद्धांतों पर आधारित है।

अधिभार संरक्षण: यह एक थर्मल तंत्र के माध्यम से पूरा किया जाता है। एमसीसीबी का द्विधात्विक संपर्क होता है जो तापमान में परिवर्तन के जवाब में फैलता और सिकुड़ता है। सामान्य परिचालन स्थितियों के तहत, संपर्क एमसीसीबी के माध्यम से विद्युत प्रवाह की अनुमति देता है। हालाँकि, जैसे ही करेंट समायोजित यात्रा मूल्य से अधिक हो जाता है, संपर्क गर्म होना शुरू हो जाएगा और सर्किट के बाधित होने तक विस्तार होगा।

दोष संरक्षण: दूसरी ओर, विद्युत चुम्बकीय प्रेरण के साथ गलती संरक्षण पूरा किया जाता है, और प्रतिक्रिया तत्काल होती है। दोष धाराओं को तुरंत बाधित किया जाना चाहिए, भले ही उनकी अवधि कम या लंबी हो। जब भी कोई गलती होती है, तो अत्यधिक उच्च धारा ब्रेकर के अंदर स्थित एक सोलनॉइड कॉइल में एक चुंबकीय क्षेत्र को प्रेरित करती है, यह चुंबकीय प्रेरण एक संपर्क की यात्रा करता है और करेंट बाधित होता है।

मैनुअल ऑपरेशन: सभी प्रकार के सर्किट ब्रेकरों के साथ, एमसीसीबी में एक डिस्कनेक्शन स्विच शामिल होता है जिसका उपयोग मैन्युअल रूप से ब्रेकर को ट्रिप करने के लिए किया जाता है।

6.8 तारों और केबलों के प्रकार

किसी भी संस्थापन के लिए उपयुक्त विभिन्न प्रकार की वायरिंग प्रणालियों पर विचार करने से पहले, विभिन्न प्रकार (इन्सुलेटेड कंडक्टर) के बारे में जानना आवश्यक है जो आंतरिक वायरिंग सिस्टम के लिए उपयोग किए जाते हैं। एक ठोस या फंसे हुए कंडक्टर को केबल के रूप में जाना जाता है।

कंडक्टरों की संख्या के आधार पर केबल सिंगल कोर या मल्टी-कोर हो सकती है। कंडक्टरों को ढकने के लिए विभिन्न प्रकार की इन्सुलेट सामग्री का उपयोग किया जाता है।

तदनुसार, केबल (वायरिंग कंडक्टर) को इस प्रकार वर्गीकृत किया जा सकता है:

(i) वल्केनाइज्ड इंडियन रबर (V.I.R.) केबल।
(ii) पॉली-विनाइल क्लोराइड (P.V.C.) केबल।
(iii) टफ रबर शीथेड (T.R.S) या कैब टायर शीथेड (C.T.S.) केबल।
(iv) लीड शीथेड केबल।
(v) वेदर प्रूफ केबल।

6.8.1 तारों के प्रकार

आमतौर पर आवासीय भवनों, वाणिज्यिक भवनों और उद्योगों में उपयोग की जाने वाली मुख्य प्रकार की वायरिंग हैं:

1. क्लैट वायरिंग
2. केसिंग और कैपिंग वायरिंग
3. सी.टी.एस. या टी.आर.एस. वायरिंग
4. मेटल शीटेड वायरिंग
5. नाली वायरिंग (Conduit wiring।

1. क्लेट वायरिंग

वायरिंग की इस प्रणाली में आमतौर पर वी.आई.आर. या पी.वी.सी. कंडक्टर का उपयोग किया जाता है। कंडक्टरों को चीनी मिट्टी के बरतन क्लैट में समर्थित किया जाता है जो दीवारों से कम से कम 6 मिमी ऊपर रखे जाते हैं। पोर्सिलेन क्लैट दो भागों से बने होते हैं, निचले वाले को आधार के रूप में जाना जाता है जिसमें कंडक्टरों के आवास के लिए दो या तीन खांचे होते हैं और ऊपरी वाले को कैप के रूप में जाना जाता है। जैसा कि चित्र 6.12 में दिखाया गया है। कंडक्टर सीएपी खांचे में चलाए जाते हैं, टोपी को आधार पर रखा जाता है और पूरी असेंबली को पहले से ही सीमेंटेड दीवार पर फिट किया जाता है। पेंच न केवल दीवार पर जाता है परंतु बल्की आधार को भी मजबूत करता है।

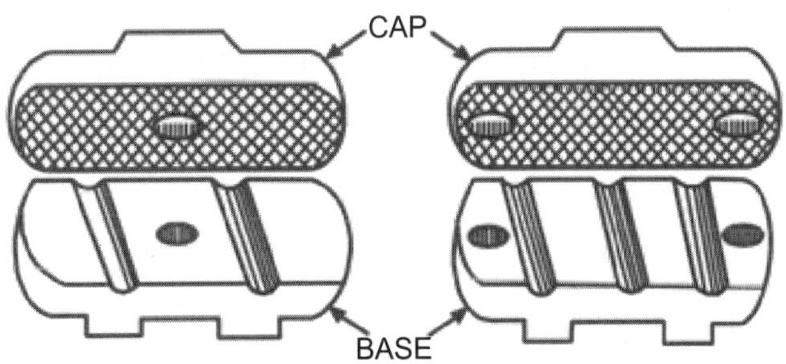

चित्र 6.12: पोरसिलिन क्लिट

लाभ

(i) यह वायरिंग के लिए सबसे सस्ता सिस्टम है।
(ii) तारों को बिछाने के लिए थोड़े कौशल की आवश्यकता होती है।
(iii) यह वायरिंग बहुत जल्दी स्थापित की जा सकती है।
(iv) यह अस्थायी वायरिंग के लिए सबसे उपयुक्त प्रणाली है।

(v) तारों को बहुत जल्दी नष्ट किया जा सकता है और पूरी सामग्री बरामद की जा सकती है।
(vi) निरीक्षण, परिवर्तन और परिवर्धन आसानी से किया जा सकता है

नुकसान

(i) यह अच्छा नहीं दिखता है।
(ii) कुशल और अनुभवी व्यक्ति की आवश्यकता नहीं है
(iii) सफेदी या डिस्टेंपरिंग के समय चूने तारों के ऊपर गिर जाते हैं जो इन्सुलेशन को नुकसान पहुंचा सकते हैं।
(iv) तेल और धुआं भी वी.आई.आर के लिए हानिकारक हैं।
(v) कोई सुरक्षा कवच न होने के कारण यांत्रिक चोटें कंडक्टर को नुकसान पहुंचा सकती हैं।

2. केसिंग और कैपिंग वायरिंग

वायरिंग की इस प्रणाली में आमतौर पर वी.आई.आर. तार का उपयोग किया जाता है । आवरण केवल एक आधार है जिसमें आयताकार P.V.C. या सागौन की लकड़ी का लकड़ी का ब्लॉक और तारों को समायोजित करने के लिए आमतौर पर दो खांचे होते हैं। केसिंग को लकड़ी के शिकंजे और दीवार में पहले से ही सीमेंट की गट्टियों की मदद से दीवार पर लगाया जाता है।

आमतौर पर चित्र 6.13 द्वारा दीवार से 3 mm अलग रखा जाता है: आवरण - कैपिंग

आवरण को नमी से बचाने के लिए चीनी मिट्टी के डिस्क का उपयोग किया जाता है।

फिर विपरीत ध्रुवता के तारों को अलग-अलग खांचे में बिछाया जाता है। शीर्ष पर आवरण के खांचे में तारों को रखने के बाद, उसी चौड़ाई की लकड़ी की एक आयताकार पट्टी के माध्यम से कवर किया जाता है, जिसे लकड़ी के शिकंजे की मदद से कैपिंग के रूप में जाना जाता है। खांचे में रखे V.I.R तारों के साथ केसिंग कैपिंग को चित्र 6.13 में दिखाया गया है।

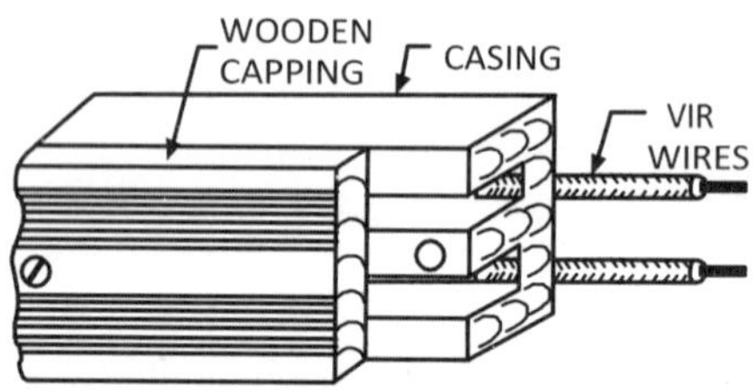

चित्र 6.13: वी.आई.आर. तार के साथ केसिंग कैपिंग

लाभ

(i) यह क्लैट वायरिंग की तुलना में बेहतर दिखाई देता है।
(ii) क्लैट वायरिंग को छोड़कर अन्य वायरिंग प्रणालियो की तुलना में इसकी लागत काफी कम है।
(iii) इसे स्थापित करना आसान है।
(iv) कंडक्टर दृढ़ता से एक दूसरे से इंसुलेटेड रहते हैं।
(v) कैपिंग यांत्रिक चोट से सुरक्षा प्रदान करता है।

नुकसान

(i) यह नम स्थितियों में उपयुक्त नहीं होता है।
(ii) आग लगने का खतरा रहता है।
(iii) वायरिंग के अच्छे फिनिशिंग के लिए अत्यधिक कुशल और अनुभवी व्यक्ति की आवश्यकता होती है।

3. सी.टी.एस. या टी.आर.एस. वायरिंग

वायरिंग की इस प्रणाली में आमतौर पर सी.टी.एस. (कैब टायर शीटेड) या टी.आर.एस. (टफ रबर शीटेड) कंडक्टर का उपयोग किया जाता है । कंडक्टर को पूरी तरह से सीधे और अच्छी तरह से वर्णी शेड सागौन की लकड़ी में 13 mm मोटाई की बैटन पर लगाए

जाते हैं। बैटन की चौड़ाई उस पर चलने वाले तारों की संख्या के आधार पर चुनी जाती है। इस प्रकार की वायरिंग करते समय, बैटन को लकड़ी के शिकंजे और दीवार में पहले से ही सीमेंट की गट्टियों के माध्यम से दीवार पर लगाया जाता है। चित्र 6.14 में दर्शाए अनुसार कीलों की सहायता से पहले से ही बैटन पर लगी हुई क्लिप की सहायता से तारों को बैटन पर रखा जाता है।

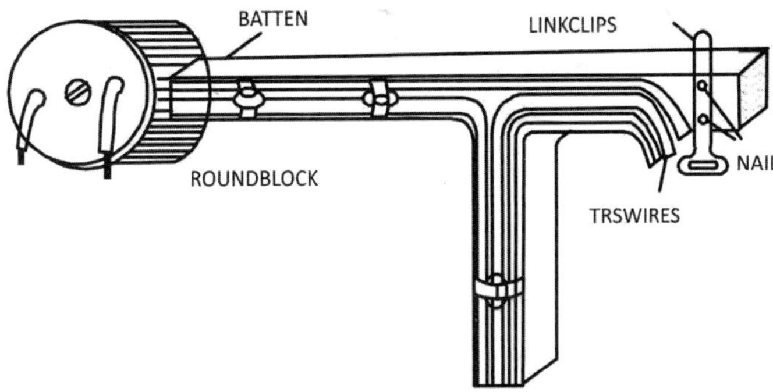

चित्र 6.14: सीटीएस वायरिंग

लाभ

(i) इसे स्थापित करना और मरम्मत करना आसान है।
(ii) यह अच्छा दिखाई देता है।
(iii) कंडक्टरों में मजबूत इन्सुलेशन होता है, इसलिए इसका जीवन लंबा होता है।
(iv) यह कुछ हद तक अग्निरोधक है।
(v) कंडक्टर इन्सुलेशन को रसायन प्रभावित नहीं करते हैं।

नुकसान

(i) कंडक्टर खुले रहते हैं और यांत्रिक टुट-फुट कभी भी हो सकती है, इसलिए, इस प्रकार की वायरिंग का उपयोग कार्यशालाओं में नहीं किया जाता है।
(ii) धूप और बारिश के लिए खुले स्थानों में इसका उपयोग प्रतिबंधित है।

4. मेटल शीथेड वायरिंग:

वायरिंग की यह प्रणाली सी.टी.एस. या टी.आर.एस. वायरिंग के समान है। सिर्फ इतना है कि इस मामले में वी.आई.आर. लेड एलॉय शीथ (मेटल शीथेड केबल) से ढके कंडक्टरों का उपयोग किया जाता है। धातु से ढके केबल लकड़ी के बैटन पर चलते हैं। बैटन को दीवार पर पहले से ही सीमेंट किए गए शिकंजा और गट्टियों के माध्यम से तय किया जाता है। केबलों को लिंक क्लिप की सहायता से बैटन पर रखा जाता है।

लाभ

(i) कंडक्टर यांत्रिक चोट से सुरक्षित हैं।
(ii) यह नम परिस्थितियों में उपयुक्त रूप से नियोजित किया जा सकता है।
(iii) यह अच्छा दिखाई देता है।
(iv) इसका जीवन काल लंबा होता है।

(v) कंडक्टर रसायनों से सुरक्षित हैं।

(vi) इसे खुली जगह में भी स्थापित किया जा सकता है।

नुकसान

(i) मेटल शीटेड केबल सी.टी.एस. या टी.आर.एस. तार की तुलना में महंगे होते हैं।

(ii) रिसाव के मामले में, झटके का जोखिम होता है।

(iii) कुशल श्रम और उचित पर्यवेक्षण की आवश्यकता है।

5. नाली की वायरिंग

वायरिंग की इस प्रणाली में वी.आई.आर. या टी.आर.एस. कंडक्टर को धातु या P.V.C में पाइप के अंदर रखा जाता है । यह पाइप/नलिकाएं कंड्यूट कहलाती हैं। वायरिंग की यह प्रणाली सर्वोत्तम यांत्रिक सुरक्षा, आग और झटके से सुरक्षा प्रदान करती है इसलिए, इसे कार्यशालाओं और व्यावसायिक भवनों के लिए सबसे उपयुक्त वायरिंग प्रणाली माना जाता है।

नाली (कंड्यूट) को या तो काठी के माध्यम से दीवार पर सहारा दिया जा सकता है या प्लास्टर के नीचे प्लास्टर के अंदर रखा जाता है। तद्नुसार, दो प्रकार की नाली वायरिंग होती है, अर्थात्;

(i) सरफेस कंड्यूट वायरिंग (ii) कंसील्ड कंड्यूट वायरिंग

सतह नाली तारों में, नाली को काठी के माध्यम से समर्थित दीवार पर चलाया जाता है जैसा कि चित्र 6.15 में दिखाया गया है, जबकि, छिपी हुई नाली तारों में, नाली को दीवारों और छत में पहले से बने गुहा में रखकर एम्बेडेड किया जाता है। नाली रखने के बाद, जी.आई. के माध्यम से अछूता कंडक्टर (या केबल) उनमें खींचे जाते हैं। तार को पायलट तार के रूप में जाना जाता है। तारों के आरेखण की सुविधा के लिए कई निरीक्षण बक्से (नाली बक्से) नाली के चलने के साथ प्रदान किए जाते हैं।

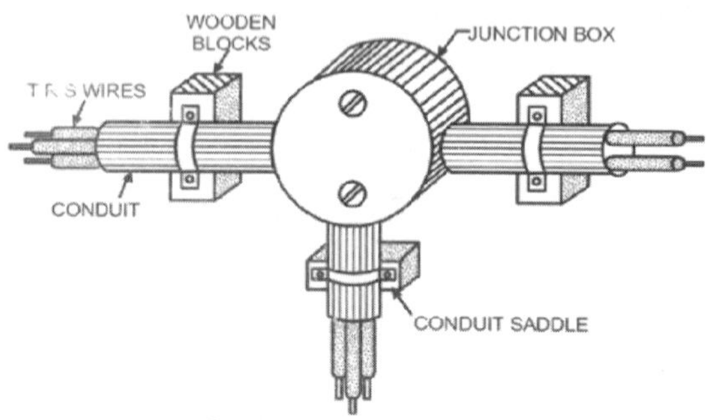

चित्र 6.15: कंड्यूट वायरिंग

लाभ

(i) कंड्यूट वायरिंग यांत्रिक चोट और आग से सुरक्षा प्रदान करती है।

(ii) यह रसायनों से सुरक्षा प्रदान करती है।

(iii) कंडक्टर नमी से सुरक्षित रहते हैं।

(iv) यह वायरिंग बेहतर दिखती है।

(v) इसका जीवन काल लंबा होता है।

नुकसान

(i) यह वायरिंग की महंगी प्रणाली है ।

(ii) इसके इरेक्शन के लिए अधिक समय की आवश्यकता होती है।

(iii) इसके लिए अत्यधिक कुशल श्रम की आवश्यकता ।

6.8.2 बुनियादी घरेलू उपकरणों की पावर रेटिंग

भवन के लिए वितरण बोर्ड पर उपयोग किए जाने वाले मुख्य स्विच और एमसीबीएस / फ़्यूज़ की रेटिंग की गणना करने के लिए और सेवा कनेक्शन और आंतरिक तारों के लिए केबल के आकार को अंतिम रूप देने के लिए, एम्पीयर में भवन के भार का आकलन करना आवश्यक है . इस प्रयोजन के लिए भवन में स्थापित आउटलेटों की संख्या और प्रकार का निर्णय करने के बाद निम्नलिखित दिशा-निर्देश अपनाए जा सकते हैं।

गरमागरम प्रकाश बिंदु (बल्ब बिंदु)	60 W
फ्लोरोसेंट व्यूब 2 फीट लंबी (0.6 मीटर)	20 W
4 फीट लंबा (1.2 मीटर)	40 W
छत के पंखे	60 W
सॉकेट आउटलेट (5A)	100 W
15 एम्पीयर सॉकेट आउटलेट (पावर सॉकेट)	1000 W
निकास पंखा	100 W
सीएफएल/एलईडी लैंप	40 W

तारों की स्थापना में प्रयुक्त केबल या इन्सुलेटेड तारों का चयन।

किसी संस्थापन में उपयोग किए जाने वाले तार के सही आकार / रेटिंग का पता लगाने के लिए, केबलों द्वारा किए जाने वाले एम्पीयर में भार का पता लगाना आवश्यक है।

कंडक्टरों के करेंट और वोल्टेज ड्रॉप के आधार पर इंसुलेटेड तार के सही आकार के चयन के लिए निम्नलिखित तालिकाएँ हमारी मदद करती हैं। तालिका केवल 28 A की करेंट वहन क्षमता तक आंतरिक वायरिंग सिस्टम में उपयोग किए जाने वाले तांबे के तारों को दिखाती है, हालांकि, बड़े आकार के तार भी उपलब्ध हैं:

तालिका 6.1: कॉपर कंडक्टर सिंगल कोर केबल्स की करेंट रेटिंग
(वीआईआर, पीवीसी या पॉलीथिन इंसुलेटेड जिसमें सख्त रबर शीथेड, पीवीसी या लेड शीथेड केबल शामिल हैं)

कंडक्टरों का आकार		दो केबल डी.सी. या सिंगल फेज़ ए.सी.		तीन या चार केबल संतुलित तीन फेज़ एसी	
नाममात्र क्षेत्र mm2	तार की संख्या और व्यास (mm)	करेंट रेटिंग (A)	अनुमानित रन की लंबाई एक वोल्ट ड्रॉप (metre)	करेंट रेटिंग (A)	अनुमानित रन की लंबाई एक वोल्ट ड्रॉप (metre)
1.0	1/1.12	5	2.9	3	2.8
1.5	3/0.737	10	3	10	3.7
2.5	3/1.06	15	3.4	13	4.3
4.0	7/0.737	20	3.7	15	4.8
6.0	7/1.06	28	4.0	25	5.2

एल्युमिनियम कोर केबल या इंसुलेटेड तारों का उपयोग निम्न तालिका में दी गई करेंट रेटिंग और आकार के अनुसार भी किया जा सकता है। लेकिन इमारतों की आंतरिक तारों में एल्यूमीनियम कोर केबल से बचा जाता है क्योंकि उनकी यांत्रिक शक्ति खराब होती है। हालाँकि, इनका उपयोग आमतौर पर सेवा कनेक्शन में किया जाता है।

तालिका 6.2: एल्यूमिनियम कंडक्टर सिंगल कोर केबल्स की करेंट रेटिंग
(वीआईआर, पीवीसी या पॉलीथिन इंसुलेटेड जिसमें सख्त रबर शीथेड, पीवीसी या लेड शीथेड केबल शामिल हैं)

कंडक्टरों का आकार		2 केबल डी.सी. या सिंगल फेज़ ए.सी.		3 -4 केबल संतुलित तीन फेज़ ए.सी.		4 केबल डी.सी. या सिंगल फेज़ ए.सी.	
नाममात्र area mm²	तार की संख्या और व्यास (mm)	करेंट रेटिंग (A)	एक वोल्ट ड्रॉप के लिए लगभग रन (M)	करेंट रेटिंग (A)	एक वोल्ट ड्रॉप के लिए लगभग रन (M)	करेंट रेटिंग (A)	एक वोल्ट ड्रॉप के लिए लगभग रन (M)
1.5	1/1.40	10	2.3	9	2.9	9	2.5
2.5	1/1.80	15	2.5	12	3.6	11	3.4
4	1/2.24	20	2.9	17	3.9	15	4.1
6	1/2.80	27	3.4	24	4.3	21	4.3
10	1/3.55	34	4.3	31	5.4	27	5.4
16	7/1.70	43	5.4	38	7.0	35	6.8
25	7/2.24	59	6.8	54	8.5	48	8.5
35	7/2.50	69	7.2	62	9.8	55	9.0
50	7/3.00	91	7.9	82	10.1	69	10.0
50	19/1.80	91	7.9	82	10.1	69	10.0 –
70	19/2.24	134	8.0	131	9.5	–	–
95	19/2.50	153	8.8	152	10.0	–	

6.9 केबलों का वर्गीकरण

भूमिगत केबलों को आमतौर पर उस वोल्टेज के अनुसार वर्गीकृत किया जाता है जिसके लिए इनका निर्माण किया जाता है। इसलिए इन्हें इस प्रकार वर्गीकृत किया गया है:

(i) लो टेंशन (एल टी) केबल- 10.00V तक के ऑपरेटिंग वोल्टेज के लिए ।

(ii) हाई टेंशन (एच टी) केबल- 11 kV तक के ऑपरेटिंग वोल्टेज के लिए ।

(iii) सुपर टेंशन (एस टी) केबल- 22 kV से 33 kV तक ऑपरेटिंग वोल्टेज के लिए ।

(iv) अतिरिक्त उच्च तनाव (ईएचटी) केबल्स - 33 kV से 66 kV तक ऑपरेटिंग वोल्टेज के लिए ।

(v) अतिरिक्त सुपर वोल्टेज केबल- 66 kV से 132 kV और उससे अधिक के ऑपरेटिंग वोल्टेज के लिए।

लो टेंशन (एल टी) केबल्स

ये केबल 1000 V तक के सिस्टम वोल्टेज के लिए इस्तेमाल होते है । आमतौर पर इन केबलों का उपयोग 400 V पर विद्युत शक्ति के वितरण के लिए किया जाता है। केबल दो प्रकार के होते हैं जैसे सिंगल-कोर और मल्टी-कोर केबल। आर्थिक कारणों से 4-कोर केबल का उपयोग ज्यादातर कम वोल्टेज पर विद्युत शक्ति के वितरण के लिए किया जाता है।

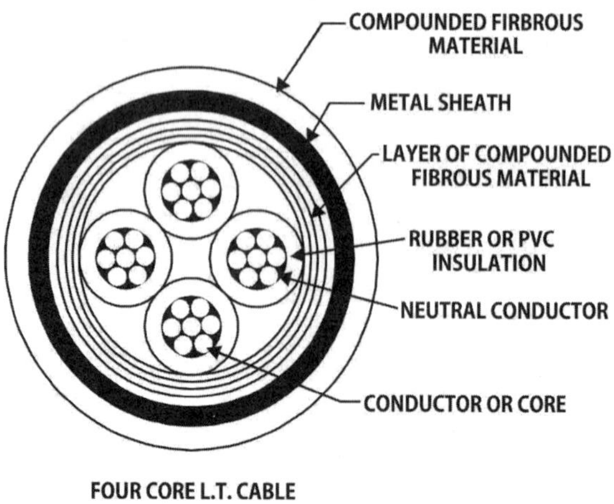

चित्र 6.16: 4 कोर एलटी केबल का क्रॉस-सेक्शन

कम वोल्टेज केबल्स पर उनके निर्माण के लिए विशेष ध्यान नहीं दिया जाता है क्योंकि इन केबलों में इलेक्ट्रोस्टैटिक तनाव कम होते हैं। इसके अलावा, उनकी तापीय चालकता गर्मी को खत्म करने के लिए काफी पर्याप्त है। चित्र 6.16 4-कोर केबल

के निर्माण का प्रतिनिधित्व करता है। कंडक्टर रबर या पॉलीविनाइल क्लोराइड से अछूता रहता है। चारों कंडक्टरों के चारों ओर रेशेदार मिश्रित सामग्री की एक परत प्रदान की जाती है। इस परत के ऊपर एक लेड म्यान प्रदान किया जाता है ताकि नमी को अंदर तक जाने से रोका जा सके ।

सीसा म्यान एक मिश्रित रेशेदार सामग्री के साथ केबल को कवर किया जाता है I तार में बख़्तरबंद कवर प्रदान किया जा सकता है कवर प्रदान किया कवर प्रदान किया नहीं किया जाता है तो सर्विंग लगाई जाती है ।

6.10 अर्थिंग

सभी विद्युत उपकरणों और उपकरणों के धातु निकायों को नगण्य प्रतिरोध के तार द्वारा पृथ्वी के विशाल द्रव्यमान से जोड़ने की प्रक्रिया को अर्थिंग कहा जाता है। जब किसी पिंड को धरती पर रखा जाता है, तो यह मूल रूप से नगण्य प्रतिरोध वाले तार द्वारा पृथ्वी के विशाल द्रव्यमान से जुड़ा होता है। इस प्रकार, शरीर शून्य विभव यानी पृथ्वी की विभव (0V) प्राप्त कर लेता है। यह सुनिश्चित करता है कि जब भी कोई जीवित कंडक्टर बाहरी शरीर के संपर्क में आता है, तो चार्ज तुरंत पृथ्वी पर छोड़ दिया जाता है।

6.10.1 अर्थिंग का उद्देश्य

अर्थिंग का मूल उद्देश्य मानव शरीर (ऑपरेटर) को बिजली के झटके से बचाना है।

अर्थिंग के उद्देश्य को स्पष्ट करने के लिए चित्र 6.17 में दिखाए गए एक विद्युत परिपथ पर विचार करें जहां प्रतिरोध R का एक विद्युत उपकरण फ्यूज और एक स्विच के माध्यम से आपूर्ति से जुड़ा है। जब एक संचालिका उपकरण के धात्विक निकाय को स्पर्श करती है [देखें चित्र.6.17(a)] जिसमें पूर्ण रोधन होता है, समतुल्य परिपथ चित्र 6.17(b) में दिखाया गया है। जहां दो समानांतर पथ बनते हैं। चूंकि उपकरण प्रतिरोध R की तुलना में इन्सुलेशन प्रतिरोध Ri बहुत अधिक है, इसलिए संपूर्ण धारा उपकरण प्रतिरोध से प्रवाहित होती है और मानव शरीर (संचालक के शरीर) प्रतिरोध से कोई धारा प्रवाहित नहीं होती है।

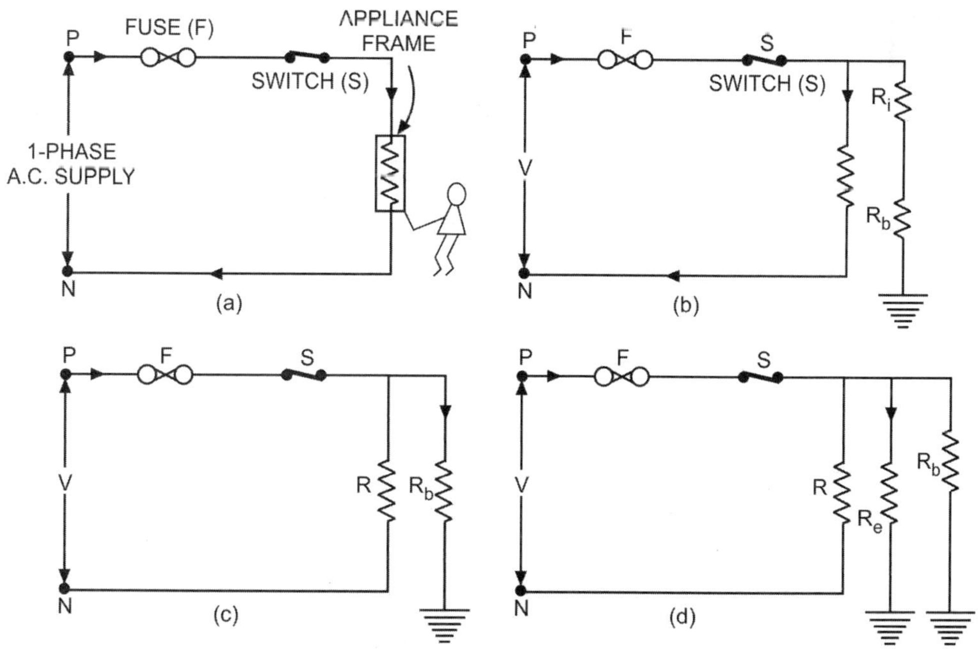

चित्र 6.17: अर्थिंग ऑपरेटर की सुरक्षा करता है

जब अर्थ फॉल्ट होता है, तो लाइव (फेज) तार सीधे बाहरी शरीर के संपर्क में आता है और इन्सुलेशन प्रतिरोध शून्य हो जाता है जैसा कि चित्र 6.17 (c) में दिखाया गया है। अब शरीर का प्रतिरोध उपकरण प्रतिरोध के समानांतर है। मानव शरीर में भारी करेंट प्रवाहित होता है और ऑपरेटर को जोरदार झटका लगता है।

हालांकि, अगर धातु के शरीर या उपकरण के बाहरी फ्रेम को ठीक से लगाया गया है तो पृथ्वी की गलती की स्थिति में, सर्किट चित्र 6.17 (d) में दिखाया जाएगा। जहां पृथ्वी प्रतिरोध R_e उपकरण प्रतिरोध R और शरीर प्रतिरोध R_b के समानांतर है। चूंकि पृथ्वी प्रतिरोध शरीर के प्रतिरोध की तुलना में बहुत छोटा है, लगभग पूरी धारा पृथ्वी प्रतिरोध के माध्यम से बहती है और मानव शरीर के माध्यम से कोई भी प्रवाह नहीं होता है। इस प्रकार, ऑपरेटर बिजली के झटके से सुरक्षित है। इसके अलावा, फॉल्ट करेंट सर्किट के फुल लोड करेंट से बहुत अधिक होता है जो फ्यूज को पिघला देता है। इसलिए, उपकरण आपूर्ति मुख्य से स्वचालित रूप से डिस्कनेक्ट हो जाता है।

6.10.2 उपकरण अर्थिंग

भारतीय विद्युत नियम 1956 के नियम 61 के अनुसार, बिजली व्यवस्था में प्रयुक्त होने वाले निम्नलिखित बिंदुओं और उपकरणों को पृथ्वी के लिए अनिवार्य है, जहां वोल्टेज 125 V अधिक है: -

(i) मोटर्स, जनरेटर, ट्रांसफार्मर और नियंत्रण उपकरण के सभी धातु फ्रेम।

(ii) हेड कंडक्टरों को ले जाने वाले स्टील टॉवर और स्टील ट्यूबलर या रेल पोल।

(iii) पोर्टेबल बिजली के उपकरणों जैसे हीटर, टेबल फैन, इलेक्ट्रिक आयरन, रेफ्रिजरेटर, एयर कंडीशनर, वैक्यूम क्लीनर आदि के धातु के फ्रेम।

(iv) अन्य धातु के पुर्जे जैसे नाली, स्विच गियर केसिंग आदि।

(v) सभी 3-पिन आउटलेट सॉकेट का अर्थ टर्मिनल।

(vi) संकेंद्रित केबलों के मामले में, बाहरी कंडक्टर यानी ऐसे केबलों का आर्मरिंग।

(vii) यदि स्टे इंसुलेटर उपलब्ध नहीं कराया गया है तो ओवरहेड लाइन के स्टे वायर।

इन्सुलेशन विफल होने की स्थिति में, उपरोक्त सभी बिंदुओं और उपकरणों को पृथ्वी से जोड़ने का प्राथमिक उद्देश्य उन पर जमा हुए चार्ज को तुरंत पृथ्वी पर छोड़ना है ताकि संपर्क में आने वाले व्यक्ति को बिजली के स्टॉक का अनुभव न हो। दूसरी वस्तु यह है कि एक भारी धारा जब सर्किट से प्रवाहित होती है जो सर्किट को खोलने वाले सुरक्षात्मक उपकरणों (यानी फ्यूज या मिनिएचर सर्किट ब्रेकर) को संचालित करती है।

आम तौर पर, अर्थिंग करते समय अर्थ प्रतिरोध (Earthing Resistance) के निम्नलिखित मान प्राप्त किए जाने का प्रावधान है।

अर्थिंग किए जाने वाले उपकरण	सबसे खराब स्थिति में अर्थ प्रतिरोध का अधिकतम मान
बड़े पावर स्टेशन	0.5 Ω
प्रमुख सब-स्टेशन	1.0 Ω
छोटे सब-स्टेशन	2.0 Ω
फैक्ट्री सब-स्टेशन	1.0 Ω
जाली / स्टील टॉवर	3.0 Ω
औद्योगिक मशीनें और उपकरण	0.5 Ω

मिट्टी का प्रतिरोध मिट्टी में नमी की मात्रा पर निर्भर करता है और महीने दर महीने बदलता रहता है इसलिए, अर्थ प्रतिरोध का मान समय-समय पर अर्थ परीक्षक द्वारा जांचा जाना चाहिए। और अर्थ प्रतिरोध का अधिकतम अनुमेय मान प्राप्त करने के लिए फ़नल में पानी डालकर अर्थ प्रतिरोध का जांच किया जाना चाहिए।

6.10.3 सिस्टम अर्थिंग

अर्थिंग करते समय एक उचित प्रणाली को अपनाने की जरुरत होती है। वास्तव में, सभी भारी बिजली उपकरणों को अलग-अलग मार्गों का अनुसरण करते हुए दो अलग-अलग पृथ्वी के तारों द्वारा अर्थित किया जाना चाहिए। विश्वसनीयता में सुधार के लिए दो पृथ्वी कनेक्शन लागू किए जाते हैं। यदि अर्थ का एक तार टूट जाता है या फॉल्ट करेंट को वहन करने में विफल रहता है, तो दूसरा उस करेंट को वहन करता है और आवश्यक सुरक्षा प्रदान करता है। इसके अलावा, कारखानों और सब स्टेशनों में जहां एक से अधिक उपकरण लगाए जाने हैं, समानांतर कनेक्शन का उपयोग हमेशा किया जाना चाहिए। किसी भी स्थिति में श्रृंखला कनेक्शन नहीं किया जाता है, क्योंकि एक भी खराब संपर्क या अर्थिंग-लीड में टूट-फूट से सभी सफल उपकरण पृथ्वी से डिस्कनेक्ट हो जाएंगे।

इस प्रकार, भारी बिजली उपकरणों की उचित अर्थिंग के लिए डबल अर्थिंग प्रणाली को अपनाना पड़ता है। इसके अलावा, उपकरणों की संख्या को पृथ्वी के समानांतर जोड़ा जाना चाहिए।

6.10.4 अर्थिंग के तरीके

जैसा कि पहले ही चर्चा की जा चुकी है, अर्थिंग का अर्थ है उपकरण के धातु निकायों को नगण्य प्रतिरोध के तार द्वारा पृथ्वी के सामान्य द्रव्यमान से जोड़ना। इस संबंध को प्राप्त करने के विभिन्न तरीके हैं, उनमें से कुछ नीचे दिए गए हैं:

1. **स्ट्रिप अर्थिंग:** अर्थिंग की यह प्रणाली 5 SWG तांबे के तार या 25 mm × 1.6 mm क्रॉस-सेक्शन की पट्टी से कम नहीं का उपयोग करती है। पट्टियों या तारों को क्षैतिज खाइयों में दबा दिया जाता है। इस प्रकार की अर्थिंग का उपयोग वहां किया जाता है जहां मिट्टी के तल में चट्टानी मिट्टी होती है और खुदाई का काम मुश्किल होता है।
2. **वाटर मेन के माध्यम से अर्थिंग:** इस प्रकार की अर्थिंग में, एक गुंथे हुए तांबे के लीड का उपयोग किया जाता है जिसे स्टील बाइंडिंग वायर और ठीक से डिज़ाइन की गई अर्थिंग क्लिप की मदद से पाइप पर गोल किया जाता है। तांबे के लीड को ठोस बनाने के लिए सोल्डर किया जाता है। मुख्य जलमार्ग से कनेक्शन लेने से पहले यह सुनिश्चित कर लें कि जी.आई. पाइप भर में उपयोग किया जाता है।
3. **रॉड अर्थिंग :** यह अर्थिंग का सबसे सस्ता तरीका है और रेतीले क्षेत्रों में प्रयोग किया जाता है। इस विधि में, तांबे की छड़ को सीधे जमीन में दबा दिया जाता है और खुदाई की आवश्यकता नहीं होती है। अर्थिंग लीड को नट और बोल्ट की सहायता से छड़ से जोड़ा जाता है।
4. **पाइप अर्थिंग :** प्रारंभिक लागत, निरीक्षण, प्रतिरोध माप आदि जैसे कारकों को ध्यान में रखते हुए, जी.आई. पाइप अर्थिंग ग्राउंड कनेक्शन का सबसे अच्छा रूप है। लोहा सबसे सस्ता पदार्थ है और पृथ्वी के नमकीन द्रव्यमान में डालने पर भी उपयोगी रहता है। अर्थ इलेक्ट्रोड के रूप में उपयोग किया जाने वाला पाइप गैल्वेनाइज्ड और छिद्रित होता है। इसका व्यास 38.1 mm और लंबाई 2 M है। सूखी मिट्टी के मामले में लंबाई 2.75 M तक बढ़ाई जा सकती है। पाइप के व्यास का पृथ्वी कनेक्शन के प्रतिरोध पर बहुत कम प्रभाव पड़ता है। पाइप को जमीन में डालने की सुविधा के लिए, इसे निचले सिरे पर पतला कास्टिंग प्रदान किया जाता है। 19.05 mm व्यास और 2.45 M लंबाई का एक और पाइप उपरोक्त पाइप के शीर्ष पर जुड़ा हुआ है। इन पाइपों के बीच संबंध एक रिडयुसिंग सॉकेट के माध्यम से बनाया गया है, जैसा कि चित्र 6.18 में दिखाया गया है।

   अर्थिंग लीड को सोल्डर कर पाइप से जोड़ना चाहिए। जीआई के चारों ओर चारकोल और नमक की एक के बाद एक परतें प्रदान की जाती हैं। परिवेश को पर्याप्त नम रखने के लिए पाइप के तल पर नमक को डाला जाता है और उसके बाद चारकोल और नमक की परतें व्यवस्थित की जाती हैं।
5. **प्लेट अर्थिंग :** इस प्रकार की अर्थिंग में कॉपर या जी.आई. 60 cm × 60 cm × 3.18 mm या 60 cm × 60 cm × 6.35 mm से कम आयामों की प्लेट का उपयोग अर्थ इलेक्ट्रोड के रूप में किया जाता है। प्लेट अर्थिंग मे जी आई पाइप का उपयोग नही किया जाता है। प्लेट को जमीन में इस तरह दबा दिया जाता है कि उसका चेहरा लंबवत हो और शीर्ष जमीन

के स्तर से 3 M से कम न हो। तांबे की प्लेट अर्थिंग के लिए प्लेट और तांबे के तार का आकार स्थापना और फाल्ट करेंट के अनुसार चुना जाता है। अर्थिंग लीड को एक पाइप में जमीन के नीचे रखकर उपयुक्त रूप से संरक्षित किया जाता है, जैसा कि चित्र 6.19 में दिखाया गया है।

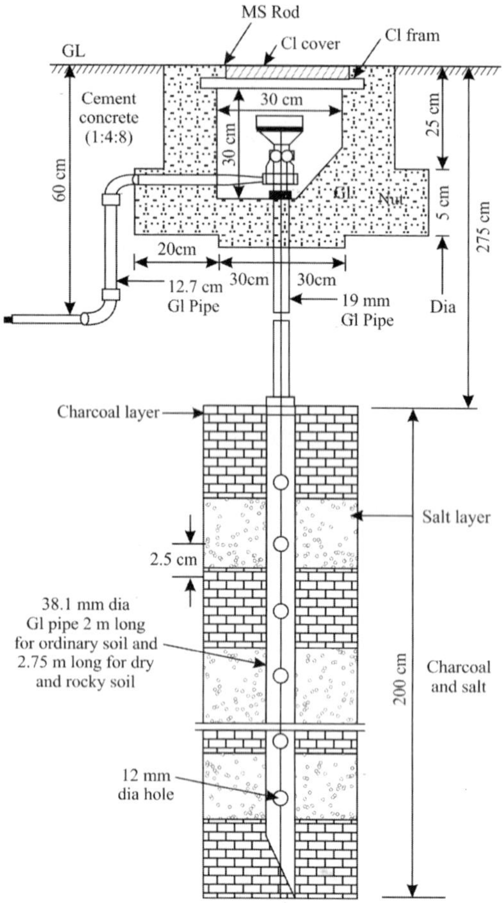

चित्र 6.18: पाइप अर्थिंग

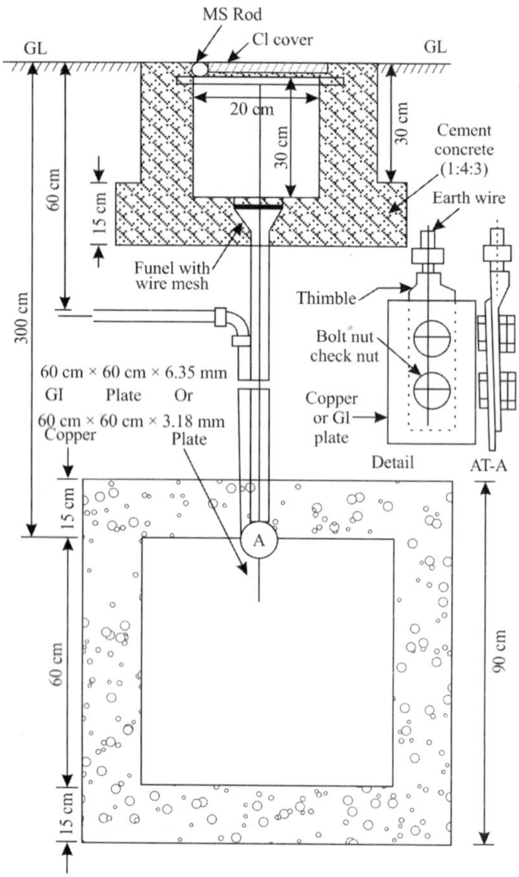

चित्र 6.19: प्लेट अर्थिंग

चारकोल की परतों को तुरंत प्लेट के ऊपर रखा जाएगा और उसके बाद नमक और चारकोल की लगातार परतें रखी जाएंगी ताकि आसपास का वातावरण पर्याप्त रूप से नम रहे।

नोट: पाइप अर्थिंग और प्लेट अर्थिंग को सबसे अच्छा माना जाता है क्योंकि इनमें अर्थ प्रतिरोध का मान काफी कम होता है।

6.10.5 डबल अर्थिंग

बेहतर सुरक्षा प्रदान करने के लिए दो अलग-अलग बिंदुओं पर उपकरण के एक ही धातु के शरीर से जुड़े दो अलग-अलग पृथ्वी इलेक्ट्रोड से दो अलग-अलग पृथ्वी के तार प्रदान करने की सलाह दी जाती है। इसे डबल अर्थिंग के रूप में जाना जाता है। भारतीय विद्युत नियम के अनुसार, 400 V और उससे अधिक पर काम करने वाले ट्रांसफार्मर, मोटर आदि जैसे बड़े रेटिंग उपकरण के धातु निकायों के लिए डबल अर्थिंग आवश्यक है।

डबल अर्थिंग के लाभ:

1. सुरक्षा की गारंटी, क्योंकि अगर किसी भी समय एक अर्थिंग अप्रभावी है, तो दूसरा फॉल्ट करेंट के लिए अर्थ पथ प्रदान करेगा।
2. चूंकि अर्थ के दो तार समानांतर में हैं इसलिए उपकरण से अर्थ इलेक्ट्रोड तक प्रभावी प्रतिरोध कम हो जाता है

6.11 बैटरी

सेल (Cell) के श्रृंखला, समानांतर या श्रृंखला-समानांतर समूह को बैटरी कहा जाता है।

आम तौर पर, एक सेल कम वोल्टेज पर एक छोटा करेंट दे सकता है। एक सर्किट के लिए, यदि उच्च वोल्टेज की आवश्यकता होती है - श्रृंखला में जुड़े कोशिकाओं की संख्या वाली बैटरी लागू होती है; यदि उच्च धारा की आवश्यकता होती है तो समानांतर में जुड़े सेल की संख्या वाली बैटरी लागू होती है; यदि उच्च वोल्टेज पर बड़ी धारा की आवश्यकता होती है तो श्रृंखला में सेल की संख्या वाली बैटरी को समानांतर में आगे जोड़ा जाता है।

आमतौर पर, एक ही कंटेनर में रखे श्रृंखला में जुड़े कई सेल को बैटरी कहा जाता है।

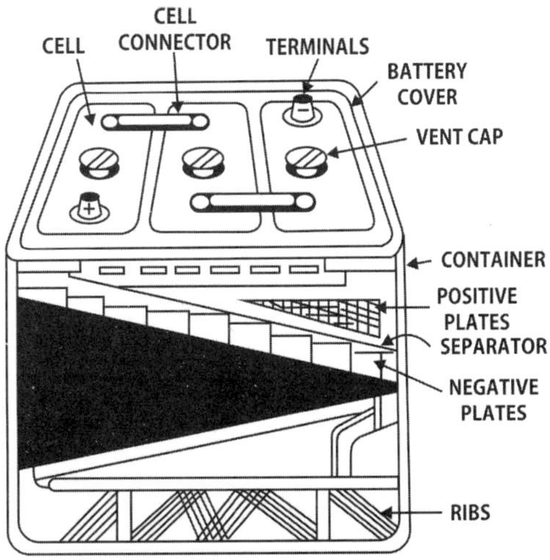

चित्र 6.20 : लेड एसिड बैटरी

6.11.1 लेड एसिड बैटरी

चित्र 6.20 6V में वाणिज्यिक लेड-एसिड बैटरी का कट-अवे दृश्य दिखाया गया है। बैटरी के महत्वपूर्ण भाग निम्नलिखित होते हैं।

1. **कंटेनर :** यह बैटरी का बाहरी भाग होता है। यह एक कठोर रबर या प्लास्टिक सामग्री से बना होता है और इलेक्ट्रोलाइट को फैलने से रोकने के लिए शीर्ष पर सील कर दिया जाता है। कंटेनर के तल पर एक बड़ी जगह छोड़ दी जाती है ताकि प्लेटों से गिरने वाले तलछट यहां एकत्र हो जाएं और सकारात्मक और नकारात्मक प्लेटों को शॉर्ट सर्किट न करें।

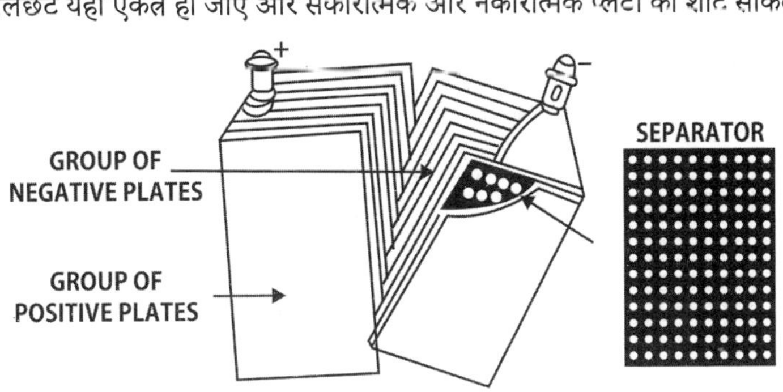

चित्र 6.21: बैटरी प्लेट और विभाजक

2. **प्लेट्स :** आमतौर पर लेड-एंटीमोनी शीट्स के मिश्रधातु को लेड-पेरोक्साइड से ढका जाता है और स्पंजी लेड से क्रमशः पॉजिटिव और नेगेटिव प्लेट बनते हैं, इलेक्ट्रोड के रूप में उपयोग किए जाते हैं। बैटरी की क्षमता बढ़ाने के लिए हम प्रत्येक सेल में केवल दो प्लेटों की बजाय बड़ी संख्या में प्लेटों का उपयोग करते हैं। प्रत्येक सेल की धनात्मक और ऋणात्मक प्लेटों (अर्थात 11,13, 15 या 17) की संख्या को वैकल्पिक रूप से रखा जाता है और एक विसंवाहक के साथ जोड़ा जाता है जिसे

विभाजक कहा जाता है जैसा कि चित्र 6.21में दिखाया गया है।. धनात्मक और ऋणात्मक प्लेटों का एक समूह एक सेल बनाता है जो 2.0 V का ई.एम.एफ. विकसित करता है। । बैटरी के कंटेनर में प्रत्येक सेल के लिए एक अलग कम्पार्टमेंट दिया रहता है।

3. **सेपरेटर :** सेल के आंतरिक प्रतिरोध को कम करने और जगह बचाने के लिए प्लेटों को एक दूसरे के बहुत करीब रखा जाता है। प्लेटों को एक दूसरे को छूने से रोकने के लिए यदि वे लपेटते हैं या बकसुआ करते हैं, तो उन्हें एक रबड़ शीट (गैर-संचालन सामग्री) से अलग किया जाता है जिसमें बड़ी संख्या में छोटे छेद होते हैं जिन्हें विभाजक कहा जाता है [चित्र 6.21 देखें].
4. **इलेक्ट्रोलाइट :** तनु सल्फ्यूरिक-एसिड (H_2SO_4) का उपयोग लेड-एसिड बैटरी में इलेक्ट्रोलाइट के रूप में किया जाता है। सल्फ्यूरिक-एसिड पानी में इस अनुपात में मिलाया जाता है कि पूरी तरह चार्ज बैटरी के साथ इसका विशिष्ट गुरुत्व लगभग 1.28 से 1.29 हो जाता है।
5. **बैटरी कवर:** प्रत्येक सेल कम्पार्टमेंट को आमतौर पर एक मोल्डेड हार्ड रबर से ढका जाता है और कवर और कंटेनर के बीच के जोड़ों को एसिड-प्रतिरोध सामग्री से सील कर दिया जाता है। प्रत्येक सेल में कवर ओपनिंग प्रदान की जाती है - दो सकारात्मक और नकारात्मक टर्मिनलों के लिए, और तीसरा एक वेंट के लिए। पूरे कंटेनर को लीक प्रूफ कवर से सुसज्जित किया गया है।
6. **वेंट कैप्स:** वेंट-कैप में एक वेंट होल होता है जो चार्जिंग के दौरान सेल में बनने वाली गैसों के मुक्त निकास की अनुमति देता है। पानी जोड़ने के लिए वेंट कैप को आसानी से हटाया जा सकता है। बैटरी चार्ज की स्थिति की जांच के लिए इलेक्ट्रोलाइट के विशिष्ट गुरुत्व की जांच के लिए हाइड्रोमीटर के नोजल को सम्मिलित करने के लिए वेंट कैप को भी हटा दिया जाता है।
7. **इंटर-सेल कनेक्टर:** एक ही कंटेनर में रखी गई सेल को इंटर-सेल कनेक्टर नामक एक लीड मिश्र धातु लिंक के साथ श्रृंखला में जोड़ा जाता है।
8. **सेल टर्मिनल:** प्रत्येक सेल में दो टर्मिनल होते हैं जो आम तौर पर लेड से बने होते हैं क्योंकि यह इलेक्ट्रोलाइट के कारण खराब नहीं होता है। बैटरी के धनात्मक टर्मिनल को लाल रंग या बड़े धनात्मक (+) चिह्न से चिह्नित किया जाता है।

6.11.2 बैटरी की क्षमता

बिजली की वह मात्रा जिसे बैटरी सिंगल डिस्चार्ज के दौरान तब तक डिलीवर कर सकती है जब तक कि उसका टर्मिनल वोल्टेज 1.8V/सेल तक न गिर जाए, बैटरी की क्षमता कहलाती है।

बैटरी या सेल की क्षमता को व्यावसायिक रूप से एम्पीयर-घंटे में व्यक्त किया जाता है और आमतौर पर इसे A-H द्वारा दर्शाया जाता है।

बैटरी या सेल की क्षमता $= I_d\, T_d$ एम्पीयर-घंटा

जहाँ, I_d = एम्पीयर में धारा का निर्वहन

T_d = घंटे में बैटरी या सेल का निर्वहन समय।

6.11.3 बैटरी की दक्षता

बैटरी (या सेल) की दक्षता को निम्नलिखित दो तरीकों से परिभाषित किया जा सकता है:

(i) मात्रा या A-H दक्षता: डिस्चार्जिंग के दौरान आउटपुट एम्पीयर-घंटे का बैटरी चार्ज करने के दौरान इनपुट एम्पीयर-घंटे के अनुपात को बैटरी की मात्रा या एम्पीयर-दक्षता कहा जाता है।

गणितीय रूप से

$$\eta_{AH} = \frac{I_d\, T_d}{I_c\, T_c}$$

जहाँ, I_d = एम्पीयर में डिस्चार्ज करेंट: T_d = घंटे में डिस्चार्जिंग टाइम।

I_c = एम्पीयर में करेंट चार्ज करना, T_c = घंटे में चार्जिंग टाइम।

(ii) ऊर्जा या W-H दक्षता: डिस्चार्ज के दौरान आउटपुट वाट-घंटे का बैटरी चार्ज करने के दौरान इनपुट वाट-घंटे के अनुपात को बैटरी की ऊर्जा या वाट-घंटे दक्षता कहा जाता है।

गणितीय रूप से,

$$\eta_{WH} = \frac{I_d T_d V_d}{I_c T_c V_c}$$

जहां, V_d = निर्वहन के दौरान औसत टर्मिनल वोल्टेज, V_c = चार्जिंग के दौरान औसत टर्मिनल वोल्टेज

बैटरी बैकअप

वह समय (घंटों में) जिसके लिए बैटरी वांछित करेंट प्रदान कर सकती है, बैंक का बैटरी बैकअप कहलाता है।

उदाहरण 6.1. : एक क्षारीय सेल को 12 घंटे के लिए 4 A की स्थिर धारा पर डिस्चार्ज किया जाता है, औसत टर्मिनल वोल्टेज 1.2 V होता है, इसे वोल्टेज की अपनी मूल स्थिति में बहाल करने के लिए, 20 घंटे के लिए 3 A की एक स्थिर धारा की आवश्यकता होती है, औसत टर्मिनल वोल्टेज 44.1 V है। इस विशेष मामले में एम्पीयर-घंटे (A-H) और वाट-घंटे (W-H) क्षमता की गणना करें।

समाधान :

$$\text{Ampere-hour efficiency, } \eta_{AH} = \frac{I_d T_d}{I_c T_c} \times 100$$

where, $I_d = 4A$; $T_d = 12$ hour ; $I_c = 3A$; $T_c = 20$ hour ;

$$\eta_{AH} = \frac{4 \times 12}{3 \times 20} \times 100 = \mathbf{80\%} \ (Ans.)$$

$$\text{Watt-hour efficiency, } \eta_{WH} = \frac{I_d T_d V_d}{I_c T_c V_c} \times 100 \qquad \text{where, } V_d = 1{\cdot}2 \text{ V} ; V_c = 1{\cdot}44 \text{ V} ;$$

$$\eta_{WH} = \frac{4 \times 12 \times 1\cdot 2}{3 \times 20 \times 1\cdot 44} \times 100 = \mathbf{66{\cdot}67\ \%} \ (Ans.)$$

उदाहरण 6.2 : एक डिस्चार्ज की गई बैटरी को 13.5 V के माध्य चार्जिंग वोल्टेज पर 4 घंटे के लिए 5A पर चार्ज किया जाता है। फिर इसे R Ω के प्रतिरोध के माध्यम से 12 V के निरंतर टर्मिनल वोल्टेज पर 6 घंटे में डिस्चार्ज किया जाता है। 85% की एम्पीयर-घंटे की दक्षता के लिए R के मान की गणना करें।

समाधान :

एम्पीयर-घंटे की दक्षता, $\eta_{AH} = \frac{I_d T_d}{I_c T_c} \times 100$

$$\eta_{AH} = 85\% ; T_d = 6 \text{ hour} ; I_c = 5 \text{ A} ; T_c = 3.5 \text{ hour.}$$

$$\therefore \quad 85 = \frac{I_d \times 6}{5 \times 3\cdot 5} \times 100 \text{ or } I_d = 2{\cdot}48 \text{ A}$$

$$\text{and } R = \frac{V_d}{I_d} = \frac{12}{2\cdot 48} = \mathbf{4{\cdot}84\ ohm} \ (Ans.)$$

6.11.4 लेड एसिड बैटरी या सेल का चार्ज इंडिकेशन

बैटरी की चार्ज स्थिति को आमतौर पर इलेक्ट्रोलाइट (H_2SO_4) के विशिष्ट गुरुत्व की जांच करके जांचा जाता है। पूरी तरह से चार्ज की गई बैटरी के लिए, H_2SO_4 का विशिष्ट गुरुत्व 1.28 से 1.29 होता है। हालाँकि, जब विशिष्ट गुरुत्व 1.15 से नीचे आता है, तो बैटरी पूरी तरह से डिस्चार्ज हो जाती है। वास्तव में, बैटरी के जीवन को बढ़ाने के लिए, इसे तब रिचार्ज किया जाना चाहिए जब इलेक्ट्रोलाइट का विशिष्ट गुरुत्व 1.18 से कम हो। आवेश की विभिन्न स्थितियों के लिए विशिष्ट गुरुत्व के मान नीचे दिए गए हैं:

विशिष्ट गुरुत्व	*हालत*
1.280 to 1.290	100% चार्ज
1.230 to 1.250	75% चार्ज
1.190 to 1.200	50% चार्ज
1.150 to 1.160	25% से कम चार्ज
1.130	पूरी डिस्चार्ज

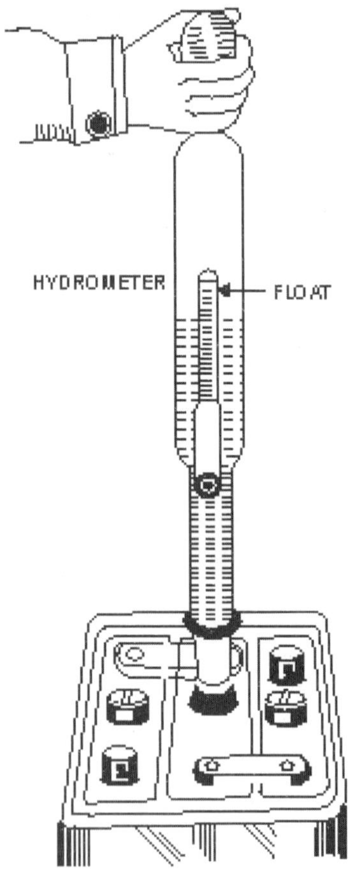

चित्र 6.22: इलेक्ट्रोलाइट की जाँच

H_2SO_4 के विशिष्ट गुरुत्व को जांचने के लिए हाइड्रोमीटर नामक एक उपकरण का उपयोग किया जाता है (चित्र 6.22 में देखें) जो आर्कमीडीज सिद्धांत पर काम करता है। सामान्य उपयोग में, दशमलव बिंदु को विशिष्ट गुरुत्व के मान से हटा दिया जाता है अर्थात 1.280 विशिष्ट गुरुत्व को 1280 और इसी तरह बोला जाता है।

हालाँकि, बैटरी की स्थिति को निम्न प्रकार से भी जाँचा जा सकता है : -

(i) **वोल्टेज:** जब लोड पर बैटरी का टर्मिनल वोल्टेज 2.1 से 2.5 V प्रति सेल होता है, तो बैटरी को पूरी तरह से चार्ज कहा जाता है। जबकि, जब बैटरी का वोल्टेज 1.8 V प्रति सेल से कम हो जाता है, तो बैटरी को पूरी तरह से डिस्चार्ज माना जाता है और इसे तुरंत चार्ज किया जाता है।

(ii) **प्लेटों का रंग:** जब एक लेड-एसिड सेल या बैटरी पूरी तरह से चार्ज हो जाती है, तो इसका एनोड PbO_2 होता है जो चॉकलेट ब्राउन रंग का होता है और कैथोड Pb का होता है।

जो भूरे रंग का होता है। हालाँकि, जब बैटरी पूरी तरह से डिस्चार्ज हो जाती है, तो दोनों प्लेटें $PbSO_4$ को सक्रिय सामग्री के रूप में प्राप्त करती हैं जो कि सफेद रंग की होती है।

लेड एसिड बैटरी के अभिलक्षण

(i) ई.एम.एफ. एक पूर्ण आवेशित लेड-एसिड सेल का मान 2.2 V है जो तेजी से घटकर 2.0 V हो जाता है। हालांकि, औसत ई.एम.एफ. सेल की क्षमता 2.0 V है जो पूरी तरह से डिस्चार्ज होने पर घटकर 1.8 V हो जाती है।

(ii) इस सेल का आंतरिक प्रतिरोध काफी कम है।

- इस सेल की A-H दक्षता लगभग 80% है जबकि, W-H दक्षता 60% है।
- बैटरी के इलेक्ट्रोलाइट का विशिष्ट गुरुत्व का मान 1280 से 1290 होता है लेकिन जब बैटरी पूरी तरह से डिस्चार्ज हो जाती है विशिष्ट गुरुत्व का मान 1150 होता है।

6.11.5 लेड एसिड बैटरी की चार्जिंग

जब भी बैटरी का टर्मिनल वोल्टेज 1.8V प्रति सेल से कम हो जाता है, तो इसे रिचार्जिंग के लिये रखा जाता है। बैटरी चार्ज करते समय निम्नलिखित बातों का ध्यान रखना चाहिए:

केवल एक डी.सी. वोल्टेज स्रोत रिचार्जिंग के लिए लागू किया जाता है।

6.11.6 लेड एसिड बैटरी की देखभाल और रखरखाव

एक लेड-एसिड बैटरी का औसत जीवनकाल उसके निर्माण गुणों और तकनीक के आधार पर दो से चार वर्ष होता है। हालांकि, लंबे जीवन और कुशल सेवा प्राप्त करने के लिए, निम्नलिखित बातों को ध्यान में रखा जाना चाहिए:

1. जब ई.एम.एफ. प्रति सेल 1.8 V तक गिर जाता है। अन्यथा, प्लेटों का लेड सल्फेट आंशिक रूप से गैर-सक्रिय लेड सल्फेट में बदल जाता है और बैटरी के जीवन को कम कर देता है।
2. इलेक्ट्रोलाइट के विशिष्ट गुरुत्व को 1.15 से नीचे नहीं गिरने देना चाहिए।
3. बैटरी को कभी भी डिस्चार्ज की स्थिति में खड़ा नहीं छोड़ा जाना चाहिए, अन्यथा सल्फेशन हो जाएगा और बैटरी सेल स्थायी रूप से क्षतिग्रस्त हो जाएंगे।
4. उपयोग में न होने पर, बैटरी को पूरी तरह से चार्ज किया जाना चाहिए और एक ठंडी और सूखी जगह में संग्रहित किया जाना चाहिए।
5. इस बात का बहुत ध्यान रखा जाना चाहिए कि इलेक्ट्रोलाइट के रूप में उपयोग किए जाने वाले एसिड में कोई ठोस अशुद्धता न हो। 12 cm के कॉलम से देखने पर यह रंगहीन होना चाहिए।
6. इलेक्ट्रोड पूरी तरह से इलेक्ट्रोलाइट में डूबे रहना चाहिए, अधिमानतः इलेक्ट्रोलाइट का स्तर हमेशा इलेक्ट्रोड से लगभग 10 mm ऊपर होना चाहिए।
7. जब भी वाष्पीकरण या गैसिंग के कारण इलेक्ट्रोलाइट का स्तर कम हो जाता है, तो आसुत जल मिलाया जाना चाहिए ताकि इलेक्ट्रोलाइट की समान सांद्रता बनी रहे।
8. बैटरी को कम दर पर चार्ज और डिस्चार्ज किया जाना चाहिए ताकि इसका तापमान 45 डिग्री सेल्सियस से ऊपर न बढ़े। उच्च तापमान प्लेटों को बंद कर सकता है और विभाजकों को नुकसान पहुंचा सकता है और बैटरी पूरी तरह से क्षतिग्रस्त हो सकती है।
9. बैटरी टर्मिनलों को कभी भी शॉर्ट सर्किट नहीं करना चाहिए।
10. बैटरी को चार्ज करते समय ध्रुवीयता की जांच सावधानी से करनी चाहिए।
11. जिस कमरे में बैटरियों को चार्ज किया जाता है, वह अच्छी तरह हवादार होना चाहिए क्योंकि बैटरी के पास का वातावरण संबंधित एसिड धुएं से चार्ज होगा।
12. आग की लपटों को बैटरी के वेंट के रूप में दूर रखा जाना चाहिए, अन्यथा बैटरी कोशिकाओं में उत्पन्न हाइड्रोजन और ऑक्सीजन में आग लग सकती है।
13. बैटरी टर्मिनलों को हमेशा साफ रखा जाना चाहिए और जंग को रोकने के लिए समय-समय पर वैसलीन से ग्रीस किया जाना चाहिए।

6.11.7 लेड एसिड बैटरी का अनुप्रयोग

लेड-एसिड बैटरियों के असंख्य व्यावसायिक अनुप्रयोग हैं। कुछ महत्वपूर्ण आवेदन नीचे दिए गए हैं:

1. ऑटोमोबाइल में स्टार्टिंग और लाइटिंग के लिए इस्तेमाल किया जाता है।

2. भाप और डीजल रेलगाड़ियों में रोशनी के लिए।
3. सुरक्षात्मक उपकरणों के संचालन और आपातकालीन प्रकाश व्यवस्था के लिए उत्पादन स्टेशनों और उप-स्टेशनों पर उपयोग किया जाता है।
4. टेलीफोन एक्सचेंजों में प्रयुक्त।
5. अस्पतालों, थिएटरों, बैंकों आदि जैसे महत्वपूर्ण स्थानों पर आपातकालीन प्रकाश व्यवस्था के लिए उपयोग किया जाता है।
6. दूरदराज के ग्रामीण क्षेत्रों में प्रकाश के प्रयोजनों के लिए उपयोग किया जाता है।

6.12 निकल आयरन क्षारीय सेल

इसे एडीसन-सेल के रूप में भी जाना जाता है क्योंकि इसे 1909 में एक अमेरिकी वैज्ञानिक थॉमसन ए एडिसन द्वारा विकसित किया गया था।

बनावट

इसमें दो प्लेट होते हैं यानी एक पॉजिटिव प्लेट (एनोड) और एक नेगेटिव प्लेट (कैथोड)। एनोड का सक्रिय पदार्थ $Ni(OH)_4$ है और कैथोड का पूर्ण आवेशित होने पर आयरन (Fe) होता है। दो प्लेटों को इलेक्ट्रोलाइट, पोटेशियम हाइड्रॉक्साइड (KOH) के घोल में डुबोया जाता है। इलेक्ट्रोलाइट में थोड़ी मात्रा में लिथियम हाइड्रेट (LiOH) भी मिलाया जाता है जो सेल की क्षमता और जीवन को बढ़ाता है। इलेक्ट्रोलाइट का विशिष्ट गुरुत्व 1.2 है। इस मामले में, कंटेनर निकल-प्लेटेड लोहे से बना होता है जिससे नकारात्मक प्लेटें जुड़ी होती हैं। इलेक्ट्रोलाइट की कम मात्रा में उपयोग करने के कारण यह सेल कॉम्पैक्ट होता है।

विद्युतीय लक्षण

(i) ई.एम.एफ. एक पूर्ण आवेशित सेल का मान 1.4 V है जो तेजी से घटकर 1.3 V हो जाता है। हालांकि, औसत ई.एम.एफ. सेल का 1.2 V है जो पूरी तरह से डिस्चार्ज होने पर घटकर 1.0 V हो जाता है।
(ii) इस सेल का आंतरिक प्रतिरोध लेड-एसिड सेल के लगभग 5 गुना अधिक है।
(iii) इस सेल की A-H दक्षता लगभग 80% है जबकि, W-H दक्षता 60% है।

लाभ

लेड-एसिड सेल की तुलना में इसके निम्नलिखित फायदे हैं।

(i) लंबा जीवन - लगभग 5 वर्ष
(ii) यदि इसे बहा दिया जाए तो इसका इलेक्ट्रोलाइट (KOH) हानिकारक नहीं है।
(iii) डिस्चार्ज होने पर इसके इलेक्ट्रोलाइट का विशिष्ट गुरुत्व नहीं बदलता है, इसलिए इसे बिना किसी नुकसान के काफी समय तक पूरी तरह से डिस्चार्ज की स्थिति में छोड़ा जा सकता है।
(iv) कम वजन - लेड-एसिड सेल से लगभग आधा।
(v) इसे बिना किसी नुकसान के लंबी अवधि के लिए उच्च दर पर डिस्चार्ज और रिचार्ज किया जा सकता है।
(vi) यह उच्च तापमान का सामना कर सकता है।
(vii) यह अधिक उबड़-खाबड़ है और अधिक यांत्रिक और विद्युत तनावों का सामना कर सकता है।

नुकसान

(i) उच्च लागत-लगभग दोगुना।

(ii) उच्च लागत-लगभग दोगुना।

(iii) ई.एम.एफ. प्रति सेल विकसित कम है (केवल 1.2V), एक विशेष वोल्टेज के लिए अधिक संख्या में कोशिकाओं की आवश्यकता होती है।

(iv) उच्च आंतरिक प्रतिरोध - लगभग 5 गुना। इसलिए, यह बड़ा करेंट प्रदान नहीं कर सकता है और ऑटोमोबाइल स्टार्टिंग के लिए अनुपयुक्त है।

(v) कम दक्षता।

6.13 ऊर्जा की खपत की गणना

आपूर्तिकर्ता द्वारा उपभोक्ता को विद्युत ऊर्जा की आपूर्ति की जाती है। किसी उपभोक्ता द्वारा खपत की गई विद्युत ऊर्जा को चार्ज करने के लिए उसकी मात्रा पर एक ऊर्जा मीटर लगाया जाता है। हर माह बिजली मीटर की रीडिंग ली जाती है। ताजा पढ़ने और पिछले पढ़ने के बीच का अंतर उस महीने में विद्युत ऊर्जा की खपत के बारे में बताता है। ऊर्जा की इस मात्रा को बिजली बिल तैयार करने के लिए आपूर्तिकर्ता द्वारा निर्धारित दर (या टैरिफ) से गुणा किया जाता है। हालांकि, कुछ अन्य शुल्क जैसे मीटर किराया, जीएसटी, लागू अन्य कर आदि भी बिल में जोड़े जाते हैं।

उदाहरण 6.3: एक इमारत में (i) 60 W के 12 प्रकाश बिंदु हैं, जिनमें से प्रत्येक दिन में 4 घंटे जलता है, (ii) 75 W का पंखा का 4 बिंदु, प्रत्येक दिन 10 घंटे चलता है, (iii) 750 W हीटर के लिए एक प्लग प्वाइंट का उपयोग किया जाता है 1 घंटे एक दिन। (iv) एक रेडियो 80 W प्रतिदिन 6 घंटे और (v) 0.5 एच.पी. 80% दक्षता वाला पंप 2 घंटे प्रतिदिन चल रहा है। किलोवाट में कुल कनेक्टेड लोड की गणना करें, अधिकतम संभव करेंट, ऊर्जा की दैनिक खपत और मासिक बिल। आपूर्ति 230 वोल्ट पर दी जाती है और ऊर्जा लागत रु 5.15 प्रति यूनिट। एक मीटर का किराया रु. 50 प्रति माह। 30 दिनों का महीना मान लें।

समाधान:

लोड अंक	कुल भार	ऊर्जा की खपत / दिन
(i) 12 लाईट 60W की प्रत्येक 4 घंटे प्रतिदिन	$12 \times 60 = 720$ W	$\frac{720 \times 4}{1000} = 2{\cdot}88$ kWh
(ii) 4 पंखा का बिंदु, प्रत्येक 75 W- – 10 घंटे प्रतिदिन	$4 \times 75 = 300$ W	$\frac{300 \times 10}{1000} = 3{\cdot}00$ kWh
(iii) 1 प्लग पॉइंट ,750W हीटर का – 1 घंटे प्रतिदिन	$1 \times 750 = 750$W	$\frac{750 \times 1}{100} = 0{\cdot}75$kWh
(iv) एक रेडियो 80 W का – 6 घंटे प्रतिदिन	$1 \times 80 = 80$ W	$\frac{80 \times 6}{1000} = 0{\cdot}48$kWh
(v) 0.5 एच.पी. का 80 % दक्षता वाला 1पंप – 2 घंटे प्रतिदिन	$\frac{1}{2} \times \frac{735 \cdot 5}{80} \times 100 = 460$ W	$\frac{460 \times 2}{1000} = 0{\cdot}92$ kWh
Total	**2310 W**	**8·03 kWh**

इसलिए कनेक्टेड लोड, $P = 2310$ W = 2.31 kW (उत्तर)

अधिकतम संभव करेंट, $I = P/V = 2310/230 = 10.043$ A (उत्तर)

ऊर्जा की खपत/दिन = 8.03 kWh (उत्तर)

ऊर्जा की खपत/माह = $8.03 \times 30 = 204.9$ kWh (उत्तर)

ऊर्जा की दर/माह	= ₹ 5.15
ऊर्जा लागत/माह	= 9·240 × 15·5 = ₹ 1240·60
मीटर किराया/माह	= ₹ 50.09
इसलिए मासिक बिल	= 50 + 1240.60 = ₹ 1290.60 (उत्तर)

अभ्यास

1. एक क्षारीय सेल को 12 घंटे के लिए 4 A की स्थिर धारा पर डिस्चार्ज किया जाता है, औसत टर्मिनल वोल्टेज 1.2 V होता है, इसे वोल्टेज की अपनी मूल स्थिति में बहाल करने के लिए, 20 घंटे के लिए 3 A की एक स्थिर धारा की आवश्यकता होती है, औसत टर्मिनल वोल्टेज 1.44 V है। इस विशेष मामले में एम्पीयर-घंटे और वाट-घंटे की क्षमता की गणना करें। (**उत्तर** 80%; 66.67%)
2. एक डिस्चार्ज की गई बैटरी को 13.5 V के माध्य चार्जिंग वोल्टेज पर 4 घंटे के लिए 5A पर चार्ज किया जाता है। फिर इसे R Ω के प्रतिरोध के माध्यम से 12 V के निरंतर टर्मिनल वोल्टेज पर 6 घंटे में डिस्चार्ज किया जाता है। 85% की एम्पीयर-घंटे की दक्षता के लिए R के मान की गणना करें। (**उत्तर** 4.84 ओम)
3. एक इमारत में (i) 60 W के 12 प्रकाश बिंदु हैं, जिनमें से प्रत्येक दिन में 4 घंटे जलता है, (ii) 75 वाट का 4 पंखा बिंदु, प्रत्येक दिन 10 घंटे चलता है, (iii) 750 W हीटर के लिए एक प्लग प्वाइंट का उपयोग किया जाता है दिन में एक घंटा। (iv) एक रेडियो ८० वाट प्रतिदिन 6 घंटे और (v) 1/2 HP 80% दक्षता वाला पंप 2 घंटे प्रतिदिन चल रहा है। kW में कुल कनेक्टेड लोड की गणना करें, अधिकतम संभव करेंट, ऊर्जा की दैनिक खपत और मासिक बिल। आपूर्ति 230 वोल्ट पर दी जाती है और ऊर्जा लागत रु 5.15 प्रति यूनिट। एक मीटर का किराया रु. 50 प्रति माह। 30 दिनों का महीना मान लें। (**उत्तर** 2.31 kW; 10.043 A; 240.9 kW; 1290.60)

परियोजना

Project-1 Free Energy Using Magnet With Copper Wire 100%	Project-2 Free Energy Using Speaker Magnet Technology For 2019	Project-3 How to repair LED Bulb By Easy To Electric	Project-4 RFID Door lock system using Arduino Mini Project Demo

सारांश

1. **स्विचगियर:** एक विद्युत शक्ति प्रणाली में, विद्युत उपकरण को नियंत्रित करने, संरक्षित करने और अलग करने के लिए उपयोग किए जाने वाले विद्युत स्विच, फ़्यूज़ या सर्किट ब्रेकर के संयोजन को स्विचगियर कहा जाता है।
2. **पावर कंडक्टिंग कंपोनेंट्स:** सभी स्विच, सर्किट ब्रेकर, फ़्यूज़ और लाइटनिंग अरेस्टर, जो विद्युत शक्ति के प्रवाह को संचालित या बाधित करते हैं, इस श्रेणी में आते हैं।

3. **कंट्रोलिंग कंपोनेंट्स:** सभी कंट्रोल पैनल, करेंट ट्रांसफॉर्मर, संभावित ट्रांसफॉर्मर, प्रोटेक्टिव रिले और संबंधित सर्किटरी, जो पावर कंडक्टिंग कंपोनेंट्स की निगरानी, नियंत्रण और सुरक्षा करते हैं, इस श्रेणी में आते हैं।
4. **एचवी, एमवी और एलवी स्विचगियर्स:** पावर सिस्टम में, इलेक्ट्रिकल स्विचगियर्स को एचवी, एमवी और एलवी स्विचगियर्स के रूप में वर्गीकृत किया जाता है।
5. **एचवी स्विचगियर्स:** हाई वोल्टेज सर्किट ब्रेकर, एचवी स्विचगियर का मुख्य घटक है,
6. **एमवी स्विचगियर्स:** 3 kW से 33 kW के बीच वोल्टेज को संभालने के लिए स्विचगियर सिस्टम को मध्यम वोल्टेज स्विचगियर या एमवी स्विचगियर के रूप में वर्गीकृत किया जाता है। ये स्विचगियर्स कई तरह के होते हैं।
7. **एलवी स्विचगियर्स:** आम तौर पर 1 kW तक रेटेड विद्युत स्विचगियर को कम वोल्टेज स्विचगियर कहा जाता है। LV स्विचगियर शब्द में लो वोल्टेज सर्किट ब्रेकर, स्विच, ऑफ लोड इलेक्ट्रिकल आइसोलेटर्स, HRC फ़्यूज़, अर्थ लीकेज सर्किट ब्रेकर, मिनिएचर सर्किट ब्रेकर (MCB) और मोल्डेड केस सर्किट ब्रेकर (MCCB) आदि शामिल हैं यानी LV सिस्टम की सुरक्षा के लिए आवश्यक सभी एक्सेसरीज़ .
8. **स्विच फ्यूज यूनिट (एसएफयू):** इसमें पोर्सिलेन या एचआरसी फ्यूज और स्विच शामिल हैं। स्विच को एक हैंडल की मदद से मैन्युअल रूप से संचालित किया जाता है।
9. **मिनिएचर सर्किट ब्रेकर (एमसीबी):** यह एक ऐसा उपकरण है जो ओवर करेंट और शॉर्ट सर्किट दोषों के खिलाफ वायरिंग सिस्टम और परिष्कृत उपकरणों की निश्चित सुरक्षा सुनिश्चित करता है।
10. **ईएलसीबी या आरसीसीबी:** अर्थ लीकेज सर्किट ब्रेकर या रेजिड्यू करेंट सर्किट ब्रेकर एक ऐसा उपकरण है जो अर्थ लीकेज फॉल्ट से सुरक्षा प्रदान करता है।
11. **मोल्डेड केस सर्किट ब्रेकर:** मोल्डेड केस सर्किट ब्रेकर विद्युत सुरक्षा उपकरण है जिसका उपयोग आमतौर पर तब किया जाता है जब लोड करेंट मिनिएचर सर्किट ब्रेकर की क्षमताओं से अधिक हो जाता है।
12. **तार और केबल्स:** इन्सुलेशन से ढके एक ठोस या फंसे हुए कंडक्टर को एक इन्सुलेटेड तार या केबल के रूप में जाना जाता है।
13. **लो टेंशन (एलटी) केबल:** ये केबल 1000 V तक के सिस्टम वोल्टेज के लिए कार्यरत हैं। आमतौर पर, इन केबलों का उपयोग 400 V पर विद्युत शक्ति के वितरण के लिए किया जाता है। केबल दो प्रकार के होते हैं जैसे सिंगल-कोर और मल्टी-कोर केबल।
14. **अर्थिंग :** सभी विद्युत उपकरणों और उपकरणों के धातु निकायों को पृथ्वी के विशाल द्रव्यमान से नगण्य प्रतिरोध के तार से जोड़ने की प्रक्रिया को अर्थिंग कहा जाता है।
15. **अर्थिंग का उद्देश्य :** अर्थिंग का मूल उद्देश्य मानव शरीर (ऑपरेटर) को बिजली के झटके से बचाना है।
16. **इक्विपमेंट अर्थिंग :** भारतीय विद्युत नियमों के अनुसार 125 V इससे अधिक पर संचालित होने वाले सभी विद्युत उपकरणों/उपकरणों/उपकरणों के धात्विक निकायों को पृथ्वी के लिए अनिवार्य है।
17. **सिस्टम अर्थिंग :** 125 वोल्ट या उससे अधिक पर संचालित सभी विद्युत उपकरण/उपकरणों को कम से कम दो स्थानों पर डबल अर्थिंग कहा जाना चाहिए।
18. **अर्थिंग के तरीके :** अर्थिंग के लिए निम्नलिखित विधि अपनाई जा सकती है (i) स्ट्रिप अर्थिंग (ii) वाटर मेन्स के माध्यम से अर्थिंग (iii) रॉड अर्थिंग (iv) पाइप अर्थिंग (v) प्लेट अर्थिंग। पाइप अर्थिंग को सबसे अच्छा तरीका माना जाता है।

19. **बैटरी:** श्रृंखला में जुड़े कई सेल, एकल कंटेनर में रखे जाते हैं, बैटरी कहलाते हैं।

20. **बैटरी की क्षमता:** बिजली की मात्रा (आह में) जो एक बैटरी एकल डिस्चार्ज में वितरित कर सकती है, इसकी क्षमता कहलाती है।

21. सेल या बैटरी की क्षमता :

$$\eta_{AH} = \frac{I_d\ T_d}{I_c\ T_c};\ \eta_{WH} = \frac{I_d\ T_d\ V_d}{I_c\ T_c\ V_c}$$

22. लीड-एसिड सेल या बैटरी के चार्ज संकेत:
    (i) इलेक्ट्रोलाइट का विशिष्ट गुरुत्व: 1.280 से 1.290 - 100% चार्ज
    (ii) वोल्टेज: 2V से अधिक - पूरी तरह से चार्ज; 1.8 V से नीचे - पूरी तरह से डिस्चार्ज ।
    (iii) प्लेटों का रंग: एनोड - चॉकलेट ब्राउन और कैथोड - ग्रे पूरी तरह से चार्ज; दोनों सफेद - पूरी तरह से डिस्चार्ज।

23. निकल - लौह क्षारीय कोशिका: एनोड - $Ni(OH)_4$; कैथोड - Fe; इलेक्ट्रोलाइट - KOH

    विद्युत विशेषताएँ:
    (i) ई.एम.एफ. एक पूरी तरह चार्ज सेल का 1.4 V है जो तेजी से घटकर 1.3 V हो जाता है औसत ई.एम.एफ. सेल की मात्रा 1.2 V है जो पूरी तरह से डिस्चार्ज होने पर घटकर 1.0 V हो जाती है।
    (ii) उच्च आंतरिक प्रतिरोध - लेड-एसिड सेल के लिए 5 गुना।
    (iii) η_{AH} – 80% (App) ; η_{WH} – 60% (App.)

24. ऊर्जा खपत के लिए गणना: एक निर्दिष्ट अवधि में उपभोक्ता द्वारा खपत की गई विद्युत ऊर्जा की मात्रा को बिजली बिल तैयार करने के लिए आपूर्तिकर्ता द्वारा निर्धारित दर (या टैरिफ) से गुणा किया जाता है।

लघु उत्तरीय प्रश्न

1. स्विचगियर से आप क्या समझते हैं?
2. एलटी स्विचगियर के महत्वपूर्ण तत्व क्या हैं?
3. एसएफयू का कार्य क्या है?
4. एसएफयू पर एमसीबी को प्राथमिकता क्यों दी जाती है?
5. ईएलसीबी का प्रमुख कार्य क्या है?
6. आप एमसीसीबी और एमसीबी में कैसे अंतर करेंगे?
7. सीटीएस और वीआईआर वायर क्या है?
8. आवासीय और व्यावसायिक भवनों में आमतौर पर उपयोग किए जाने वाले विभिन्न प्रकार के वायरिंग सिस्टम के नाम बताइए।
9. अर्थिंग से आप क्या समझते है ?
10. शुष्क गर्मी के मौसम में पृथ्वी प्रतिरोध को कैसे कम रखा जा सकता है?
11. डबल अर्थिंग से आप क्या समझते है ?

12. आप किस प्रकार की अर्थिंग को पाइप अर्थिंग या प्लेट अर्थिंग पसंद करेंगे ? कारण दीजिये।
13. विद्युत उपकरणों के बाहरी धात्विक निकाय पृथ्वी से कैसे जुड़े हैं?
14. लेड-एसिड बैटरी के कंटेनर का क्या कार्य है।
15. सेपरेटर में बड़ी संख्या में छिद्र क्यों होते हैं।
16. लेड-एसिड बैटरी के पाँच महत्वपूर्ण अनुप्रयोगों का उल्लेख कीजिए।
17. बैटरी की स्थितियों की जाँच करते समय यह देखा जाता है कि फ्लोट इलेक्ट्रोलाइट के विभिन्न विशिष्ट गुरुत्व पर विभिन्न स्तरों पर डुबकी लगाता है, क्यों?
18. लीड-एसिड बैटरी के चार्ज संकेत क्या हैं?
19. बैटरी की क्षमता से आप क्या समझते है ? इसकी इकाइयाँ क्या हैं?
20. बैटरी की एम्पीयर-घंटे दक्षता को परिभाषित करें।
21. बैटर की क्षमता से आप क्या समझते हैं, वे कौन से कारक हैं जिन पर यह निर्भर करता है?
22. हम लीड-एसिड बैटरी की देखभाल कैसे करते हैं? पाँच प्रमुख बिंदु लिखिए।
23. लेड-एसिड बैटरी के अनुप्रयोग क्या है ?
24. निकल-लौह क्षारीय कोशिका के महत्वपूर्ण घटकों के नाम लिखिए।
25. निकल-लौह सेल की विद्युत विशेषताएँ क्या हैं?
26. आप उपभोक्ता द्वारा उपयोग की जाने वाली विद्युत ऊर्जा के शुल्कों की गणना कैसे करेंगे?
27. लेड-एरिट बैटरी के आवेश संकेतों का उल्लेख कीजिए।

अभ्यास के लिए संख्यात्मक प्रश्न

1. एक क्षारीय सेल को 12 घंटे के लिए 5 A की स्थिर धारा पर डिस्चार्ज किया जाता है, औसत टर्मिनल वोल्टेज 1.2 V होता है, इसे वोल्टेज की मूल स्थिति में बहाल करने के लिए, 20 घंटे के लिए 4A की एक स्थिर धारा की आवश्यकता होती है, औसत टर्मिनल वोल्टेज 1.44 V है। इस विशेष मामले में एम्पीयर-घंटे और वाट-घंटे की क्षमता की गणना करें। (**उत्तर** 75%, 62.5%)
2. एक डिस्चार्ज की गई बैटरी को 13.5 V के माध्य चार्जिंग वोल्टेज पर 4 घंटे के लिए 6A पर चार्ज किया जाता है। फिर इसे R Ω के प्रतिरोध के माध्यम से 12 V के निरंतर टर्मिनल वोल्टेज पर 6 घंटे में डिस्चार्ज किया जाता है। 85% की एम्पीयर-घंटे की दक्षता के लिए R के मान की गणना करें। (**उत्तर** 3.53)
3. एक सेकेंडरी सेल की एम्पीयर-घंटे और वाट-घंटे क्षमता की गणना करें जिसमें 10 A की 20 घंटे चार्ज दर और 36 घंटे के लिए 5 A की डिलीवरी दर 1.96 V के औसत टर्मिनल वोल्टेज के साथ है। चार्जिंग के दौरान टर्मिनल वोल्टेज का औसत मान होता है 2.35 V. (**उत्तर** 90%; 75.06%)
4. एक भवन में (i) 60 C के 20 प्रकाश बिंदु हैं, प्रत्येक प्रकाश दिन में 5 घंटे, (ii) 70 W के 10 पंखे बिंदु प्रतिदिन 18 घंटे चलते हैं, (iii) 750 W हीटर के साथ एक प्लग प्वाइंट का उपयोग किया जाता है दिन में दो घंटे। (iv) 80 W के

दो टीवी प्रतिदिन 6 घंटे और (v) 1/2 HP पंप मोटर की 80% दक्षता दिन में 2 घंटे चलती है। kW में कुल कनेक्टेड लोड की गणना करें, अधिकतम संभव करेंट, ऊर्जा की दैनिक खपत और मासिक बिल। आपूर्ति 230 V दी जाती है और ऊर्जा लागत रु 6.00 प्रति यूनिट। एक मीटर का किराया रु. 80 प्रति माह। 30 दिनों का महीना मान लें।

(**उत्तर** 3.285 kW, 14.28 A, 22.01 kWHr, 3961.80 रुपए)

बहुविकल्पीय प्रश्न

1. मोटर वायरिंग इंस्टॉलेशन में, डबल इयरिंग की आवश्यकता होती है।
   (a) सिंगल (b) डबल (c) ट्रिपल (d) ये सभी
2. फ्यूज तत्व के लिए प्रयुक्त सामग्री है
   (a) तांबा (b) एल्यूमिनियम (c) टिन-लेड मिश्र धातु (d) a, b या c में से कोई भी
3. फ्यूज के लिए प्रयुक्त सामग्री में होना चाहिए
   (a) कम पिघलने बिंदु और कम विशिष्ट प्रतिरोध (b) कम पिघलने बिंदु और उच्च विशिष्ट प्रतिरोध।
   (c) उच्च गलनांक और कम विशिष्ट प्रतिरोध (d) किसी विशिष्ट प्रतिरोध के साथ कम गलनांक।
4. फ्यूज हमेशा जुड़ा रहता है
   (a) सर्किट के साथ श्रृंखला में संरक्षित किया जाना है (b) सर्किट के समानांतर में संरक्षित किया जाना है
   (c) या तो (a) या (b) (d) इनमें से कोई नहीं
5. फ्यूज हमेशा में जुड़ा होता है
   (a) तटस्थ (b) पृथ्वी (c) चरण (d) कोई (a), (b) या (c)।
6. अर्थिंग का मूल उद्देश्य है कि
   (a) यह दोषों से बचा जाता है (b) यह सर्किट में प्रवाह की अनुमति देता है
   (c) यह ऑपरेटर को बिजली के झटके से बचाता है (d) यह सर्किट में प्रवाह को रोकता है।
7. भारी बिजली उपकरणों के उचित अर्थिंग के लिए, आई.ई. नियम के अनुसार
   (a) सिंगल अर्थिंग पर्याप्त है (b) डबल अर्थिंग सिस्टम को अपनाना होगा
   (c) आधा अर्थिंग पर्याप्त है (d) उपरोक्त में से कोई एक।
8. अर्थ का प्रतिरोध बहुत कम होना चाहिए
   (a) बहुत कम (b) 10 Ω (c) 100 Ω (d) बहुत ऊँचा
9. सेल की क्षमता निर्भर करती है
   (a) प्लेट सामग्री और इलेक्ट्रोलाइट की प्रकृति (b) प्लेटों का आकार और इलेक्ट्रोलाइट की मात्रा
   (c) दोनों (a) और (b) (d) उपरोक्त में से कोई नहीं
10. एक कार में प्रयुक्त 12 V लेड-एसिड बैटरी में
    (a) 10 सेल श्रृंखला में जुड़े होते है (b) 10 सेल समानांतर में जुड़े होते है
    (c) 6 सेल समानांतर में जुड़े होते है (d) 6 सेल श्रृंखला में जुड़े होते है

11. किसी विद्युत अपघट्य के विशिष्ट गुरुत्व की जांच करने के लिए प्रयुक्त उपकरण का नाम है
    (a) हाइड्रोमीटर (b) लैक्टोमीटर (c) बैरोमीटर (d) वोल्टमीटर

12. निकल-लौह बैटरी में प्रयुक्त इलेक्ट्रोलाइट है
    (a) H_2SO_4 (b) $K(OH)_2$
    (c) NaCl (d) उपरोक्त में से कोई नहीं

13. जब लेड-एसिड बैटरी पूरी तरह चार्ज हो जाती है।
    (a) सकारात्मक प्लेटों का रंग चॉकलेट ब्राउन होगा (b) नकारात्मक प्लेटों का रंग सफेद होगा
    (c) इलेक्ट्रोलाइट का विशिष्ट गुरुत्व 1.15 होगा (d) उपरोक्त सभी

14. जब एक निकेल-आयरन सेल पूरी तरह से चार्ज हो जाता है
    (a) सकारात्मक और नकारात्मक प्लेटों की सक्रिय सामग्री क्रमशः नी (ओएच) 4 और फे होगी।
    (b) पी.डी. सेल के टर्मिनल के पार 1.4 V
    (c) हो इलेक्ट्रोलाइट (KOH) का विशिष्ट गुरुत्व 1.2 होगा।
    (d) उपरोक्त सभी।

परिक्षण प्रश्न

1. विद्युत स्विचगियर से आप क्या समझते हैं? आप इसे कैसे वर्गीकृत करेंगे?
2. एल.वी. स्विचगियर से आप क्या समझते हैं? एसएफयू कितने प्रकार के होते हैं।
3. एक एमसीबी के निर्माण और कार्यप्रणाली की व्याख्या करें।
4. कैसे एक एमसीबी फ्यूज करने के लिए अलग है?
5. एमसीसीबी से आप क्या समझते हैं? यह एमसीबी से कैसे भिन्न है?
6. ईएलसीबी के निर्माण और कार्यप्रणाली की व्याख्या करें।
7. एक फ्यूज विद्युत उपकरण के जीवन की रक्षा और रखरखाव कैसे करता है?
8. घरेलू प्रतिष्ठानों में उपयोग किए जाने वाले केबलों (या तारों) को वर्गीकृत करें
9. स्वच्छ रेखाचित्र की सहायता से 4-कोर LV केबल के निर्माण की व्याख्या कीजिए।
10. अर्थिंग क्या है। इसका उद्देश्य क्या है ?
11. सिस्टम अर्थिंग और उपकरण अर्थिंग की व्याख्या करें।
12. अर्थिंग की विभिन्न विधियाँ क्या है ? पाइप अर्थिंग को समझाइए।
13. डबल अर्थिंग से क्या समझते है ?
14. लेड-एसिड स्टोरेज बैटरी के निर्माण और कार्यप्रणाली की व्याख्या करें।
15. लीड एसिड सेल की आवेशित स्थिति को निर्धारित करने के लिए हाइड्रोमीटर का उपयोग कैसे किया जाता है? समझाना।
16. लेड-एसिड बैटरी की देखभाल और रखरखाव पर एक नोट लिखें।

17. लेड-एसिड बैटरी और निकल-आयरन बैटरी की महत्वपूर्ण विशेषताओं की व्याख्या करें।
18. लेड-एसिड सेल के प्रयोग में बरती जाने वाली सावधानियों का उल्लेख कीजिए।
19. एक विशिष्ट निकल-लौह क्षारीय सेल की निर्माणात्मक विशेषता की व्याख्या करें।
20. लेड-एसिड बैटरी के कम से कम पाँच महत्वपूर्ण अनुप्रयोग दीजिए।
21. आप उपभोक्ता के बिजली बिल की गणना कैसे करेंगे?

अटेनमेंट एवं गैप विश्लेषण

गैप विश्लेषण करने और उपचारात्मक उपाय करने के लिए प्रोग्राम आउटकम्स और कोर्स आउटकम्स का परस्पर संबंध

कोर्स आउटकम्स	प्रोग्राम आउटकम्स की प्राप्ति 1-कमज़ोर सह-संबंध ; 2-मध्यम सह-संबंध ; 3-मजबूत सह-संबंध											
	PO-1	PO-2	PO-3	PO-4	PO-5	PO-6	PO-7	PO-8	PO-9	PO-10	PO-11	PO-12
CO-1												
CO-2												
CO-3												
CO-4												
CO-5												

बहुविकल्पीय प्रश्नों के उत्तर													
1.	(b)	2.	(d)	3.	(a)	4.	(a)	5.	(c)	6.	(c)	7.	(b)
8.	(a)	9.	(b)	10.	(d)	11.	(a)	12.	(d)	13.	(a)	14.	(d)

प्रयोगशाला

प्रयोग 9

(a) डीसी-डीसी कन्वर्टर्स का प्रदर्शन (b) डीसी-एसी कन्वर्टर्स - पीडब्लूएम वेवफॉर्म (c) एक इंडक्शन मोटर की गति नियंत्रण के लिए डीसी-एसी कनवर्टर का उपयोग और (d) एलटी स्विचगियर के घटक।

उद्देश्य:

1. यह दिखाने के लिए कि एक अल्टरनेटर में उत्पन्न वोल्टेज संतृप्ति से पहले उत्तेजना (फील्ड करेंट) के समानुपाती होता है।
2. यह दिखाने के लिए कि एक अल्टरनेटर का टर्मिनल वोल्टेज लोड में वृद्धि के साथ गिरता है (जब लोड प्रतिरोधक या आगमनात्मक होता है) यानी डायरेक्ट लोडिंग विधि द्वारा अल्टरनेटर के विनियमन का निर्धारण।

सिद्धांत:

(a) डीसी-डीसी पावर कन्वर्टर्स

डीसी-डीसी पावर कन्वर्टर्स विभिन्न प्रकार के अनुप्रयोगों में कार्यरत हैं जैसे व्यक्तिगत कंप्यूटर, लैपटॉप, कार्यालय उपकरण, अंतरिक्ष यान पावर सिस्टम, दूरसंचार उपकरण, डीसी मोटर ड्राइव इत्यादि के लिए बिजली की आपूर्ति। डीसी-डीसी कन्वर्टर का इनपुट एक अनियमित डीसी है। वोल्टेज और यह विभिन्न परिमाण के एक विनियमित आउटपुट वोल्टेज का उत्पादन करता है।

चित्र 9.1 : हिरन कनवर्टर का सचित्र दृश्य

कन्वर्टर्स का वर्गीकरण

डीसी-डीसी कन्वर्टर्स को इस प्रकार वर्गीकृत किया जा सकता है:

- **बक कन्वर्टर:** ये स्टेप डाउन कन्वर्टर्स हैं, इनका आउटपुट वोल्टेज डीसी इनपुट वोल्टेज से कम होता है।
- **बूस्ट कन्वर्टर:** ये स्टेप अप कन्वर्टर्स होते हैं, इनका आउटपुट वोल्टेज डीसी इनपुट वोल्टेज से अधिक होता है।
- **बक-बूस्ट कनवर्टर:** उनका आउटपुट वोल्टेज डीसी इनपुट वोल्टेज से अधिक या कम हो सकता है ।

बक कन्वर्टर्स

कार्य प्रणाली :

एक बक कनवर्टर के दो सर्किट कॉन्फ़िगरेशन *यानी* ऑन-स्टेट, जब स्विच बंद होता है, और ऑफ-स्टेट, जब स्विच खुला होता है, क्रमशः चित्र 9.2 और 9.3 में दिखाया गया है । तीर पारंपरिक धारा के प्रवाह की दिशा का संकेत देते हैं।

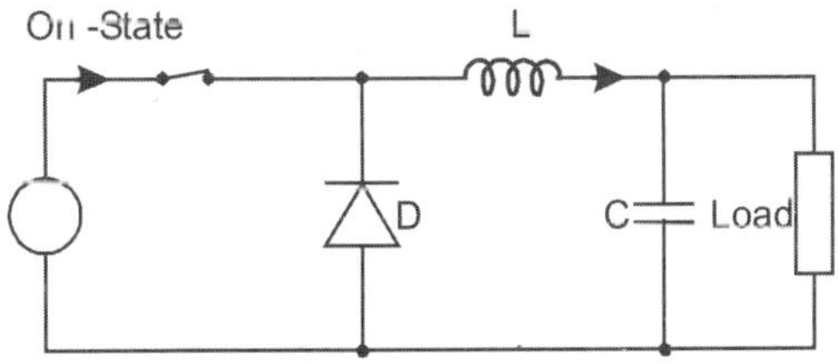

चित्र 9.2: ऑन-स्टेट

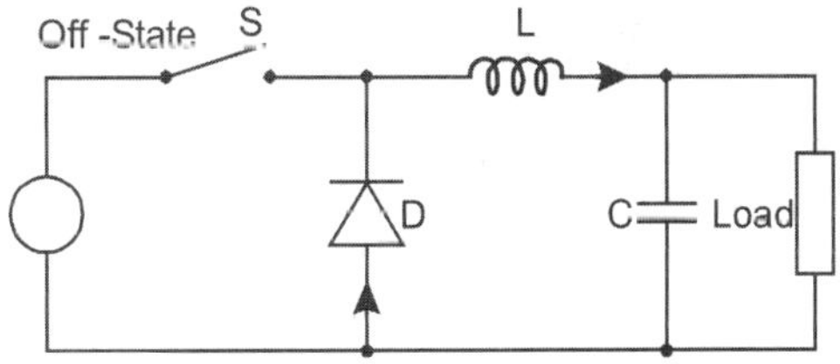

चित्र 9. 3 : ऑफ-स्टेट

बक कनवर्टर की कार्यप्रणाली को करेंट और वोल्टेज के बीच संबंध के संदर्भ में सबसे अच्छी तरह से समझा जाता है।

ऑन-स्टेट

पहले पल में स्विच, (ऑन-स्टेट) बंद कर दिया है जैसा कि चित्र 9.2 में दिखाया गया है । ऑन-स्टेट में करेंट का मान बढ़ने लगेगा, और इंडक्टर करेंट बदलने के जवाब में अपने टर्मिनलों भर में एक विरोधी वोल्टेज का उत्पादन होगा। यह वोल्टेज ड्रॉप स्रोत के वोल्टेज का प्रतिकार करता है और इसलिए पूरे लोड में शुद्ध वोल्टेज को कम करता है।

यदि स्विच खोला जाता है जबकि करेंट अभी भी बदल रहा है, तो हमेशा इंडक्टर के पार वोल्टेज ड्रॉप होगा, इसलिए लोड पर नेट वोल्टेज हमेशा इनपुट वोल्टेज यानी स्रोत वोल्टेज से कम होगा ।

ऑफ-स्टेट

जब स्विच फिर से (ऑफ-स्टेट) खोला जाता है, जैसा कि चित्र 9.3 में दिखाया गया है , करेंट कम होने लगेगा। घटती धारा इंडक्टर में एक वोल्टेज ड्रॉप उत्पन्न करेगी जो कि ऑन-स्टेट पर ड्रॉप के विपरीत होगी और इसलिए, इंडक्टर एक करेंट स्रोत बन जाता है। इंडक्टर के चुंबकीय क्षेत्र में संग्रहीत ऊर्जा जारी की जाती है जो भार के माध्यम से करेंट प्रवाह का समर्थन करती है। यह ऑफ-स्टेट करेंट ऑन- स्टेट के दौरान बहने वाले करेंट में जोड़ा जाता है , इसलिए, कुल करेंट औसत इनपुट करेंट (ऑफ-स्टेट के दौरान शून्य) से अधिक हो जाता है।

इस प्रकार, ऑफ-स्टेट के दौरान, वोल्टेज में कमी होती है , लेकिन इस कमी की भरपाई औसत करेंट में वृद्धि से होती है। आदर्श रूप से , यह भार को प्रदान की गई शक्ति को संरक्षित करता है। यह सब केवल इसलिए होता है क्योंकि ऑफ-स्टेट के दौरान, इंडक्टर अपनी संग्रहीत ऊर्जा को शेष सर्किट में निर्वहन कर रहा है।

इसलिए, पूरे लोड में एक कम वोल्टेज प्राप्त किया जाता है, इस प्रकार एक बक कनवर्टर आउटपुट पर डीसी वोल्टेज को कम कर देता है।

बूस्ट कन्वर्टर्स

बूस्ट कन्वर्टर एक डीसी- से -डीसी पावर कन्वर्टर है जो वोल्टेज को बढ़ाता है और करेंट को कम करता है जिससे कि इनपुट पावर सप्लाई आउटपुट (लोड) के समान रहती है ।

सर्किट

बूस्ट कनवर्टर का ब्लॉक आरेख (पारंपरिक सर्किट) और सचित्र दृश्य क्रमशः चित्र 9.4 और 9 .5 में दिखाया गया है । बूस्ट कनवर्टर में निम्नलिखित अवयव अनिवार्य रूप से शामिल होते हैं ;

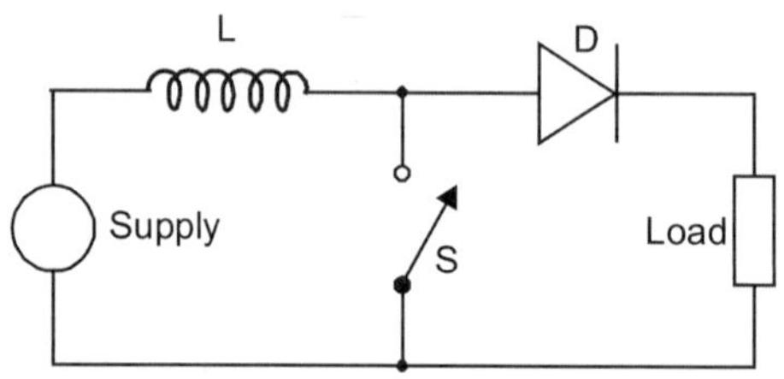

चित्र 9.4 : बूस्ट कन्वर्टर का सर्किट आरेख

चित्र 9.5 : बूस्ट कन्वर्टर का सचित्र दृश्य

- कम से कम दो अर्धचालक - एक डायोड और एक ट्रांजिस्टर, हालांकि, आधुनिक बक कन्वर्टर्स में आमतौर पर डायोड को एक ट्रांजिस्टर से बदल दिया जाता है और ट्रांजिस्टर को एक मोसफेट या आईजीबीटी से बदल दिया जाता है ।
- कम से कम एक ऊर्जा भंडारण तत्व - एक संधारित्र, इंडक्टर या दोनों का संयोजन ।
- अतिरिक्त कैपेसिटर (या कभी-कभी कैपेसिटर और इंडक्टर्स का संयोजन) - इनका उपयोग तरंगों को फ़िल्टर करने के लिए किया जाता है। इन घटकों को आम तौर पर आउटपुट (लोड-साइड) और इनपुट (सप्लाई-साइड) में जोड़ा जाता है सर्किट को सरल बनाने के लिए यहाँ नहीं दिखाया गया है।

सिद्धांत:

बूस्ट कन्वर्टर का मूल सिद्धांत एक चुंबकीय क्षेत्र को बनाकर और नष्ट करके करेंट में बदलाव का विरोध करने के लिए एक इंडक्टर की प्रवृत्ति है। इस कनवर्टर में, आउटपुट वोल्टेज हमेशा इनपुट वोल्टेज से अधिक होता है। एक बूस्ट पावर स्टेज का योजनाबद्ध चित्र 9.6 में दिखाया गया है ।

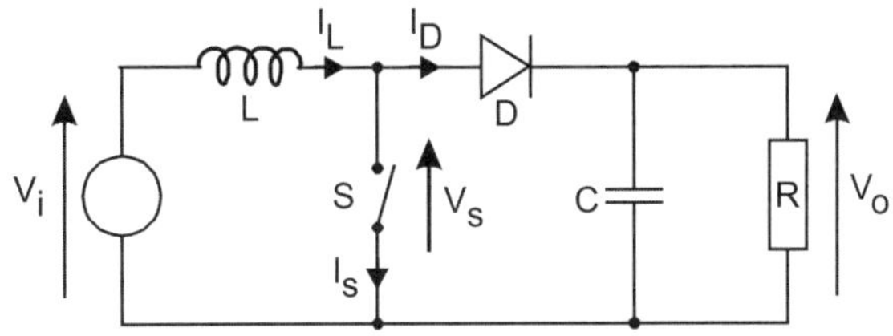

चित्र 9.6 : बूस्ट कनवर्टर योजनाबद्ध सर्किट

ऑन-स्टेट : जब स्विच बंद कर दिया है (ऑन राज्य), घड़ी की दिशा में इंडक्टर के माध्यम से प्रवाहित होती है, एक चुंबकीय क्षेत्र विकसित होती है, और कुछ ऊर्जा उसमें संग्रहीत हो जाता है और इंडक्टर एक ध्रुवता प्राप्त करते हैं।

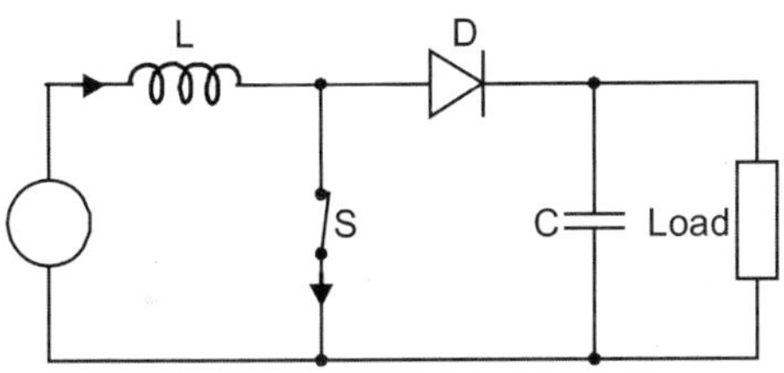

चित्र 9.7 : ऑन-स्टेट

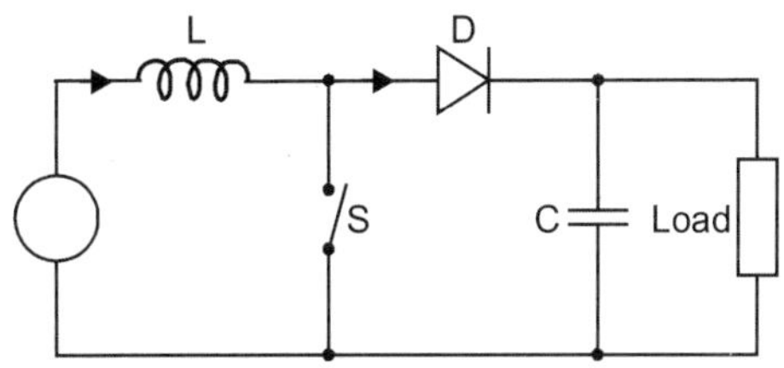

चित्र 9.8 : ऑफ-स्टेट

ऑफ-स्टेट :

जब स्विच (ऑफ-स्टेट) खोला जाता है, तो करेंट कम हो जाएगा क्योंकि प्रतिबाधा अधिक है। पहले बनाया गया चुंबकीय क्षेत्र लोड की ओर करेंट बनाए रखने के लिए ढह जाएगा। इस प्रकार, दो स्रोतों का ईएमएफ श्रृंखला में होगा, जिससे डायोड (D) के माध्यम से संधारित्र को चार्ज करने के लिए एक उच्च वोल्टेज होगा ।

इसलिए, एक उच्च वोल्टेज और कम करेंट पूरे लोड में प्राप्त होता है, इस प्रकार एक बूस्ट कन्वर्टर डीसी वोल्टेज को बढ़ाता है लेकिन आउटपुट पर करेंट को कम कर देता है ।

प्रक्रिया:

डीसी-डीसी कन्वर्टर्स को प्रदर्शित करने के लिए :

1. लैब में उपलब्ध कनवर्टर के अनुसार कनेक्शन बनाएं ।
2. प्रभारी शिक्षक से कनेक्शन की जांच कराएं।
3. इनपुट और आउटपुट डीसी वोल्टेज को मापें और सीआरओ पर इनपुट और आउटपुट पर तरंग आकार का निरीक्षण करें।

(b) डीसी-एसी सी कनवर्टर - पीडब्लूएम वेवफॉर्म

पल्स विड्थ मॉडुलन

पल्स चौड़ाई मॉडुलन (पीडब्लूएम) एक डिजिटल तकनीक है जो एक डिवाइस पर वितरित शक्ति की मात्रा बदलने का कार्य करता

है । पल्स विड्थ मॉड्यूलेटर एक डिजिटल स्रोत का उपयोग करके एनालॉग सिग्नल उत्पन्न करता है। पीडब्लूएम सिग्नल मूल रूप से एक स्क्वायर वेव होता है जिसे ऑन-स्टेट और ऑफ-स्टेट के बीच स्विच किया जाता है। पीडब्लूएम सिग्नल का कर्तव्य चक्र और आवृत्ति उसके व्यवहार को निर्धारित करती है।

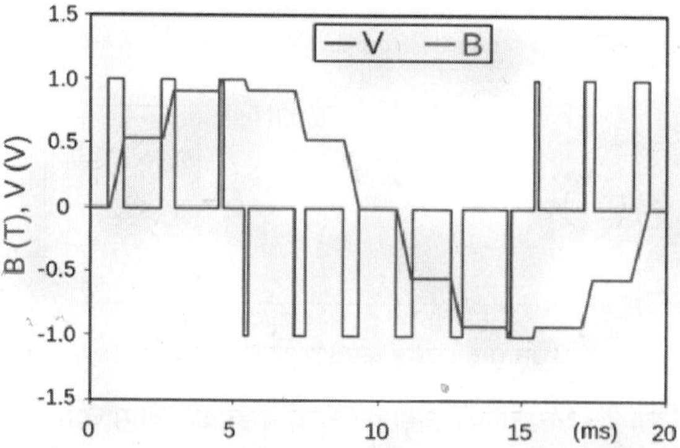

चित्र 9.9 : पल्स विड्थ मॉडुलन (पीडब्लूएम) की आकार तरंग

पल्सों की एक श्रृंखला के रूप में संग्राहक वोल्टेज स्रोत द्वारा संचालित एक आदर्श इंडक्टर में पीडब्लूएम का एक उदाहरण, जिसके परिणाम स्वरूप इंडक्टर में एक साइन लहर की तरह होता है । आयताकार वोल्टेज दालों के परिणामस्वरूप स्विचिंग आवृत्ति बढ़ने के साथ- साथ अधिक से अधिक चिकनी करेंट तरंग होती है। ध्यान दें कि करेंट तरंग वोल्टेज तरंग का अभिन्न अंग है।

(c) एक प्रेरण मोटर की गति नियंत्रण के लिए डीसी-एसी कनवर्टर का उपयोग

सिंगल वोल्टेज स्रोत इन्वर्टर

एकल-चरण वोल्टेज स्रोत इन्वर्टर का एक विशिष्ट पावर-सर्किट टोपोलॉजी चित्र 9 में दिखाया गया है । 10 . मध्यम आउटपुट पावर अनुप्रयोगों के लिए, केवल एक डीसी स्रोत और पसंदीदा डिवाइस हैं:

(i) एन-चैनल IGBTs (Q_1, Q_2, Q_3 आदि- तेज और नियंत्रणीय स्विच के रूप में कार्य करते हैं)

(ii) एक बड़ा डीसी लिंक कैपेसिटर (सीडीसी)

(iii) फास्ट रिकवरी डायोड (D_1, D_2, D_3 आदि)

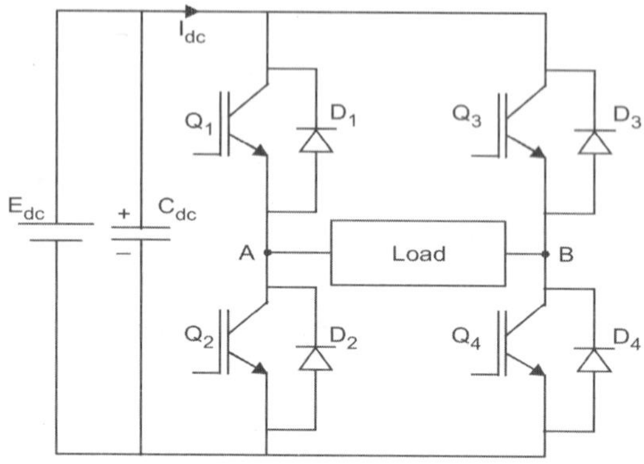

चित्र 9.10 : सिंगल -फेज VSI इन्वर्टर की टोपोलॉजी

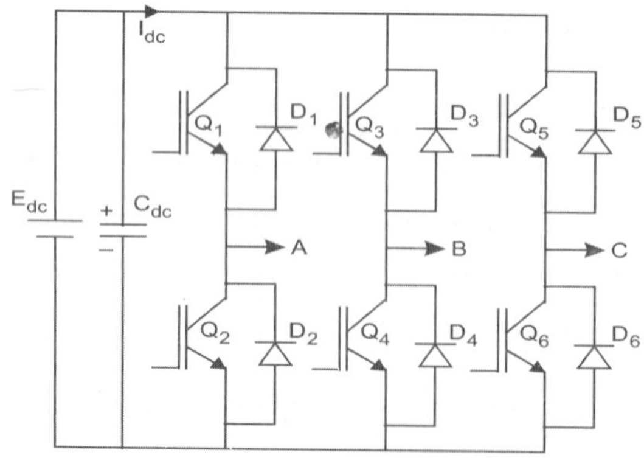

चित्र 9.11 : तीन -फेज VSI इन्वर्टर की टोपोलॉजी

3- फेज वोल्टेज स्रोत इन्वर्टर

3-फेज वोल्टेज स्रोत इन्वर्टर का एक विशिष्ट पावर-सर्किट टोपोलॉजी चित्र 9.11 में दिखाया गया है। मध्यम आउटपुट पावर अनुप्रयोगों के लिए, केवल एक डीसी स्रोत और पसंदीदा डिवाइस हैं:

(i) एन-चैनल IGBTs (Q_1, Q_2, Q_3, Q_4, Q_5, Q_6 - तेज और नियंत्रणीय स्विच के रूप में कार्य करते हैं)

(ii) एक बड़ा डीसी लिंक कैपेसिटर (सीडीसी)

(iii) फास्ट रिकवरी डायोड (D_1, D_2, D_3, D_4, D_5, D_6)

प्रक्रिया:

1. एक डीसी-एसी कनवर्टर सिर्फ एक इन्वर्टर है जो डीसी को एसी में परिवर्तित करता है, जिसका उपयोग हमारे घरेलू प्रतिष्ठानों, कार्यालयों आदि में किया जाता है। उसी इन्वर्टर का प्रयोग चित्र 9.10 और 9.11 में दिखाए गए सर्किट के अनुसार कनेक्शन कर प्रयोग किया जाता है ।
2. प्रभारी शिक्षक से कनेक्शन की जांच कराएं।
3. इनपुट डीसी वोल्टेज और आउटपुट एसी वोल्टेज को मापें, सीआरओ पर इनपुट और आउटपुट पर तरंग आकृतियों का निरीक्षण करें।

(d) एलटी स्विचगियर के घटक

एल टी स्विचगियर के कुछ महत्वपूर्ण घटकों का उल्लेख नीचे किया गया है:

1. स्विच फ्यूज यूनिट (एस एफयू)

स्विच फ़्यूज़: स्विच फ़्यूज़ यूनिट में विभिन्न पोर्सिलेन रीवायरेबल फ़्यूज़ या HRC फ़्यूज़ फिटिंग्स होते हैं जो उनके कंडक्टिंग पार्ट्स के साथ पूर्ण होते हैं। जैसा कि चित्र 9.12 में दिखाया गया है, स्विच को त्वरित-ब्रेक प्रकार तंत्र के साथ मजबूत साइड ऑपरेटिंग हैंडल से सुसज्जित किया गया है। इसका उपयोग मुख्य आपूर्ति को लोड से जोड़ने या डिस्कनेक्ट करने के लिए किया जाता है ।

चित्र 9.12 : स्विच फ्यूज यूनिट (एसएफयू)

2. मिनिएचर सर्किट ब्रेकर (एमसीबी)

मिनिएचर सर्किट ब्रेकर (एमसीबी) एक ऐसा उपकरण है जो ओवर करेंट और शॉर्ट सर्किट दोषों के खिलाफ वायरिंग सिस्टम और परिष्कृत उपकरणों की निश्चित सुरक्षा सुनिश्चित करता है। मिनिएचर सर्किट ब्रेकर का बाहरी दृश्य और आंतरिक विवरण क्रमशः चित्र 9.13 और 9.14 में दिखाया गया है ।

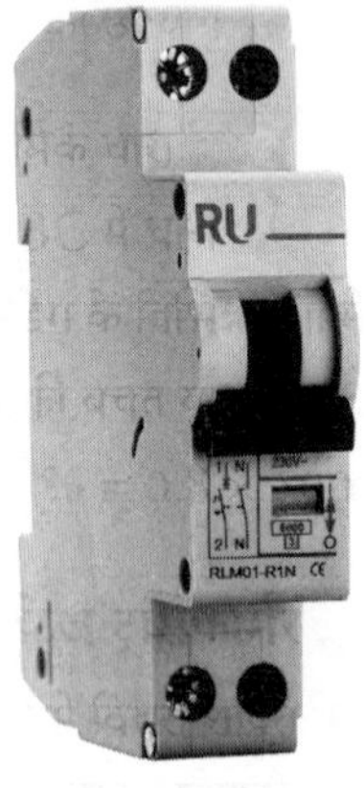

चित्र 9.13 : एमसीबी का बाहरी दृश्य

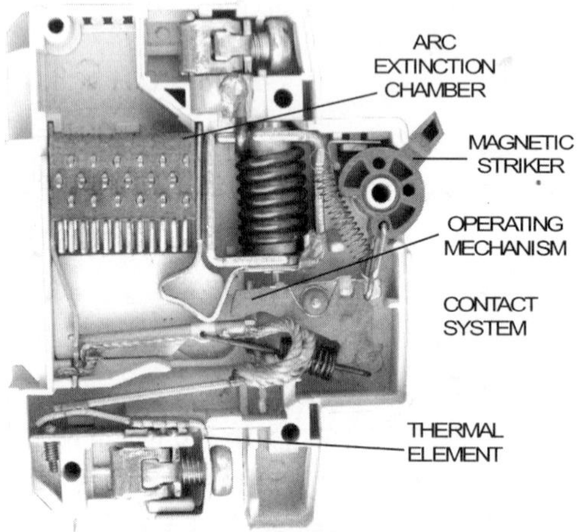

चित्र 9.14 : एमसीबी की आंतरिक संरचना

3. अर्थ लीकेज सर्किट ब्रेकर (ईएलसीबी)

औद्योगिक, वाणिज्यिक और घरेलू भवनों में कभी-कभी (आमतौर पर बरसात के मौसम में) पृथ्वी पर रिसाव होता है। इस रिसाव से बिजली का झटका या आग लग सकती है। इसलिए, पृथ्वी पर रिसाव बहुत खतरनाक है और इसे सुरक्षा की आवश्यकता है।

ईएलसीबी एक उपकरण है जो पृथ्वी रिसाव दोषों से सुरक्षा प्रदान करता है ।

2-पोल ईएलसीबी का उपयोग 1-चरण आपूर्ति के लिए किया जाता है और 4-पोल ईएलसीबी का उपयोग 3-चरण, 4 तार आपूर्ति के लिए किया जाता है। एक 4-पोल ईएलसीबी को चित्र 9.15 में दिखाया गया है ।2-पोल ईएलसीबी का आंतरिक वायरिंग आरेख चित्र 9.16 में दिखाया गया है ।

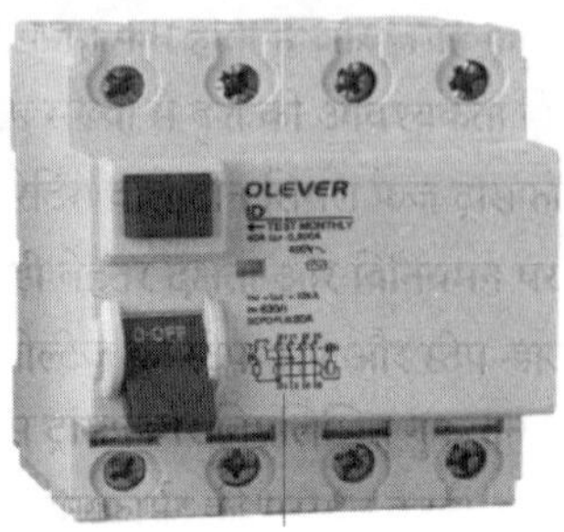

चित्र 9.15 : 4-पोल ईएलसीबी

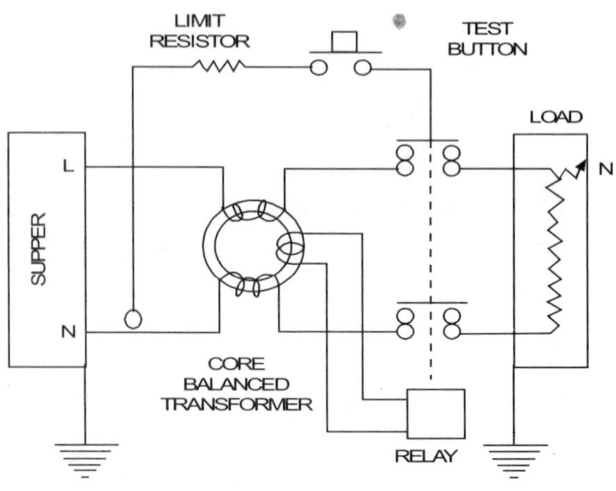

चित्र 9.16 : 2-पोल ईएलसीबी का आंतरिक वायरिंग आरेख

4. मोल्डेड केस सर्किट ब्रेकर (एमसीसीबी)

मोल्डेड केस सर्किट ब्रेकर विद्युत सुरक्षा उपकरण होते हैं जिनका उपयोग आमतौर पर तब किया जाता है जब लोड करेंट मिनिएचर सर्किट ब्रेकर की क्षमताओं से अधिक हो जाता है। उनका उपयोग भी किया जाता है जहां करेंट रेटिंग को ट्रिप सेटिंग्स को समायोजित करके समायोजित करने की आवश्यकता होती है, जो प्लग-इन सर्किट ब्रेकर और एमसीबी में उपलब्ध नहीं हैं। ऐसे दो मोल्डेड केस सर्किट ब्रेकर चित्र 9.17 में दिखाए गए हैं।

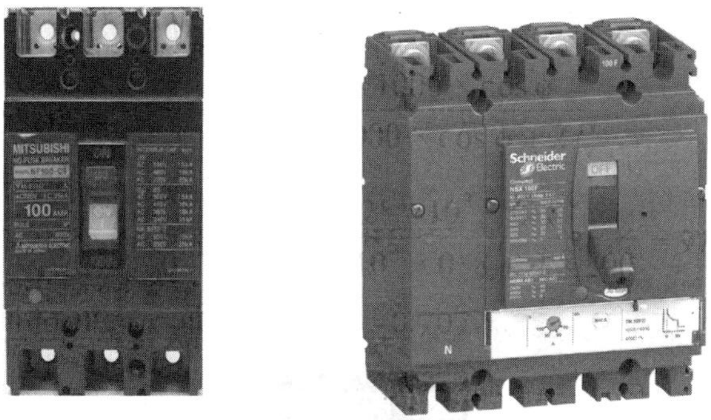

चित्र 9.17 : मोल्डेड केस सर्किट ब्रेकर

5. कुछ सामान्य सहायक उपकरण और उपकरण

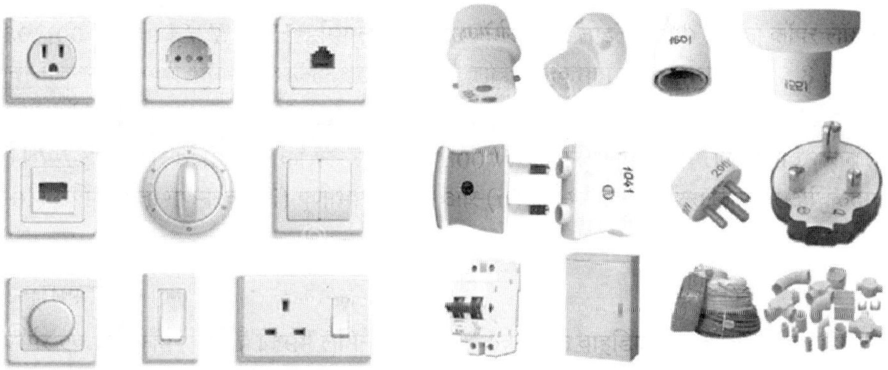

चित्र.9.18 : सामान्य विद्युत उपसाधन

चित्र.9.19: कुछ सामान्य विद्युत उपकरण

आवश्यक उपकरण/उपकरण/घटक :

जैसा कि ऊपर बताया गया है या लैब में उपलब्धता के अनुसार।

सर्किट आरेख:

जैसा कि ऊपर चर्चा की गई है।

प्रक्रिया:

एलटी स्विचगियर के विभिन्न घटकों को प्रदर्शित करने के लिए निम्नानुसार आगे बढ़ें:

1. एल टी स्विचगियर के सभी घटकों को चित्र 9.12 से चित्र 9.19 में दर्शाए अनुसार दिखाएँ।
2. प्रत्येक घटक के कार्य की विवेचना कीजिए।

मौखिक प्रश्नोत्तर :

1. बककन्वर्टर और बूस्ट कन्वर्टर से क्या समझते हैं ?
2. डीसी को एसी में कैसे बदला जाता है ?
3. एसएफयू का कार्य क्या है ?
4. आप कैसे कहेंगे कि एमसीबी एक फ्यूज और स्विच का संयोजन है?
5. ईएलसीबी का कार्य क्या है?

CO और PO अटेनमेंट तालिका

पाठ्यक्रम पूर्ण होने के उपरान्त कोर्स आउटकम्स (COs) को प्रोग्राम आउटकम्स (POs) के साथ मैप (परस्पर संबंध) किया जा सकता है तथा अन्तर का विश्लेषण करने के लिए POs प्राप्ति हेतु सहसंबंध स्थापित किया जा सकता है। POs प्राप्ति में अन्तर के उचित विश्लेषण पश्चात प्राप्त कमियों को दूर करने के लिए उचित उपाय भी कि ये जा सकते है।

CO और PO अटेनमेंट तालिका

कोर्स आउटकम्स (COs)	प्रोग्राम आउटकम्स (POs) के साथ अपेक्षित संबंध (1- कमजोर सहसंबंध; 2- मध्यम सहसंबंध; 3- मजबूत सहसंबंध)											
	PO-1	PO-2	PO-3	PO-4	PO-5	PO-6	PO-7	PO-8	PO-9	PO-10	PO-11	PO-12
CO-1												
CO-2												
CO-3												
CO-4												
CO-5												
CO-6												

उपरोक्त तालिका में उल्लेखित किये गए आंकड़ों का उपयोग, अन्तर के विश्लेषण करने में किया जा सकता है ।

शब्दकोष

अग्रगामी धारा	Leading Current
अग्रता	Lead
अति वोल्टता	Over Voltage
अदिश	Scalar
अभिलक्षण	Characteristics
अलग से उत्साहित	Separately Excited
अवयव	Element
अवशिष्ट चुम्बकत्व	Residual Magnetism
आकृति गुणक	Form Factor
आरेख	Diagram
आवर्तन / चक्र	Cycle
आवृत्ति	Frequency
आवृत्ति मॉड्यूलन	Frequency Modulation
उत्क्रमण	Reversal
उत्साहित कुंडल	Exciting Coil
एक दिशीय धारा	Unidirectional Current
एक समान क्षेत्र	Uniform Field
एकल फेज़	Single Phase
कुंडल	Coil
कुण्डली / कुण्डलन	Winding
क्षेत्र	Field
गति नियंत्रण	Speed Control
परिनालिका	Solenoid
पश्चता	Lag
पार्श्व	Parallel
पार्श्वपथ	Shunt
प्रचालन	Operation
प्रणाली	System
प्रतिक्रिया	Reactance
प्रतिघात	Reactance
प्रतिबाधा	Impedance
प्रतिरोध	Resistance
प्रतिरोधक	Resistance
प्रतिष्टम्भ	Reluctance
प्रत्यावर्ती	Alternating
प्रत्यावर्ती राशि	Alternating Quantity
प्रमेय	Theorem
प्रारंभिक	Initial
प्रेरण	Induction
फ्लक्स	Flux
बलाघुर्ण	Torque
बहिर्गतपोल	Sailient Pole
बहुकला	Poly Phase
यांत्रिक	Mechanical

गति विनियमन	Speed Regulation
ग्रन्थन	Linkage
घुमाव / लपेट	Turn
घूर्णन	Rotation
घूर्णन क्षेत्र	Rotating Field
चरण आरेख	Phasor Diagram
चालक	Conductor
चालकता	Conductivity
चुंबकीय क्षरण	Magnetic Leakage
चुंबकीय प्रभाव	Magnetic Potential
चुम्बकन	Magnetising
छायांकित पोल मोटर	Shaded Pole Motor
ज्यावक्रीय राशि	Sinusoidal Quantity
तरंग आकृति	Waveform
तांबे का नुकसान	Copper Loss)
तारा सम्बधन	Star Connection
तुल्यकालिक गति	Synchronous Speed
दक्षता	Efficiency
दक्षिणावर्त	Clockwise
दक्षिणावर्त	Clockwise
धारा	Current
ध्रुव	Pole
ध्रुव फलक	Pole Face
ध्रुवता	Polarity
निर्गत	Output
निर्धारण	Rating
निर्धारित	Rated

योकत्र	Yoke
रिसाव , रिसन	Leakage
लोहा का नुकसान	Iron Loss
वक्र	Curve
वामावर्त	Anit-Clockwise
विद्युत कर्षण	Electric Traction
विद्युत शक्ति	Electrical Power
विद्युत-चुंबकीयप्रेरण	Electromagnetic Induction
विद्युतरोधक	Insulator
विद्युतरोधन	Insulation
विद्युतीय ऊर्जा	Electrical Energy
विभवांतर	Potential Difference
विसमकलीय	Out of Phase
व्युत्क्रम	Reversal
शक्ति गुणक	Power Factor
शिखर गुणक	Peak Factor
शृंखला	Series
श्रेणी	Series
संतृप्ति	Saturation
संवृत	Closed
सक्रिय नेटवर्क	Active Network
सदिश	Vector
सन्धारित्र	Capacitor
समकक्ष सर्किट	Equivalent Circuit
समकलीय	In Phase
समकोणीय स्थिति मे	In Quadrature
समतुल्य सर्किट	Equivalent Circuit

निर्माण / बनावट	Construction	सममित घटक	Symmetrical Component
निवेश	Input	समाई / धारिता	Capacitance
निष्क्रिय नेटवर्क	Passive Network	समानांतर	Parallel
नेटवर्क	Network	सम्बन्धन	Connection
परिपथ	Circuit	सर्किटआरेख	Circuit Diagram
परिपथ अवयव	Circuit Element	सापेक्ष गति	Relative Speed
पश्चगामी धारा	Lagging Current	स्पंदन राशि	Pulsating Quantity
पद्धति	System	स्फुलिंग	Spark / Sparking
परिवर्त्तक	Converter	अंर्तवर्तक	Inverter
निरंतर	Continuous	आन्तरायिक	Discontinuous
कार्यचालन	Working	बंद अवस्था	Off-state
निर्वहन	Discharging	चालू अवस्था	On-state
आयाम मॉड्यूलन	Amplitude Modulation	मॉड्यूलन	Modulation